深覆盖层上面板堆石坝
三维有限元应力变形计算分析研究

赵寿刚 秦忠国 姜苏阳 严实　主编

内 容 提 要

对于深覆盖层上面板堆石坝复杂结构的应力变形特性分析与数值计算研究是目前最主要的分析研究方法，本书详细介绍了河口村面板堆石坝三维有限元应力变形分析及不同设计方案下的三维应力变形计算分析，主要内容包括：计算模型和参数、计算原理与主要公式、计算结果分析，深覆盖层坝基处理方案比选计算研究分析。

本书可供从事坝工建设的勘测设计、施工、运行、科研、教学等科技人员阅读参考，也可作为相关领域大专院校师生的参考资料和工程案例读物。

图书在版编目（CIP）数据

深覆盖层上面板堆石坝三维有限元应力变形计算分析研究 / 赵寿刚等主编. -- 北京 : 中国水利水电出版社, 2015.4
ISBN 978-7-5170-3156-7

Ⅰ. ①深… Ⅱ. ①赵… Ⅲ. ①堆石坝－混凝土面板坝－有限元分析－研究 Ⅳ. ①TV641.4

中国版本图书馆CIP数据核字(2015)第095732号

书　　名	深覆盖层上面板堆石坝三维有限元应力变形计算分析研究
作　　者	赵寿刚　秦忠国　姜苏阳　严实　主编
出版发行	中国水利水电出版社 （北京市海淀区玉渊潭南路1号D座　100038） 网址：www.waterpub.com.cn E-mail：sales@waterpub.com.cn 电话：(010) 68367658（发行部）
经　　售	北京科水图书销售中心（零售） 电话：(010) 88383994、63202643、68545874 全国各地新华书店和相关出版物销售网点
排　　版	中国水利水电出版社微机排版中心
印　　刷	北京纪元彩艺印刷有限公司
规　　格	184mm×260mm　16开本　23.25印张　552千字
版　　次	2015年4月第1版　2015年4月第1次印刷
印　　数	0001—1000册
定　　价	**80.00**元

《深覆盖层上面板堆石坝三维有限元应力变形计算分析研究》编写委员会

主编 赵寿刚 秦忠国 姜苏阳 严 实

编写 李远程 邢建营 崔 莹 李 娜 卢 玲 韩 健 严 实 陈 勤 贾 超 吕静静 严克兵 刘少丽 刘新云 丁 旭 霍鹤飞 梁成彦

前　言

河口村水库混凝土面板堆石坝为国内目前最为复杂的混凝土面板坝覆盖层基础。河口村面板坝设计坝高122.5m建在深覆盖层上，面临的主要技术难题有高面板坝变形控制技术、适应变形的止水结构及深覆盖层基础处理措施等一系列高面板坝筑坝技术难题。黄河勘测规划设计有限公司、黄河水利委员会水利科学研究院、河海大学进行重点科技攻关：河口村面板坝三维有限元静力应力应变分析，针对河口村面板坝关键技术难题开展了联合攻关。

根据已建成的大量面板堆石坝的运行实态，由于坝体变形和不均匀变形引起的面板断裂、接缝张开、止水失效，并导致大量渗漏，影响工程的正常运行，甚至造成大坝安全或溃决。因此，大坝和面板的应力变形分析及其预测受到坝工界的普遍重视，成为研究的重点课题。

本书中以河口村面板坝工程为依托，介绍了多种设计方案的三维静力非线性有限元应力变形计算分析研究。尤其是在复杂坝基深覆盖层上修建面板坝，进行反复深入细致地计算分析研究更显得十分必要。书中对混凝土面板堆石坝的应力变形特性问题，从分析方法、坝基多种处理措施以及设计和施工等方面进行了系统、全面的分析，研究了混凝土面板堆石坝在各种情况下的应力变形规律及其相关影响因素。该科研项目计算分析研究可以降低工程投资、减少施工难度、缩短施工工期，项目的研究可为工程方案的论证比较提出决策性的意见。一方面可以直接应用于工程建设；另一方面对国内类似工程具有普遍的指导意义，社会和经济效益显著。

在面板堆石坝的设计和施工中，大坝和面板结构的应力变形特性是关系到坝体安全和运行性状的一个重要问题。以往的面板堆石坝应力变形分析研究虽取得了一定的成果，但有关面板堆石坝应力变形特性方面的多种处理措施计算研究成果尚不多见。书中不乏创新性的研究成果，不但具有重要的学术意义，同时也具有较大的工程实用价值。

河口村工程于2008年开始前期施工，2011年10月截流，2014年7月坝体填筑完成，工程施工总工期60个月。

河口村面板坝在三维有限元静力应力应变分析中，可将研究完成的研究及成果共享，一些成果已公开发表，但尚无系统介绍这些研究成果的专著，为此，现将河口村大坝有限元计算过程中对一些技术难题的计算过程及主要研究成果进行系统的介绍，希望能对推动我国面板坝计算分析的发展尽绵薄之力。

全书由赵寿刚、秦忠国、姜苏阳、严实总体策划及统稿并编写了内容提要：本书由李远程、崔莹、陈勤、霍鹤飞编写了第1章、附录1、第4章中4.1节、第4.2节；贾超、刘少丽、刘新云、梁成彦编写了第2章、附录2，李娜、吕静静、严克兵、丁旭编写了前言、第3章、附录3、第4章中4.3节；严实编写了第4章中4.4节、第4.5节；邢建营、卢玲、韩健编写了第5章内容。

本书引用了大量的设计科研成果和文献资料，并得到了多家单位和多位专家的大力支持，在此，谨一并表示衷心的感谢！由于本书涉及专业众多，编写时间仓促，错误和不当之处难免，敬请同行专家和广大读者赐教指正。

谨以此书献给所有参与和关心河口村大坝计算研究、论证和建设的单位、专家、学者，并向他们表示崇高的敬意与衷心地感谢！

编者

2014年8月

目　录

1 概述

对面板堆石坝而言，坝体的应力变形特性是关系到坝体安全和运行性状的一个重要问题。在我国的面板堆石坝工程实践中，虽然取得了一定的成绩，但也有一些失败的教训。沟后面板砂砾石坝的垮坝事件、株树桥面板堆石坝面板的塌陷以及天生桥面板堆石坝的大量结构性裂缝等问题，都提示着我们切不可对面板堆石坝的应力变形问题掉以轻心。近些年来，随着面板堆石坝坝高的不断增加、坝址地形条件的日趋复杂，工程中对面板堆石坝应力变形分析的理论和分析手段也提出了越来越高的要求。对于高面板堆石坝，如何正确预测坝体在各种工况条件下的变形趋势并在此基础上优化坝体的设计、确保面板受力的均匀，已成为面板堆石坝设计中的一个关键问题。

根据几年来在河口村面板堆石坝所做的一些研究工作和坝基处理的措施，阐述面板堆石坝应力变形分析的方法、原理，并分析、探讨混凝土面板堆石坝在各种情况下的应力变形规律及其相关影响因素。从理论分析和工程实践两方面对混凝土面板堆石坝的应力变形特性进行系统的论述，从而为工程设计和施工提供有益的参考。

三维有限元计算分析可以综合对坝体、坝基及防渗墙、板体系（面板、趾板、连接板）进行变形与应力计算分析，有助于设计方案论证。通过三维有限元的计算，准确分析与预报大坝在施工与运行期间的性能，大坝施工填筑方式，为设计提供科学决策的依据；覆盖层上面板坝的应力变形，特别是防渗墙和面板的应力状态，防渗墙与趾板以及趾板与面板接缝变形的正确预测，对覆盖层上面板坝的设计、施工以及安全运行具有十分重要的意义。本书通过分析深覆盖层上面板坝各种工况下坝体和面板的应力应变大小和分布；周边缝和垂直缝的变位；为面板坝坝料分区、断面优化、施工进度安排、运行状态预测提供依据，从而提高技术水平，最终提交安全、经济、合理的设计产品。

对于深覆盖层上面板堆石坝复杂结构的应力变形特性分析，数值计算研究是目前最主要的分析方法，其中，堆石体的本构模型以及接触面和接缝系统的模拟是分析中的关键所在。

在模型计算参数方面，难点在于覆盖层参数的确定，由于覆盖层密度、级配等难以准确确定，所以室内试验难以合理确定覆盖层计算参数，研究中结合物探、现场载荷试验、室内试验等综合考虑。通过静力三轴压缩试验测定坝料的应力—应变及体变—应变关系，得到所需的静强度指标和相应的模型参数；通过振动三轴试验测定坝料在动应力作用下的应力、应变和孔隙水压力的变化，得到所需的动应力比值及分析计算所需的其他参数；通过动模量阻尼试验，确定坝料的最大动剪切模量与有效固结压力的关系及动剪切模量比、阻尼比与动剪应变的关系，最终得出所需的不同动剪应变下的动剪切模量比值和阻尼比值。通过对大坝结构三维非线性有限元静力和动力分析，得出大坝各分区的设计与填筑的标准、坝体分层填筑与面板分期浇筑方案合理，坝体抗震性能就会好。书中通过三维有限元的计算准确分析与预报大坝在施工与运行期间的性能，大坝施工期填筑方式，可向业主与设计部门提供科学决策的依据。

为确保工程安全，面板坝布设合理，为坝体设计、稳定、应力应变计算提供必要的计算参数，并为验证设计坝体结构的安全性及合理性、为进一步优化坝体设计提供依据，需对河口村水库混凝土面板坝坝料力学特性进行试验研究，并对坝体进行应力应变分析与安全评价。

主要包括下列几个方面研究内容：

（1）通过计算分析研究坝体、防渗墙、坝基覆盖层砂卵石在施工期和蓄水期的应力变形特性。计算分析施工期和蓄水期，坝体沉降、水平位移分布（顺河向及沿坝轴线方向）以及坝体大、小主应力及应力水平分布。

（2）深覆盖层下防渗墙与坝体的合适位置关系研究，其静力和动力条件下的应力变形情况。包括防渗墙与坝体之间的连接板设置一块、二块时，防渗墙、连接板、趾板之间的变形、接缝位移及各自的受力特性。

（3）深覆盖层下防渗墙的应力应变特性及其不同混凝土材料 C25 与 C35 材料的选取对受力、变形、位移特征，供防渗墙结构设计时参考。

（4）在深覆盖层上的面板坝周边缝、面板张性缝、压性缝的接缝位移、变形的允许范围，包括防渗墙、连接板、趾板之间的接缝变形规律，指导设计进行合理的止水结构设计。

（5）通过计算混凝土面板的挠度和坝轴向位移分布，分析计算混凝土面板的应力分布，对结构配筋提出建议。

（6）模拟施工填筑顺序，研究坝体填筑高差的合理控制高度、坝体超填高度、预留沉降时间对面板应力变形的影响。

（7）筑坝材料敏感性分析计算作为设计施工控制指标。

（8）面板坝接缝止水设计计算：运行期和施工期面板周边缝变位和垂直缝变位数值，在设计上选择能适应该变形的止水结构和止水材料，覆盖层上面板坝的防渗体系的安全性是否有保障。

根据计算分析成果及工程类比，对本工程的面板堆石坝安全性作出评价。

技术创新点：进行三维静力应力应变有限元计算，结合目前国内外 100m 以上的深覆盖层上的面板坝工程应力应变计算结果，总结出一系列相关的应力应变规律。

修建在深覆盖层上的面板坝的主要工程问题是坝体变形以及变形过大引起的接缝张开和面板断裂而导致渗水，变形问题特别是对面板变形的控制问题是面板坝设计的主要问题之一。因此，对深覆盖层上面板坝的坝体变形控制研究，提出控制变形措施，使面板及接缝的变形值在允许范围内，是面板坝成败的关键。

主要技术指标或经济指标：数值计算和模型试验是当前解决科学和工程问题的两大手段，对于面板坝这样的大型工程问题，整体模型试验在时间和经费上的消耗是难以承受的，同时由于几何相似和物理相似的困难，小尺度试验并不能反映实际工程的真实情况。另外，随着计算技术的不断发展，并通过已建工程的实测资料的反馈分析修正计算模型和参数，使得数值计算的可信度有了很大的提高，目前已经成为在工程建设前进行工程安全评价、方案优化比较的唯一而廉价的技术手段。

建造在深覆盖层上的混凝土面板堆石坝，由于覆盖层会产生较大的沉降值和不均匀沉降差，所以存在防渗结构复杂、防渗可靠性差、基础防渗墙与趾板连接处易破坏等问题，面板会因变形过大产生裂缝。因此，最关键技术是确保大坝防渗体系在变形与强度方面控制在设计允许范围内。

1.1 工程简介

河口村水库工程位于黄河一级支流沁河最后一段峡谷出口处，下距五龙口水文站约9km，属河南省济源市克井乡，是控制沁河洪水、径流的关键工程，也是黄河下游防洪工程体系的重要组成部分。河口村坝址控制流域面积9223km²，占沁河流域面积的68.2%，占黄河小花间流域面积的34%。

河口村水库的开发任务以防洪、供水为主，兼顾灌溉、发电、改善生态，并进一步完善黄河下游调水调沙运行条件。

河口村水库大坝为混凝土面板堆石坝，坝址处河谷呈U形，岸坡陡峻，面板堆石坝最大坝高122.5m，坝顶高程288.50m，防浪墙高1.2m，坝顶长度481.0m，坝顶宽10.0m，上游坝坡1：1.5，下游坝坡1：1.5。大坝基础坐落在砂卵石深覆盖层上，覆盖层深度约10～40m，覆盖层内含有多层壤土夹层，局部含有粉细沙透镜体。

根据面板坝规范要求100m以上的坝面板上游面下部设有上游铺盖区及盖重区，上游铺盖的顶高程，取为坝体高度35%，即顶部高程200.00m，最大高度35m。在周边缝下设小料区（特殊垫层），下游坡面为大块石护坡。

设计单位在参照国内同类工程的基础上，经过方案比较已经初步确定了河口村工程的防渗系统布置方案，该方案采用单连接板的柔性连接方式，趾板置于覆盖层上，布置在面板的周边，与防渗面板通过设有止水的周边缝连接，形成坝基以上的防渗体，趾板上游坝基采用混凝土防渗墙截渗。趾板与防渗墙之间采用连接板连接，连接板长度4.0m，厚度0.9m。连接板与趾板和防渗墙之间设置止水。同时，为协调连接板、趾板之间的变形，在其底部设有厚0.3m的砂浆垫层，并铺设有厚1.0m垫层料。工程采用能够充分适应堆石坝体的变形接缝和止水设计，周边缝共设三道止水，即面板底部设F形止水铜片，中部为橡胶止水带，表面用“SR”填料加橡胶片覆盖。在周边缝沿线均设沥青砂浆垫层。面板垂直缝分张性缝和压性缝两种，张性缝设三道止水，底部设一道W形止水铜片，中间与上部二道止水同周边缝，压性缝底部和中部共设二道止水同张性缝。

按《中国地震动参数区划图》（GB 18306—2001）确定河口村坝址场地地震动反应谱特征周期为0.40s，地震动峰值加速度0.1g，相应地震烈度为7度。鉴于大坝为高坝，按规定提高一级设计，为1级建筑物，且大坝基础比较复杂，参照《水工建筑物抗震设计规范》（SL 203—97）的规定，对1级壅水建筑物，工程抗震设防类别为甲类，可根据其遭受强震影响的危害性，在基本烈度基础上提高1度作为设计烈度，因此，确定大坝按8度地震进行抗震复核。

1.2 研究内容

关键技术问题：①防渗墙与坝体的位置关系，防渗墙与坝体之间的连接板的应力变形情况；②深覆盖层防渗墙的应力应变特性；③坝基覆盖层的静力和动力条件下的应力变形情况；④深覆盖层上的面板坝的各个接缝应力应变特性。

工程河床存在一定深度的覆盖层，坝体防渗系统为面板—趾板—连接板—防渗墙布置，和常规的岩基上的面板—趾板布置形式有较大不同。岩基上的面板坝基础的水平位移和沉降都非常小，常可作为固定边界条件处理，覆盖层上的面板坝由于趾板及坝体在河床段建在覆盖层上，使得在填筑期趾板底部产生向上游方向的水平位移和垂直沉降，蓄水期产生较大的向下游方向的水平位移，为此需要仔细分析这些位移的大小和对趾板、面板应力的影响，尤其要关注周边缝以及各种接缝的相对位移，避免变形过大造成防渗系统的漏水和失效。

为验证设计坝体结构的安全性及合理性，对河口村水库混凝土面板堆石坝进行三维非线性静力分析，主要包括下列内容。

（1）三维非线性静力有限元计算。

1）根据施工过程和填筑顺序，给出坝体施工期水平，垂直位移场，大小主应力分布，应力水平分布，对坝体的三维应力状态进行评价。

2）研究防渗系统（面板、趾板、连接板、防渗墙）的应力和变形特性，详细分析面板受力状态，给出面板挠度、水平方向，顺坡方向的应力数值分布，大小主应力数值和方向等计算结果，根据面板应力计算结果推荐合理的面板配筋方案。

3）计算并评价周边缝、垂直缝、防渗墙与连接板缝等接缝的相对位移。

（2）三维静力计算参数敏感性分析。考虑计算参数的不确定性，根据材料的计算参数的可能变化范围进行调参和计算，研究坝体、防渗系统、接缝的压力变形对计算参数的敏感性，给出控制性应力位移指标的变化范围。

本书针对原设计体形和修改体形分别进行了计算，原体形和改进体形的差别主要在于右岸岸坡的形状不同。修改体形对右岸突出的岩体进行开挖削平，使右岸面板的凹角，趾板的走向比较平直，采用该体形将增加一定的工程量。参数敏感性分析针对原体形进行，分别计算了坝体变形参数放大和缩小15%后个主要位移和应力的变化情况，计算内容归结见表1.1。

表1.1　计 算 工 况 表

序　号	体　形	参　数
1	原设计体形	原计算参数
2	修改体形（趾板取直）	原计算参数
3	原设计体形	坝体变形参数+15%
4	原设计体形	坝体变形参数－15%

2 计算模型和参数

坝体材料（除混凝土及基岩外）均按非线性弹性材料考虑，计算模型采用邓肯 E～B 模型。面板与垫层间采用 Goodman 接触单元模拟，周边缝、面板间垂直缝等接缝采用接缝单元模拟，有关计算公式详见第 3 章。

河口村面板坝需要处理的接触面和接缝共有 9 种，见表 2.1。

表 2.1　几种接触面和接缝的计算模型

序　号	A 面	B 面	计算模型
1	覆盖层	趾板	Good 单元
2	覆盖层	防渗墙	Good 单元
3	覆盖层	连接板	Good 单元
4	垫层料	面板	Good 单元
5	特殊垫层料	趾板	Good 单元
6	面板	面板	接缝单元
7	面板	趾板	接缝单元
8	趾板	连接板	接缝单元
9	连接板	防渗墙	接缝单元

计算按照设计提供的施工程序（填筑、浇筑、蓄水过程等）进行，采用增量法计算。

2.1 坝体材料及其计算参数

2.1.1 各种坝料的颗粒组成级配

（1）垫层料（2A）：采用料场（白云质灰岩为主）开挖料，要求用料新鲜、坚硬、级配良好，相对密度高。控制最大粒径 80～100mm，小于 5mm 的含量在 30%～40%，小于 0.075mm 的含量小于 5%，级配连续。

（2）特殊垫层区料（2B）：可采用混凝土细骨料（白云岩）配制，最大粒径 40mm，$D_{90}\leqslant$20mm，粒径小于 5mm 含量大于 45%，D_{15}=0.5mm。

（3）过渡层料（3A）：采用料场开挖料，要求用料新鲜、坚硬、软化系数高，密实度高。控制最大粒径 300mm，小于 5mm 的含量在 10%～30%（宜不大于 25%），小于 0.075mm 的含量小于 5%，级配连续。

（4）主堆石料（3B）：采用料场开挖料，要求用料新鲜、坚硬、软化系数高，其有较低的压缩性和较高的抗剪强度，变形量小的石料。控制最大粒径 500～600mm，小于 5mm 的含量在 10%～20%，小于 0.075mm 的含量小于 5%，级配连续。

(5) 下游堆石料（3C）：采用坝基、引水及泄洪建筑物、料场等开挖料，用料要求稍低，可采用强弱风化混合料。控制最大粒径1000mm，小于5mm的含量不得超过30%，级配连续，粒径小于0.1mm含量不大于10%。

2.1.2 大坝各种坝料填筑控制标准

各种坝料填筑控制标准见表2.2，可作参考，具体等坝料试验结果出来后再调整。

表2.2 坝料填筑控制标准

序号	坝料种类	干密度/(t/m^3)	孔隙率/%	含水量（碾压时加水量）/%	压实层厚/m
1	垫层料（2A）	2.25	17	6～8	0.4
2	特殊垫层料（2B）	2.25	17	6～8	0.25
3	过渡料（3A）	2.22	18	8～10	0.4
4	主堆石料（3B）	2.20	20	8～15	0.6～0.8
5	次堆石料（3C）	2.10	22	8～12	0.8～1.0
6	反滤料（4C）	2.15	10	6～8	0.25
7	坝基砂卵石覆盖层	2.05			
8	坝基壤土夹层	2.00			
9	坝基砂层透镜体	1.63			

注 1. 次堆料根据建筑物开挖料组成情况，可能含有花岗岩、砂岩、灰岩、泥灰岩等岩石，计算时可取灰岩为代表次堆遇泥灰岩时一般不能加水，加水后容易造成泥灰岩泥化。
2. 上述坝料填筑控制标准为初设拟定，后期将根据工程经验、大坝变形分析、试验及坝体填筑要求等在做微调。
3. 大坝填筑料填筑时具体加水情况需根据现场碾压试验结果最后调整。

2.1.3 材料参数表

河口村大坝三维有限元分析材料设计参数见表2.3。

表2.3 河口村大坝三维有限元分析材料设计参数表

坝料种类	容重/(kN/m^3)	K	n	R_f	K_{ur}	C/kPa	φ_0/(°)	$\Delta\varphi$/(°)	K_b	m
垫层料	23	1250	0.45	0.85	2500	0	55	12	500	0.28
过渡料	23	1200	0.48	0.9	2400	0	54	12	500	0.28
覆盖层	20.5	900	0.42	0.85	1350	0	36	0	500	0.28
主堆石	21.5	1150	0.35	0.83	2300	0	53	13	500	0.28
次主堆石	20.5	1000	0.25	0.81	2000	0	52	12	450	0.2
特殊垫层料	23	1200	0.45	0.85	2400	0	55	12	600	0.2
壤土夹层	20	264	0.25	0.85	396	8	23	0	134	0.4
细砂层	16.3	300	0.5	0.89	480	0	28	0	150	0.4
石渣支座	20.5	1000	0.3	0.75	1250	0	45	0	550	0.28
混凝土面板趾板连接板混凝土防渗墙	弹性模量$E=2.8\times10^4$MPa，泊松比$\upsilon=0.167$，$\gamma=24kN/m^3$　C25									

2.1.4 接触面和接缝

面板—垫层（挤压墙）接触面采用非线性接触面材料模型和无厚度 Goodman 单元，接触面参数对面板应力数值有较大影响，巴贡面板坝工程专门进行了面板与挤压墙间接缝材料力学性能试验，研究了无接缝材料、不同厚度乳化沥青（1mm、2mm、3mm）、两层乳化沥青中间夹沙、沥青油毡、土工膜等 7 种情况（表 2.4a）。考虑到挤压边墙技术的普遍采用，参照了巴贡面板坝的试验成果，按照面板＋1mm 乳化沥青＋挤压墙对应的接触面参数进行取值（表 2.4b）。横缝和周边缝按 1 层金属止水＋1cm 厚度橡胶填充物考虑。

表 2.4a　　挤压墙与面板接触面 Clough – Duncan 模型参数（巴贡）

接触面	K	n	R_f'	c/kPa	φ/(°)
面板＋挤压墙（无接缝材料）	140000	1.20	1.0	0	41
面板＋（乳化沥青＋沙＋乳化沥青）＋挤压墙	20000	1.15	0.84	1.5	31.5
面板＋1mm 乳化沥青＋挤压墙	21000	1.25	0.80	2.0	32
面板＋2mm 乳化沥青＋挤压墙	20000	1.23	0.82	1.5	32
面板＋3mm 乳化沥青＋挤压墙	20000	1.18	0.85	1.5	32
面板＋沥青油毡＋挤压墙	15000	1.20	0.99	1.0	4
面板＋土工膜＋挤压墙	21000	1.21	0.83	0	29

表 2.4b　　本工程接触面计算参数

单元	K_s	φ	c/kPa	n	R_f'	K_n
Goodman	21000	32	2	1.25	0.8	1E8
接缝	1 层金属止水＋1cm 橡胶接缝，橡胶弹模取 7.8MPa					

2.2 大坝填筑、面板浇筑、蓄水顺序

根据面板堆石坝施工进度安排，按下列顺序进行：

（1）防渗墙及趾板浇筑。

（2）填筑一期坝体从坝基填到高程 225.0m。

（3）填筑二期坝体到高程 238.50m。

（4）浇筑一期面板到高程 233.00m，同时浇筑连接板。

（5）利用面板挡水（汛期库水位 219.00m）。

（6）填筑三期坝体全断面填筑到高程 288.50m。

（7）浇筑二期面板坝顶高程 288.50m。

（8）蓄水到设计洪水位 285.4m。

2.3 有限元网格

原设计体形有限元见图 2.1～图 2.4。

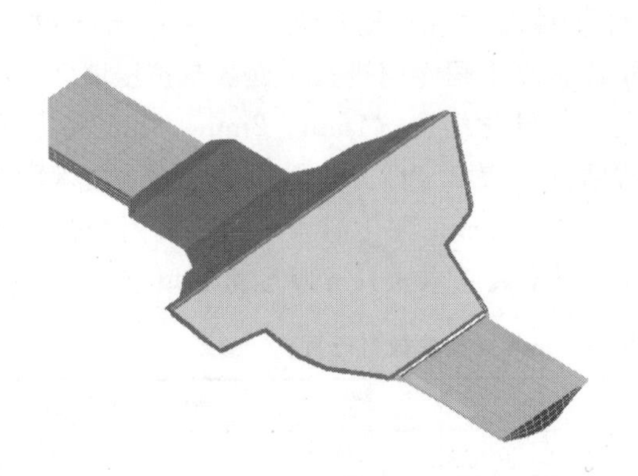

图 2.1　原设计体形有限元网格（右岸趾板转弯）

注　原设计体形，8 节点等参元，单元数量＝6050，节点数量＝7541。

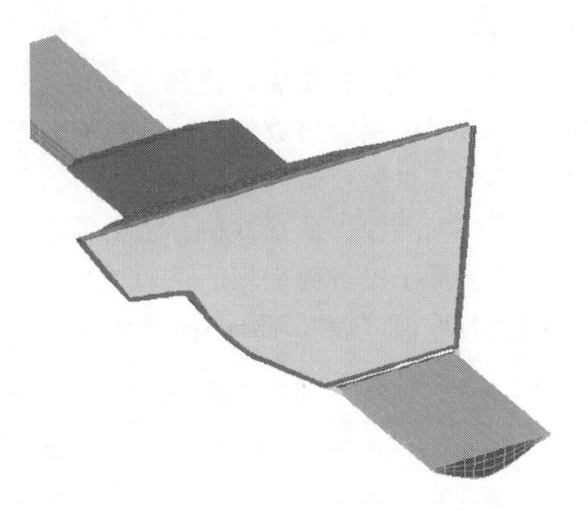

图 2.2　原设计体形有限元网格（趾板取直）

注　趾板取直，8 节点等参元，单元数量＝6004，节点数量＝7503。

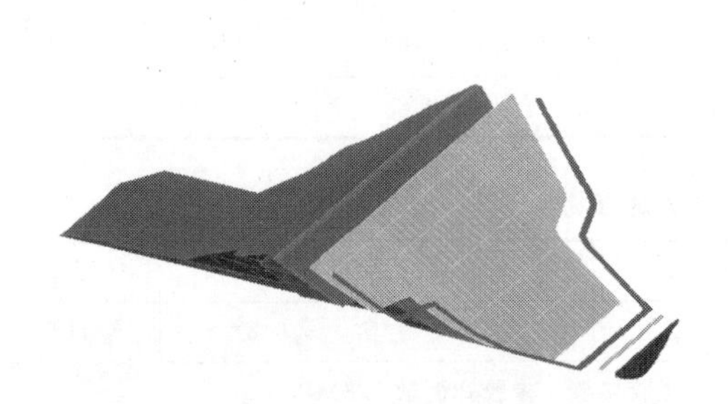

图 2.3　原设计体形坝体和防渗系统有限元网格示意图

注　原设计体形，坝体和防渗系统（面板—趾板—连接板—防渗墙）

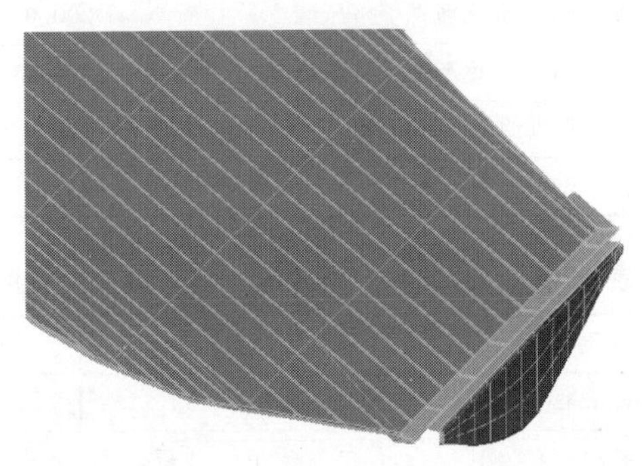

图 2.4　原设计体形接触面和接缝单元示意图

3 计算原理与主要公式

在面板堆石坝的数值分析中，堆石材料的本构模型以及数值计算的分析方法是决定分析成果正确与否的关键问题。本章的内容主要针对面板堆石坝的计算分析方法进行分析研究。

对于面板堆石坝的应力变形计算分析，其本构模型必须充分反映堆石材料的基本工程力学特性。在本章中，作者介绍了面板堆石坝数值分析中应用的主要本构模型，并结合计算实例对各类模型进行了系统的分析、评价。分析结果表明：由于堆石材料的应力应变关系具有明显的非线性，其本构模型必须真实反映这种非线性关系，线弹性模型对于堆石变形的计算是不适用的。在目前的面板堆石坝计算分析中，堆石材料采用的主要计算模型是Duncan模型和双屈服面弹塑性模型，而实践中尤以Duncan模型的应用更为广泛。邓肯模型的参数物理意义较为明确，由计算参数反算的应力应变关系与试验实测的应力应变关系曲线符合较好。更为重要的是，由于该模型的广泛应用，因此可以获得较为丰富的工程类比成果。

相应于各种计算模型，除了其模型本身的因素外，模型参数的确定也是影响面板堆石坝计算分析结果的重要因素。结合Duncan模型的应用，以室内大型三轴试验为基础，对Duncan模型的计算参数进行了统计、分析。在面板堆石坝的计算分析中，对于面板接缝系统以及面板与堆石体接触面的合理模拟是保证计算成果正确性的重要因素。根据其结构的受力特点和计算分析的经验，总结了面板堆石坝数值计算分析中接缝系统与接触面的常规处理方法，即：对于面板与堆石体的接触，宜采用薄层接触面单元；混凝土面板之间的接触，宜采用分离缝单元；而面板与趾板之间的接触，宜采用软单元。这样的模拟方式，基本上考虑了面板堆石坝界面接触中的主要因素。

为实现对于面板堆石坝界面接触的更精确模拟，在计算分析中引入了界面单元方法。通过对界面单元法的应用研究，在面板堆石坝计算分析中采用有限单元与界面单元混合模式的分析方法，分析了深覆盖层上面板堆石坝一期面板与坝体间的脱空现象。计算结果充分表明了这一方法的有效性和实用性。

针对软岩堆石料的应用，研究了面板堆石坝坝体断面分区优化设计的问题。通过计算分析，提出了河口村面板堆石坝设计、施工中，软岩堆石料应用分区。对于高面板堆石坝，一般不宜在下游区采用软岩堆石。而且，在软岩材料的应用中，对于在次堆石区使用软岩材料的情况，应注意不使下游软岩堆石区的模量与坝体上游堆石区的模量差别过大。当坝体全断面利用软岩堆石料时，应注意对坝体总变形量的控制，同时要注意排水的设计。

本章所述内容是面板坝计算中常规和通用的，未涉及工程的具体数据。仅列出本文所用材料本构关系的主要公式，省略了非线性有限元部分的变分原理、平衡方程、劲度矩阵、初始和边界条件、迭代解法、应力计算和整理等其他冗长内容。

3.1 邓肯 E—B 模型

工程坝料试验提供了邓肯 E—B 模型参数，邓肯 E—B 模型增量型应力应变关系符合式（3.1）广义虎克定律

$$\{\Delta\sigma\}=[D(\sigma)]\{\Delta\varepsilon\} \tag{3.1}$$

模型的两个基本变量为切线杨氏模量 E_t 和切线体积变形模量 B_t，其表达式（3.2）、式（3.3）为：

$$E_t=KP_a\left(\frac{\sigma_3}{P_a}\right)^n(1-R_fS_l)^2 \tag{3.2}$$

$$B_t=K_bP_a\left(\frac{\sigma_3}{P_a}\right)^m \tag{3.3}$$

式中：P_a 为大气压；K 和 K_b 分别为杨氏模量系数和体积模量系数；n 和 m 切线杨氏模量 E_t 和切线体积模量 B_t 随围压 σ_3 增加而增加的幂次；R_f 为破坏比；S_l 为应力水平，其表达式（3.4）为：

$$S_l=\frac{(\sigma_1-\sigma_3)(1-\sin\varphi)}{2c\cos\varphi+2\sigma_3\sin\varphi} \tag{3.4}$$

式中：c、φ 为抗剪强度指标。

邓肯 E—B 模型有 7 个模型参数，即 K、n、R_f、K_b、m、c 和 φ，可由室内常规三轴试验结果整理。

切线杨氏模量 E_t、切线体积模量 B_t、切线泊松比 ν_t 之间有如式（3.5）、式（3.6）换算关系：

$$B_t=\frac{E_t}{3(1-2\nu_t)} \tag{3.5}$$

$$\nu_t=\frac{1}{2}-\frac{E_t}{6B_t} \tag{3.6}$$

对于卸荷的情况，回弹模量由式（3.7）计算：

$$E_{ur}=K_{ur}P_a\left(\frac{\sigma_3}{P_a}\right)^n \tag{3.7}$$

式中：K_{ur} 为回弹模量系数。

3.2 面板—垫层接触面

为了反映混凝土面板与垫层料两者之间的相互作用，进行有限元分析时，必须考虑间面接触特性。目前无厚度 Goodman 接触面单元和 Desai 薄层接触面单元应用较为广泛。

Goodman 单元是一种无厚度单元，以两边对应结点相对位移作为变量，分析时不考

虑接触面法向应力和剪应力与法向相对位移和切向相对位移之间的耦合作用。Goodman单元能较好地模拟接触面上的错动滑移或张开，且能考虑接触面变形的非线性特性。其缺点是单元厚度为0，有时会使两侧单元重叠。为防止出现这种现象，一般在受压时采用较大的法向劲度系数。

在Goodman单元进行计算中，接触面上的应力和相对位移关系为：

$$[\sigma]=[K_0][w] \tag{3.8}$$

三维分析中，$[\sigma]=[\tau_{yx}\quad \sigma_{yy}\quad \tau_{yz}]^T$为接触面三个方向的应力，$[w]=[\Delta u\quad \Delta v\quad \Delta w]^T$为接触面相对位移，$[K_0]$为接触面的本构矩阵：

$$[K_0]=\begin{bmatrix} k_{yx} & 0 & 0 \\ 0 & k_{yy} & 0 \\ 0 & 0 & k_{yz} \end{bmatrix} \tag{3.9}$$

克拉夫和邓肯应用直剪仪对土与其他材料接触面上的摩擦特性进行试验研究，结果表明，接触面剪应力τ与接触面相对位移w_s呈非线性关系，可近似表示成双曲线形式：

$$\tau=\frac{w_s}{a+bw_s} \tag{3.10}$$

通过试验确定相应参数后，由式（3.10）得到切线剪切劲度系数表达式：

$$K_{st}=\frac{\partial\tau}{\partial w_s}=K_1\gamma_w\left(\frac{\sigma_n}{P_a}\right)^n\left(1-\frac{R_f'\tau}{\sigma_n}\right)^2 \tag{3.11}$$

三维分析中无厚度接触面单元的两个切线方向劲度为：

$$\left.\begin{aligned} K_{yx}&=K_1\gamma_w\left(\frac{\sigma_{yy}}{P_a}\right)^n\left(1-\frac{R_f'\tau_{yx}}{\sigma_{yy}tg\delta}\right)^2 \\ K_{yz}&=K_1\gamma_w\left(\frac{\sigma_{yy}}{P_a}\right)^n\left(1-\frac{R_f'\tau_{yz}}{\sigma_{yy}tg\delta}\right)^2 \end{aligned}\right\} \tag{3.12}$$

式中：K_1、n、R_f'为试验确定指标；δ为接触面上材料的外摩擦角；γ_w为水的容重；P_a为大气压力。

至于法向劲度系数K_{yy}，当接触面受压时，取较大值（如$K_{yy}=10^8\text{kN/m}^3$）；当接触面受拉时，取K_{yy}为较小值（如$K_{yy}=10\text{kN/m}^3$）。

3.3 止水材料

面板横缝、周边缝接缝材料采用连接单元模拟，其力与位移的关系表示为：

$$\begin{Bmatrix} F_1 \\ F_2 \\ F_3 \end{Bmatrix}=\begin{bmatrix} k_1 & 0 & 0 \\ 0 & k_2 & 0 \\ 0 & 0 & k_3 \end{bmatrix}\begin{Bmatrix} \delta_1 \\ \delta_2 \\ \delta_3 \end{Bmatrix} \tag{3.13}$$

式中：F_1、F_2、F_3为接缝连接单元张拉方向、顺缝向和面板法向单位长度的受力，kN/m；δ_1、δ_2、δ_3为接缝连接单元张拉方向、顺缝向和面板法向的相对位移。劲度系数k_1、k_2、k_3，参照“九五”期间河海大学和国内有关单位的试验成果的数据，见表3.1。

表 3.1　　横缝和周边缝止水劲度表达式和参数（F—δ）　　单位：kN/m～m

受力情况	铜片止水	橡塑止水
张开（拉）	$F=a\delta/(1-b\delta)$	$F=a\delta$
	$a=175$	$a=4000(\delta\leqslant 0.0115)$
	$b=47.6$	$a=600(\delta>0.0115)$
压紧（压）	$F=a\delta/(1-b\delta)$	$F=a\delta$
	$a=650$	$a=530(\delta\leqslant 0.0115)$
	$b=41$	$a=196(\delta>0.0115)$
沿面板法向剪切	$F=a\delta/(1-b\delta)$	$F=a\delta$
	$a=225$	$a=0$
	$b=40$	
缝向剪切	$F=a\delta$	$F=a\delta$
	$a=608(\delta\leqslant 0.0125)$	$a=1400$
	$a=560(\delta>0.0125)$	

3.4　防渗墙边界条件设置

混凝土防渗墙的位移边界条件对其应力结果有很大影响。考虑到防渗墙成孔后需要泥浆护壁，浇筑后必然在防渗墙侧面形成泥皮薄层，所以计算时在防渗墙的上下游面都布置有接触面单元，允许发生切向相对错动。此外，防渗墙底部考虑一定深度的沉渣垫层，允许防渗墙有一定的转动柔度（柔度与沉渣垫层的弹模成反比）。通过计算对比，沉渣垫层的弹性模量对防渗墙应力位移有较大的敏感性，其数值不能取值太小，否则防渗墙失去支撑而出现不合理的沉降，如果取值太大又限制了其转动位移，通过数值试验，在防渗墙和沉渣之间设置薄层泥皮单元能够降低防渗墙的拉应力，同时避免防渗墙的不合理沉降，沉渣弹模取 5×10^{4}kPa，泥皮薄层单元计算和面板一垫层接触面相同。

4 计算结果分析

在面板堆石坝中，通过将上述本构模型应用于平面及空间有限元分析，可以解决各种复杂的工程问题。通过有限元计算分析，可以估算在施工期、水库蓄水期的各种加载、卸载条件下堆石体和面板的应力与变形的大小及其分布，以及材料强度发挥的程度，从而为堆石坝的坝料分区、断面优化、施工进度安排、运行形态预测提供依据。

通过数值分析的方法，对影响面板堆石坝应力变形特性的主要相关因素进行系统的分析研究，主要包括：河谷地形条件、坝基覆盖层、结构分区与填筑碾压标准、坝体分期施工及水库蓄水过程、面板的裂缝控制等。

根据河口村河谷形状对面板堆石坝应力与变形的影响而言，它主要表现在岸坡对坝体和面板的约束作用上。河口村计算结果表明：对于非对称河谷情况，坝体和面板的位移呈不对称分布，缓坡侧坝体的位移有向陡坡侧挤压的趋势；陡坡侧位移变化梯度相对较大，缓坡侧位移变化梯度相对较小。平缓岸坡侧面板拉应力区范围较大，陡岸坡侧面板拉应力区范围较小，但陡岸坡处面板应力变化的梯度相对较大。针对上述变形特点，在河口村面板堆石坝的设计、施工中，对于河口村左岸狭窄河谷中的面板坝，应参考数值计算分析成果，通过调整面板宽度，合理确定面板的分缝，以适应面板变形的变化梯度。同时，应在周边缝附近设置特殊垫层区，并保证其较高的碾压密实度，以减小面板周边缝的变形。对于非对称河谷，还应特别重视缓坡侧面板纵缝的位移，相对而言，这部分的面板分缝更容易出现较大的张拉位移。

对于面板堆石坝的结构分区和堆石压实标准，本书中进行了系统的分析研究。研究结果表明：在面板堆石坝的设计和施工中，控制坝体和面板变形的最直接途径是坝体的结构分区和填筑施工碾压标准。合理的材料分区布置，以及适当的填筑压实标准控制，对于改善面板坝的工作性状、提高大坝的整体安全性将起到至关重要的作用。从坝体断面分区布置看，一个经济、合理的断面分区布置应使得坝体的材料从上游面到下游面满足变形模量递减和透水能力递增的原则，相应地坝体堆石的填筑密度也可以从上游到下游逐步减小。但是应该指出的是，这种分区之间变形模量和填筑密度的递减主要是考虑经济上的因素，就工程结构特性而言，分区间变形模量和填筑密度不应相差过大。事实上，次堆石区的过大变形将会对面板的应力和变形产生一定的影响，对于高面板堆石坝，这一影响尤其明显。计算分析和工程实践均表明，在坝体的断面分区设计中，变形特性相差很大的堆石填筑分区将有可能导致混凝土面板发生拉伸裂缝。因此，以往的坝轴线下游堆石体材料特性对面板工作性状影响不大的概念不适用于高混凝土面板堆石坝。对于高面板堆石坝，为减少上、下游方向不均匀沉降，主、次堆石区的堆石料特性差异不宜过大。对于高混凝土面板堆石坝，一般不宜采用软岩堆石料填筑次堆石区。当采用软岩堆石料或材料性质相对较弱的堆石作为次堆石区填筑坝料时，应特别注意：①不要将软岩料布置在高压应力区，以避免造成次堆石区较大压缩变形；②主堆石区与次堆石区的分界应采取相对保守的坡比，其坡度不应陡于1∶0.5；③高坝的次堆石区应布置在坝体下游相对较高的位置，至少其底部应保留一定厚度的低压缩性堆石体。

就面板堆石坝的施工而言，提高填筑密度是改善坝体和面板应力变形特性的重要手段。从计算分析的结果看，当堆石材料的填筑密度从一个相对较低的数值提高到较高的数值时，坝体和面板的变形有明显的改善，但当堆石填筑密度提高到一定程度后，坝体和面板变形的减小趋势逐渐趋缓。因此，在面板坝的施工中，在满足经济可行的条件下，合理确定堆石的压实密度，从而改善坝体的整体应力变形性状。

对于面板堆石坝坝体分期施工及水库蓄水过程对面板坝应力变形特性的影响，主要从坝体临时施工度汛断面、面板分期施工以及施工期库水位升降变化等方面进行了分析计算。研究结果表明：在面板堆石坝的填筑施工方式上，不同的施工填筑分期，由于堆石体变形时序的差异，坝体的最终变形也必将受到一定程度的影响。就改善坝体的变形性状而言，坝体的填筑最好是实现坝体上、下游全断面均衡上升，当因施工期度汛的要求而需先行填筑临时断面时，新、老填筑体的高度差异不应过大。

为减小坝体变形对面板应力的影响，面板的浇筑应等待坝体变形稳定一段时间后再施工，面板一次施工到顶要优于面板分期浇筑。坝体在施工期的挡水度汛，汛期水荷载的作用可以起到对堆石体的预压作用，从而可以在一定程度上改善面板的应力状态。

对于混凝土面板的开裂机理和面板裂缝的防治措施进行了分析，对造成面板裂缝的结构因素和材料因素分别进行了分析计算。关于面板坝面板裂缝的控制，主要应从结构和混凝土材料两方面着手。广义上讲，面板的裂缝是由于坝体变形、温度变化和混凝土干缩等因素综合作用的结果。对于面板的结构性裂缝，其防范措施主要是坝体和面板变形的控制；对于面板的材料性裂缝，其防范措施主要是降低面板混凝土的综合温差、控制混凝土的体积收缩。总体而言，面板裂缝的控制是一项系统工程，应该在混凝土材料配比、坝体结构设计、施工质量控制三方面采取综合措施。

4.1 简要说明

共建立了2个几何模型，考虑了3种材料参数，计算了几何模型和材料的不同组合共4个，它们是：

计算1　原设计体形，原计算参数。

计算2　修改体形（趾板取直），原计算参数。

计算3　原设计体形，变形参数＋15％。

计算4　原设计体形，变形参数－15％。

对以上4个计算任务都进行了较为详细的结果整理。结果整理需要考虑到多个部位，多个应力位移项，不同的施工阶段，所以，面板坝结果的整理工作量是很大的。为了方便查阅，对4个计算任务进行了统一的整理工作，按部位（坝体，面板，防渗墙，趾板，连接板，接缝变形）分别列表，表格和图形一一对应，表格的每一行对应一张图形，并注明图形名称。

在计算结果的总结表中，给出了该项应力（或者位移）的最大最小值，还给出了频率

$P=0.5\%$，$P=99.5\%$对应的数值。对工程上关心的最主要应力，专门给出了频率分析的有关图表。

本章给出这些结果中最主要的一些数据和分析，由于图表内容较多，编排时列于本章附录。

4.2 应力频率曲线

面板坝数值模拟的主要目的是了解重要部位的应力、位移和分缝的变形情况。关于应力方面，目前的计算报告中一般给出应力等值线和最大最小值（拉压），把这些应力最大最小值作为面板坝的特征数据。通过几个工程的计算和研究，仅给出等值线和应力的最大最小值是不够的，而且最大值最小值本身是难以确定的，也不说明问题，原因是应力的计算是通过对位移求导得到了，面板坝的受力状态复杂，防渗系统的变形模量和坝体相差两个数量级以上，而且总是存在不同程度的形状突变，所以很难保证应力是光滑的，总是不同程度地存在有应力集中现象。理论上讲，只要有应力集中，网格足够细密，就可以计算出足够大的应力数值。不同的网格密度将得到不同的应力最大最小值，一般情况下，网格越密，最大最小值的绝对值也就越大。为此，对应力结果进行了改进，除给出一般的等值线图和最大最小值以外，还给出应力频率曲线，应力频率曲线类似于水文计算中的洪水频率曲线，是以应力点（高斯点）的等效体积为权重，计算这个点的应力值对应的体积占整体体积的比重，得到应力—体积直方图，然后再对应力—体积直方图进行求和和归一化形成应力频率曲线。

从应力频率曲线上可以看到小于某一数值的应力出现的比例。例如，大于 2MPa 的应力占整个面板的 98%，小于－1MPa 的应力占整个面板的 0.5%等。通过数值试验发现，网格的粗细对应力的最大最小值影响很大，对频率曲线影响很小，通过频率曲线能够更好了解应力状态。

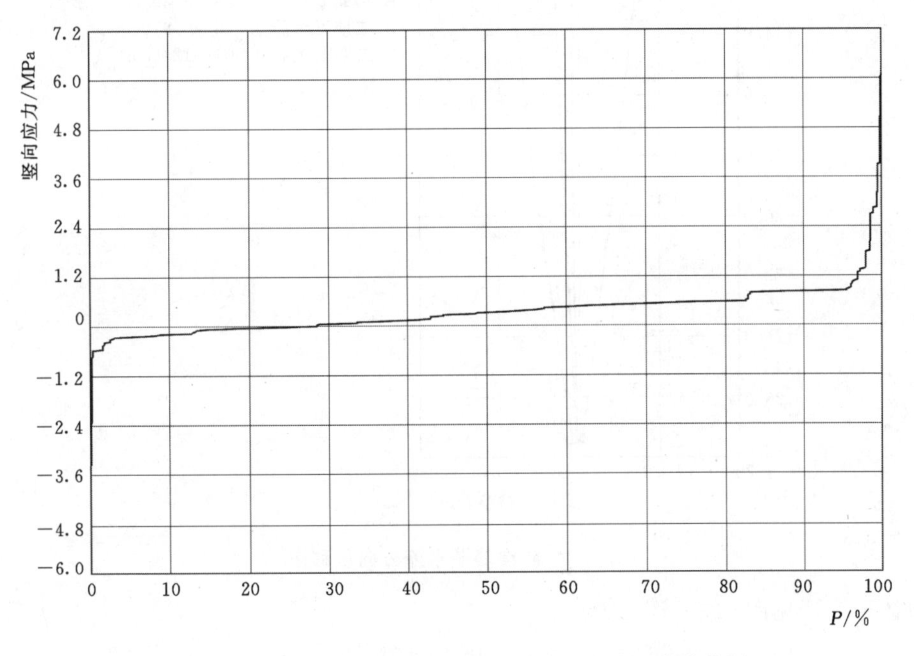

图 4.1 一期蓄水后防渗墙下游面，竖向应力频率曲线图

以防渗墙竖向应力频率曲线为例（负值为拉应力）见图 4.1，由图 4.1 中可以看出，拉应力部分约占 28%，最大拉应力达到 6MPa，但拉应力在 0.6～6MPa 之间所占的比例很小，不具代表性，具有代表性的拉应力数值为 0.6MPa。

4.3 变形图

为了直观起见，本节列出了面板、防渗墙、趾板、连接板的变形图。考虑到 4 个计算结果的变形图的形状基本相同，所以仅列出了在原参数下两种体形的变形。

4.3.1 原体形变形图

从图 4.2 中可以看出，原体形变形图中，防渗墙顶部变形在一期蓄水前向上游最大位移为 11.7cm；一期蓄水后防渗墙顶部向下游最大位移为 4.4cm；二期蓄水前防渗墙顶部向下游最大位移为 0.92cm；二期蓄水后防渗墙顶部向下游最大位移 12.5cm。

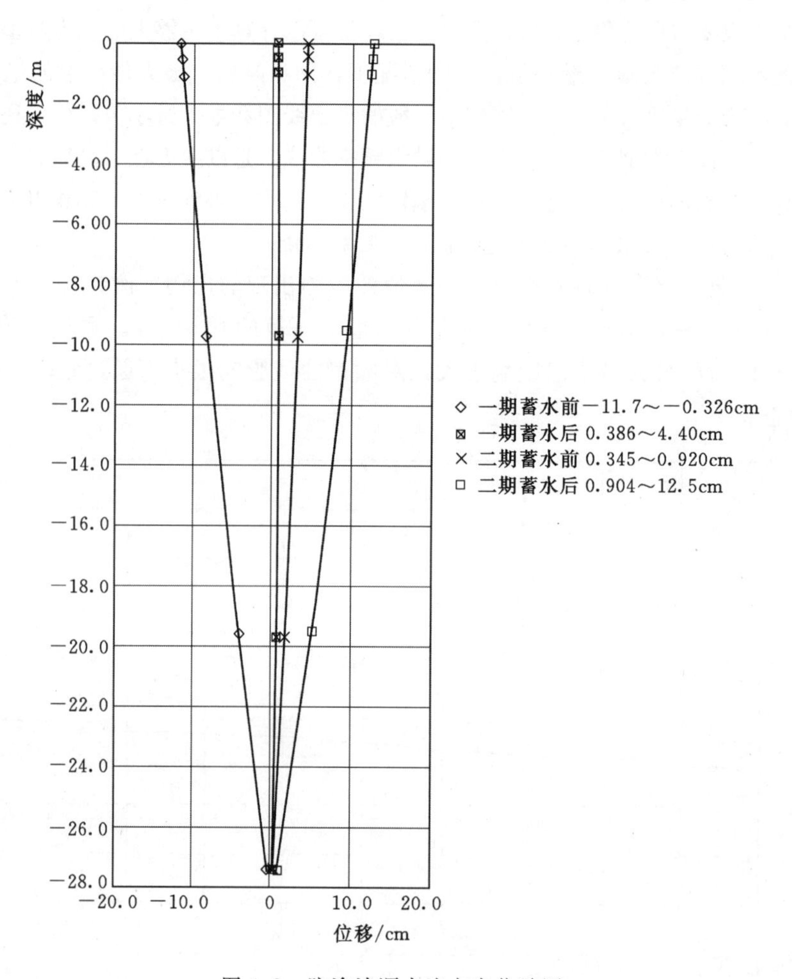

图 4.2 防渗墙顺水流方向位移图

原体形变形见图 4.3～图 4.9。

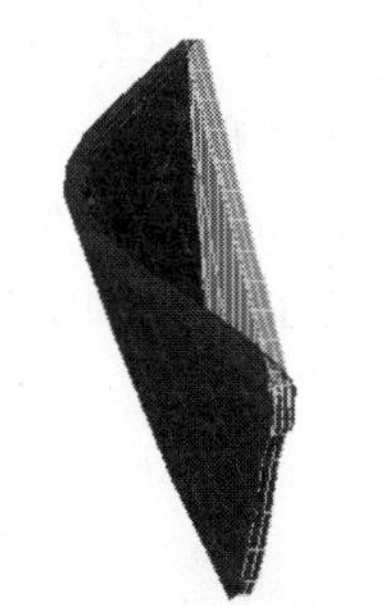
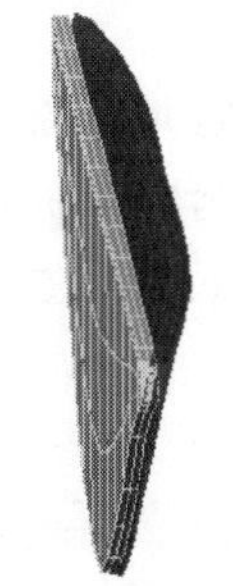
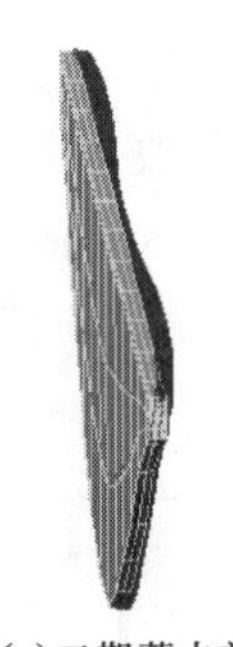
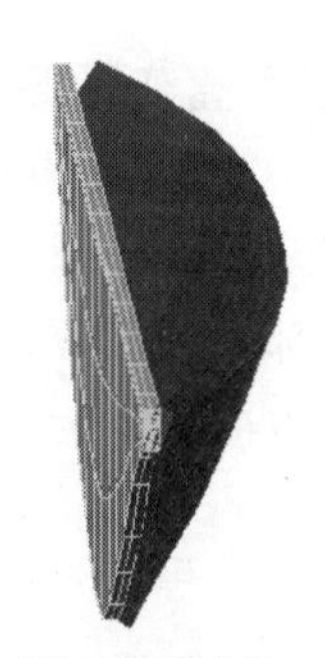

(a)一期蓄水前　向上游，max＝11.7cm　(b)一期蓄水后　向下游，max＝4.4cm　(c)二期蓄水前　向下游，max＝1.5cm　(d)二期蓄水后　向下游，max＝12.5cm

图 4.3　原体形防渗墙各阶段变形图（放大 100 倍）

图 4.4　原体形一期蓄水引起的防渗系统变形增量图

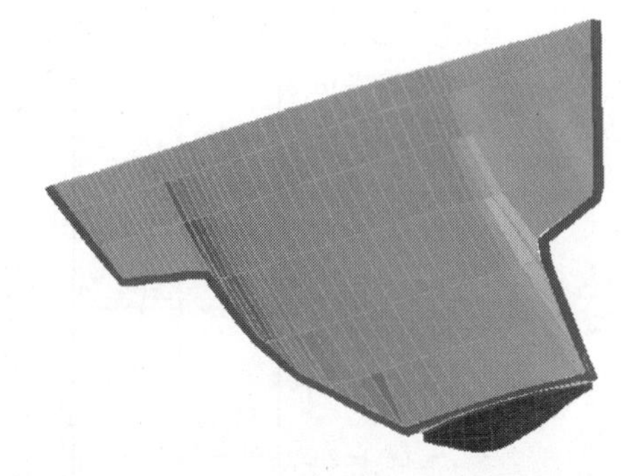

图 4.5　原体形二期蓄水引起的防渗系统变形增量图

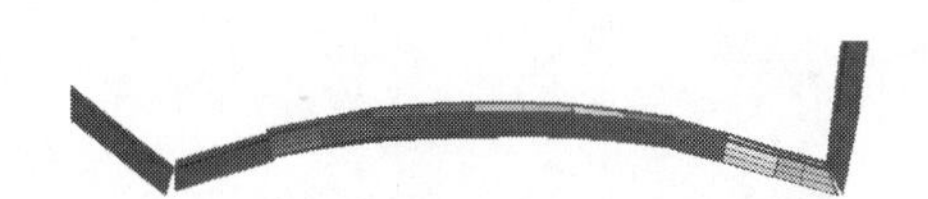

图 4.6　原体形河床段趾板变形图（二期蓄水增量，放大 80 倍）

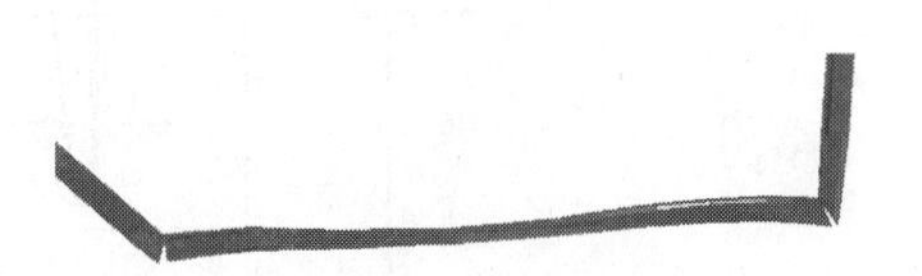

图 4.7　原体形河床段趾板变形图（全量，放大 100 倍）

图 4.8　原体形连接板变形全量图（放大 50 倍）

图 4.9　原体形防渗墙—连接板—趾板二期蓄水变形增量图（50 倍）

4.3.2 趾板取直变形图

从图 4.10 中可以看出，趾板取直方案中，防渗墙顶部在一期蓄水前的最大位移为向上游方向移动 11.9cm；在一期蓄水后的最大位移为向下游方向移动 3.96cm；在二期蓄水前防渗墙顶部的最大位移为向下游方向移动 0.737cm；在二期蓄水后防渗墙顶部的最大位移为向下游方向移动为 12.0cm。

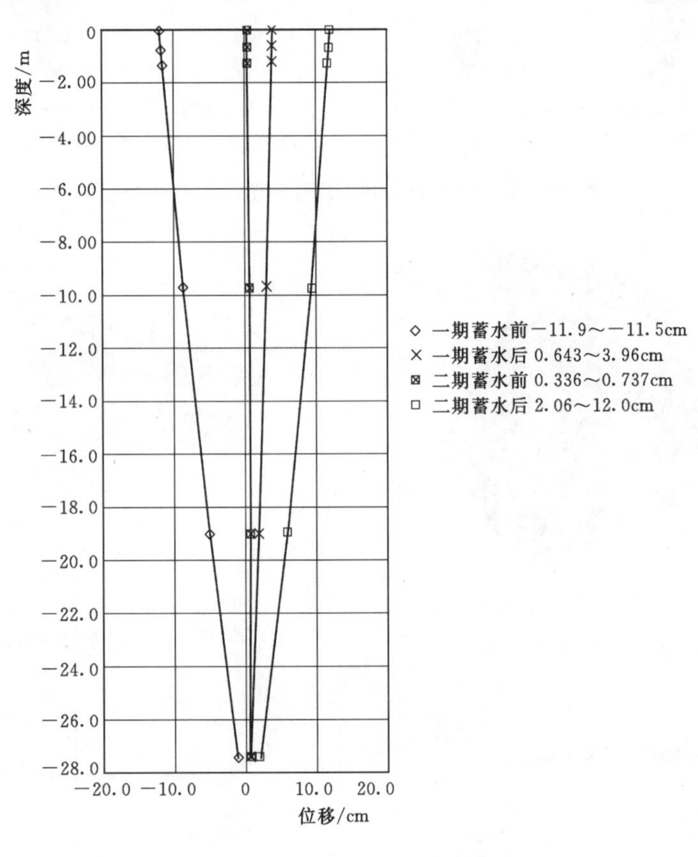

图 4.10 防渗墙顺水流方向位移

趾板取直变形见图 4.11～图 4.13。

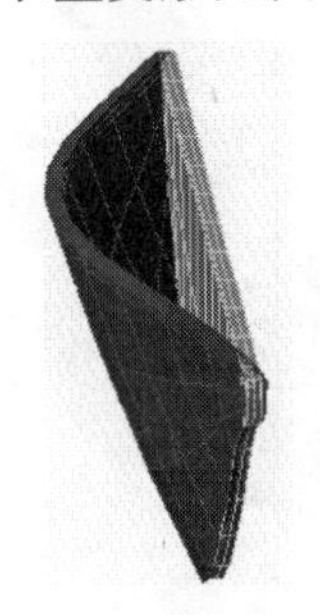

(a)一期蓄水前
向上游，max=11.9cm

(b)一期蓄水后
向下游，max=3.96cm

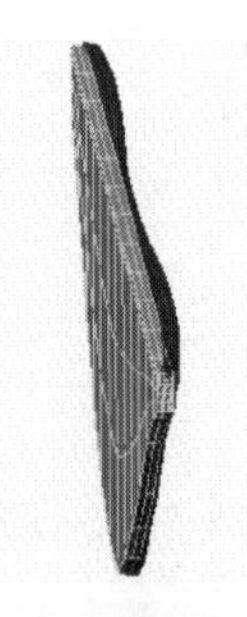

(c)二期蓄水前
向下游，max=0.74cm

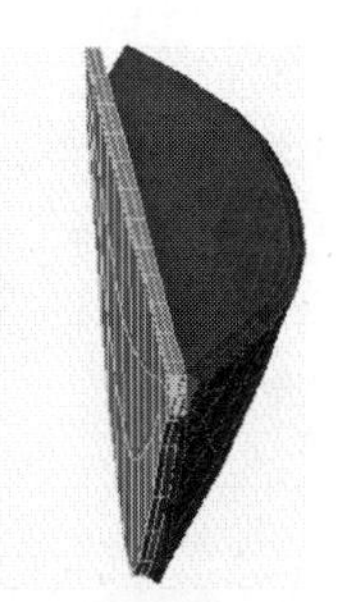

(d)二期蓄水后
向下游，max=12.0cm

图 4.11 趾板取直防渗墙各阶段变形图（放大 100 倍）

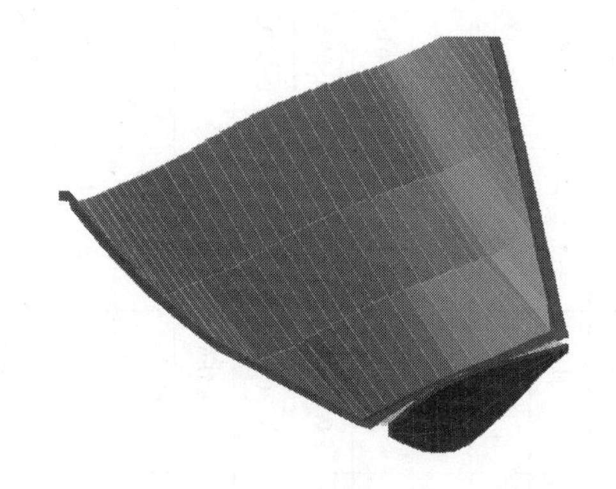

图 4.12 趾板取直一期蓄水引起的防渗系统变形增量图

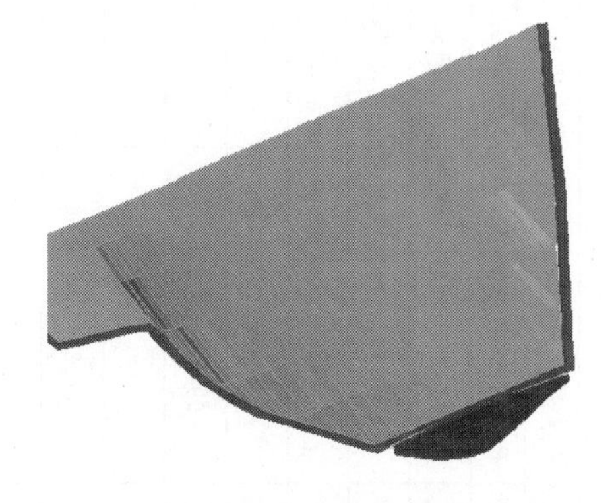

图 4.13 趾板取直二期蓄水引起的防渗系统变形增量图

4.4 主要应力变形数据

本章列出 4 个计算结果的主要数据，其中顺水流方向位移“+”向下游，“－”向上游，轴向位移“+”向右岸，“－”向左岸。

竖向位移向上为“+”。

本文应力拉为－，压为+。

附录 1～附录 3 给出了和本章对应的 4 个计算课题的详细数据列表和等值线图，给出了重要应力的频率分析曲线和列表，给出了 $P=0.5\%$，$P=99.5\%$，$P=1\%$，$P=99\%$，$P=2\%$，$P=98\%$对应的应力数值。

表中 $P=0.5\%$值接近最小值，但不是最小值。对于位移而言，$P=0.5\%$值和最小值非常接近；对应力而言，$P=0.5\%$值和最小值的差别取决于是否有应力集中。如果应力集中存在，应力有奇点（应力为无穷大），则可能计算的最小应力（拉应力）可能其绝对值非常大，但其占体积范围又非常小。显然，这个拉应力是不具有代表性的，必须削峰处理。事实上，$P=0.5\%$值就是去掉占总体积 0.5%最大拉应力后的应力值。如果没有应力集中，则 $P=0.5\%$值近似于最小值。

表中 $P=99.5\%$值对应通常的最大值，但不是最大值。它是将压应力最大值削峰以后的应力，含义和 $P=0.5\%$值类似。请参见本章 4.2 节关于应力频率曲线的说明。

4 个计算课题的坝体（含覆盖层）位移应力计算结果对比见表 4.1。

4 个计算课题的面板位移和应力计算结果对比见表 4.2。

4 个计算课题的防渗墙位移和应力计算结果对比见表 4.3。

4 个计算课题的连接板位移和应力计算结果对比见表 4.4。

4 个计算课题的河床段趾板位移和应力计算结果对比见表 4.5。

4 个计算课题的接缝相对位移计算结果对比见表 4.6。

表 4.1　　坝体（含覆盖层）位移应力

工况	位置	变量名称	原体形，原参数		趾板取直，原参数		原体形，变形模量+15%		原体形，变形模量−15%	
			P=0.5%	P=99.5%	P=0.5%	P=99.5%	P=0.5%	P=99.5%	P=0.5%	P=99.5%
一期蓄水前	坝体横断面	顺水流方向位移/m	−0.1632	0.1372	−0.1722	0.1407	−0.1428	0.1193	−0.1874	0.1558
一期蓄水前	坝体横断面	竖向位移/m	−0.5748	0.01982	−0.5683	0.02074	−0.4999	0.01723	−0.6612	0.02227
一期蓄水前	坝体横断面	第1主应力/MPa	0.1000	1.678	0.1181	1.713	0.1000	1.677	0.1000	1.685
一期蓄水前	坝体横断面	第3主应力/MPa	0.08809	0.8079	0.09417	0.8263	0.08950	0.8088	0.08366	0.8087
一期蓄水前	坝体横断面	应力水平	0.07510	0.9948	0.07510	0.9948	0.07510	0.9948	0.07310	0.9948
一期蓄水后	坝体横断面	顺水流方向位移/m	−0.07881	0.1378	−0.08416	0.1412	−0.06884	0.1194	−0.07745	0.1565
一期蓄水后	坝体横断面	竖向位移/m	−0.5737	0.01860	−0.5682	0.02073	−0.4988	0.01722	−0.6601	0.02225
一期蓄水后	坝体横断面	第1主应力/MPa	0.1194	1.698	0.1389	1.722	0.1202	1.693	0.1200	1.701
一期蓄水后	坝体横断面	第3主应力/MPa	0.08671	0.8195	0.09291	0.8360	0.08649	0.8216	0.08754	0.8205
一期蓄水后	坝体横断面	应力水平	0.01791	0.9948	0.01390	0.9948	0.01791	0.9948	0.01590	0.9948
二期蓄水前	坝体横断面	顺水流方向位移/m	−0.1112	0.2328	−0.1181	0.2408	−0.09679	0.2018	−0.1264	0.2687
二期蓄水前	坝体横断面	竖向位移/m	−0.8848	0.01893	−0.8778	0.01989	−0.7697	0.01646	−1.017	0.02118
二期蓄水前	坝体横断面	第1主应力/MPa	0.1257	2.136	0.1378	2.157	0.1186	2.127	0.1178	2.132
二期蓄水前	坝体横断面	第3主应力/MPa	0.08731	1.018	0.09235	1.035	0.08849	1.020	0.08676	1.019
二期蓄水前	坝体横断面	应力水平	0.03713	0.9948	0.04714	0.9948	0.03713	0.9948	0.04314	0.9948
二期蓄水后	坝体横断面	顺水流方向位移/m	−0.05187	0.3037	−0.05762	0.3134	−0.04522	0.2640	−0.06049	0.3504
二期蓄水后	坝体横断面	竖向位移/m	−0.9053	0.01878	−0.8993	0.01975	−0.7872	0.01456	−1.041	0.02100
二期蓄水后	坝体横断面	第1主应力/MPa	0.1020	2.283	0.1189	2.308	0.1020	2.272	0.1004	2.280
二期蓄水后	坝体横断面	第3主应力/MPa	0.07184	1.086	0.09095	1.111	0.07517	1.088	0.06704	1.088
二期蓄水后	坝体横断面	应力水平	0.007197	0.9947	0.009199	0.9947	0.005195	0.9947	0.01120	0.9947

表 4.2　　　　面板位移和应力

工况	位置	变量名称	原体形，原参数		趾板取直，原参数		原体形，变形模量+15%		原体形，变形模量−15%	
			P=0.5%	P=99.5%	P=0.5%	P=99.5%	P=0.5%	P=99.5%	P=0.5%	P=99.5%
一期蓄水后	面板表面	轴向位移/m	−0.004894	0.007009	−0.006376	0.006478	−0.004302	0.006866	−0.005502	0.007305
一期蓄水后	面板表面	顺坡位移/m	−0.01086	0.06149	−0.01030	0.06104	−0.01071	0.05401	−0.01104	0.06863
一期蓄水后	面板表面	法向位移/m	−0.2068	−0.001187	−0.2050	−0.001436	−0.1798	−0.001030	−0.2373	−0.001190
一期蓄水后	面板表面	轴向应力/MPa	−0.1259	0.9261	−0.2094	0.9489	−0.1085	0.8744	−0.2227	0.9928
一期蓄水后	面板表面	顺坡应力/MPa	0.07540	2.075	0.06859	2.015	0.07511	1.997	0.07375	2.112
一期蓄水后	面板底面	轴向位移/m	−0.002095	0.006073	−0.004570	0.005588	−0.002060	0.006025	−0.002352	0.006234
一期蓄水后	面板底面	顺坡位移/m	−0.01102	0.06164	−0.01047	0.06135	−0.01088	0.05411	−0.01096	0.06883
一期蓄水后	面板底面	法向位移/m	−0.2068	−0.001187	−0.2050	−0.001436	−0.1798	−0.001030	−0.2373	−0.001189
一期蓄水后	面板底面	轴向应力/MPa	−0.3095	0.8974	−0.4073	0.9233	−0.2411	0.8473	−0.3925	0.9618
一期蓄水后	面板底面	顺坡应力/MPa	−0.5124	1.940	−0.6659	1.881	−0.3773	1.879	−0.6137	1.963
二期蓄水前	面板表面	轴向位移/m	−0.02145	0.03052	−0.02460	0.02636	−0.01913	0.02713	−0.02417	0.03438
二期蓄水前	面板表面	顺坡位移/m	−0.03823	0.02152	−0.03844	0.02175	−0.03550	0.01967	−0.03962	0.02225
二期蓄水前	面板表面	法向位移/m	−0.1919	−0.001230	−0.1908	−0.001163	−0.1675	−0.001074	−0.2196	−0.001363
二期蓄水前	面板表面	轴向应力/MPa	−0.2034	3.583	−0.3079	3.571	−0.1399	3.257	−0.3109	3.948
二期蓄水前	面板表面	顺坡应力/MPa	0.2117	6.855	0.2890	6.620	0.2277	6.546	0.2427	7.233
二期蓄水前	面板底面	轴向位移/m	−0.01978	0.02967	−0.02375	0.02558	−0.01781	0.02649	−0.02218	0.03334
二期蓄水前	面板底面	顺坡位移/m	−0.03849	0.02208	−0.03864	0.02244	−0.03573	0.02026	−0.04010	0.02303
二期蓄水前	面板底面	法向位移/m	−0.1920	−0.001229	−0.1909	−0.001162	−0.1675	−0.001074	−0.2196	−0.001362
二期蓄水前	面板底面	轴向应力/MPa	−0.1245	3.623	−0.1050	3.599	−0.1116	3.288	−0.1298	3.992
二期蓄水前	面板底面	顺坡应力/MPa	0.2820	6.848	0.5873	6.447	0.2614	6.527	0.6581	7.241
二期蓄水后	面板表面	轴向位移/m	−0.03665	0.05497	−0.05199	0.04789	−0.03333	0.04952	−0.03751	0.06117
二期蓄水后	面板表面	顺坡位移/m	−0.02150	0.07876	−0.02313	0.07649	−0.02122	0.06960	−0.02175	0.08728
二期蓄水后	面板表面	法向位移/m	−0.4093	−0.003726	−0.3999	−0.003972	−0.3558	−0.003212	−0.4713	−0.004577
二期蓄水后	面板表面	轴向应力/MPa	−0.3971	5.568	−0.4198	6.121	−0.3570	5.109	−0.4363	6.032
二期蓄水后	面板表面	顺坡应力/MPa	−0.1430	5.999	−0.1594	5.900	−0.1174	5.755	−0.1767	6.213
二期蓄水后	面板底面	轴向位移/m	−0.03005	0.05400	−0.04959	0.04687	−0.02750	0.04871	−0.03073	0.06001
二期蓄水后	面板底面	顺坡位移/m	−0.02214	0.07742	−0.02345	0.07562	−0.02152	0.06859	−0.02250	0.08597
二期蓄水后	面板底面	法向位移/m	−0.4094	−0.003711	−0.3999	−0.003987	−0.3558	−0.003129	−0.4714	−0.004202
二期蓄水后	面板底面	轴向应力/MPa	−0.5203	5.519	−0.2297	6.126	−0.4756	5.065	−0.4507	5.987
二期蓄水后	面板底面	顺坡应力/MPa	−0.4678	5.964	−0.3738	5.892	−0.3438	5.735	−0.5732	6.174

表 4.3　　防渗墙位移和应力

工况	位置	变量名称	原体形，原参数		趾板取直，原参数		原体形，变形模量+15%		原体形，变形模量−15%	
			P=0.5%	P=99.5%	P=0.5%	P=99.5%	P=0.5%	P=99.5%	P=0.5%	P=99.5%
一期蓄水前	上游面	轴向位移/m	−0.001863	0.001728	−0.002125	0.002037	−0.001678	0.001575	−0.002070	0.001914
一期蓄水前	上游面	顺水流方向位移/m	−0.1179	−0.0002055	−0.1190	−0.00004228	−0.1031	−0.0001829	−0.1338	−0.0001873
一期蓄水前	上游面	竖向位移/m	−0.002706	−0.0003654	−0.001706	−0.0002400	−0.002195	−0.0002790	−0.002938	−0.0004793
一期蓄水前	上游面	轴向应力/MPa	−3.772	2.138	−2.568	1.733	−3.445	2.041	−4.167	2.357
一期蓄水前	上游面	竖向应力/MPa	−0.9730	3.144	−1.024	0.9156	−0.9469	2.991	−1.019	3.368
一期蓄水前	下游面	轴向位移/m	−0.001207	0.001336	−0.001073	0.001194	−0.001000	0.001115	−0.001357	0.001543
一期蓄水前	下游面	顺水流方向位移/m	−0.1179	−0.0002042	−0.1190	−0.00004163	−0.1031	−0.0001817	−0.1338	−0.0001862
一期蓄水前	下游面	竖向位移/m	0.0006603	0.003739	0.0009445	0.004230	0.0005448	0.003376	0.0008862	0.004187
一期蓄水前	下游面	轴向应力/MPa	−2.934	3.335	−2.947	2.213	−2.730	3.102	−3.023	3.660
一期蓄水前	下游面	竖向应力/MPa	−0.4840	4.520	−0.3524	2.211	−0.4748	4.447	−0.5122	4.863
一期蓄水后	上游面	轴向位移/m	−0.001056	0.001577	−0.001617	0.001122	−0.0009516	0.001444	−0.001265	0.001558
一期蓄水后	上游面	顺水流方向位移/m	0.001851	0.04384	0.002571	0.03949	0.001674	0.03850	0.002078	0.05019
一期蓄水后	上游面	竖向位移/m	−0.002150	0.001329	−0.004766	0.0002285	−0.002161	0.001088	−0.002111	0.001712
一期蓄水后	上游面	轴向应力/MPa	−1.992	3.528	−1.417	2.730	−1.825	3.249	−2.303	3.726
一期蓄水后	上游面	竖向应力/MPa	−1.064	6.746	−0.1212	3.996	−0.8343	6.313	−0.9887	7.000
一期蓄水后	下游面	轴向位移/m	−0.0003966	0.0007712	−0.0006405	0.0006134	−0.0003770	0.0007395	−0.0005060	0.0007222
一期蓄水后	下游面	顺水流方向位移/m	0.001827	0.04385	0.002571	0.03950	0.001651	0.03851	0.002049	0.05019
一期蓄水后	下游面	竖向位移/m	−0.003254	−0.001830	−0.005882	−0.002898	−0.003076	−0.001639	−0.003539	−0.002127
一期蓄水后	下游面	轴向应力/MPa	−1.895	2.361	−2.489	2.014	−1.615	2.172	−2.087	2.425
一期蓄水后	下游面	竖向应力/MPa	0.06145	5.770	0.02481	3.324	0.06350	5.523	0.06525	5.980
二期蓄水前	上游面	轴向位移/m	−0.0007002	0.001304	−0.001376	0.0008879	−0.0006667	0.001225	−0.0007982	0.001221
二期蓄水前	上游面	顺水流方向位移/m	0.001337	0.01468	0.002340	0.01324	0.001233	0.01340	0.001497	0.01729
二期蓄水前	上游面	竖向位移/m	−0.003704	0.0006171	−0.006488	−0.0005409	−0.003541	0.0005150	−0.003833	0.0007389
二期蓄水前	上游面	轴向应力/MPa	−1.931	3.289	−1.402	2.693	−1.625	3.046	−2.227	3.440
二期蓄水前	上游面	竖向应力/MPa	−0.1621	7.267	−0.1192	4.572	−0.1527	6.825	−0.1999	7.548
二期蓄水前	下游面	轴向位移/m	−0.0007858	0.001251	−0.001139	0.0009988	−0.0007219	0.001160	−0.0009015	0.001243
二期蓄水前	下游面	顺水流方向位移/m	0.001313	0.01468	0.002314	0.01324	0.001210	0.01338	0.001468	0.01729
二期蓄水前	下游面	竖向位移/m	−0.003336	−0.0009129	−0.006394	−0.002231	−0.003267	−0.0008683	−0.003163	−0.001096
二期蓄水前	下游面	轴向应力/MPa	−1.640	2.765	−2.466	2.354	−1.460	2.519	−1.643	2.890
二期蓄水前	下游面	竖向应力/MPa	0.09496	6.372	0.03032	3.981	0.08485	6.126	0.09639	6.615
二期蓄水后	上游面	轴向位移/m	−0.003114	0.004283	−0.004743	0.004588	−0.002852	0.003950	−0.003522	0.004392
二期蓄水后	上游面	顺水流方向位移/m	0.002872	0.1240	0.006090	0.1184	0.002630	0.1096	0.003501	0.1383
二期蓄水后	上游面	竖向位移/m	−0.003966	0.002540	−0.009911	−0.0003084	−0.004062	0.002116	−0.003870	0.003215
二期蓄水后	上游面	轴向应力/MPa	−2.327	5.487	−1.982	4.441	−2.327	5.063	−2.329	5.793
二期蓄水后	上游面	竖向应力/MPa	−2.248	9.955	−0.2175	7.371	−1.900	9.464	−2.682	10.33
二期蓄水后	下游面	轴向位移/m	−0.0006224	0.001490	−0.001660	0.001469	−0.0006427	0.001473	−0.0006717	0.001394
二期蓄水后	下游面	顺水流方向位移/m	0.002833	0.1240	0.006078	0.1184	0.002595	0.1097	0.003448	0.1383
二期蓄水后	下游面	竖向位移/m	−0.007658	−0.004117	−0.01363	−0.006731	−0.006983	−0.003621	−0.008085	−0.004728
二期蓄水后	下游面	轴向应力/MPa	−1.079	2.263	−3.019	2.990	−0.9445	2.155	−1.292	2.217
二期蓄水后	下游面	竖向应力/MPa	0.1419	7.434	0.07686	5.397	0.1327	7.182	0.1532	7.644

表 4.4　　连接板位移和应力

工况	位置	变量名称	原体形，原参数		趾板取直，原参数		原体形，变形模量＋15%		原体形，变形模量－15%	
			P=0.5%	P=99.5%	P=0.5%	P=99.5%	P=0.5%	P=99.5%	P=0.5%	P=99.5%
一期蓄水后	连接板表面	轴向位移/m	－0.009381	0.01039	－0.009210	0.009947	－0.008293	0.009421	－0.01065	0.01147
一期蓄水后	连接板表面	顺水流方向位移/m	0.03627	0.1718	0.04003	0.1703	0.03148	0.1501	0.04297	0.1948
一期蓄水后	连接板表面	竖向位移/m	－0.09895	－0.007113	－0.09814	－0.006529	－0.08627	－0.006291	－0.1141	－0.007727
一期蓄水后	连接板表面	轴向应力/MPa	－0.4581	5.217	－0.2561	5.296	－0.3072	4.740	－0.4806	5.732
一期蓄水后	连接板表面	顺水流应力/MPa	0.1825	2.100	0.1694	2.225	0.1221	1.952	0.1957	2.218
一期蓄水后	连接板底面	轴向位移/m	－0.008543	0.009466	－0.008460	0.009283	－0.007515	0.008568	－0.009710	0.01049
一期蓄水后	连接板底面	顺水流方向位移/m	0.03336	0.1540	0.03567	0.1514	0.02902	0.1353	0.03934	0.1738
一期蓄水后	连接板底面	竖向位移/m	－0.09891	－0.007094	－0.09810	－0.006510	－0.08623	－0.006273	－0.1140	－0.007709
一期蓄水后	连接板底面	轴向应力/MPa	－1.122	5.032	－1.016	5.055	－0.8986	4.549	－1.310	5.510
一期蓄水后	连接板底面	顺水流应力/MPa	－0.7301	0.8599	－0.8768	0.5786	－0.6685	0.7586	－0.8170	0.8183
二期蓄水前	连接板表面	轴向位移/m	－0.007461	0.009425	－0.008102	0.008804	－0.006578	0.008535	－0.008342	0.009822
二期蓄水前	连接板表面	顺水流方向位移/m	0.01953	0.1338	0.02365	0.1338	0.01765	0.1180	0.02345	0.1507
二期蓄水前	连接板表面	竖向位移/m	－0.1060	－0.006931	－0.1043	－0.006505	－0.09232	－0.006158	－0.1212	－0.007230
二期蓄水前	连接板表面	轴向应力/MPa	0.05960	4.627	0.2967	4.851	0.1346	4.191	0.02725	5.027
二期蓄水前	连接板表面	顺水流应力/MPa	0.06244	3.204	0.1514	3.420	0.01887	2.917	0.3197	3.467
二期蓄水前	连接板底面	轴向位移/m	－0.006584	0.008416	－0.007405	0.008080	－0.005791	0.007573	－0.007396	0.008758
二期蓄水前	连接板底面	顺水流方向位移/m	0.01701	0.1157	0.02046	0.1138	0.01555	0.1026	0.01987	0.1287
二期蓄水前	连接板底面	竖向位移/m	－0.1059	－0.006910	－0.1043	－0.006685	－0.09228	－0.006311	－0.1212	－0.007443
二期蓄水前	连接板底面	轴向应力/MPa	－0.9561	4.512	－0.7255	4.691	－0.7570	4.064	－1.118	4.886
二期蓄水前	连接板底面	顺水流应力/MPa	－0.2662	1.709	－0.3399	1.529	－0.2482	1.573	－0.2803	1.764
二期蓄水后	连接板表面	轴向位移/m	－0.01603	0.01818	－0.01610	0.01717	－0.01435	0.01655	－0.01795	0.01937
二期蓄水后	连接板表面	顺水流方向位移/m	0.03982	0.2564	0.04557	0.2547	0.03467	0.2246	0.04720	0.2907
二期蓄水后	连接板表面	竖向位移/m	－0.1591	－0.01273	－0.1606	－0.01153	－0.1383	－0.01159	－0.1846	－0.01374
二期蓄水后	连接板表面	轴向应力/MPa	0.1183	8.737	0.003570	8.525	0.3636	8.014	－0.08593	9.474
二期蓄水后	连接板表面	顺水流应力/MPa	0.2229	4.298	0.2595	4.554	0.1616	3.906	0.2415	4.594
二期蓄水后	连接板底面	轴向位移/m	－0.01454	0.01656	－0.01466	0.01579	－0.01299	0.01502	－0.01636	0.01763
二期蓄水后	连接板底面	顺水流方向位移/m	0.03478	0.2306	0.04092	0.2261	0.03085	0.2029	0.04151	0.2591
二期蓄水后	连接板底面	竖向位移/m	－0.1591	－0.01298	－0.1605	－0.01118	－0.1383	－0.01155	－0.1846	－0.01370
二期蓄水后	连接板底面	轴向应力/MPa	－1.164	8.411	－1.276	8.235	－0.7792	7.678	－1.526	9.166
二期蓄水后	连接板底面	顺水流应力/MPa	－0.6226	2.172	－0.6859	1.805	－0.6390	1.981	－0.8247	2.157

表 4.5 河床段趾板位移和应力

工况	位置	变量名称	原体形，原参数		趾板取直，原参数		原体形，变形模量+15%		原体形，变形模量−15%	
			$P=0.5\%$	$P=99.5\%$	$P=0.5\%$	$P=99.5\%$	$P=0.5\%$	$P=99.5\%$	$P=0.5\%$	$P=99.5\%$
一期蓄水前	河床段趾板表面	轴向位移/m	−0.01073	0.01757	−0.0115	0.01453	−0.01256	0.01547	−0.01193	0.02024
一期蓄水前	河床段趾板表面	顺水流方向位移/m	−0.1442	0.003501	−0.1526	0.003126	−0.1269	0.0006927	−0.1637	0.003708
一期蓄水前	河床段趾板表面	竖向位移/m	−0.03479	0.01694	−0.0411	0.01737	−0.03168	0.01455	−0.03856	0.01982
一期蓄水前	河床段趾板表面	轴向应力/MPa	−2.382	8.120	−1.626	7.676	−1.990	7.346	−2.578	8.748
一期蓄水前	河床段趾板表面	顺水流应力/MPa	−0.9145	1.232	−0.7719	1.216	−0.7508	1.206	−0.7972	1.171
一期蓄水前	河床段趾板底面	轴向位移/m	−0.01303	0.01743	−0.0112	0.01434	−0.01221	0.01536	−0.01452	0.02000
一期蓄水前	河床段趾板底面	顺水流方向位移/m	−0.1506	0.003343	−0.1609	0.003290	−0.1327	0.0008284	−0.1710	0.003542
一期蓄水前	河床段趾板底面	竖向位移/m	−0.03238	0.01693	−0.0393	0.01730	−0.02962	0.01454	−0.03597	0.01981
一期蓄水前	河床段趾板底面	轴向应力/MPa	−1.454	8.319	−0.9293	7.772	−1.490	7.556	−2.022	9.012
一期蓄水前	河床段趾板底面	顺水流应力/MPa	−1.972	1.913	−1.686	1.926	−1.400	1.867	−1.735	1.982
一期蓄水后	河床段趾板表面	轴向位移/m	−0.007603	0.01108	−0.0078	0.01036	−0.006826	0.009734	−0.008380	0.01269
一期蓄水后	河床段趾板表面	顺水流方向位移/m	−0.002130	0.03686	0.00340	0.03050	−0.001134	0.03071	−0.004317	0.04457
一期蓄水后	河床段趾板表面	竖向位移/m	−0.1678	−0.0008149	−0.1735	−0.00089	−0.1469	−0.0007153	−0.1924	−0.000936
一期蓄水后	河床段趾板表面	轴向应力/MPa	−2.739	8.011	−2.527	7.772	−2.271	7.313	−2.985	8.952
一期蓄水后	河床段趾板表面	顺水流应力/MPa	−1.822	3.050	−2.231	2.980	−1.796	2.776	−1.941	3.144
一期蓄水后	河床段趾板底面	轴向位移/m	−0.006007	0.008925	−0.0061	0.008024	−0.005412	0.007877	−0.006499	0.01017
一期蓄水后	河床段趾板底面	顺水流方向位移/m	−0.002131	0.02949	−0.0052	0.02650	−0.001165	0.02454	−0.004187	0.03595
一期蓄水后	河床段趾板底面	竖向位移/m	−0.1665	−0.0009307	−0.1722	−0.00096	−0.1457	−0.0008148	−0.1909	−0.000967
一期蓄水后	河床段趾板底面	轴向应力/MPa	−1.533	8.354	−0.0285	8.297	−1.507	7.573	−2.757	9.415
一期蓄水后	河床段趾板底面	顺水流应力/MPa	−1.796	2.046	−0.7469	2.419	−1.699	2.022	−2.263	2.219
二期蓄水前	河床段趾板表面	轴向位移/m	−0.003789	0.01084	−0.0070	0.01001	−0.003515	0.009027	−0.003895	0.01237
二期蓄水前	河床段趾板表面	顺水流方向位移/m	−0.02240	0.008053	−0.0306	0.006595	−0.01954	0.007166	−0.02686	0.01051
二期蓄水前	河床段趾板表面	竖向位移/m	−0.1772	−0.0009378	−0.1828	−0.00085	−0.1552	−0.0007451	−0.2031	−0.000972
二期蓄水前	河床段趾板表面	轴向应力/MPa	−0.6625	6.090	−0.2756	5.671	−0.4683	5.677	−0.7714	6.723
二期蓄水前	河床段趾板表面	顺水流应力/MPa	−0.7024	5.472	−2.438	5.515	−0.1790	4.992	−0.7552	5.877
二期蓄水前	河床段趾板底面	轴向位移/m	−0.002018	0.008111	−0.0044	0.006261	−0.001933	0.007130	−0.002005	0.009724
二期蓄水前	河床段趾板底面	顺水流方向位移/m	−0.03575	0.001921	−0.0448	0.002206	−0.03124	0.002733	−0.04199	0.003403
二期蓄水前	河床段趾板底面	竖向位移/m	−0.1759	−0.0008883	−0.1821	−0.00094	−0.1540	−0.0007781	−0.2015	−0.001017
二期蓄水前	河床段趾板底面	轴向应力/MPa	−0.2596	6.810	0.00466	6.527	−0.3616	6.274	−1.318	7.575
二期蓄水前	河床段趾板底面	顺水流应力/MPa	−1.398	1.310	−1.497	3.304	−1.332	1.255	−1.492	1.521
二期蓄水后	河床段趾板表面	轴向位移/m	−0.01679	0.02234	−0.0173	0.02111	−0.01493	0.01978	−0.01905	0.02561
二期蓄水后	河床段趾板表面	顺水流方向位移/m	−0.002568	0.1110	0.00301	0.1014	−0.000984	0.09669	−0.005817	0.1262
二期蓄水后	河床段趾板表面	竖向位移/m	−0.2529	−0.001248	−0.2590	−0.00123	−0.2205	−0.001090	−0.2908	−0.001586
二期蓄水后	河床段趾板表面	轴向应力/MPa	−3.069	9.039	−3.357	8.090	−2.641	8.225	−3.459	10.07
二期蓄水后	河床段趾板表面	顺水流应力/MPa	−2.373	6.589	−2.779	6.530	−2.505	6.008	−2.718	7.468
二期蓄水后	河床段趾板底面	轴向位移/m	−0.01391	0.01877	−0.0144	0.01745	−0.01242	0.01670	−0.01574	0.02150
二期蓄水后	河床段趾板底面	顺水流方向位移/m	−0.002339	0.08396	0.00329	0.07284	−0.000908	0.07308	−0.005341	0.09549
二期蓄水后	河床段趾板底面	竖向位移/m	−0.2504	−0.001394	−0.2569	−0.00132	−0.2183	−0.001102	−0.2879	−0.001453
二期蓄水后	河床段趾板底面	轴向应力/MPa	−2.993	9.059	−1.101	8.504	−2.790	8.277	−4.465	10.22
二期蓄水后	河床段趾板底面	顺水流应力/MPa	−3.324	2.102	−1.177	4.000	−3.077	1.950	−1.663	2.038

表 4.6 接缝相对位移

工况	相对变形最大值	原体形，原参数	趾板取直，原参数	原体形，变形模量+15%	原体形，变形模量-15%
二期蓄水后	横缝错动量/mm	23.0	21.4	20.0	25.1
二期蓄水后	横缝相对沉降量/mm	1.9	1.2	1.8	3.2
二期蓄水后	横缝张开量/mm	13.0	12.5	11.3	14.9
二期蓄水后	周边缝错动量/mm	24.7	26.1	23.8	26.5
二期蓄水后	周边缝相对沉降量/mm	37.4	30.5	33.2	40.9
二期蓄水后	周边缝张开量/mm	20.7	24.6	19.0	19.7
二期蓄水后	趾板—连接板错动量/mm	32.1	31.9	28.3	36.1
二期蓄水后	趾板—连接板相对沉降量/mm	0.0	0.0	0.0	0.0
二期蓄水后	趾板—连接板张开量/mm	16.4	18.5	14.6	18.0
二期蓄水后	连接板—防渗墙错动量/mm	18.5	16.4	16.6	20.1
二期蓄水后	连接板—防渗墙相对沉降量/mm	34.7	30.1	32.8	36.6
二期蓄水后	连接板—防渗墙张开量/mm	15.8	15.5	14.0	24.5

4.5 评价和结论

河口村面板坝进行了2个体形的应力变形计算和参数敏感性分析，针对面板坝关键的4个阶段（一期蓄水前、后和二期蓄水前、后），整理了详细的计算结果，根据计算结果归纳为下列几点内容：

（1）坝体应力位移情况处于正常状态，完建期和蓄水期坝体应力水平代表值0.5左右，满足坝体强度要求并有较大的安全富裕。覆盖层的应力水平相对较大，在0.6～0.8之间，满足强度要求，仅在统计时发现防渗墙附近个别单元达到0.95以上，提示作为坝体基础的覆盖层可能在防渗墙周围存在局部的拉裂和剪切破坏，但范围很小对坝体和坝基影响甚微。

（2）坝体完建期沉降值为0.90m，坝体变形模量±15%后，沉降值分别为0.78m，-1.04m，接近坝高的1%，在正常范围。原设计体形和修改体形（趾板取直）对坝体应力变形的影响不大，对面板应力和周边缝影响较为明显。

（3）蓄水后面板的变形呈锅底状，最大挠度0.40m，坝体变形模量±15%后，最大挠度为0.36～0.47m。修改方案（趾板取直）对面板最大挠度没有明显影响。与实测资料（见表4.7几座面板坝满蓄时的实测变形极值）对比，本工程面板挠度的计算值是偏大的，主要原因是受河床覆盖层影响，坝体材料的变形计算参数和其他类似工程相比略偏小。

表 4.7 几座面板坝满蓄时的实测变形极值

坝名	所属国家	竣工时间/年	坝高/m	材料类型	面板挠度/cm	面板应变/(1×10^{-6})		周边缝变形/mm		
						顺坡向	坝轴向	张压	竖剪	横剪
Cethana	澳大利亚	1971	110	石英岩	17.8	-80/320	-100/40	12	—	7.5
Anchicaya	哥伦比亚	1974	140	角页岩	16.0			125	106	15
Areia	巴西	1980	160	玄武岩夹软角砾岩	77.5	-160/420	440	23	25	55
Shiroro	尼日利亚	1983	125	花岗岩	9.0	-200/300	-100/500	30	21	>50
Pieman	澳大利亚	1986	122	玄武岩				7	—	70
Khao Laem	泰国	1984	130	灰岩	12.5			5	8	—

（4）二期蓄水后的面板应力统计值见表4.8。可见面板的拉压应力的极值数值是比较大的，但随着削峰宽度的微小增加，应力数值迅速减小，如果忽略0.5%范围的应力集中，则面板的拉应力在1MPa以内，压应力在8MPa以内。

表4.8　二期蓄水后面板应力统计表

a：原体形

位置	变量名称	拉　应　力/MPa				压　应　力/MPa			
		极值	P=0.5%	P=1%	P=2%	极值	P=99.5%	P=99%	P=98%
表面	轴向应力	−3.046	−0.3971	−0.2797	−0.1412	7.979	5.568	5.479	5.455
	顺坡应力	−0.2726	−0.1430	−0.1125	−0.08367	7.633	5.999	5.948	5.923
底面	轴向应力	−7.813	−0.5203	−0.2406	−0.1950	5.605	5.519	5.459	5.418
	顺坡应力	−1.731	−0.4678	−0.3863	−0.3130	6.030	5.964	5.914	5.876

b：趾板取直

位置	变量名称	拉　应　力/MPa				压　应　力/MPa			
		极值	P=0.5%	P=1%	P=2%	极值	P=99.5%	P=99%	P=98%
表面	轴向应力	−3.721	−0.4198	−0.3138	−0.1525	6.808	6.121	6.108	5.997
	顺坡应力	−1.077	−0.1594	−0.1045	−0.07131	7.335	5.900	5.889	5.874
底面	轴向应力	−3.250	−0.2297	−0.2041	−0.1638	7.571	6.126	6.091	5.987
	顺坡应力	−1.455	−0.3738	−0.2805	−0.2265	5.955	5.892	5.873	5.790

面板应力的计算值符合一般规律，面板表面（迎水面）压应力稍大，底面拉应力稍大，顺坡压应力和轴向压应力都未超过混凝土的抗压强度。计算结果显示轴向和顺坡拉应力数值相差不大，但根据以往经验面板的可能破坏形式主要是水平向裂缝，应该重点配置顺坡钢筋，由于面板表面和底面应力相差不大，单层配筋能够满足要求。如果配置双层钢筋，建议将两层钢筋网分别布置在厚度1/3、2/3处，主要考虑到面板施工期将出现一定的温度应力，温度应力以顺坡为主（因顺坡长度较大），常导致面板的施工期裂缝，笔者曾参与多个工程的混凝土温控项目，理论和实践都证明，配置在中部的防裂钢筋比表层钢筋更能防止贯穿性裂缝的产生。

（5）河口村面板坝防渗墙有两个最不利工况，分别为一期蓄水前和二期蓄水后。一期蓄水前，受坝体填筑影响向上游侧位移，位移最大值为11.9cm；二期蓄水后，受水压力作用向下游侧位移，位移（全量）最大值为12.0cm。需要注意的是填筑荷载的变形主要集中在河床中心附近，和水压力荷载引起的变形形式是不同的。

这两个工况的应力值统计为下列表4.9和表4.10。

表4.9　一期蓄水前防渗墙应力统计表（趾板取直）

位置	变量名称	拉应力/MPa				压应力/MPa			
		极值	P=0.5%	P=1%	P=2%	极值	P=99.5%	P=99%	P=98%
上游面	轴向应力	−2.874	−2.568	−2.565	−2.561	1.863	1.733	1.665	1.574
	竖向应力	−1.024	−1.024	−1.024	−1.024	1.294	0.9156	0.7280	0.6658
下游面	轴向应力	−2.947	−2.947	−2.940	−2.639	2.488	2.212	2.092	2.069
	竖向应力	−0.7556	−0.4503	−0.3702	−0.3498	2.224	2.211	2.209	2.207

表 4.10　　二期蓄水后防渗墙应力统计表（趾板取直）

位置	变量名称	拉应力/MPa				压应力/MPa			
		极值	P=0.5%	P=1%	P=2%	极值	P=99.5%	P=99%	P=98%
上游面	轴向应力	−2.964	−1.982	−1.971	−1.559	4.666	4.441	4.314	4.306
	竖向应力	−1.967	−0.2175	−0.1903	−0.1089	7.392	7.371	7.369	7.365
下游面	轴向应力	−3.062	−3.019	−3.014	−2.977	3.187	2.988	2.917	2.607
	竖向应力	−1.967	0.07797	0.09433	0.1335	7.389	6.298	5.448	5.393

蓄水前防渗墙以轴向应力为主要应力，从等值线图可见，蓄水前防渗墙的拉应力集中在河谷中间顶部。由于防渗墙受填筑位移和水压力交替循环作用，需要在厚度方向进行双层配筋。

（6）改变坝体和覆盖层的变形模量，对防渗墙的应力有一定影响，但敏感性不强。以二期蓄水后下游面轴向拉应力为例，当变形模量增加/减小 15%时，拉应力值分别减小/增加 0.3MPa 左右。

（7）连接板以二期蓄水后为最不利工况。最大沉降量为 16cm，连接板以底面轴向应力为主，应力分布比较光滑，最大拉应力 1.4MPa。二期蓄水后连接板应力统计见表 4.11。

表 4.11　　二期蓄水后连接板应力统计表（趾板取直）

位置	变量名称	最小值	最大值	P=0.5%	P=99.5%
连接板表面	轴向位移/m	−0.01625	0.01727	−0.01610	0.01717
	顺水流方向位移/m	0.02165	0.2553	0.04557	0.2547
	竖向位移/m	−0.1612	−0.01065	−0.1606	−0.01153
	轴向应力/MPa	−0.01745	8.546	0.003570	8.525
	顺水流应力/MPa	0.2595	4.564	0.2595	4.554
连接板底面	轴向位移/m	−0.01466	0.01588	−0.01466	0.01579
	顺水流方向位移/m	0.01881	0.2266	0.04092	0.2261
	竖向位移/m	−0.1612	−0.01061	−0.1605	−0.01118
	轴向应力/MPa	−1.396	8.259	−1.276	8.235
	顺水流应力/MPa	−0.8925	1.812	−0.6859	1.805

（8）趾板是坝体填筑前浇筑的，和防渗墙类似，坝体填筑时河床段趾板向上游侧位移，位移量为 15.7cm，蓄水后向下游位移，位移量为 10.2cm。趾板的总沉降量为 26.6cm。计算时考虑了河床段趾板的分缝，与整体趾板相比，趾板分缝对其应力状态有极大的改善，而且缝的相对位移也在可以接受的范围，最大张开量约为 21mm。所以认为趾板分缝是十分必要的。见表 4.12。

表 4.12　　二期蓄水后趾板应力位移统计表（趾板取直）

位置	变量名称	压应力/MPa			
		极小值	极大值	$P=0.5\%$	$P=99.5\%$
表面	轴向位移/m	−0.01892	0.02359	−0.01731	0.02111
	顺水流方向位移/m	0.002087	0.1017	0.003010	0.1014
	竖向位移/m	−0.2664	0.00009849	−0.2590	−0.001238
	轴向应力/MPa	−4.387	8.139	−3.357	8.090
	顺水流应力/MPa	−3.591	6.561	−2.779	6.530
底面	轴向位移/m	−0.01616	0.01953	−0.01445	0.01745
	顺水流方向位移/m	0.002067	0.07306	0.003294	0.07284
	竖向位移/m	−0.2663	0.000005926	−0.2569	−0.001325
	轴向应力/MPa	−3.323	8.551	−1.101	8.504
	顺水流应力/MPa	−1.183	4.623	−1.177	4.000

从附图等值线可见，河床段趾板中部的拉压应力都比较小，两端趾板存在扭转变形，应力状态复杂，存在3MPa左右的局部拉应力，拉应力以轴向应力为主。

（9）各分缝的变形最大值出现在二期蓄水以后，原体形最大变形为周边缝的相对沉降37.4mm，趾板取直分缝最大变形为趾板一连接板错动31.9mm，缝的变形数据见表4.13。

表 4.13　　分缝相对位移统计表（最大值）

相对变形		原体形	趾板取直
横缝	错动量/mm	23.0	21.4
	相对沉降量/mm	1.9	1.2
	张开量/mm	13.0	12.5
周边缝	错动量/mm	24.7	26.1
	相对沉降量/mm	37.4	30.5
	张开量/mm	20.7	24.6
趾板—连接板	错动量/mm	32.1	31.9
	相对沉降量/mm	0.0	0.0
	张开量/mm	16.4	18.5
连接板—防渗墙	错动量/mm	18.5	16.4
	相对沉降量/mm	34.7	30.1
	张开量/mm	15.8	15.5

参考前述相关实测数据，工程的接缝相对位移计算值在正常范围。

（10）整体而言，计算结果表明该工程的设计方案合理可行无明显缺陷。建议重视周边缝止水的设计以适应其较大的变形，同时加强盖重区的防渗功能，防止不确定因素导致止水损坏导致渗漏过大。加强坝体施工的质量管理，严防面板脱空和后期沉降过大。防渗系统的混凝土浇筑需要注意温控防裂，尽量安排在春季浇筑，做好防冻保温，防止寒流气温骤降导致混凝土裂缝。

附录1　原体形，原计算参数计算结果分析

附表 1.1　坝体（含覆盖层）计算结果

工况	位　置	变量名称	最小值	最大值	$P=0.5\%$	$P=99.5\%$	图名
一期蓄水前	坝体横断面 $x=5.860$	顺水流方向位移/m	−0.1709	0.1382	−0.1632	0.1372	图 A-1
一期蓄水前	坝体横断面 $x=5.860$	竖向位移/m	−0.5777	0.02168	−0.5748	0.01982	图 A-2
一期蓄水前	坝体横断面 $x=5.860$	第 1 主应力/MPa	0.1000	6.904	0.1000	1.678	图 A-3
一期蓄水前	坝体横断面 $x=5.860$	第 3 主应力/MPa	−1.656	0.9343	0.08809	0.8079	图 A-4
一期蓄水前	坝体横断面 $x=5.860$	应力水平	0	0.9990	0.07510	0.9948	图 A-5
一期蓄水后	坝体横断面 $x=5.860$	顺水流方向位移/m	−0.08306	0.1385	−0.07881	0.1378	图 A-6
一期蓄水后	坝体横断面 $x=5.860$	竖向位移/m	−0.5839	0.02168	−0.5737	0.01860	图 A-7
一期蓄水后	坝体横断面 $x=5.860$	第 1 主应力/MPa	0.1000	7.114	0.1194	1.698	图 A-8
一期蓄水后	坝体横断面 $x=5.860$	第 3 主应力/MPa	−1.774	0.9491	0.08671	0.8195	图 A-9
一期蓄水后	坝体横断面 $x=5.860$	应力水平	0	0.9990	0.01791	0.9948	图 A-10
二期蓄水前	坝体横断面 $x=5.860$	顺水流方向位移/m	−0.1114	0.2337	−0.1112	0.2328	图 A-11
二期蓄水前	坝体横断面 $x=5.860$	竖向位移/m	−0.9175	0.02192	−0.8848	0.01893	图 A-12
二期蓄水前	坝体横断面 $x=5.860$	第 1 主应力/MPa	0.1000	6.734	0.1257	2.136	图 A-13
二期蓄水前	坝体横断面 $x=5.860$	第 3 主应力/MPa	−1.515	1.124	0.08731	1.018	图 A-14
二期蓄水前	坝体横断面 $x=5.860$	应力水平	0	0.9990	0.03713	0.9948	图 A-15
二期蓄水后	坝体横断面 $x=5.860$	顺水流方向位移/m	−0.06111	0.3047	−0.05187	0.3037	图 A-16
二期蓄水后	坝体横断面 $x=5.860$	竖向位移/m	−0.9931	0.02201	−0.9053	0.01878	图 A-17
二期蓄水后	坝体横断面 $x=5.860$	第 1 主应力/MPa	0.1000	12.32	0.1020	2.283	图 A-18
二期蓄水后	坝体横断面 $x=5.860$	第 3 主应力/MPa	−4.212	1.199	0.07184	1.086	图 A-19
二期蓄水后	坝体横断面 $x=5.860$	应力水平	0	0.9990	0.007197	0.9947	图 A-20

附表 1.2　面板位移和应力

工况	位置	变量名称	最小值	最大值	$P=0.5\%$	$P=99.5\%$	图名
一期蓄水后	面板表面	轴向位移/m	−0.005177	0.007084	−0.004894	0.007009	图 B-1
一期蓄水后	面板表面	顺坡位移/m	−0.01098	0.06211	−0.01086	0.06149	图 B-2
一期蓄水后	面板表面	法向位移/m	−0.2079	0.000001189	−0.2068	−0.001187	图 B-3
一期蓄水后	面板表面	轴向应力/MPa	−0.9729	0.9737	−0.1259	0.9261	图 B-4
一期蓄水后	面板表面	顺坡应力/MPa	0.02445	3.745	0.07540	2.075	图 B-5
一期蓄水后	面板底面	轴向位移/m	−0.002779	0.006256	−0.002095	0.006073	图 B-6
一期蓄水后	面板底面	顺坡位移/m	−0.01102	0.06241	−0.01102	0.06164	图 B-7
一期蓄水后	面板底面	法向位移/m	−0.2079	0.000001417	−0.2068	−0.001187	图 B-8
一期蓄水后	面板底面	轴向应力/MPa	−0.6648	0.9429	−0.3095	0.8974	图 B-9
一期蓄水后	面板底面	顺坡应力/MPa	−2.486	1.969	−0.5124	1.940	图 B-10
二期蓄水前	面板表面	轴向位移/m	−0.02177	0.03072	−0.02145	0.03052	图 B-11
二期蓄水前	面板表面	顺坡位移/m	−0.03884	0.02216	−0.03823	0.02152	图 B-12
二期蓄水前	面板表面	法向位移/m	−0.1930	0.001984	−0.1919	−0.001230	图 B-13
二期蓄水前	面板表面	轴向应力/MPa	−1.044	3.602	−0.2034	3.583	图 B-14
二期蓄水前	面板表面	顺坡应力/MPa	−0.1695	6.877	0.2117	6.855	图 B-15
二期蓄水前	面板底面	轴向位移/m	−0.01998	0.02997	−0.01978	0.02967	图 B-16
二期蓄水前	面板底面	顺坡位移/m	−0.03886	0.02285	−0.03849	0.02208	图 B-17
二期蓄水前	面板底面	法向位移/m	−0.1930	0.001985	−0.1920	−0.001229	图 B-18
二期蓄水前	面板底面	轴向应力/MPa	−1.298	3.643	−0.1245	3.623	图 B-19
二期蓄水前	面板底面	顺坡应力/MPa	0.07473	6.869	0.2820	6.848	图 B-20
二期蓄水后	面板表面	轴向位移/m	−0.03682	0.05537	−0.03665	0.05497	图 B-21
二期蓄水后	面板表面	顺坡位移/m	−0.02228	0.08077	−0.02150	0.07876	图 B-22
二期蓄水后	面板表面	法向位移/m	−0.4096	0.00005949	−0.4093	−0.003726	图 B-23
二期蓄水后	面板表面	轴向应力/MPa	−3.046	7.979	−0.3971	5.568	图 B-24
二期蓄水后	面板表面	顺坡应力/MPa	−0.2726	7.633	−0.1430	5.999	图 B-25
二期蓄水后	面板底面	轴向位移/m	−0.03030	0.05437	−0.03005	0.05400	图 B-26
二期蓄水后	面板底面	顺坡位移/m	−0.02244	0.07982	−0.02214	0.07742	图 B-27
二期蓄水后	面板底面	法向位移/m	−0.4096	0.00002736	−0.4094	−0.003711	图 B-28
二期蓄水后	面板底面	轴向应力/MPa	−7.813	5.605	−0.5203	5.519	图 B-29
二期蓄水后	面板底面	顺坡应力/MPa	−1.731	6.030	−0.4678	5.964	图 B-30

附表 1.3　　防渗墙位移和应力

工况	位置	变量名称	最小值	最大值	P=0.5%	P=99.5%	图名
一期蓄水前	防渗墙上游面	轴向位移/m	−0.001887	0.001759	−0.001863	0.001728	图 C-1
一期蓄水前	防渗墙上游面	顺水流方向位移/m	−0.1204	0.003805	−0.1179	−0.0002055	图 C-2
一期蓄水前	防渗墙上游面	竖向位移/m	−0.002809	0.0003424	−0.002706	−0.0003654	图 C-3
一期蓄水前	防渗墙上游面	轴向应力/MPa	−3.919	2.340	−3.772	2.138	图 C-4
一期蓄水前	防渗墙上游面	竖向应力/MPa	−1.041	3.154	−0.9730	3.144	图 C-5
一期蓄水前	防渗墙下游面	轴向位移/m	−0.001244	0.001352	−0.001207	0.001336	图 C-6
一期蓄水前	防渗墙下游面	顺水流方向位移/m	−0.1204	0.003806	−0.1179	−0.0002042	图 C-7
一期蓄水前	防渗墙下游面	竖向位移/m	−0.002809	0.003769	0.0006603	0.003739	图 C-8
一期蓄水前	防渗墙下游面	轴向应力/MPa	−3.054	3.364	−2.934	3.335	图 C-9
一期蓄水前	防渗墙下游面	竖向应力/MPa	−0.6142	4.532	−0.4840	4.520	图 C-10
一期蓄水后	防渗墙上游面	轴向位移/m	−0.001058	0.001625	−0.001056	0.001577	图 C-11
一期蓄水后	防渗墙上游面	顺水流方向位移/m	0.0007056	0.04495	0.001851	0.04384	图 C-12
一期蓄水后	防渗墙上游面	竖向位移/m	−0.002194	0.001357	−0.002150	0.001329	图 C-13
一期蓄水后	防渗墙上游面	轴向应力/MPa	−2.283	3.543	−1.992	3.528	图 C-14
一期蓄水后	防渗墙上游面	竖向应力/MPa	−1.774	6.767	−1.064	6.746	图 C-15
一期蓄水后	防渗墙下游面	轴向位移/m	−0.001002	0.001469	−0.0003966	0.0007712	图 C-16
一期蓄水后	防渗墙下游面	顺水流方向位移/m	0.0006813	0.04496	0.001827	0.04385	图 C-17
一期蓄水后	防渗墙下游面	竖向位移/m	−0.003436	0.001333	−0.003254	−0.001830	图 C-18
一期蓄水后	防渗墙下游面	轴向应力/MPa	−2.283	3.543	−1.895	2.361	图 C-19
一期蓄水后	防渗墙下游面	竖向应力/MPa	−1.774	6.767	0.06145	5.770	图 C-20

续表

工况	位置	变量名称	最小值	最大值	$P=0.5\%$	$P=99.5\%$	图名
二期蓄水前	防渗墙上游面	轴向位移/m	−0.0007175	0.001324	−0.0007002	0.001304	图C-21
二期蓄水前	防渗墙上游面	顺水流方向位移/m	0.0006275	0.01543	0.001337	0.01468	图C-22
二期蓄水前	防渗墙上游面	竖向位移/m	−0.003759	0.0006617	−0.003704	0.0006171	图C-23
二期蓄水前	防渗墙上游面	轴向应力/MPa	−2.112	3.303	−1.931	3.289	图C-24
二期蓄水前	防渗墙上游面	竖向应力/MPa	−0.6719	7.303	−0.1621	7.267	图C-25
二期蓄水前	防渗墙下游面	轴向位移/m	−0.0008517	0.001317	−0.0007858	0.001251	图C-26
二期蓄水前	防渗墙下游面	顺水流方向位移/m	0.0006022	0.01544	0.001313	0.01468	图C-27
二期蓄水前	防渗墙下游面	竖向位移/m	−0.003338	0.0005000	−0.003336	−0.0009129	图C-28
二期蓄水前	防渗墙下游面	轴向应力/MPa	−1.646	3.303	−1.640	2.765	图C-29
二期蓄水前	防渗墙下游面	竖向应力/MPa	−0.6719	7.303	0.09496	6.372	图C-30
二期蓄水后	防渗墙上游面	轴向位移/m	−0.003135	0.004514	−0.003114	0.004283	图C-31
二期蓄水后	防渗墙上游面	顺水流方向位移/m	0.0004184	0.1260	0.002872	0.1240	图C-32
二期蓄水后	防渗墙上游面	竖向位移/m	−0.004034	0.002563	−0.003966	0.002540	图C-33
二期蓄水后	防渗墙上游面	轴向应力/MPa	−3.630	5.510	−2.327	5.487	图C-34
二期蓄水后	防渗墙上游面	竖向应力/MPa	−3.509	10.01	−2.248	9.955	图C-35
二期蓄水后	防渗墙下游面	轴向位移/m	−0.002559	0.003836	−0.0006224	0.001490	图C-36
二期蓄水后	防渗墙下游面	顺水流方向位移/m	0.0003778	0.1261	0.002833	0.1240	图C-37
二期蓄水后	防渗墙下游面	竖向位移/m	−0.007658	0.002563	−0.007658	−0.004117	图C-38
二期蓄水后	防渗墙下游面	轴向应力/MPa	−3.630	5.510	−1.079	2.263	图C-39
二期蓄水后	防渗墙下游面	竖向应力/MPa	−3.509	10.01	0.1419	7.434	图C-40

附表 1.4　　连接板位移和应力

工况	位置	变量名称	最小值	最大值	$P=0.5\%$	$P=99.5\%$	图名
一期蓄水后	连接板表面	轴向位移/m	−0.009594	0.01045	−0.009381	0.01039	图 D-1
一期蓄水后	连接板表面	顺水流方向位移/m	0.02077	0.1721	0.03627	0.1718	图 D-2
一期蓄水后	连接板表面	竖向位移/m	−0.09918	−0.006761	−0.09895	−0.007113	图 D-3
一期蓄水后	连接板表面	轴向应力/MPa	−0.4951	5.231	−0.4581	5.217	图 D-4
一期蓄水后	连接板表面	顺水流应力/MPa	0.1585	2.109	0.1825	2.100	图 D-5
一期蓄水后	连接板底面	轴向位移/m	−0.008543	0.009555	−0.008543	0.009466	图 D-6
一期蓄水后	连接板底面	顺水流方向位移/m	0.01892	0.1546	0.03336	0.1540	图 D-7
一期蓄水后	连接板底面	竖向位移/m	−0.09913	−0.006742	−0.09891	−0.007094	图 D-8
一期蓄水后	连接板底面	轴向应力/MPa	−1.213	5.047	−1.122	5.032	图 D-9
一期蓄水后	连接板底面	顺水流应力/MPa	−0.7735	0.8639	−0.7301	0.8599	图 D-10
二期蓄水前	连接板表面	轴向位移/m	−0.007540	0.009475	−0.007461	0.009425	图 D-11
二期蓄水前	连接板表面	顺水流方向位移/m	0.008137	0.1343	0.01953	0.1338	图 D-12
二期蓄水前	连接板表面	竖向位移/m	−0.1060	−0.006552	−0.1060	−0.006931	图 D-13
二期蓄水前	连接板表面	轴向应力/MPa	0.02981	4.638	0.05960	4.627	图 D-14
二期蓄水前	连接板表面	顺水流应力/MPa	0.05954	3.218	0.06244	3.204	图 D-15
二期蓄水前	连接板底面	轴向位移/m	−0.006684	0.008460	−0.006584	0.008416	图 D-16
二期蓄水前	连接板底面	顺水流方向位移/m	0.006466	0.1159	0.01701	0.1157	图 D-17
二期蓄水前	连接板底面	竖向位移/m	−0.1060	−0.006531	−0.1059	−0.006910	图 D-18
二期蓄水前	连接板底面	轴向应力/MPa	−0.9918	4.526	−0.9561	4.512	图 D-19
二期蓄水前	连接板底面	顺水流应力/MPa	−0.2746	1.714	−0.2662	1.709	图 D-20
二期蓄水后	连接板表面	轴向位移/m	−0.01612	0.01829	−0.01603	0.01818	图 D-21
二期蓄水后	连接板表面	顺水流方向位移/m	0.01505	0.2570	0.03982	0.2564	图 D-22
二期蓄水后	连接板表面	竖向位移/m	−0.1592	−0.01217	−0.1591	−0.01273	图 D-23
二期蓄水后	连接板表面	轴向应力/MPa	−0.2466	8.759	0.1183	8.737	图 D-24
二期蓄水后	连接板表面	顺水流应力/MPa	0.2229	4.308	0.2229	4.298	图 D-25
二期蓄水后	连接板底面	轴向位移/m	−0.01454	0.01665	−0.01454	0.01656	图 D-26
二期蓄水后	连接板底面	顺水流方向位移/m	0.01190	0.2311	0.03478	0.2306	图 D-27
二期蓄水后	连接板底面	竖向位移/m	−0.1591	−0.01212	−0.1591	−0.01298	图 D-28
二期蓄水后	连接板底面	轴向应力/MPa	−1.570	8.456	−1.164	8.411	图 D-29
二期蓄水后	连接板底面	顺水流应力/MPa	−0.6864	2.179	−0.6226	2.172	图 D-30

附表 1.5　　河床段趾板位移和应力

工况	位置	变量名称	最小值	最大值	$P=0.5\%$	$P=99.5\%$	图名
一期蓄水前	河床段趾板表面	轴向位移/m	−0.01363	0.01773	−0.01073	0.01757	图 E-1
一期蓄水前	河床段趾板表面	顺水流方向位移/m	−0.1496	0.005072	−0.1442	0.003501	图 E-2
一期蓄水前	河床段趾板表面	竖向位移/m	−0.03857	0.01717	−0.03479	0.01694	图 E-3
一期蓄水前	河床段趾板表面	轴向应力/MPa	−2.950	8.162	−2.382	8.120	图 E-4
一期蓄水前	河床段趾板表面	顺水流应力/MPa	−1.460	1.270	−0.9145	1.232	图 E-5
一期蓄水前	河床段趾板底面	轴向位移/m	−0.01321	0.01753	−0.01303	0.01743	图 E-6
一期蓄水前	河床段趾板底面	顺水流方向位移/m	−0.1574	0.004992	−0.1506	0.003343	图 E-7
一期蓄水前	河床段趾板底面	竖向位移/m	−0.03858	0.01716	−0.03238	0.01693	图 E-8
一期蓄水前	河床段趾板底面	轴向应力/MPa	−2.532	8.361	−1.454	8.319	图 E-9
一期蓄水前	河床段趾板底面	顺水流应力/MPa	−2.040	1.923	−1.972	1.913	图 E-10
一期蓄水后	河床段趾板表面	轴向位移/m	−0.009430	0.01342	−0.007603	0.01108	图 E-11
一期蓄水后	河床段趾板表面	顺水流方向位移/m	−0.003925	0.03705	−0.002130	0.03686	图 E-12
一期蓄水后	河床段趾板表面	竖向位移/m	−0.1737	0.00003299	−0.1678	−0.0008149	图 E-13
一期蓄水后	河床段趾板表面	轴向应力/MPa	−3.261	8.054	−2.739	8.011	图 E-14
一期蓄水后	河床段趾板表面	顺水流应力/MPa	−1.906	3.065	−1.822	3.050	图 E-15
一期蓄水后	河床段趾板底面	轴向位移/m	−0.007856	0.01100	−0.006007	0.008925	图 E-16
一期蓄水后	河床段趾板底面	顺水流方向位移/m	−0.003865	0.02960	−0.002131	0.02949	图 E-17
一期蓄水后	河床段趾板底面	竖向位移/m	−0.1736	0.0000966	−0.1665	−0.0009307	图 E-18
一期蓄水后	河床段趾板底面	轴向应力/MPa	−3.497	8.400	−1.533	8.354	图 E-19
一期蓄水后	河床段趾板底面	顺水流应力/MPa	−2.512	2.590	−1.796	2.046	图 E-20
二期蓄水前	河床段趾板表面	轴向位移/m	−0.005117	0.01110	−0.003789	0.01084	图 E-21
二期蓄水前	河床段趾板表面	顺水流方向位移/m	−0.02248	0.008154	−0.02240	0.008053	图 E-22
二期蓄水前	河床段趾板表面	竖向位移/m	−0.1830	0.00004648	−0.1772	−0.0009378	图 E-23

续表

工况	位置	变量名称	最小值	最大值	$P=0.5\%$	$P=99.5\%$	图名
二期蓄水前	河床段趾板表面	轴向应力/MPa	−0.7563	6.116	−0.6625	6.090	图 E-24
二期蓄水前	河床段趾板表面	顺水流应力/MPa	−0.7265	5.491	−0.7024	5.472	图 E-25
二期蓄水前	河床段趾板底面	轴向位移/m	−0.003642	0.008654	−0.002018	0.008111	图 E-26
二期蓄水前	河床段趾板底面	顺水流方向位移/m	−0.03576	0.002022	−0.03575	0.001921	图 E-27
二期蓄水前	河床段趾板底面	竖向位移/m	−0.1830	0.000001884	−0.1759	−0.0008883	图 E-28
二期蓄水前	河床段趾板底面	轴向应力/MPa	−1.626	6.842	−0.2596	6.810	图 E-29
二期蓄水前	河床段趾板底面	顺水流应力/MPa	−1.511	1.317	−1.398	1.310	图 E-30
二期蓄水后	河床段趾板表面	轴向位移/m	−0.01859	0.02460	−0.01679	0.02234	图 E-31
二期蓄水后	河床段趾板表面	顺水流方向位移/m	−0.005581	0.1114	−0.002568	0.1110	图 E-32
二期蓄水后	河床段趾板表面	竖向位移/m	−0.2601	0.00002140	−0.2529	−0.001248	图 E-33
二期蓄水后	河床段趾板表面	轴向应力/MPa	−5.344	9.094	−3.069	9.039	图 E-34
二期蓄水后	河床段趾板表面	顺水流应力/MPa	−2.708	7.041	−2.373	6.589	图 E-35
二期蓄水后	河床段趾板底面	轴向位移/m	−0.01580	0.02053	−0.01391	0.01877	图 E-36
二期蓄水后	河床段趾板底面	顺水流方向位移/m	−0.005364	0.08423	−0.002339	0.08396	图 E-37
二期蓄水后	河床段趾板底面	竖向位移/m	−0.2601	5.97E-07	−0.2504	−0.001394	图 E-38
二期蓄水后	河床段趾板底面	轴向应力/MPa	−7.830	9.123	−2.993	9.059	图 E-39
二期蓄水后	河床段趾板底面	顺水流应力/MPa	−3.675	5.541	−3.324	2.102	图 E-40

附表 1.6　　面板主要应力统计表

工况	位置	变量名称	最小值	最大值	$P=0.5\%$	$P=99.5\%$	$P=1\%$	$P=99\%$	$P=2\%$	$P=98\%$	最大值−最小值	$(P=98\%)-(P=2\%)$	图名
二期蓄水后	面板表面	轴向应力	−3.046	7.979	−0.3971	5.568	−0.2797	5.479	−0.1412	5.455	11.02	5.596	图 F-1
二期蓄水后	面板表面	顺坡应力	−0.2726	7.633	−0.1430	5.999	−0.1125	5.948	−0.08367	5.923	7.905	6.007	图 F-2
二期蓄水后	面板底面	轴向应力	−7.813	5.605	−0.5203	5.519	−0.2406	5.459	−0.1950	5.418	13.41	5.614	图 F-3
二期蓄水后	面板底面	顺坡应力	−1.731	6.030	−0.4678	5.964	−0.3863	5.914	−0.3130	5.876	7.762	6.189	图 F-4

附表 1.7　　防渗墙主要应力统计表

工况	位置	变量名称	最小值	最大值	$P=0.5\%$	$P=99.5\%$	$P=1\%$	$P=99\%$	$P=2\%$	$P=98\%$	最大值－最小值	($P=98\%$)－($P=2\%$)	图名
一期蓄水前	防渗墙上游面	轴向应力	−3.919	2.340	−3.772	2.138	−3.565	2.123	−3.560	1.786	6.260	5.346	图 G-1
一期蓄水前	防渗墙上游面	竖向应力	−1.041	3.154	−0.9730	3.144	−0.9717	3.142	−0.9691	3.138	4.196	4.107	图 G-2
一期蓄水前	防渗墙下游面	轴向应力	−3.054	3.364	−2.935	3.335	−2.927	3.332	−2.256	3.326	6.419	5.583	图 G-3
一期蓄水前	防渗墙下游面	竖向应力	−0.6142	4.532	−0.4864	4.520	−0.4807	4.517	−0.3236	4.512	5.147	4.836	图 G-4
一期蓄水后	防渗墙上游面	轴向应力	−2.283	3.543	−1.992	3.528	−1.788	3.526	−1.301	3.520	5.826	4.822	图 G-5
一期蓄水后	防渗墙上游面	竖向应力	−1.774	6.767	−1.064	6.746	−0.4850	6.742	−0.1596	6.734	8.541	6.893	图 G-6
一期蓄水后	防渗墙下游面	轴向应力	−2.283	3.543	−1.895	2.927	−1.634	2.363	−1.429	2.357	5.826	3.787	图 G-7
一期蓄水后	防渗墙下游面	竖向应力	−1.774	6.767	0.04335	6.175	0.06388	5.770	0.1236	5.762	8.541	5.639	图 G-8
二期蓄水前	防渗墙上游面	轴向应力	−2.112	3.303	−1.931	3.289	−1.480	3.287	−1.318	3.282	5.415	4.600	图 G-9
二期蓄水前	防渗墙上游面	竖向应力	−0.6719	7.303	−0.1621	7.267	−0.1309	7.263	−0.1048	7.256	7.975	7.361	图 G-10
二期蓄水前	防渗墙下游面	轴向应力	−1.646	3.303	−1.642	3.017	−1.616	2.766	−1.481	2.762	4.949	4.243	图 G-11
二期蓄水前	防渗墙下游面	竖向应力	−0.6719	7.303	0.08333	6.702	0.1122	6.372	0.2161	6.365	7.975	6.149	图 G-12
二期蓄水后	防渗墙上游面	轴向应力	−3.630	5.510	−2.327	5.487	−2.313	5.483	−0.9650	5.474	9.140	6.440	图 G-13
二期蓄水后	防渗墙上游面	竖向应力	−3.509	10.01	−2.248	9.955	−1.277	9.949	−0.2787	9.937	13.52	10.21	图 G-14
二期蓄水后	防渗墙下游面	轴向应力	−3.630	5.510	−1.637	3.847	−1.120	3.604	−0.8722	2.263	9.140	3.135	图 G-15
二期蓄水后	防渗墙下游面	竖向应力	−3.509	10.01	0.1025	8.639	0.1952	7.439	0.3204	7.426	13.52	7.106	图 G-16

附表 1.8　　接缝相对位移统计表

工况	相对变形	全量/增量	最大值	图名
二期蓄水后	横缝错动量/mm	全量	23.0	图 H-1
二期蓄水后	横缝相对沉降量/mm	全量	1.9	图 H-2
二期蓄水后	横缝张开量/mm	全量	13.0	图 H-3
二期蓄水后	周边缝错动量/mm	全量	24.7	图 H-4
二期蓄水后	周边缝相对沉降量/mm	全量	37.4	图 H-5
二期蓄水后	周边缝张开量/mm	全量	20.7	图 H-6
二期蓄水后	趾板—连接板错动量/mm	全量	32.1	图 H-7
二期蓄水后	趾板—连接板相对沉降量/mm	全量	0.0	图 H-8
二期蓄水后	趾板—连接板张开量/mm	全量	16.4	图 H-9
二期蓄水后	连接板—防渗墙错动量/mm	全量	18.5	图 H-10
二期蓄水后	连接板—防渗墙相对沉降量/mm	全量	34.7	图 H-11
二期蓄水后	连接板—防渗墙张开量/mm	全量	15.8	图 H-12

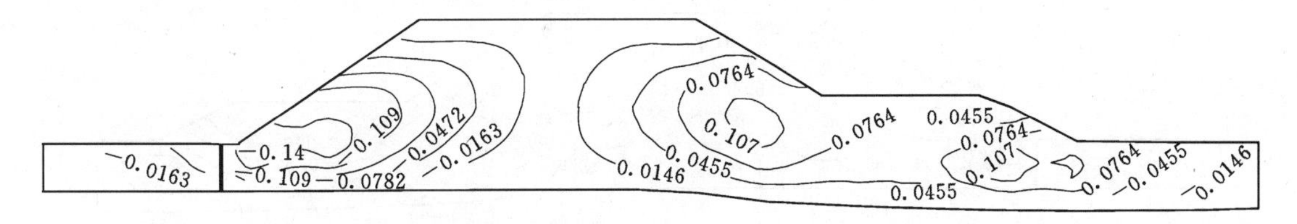

图 A-1　一期蓄水前，坝体横断面 $x=5.860$，顺水流方向位移图（单位：m）

从图 A-1 可以看出：一期蓄水前，坝体横断面 $x=5.860$，顺水流方向位移最小值为 -0.1709m，顺水流方向位移最大值为 0.1382m，$P=0.5\%$时顺水流方向位移最小值为 -0.1632m，$P=99.5\%$时顺水流方向位移最大值为 0.1372m。

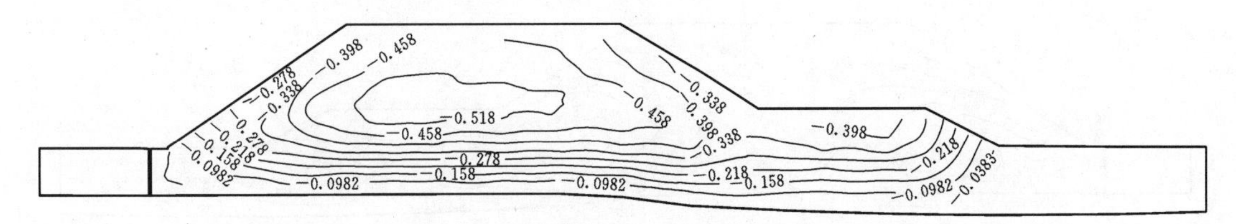

图 A-2　一期蓄水前，坝体横断面 $x=5.860$，竖向位移图（单位：m）

从图 A-2 可以看出：一期蓄水前，坝体横断面 $x=5.860$，竖向位移最小值为 -0.5777m，竖向位移最大值为 0.02168m，$P=0.5\%$时竖向位移最小值为 -0.5748m，$P=99.5\%$时竖向位移最大值为 0.01982m。

从图 A-3 可以看出：一期蓄水前，坝体横断面 $x=5.860$，第 1 主应力最小值为 0.1000MPa，第 1 主应力最大值为 6.904MPa，$P=0.5\%$时第 1 主应力最小值为 0.1000MPa，$P=99.5\%$时第 1 主应力最大值为 1.678MPa。

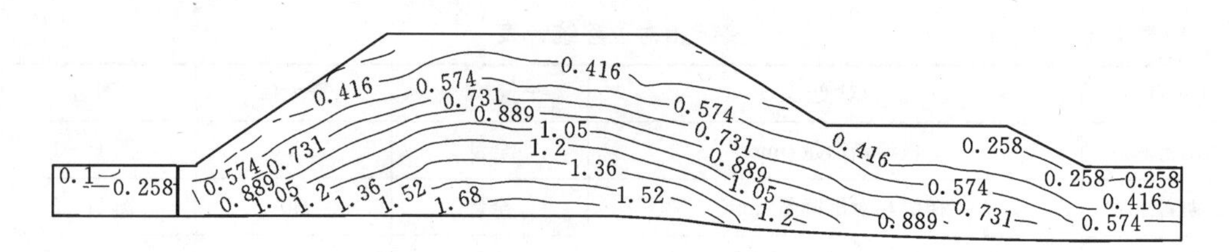

图 A-3　一期蓄水前，坝体横断面 x=5.860，第 1 主应力图（单位：MPa）

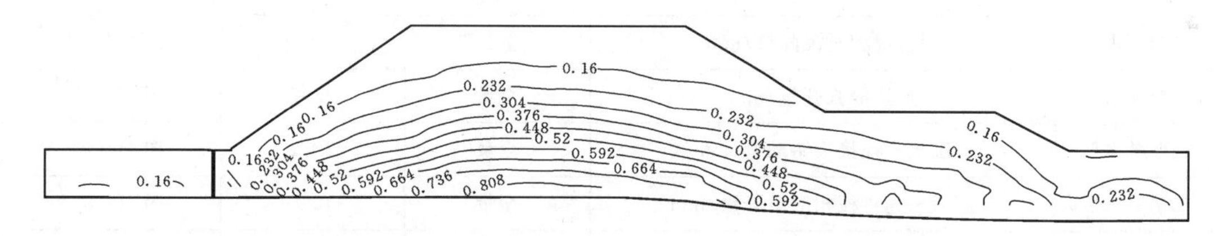

图 A-4　一期蓄水前，坝体横断面 x=5.860，第 3 主应力图（单位：MPa）

从图 A-4 可以看出：一期蓄水前，坝体横断面 x＝5.860，第 3 主应力最小值为－1.656MPa，第 3 主应力最大值为 0.9343MPa，P＝0.5％时第 3 主应力最小值为 0.08809MPa，P＝99.5％时第 3 主应力最大值为 0.8079MPa。

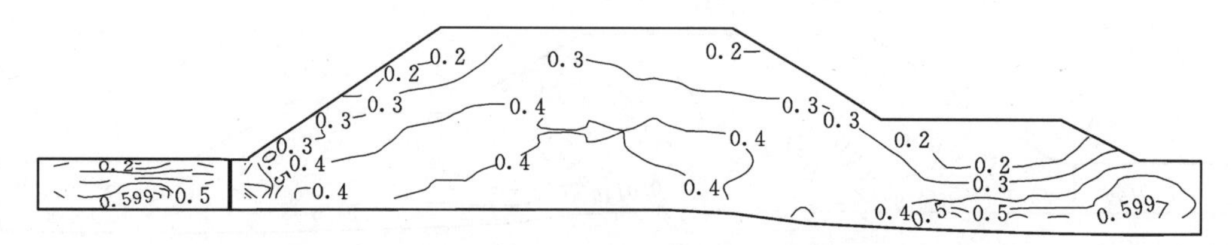

图 A-5　一期蓄水前，坝体横断面 x=5.860，应力水平图

从图 A-5 可以看出：一期蓄水前，坝体横断面 x＝5.860，应力水平最小值为 0，应力水平最大值为 0.9990MPa，P＝0.5％时应力水平最小值为 0.07510MPa，P＝99.5％时应力水平最大值为 0.9948。

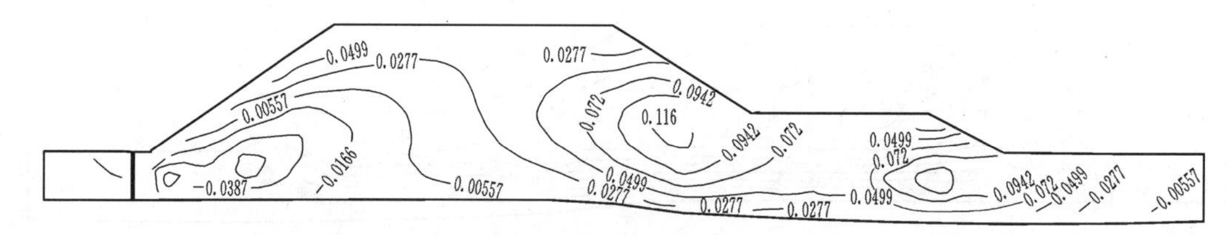

图 A-6　一期蓄水后，坝体横断面 x=5.860，顺水流方向位移图（单位：m）

从图 A-6 可以看出：一期蓄水后，坝体横断面 x＝5.860，顺水流方向位移最小值为－0.08306m，顺水流方向位移最大值为 0.1385m，P＝0.5％时顺水流方向位移最小值为－0.07881m，P＝99.5％时顺水流方向位移最大值为 0.1378m。

从图 A-7 可以看出：一期蓄水后，坝体横断面 x＝5.860 竖向位移最小值为－0.5839m，竖向位移最大值为 0.02168m，P＝0.5％时竖向位移最小值为－0.5737m，P＝99.5％时竖向位移最大值为，0.01860m。

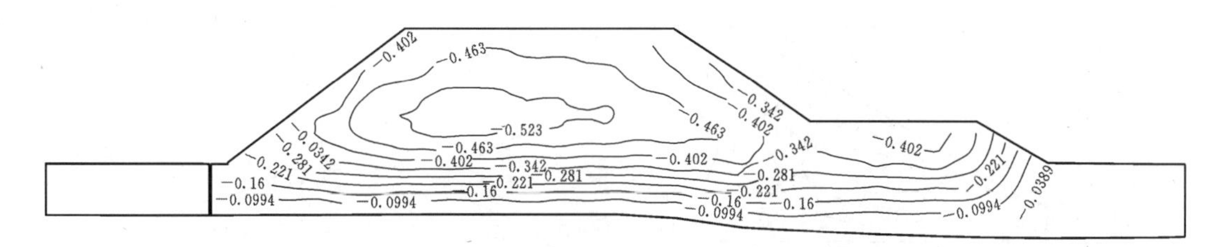

图 A-7　一期蓄水后，坝体横断面 $x=5.860$，竖向位移图（单位：m）

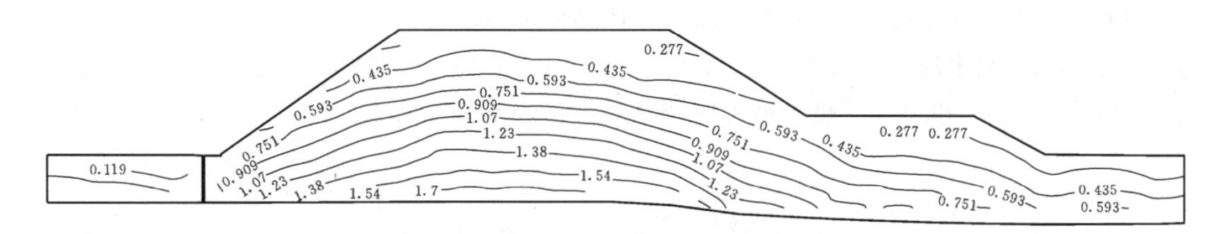

图 A-8　一期蓄水后，坝体横断面 $x=5.860$，第 1 主应力图（单位：MPa）

从图 A-8 可以看出：一期蓄水后，坝体横断面 $x=5.860$，第 1 主应力最小值为 0.1000MPa，第 1 主应力最大值为 7.114MPa，$P=0.5\%$时第 1 主应力最小值为 0.1194MPa，$P=99.5\%$时第 1 主应力最大值为 1.698MPa。

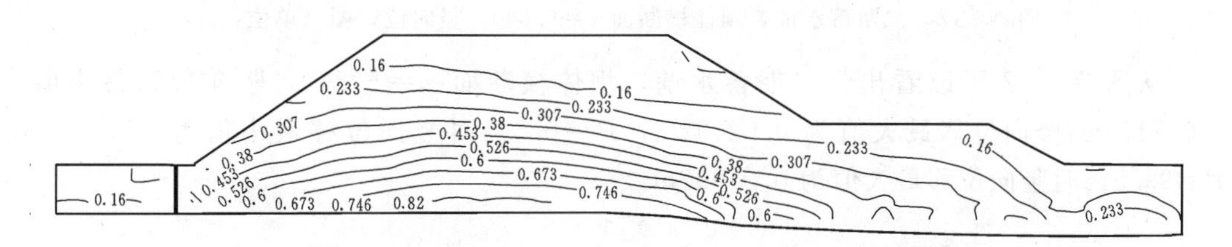

图 A-9　一期蓄水后，坝体横断面 $x=5.860$，第 3 主应力图（单位：MPa）

从图 A-9 可以看出：一期蓄水后，坝体横断面 $x=5.860$，第 3 主应力最小值为 -1.774MPa，第 3 主应力最大值为 0.9491MPa，$P=0.5\%$时第 3 主应力最小值为 0.08671MPa，$P=99.5\%$时第 3 主应力最大值为 0.8195MPa。

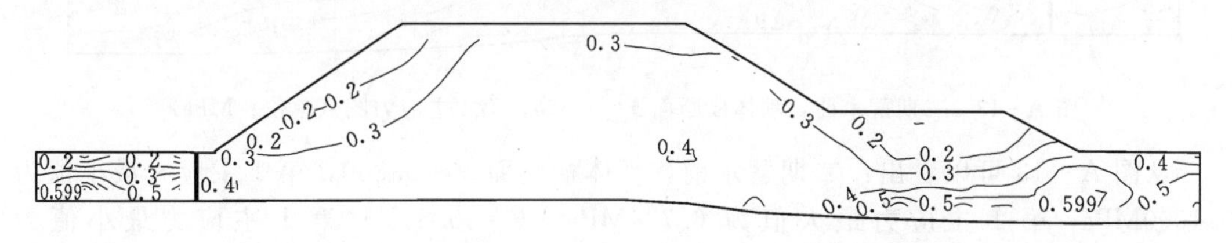

图 A-10　一期蓄水后，坝体横断面 $x=5.860$，应力水平图

从图 A-10 可以看出：一期蓄水后，坝体横断面 $x=5.860$，应力水平最小值为 0，应力水平最大值为 0.9990，$P=0.5\%$时应力水平最小值为 0.01791，$P=99.5\%$时应力水平最大值为 0.9948。

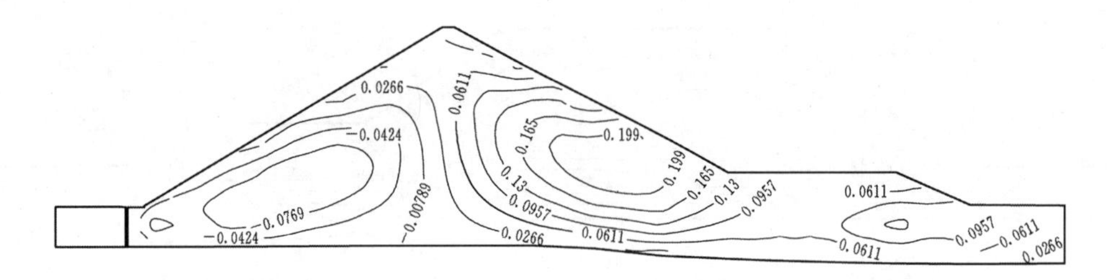

图 A-11　二期蓄水前，坝体横断面 $x=5.860$，顺水流方向位移图（单位：m）

从图 A-11 可以看出：二期蓄水前，坝体横断面 $x=5.860$，顺水流方向位移最小值为-0.1114m，顺水流方向位移最大值为 0.2337m，$P=0.5\%$时顺水流方向位移最小值为 0.01791m，$P=99.5\%$时顺水流方向位移最大值为 0.9948m。

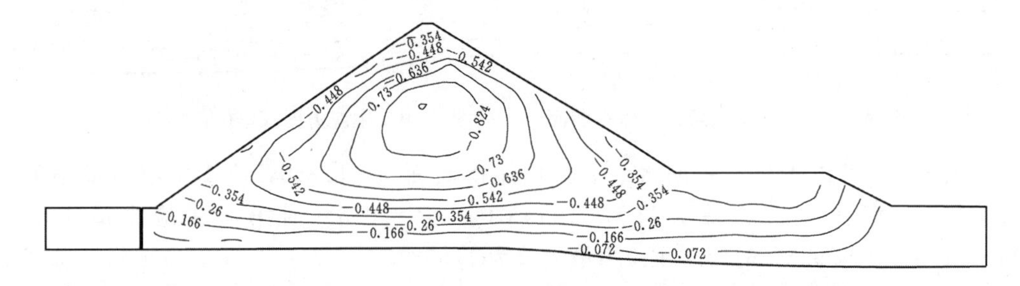

图 A-12　二期蓄水前，坝体横断面 $x=5.860$，竖向位移图（单位：m）

从图 A-12 可以看出：二期蓄水前，坝体横断面 $x=5.860$，竖向位移最小值为-0.9175m，竖向位移最大值为 0.02192m，$P=0.5\%$时竖向位移最小值为-0.8848m，$P=99.5\%$时竖向位移最大值为 0.01893m。

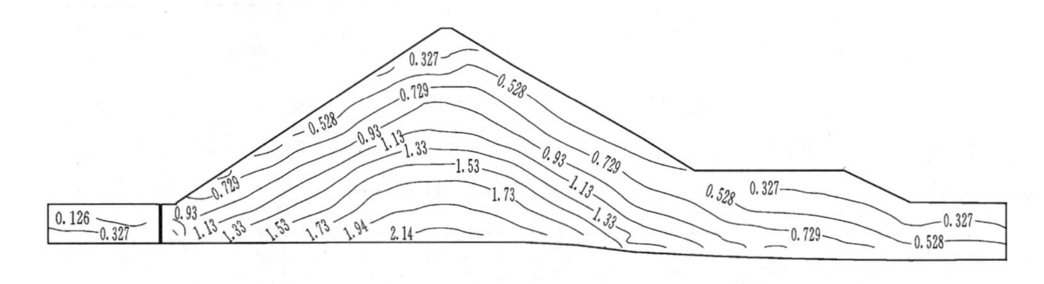

图 A-13　二期蓄水前，坝体横断面 $x=5.860$，第 1 主应力图（单位：MPa）

从图 A-13 可以看出：二期蓄水前，坝体横断面 $x=5.860$，第 1 主应力最小值为 0.1000MPa，第 1 主应力最大值为 6.734MPa，$P=0.5\%$时第 1 主应力最小值为 0.1257MPa，$P=99.5\%$时第 1 主应力最大值为 2.136MPa。

从图 A-14 可以看出：二期蓄水前，坝体横断面 $x=5.860$，第 3 主应力最小值为-1.515MPa，第 3 主应力最大值为 1.124MPa，$P=0.5\%$时第 3 主应力最小值为 0.08731MPa，$P=99.5\%$时第 3 主应力最大值为 1.018MPa。

从图 A-15 可以看出：二期蓄水前，坝体横断面 $x=5.860$，应力水平最小值为 0，

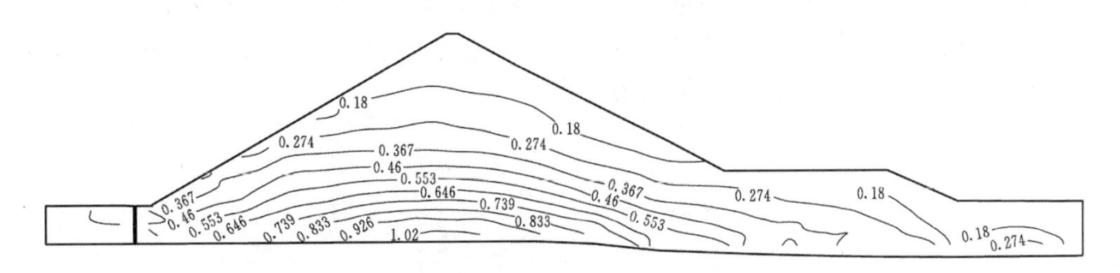

图 A-14　二期蓄水前，坝体横断面 $x=5.860$，第 3 主应力图（单位：MPa）

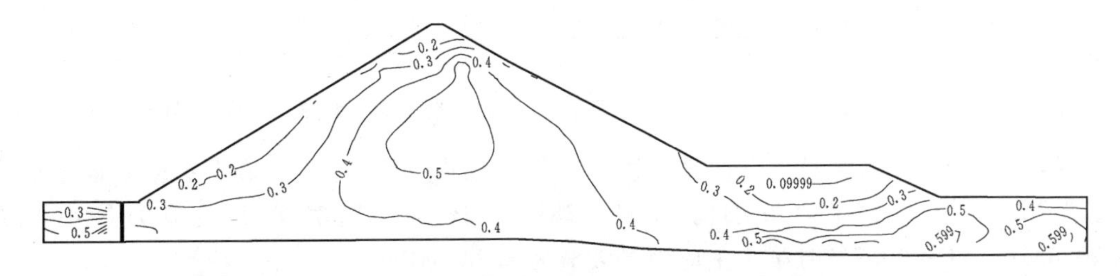

图 A-15　二期蓄水前，坝体横断面 $x=5.860$，应力水平图

应力水平最大值为 0.9990，$P=0.5\%$时应力水平最小值为 0.03713，$P=99.5\%$时应力水平最大值为 0.9948。

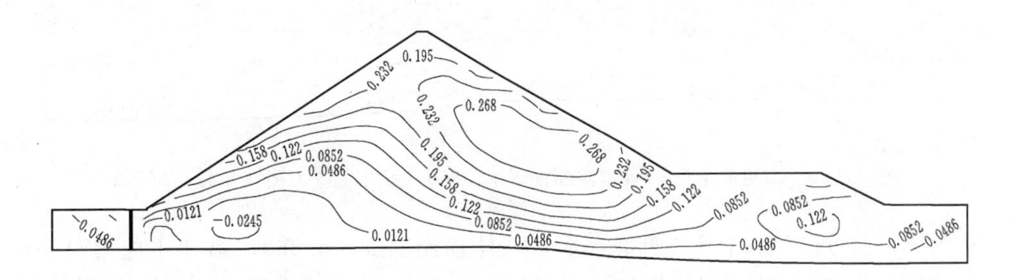

图 A-16　二期蓄水后，坝体横断面 $x=5.860$，顺水流方向位移图（单位：m）

从图 A-16 可以看出：二期蓄水后，坝体横断面 $x=5.860$，顺水流方向位移最小值为 0.06111m，顺水流方向位移最大值为 0.3047m，$P=0.5\%$时顺水流方向位移最小值为 -0.05187m，$P=99.5\%$时顺水流方向位移最大值为 0.3037m。

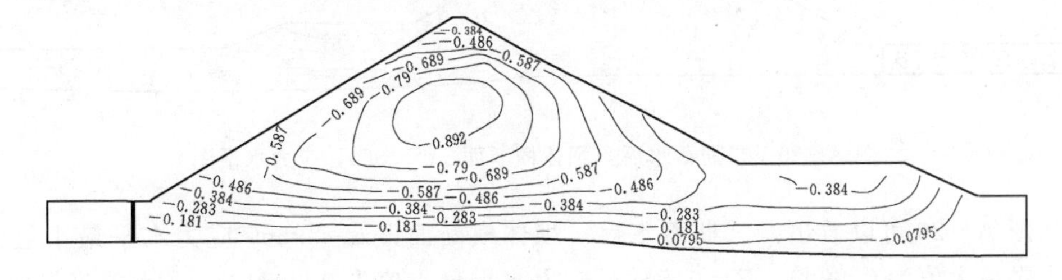

图 A-17　二期蓄水后，坝体横断面 $x=5.860$，竖向位移图（单位：m）

从图 A－17 可以看出：二期蓄水后，坝体横断面 $x=5.860$，竖向位移最小值为 －0.9931m，竖向位移最大值为 0.02201m，$P=0.5\%$时竖向位移最小值为－0.9053m，$P=99.5\%$时竖向位移最大值为 0.01878m。

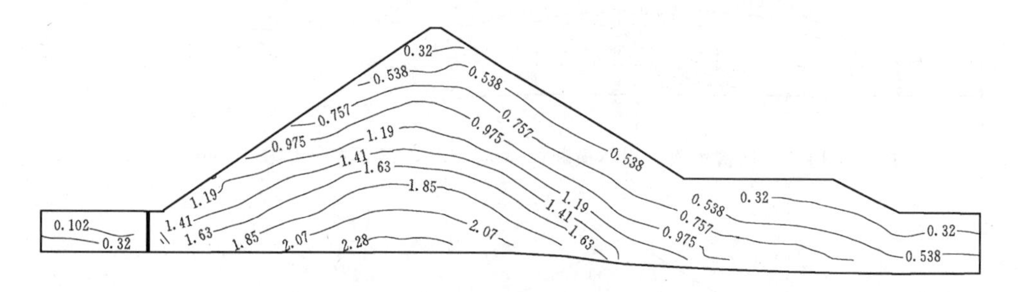

图 A－18　二期蓄水后，坝体横断面 $x=5.860$，第 1 主应力图（单位：MPa）

从图 A－18 可以看出：二期蓄水后，坝体横断面 $x=5.860$，第 1 主应力最小值为 0.1000MPa，第 1 主应力最小值为 12.32MPa，$P=0.5\%$时第 1 主应力最小值为 0.1020MPa，$P=99.5\%$时第 1 主应力最大值为 2.283MPa。

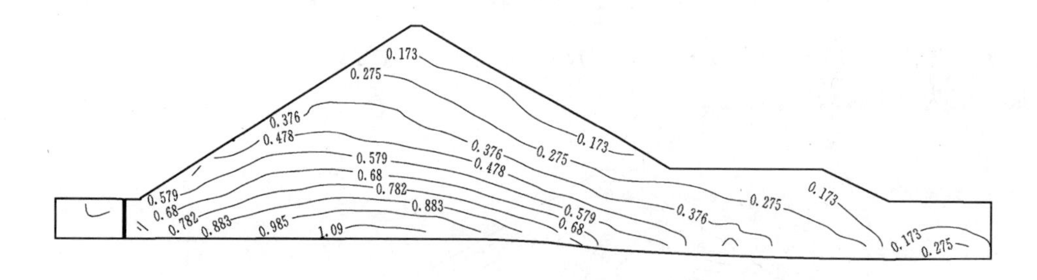

图 A－19　二期蓄水后，坝体横断面 $x=5.860$，第 3 主应力图（单位：MPa）

从图 A－19 可以看出：二期蓄水后，坝体横断面 $x=5.860$，第 3 主应力最小值为 －4.212MPa，第 3 主应力最大值 1.199MPa，$P=0.5\%$时第 3 主应力最小值为 0.07184MPa，$P=99.5\%$时第 3 主应力最大值为 1.086MPa。

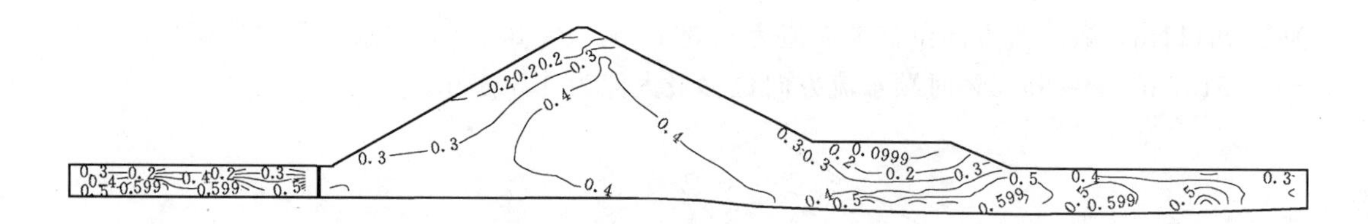

图 A－20　二期蓄水后，坝体横断面 $x=5.860$，应力水平图

从图 A－20 可以看出：二期蓄水后，坝体横断面，$x=5.860$ 应力水平最小值为 0，应力水平最大值为 0.9990，$P=0.5\%$时应力水平最小值为 0.007197，$P=99.5\%$时应力水平最大值为 0.9947。

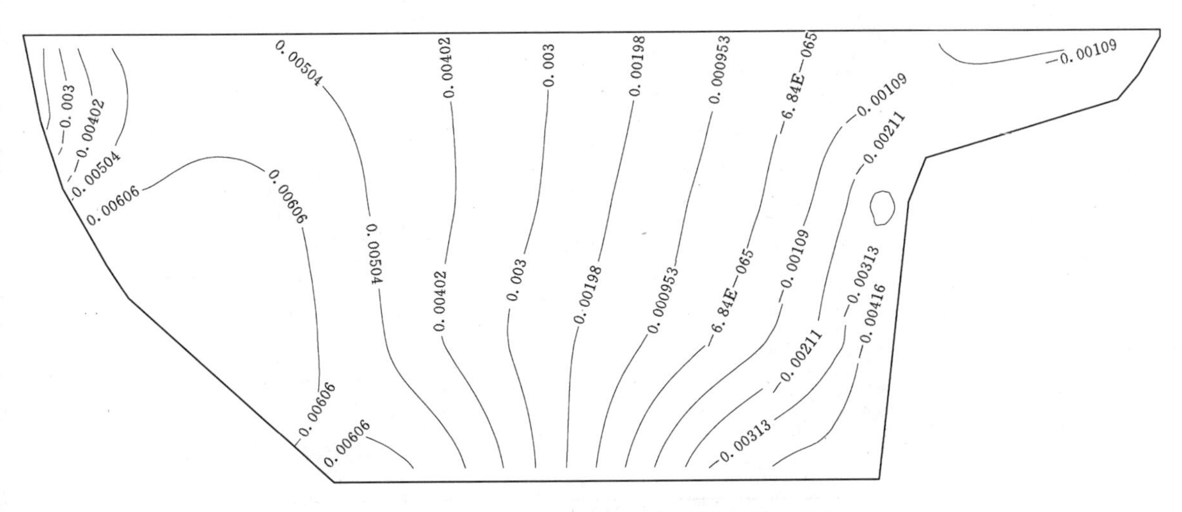

图 B-1　一期蓄水后，面板表面，轴向位移图（单位：m）

从图 B-1 可以看出：一期蓄水后，面板表面，轴向位移最小值为 0.005177m，轴向位移最大值为 0.007084m，P=0.5%时轴向位移最小值为－0.004894m，P=99.5%时轴向位移最大值为 0.007009m。

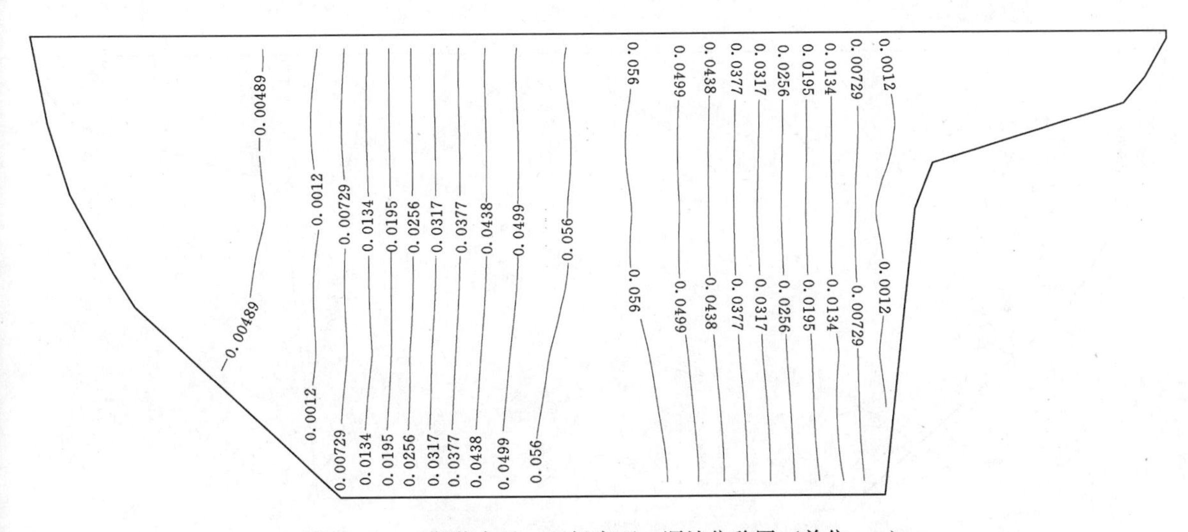

图 B-2　一期蓄水后，面板表面，顺坡位移图（单位：m）

从图 B-2 可以看出：一期蓄水后，面板表面，顺坡位移最小值为－0.01098m，顺坡位移最大值为 0.06211m，P=0.5%时顺坡位移最小值为－0.01086m，P=99.5%时顺坡位移最大值为 0.06149m。

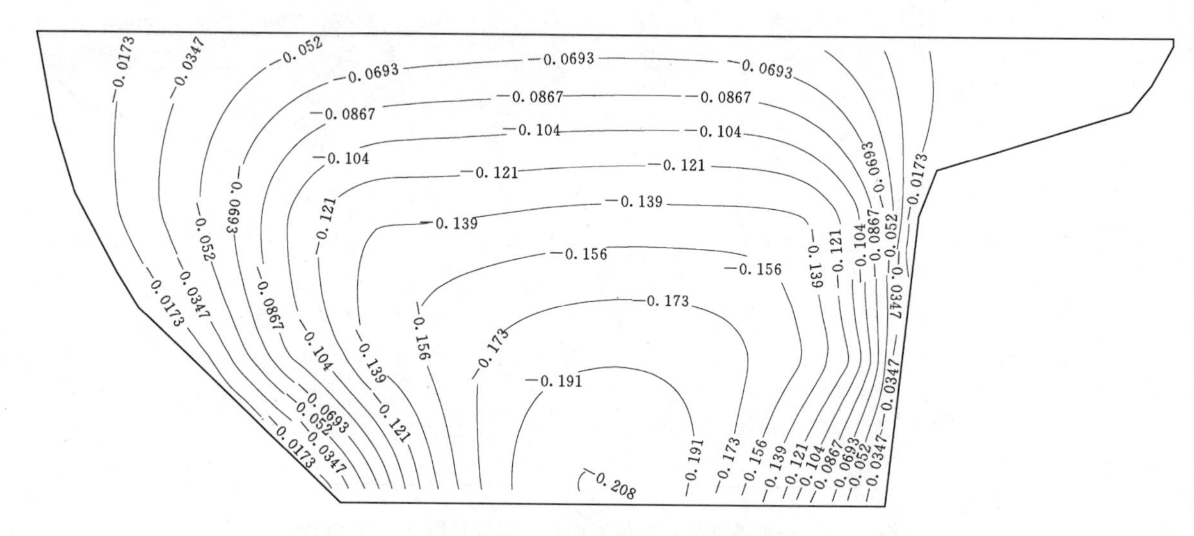

图 B-3　一期蓄水后，面板表面，法向位移图（单位：m）

从图 B-3 可以看出：一期蓄水后，面板表面，法向位移最小值为－0.2079m，法向位移最大值 0.000001189m，P＝0.5％时法向位移最小值为－0.2068m，P＝99.5％时法向位移最大值为－0.001187m。

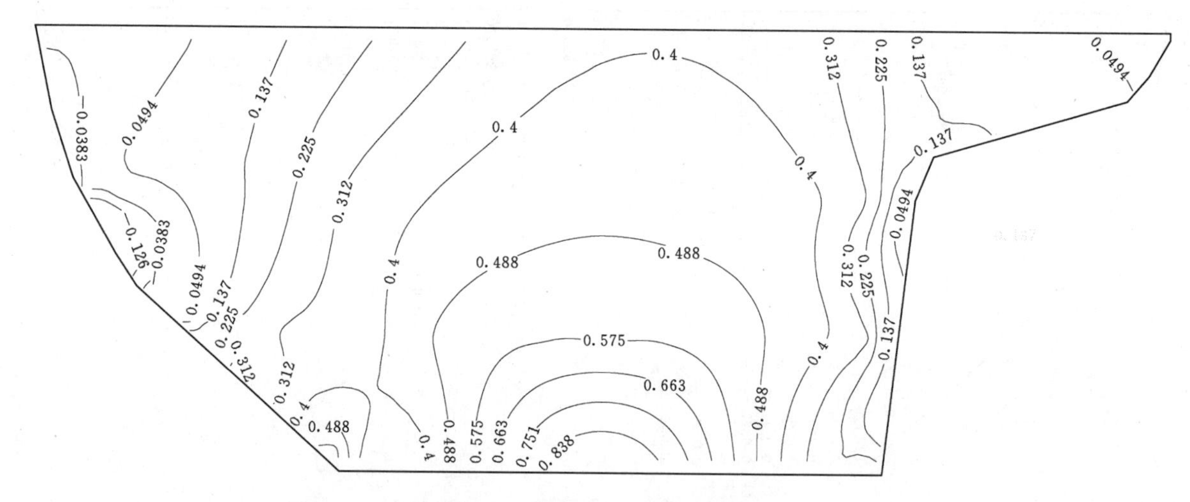

图 B-4　一期蓄水后，面板表面，轴向应力图（单位：MPa）

从图 B-4 可以看出：一期蓄水后，面板表面，轴向应力最小值为－0.9729MPa，轴向应力最大值为 0.9737MPa，P＝0.5％时轴向应力最小值为－0.1259MPa，P＝99.5％时轴向应力最大值为 0.9261MPa。

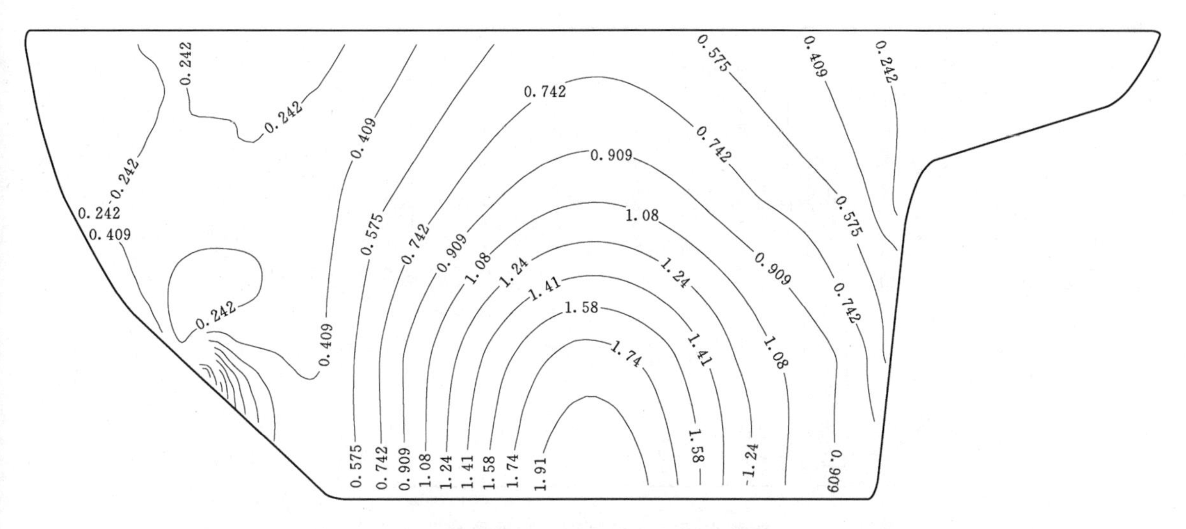

图 B-5　一期蓄水后，面板表面，顺坡应力图（单位：MPa）

从图 B-5 可以看出：一期蓄水后，面板表面，顺坡应力最小值为 0.02445MPa，顺坡应力最大值为 3.745MPa，P=0.5%时顺坡应力最小值为 0.07540MPa，P=99.5%时顺坡应力最大值为 2.075MPa。

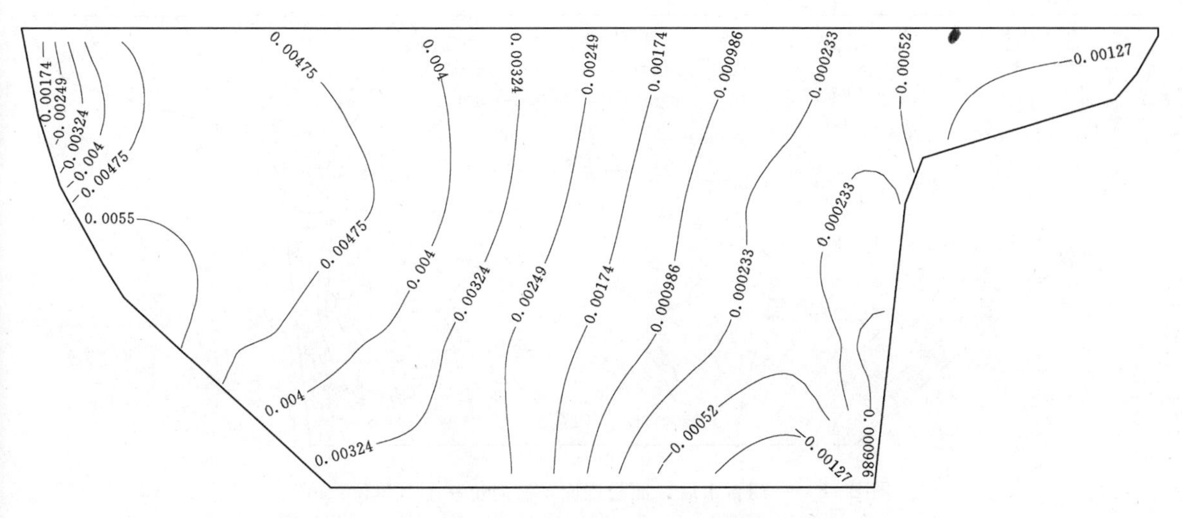

图 B-6　一期蓄水后，面板底面，轴向位移图（单位：m）

从图 B-6 可以看出：一期蓄水后，面板底面，轴向位移最小值为－0.002779m，轴向位移最大值为 0.006256m，P=0.5%时轴向位移最小值为－0.00209m，P=99.5%时轴向位移最大值为 0.006073m。

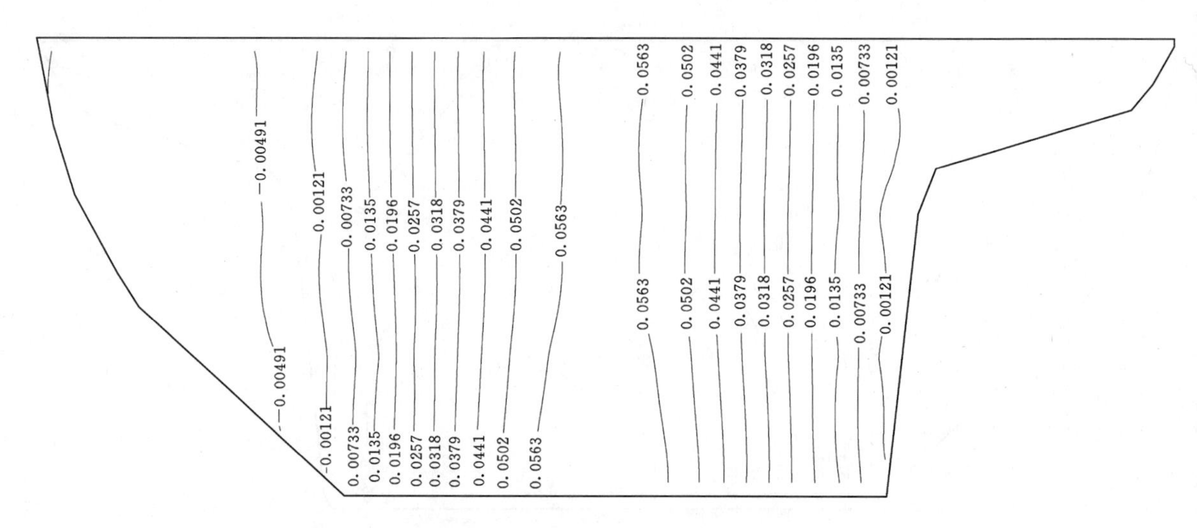

图 B-7　一期蓄水后，面板底面，顺坡位移图（单位：m）

从图 B-7 可以看出：一期蓄水后，面板底面，顺坡位移最小值为－0.01102m，顺坡位移最大值为 0.06241m，P＝0.5％时顺坡位移最小值为－0.01102m，P＝99.5％时顺坡位移最大值为 0.06164m。

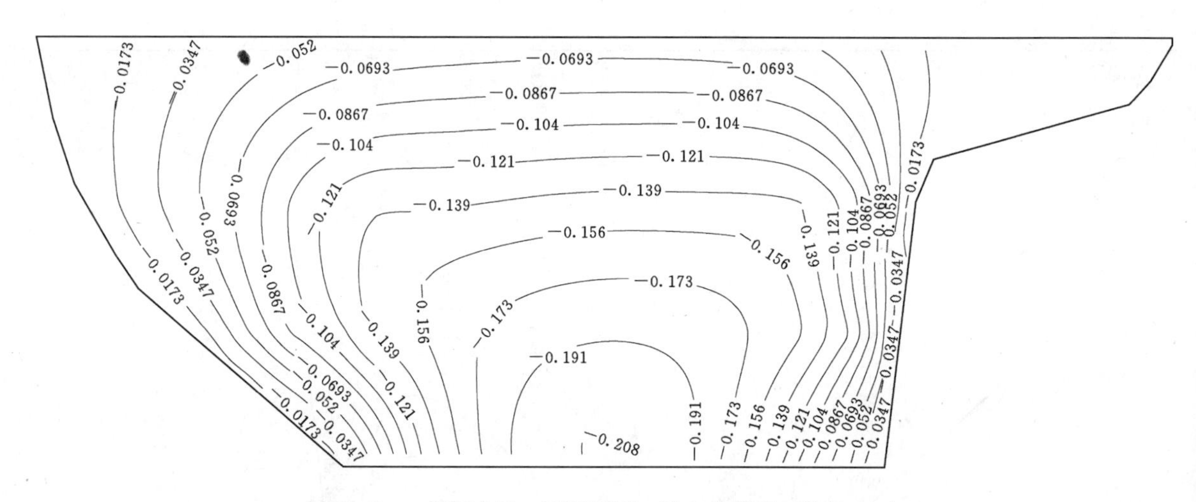

图 B-8　一期蓄水后，面板底面，法向位移图（单位：m）

从图 B-8 可以看出：一期蓄水后，面板底面，法向位移最小值为－0.2079m，法向位移最大值为 0.000001417m，P＝0.5％时法向位移最小值为－0.2068m，P＝99.5％时法向位移最大值为－0.001187m。

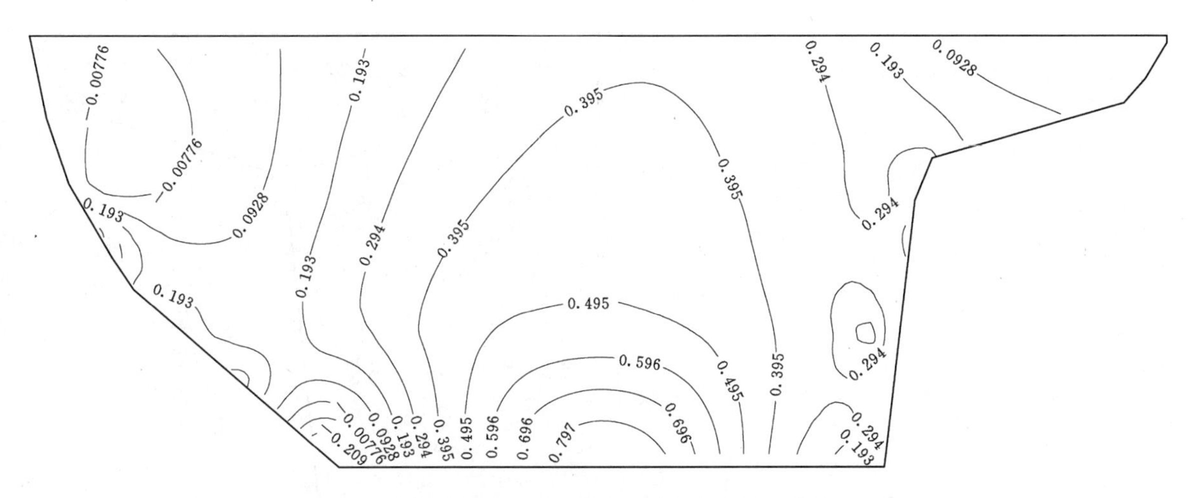

图 B-9　一期蓄水后，面板底面，轴向应力图（单位：MPa）

从图 B-9 可以看出：一期蓄水后，面板底面，轴向应力最小值为－0.6648MPa，轴向应力最大值为 0.9429MPa，P＝0.5%时轴向应力最小值为－0.3095MPa，P＝99.5%时轴向应力最大值为 0.8974MPa。

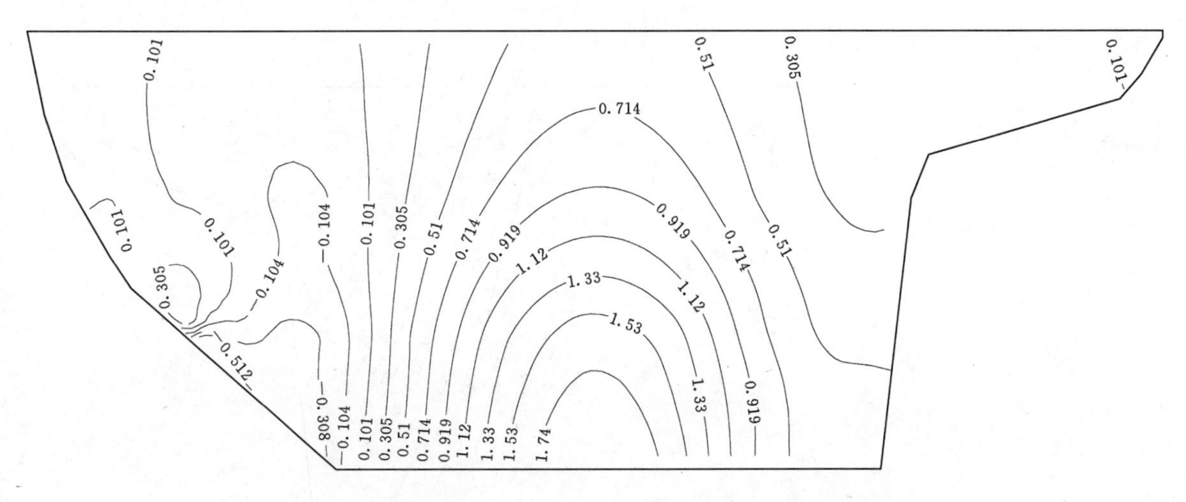

图 B-10　一期蓄水后，面板底面，顺坡应力图（单位：MPa）

从图 B-10 可以看出：一期蓄水后，面板底面，顺坡应力最小值为－2.486MPa，顺坡应力最大值为 1.969MPa，P＝0.5%时顺坡应力最小值为－0.5124MPa，P＝99.5%时顺坡应力最大值为 1.940MPa。

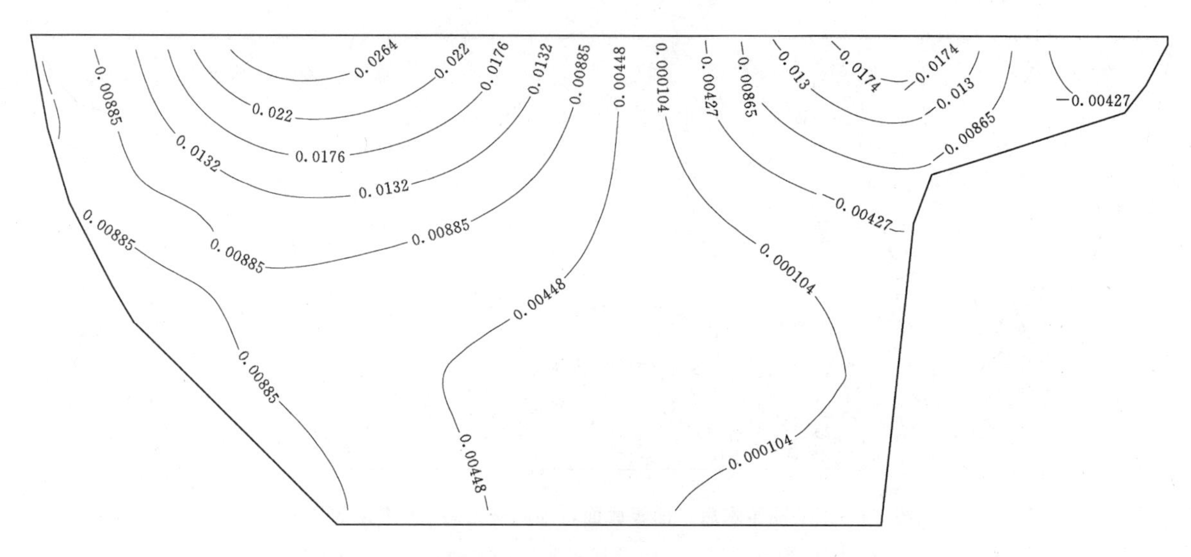

图 B-11　二期蓄水前，面板表面，轴向位移图（单位：m）

从图 B-11 可以看出：二期蓄水前，面板表面，轴向位移最小值为－0.02177m，轴向位移最大值为 0.03072m，P=0.5%时轴向位移最小值为－0.02145m，P=99.5%时轴向位移最大值为 0.03052m。

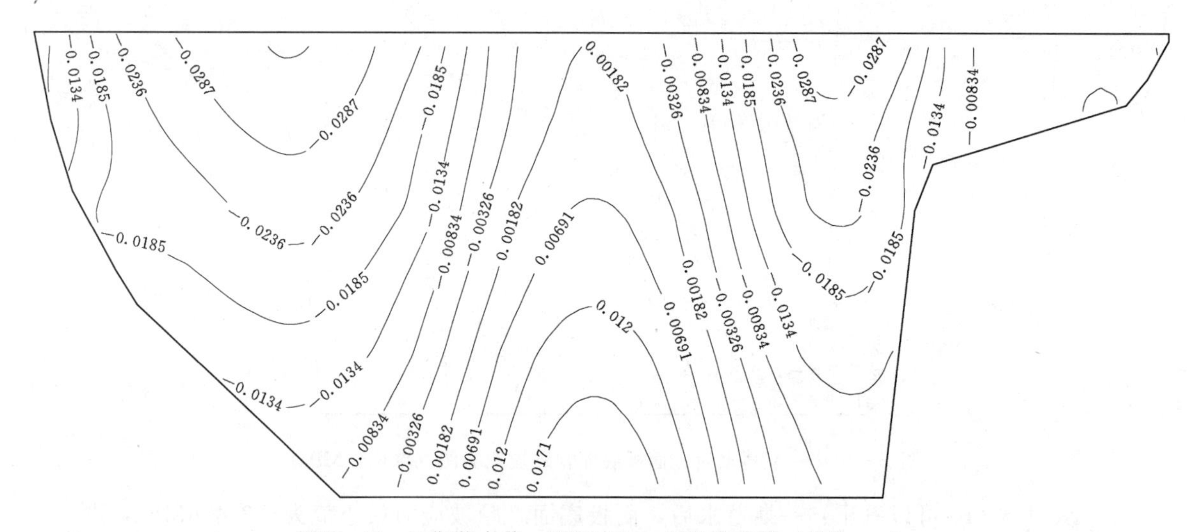

图 B-12　二期蓄水前，面板表面，顺坡位移图（单位：m）

从图 B-12 可以看出：二期蓄水前，面板表面，顺坡位移最小值为－0.03884m，顺坡位移最大值为 0.02216m，P=0.5%时顺坡位移最小值为－0.03823m，P=99.5%时顺坡位移最大值为 0.02152m。

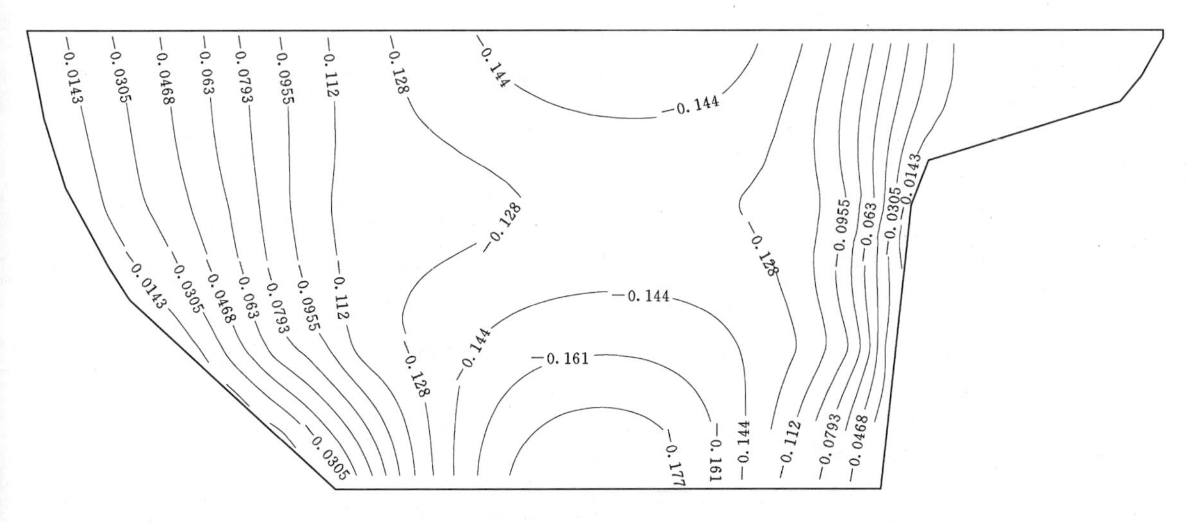

图 B-13　二期蓄水前，面板表面，法向位移图（单位：m）

从图 B-13 可以看出：二期蓄水前，面板表面，法向位移最小值为−0.1930m，法向位移最大值为 0.001984m，P=0.5%时法向位移最小值为−0.1919m，P=99.5%时法向位移最大值为−0.001230m。

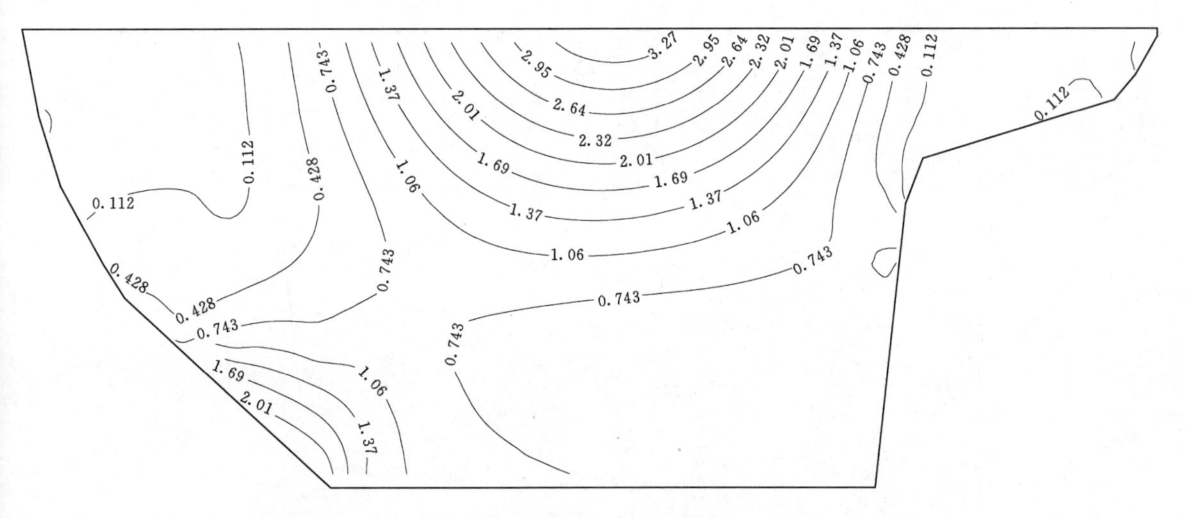

图 B-14　二期蓄水前，面板表面，轴向应力图（单位：MPa）

从图 B-14 可以看出：二期蓄水前，面板表面，轴向应力最小值为−1.044MPa，轴向应力最大为 3.602MPa，P=0.5%时轴向应力最小值为−0.2034MPa，P=99.5%时轴向应力最大值为 3.583MPa。

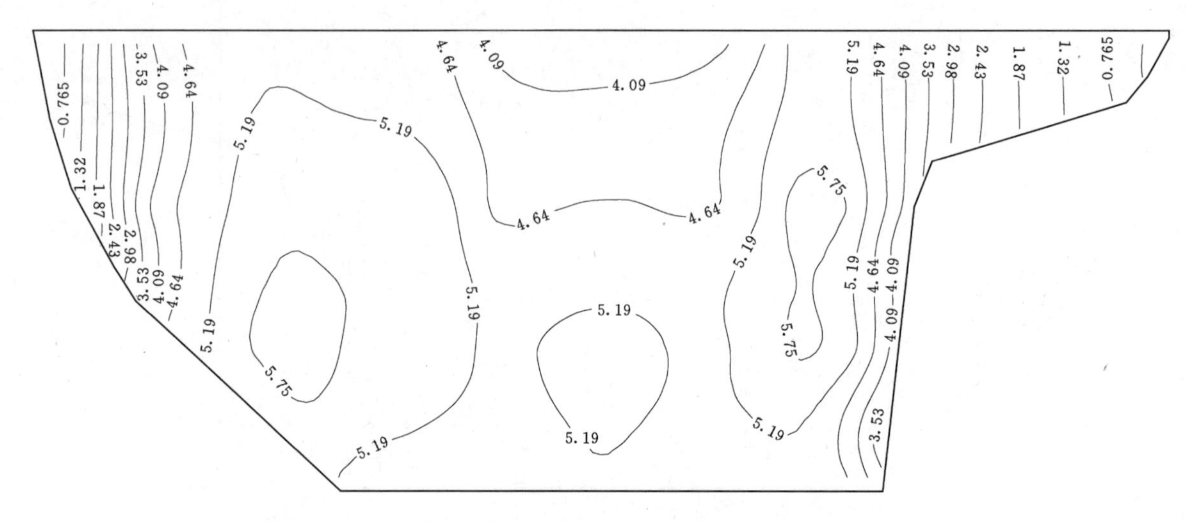

图 B-15　二期蓄水前，面板表面，顺坡应力图（单位：MPa）

从图 B-15 可以看出：二期蓄水前，面板表面，顺坡应力最小值为－0.1695MPa，顺坡应力最大值为 6.877MPa，P=0.5%时顺坡应力最小值为 0.2117MPa，P=99.5%时顺坡应力最大值为 6.855MPa。

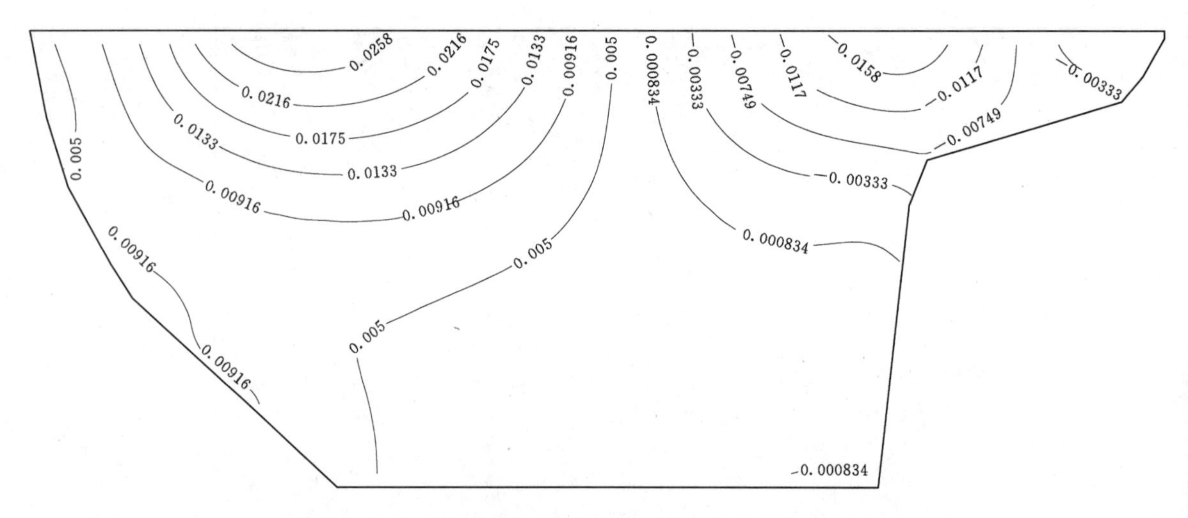

图 B-16　二期蓄水前，面板底面，轴向位移图（单位：m）

从图 B-16 可以看出：二期蓄水前，面板底面，轴向位移最小值为－0.01998m，轴向位移最大值为 0.02997m，P=0.5%时轴向位移最小值为－0.01978m，P=99.5%时轴向位移最大值为 0.02967m。

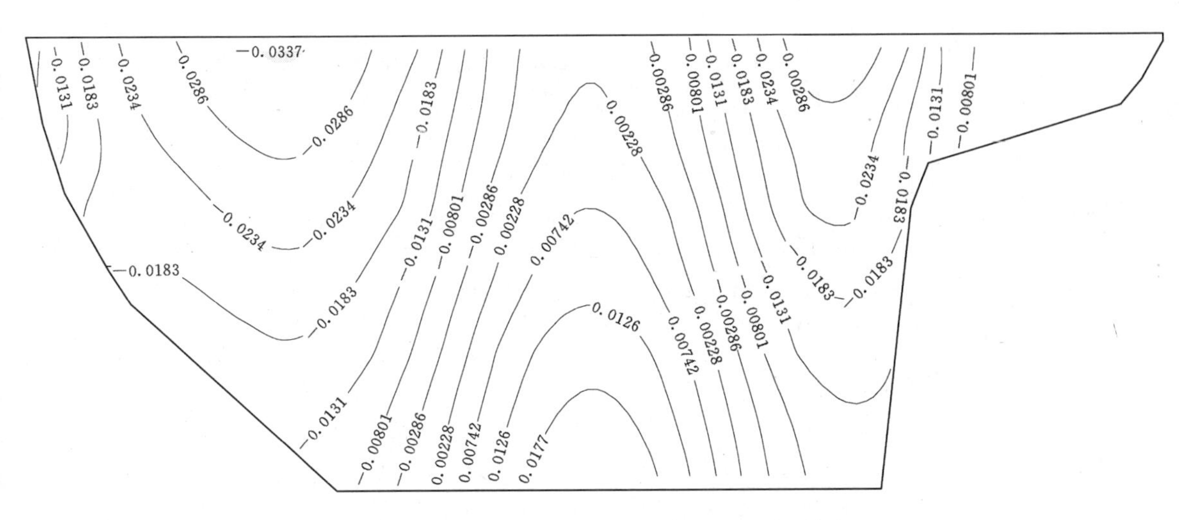

图 B-17　二期蓄水前，面板底面，顺坡位移图（单位：m）

从图 B-17 可以看出：二期蓄水前，面板底面，顺坡位移最小值为－0.03886m，顺坡位移最大值为 0.02285m，P=0.5%时顺坡位移最小值为－0.03849m，P=99.5%时顺坡位移最大值为 0.02208m。

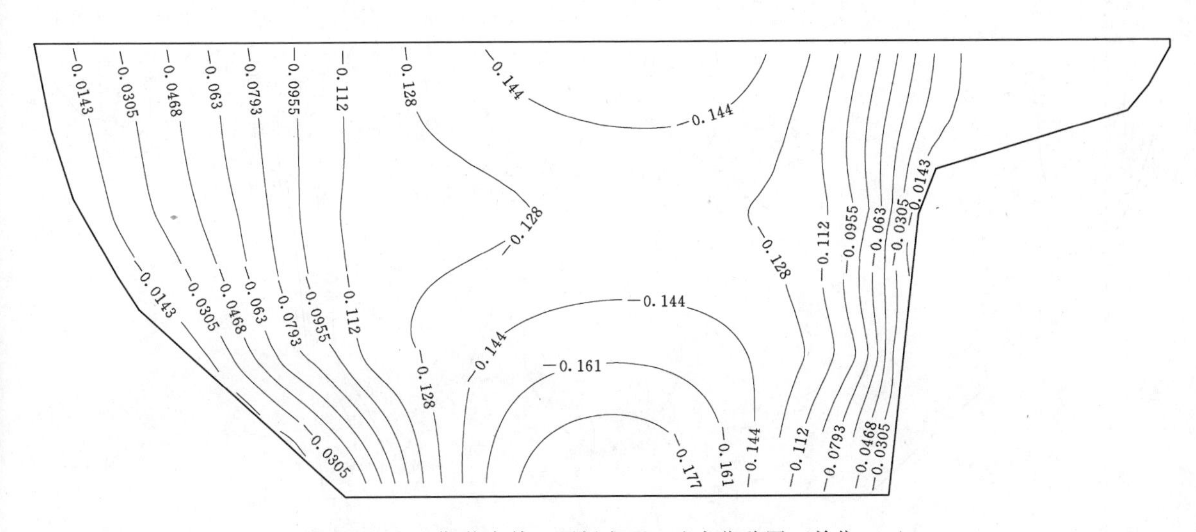

图 B-18　二期蓄水前，面板底面，法向位移图（单位：m）

从图 B-18 可以看出：二期蓄水前，面板底面，法向位移最小值为－0.1930m，法向位移最大值为 0.001985m，P=0.5%时法向位移最小值为－0.1920m，P=99.5%时法向位移最大值为－0.001229m。

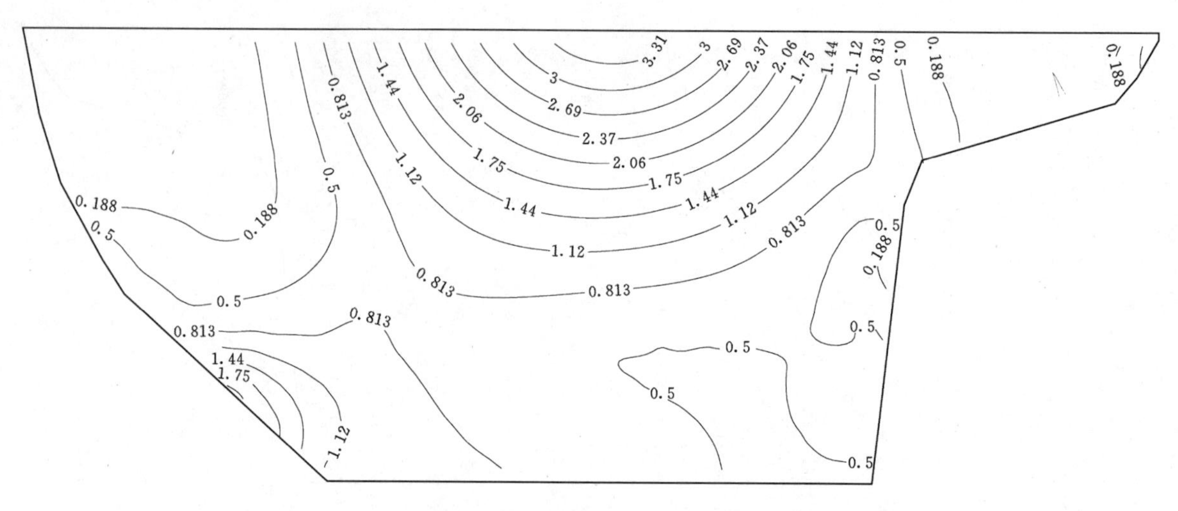

图 B-19　二期蓄水前，面板底面，轴向应力图（单位：MPa）

从图 B-19 可以看出：二期蓄水前，面板底面，轴向应力最小值为－1.298MPa，轴向应力最大值为 3.643MPa，P=0.5%时轴向应力最小值为－0.1245MPa，P=99.5%时轴向应力最大值为 3.623MPa。

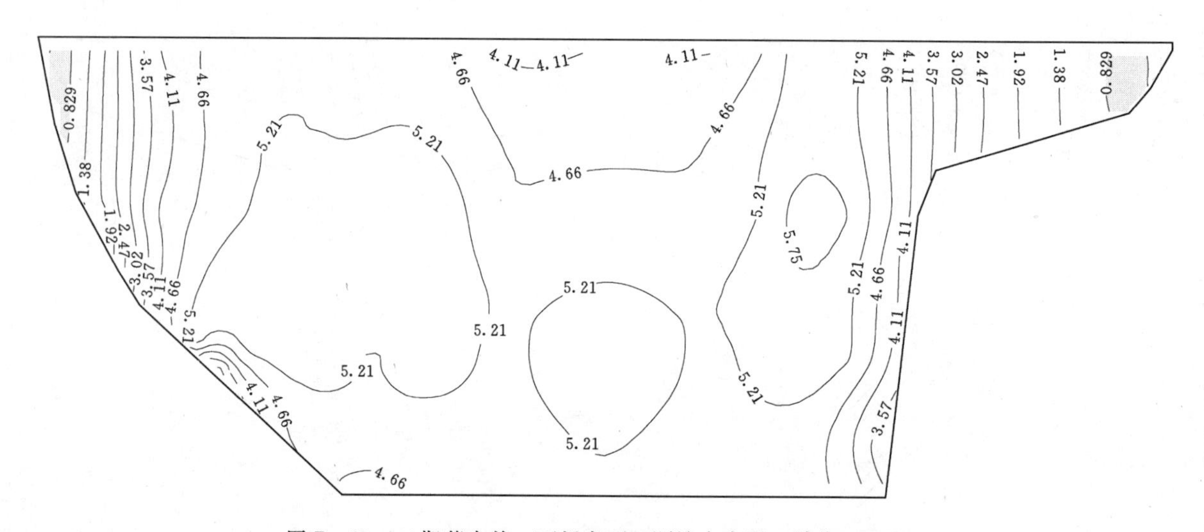

图 B-20　二期蓄水前，面板底面，顺坡应力图（单位：MPa）

从图 B-20 可以看出：二期蓄水前，面板底面，顺坡应力最小值为 0.07473MPa，顺坡应力最大值为 6.869MPa，P=0.5%时顺坡应力最小值为 0.2820MPa，P=99.5%时顺坡应力最大值为 6.848MPa。

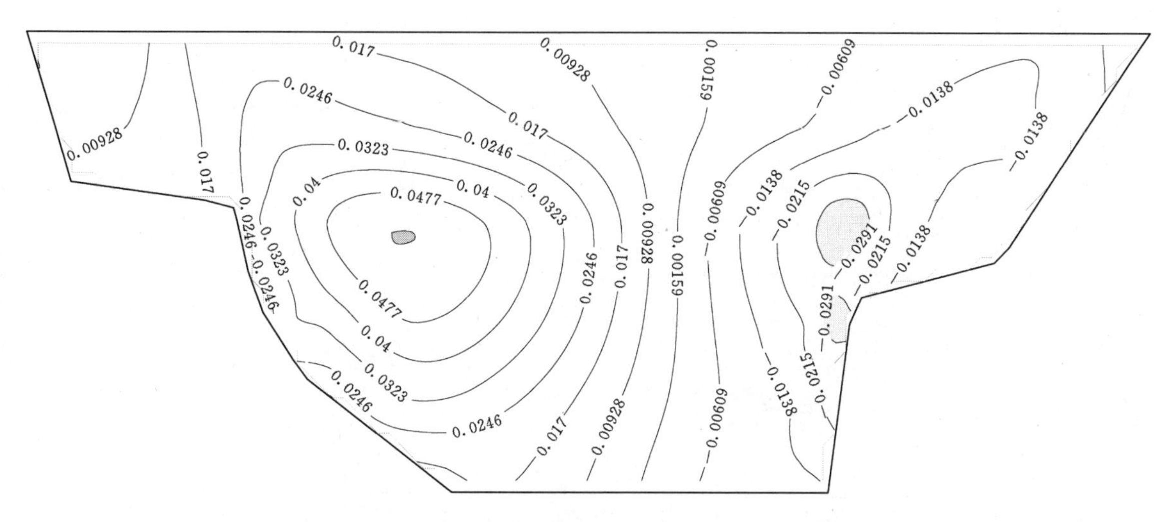

图 B-21　二期蓄水后，面板表面，轴向位移图（单位：m）

从图 B-21 可以看出：二期蓄水后，面板表面，轴向位移最小值为－0.03682m，轴向位移最大值为＝0.05537m，P＝0.5％时轴向位移最小值为－0.03665m，P＝99.5％时轴向位移为最大值 0.05497m。

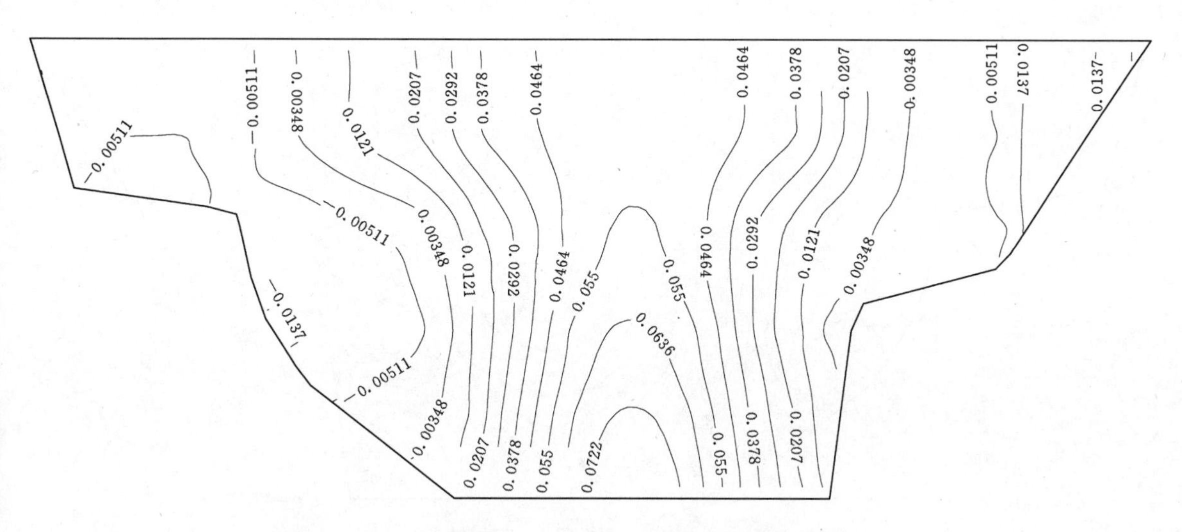

图 B-22　二期蓄水后，面板表面，顺坡位移图（单位：m）

从图 B-22 可以看出：二期蓄水后，面板表面，顺坡位移最小值为－0.02228m，顺坡位移最大值为 0.08077m，P＝0.5％时顺坡位移最小值为－0.02150m，P＝99.5％时顺坡位移最大值为 0.07876m。

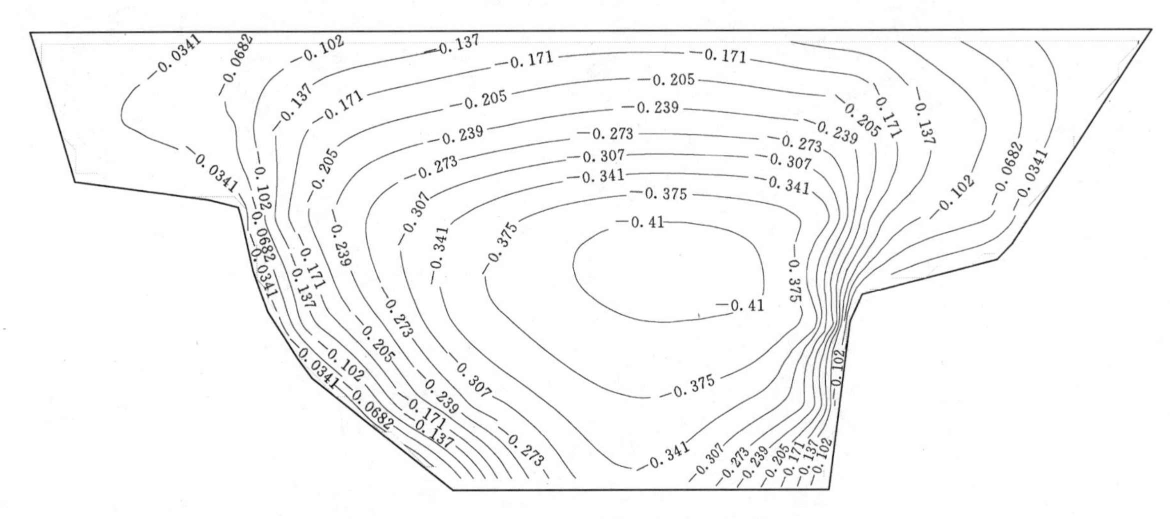

图 B-23　二期蓄水后，面板表面，法向位移图（单位：m）

从图 B-23 可以看出：二期蓄水后，面板表面，法向位移最小值为－0. 4096m，法向位移最大值为 0. 00005949m，P＝0. 5％时法向位移最小值为－0. 4093m，P＝99. 5％时法向位移最大值为－0. 003726m。

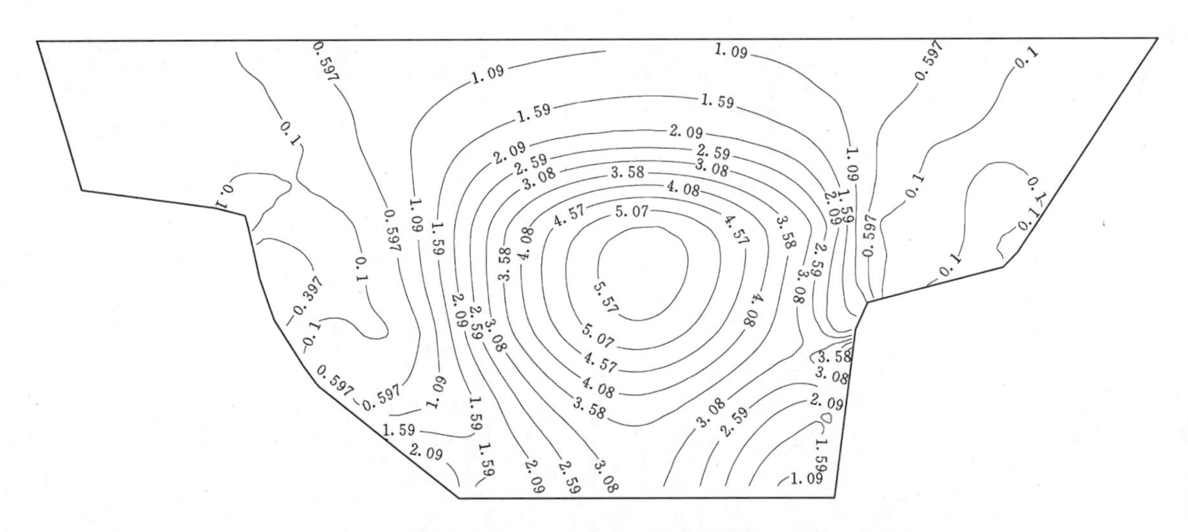

图 B-24　二期蓄水后，面板表面，轴向应力图（单位：MPa）

从图 B-24 可以看出：二期蓄水后，面板表面，轴向应力最小值为－3. 046MPa，轴向应力最大值为 7. 979MPa，P＝0. 5％时轴向应力最小值为－0. 3971MPa，P＝99. 5％时轴向应力最大值为 5. 568MPa。

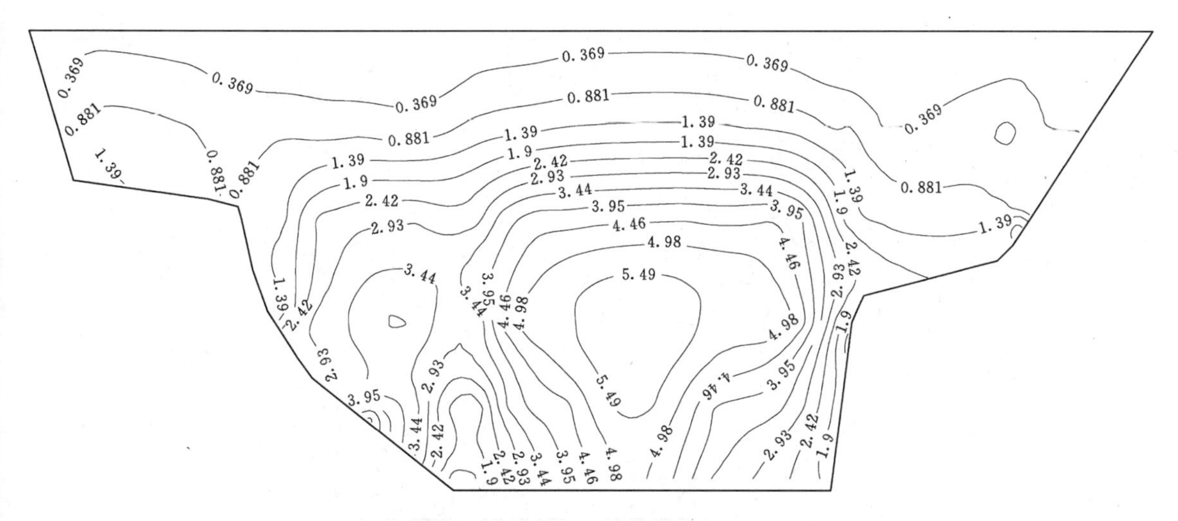

图 B-25　二期蓄水后，面板表面，顺坡应力图（单位：MPa）

从图 B-25 可以看出：二期蓄水后，面板表面，顺坡应力最小值为－0.2726MPa，顺坡应力最大值为 7.633MPa，P＝0.5％时顺坡应力最小值为－0.1430MPa，P＝99.5％时顺坡应力最大值为 5.999MPa。

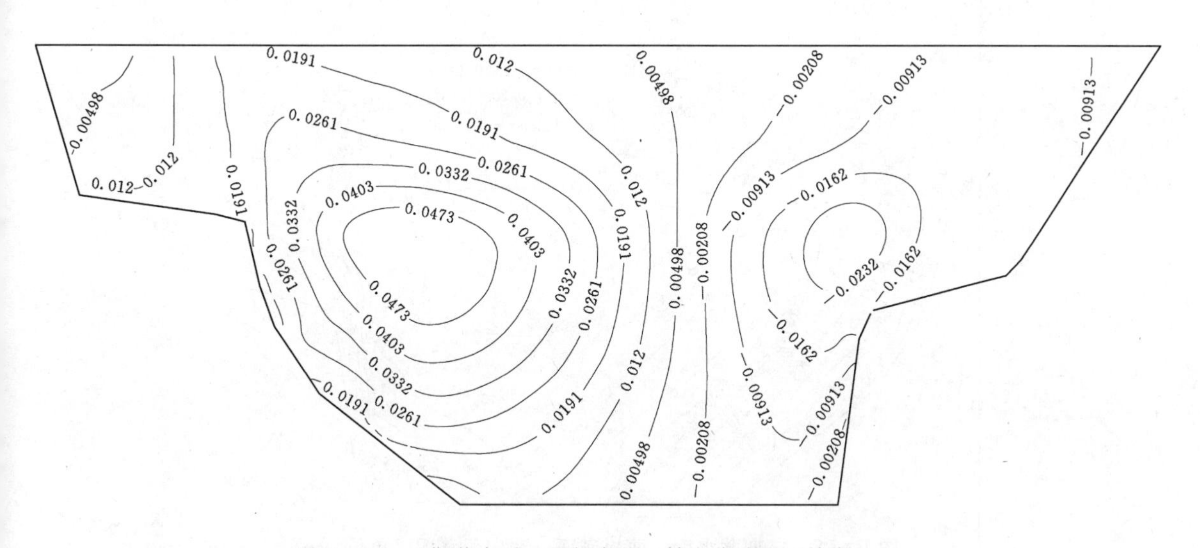

图 B-26　二期蓄水后，面板底面，轴向位移图（单位：m）

从图 B-26 可以看出：二期蓄水后，面板底面，轴向位移最小值为－0.03030m，轴向位移最大值为 0.05437m，P＝0.5％时轴向位移最小值为－0.03005m，P＝99.5％时轴向位移最大值为 0.05400m。

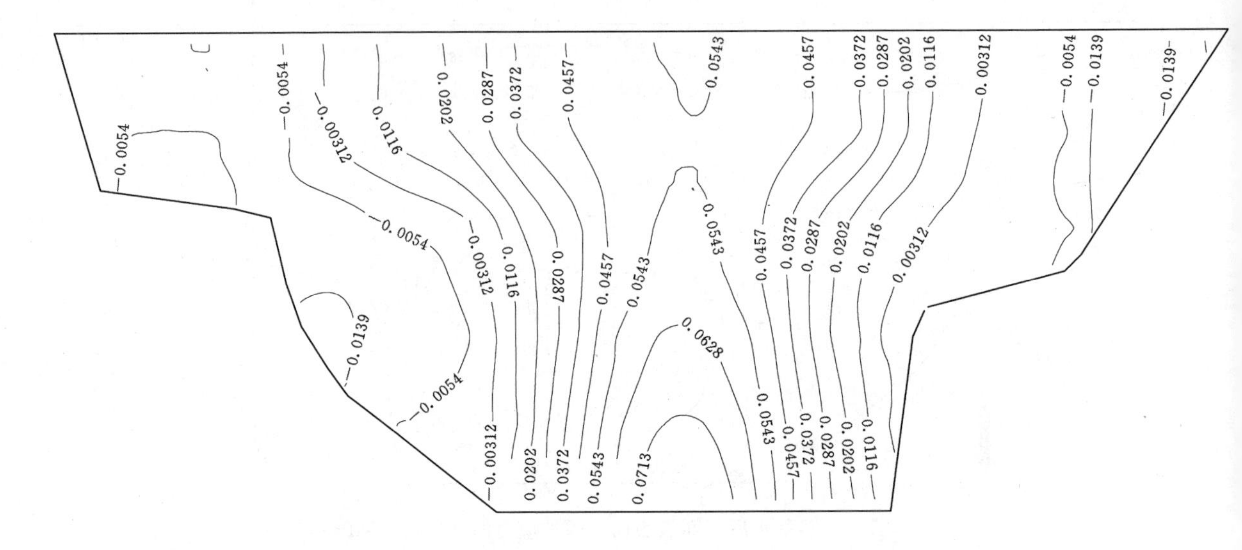

图 B-27　二期蓄水后，面板底面，顺坡位移图（单位：m）

从图 B-27 可以看出：二期蓄水后，面板底面，顺坡位移最小值为－0.02244m，顺坡位移最大值为 0.07982m，P=0.5%时顺坡位移最小值为－0.02214m，P=99.5%时顺坡位移最大值为 0.07742m。

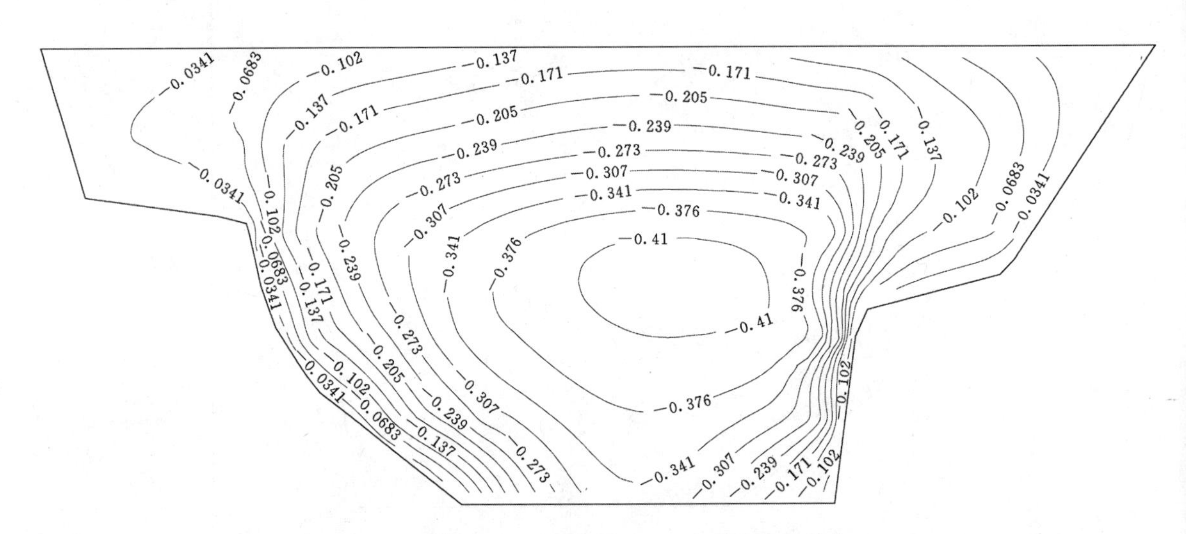

图 B-28　二期蓄水后，面板底面，法向位移图（单位：m）

从图 B-28 可以看出：二期蓄水后，面板底面，法向位移最小值为－0.4096m，法向位移最大值为 0.00002736m，P=0.5%时法向位移最小值为－0.4094m，P=99.5%时法向位移最大值为－0.003711m。

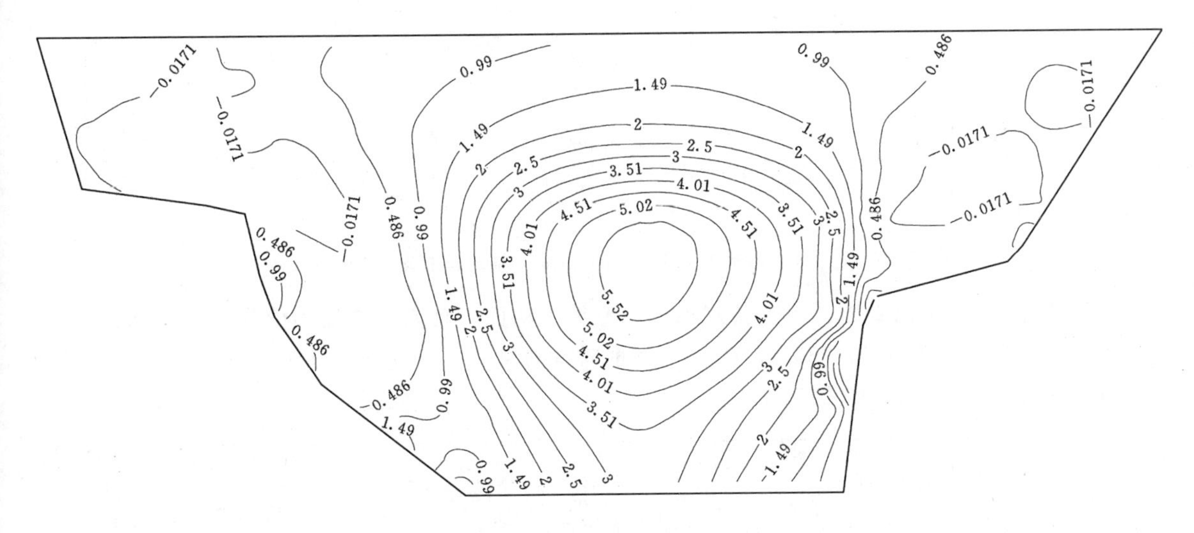

图 B-29　二期蓄水后，面板底面，轴向应力图（单位：MPa）

从图 B-29 可以看出：二期蓄水后，面板底面，轴向应力最小值为－7.813MPa，轴向应力最大值为 5.605MPa，P=0.5%时轴向应力最小值为－0.5203MPa，P=99.5%时轴向应力最大值为 5.519MPa。

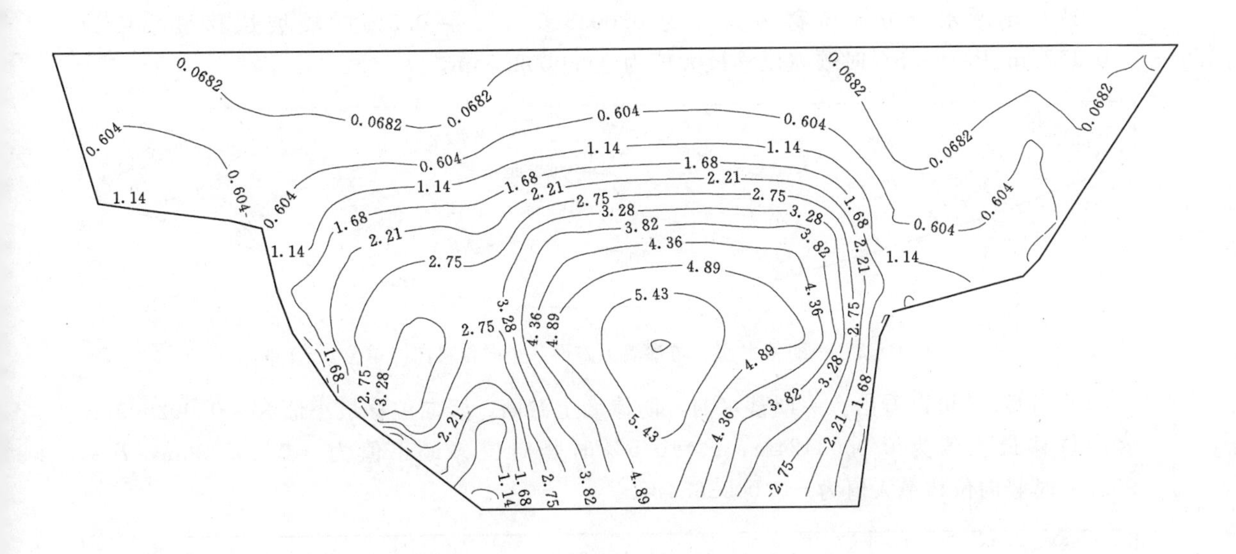

图 B-30　二期蓄水后，面板底面，顺坡应力图（单位：MPa）

从图 B-30 可以看出：二期蓄水后，面板底面，顺坡应力最小值为－1.731MPa，顺坡应力最大值为 6.030MPa，P=0.5%时顺坡应力最小值为－0.4678MPa，P=99.5%时顺坡应力最大值为 5.964MPa。

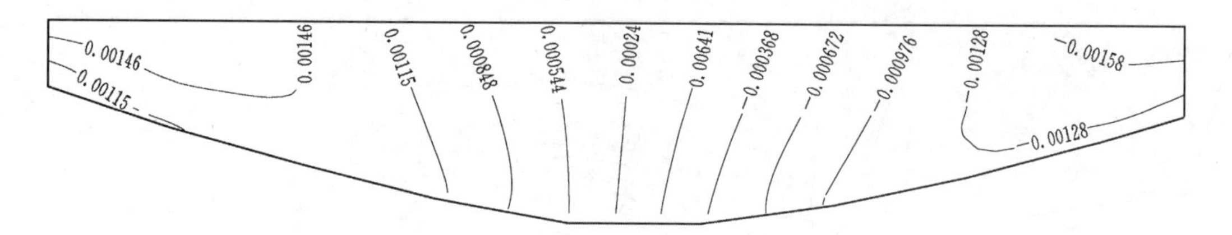

图 C-1　一期蓄水前，防渗墙上游面，轴向位移图（单位：m）

从图 C-1 可以看出：一期蓄水前，防渗墙上游面，轴向位移最小值为－0.001887m，轴向位移最大值为 0.001759m，P＝0.5％时轴向位移最小值为－0.001863m，P＝99.5％时轴向位移最大值为 0.001728m。

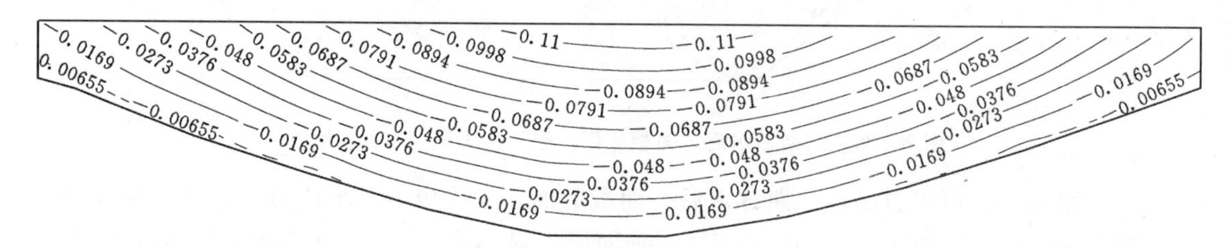

图 C-2　一期蓄水前，防渗墙上游面，顺水流方向位移图（单位：m）

从图 C－2 可以看出：一期蓄水前，防渗墙上游面，顺水流方向位移最小值为－0.1204m，顺水流方向位移最大值为 0.003805m，P＝0.5％时顺坡位移最小值为－0.1179m，P＝99.5％时顺坡位移最大值为－0.0002055m。

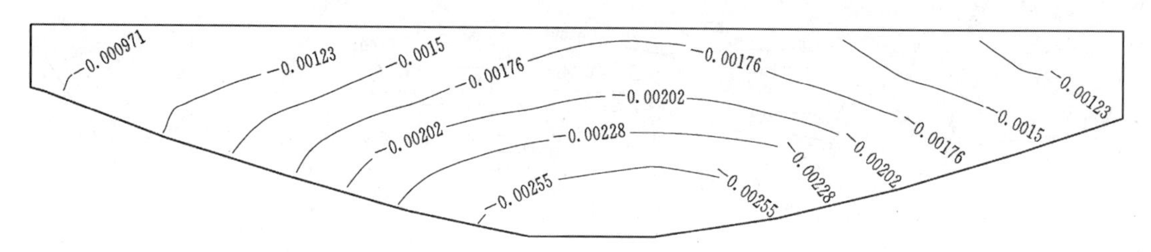

图 C-3　一期蓄水前，防渗墙上游面，竖向位移图（单位：m）

从图 C-3 可以看出：一期蓄水前，防渗墙上游面，竖向位移最小值为－0.002809m，竖向位移最大值为 0.0003424m，P＝0.5％时竖向位移最小值为－0.002706m，P＝99.5％时竖向位移最大值为－0.0003654m。

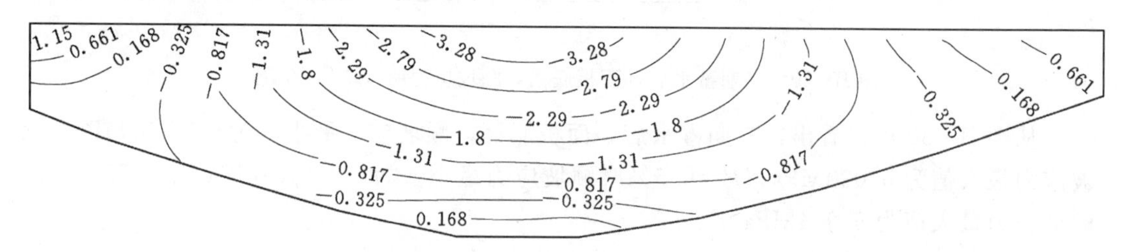

图 C-4　一期蓄水前，防渗墙上游面，轴向应力图（单位：MPa）

从图 C-4 可以看出：一期蓄水前，防渗墙上游面，轴向应力最小值为−3.919MPa，轴向应力最大值为 2.340MPa，P=0.5%时轴向应力最小值为−3.772MPa，P=99.5%时轴向应力最大值为 2.138MPa。

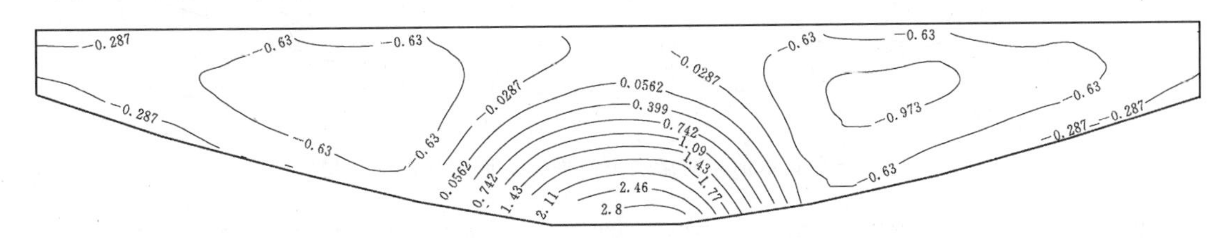

图 C-5　一期蓄水前，防渗墙上游面，竖向应力图（单位：MPa）

从图 C-5 可以看出：一期蓄水前，防渗墙上游面，竖向应力最小值为−1.041MPa，竖向应力最大值为 3.154MPa，P=0.5%时竖向应力最小值为−0.9730MPa，P=99.5%时竖向应力最大值为 3.144MPa。

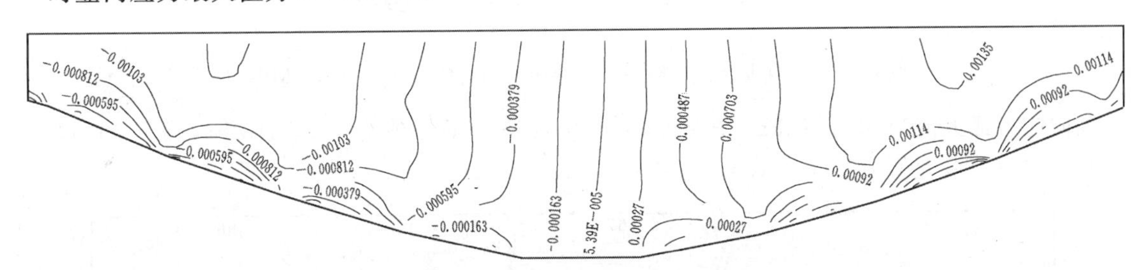

图 C-6　一期蓄水前，防渗墙下游面，轴向位移图（单位：m）

从图 C-6 可以看出：一期蓄水前，防渗墙下游面，轴向位移最小值为−0.001244m，轴向位移最大值为 0.001352m，P=0.5%时轴向位移最小值为−0.001207m，P=99.5%时轴向位移最大值为 0.001336m。

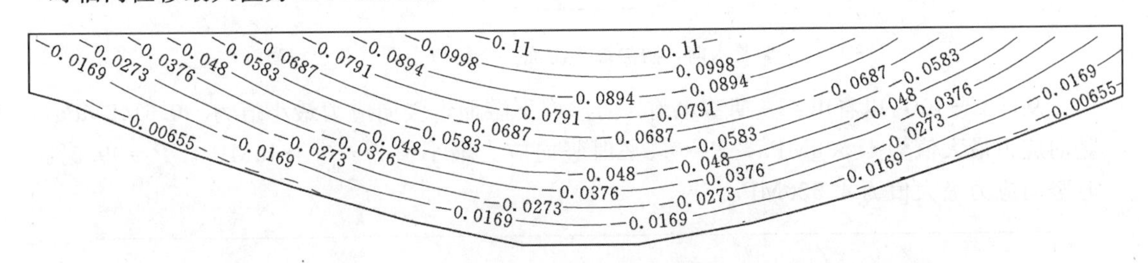

图 C-7　一期蓄水前，防渗墙下游面，顺水流方向位移图（单位：m）

从图 C-7 可以看出：一期蓄水前，防渗墙下游面，顺水流方向位移最小值为−0.1204m,顺水流方向位移最大值为 0.003806m，P=0.5%时顺坡位移最小值为−0.1179m,P=99.5%时顺坡位移最大值为−0.0002042m。

从图 C-8 可以看出：一期蓄水前，防渗墙下游面，竖向位移最小值为−0.002809m，竖向位移最大值为 0.003769m，P=0.5%时竖向位移最小值为 0.0006603m，P=99.5%时竖向位移最大值为 0.003739m。

从图 C-9 可以看出：一期蓄水前，防渗墙下游面，轴向应力最小值为−3.054MPa，

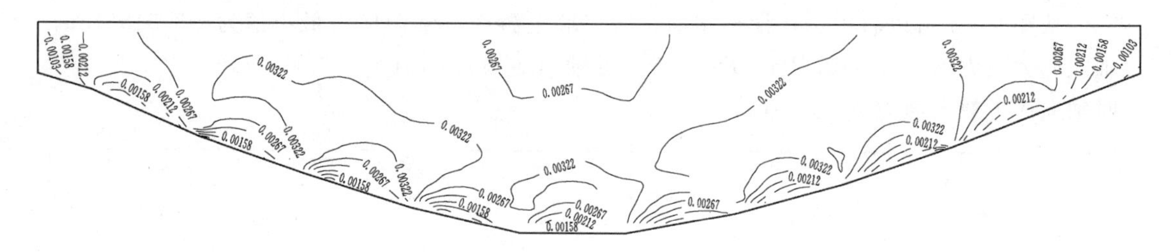

图 C-8　一期蓄水前，防渗墙下游面，竖向位移图（单位：m）

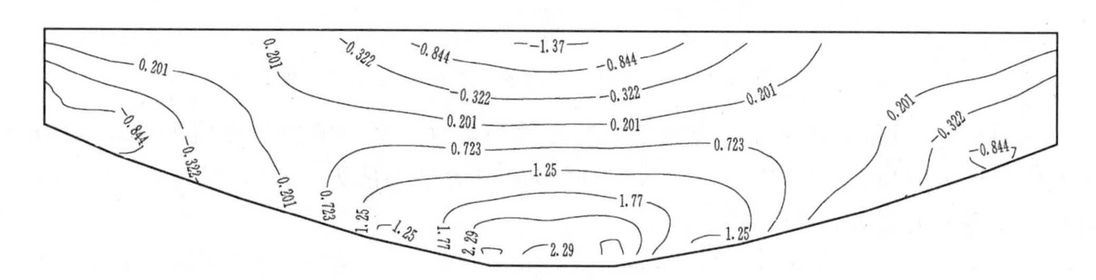

图 C-9　一期蓄水前，防渗墙下游面，轴向应力图（单位：MPa）

轴向应力最大值为 3.364MPa，P=0.5%时轴向应力最小值为－2.934MPa，P=99.5%时轴向应力最大值为 3.335MPa。

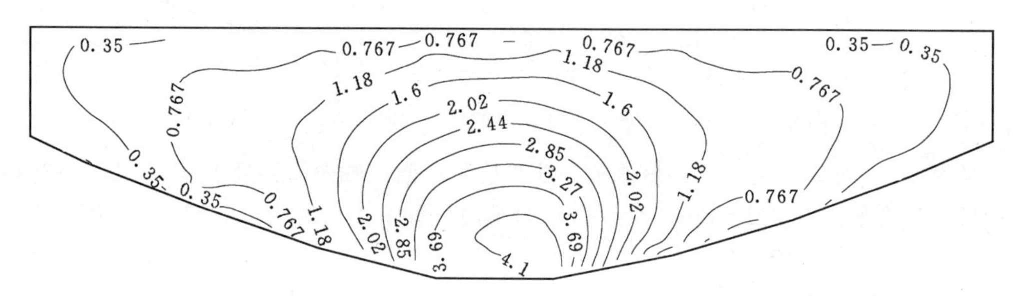

图 C-10　一期蓄水前，防渗墙下游面，竖向应力图（单位：MPa）

从图 C-10 可以看出：一期蓄水前，防渗墙下游面，竖向应力最小值为－0.6142MPa，竖向应力最大值为 4.532MPa，P=0.5%时竖向应力最小值为－0.4840MPa，P=99.5%时竖向应力最大值为 4.520MPa。

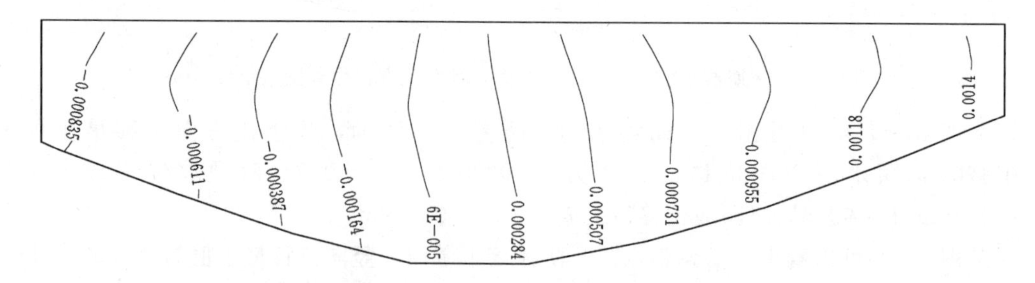

图 C-11　一期蓄水后，防渗墙上游面，轴向位移图（单位：m）

从图 C-11 可以看出：一期蓄水后，防渗墙上游面，轴向位移最小值为－0.001058m，轴向位移最大值为 0.001625m，P=0.5％时轴向位移最小值为－0.001056m，P=99.5％时轴向位移最大值为 0.001577m。

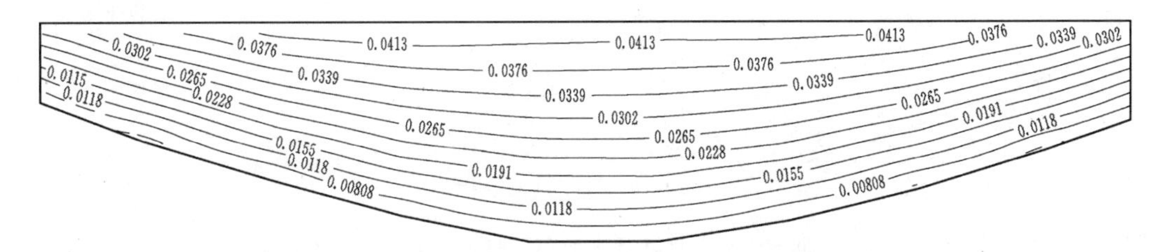

图 C-12　一期蓄水后，防渗墙上游面，顺水流方向位移图（单位：m）

从图 C-12 可以看出：一期蓄水后，防渗墙上游面，顺水流方向位移最小值为 0.0007056m，顺水流方向位移最大值为 0.04495m，P=0.5％时顺坡位移最小值为 0.001851m，P=99.5％时顺坡位移最大值为 0.04384m。

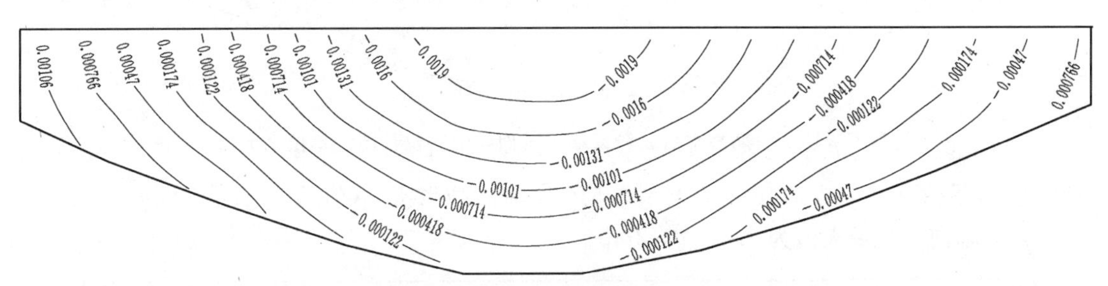

图 C-13　一期蓄水后，防渗墙上游面，竖向位移图（单位：m）

从图 C-13 可以看出：一期蓄水后，防渗墙上游面，竖向位移最小值为－0.002194m，竖向位移最大值为 0.001357m，P=0.5％时竖向位移最小值为－0.002150m，P=99.5％时竖向位移最大值为 0.001329m。

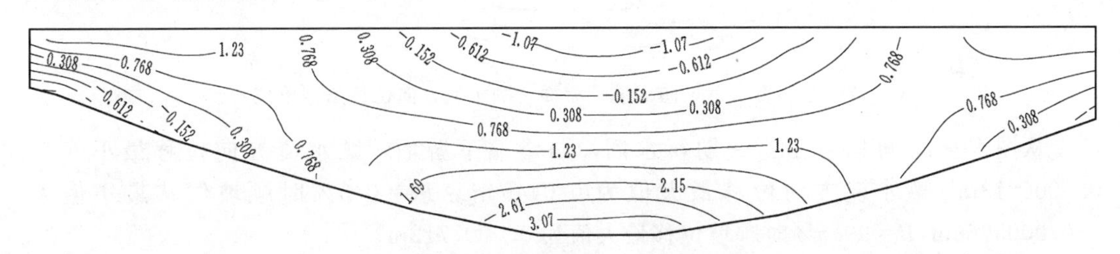

图 C-14　一期蓄水后，防渗墙上游面，轴向应力图（单位：MPa）

从图 C-14 可以看出：一期蓄水后，防渗墙上游面，轴向应力最小值为－2.283MPa，轴向应力最大值为 3.543MPa，P=0.5％时轴向应力最小值为－1.992MPa，P=99.5％时轴向应力最大值为 3.528MPa。

从图 C-15 可以看出：一期蓄水后，防渗墙上游面，竖向应力最小值为－1.774MPa，竖向应力最大值为 6.767MPa，P=0.5％时竖向应力最小值为－1.064MPa，P=99.5％时竖向应力最大值为 6.746MPa。

从图 C-16 可以看出：一期蓄水后，防渗墙下游面，轴向位移最小值为：－0.001002m，

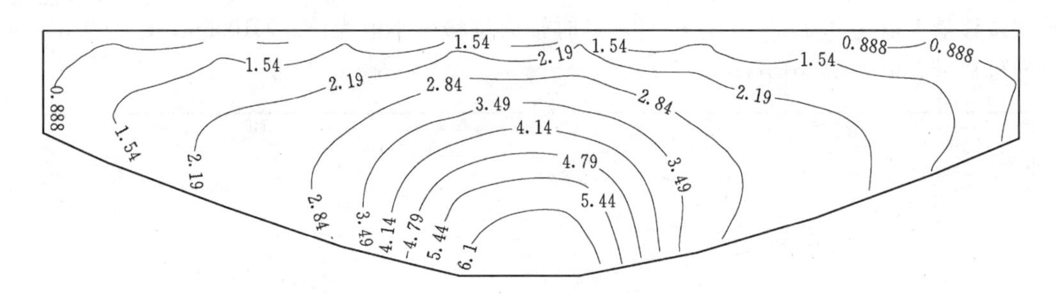

图 C-15　一期蓄水后，防渗墙上游面，竖向应力图（单位：MPa）

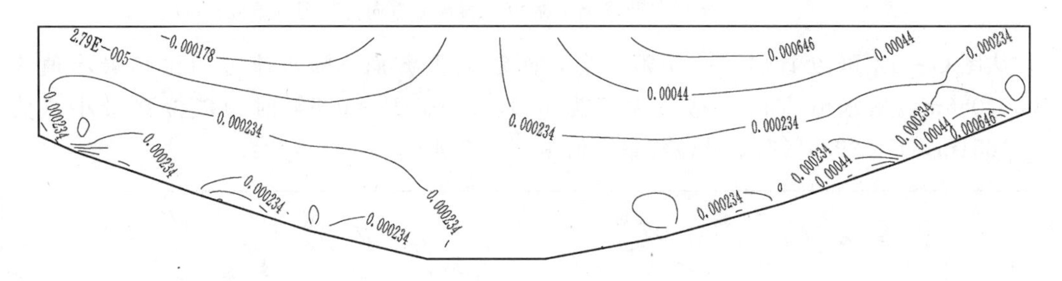

图 C-16　一期蓄水后，防渗墙下游面，轴向位移图（单位：m）

轴向位移最大值为 0.001469m，$P=0.5\%$ 时轴向位移最小值为 -0.0003966m，$P=99.5\%$ 时轴向位移最大值为 0.0007712m。

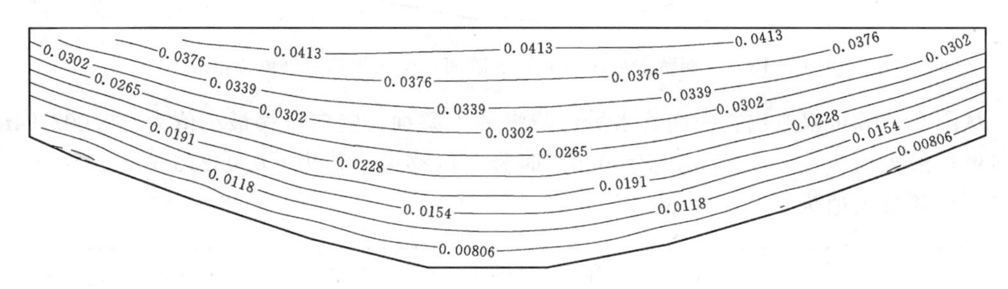

图 C-17　一期蓄水后，防渗墙下游面，顺水流方向位移图（单位：m）

从图 C-17 可以看出：一期蓄水后，防渗墙下游面，顺水流方向位移最小值为 0.0006813m，顺水流方向位移最大值为 0.04496m，$P=0.5\%$ 时顺坡位移最小值为 -0.0003966m，$P=99.5\%$ 时顺坡位移最大值为 0.0007712m。

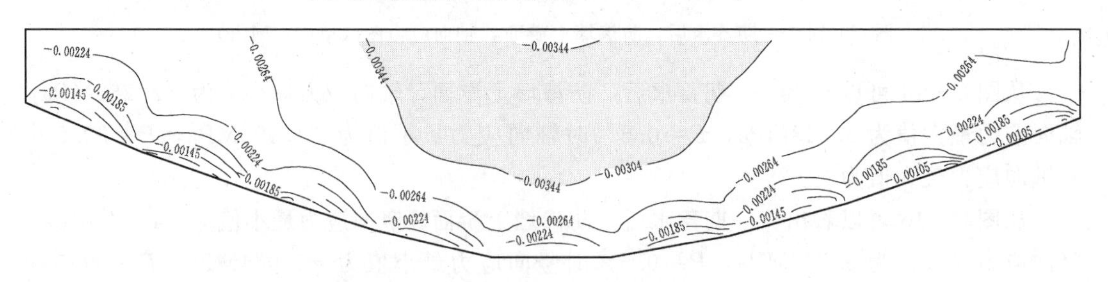

图 C-18　一期蓄水后，防渗墙下游面，竖向位移图（单位：m）

从图 C-18 可以看出：一期蓄水后，防渗墙下游面，竖向位移最小值为−0.003436m，竖向位移最大值为 0.001333m，P=0.5%时竖向位移最小值为−0.003254m，P=99.5%时竖向位移最大值为−0.001830m。

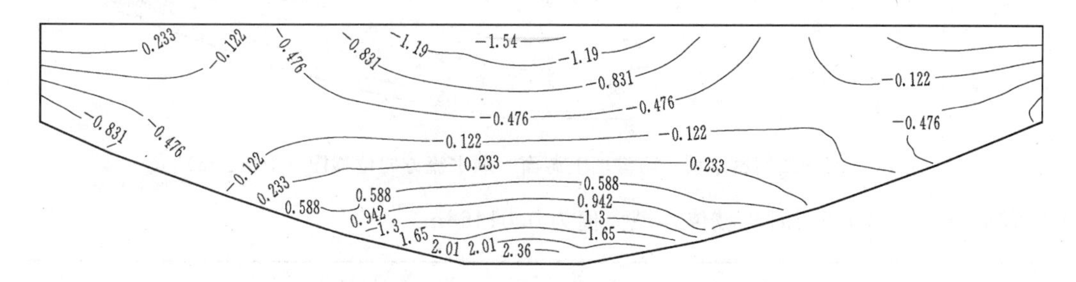

图 C-19　一期蓄水后，防渗墙下游面，轴向应力图（单位：MPa）

从图 C-19 可以看出：一期蓄水后，防渗墙下游面，轴向应力最小值为−2.283MPa，轴向应力最大值为 3.543MPa，P=0.5%时轴向应力最小值为−1.895MPa，P=99.5%时轴向应力最大值为 2.361MPa。

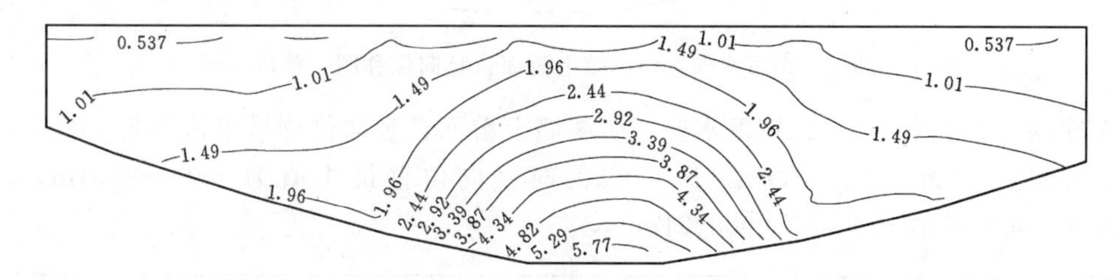

图 C-20　一期蓄水后，防渗墙下游面，竖向应力图（单位：MPa）

从图 C-20 可以看出：一期蓄水后，防渗墙下游面，竖向应力最小值为−1.774MPa，竖向应力最大值为 6.767MPa，P=0.5%时竖向应力最小值为 0.06145MPa，P=99.5%时竖向应力最大值为 5.770MPa。

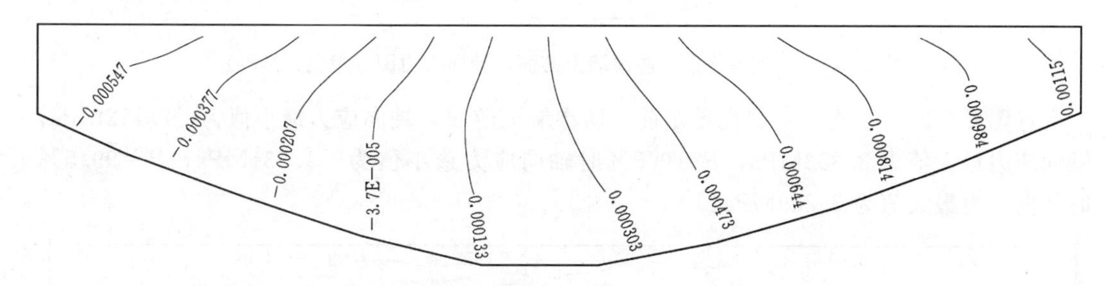

图 C-21　二期蓄水前，防渗墙上游面，轴向位移图（单位：m）

从图 C-21 可以看出：二期蓄水前，防渗墙上游面，轴向位移最小值为 0.0007175m，轴向位移最大值为 0.001324m，P=0.5%时轴向位移最小值为−0.0007002m，P=99.5%时轴向位移最大值为 0.001304m。

从图 C-22 可以看出：二期蓄水前，防渗墙上游面，顺水流方向位移最小值为 0.0006275m，顺水流方向位移最大值为 0.01543m，P=0.5%时顺坡位移最小值为

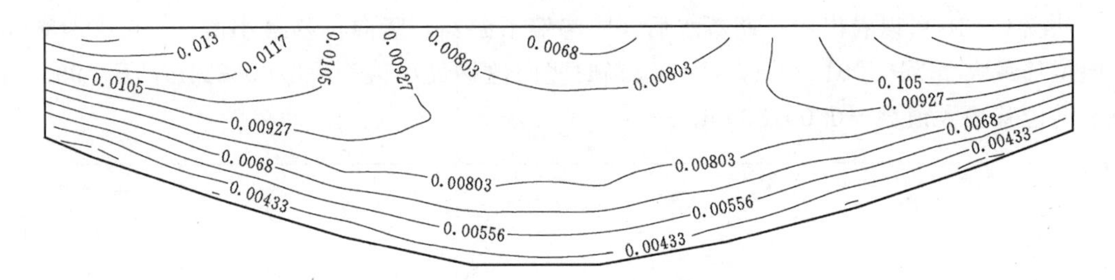

图 C-22　二期蓄水前，防渗墙上游面，顺水流方向位移图（单位：m）

0.001337m，P=99.5%时顺坡位移最大值为 0.01468m。

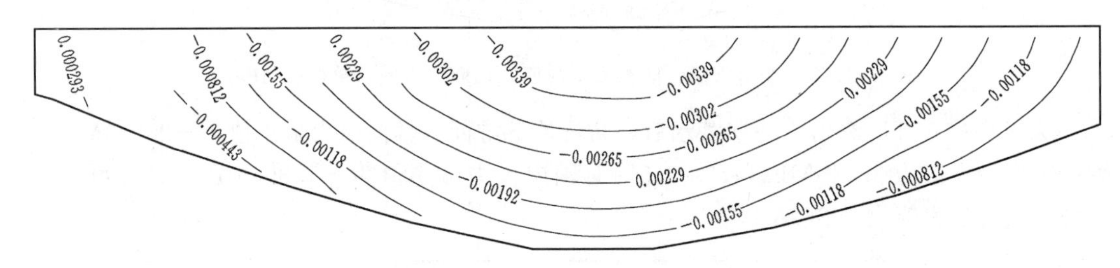

图 C-23　二期蓄水前，防渗墙上游面，竖向位移图（单位：m）

从图 C-23 可以看出：二期蓄水前，防渗墙上游面，竖向位移最小值为－0.003759m，竖向位移最大值为 0.0006617m，P＝0.5%时竖向位移最小值为－0.003704m，P＝99.5%时竖向位移最大值为 0.0006171m。

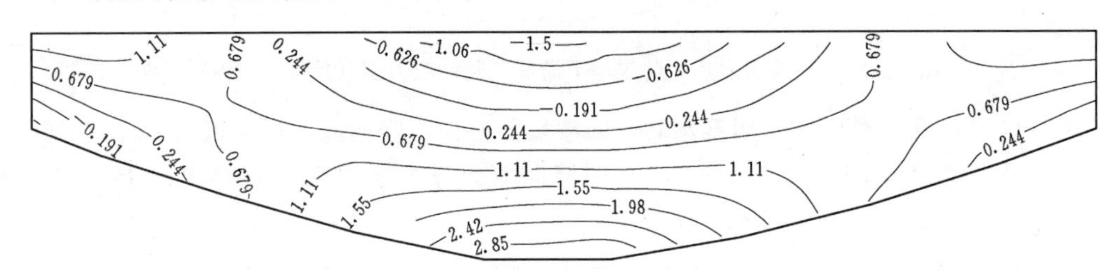

图 C-24　二期蓄水前，防渗墙上游面，轴向应力图（单位：MPa）

从图 C-24 可以看出：二期蓄水前，防渗墙上游面，轴向应力最小值为－2.112MPa，轴向应力最大值为 3.303MPa，P＝0.5%时轴向应力最小值为－1.931MPa，P＝99.5%时轴向应力最大值为 3.289MPa。

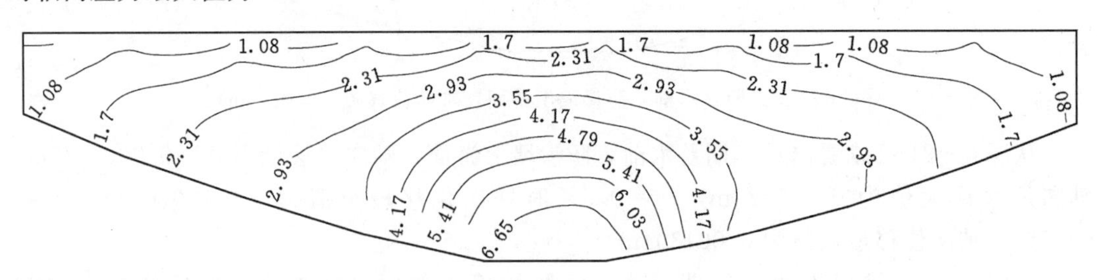

图 C-25　二期蓄水前，防渗墙上游面，竖向应力图（单位：MPa）

从图 C-25 可以看出：二期蓄水前，防渗墙上游面，竖向应力最小值为−0.6719MPa，竖向应力最大值为 7.303MPa，P=0.5%时竖向应力最小值为−0.1621MPa，P=99.5%时竖向应力最大值为 7.267MPa。

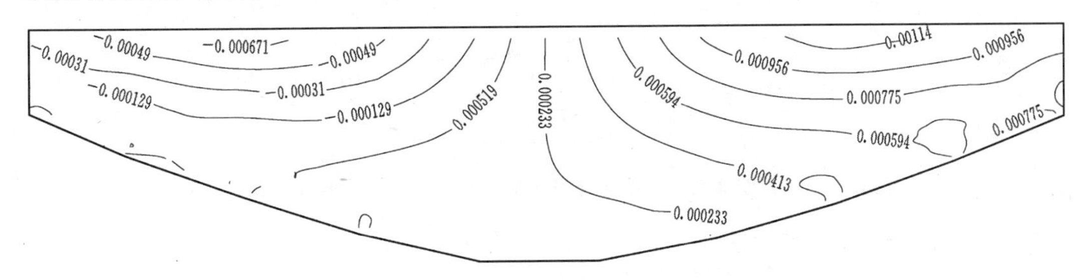

图 C-26　二期蓄水前，防渗墙下游面，轴向位移图（单位：m）

从图 C-26 可以看出：二期蓄水前，防渗墙下游面，轴向位移最小值为−0.0008517m，轴向位移最大值为 0.001317m，P=0.5%时轴向位移最小值为−0.0007858m，P=99.5%时轴向位移最大值为 0.001251m。

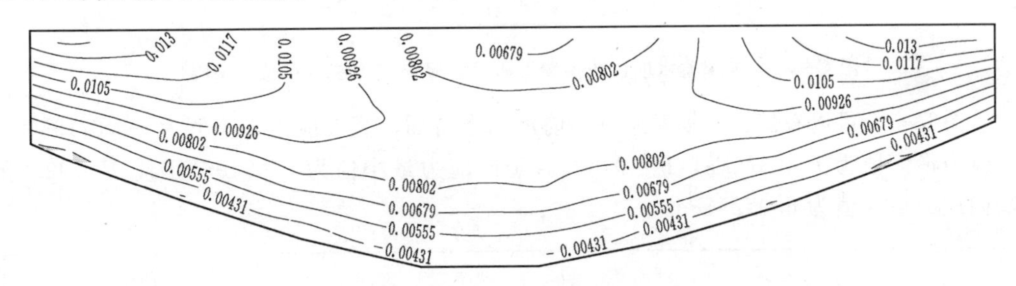

图 C-27　二期蓄水前，防渗墙下游面，顺水流方向位移图（单位：m）

从图 C-27 可以看出：二期蓄水前，防渗墙下游面，顺水流方向位移最小值为 0.0006022m，顺水流方向位移最大值为 0.01544m，P=0.5%时顺坡位移最小值为 0.001313m，P=99.5%时顺坡位移最大值为 0.01468m。

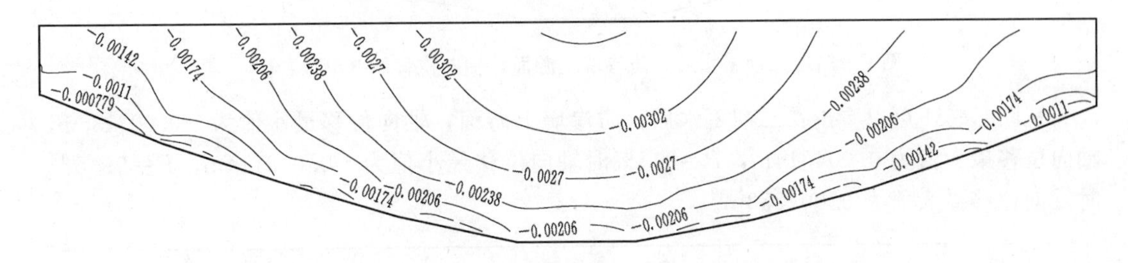

图 C-28　二期蓄水前，防渗墙下游面，竖向位移图（单位：m）

从图 C-28 可以看出：二期蓄水前，防渗墙下游面，竖向位移最小值为−0.003338m，竖向位移最大值为 0.0005000m，P=0.5%时竖向位移最小值为−0.003336m，P=99.5%时竖向位移最大值为−0.0009129m。

从图 C-29 可以看出：二期蓄水前，防渗墙下游面，轴向应力最小值为−1.646MPa，轴向应力最大值为 3.303MPa，P=0.5%时轴向应力最小值为−1.640MPa，P=99.5%

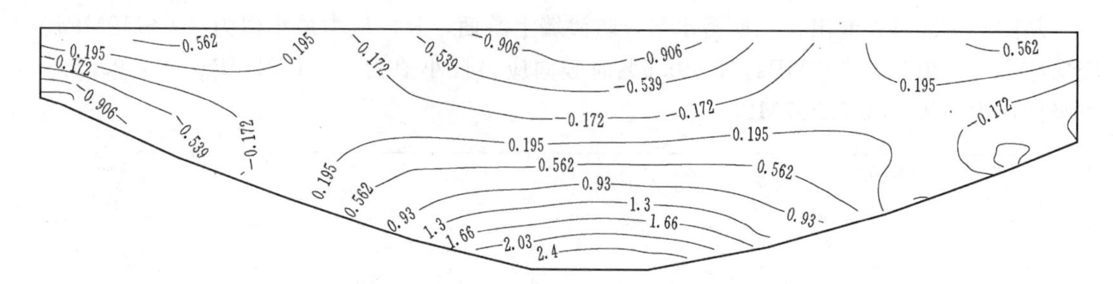

图 C-29　二期蓄水前，防渗墙下游面，轴向应力图（单位：MPa）

时轴向应力最大值为 2.765MPa。

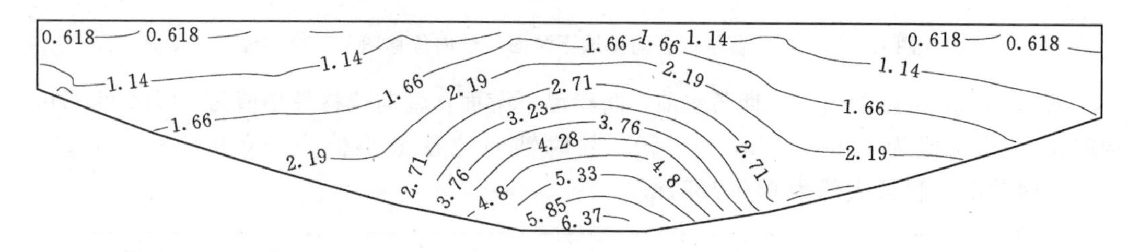

图 C-30　二期蓄水前，防渗墙下游面，竖向应力图（单位：MPa）

从图 C-30 可以看出：二期蓄水前，防渗墙下游面，竖向应力最小值为－0.6719MPa，竖向应力最大值为 7.303MPa，P＝0.5%时竖向应力最小值为 0.09496MPa，P＝99.5%时竖向应力最大值为 6.372MPa。

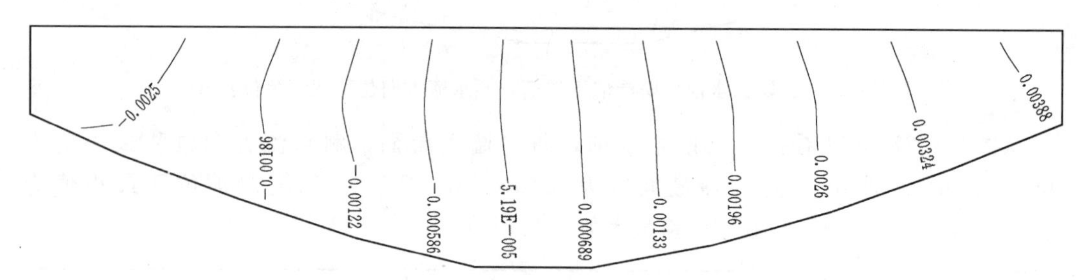

图 C-31　二期蓄水后，防渗墙上游面，轴向位移图（单位：m）

从图 C-31 可以看出：二期蓄水后，防渗墙上游面，轴向位移最小值为－0.003135m，轴向位移最大值为 0.004514m，P＝0.5%时轴向位移最小值为－0.003114m，P＝99.5%时轴向位移最大值为 0.004283m。

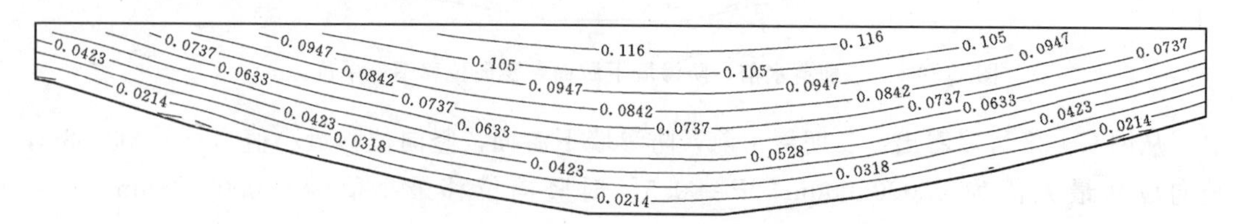

图 C-32　二期蓄水后，防渗墙上游面，顺水流方向位移图（单位：m）

从图 C-32 可以看出：二期蓄水后，防渗墙上游面，顺水流方向位移最小值为

0.0004184m，顺水流方向位移最大值为 0.1260m，$P=0.5\%$时顺坡位移最小值为 0.002872m，$P=99.5\%$时顺坡位移最大值为 0.1240m。

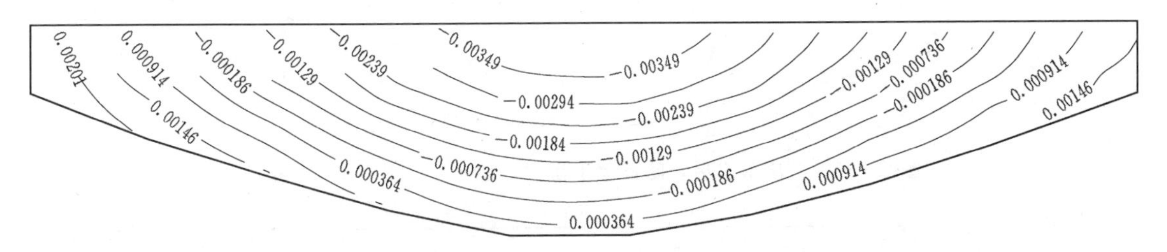

图 C-33　二期蓄水后，防渗墙上游面，竖向位移图（单位：m）

从图 C-33 可以看出：二期蓄水后，防渗墙上游面，竖向位移最小值为−0.004034m，竖向位移最大值为 0.002563m，$P=0.5\%$时竖向位移最小值为−0.003966m，$P=99.5\%$时竖向位移最大值为 0.002540m。

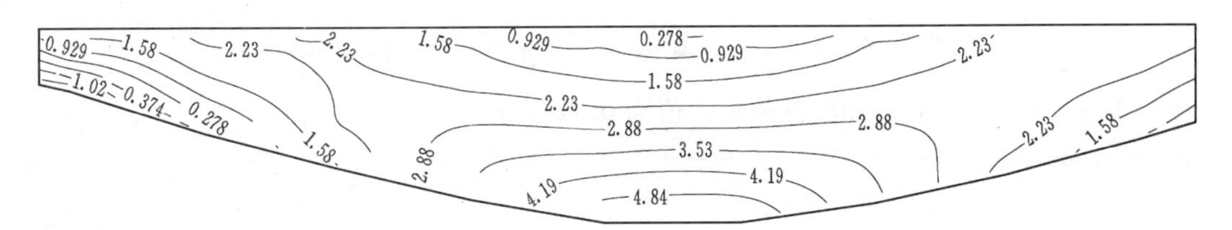

图 C-34　二期蓄水后，防渗墙上游面，轴向应力图（单位：MPa）

从图 C-34 可以看出：二期蓄水后，防渗墙上游面，轴向应力最小值为−3.630MPa，轴向应力最大值为 5.510MPa，$P=0.5\%$时轴向应力最小值为−2.327MPa，$P=99.5\%$时轴向应力最大值为 5.487MPa。

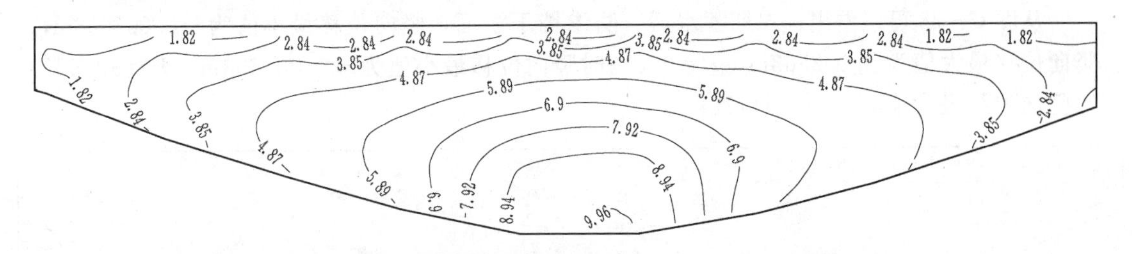

图 C-35　二期蓄水后，防渗墙上游面，竖向应力图（单位：MPa）

从图 C-35 可以看出：二期蓄水后，防渗墙上游面，竖向应力最小值为−3.509MPa，竖向应力最大值为 10.01MPa，$P=0.5\%$时竖向应力最小值为−2.248MPa，$P=99.5\%$时竖向应力最大值为，9.955MPa。

从图 C-36 可以看出：二期蓄水后，防渗墙下游面，轴向位移最小值为−0.002559m，轴向位移最大值为 0.003836m，$P=0.5\%$时轴向位移最小值为−0.0006224m，$P=99.5\%$时轴向位移最大值为 0.001490m。

从图 C-37 可以看出：二期蓄水后，防渗墙下游面，顺水流方向位移最小值为 0.0003778m，顺水流方向位移最大值为 0.1261m，$P=0.5\%$时顺坡位移最小值为

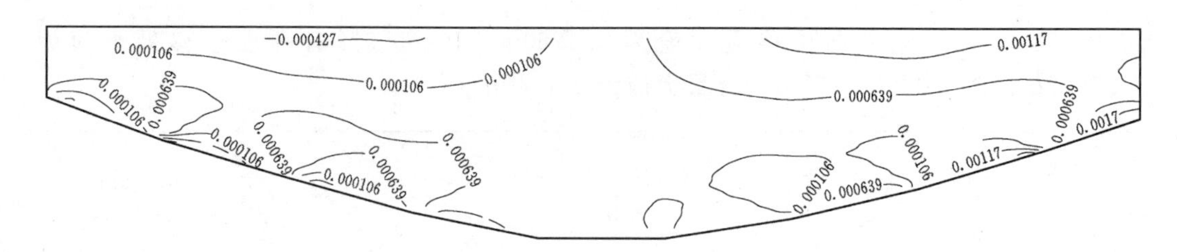

图 C-36 二期蓄水后，防渗墙下游面，轴向位移图（单位：m）

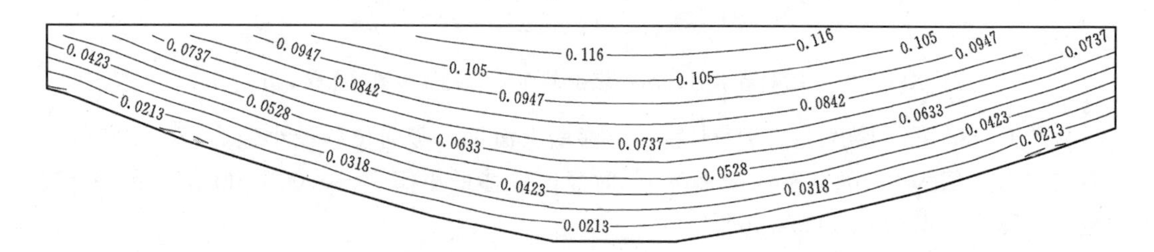

图 C-37 二期蓄水后，防渗墙下游面，顺水流方向位移图（单位：m）

0.002833m，P=99.5%时顺坡位移最大值为 0.1240m。

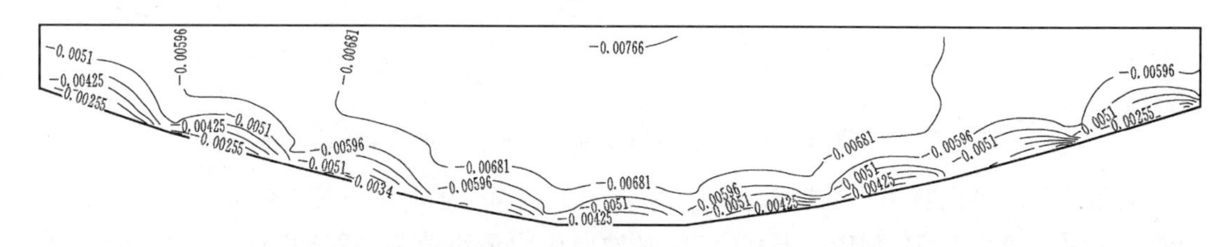

图 C-38 二期蓄水后，防渗墙下游面，竖向位移图（单位：m）

从图 C-38 可以看出：二期蓄水后，防渗墙下游面，竖向位移最小值为−0.007658m，竖向位移最大值为 0.002563m，P=0.5%时竖向位移最小值为−0.007658m，P=99.5%时竖向位移最大值为−0.004117m。

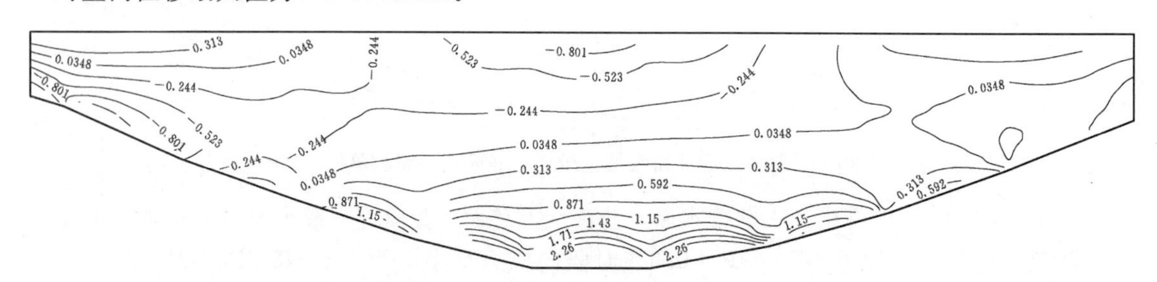

图 C-39 二期蓄水后，防渗墙下游面，轴向应力图（单位：MPa）

从图 C-39 可以看出：二期蓄水后，防渗墙下游面，轴向应力最小值为−3.630MPa，轴向应力最大值为 5.510MPa，P=0.5%时轴向应力最小值为−1.079MPa，P=99.5%时轴向应力最大值为 2.263MPa。

从图 C-40 可以看出：二期蓄水后，防渗墙下游面，竖向应力最小值为−3.509MPa，竖向应力最大值为 10.01MPa，P=0.5%时竖向应力最小值为 0.1419MPa，P=99.5%时

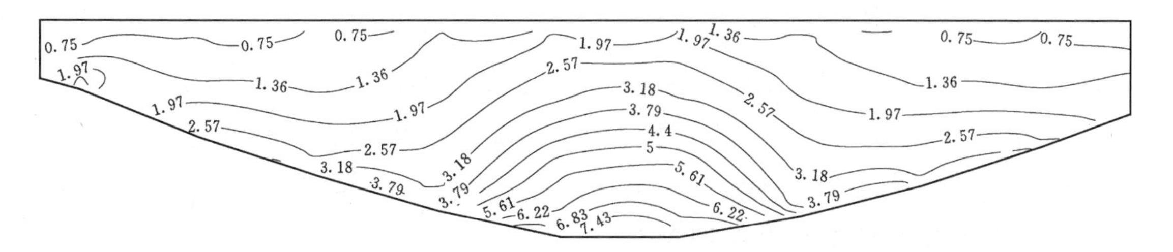

图 C-40　二期蓄水后，防渗墙下游面，竖向应力图（单位：MPa）

竖向应力最大值为 7.434MPa。

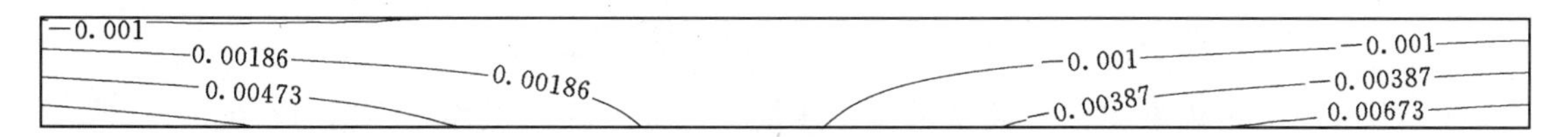

图 D-1　一期蓄水后，连接板表面，轴向位移图（单位：m）

从图 D-1 可以看出：一期蓄水后，连接板表面，轴向位移最小值为−0.009594m，轴向位移最大值为 0.01045m，$P=0.5\%$时轴向位移最小值为−0.009381m，$P=99.5\%$时轴向位移最大值为 0.01039m。

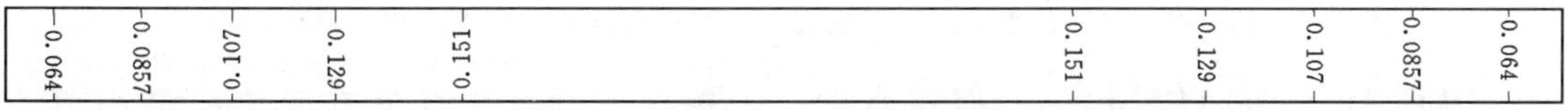

图 D-2　一期蓄水后，连接板表面，顺水流方向位移图（单位：m）

从图 D-2 可以看出：一期蓄水后，连接板表面，顺水流方向位移最小值为 0.02077m，顺水流方向位移最大值为 0.1721m，$P=0.5\%$时顺坡位移最小值为 0.03627m，$P=99.5\%$时顺坡位移最大值为 0.1718m。

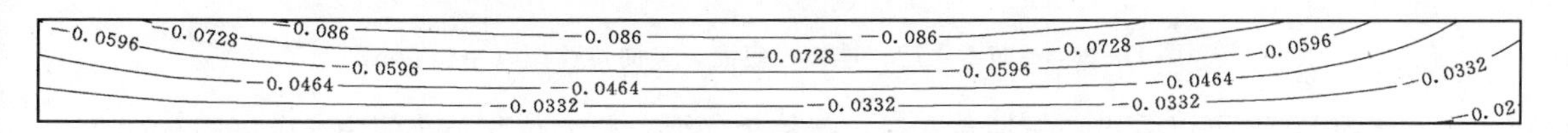

图 D-3　一期蓄水后，连接板表面，竖向位移图（单位：m）

从图 D-3 可以看出：一期蓄水后，连接板表面，竖向位移最小值为−0.09918m，竖向位移最大值为−0.006761m，$P=0.5\%$时竖向位移最小值为−0.09895m，$P=99.5\%$时竖向位移最大值为−0.007113m。

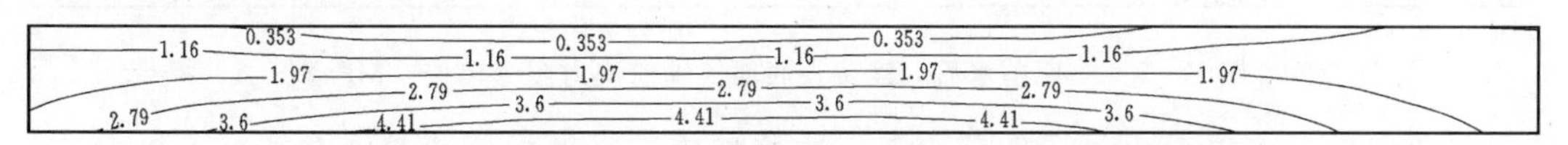

图 D-4　一期蓄水后，连接板表面，轴向应力图（单位：MPa）

从图 D-4 可以看出：一期蓄水后，连接板表面，轴向应力最小值为−0.4951MPa，轴向应力最大值为 5.231MPa，$P=0.5\%$时轴向应力最小值为−0.4581MPa，$P=99.5\%$时轴向应力最大值为 5.217MPa。

从图 D-5 可以看出：一期蓄水后，连接板表面，顺水流应力最小值为 0.1585MPa，

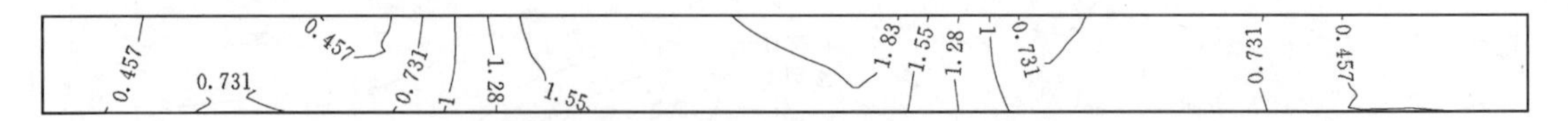

图 D-5　一期蓄水后，连接板表面，顺水流应力图（单位：MPa）

顺水流应力最大值为 2.109MPa，P＝0.5％时顺水流应力最小值为 0.1825MPa，P＝99.5％时顺水流应力最大值为 2.100MPa。

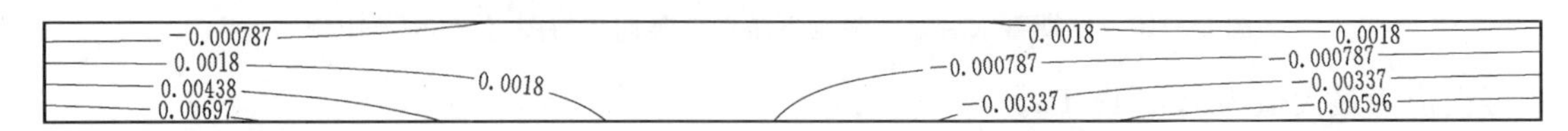

图 D-6　一期蓄水后，连接板底面，轴向位移图（单位：m）

从图 D-6 可以看出：一期蓄水后，连接板底面，轴向位移最小值为－0.008543m，轴向位移最大值为 0.009555m，P＝0.5％时轴向位移最小值为－0.008543m，P＝99.5％时轴向位移最大值为 0.009466m。

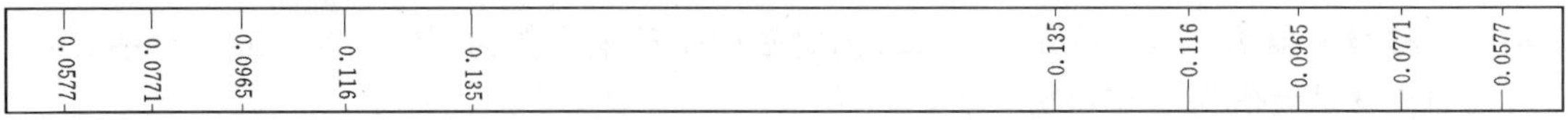

图 D-7　一期蓄水后，连接板底面，顺水流方向位移图（单位：m）

从图 D-7 可以看出：一期蓄水后，连接板底面，顺水流方向位移最小值为 0.01892m，顺水流方向位移最大值为 0.1546m，P＝0.5％时顺坡位移最小值为 0.03336m，P＝99.5％时顺坡位移最大值为 0.1540m。

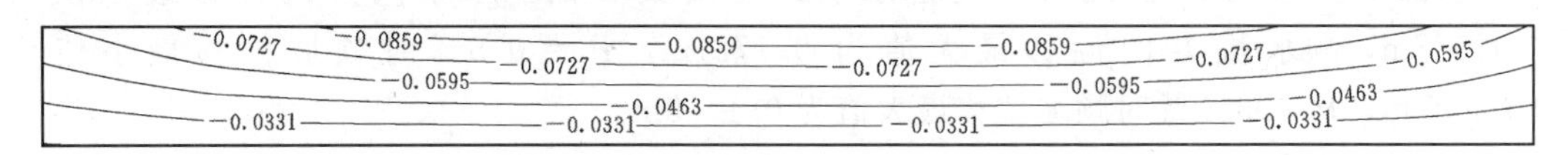

图 D-8　一期蓄水后，连接板底面，竖向位移图（单位：m）

从图 D-8 可以看出：一期蓄水后，连接板底面，竖向位移最小值为－0.09913m，竖向位移最大值为－0.006742m，P＝0.5％时竖向位移最小值为－0.09891m，P＝99.5％时竖向位移最大值为－0.007094m。

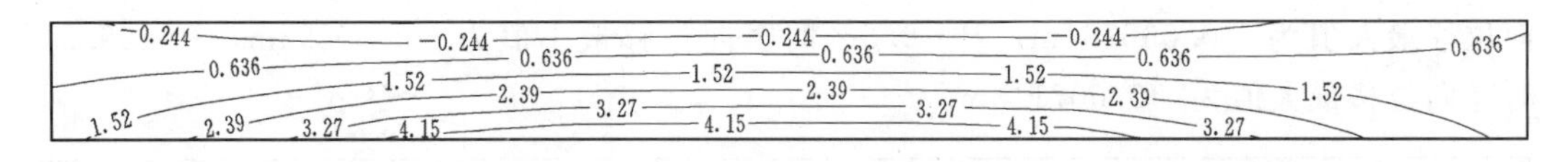

图 D-9　一期蓄水后，连接板底面，轴向应力图（单位：MPa）

从图 D-9 可以看出：一期蓄水后，连接板底面，轴向应力最小值为－1.213MPa，轴向应力最大值为 5.047MPa，P＝0.5％时轴向应力最小值为－1.122MPa，P＝99.5％时轴向应力最大值为 5.032MPa。

从图 D-10 可以看出：一期蓄水后，连接板底面，顺水流应力最小值为－0.7735MPa，顺水流应力最大值为 0.8639MPa，P＝0.5％时顺水流应力最小值为－0.7301MPa，P＝99.5％时顺水流应力最大值为 0.8599MPa。

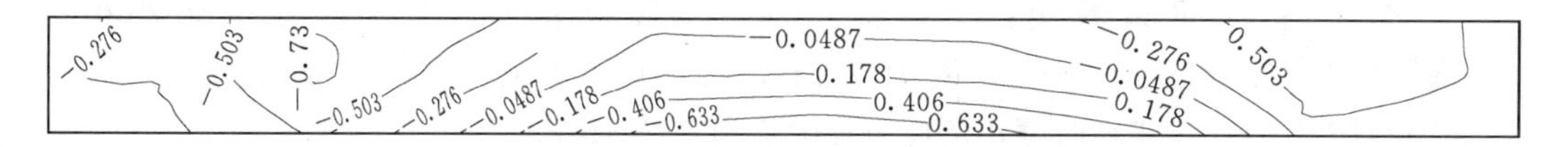

图 D-10　一期蓄水后，连接板底面，顺水流应力图（单位：MPa）

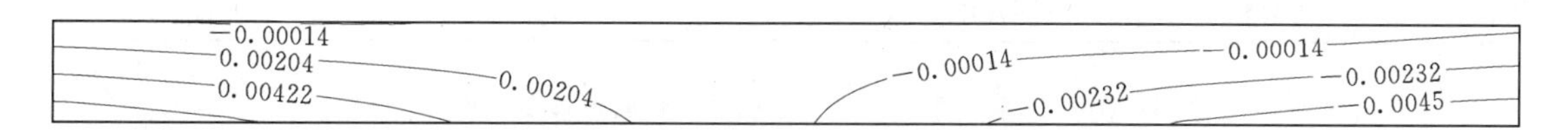

图 D-11　二期蓄水前，连接板表面，轴向位移图（单位：m）

从图 D-11 可以看出：二期蓄水前，连接板表面，轴向位移最小值为－0.007540m，轴向位移最大值为 0.009475m，P=0.5%时轴向位移最小值为－0.007461m，P=99.5%时轴向位移最大值为 0.009425m。

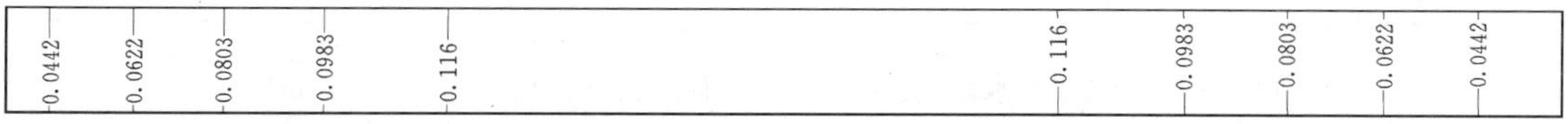

0.0442　0.0622　0.0803　0.0983　0.116　0.116　0.0983　0.0803　0.0622　0.0442

图 D-12　二期蓄水前，连接板表面，顺水流方向位移图（单位：m）

从图 D-12 可以看出：二期蓄水前，连接板表面，顺水流方向位移最小值为 0.008137m，顺水流方向位移最大值为 0.1343m，P=0.5%时顺坡位移最小值为 0.01953m，P=99.5%时顺坡位移最大值为 0.1338m。

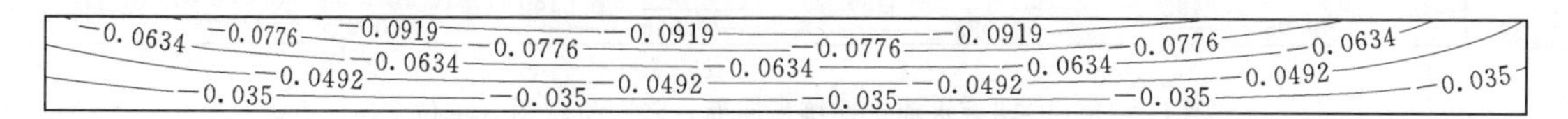

图 D-13　二期蓄水前，连接板表面，竖向位移图（单位：m）

从图 D-13 可以看出：二期蓄水前，连接板表面，竖向位移最小值为－0.1060m，竖向位移最大值为－0.006552m，P=0.5%时竖向位移最小值为－0.1060m，P=99.5%时竖向位移最大值为－0.006931m。

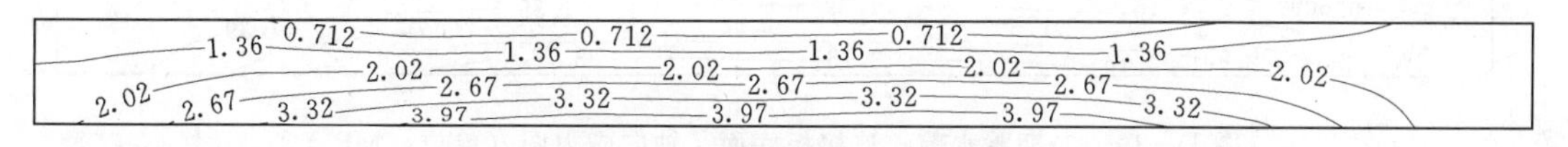

图 D-14　二期蓄水前，连接板表面，轴向应力图（单位：MPa）

从图 D-14 可以看出：二期蓄水前，连接板表面，轴向应力最小值为 0.02981MPa，轴向应力最大值为 0.638MPa，P=0.5%时轴向应力最小值为 0.05960MPa，P=99.5%时轴向应力最大值为 4.627MPa。

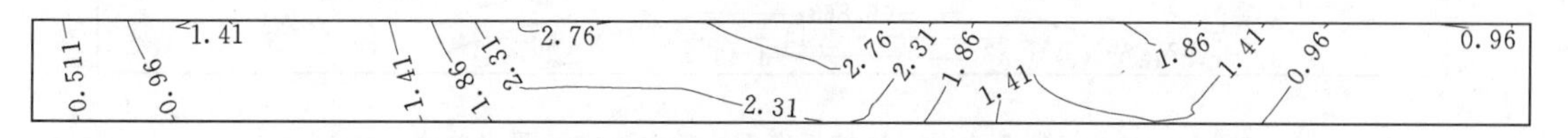

图 D-15　二期蓄水前，连接板表面，顺水流应力图（单位：MPa）

从图 D－15 可以看出：二期蓄水前，连接板表面，顺水流应力最小值为 0.05954MPa，顺水流应力最大值为 3.218MPa，$P=0.5\%$时顺水流应力最小值为 0.06244MPa，$P=99.5\%$时顺水流应力最大值为 3.204MPa。

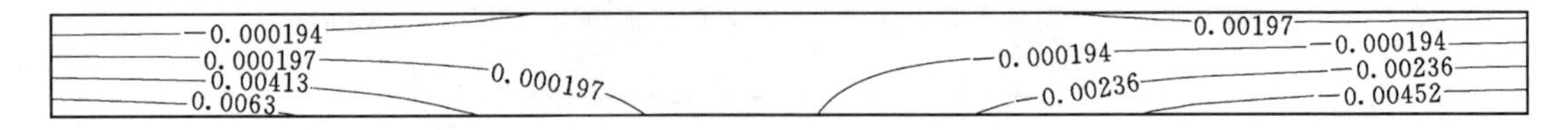

图 D－16　二期蓄水前，连接板底面，轴向位移图（单位：m）

从图 D－16 可以看出：二期蓄水前，连接板底面，轴向位移最小值为－0.006684m，轴向位移最大值为 0.008460m，$P=0.5\%$时轴向位移最小值为－0.006584m，$P=99.5\%$时轴向位移最大值为 0.008416m。

图 D－17　二期蓄水前，连接板底面，顺水流方向位移图（单位：m）

从图 D－17 可以看出：二期蓄水前，连接板底面，顺水流方向位移最小值为 0.006466m，顺水流方向位移最大值为 0.1159m，$P=0.5\%$时顺坡位移最小值为 0.01701m，$P=99.5\%$时顺坡位移最大值为 0.1157m。

图 D－18　二期蓄水前，连接板底面，竖向位移图（单位：m）

从图 D－18 可以看出：二期蓄水前，连接板底面，竖向位移最小值为－0.1060m，竖向位移最大值为－0.006531m，$P=0.5\%$时竖向位移最小值为－0.1059m，$P=99.5\%$时竖向位移最大值为－0.006910m。

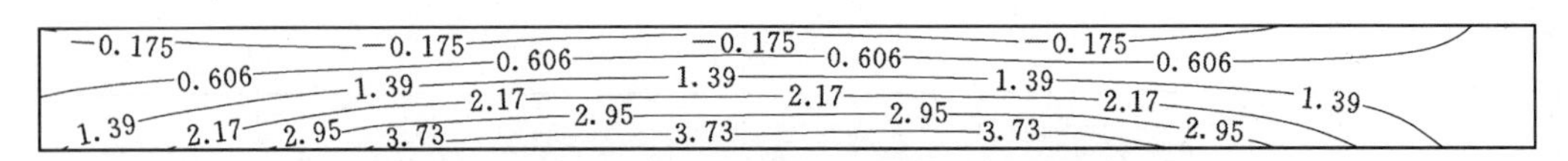

图 D－19　二期蓄水前，连接板底面，轴向应力图（单位：MPa）

从图 D－19 可以看出：二期蓄水前，连接板底面，轴向应力最小值为－0.9918MPa，轴向应力最大值为 4.526MPa，$P=0.5\%$时轴向应力最小值为－0.9561MPa，$P=99.5\%$时轴向应力最大值为 4.512MPa。

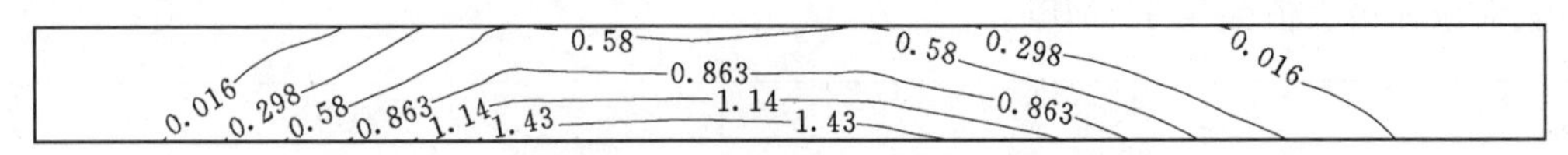

图 D－20　二期蓄水前，连接板底面，顺水流应力图（单位：MPa）

从图 D－20 可以看出：二期蓄水前，连接板底面，顺水流应力最小值为

−0.2746MPa，顺水流应力最大值为 1.714MPa，$P=0.5\%$ 时顺水流应力最小值为 −0.2662MPa，$P=99.5\%$时顺水流应力最大值为 1.709MPa。

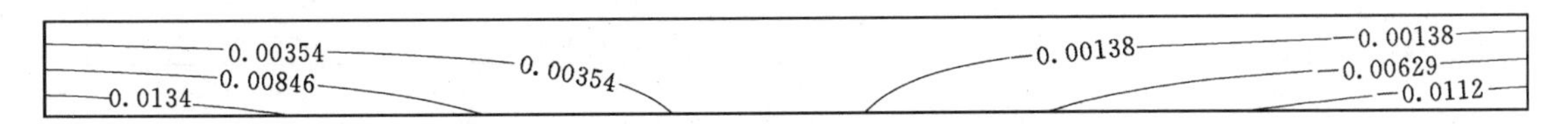

图 D-21 二期蓄水后，连接板表面，轴向位移图（单位：m）

从图 D-21 可以看出：二期蓄水后，连接板表面，轴向位移最小值为 −0.01612m，轴向位移最大值为 0.01829m，$P=0.5\%$时轴向位移最小值为 −0.01603m，$P=99.5\%$时轴向位移最大值为 0.01818m。

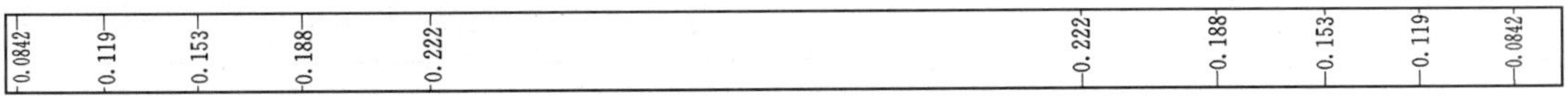

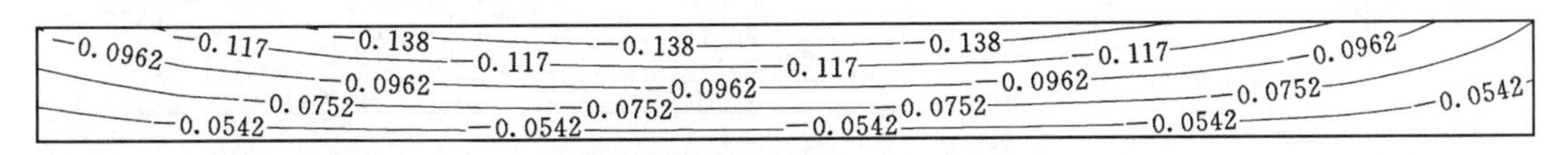

图 D-22 二期蓄水后，连接板表面，顺水流方向位移图（单位：m）

从图 D-22 可以看出：二期蓄水后，连接板表面，顺水流方向位移最小值为 0.01505m，顺水流方向位移最大值为 0.2570m，$P=0.5\%$ 时顺坡位移最小值为 0.03982m，$P=99.5\%$时顺坡位移最大值为 0.2564m。

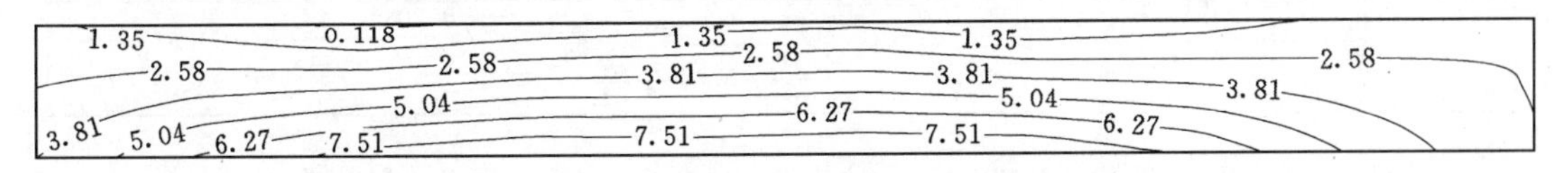

图 D-23 二期蓄水后，连接板表面，竖向位移图（单位：m）

从图 D-23 可以看出：二期蓄水后，连接板表面竖向位移最小值为 −0.1592m，竖向位移最大值为 −0.01217m，$P=0.5\%$时竖向位移最小值为 −0.1591m，$P=99.5\%$时竖向位移最大值为 −0.01273m。

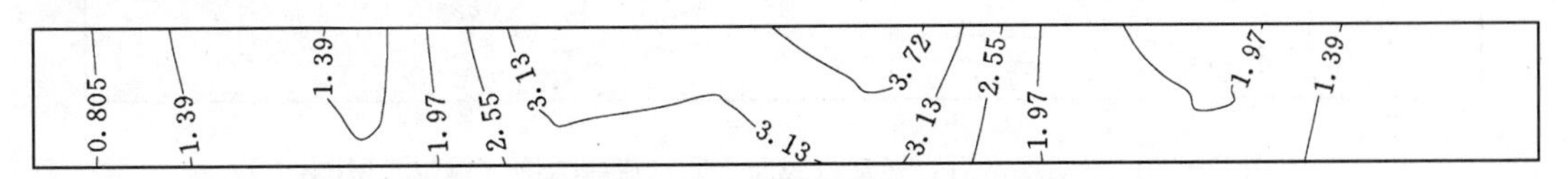

图 D-24 二期蓄水后，连接板表面，轴向应力图（单位：MPa）

从图 D-24 可以看出：二期蓄水后，连接板表面，轴向应力最小值为 −0.2466MPa，轴向应力最大值为 8.759MPa，$P=0.5\%$时轴向应力最小值为 0.1183MPa，$P=99.5\%$时轴向应力最大值为 8.737MPa。

图 D-25 二期蓄水后，连接板表面，顺水流应力图（单位：MPa）

从图 D-25 可以看出：二期蓄水后，连接板表面，顺水流应力最小值为 0.2229MPa，顺水流应力最大值为 4.308MPa，$P=0.5\%$时顺水流应力最小值为 0.2229MPa，$P=$

99.5%时顺水流应力最大值为4.298MPa。

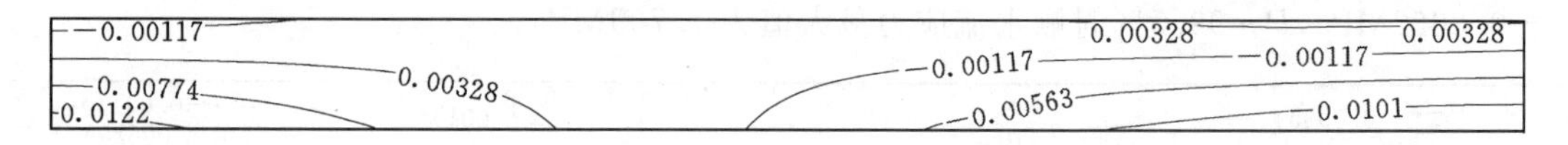

图D-26　二期蓄水后，连接板底面，轴向位移图（单位：m）

从图D-26可以看出：二期蓄水后，连接板底面，轴向位移最小值为－0.01454m，轴向位移最大值为0.01665m，P=0.5%时轴向位移最小值为－0.01454m，P=99.5%时轴向位移最大值为0.01656m。

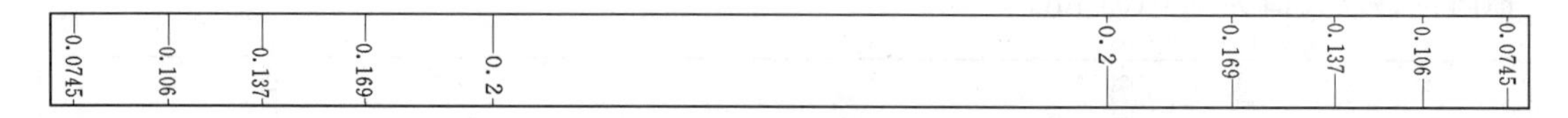

图D-27　二期蓄水后，连接板底面，顺水流方向位移图（单位：m）

从图D-27可以看出：二期蓄水后，连接板底面，顺水流方向位移最小值为0.01190m，顺水流方向位移最大值为0.2311m，P=0.5%时顺坡位移最小值为0.03478m，P=99.5%时顺坡位移最大值为0.2306m。

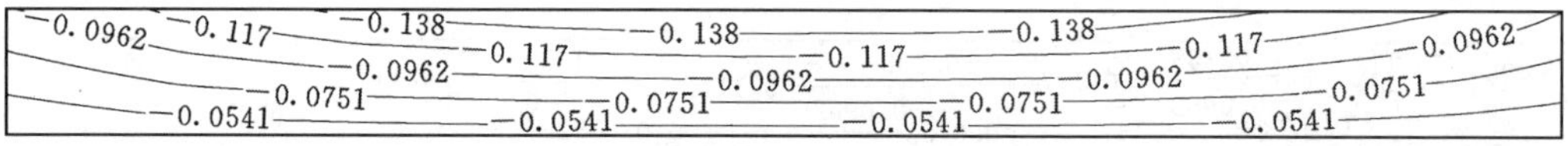

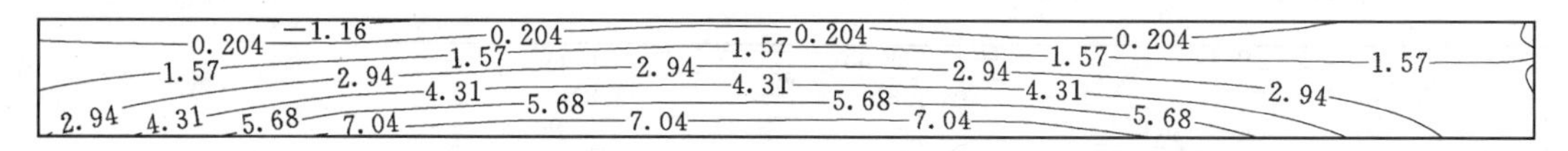

图D-28　二期蓄水后，连接板底面，竖向位移图（单位：m）

从图D-28可以看出：二期蓄水后，连接板底面，竖向位移最小值为－0.1591m，竖向位移最大值为－0.01212m，P=0.5%时竖向位移最小值为－0.1591m，P=99.5%时竖向位移最大值为－0.01298m。

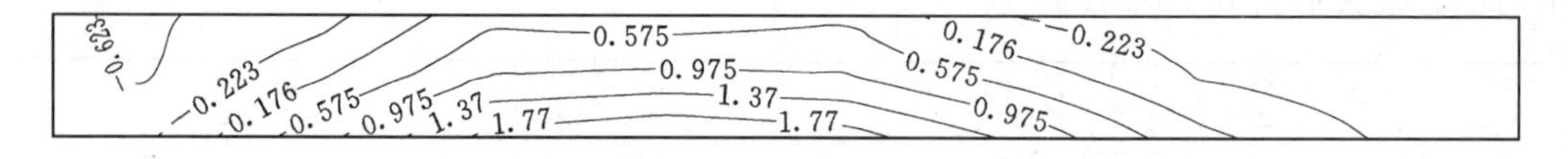

图D-29　二期蓄水后，连接板底面，轴向应力图（单位：MPa）

从图D-29可以看出：二期蓄水后，连接板底面，轴向应力最小值为－1.570MPa，轴向应力最大值为8.456MPa，P=0.5%时轴向应力最小值为－1.164MPa，P=99.5%时轴向应力最大值为8.411MPa。

图D-30　二期蓄水后，连接板底面，顺水流应力图（单位：MPa）

从图D-30可以看出：二期蓄水后，连接板底面，顺水流应力最小值为－0.6864MPa，顺水流应力最大值为2.179MPa，P=0.5%时顺水流应力最小值为－0.6226MPa，P=99.5%时顺水流应力最大值为2.172MPa。

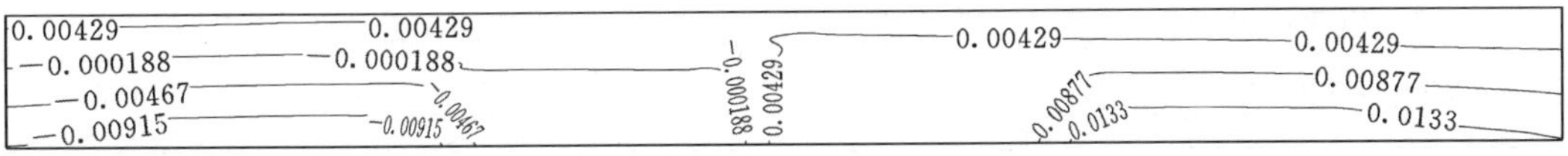

图 E-1　一期蓄水前，河床段趾板表面，轴向位移图（单位：m）

从图 E-1 可以看出：一期蓄水前，河床段趾板表面，轴向位移最小值为 −0.01363m，轴向位移最大值为 0.01773m，P=0.5%时轴向位移最小值为−0.01073m，P=99.5%时轴向位移最大值为 0.01757m。

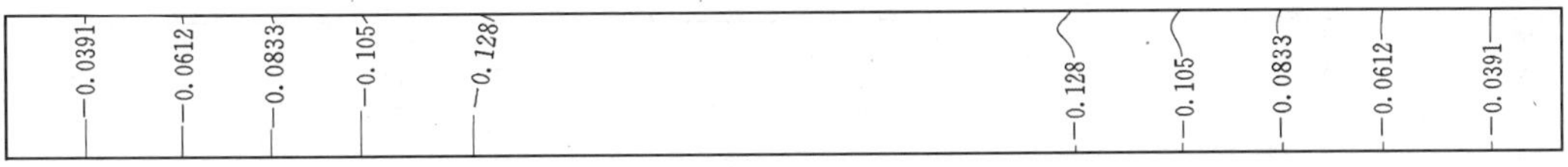

图 E-2　一期蓄水前，河床段趾板表面，顺水流方向位移图（单位：m）

从图 E-2 可以看出：一期蓄水前，河床段趾板表面，顺水流方向位移最小值为 −0.1496m，顺水流方向位移最大值为 0.005072m，P=0.5%时顺水流方向位移最小值为−0.1442m，P=99.5%时顺水流方向位移最大值为 0.003501m。

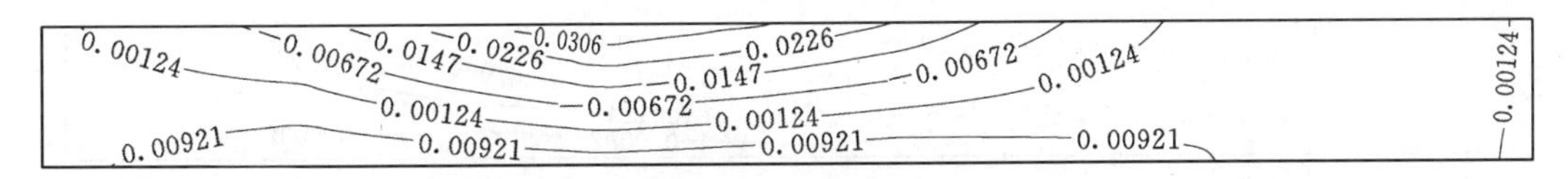

图 E-3　一期蓄水前，河床段趾板表面，竖向位移图（单位：m）

从图 E-3 可以看出：一期蓄水前，河床段趾板表面，竖向位移最小值为 −0.03857m，竖向位移最大值为 0.01717m，P=0.5%时竖向位移最小值为−0.03479m，P=99.5%时竖向位移最大值为 0.01694m。

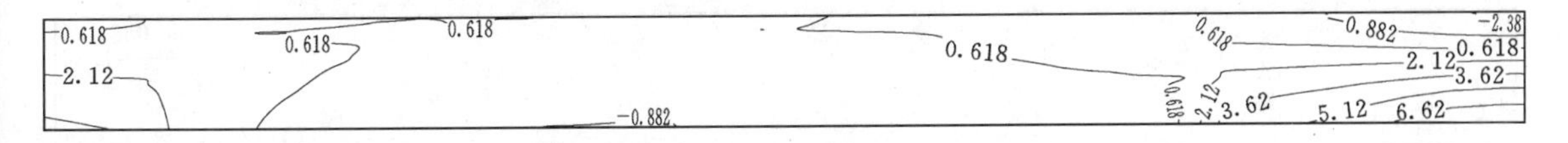

图 E-4　一期蓄水前，河床段趾板表面，轴向应力图（单位：MPa）

从图 E-4 可以看出：一期蓄水前，河床段趾板表面，轴向应力最小值为−2.950MPa，轴向应力最大值为 8.162MPa，P=0.5%时轴向应力最小值为−2.382MPa，P=99.5%时轴向应力最大值为 8.120MPa。

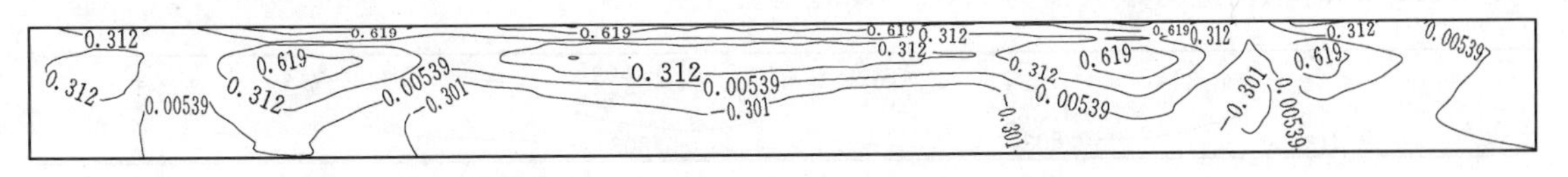

图 E-5　一期蓄水前，河床段趾板表面，顺水流应力图（单位：MPa）

从图 E-5 可以看出：一期蓄水前，河床段趾板表面，顺水流应力最小值为 −1.460MPa，顺水流应力最大值为 1.270MPa，P=0.5%时顺水流应力最小值为 −0.9145MPa，P=99.5%时顺水流应力最大值为 1.232MPa。

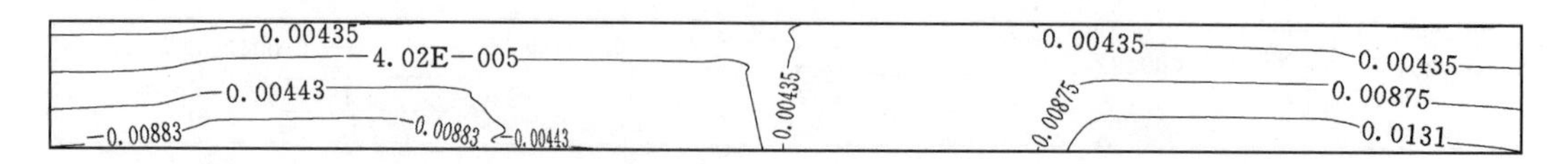

图 E-6　一期蓄水前，河床段趾板底面，轴向位移图（单位：m）

从图 E-6 可以看出：一期蓄水前，河床段趾板底面，轴向位移最小值为 -0.01321m，轴向位移最大值为 0.01753m，P=0.5%时轴向位移最小值为-0.01303m，P=99.5%时轴向位移最大值为 0.01743m。

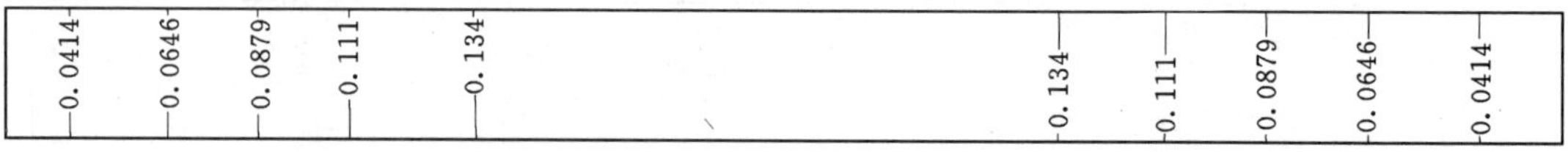

图 E-7　一期蓄水前，河床段趾板底面，顺水流方向位移图（单位：m）

从图 E-7 可以看出：一期蓄水前，河床段趾板底面，顺水流方向位移最小值为 -0.1574m，顺水流方向位移最大值为 0.004992m，P=0.5%时顺水流方向位移最小值为 -0.1506m，P=99.5%时顺水流方向位移最大值为 0.003343m。

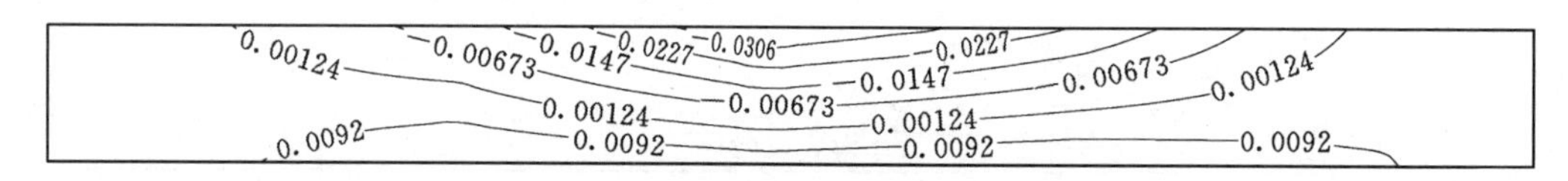

图 E-8　一期蓄水前，河床段趾板底面，竖向位移图（单位：m）

从图 E-8 可以看出：一期蓄水前，河床段趾板底面，竖向位移最小值为 -0.03858m，竖向位移最大值为 0.01716m，P=0.5%时竖向位移最小值为-0.03238m，P=99.5%时竖向位移最大值为，0.01693m。

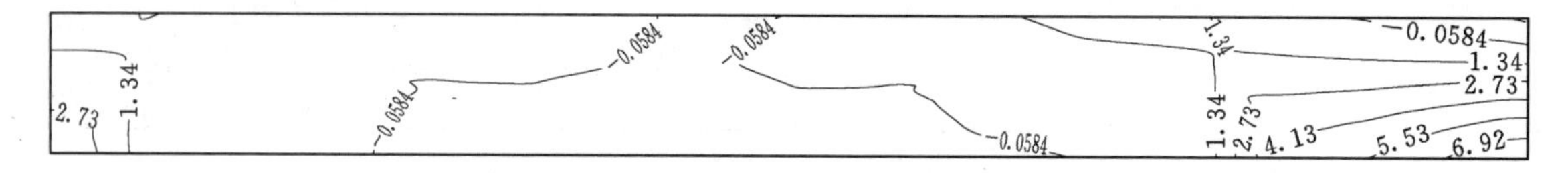

图 E-9　一期蓄水前，河床段趾板底面，轴向应力图（单位：MPa）

从图 E-9 可以看出：一期蓄水前，河床段趾板底面，轴向应力最小值为 -2.532MPa，轴向应力最大值为 8.361MPa，P=0.5%时轴向应力最小值为-1.454MPa，P=99.5%时轴向应力最大值为 8.319MPa。

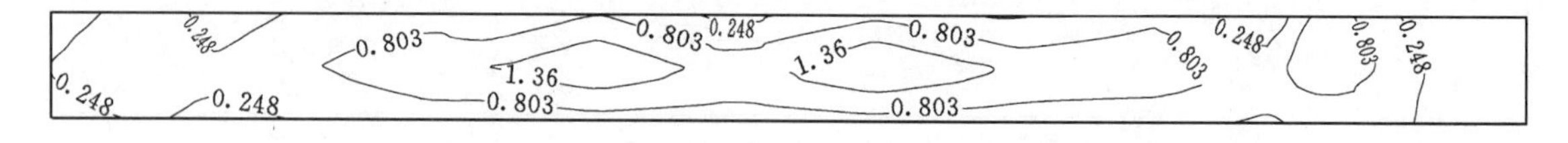

图 E-10　一期蓄水前，河床段趾板底面，顺水流应力图（单位：MPa）

从图 E-10 可以看出：一期蓄水前，河床段趾板底面，顺水流应力最小值为 -2.040MPa，顺水流应力最大值为 1.923MPa，P=0.5%时顺水流应力最小值为 -1.972MPa，P=99.5%时顺水流应力最大值为 1.913MPa。

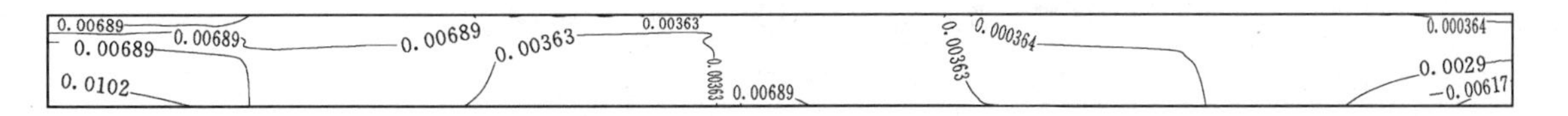

图 E-11　一期蓄水后，河床段趾板表面，轴向位移图（单位：m）

从图 E-11 可以看出：一期蓄水后，河床段趾板表面，轴向位移最小值为－0.009430m，轴向位移最大值为 0.01342m，$P=0.5\%$时轴向位移最小值为－0.007603m，$P=99.5\%$时轴向位移最大值为，0.01108m。

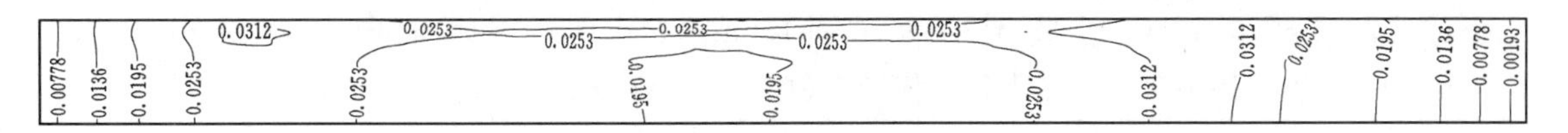

图 E-12　一期蓄水后，河床段趾板表面，顺水流方向位移图（单位：m）

从图 E-12 可以看出：一期蓄水后，河床段趾板表面，顺水流方向位移最小值为－0.003925m，顺水流方向位移最大值为 0.03705m，$P=0.5\%$时顺水流方向位移最小值为－0.002130m，$P=99.5\%$时顺水流方向位移最大值为 0.03686m。

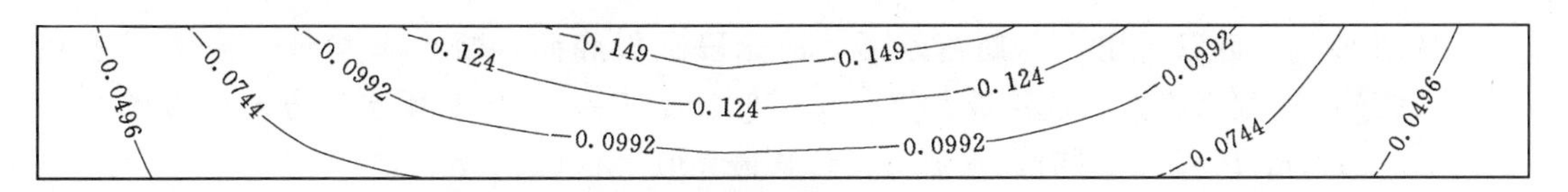

图 E-13　一期蓄水后，河床段趾板表面，竖向位移图（单位：m）

从图 E-13 可以看出：一期蓄水后，河床段趾板表面，竖向位移最小值为－0.1737m，竖向位移最大值为 0.00003299m，$P=0.5\%$时竖向位移最小值为－0.1678m，$P=99.5\%$时竖向位移最大值为－0.0008149m。

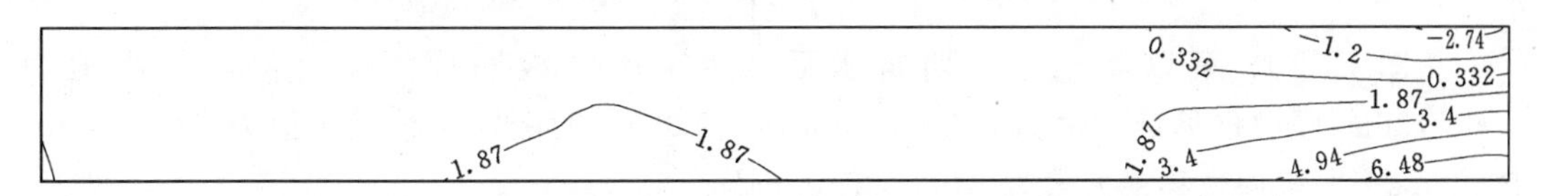

图 E-14　一期蓄水后，河床段趾板表面，轴向应力图（单位：MPa）

从图 E-14 可以看出：一期蓄水后，河床段趾板表面，轴向应力最小值为－3.261MPa，轴向应力最大值为 8.054MPa，$P=0.5\%$时轴向应力最小值为－2.739MPa，$P=99.5\%$时轴向应力最大值为 8.011MPa。

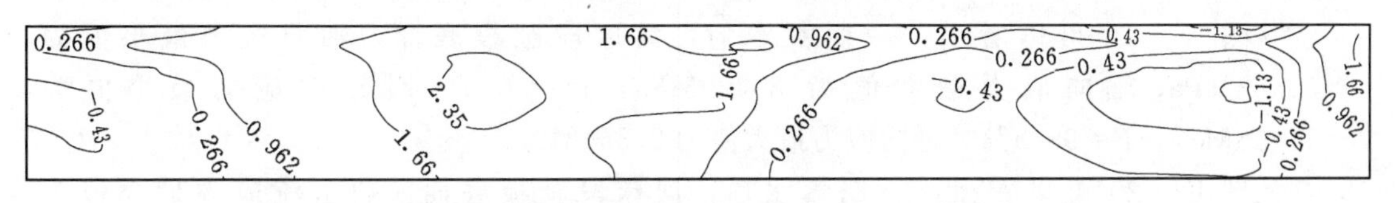

图 E-15　一期蓄水后，河床段趾板表面，顺水流应力图（单位：MPa）

从图 E-15 可以看出：一期蓄水后，河床段趾板表面，顺水流应力最小值为－1.906MPa，顺水流应力最大值为 3.065MPa，$P=0.5\%$时顺水流应力最小值为

—1.822MPa，P=99.5%时顺水流应力最大值为3.050MPa。

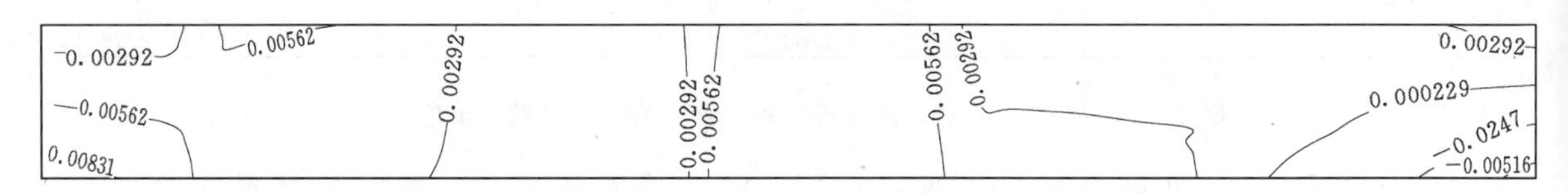

图E-16　一期蓄水后，河床段趾板底面，轴向位移图（单位：m）

从图E-16可以看出：一期蓄水后，河床段趾板底面，轴向位移最小值为—0.007856m，轴向位移最大值为0.01100m，P=0.5%时轴向位移最小值为—0.006007m，P=99.5%时轴向位移最大值为0.008925m。

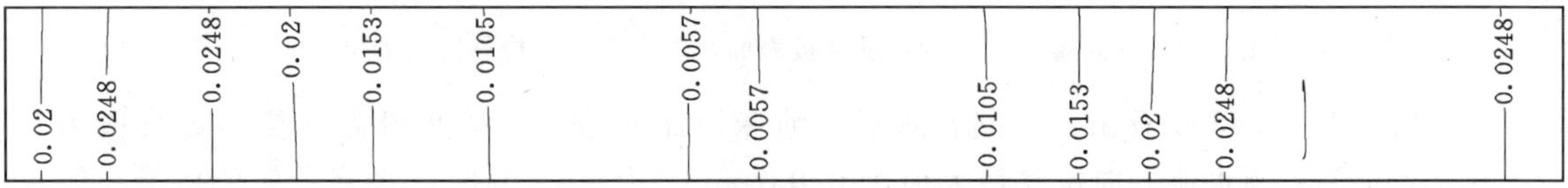

图E-17　一期蓄水后，河床段趾板底面，顺水流方向位移图（单位：m）

从图E-17可以看出：一期蓄水后，河床段趾板底面，顺水流方向位移最小值为—0.003865m，顺水流方向位移最大值为0.02960m，P=0.5%时顺水流方向位移最小值为—0.002131m，P=99.5%时顺水流方向位移最大值为0.02949m。

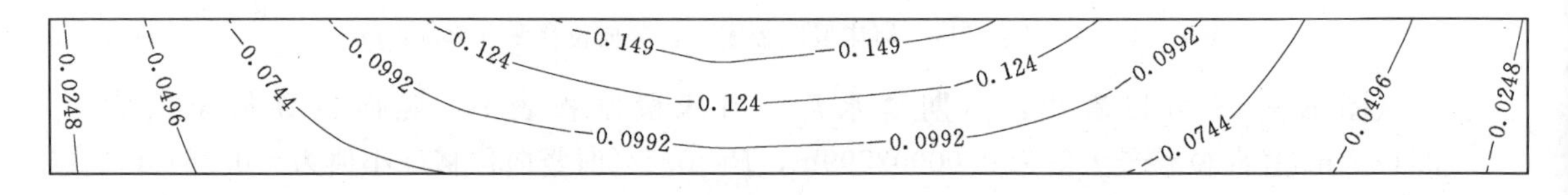

图E-18　一期蓄水后，河床段趾板底面，竖向位移图（单位：m）

从图E-18可以看出：一期蓄水后，河床段趾板底面，竖向位移最小值为—0.1736m，竖向位移最大值为0.0000966m，P=0.5%时竖向位移最小值为—0.1665m，P=99.5%时竖向位移最大值为—0.0009307m。

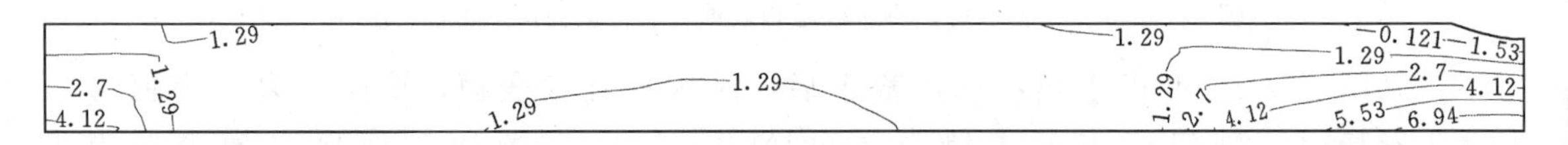

图E-19　一期蓄水后，河床段趾板底面，轴向应力图（单位：MPa）

从图E-19可以看出：一期蓄水后，河床段趾板底面，轴向应力最小值为—3.497MPa，轴向应力最大值为8.400MPa，P=0.5%时轴向应力最小值为—1.533MPa，P=99.5%时轴向应力最大值为8.354MPa。

从图E-20可以看出：一期蓄水后，河床段趾板底面，顺水流应力最小值为—2.512MPa，顺水流应力最大值为2.590MPa，P=0.5%时顺水流应力最小值为—1.796MPa，P=99.5%时顺水流应力最大值为2.046MPa。

从图E-21可以看出：二期蓄水前，河床段趾板表面，轴向位移最小值为

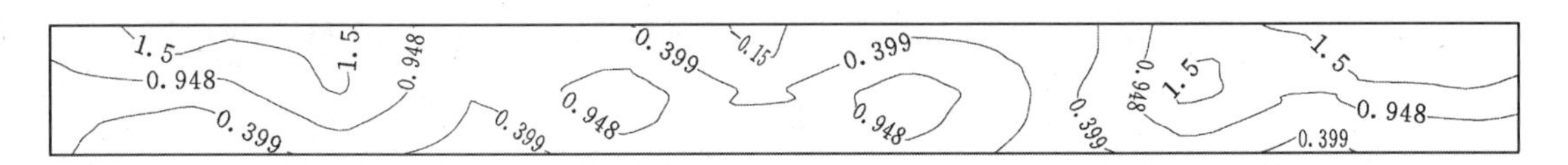

图 E-20　一期蓄水后，河床段趾板底面，顺水流应力图（单位：MPa）

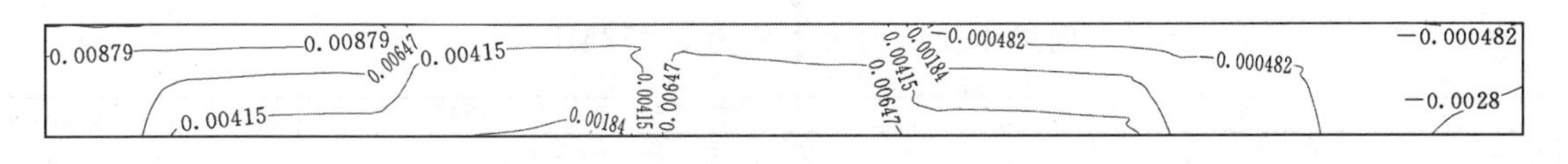

图 E-21　二期蓄水前，河床段趾板表面，轴向位移图（单位：m）

−0.005117m，轴向位移最大值为 0.01110m，$P=0.5\%$时轴向位移最小值为−0.003789m，$P=99.5\%$时轴向位移最大值为 0.01084m。

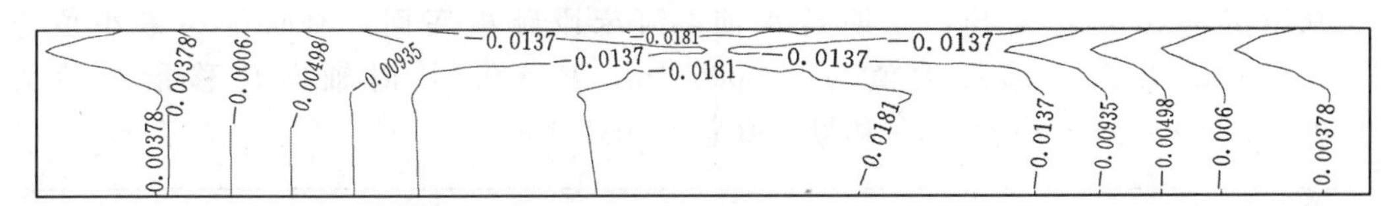

图 E-22　二期蓄水前，河床段趾板表面，顺水流方向位移图（单位：m）

从图 E-22 可以看出：二期蓄水前，河床段趾板表面，顺水流方向位移最小值为−0.02248m，顺水流方向位移最大值为 0.008154m，$P=0.5\%$时顺水流方向位移最小值为−0.02240m，$P=99.5\%$时顺水流方向位移最大值为 0.008053m。

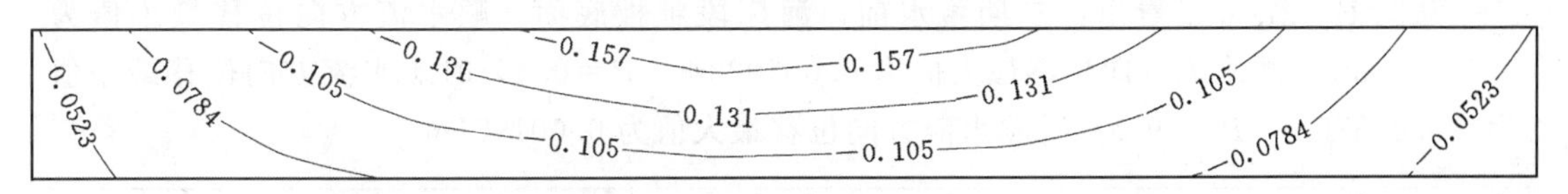

图 E-23　二期蓄水前，河床段趾板表面，竖向位移图（单位：m）

从图 E-23 可以看出：二期蓄水前，河床段趾板表面，竖向位移最小值为−0.1830m，竖向位移最大值为 0.00004648m，$P=0.5\%$时竖向位移最小值为−0.1772m，$P=99.5\%$时竖向位移最大值为−0.0009378m。

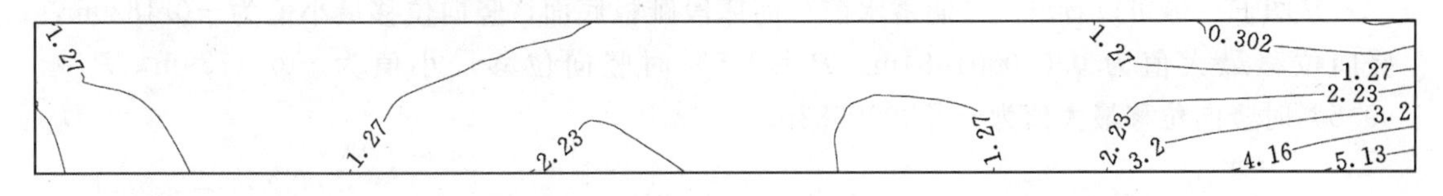

图 E-24　二期蓄水前，河床段趾板表面，轴向应力图（单位：MPa）

从图 E-24 可以看出：二期蓄水前，河床段趾板表面，轴向应力最小值为−0.7563MPa，轴向应力最大值为 6.116MPa，$P=0.5\%$时轴向应力最小值为−0.6625MPa，$P=99.5\%$时轴向应力最大值为 6.090MPa。

从图 E-25 可以看出：二期蓄水前，河床段趾板表面，顺水流应力最小值为−0.7265MPa，顺水流应力最大值为 5.491MPa，$P=0.5\%$时顺水流应力最小值为

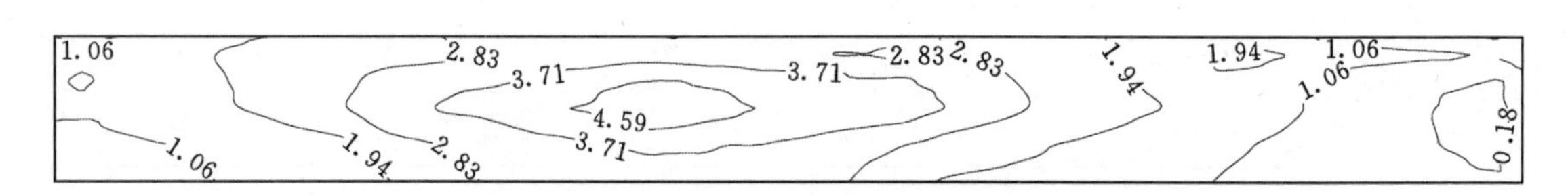

图 E-25　二期蓄水前，河床段趾板表面，顺水流应力图（单位：MPa）

-0.7024MPa，P=99.5%时顺水流应力最大值为 5.472MPa。

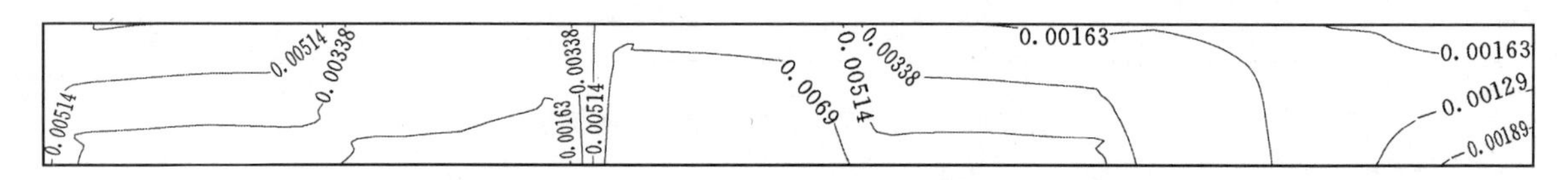

图 E-26　二期蓄水前，河床段趾板底面，轴向位移图（单位：m）

从图 E-26 可以看出：二期蓄水前，河床段趾板底面，轴向位移最小值为-0.003642m，轴向位移最大值为 0.008654m，P=0.5%时轴向位移最小值为-0.002018，P=99.5%时轴向位移最大值为 0.008111m。

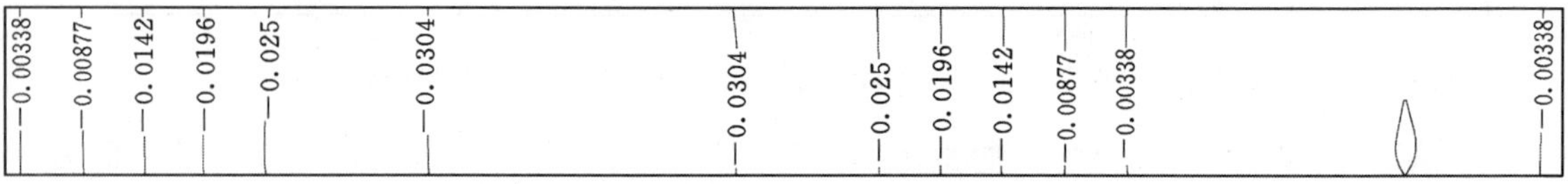

图 E-27　二期蓄水前，河床段趾板底面，顺水流方向位移图（单位：m）

从图 E-27 可以看出：二期蓄水前，河床段趾板底面，顺水流方向位移最小值为-0.03576m，顺水流方向位移最大值为 0.002022m，P=0.5%时顺水流方向位移最小值为-0.03575m，P=99.5%时顺水流方向位移最大值为 0.001921m。

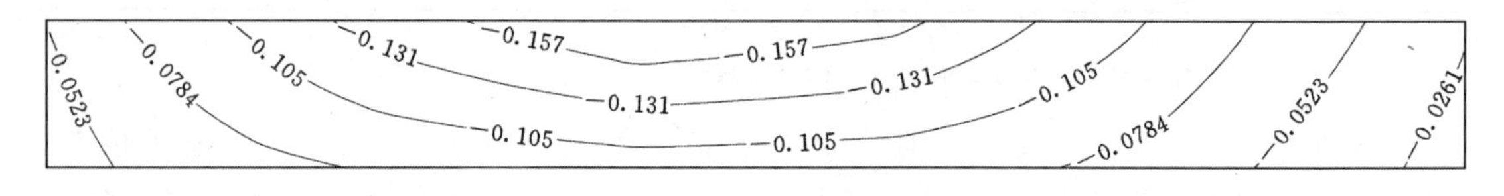

图 E-28　二期蓄水前，河床段趾板底面，竖向位移图（单位：m）

从图 E-28 可以看出：二期蓄水前，河床段趾板底面，竖向位移最小值为-0.1830m，竖向位移最大值为 0.000001884m，P=0.5%时竖向位移最小值为-0.1759m，P=99.5%时竖向位移最大值为-0.0008883m。

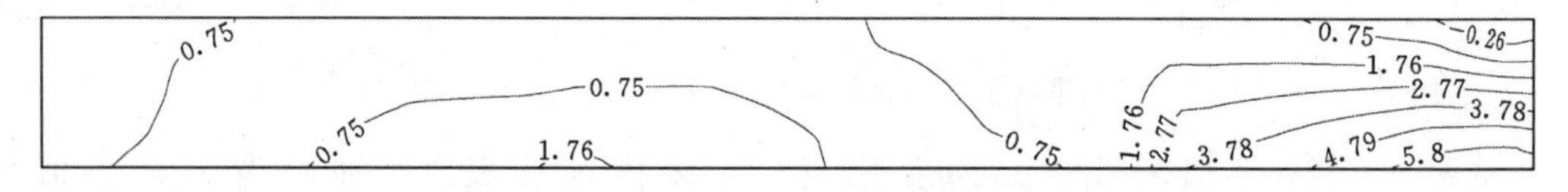

图 E-29　二期蓄水前，河床段趾板底面，轴向应力图（单位：MPa）

从图 E-29 可以看出：二期蓄水前，河床段趾板底面，轴向应力最小值为-1.626MPa，轴向应力最大值为 6.842MPa，P=0.5%时轴向应力最小值为-0.2596MPa，P=99.5%时轴向应力最大值为 6.810MPa。

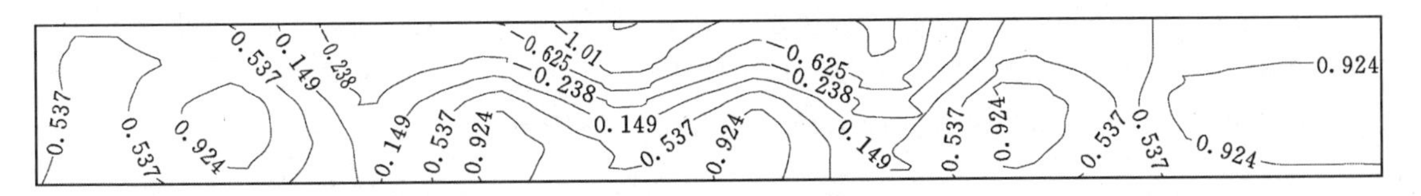

图 E-30　二期蓄水前，河床段趾板底面，顺水流应力图（单位：MPa）

从图 E-30 可以看出：二期蓄水前，河床段趾板底面，顺水流应力最小值为 −1.511MPa，顺水流应力最大值为 1.317MPa，$P=0.5\%$ 时顺水流应力最小值为 −1.398MPa，$P=99.5\%$ 时顺水流应力最大值为 1.310MPa。

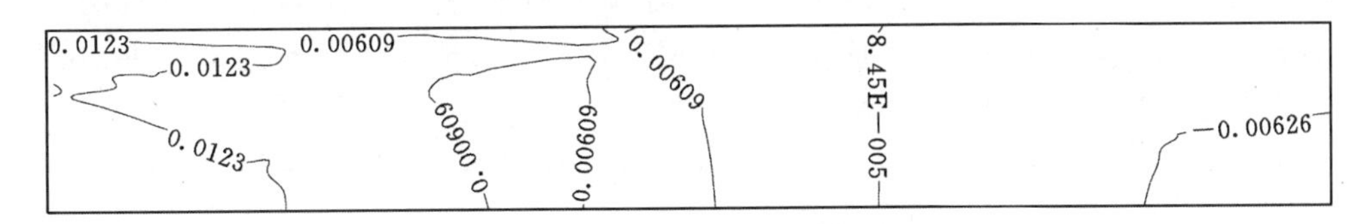

图 E-31　二期蓄水后，河床段趾板表面，轴向位移图（单位：m）

从图 E-31 可以看出：二期蓄水后，河床段趾板表面，轴向位移最小值为 −0.01859m，轴向位移最大值为 0.02460m，$P=0.5\%$ 时轴向位移最小值为 −0.01679m，$P=99.5$ 时轴向位移最大值为 0.02234m。

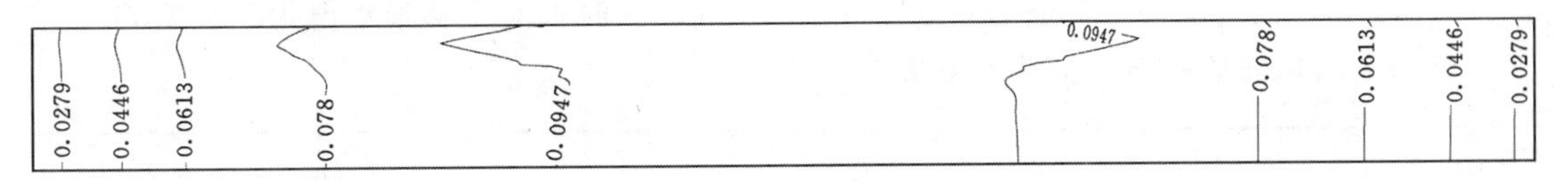

图 E-32　二期蓄水后，河床段趾板表面，顺水流方向位移图（单位：m）

从图 E-32 可以看出：二期蓄水后，河床段趾板表面，顺水流方向位移最小值为 −0.005581m，顺水流方向位移最大值为 0.1114m，$P=0.5\%$ 时顺水流方向位移最小值为 −0.002568m，$P=99.5\%$ 时顺水流方向位移最大值为 0.1110m。

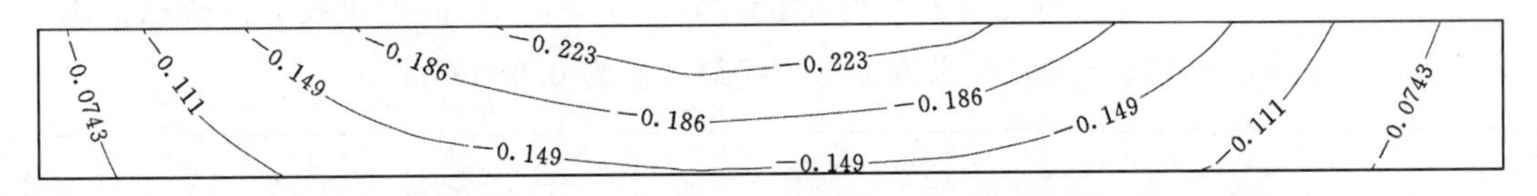

图 E-33　二期蓄水后，河床段趾板表面，竖向位移图（单位：m）

从图 E-33 可以看出：二期蓄水后，河床段趾板表面，竖向位移最小值为 −0.2601m，竖向位移最大值为 0.00002140m，$P=0.5\%$ 时竖向位移最小值为 −0.2529m，$P=99.5\%$ 时竖向位移最大值为 −0.001248m。

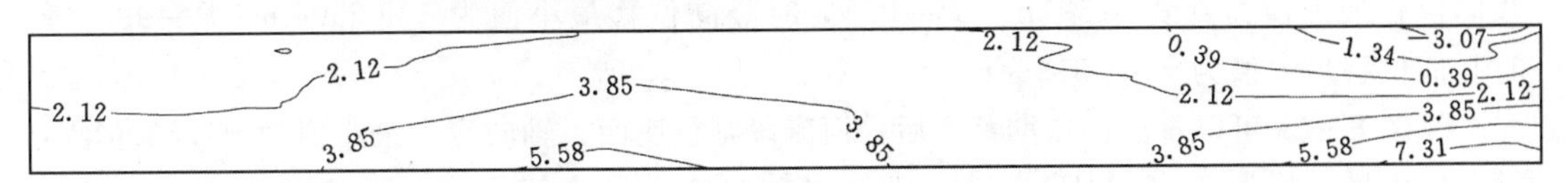

图 E-34　二期蓄水后，河床段趾板表面，轴向应力图（单位：MPa）

从图 E－34 可以看出：二期蓄水后，河床段趾板表面，轴向应力最小值为－5.344MPa，轴向应力最大值为 9.094MPa，$P=0.5\%$ 时轴向应力最小值为－3.069MPa，$P=99.5\%$时轴向应力最大值为 9.039MPa。

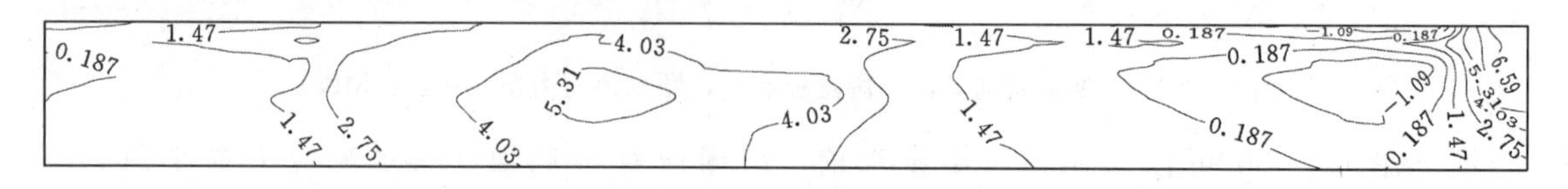

图 E－35　二期蓄水后，河床段趾板表面，顺水流应力图（单位：MPa）

从图 E－35 可以看出：二期蓄水后，河床段趾板表面，顺水流应力最小值为－2.708MPa，顺水流应力最大值为 7.041MPa，$P=0.5\%$ 时顺水流应力最小值为－2.373MPa，$P=99.5\%$时顺水流应力最大值为 6.589MPa。

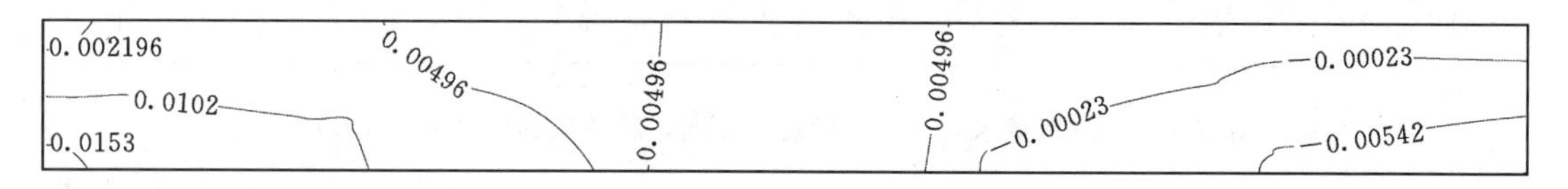

图 E－36　二期蓄水后，河床段趾板底面，轴向位移图（单位：m）

从图 E－36 可以看出：二期蓄水后，河床段趾板底面，轴向位移最小值为－0.01580m，轴向位移最大值为 0.02053m，$P=0.5\%$时轴向位移最小值为－0.01391m，$P=99.5\%$时轴向位移最大值为 0.01877m。

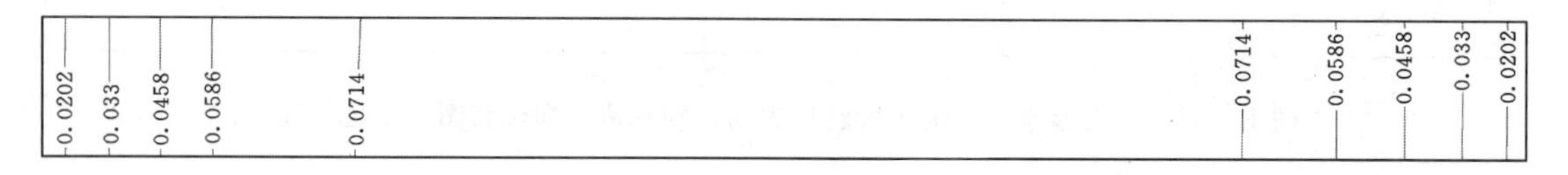

图 E－37　二期蓄水后，河床段趾板底面，顺水流方向位移图（单位：m）

从图 E－37 可以看出：二期蓄水后，河床段趾板底面，顺水流方向位移最小值为－0.005364m，顺水流方向位移最大值为 0.08423m，$P=0.5\%$时顺水流方向位移最小值为－0.002339m，$P=99.5\%$时顺水流方向位移最大值为 0.08396m。

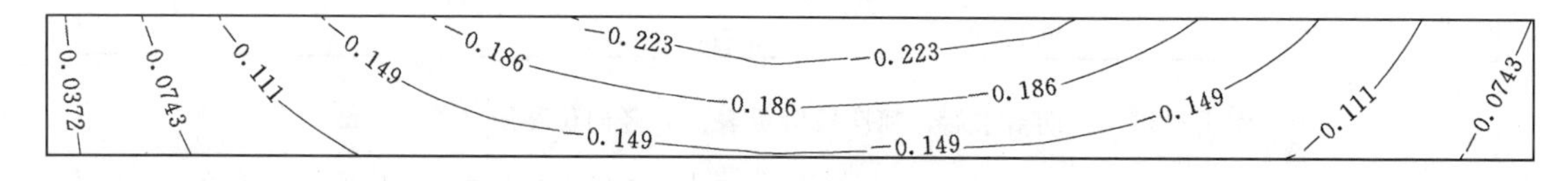

图 E－38　二期蓄水后，河床段趾板底面，竖向位移图（单位：m）

从图 E－38 可以看出：二期蓄水后，河床段趾板底面，竖向位移最小值为－0.260m，竖向位移最大值为 0.0001597m，$P=0.5\%$时竖向位移最小值为－0.2504m，$P=99.5\%$时竖向位移最大值为－0.001394m。

从图 E－39 可以看出：二期蓄水后，河床段趾板底面，轴向应力最小值为－7.830MPa，轴向应力最大值为 9.123MPa，$P=0.5\%$时轴向应力最小值为－2.993MPa，$P=99.5\%$时轴向应力最大值为 9.059MPa。

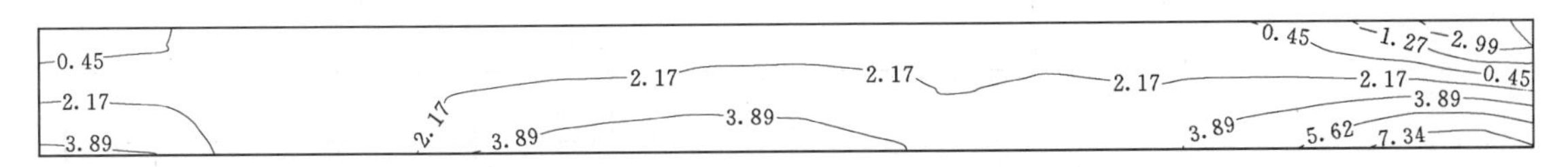

图 E-39　二期蓄水后，河床段趾板底面，轴向应力图（单位：MPa）

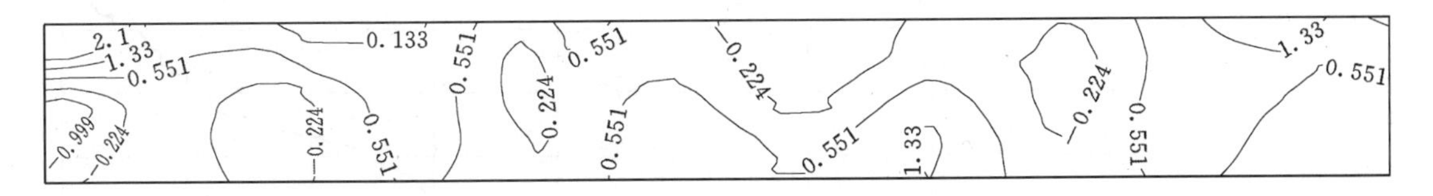

图 E-40　二期蓄水后，河床段趾板底面，顺水流应力图（单位：MPa）

从图 E-40 可以看出：二期蓄水后，河床段趾板底面，顺水流应力最小值为－3.675MPa，顺水流应力最大值为 5.541MPa，$P=0.5\%$ 时顺水流应力最小值为－3.324MPa，$P=99.5\%$ 时顺水流应力最大值为 2.102MPa。

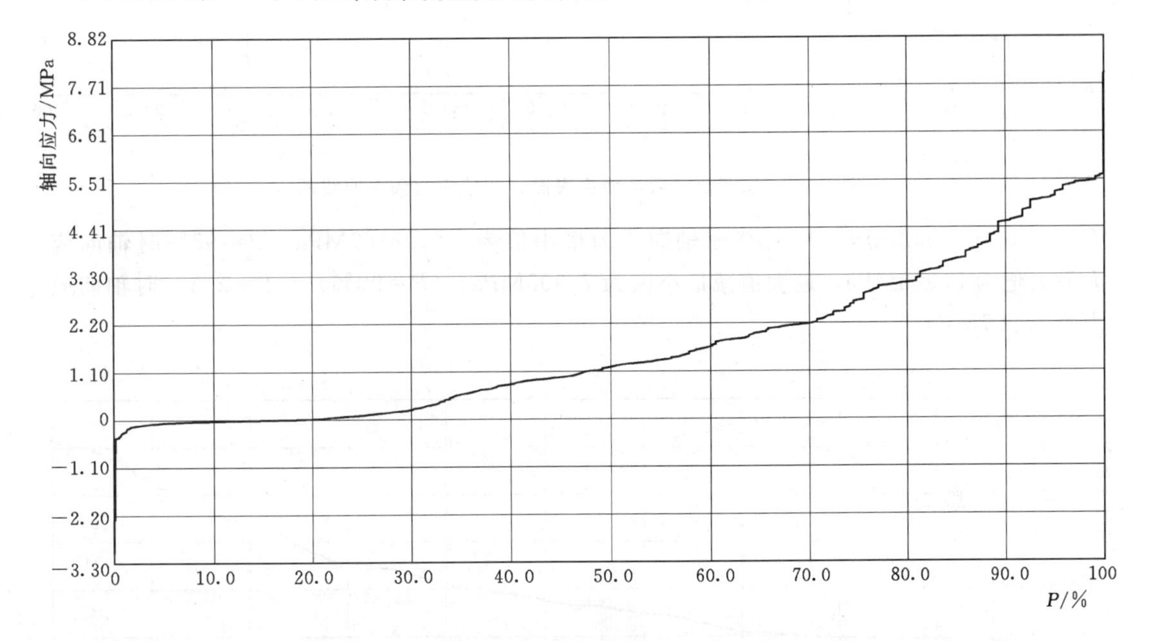

图 F-1　二期蓄水后，面板表面，轴向应力频率曲线图

从图 F-1 可以看出：二期蓄水后，面板表面，轴向应力最小值为－3.046MPa，轴向应力最大值为 7.979MPa，$P=0.5\%$ 时轴向应力最小值为－0.3971MPa，$P=99.5\%$ 时轴向应力最大值为 5.568MPa，$P=1\%$ 时轴向应力最小值为－0.2797MPa，$P=99\%$ 时轴向应力最大值为 5.479MPa，$P=2\%$ 时轴向应力最小值为－0.1412MPa，$P=98\%$ 时轴向应力最大值为 5.455MPa，最大值减最小值为 11.02MPa，$(P=98\%)-(P=2\%)$ 时轴向应力为 5.596MPa。

从图 F-2 可以看出：二期蓄水后，面板表面，顺坡应力最小值为－0.2726，顺坡应力最大值为 7.633MPa，$P=0.5\%$ 时轴向应力最小值为－0.1430MPa，$P=99.5\%$ 时轴向应力最大值为 5.999MPa，$P=1\%$ 时轴向应力最小值为－0.1125MPa，$P=99\%$ 时轴向应

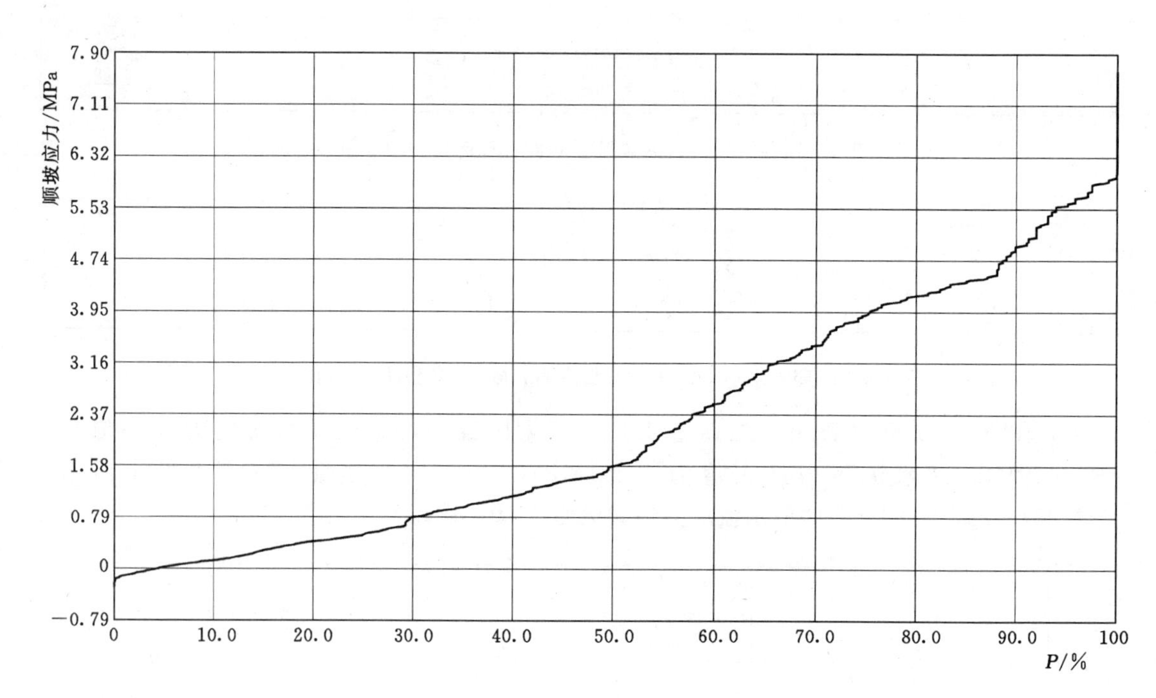

图 F-2　二期蓄水后，面板表面，顺坡应力频率曲线图

力最大值为 5.948MPa，P=2%时轴向应力最小值为−0.08367MPa，P=98%时轴向应力最大值为 5.923MPa，最大值减最小值为 7.905MPa，(P=98%)−(P=2%) 时轴向应力为 6.007MPa。

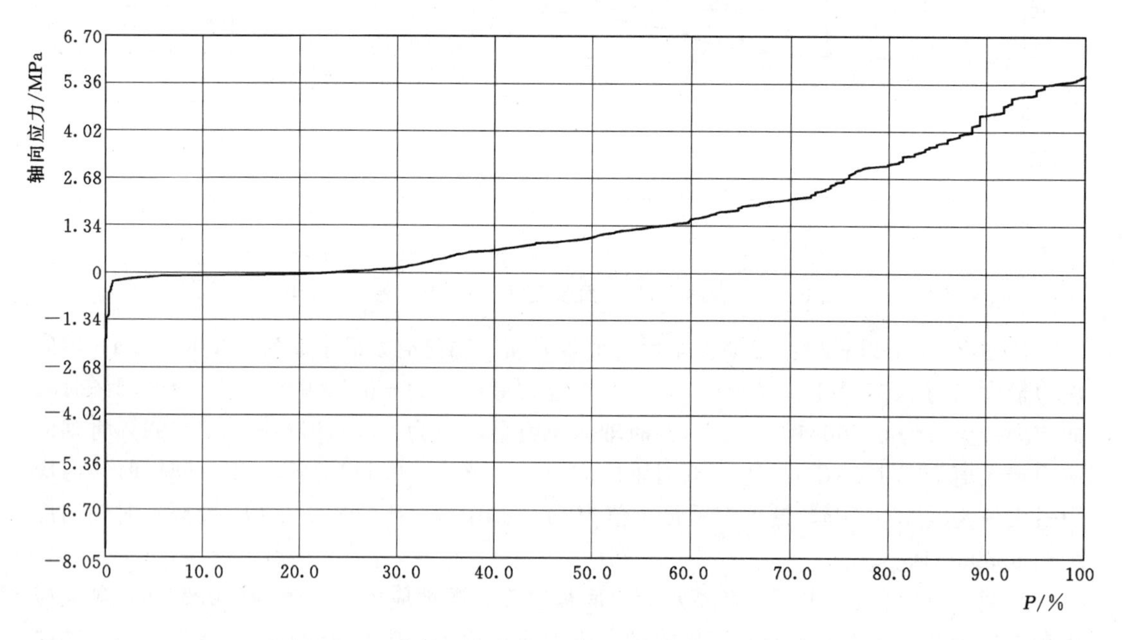

图 F-3　二期蓄水后，面板底面，轴向应力频率曲线图

从图F-3可以看出：二期蓄水后，面板底面，轴向应力最小值为−7.813MPa，面板底面，轴向应力最大值为5.605MPa，P=0.5%时轴向应力最小值为−0.5203MPa，P=99.5%时轴向应力最大值为5.519MPa，P=1%时轴向应力最小值为−0.2406MPa，P=99%时轴向应力最大值为5.459MPa，P=2%时轴向应力最小值为−0.1950MPa，P=98%时轴向应力最大值为5.418MPa，最大值减最小值为13.41MPa，(P=98%)−(P=2%)时轴向应力为5.614MPa。

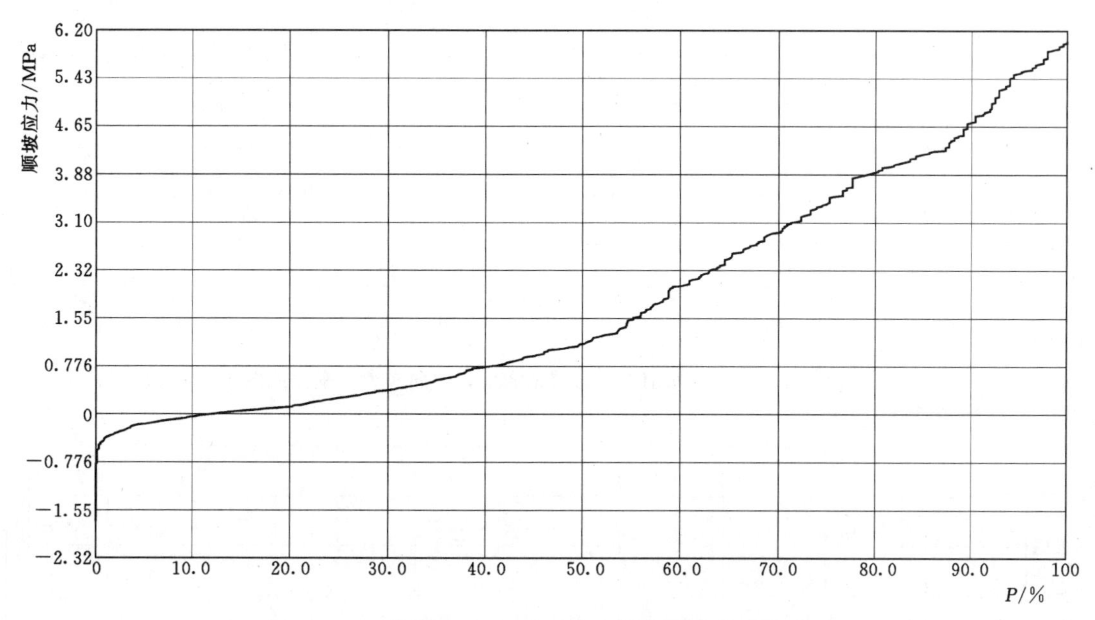

图F-4　二期蓄水后，面板底面，顺坡应力频率曲线图

从图F-4可以看出：二期蓄水后，面板底面，顺坡应力最小值为−1.731MPa，面板底面，顺坡应力最大值为6.030MPa，P=0.5%时轴向应力最小值为−0.4678MPa，P=99.5%时轴向应力最大值5.964MPa，P=1%时轴向应力最小值为−0.3863MPa，P=99%时轴向应力最大值为5.914MPa，P=2%时轴向应力最小值为−0.3130MPa，P=98%时轴向应力最大值为5.876MPa，最大值减最小值为7.762MPa，(P=98%)−(P=2%)时轴向应力为6.189MPa。

从图G-1可以看出：一期蓄水前，防渗墙上游面，轴向应力最小值为−3.919MPa，轴向应力最大值为2.340MPa，P=0.5%时轴向应力最小值为−3.772MPa，P=99.5%时轴向应力最大值为2.138MPa，P=1%时轴向应力最小值为−3.565MPa，P=99%时轴向应力最大值为2.123MPa，P=2%时轴向应力最小值为−3.560MPa，P=98%时轴向应力最大值为1.786MPa，最大值减最小值为6.260MPa，(P=98%)−(P=2%)时轴向应力为5.346MPa。

从图G-2可以看出：一期蓄水前，防渗墙上游面，竖向应力最小值为−1.041MPa，竖向应力最大值为3.154MPa，P=0.5%时轴向应力最小值为−0.9730MPa，P=99.5%时轴向应力最大值为3.144MPa，P=1%时轴向应力最小值为−0.9717MPa；P=99%时轴向应力最大值为3.142MPa，P=2%时轴向应力最小值为−0.9691MPa，P=98%时轴

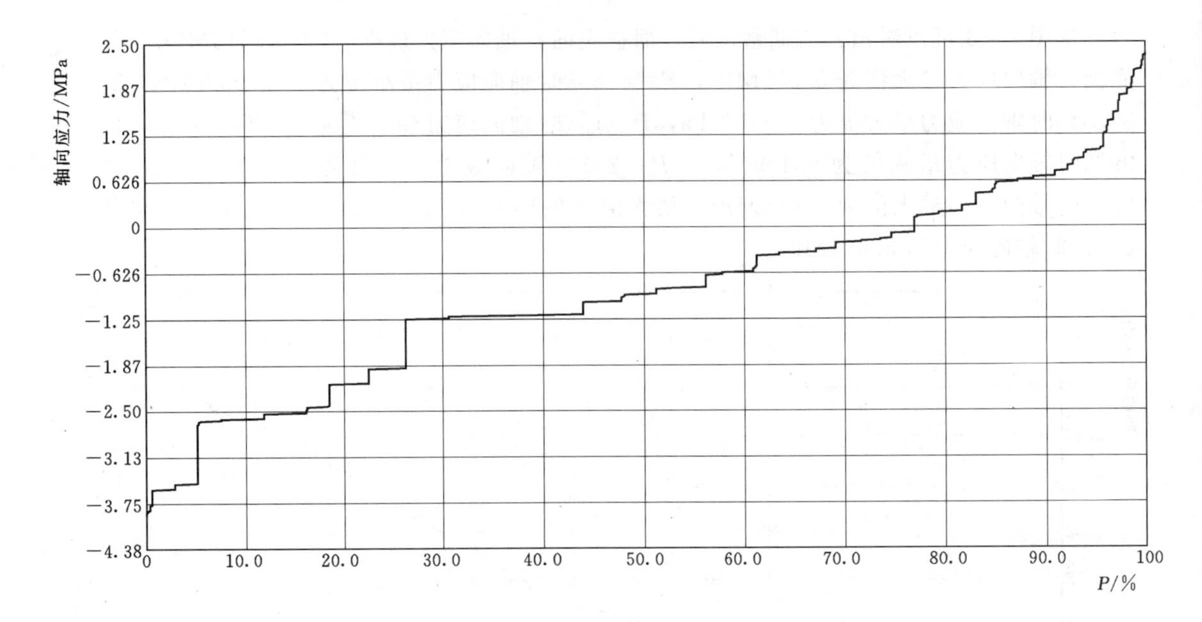

图 G-1　一期蓄水前，防渗墙上游面，轴向应力频率曲线图

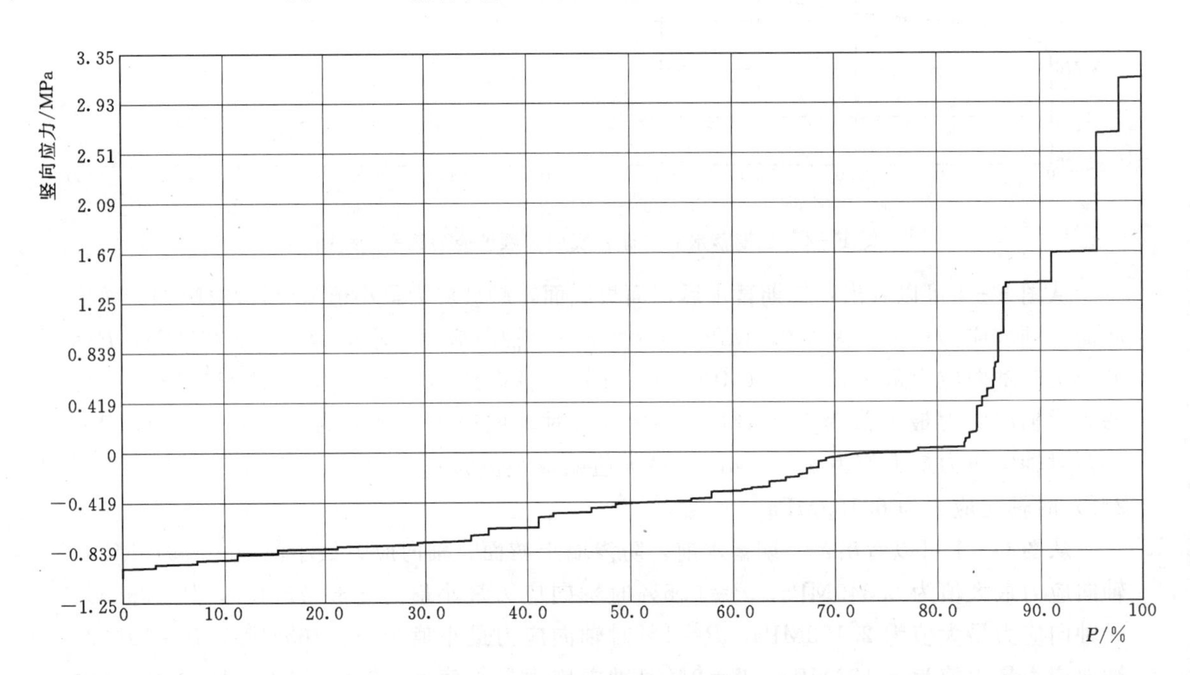

图 G-2　一期蓄水前，防渗墙上游面，竖向应力频率曲线图

向应力最大值为 3.138MPa，最大值减最小值为 4.196MPa；($P=98\%$)－($P=2\%$) 时轴向应力为 4.107MPa。

从图 G-3 可以看出：一期蓄水前，防渗墙下游面，轴向应力最小值为－3.054MPa，轴向应力最大值为 3.364MPa，$P=0.5\%$时轴向应力最小值为－2.935MPa，$P=99.5\%$时轴向应力最大值为 3.335MPa，$P=1\%$时轴向应力最小值为－2.927MPa，$P=99\%$时轴向应力最大值为

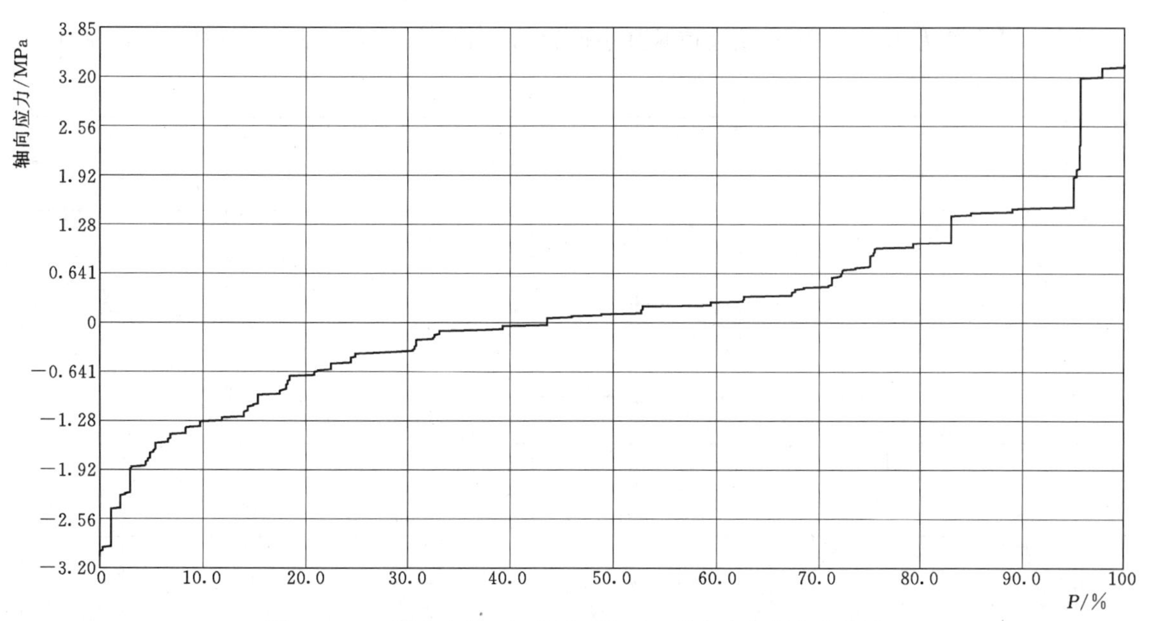

图 G-3　一期蓄水前，防渗墙下游面，轴向应力频率曲线图

3.332MPa，P=2%时轴向应力最小值为−2.256MPa，P=98%时轴向应力最大值为3.326MPa，最大值减最小值为6.419MPa，(P=98%)−(P=2%)时轴向应力为5.583MPa。

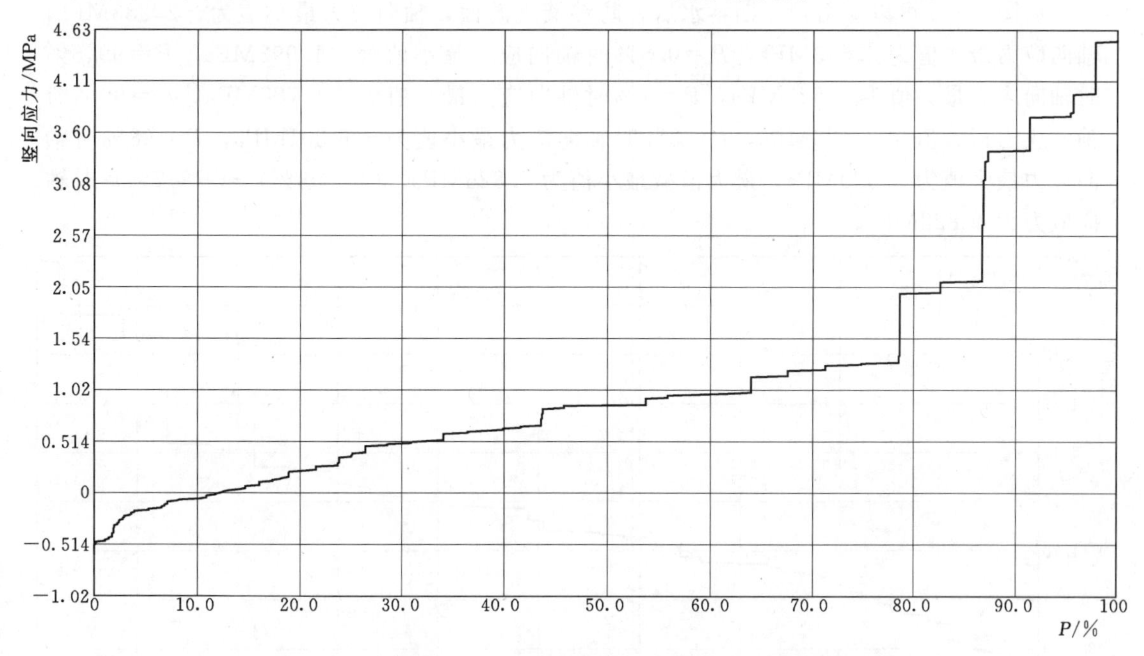

图 G-4　一期蓄水前，防渗墙下游面，竖向应力频率曲线图

从图 G-4 可以看出：一期蓄水前，防渗墙下游面，竖向应力最小值为−0.614MPa，竖向应力最大值为2.532MPa，P=0.5%时轴向应力最小值为−0.4864MPa，P=99.5%时轴向应力最大值为4.520MPa，P=1%时轴向应力最小值为−0.4807MPa，P=99%时轴向应力最大值为4.517MPa，P=2%时轴向应力最小值为−0.3236MPa，P=98%时轴

向应力最大值为 4.512MPa，最大值减最小值为 5.147MPa，(P=98%)-(P=2%) 时轴向应力为 4.836MPa。

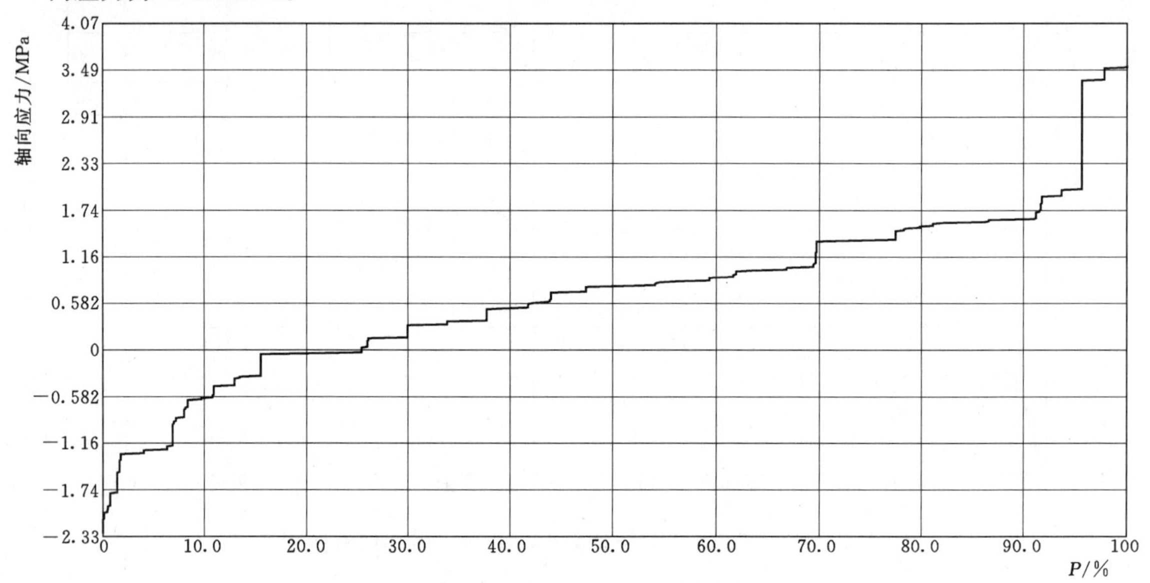

图 G-5 一期蓄水后，防渗墙上游面，轴向应力频率曲线图

从图 G-5 可以看出：一期蓄水后，防渗墙上游面，轴向应力最小值为-2.283MPa，轴向应力最大值为 3.543MPa，P=0.5%时轴向应力最小值为-1.992MPa，P=99.5%时轴向应力最大值为 3.528MPa，P=1%时轴向应力最小值为-1.788MPa，P=99%时轴向应力最大值为 3.526MPa，P=2%时轴向应力最小值为-1.301MPa，P=98%时轴向应力最大值为 3.520MPa，最大值减最小值为 5.826MPa，(P=98%)-(P=2%) 时轴向应力为 4.822MPa。

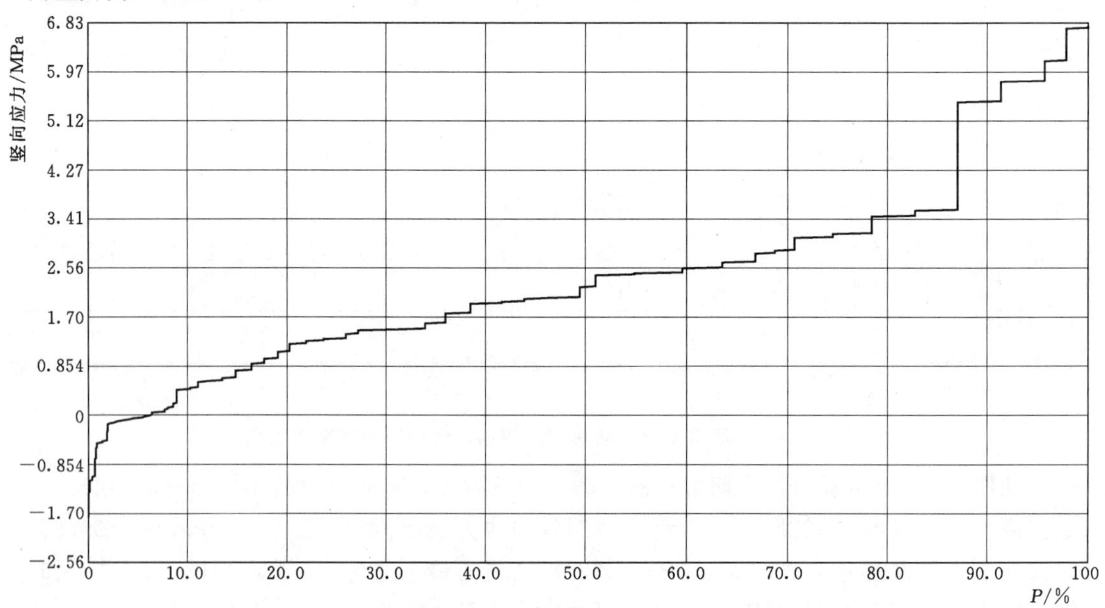

图 G-6 一期蓄水后，防渗墙上游面，竖向应力频率曲线图

从图 G-6 可以看出：一期蓄水后，防渗墙上游面，竖向应力最小值为−1.774MPa，竖向应力最大值为 6.767MPa，P=0.5%时轴向应力最小值为−1.064MPa，P=99.5%时轴向应力最大值为 6.746MPa，P=1%时轴向应力最小值为−0.4850MPa，P=99%时轴向应力最大值为 6.742MPa，P=2%时轴向应力最小值为−0.1596MPa，P=98%时轴向应力最大值为 6.734MPa，最大值减最小值为 8.541MPa，(P=98%)−(P=2%)时轴向应力为 6.893MPa。

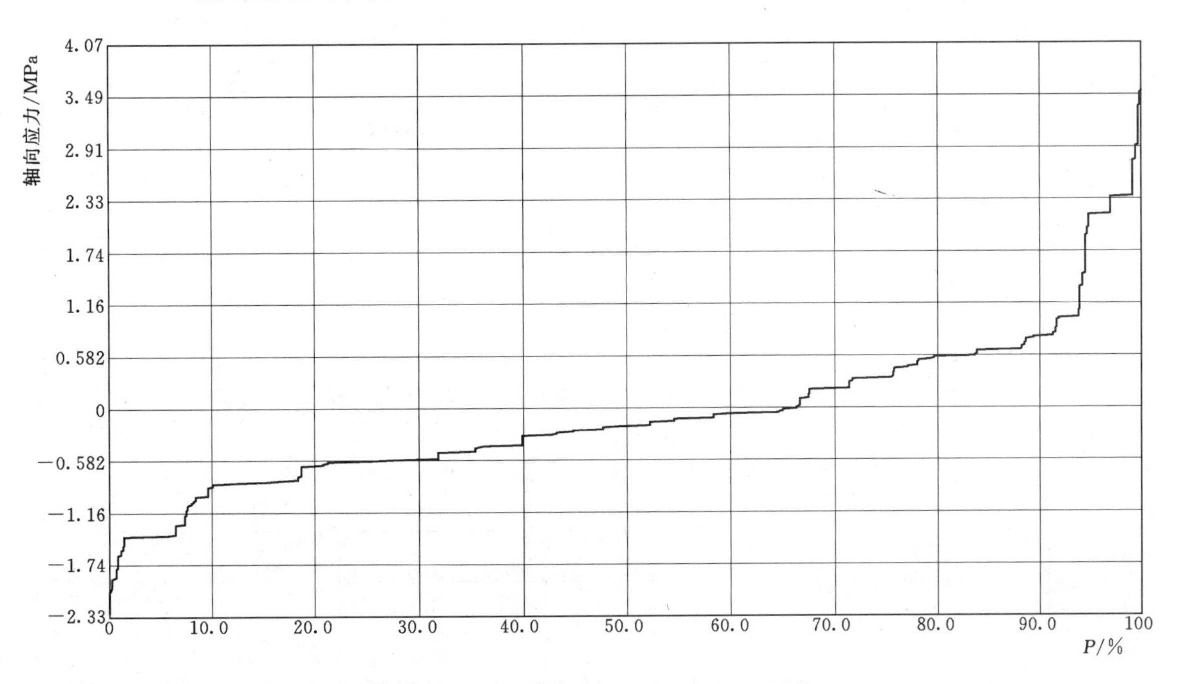

图 G-7　一期蓄水后，防渗墙下游面，轴向应力频率曲线图

从图 G-7 可以看出：一期蓄水后，防渗墙下游面，轴向应力最小值为−2.283MPa，轴向应力最大值为 3.543MPa，P=0.5%时轴向应力最小值为−1.895MPa，P=99.5%时轴向应力最大值为 2.927MPa，P=1%时轴向应力最小值为−1.634MPa，P=99%时轴向应力最大值为 2.363MPa，P=2%时轴向应力最小值为−1.429MPa，P=98%时轴向应力最大值为 2.357MPa，最大值减最小值为 5.826MPa，(P=98%)−(P=2%)时轴向应力为 3.787MPa。

从图 G-8 可以看出：一期蓄水后，防渗墙下游面，竖向应力最小值为−1.774MPa，竖向应力最大值为 6.767MPa，P=0.5%时轴向应力最小值为 0.04335MPa，P=99.5%时轴向应力最大值为 6.175MPa，P=1%时轴向应力最小值为 0.06388MPa，P=99%时轴向应力最大值为 5.770MPa，P=2%时轴向应力最小值为 0.1236MPa，P=98%时轴向应力最大值为 5.762MPa，最大值减最小值为 8.541MPa，(P=98%)−(P=2%)时轴向应力为 5.639MPa。

从图 G-9 可以看出：二期蓄水前，防渗墙上游面，轴向应力最小值为−2.112MPa，轴向应力最大值为 3.303MPa，P=0.5%时轴向应力最小值为−1.931MPa，P=99.5%时轴向应力最大值为 3.289MPa，P=1%时轴向应力最小值为−1.480MPa，P=99%时

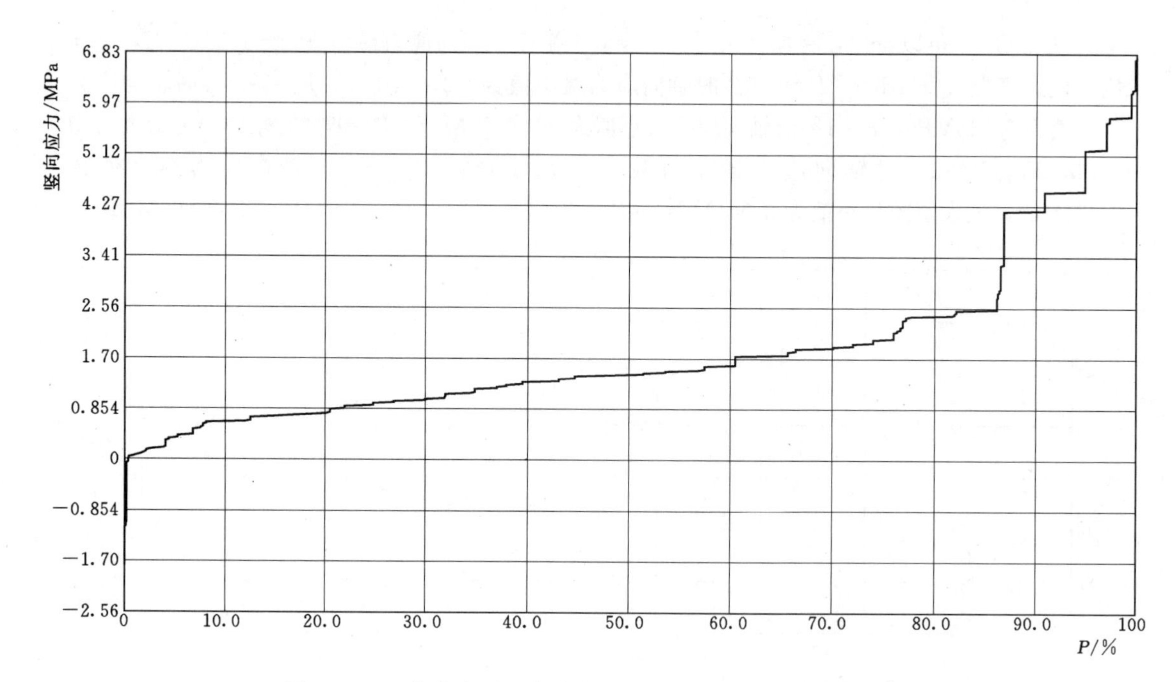

图 G-8　一期蓄水后，防渗墙下游面，竖向应力频率曲线图

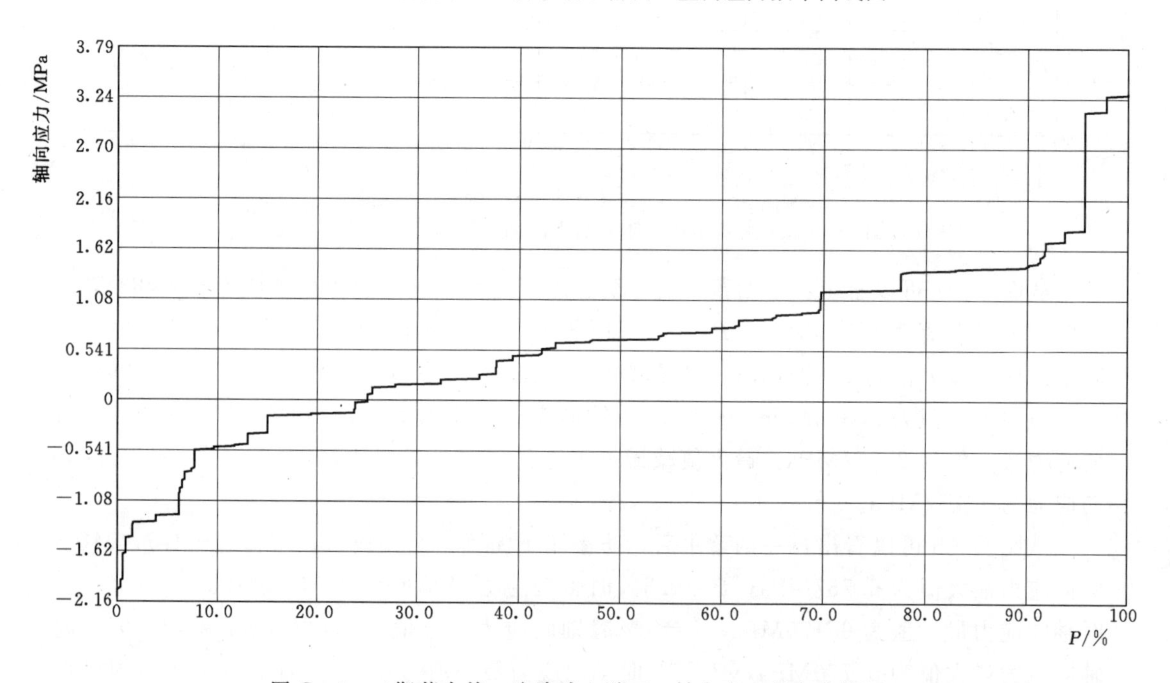

图 G-9　二期蓄水前，防渗墙上游面，轴向应力频率曲线图

轴向应力最大值为 3.287MPa，$P=2\%$时轴向应力最小值为－1.318MPa，$P=98\%$时轴向应力最大值为 3.282MPa，最大值减最小值为 5.415MPa，($P=98\%$)－($P=2\%$) 时轴向应力为 4.600MPa。

从图 G-10 可以看出：二期蓄水前，防渗墙上游面，竖向应力最小值为－0.6719MPa，竖

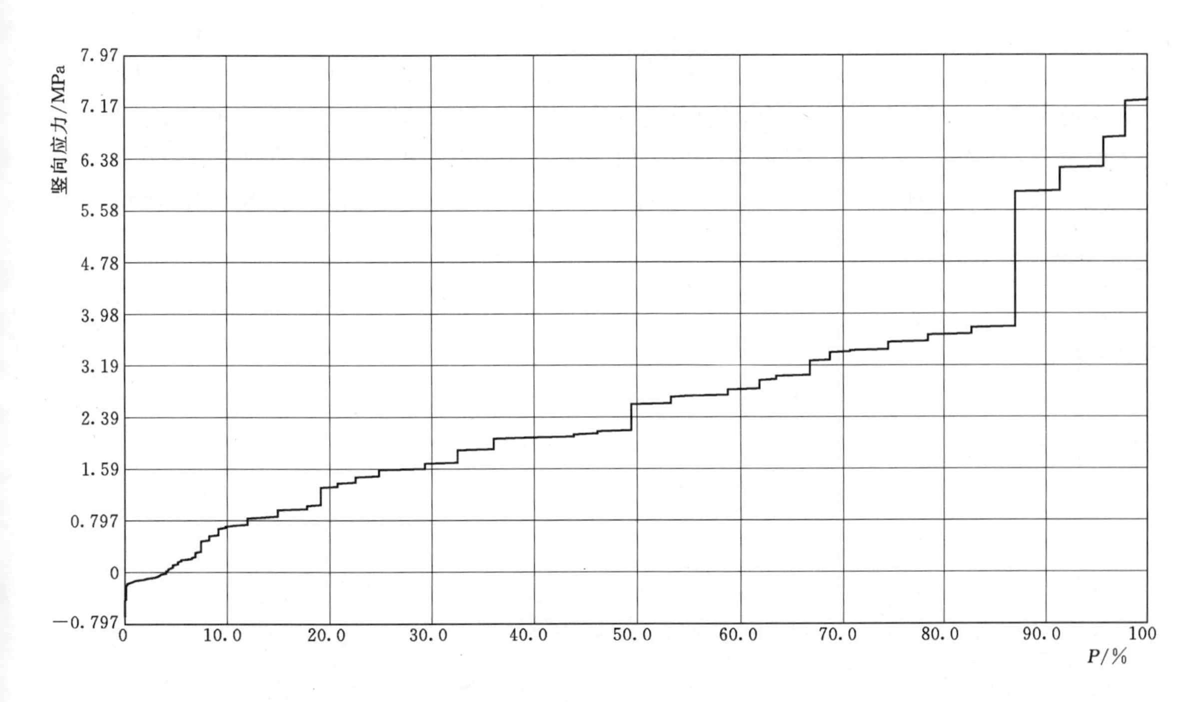

图 G-10　二期蓄水前，防渗墙上游面，竖向应力频率曲线图

向应力最大值为 7.303MPa，P=0.5%时轴向应力最小值为−0.1621MPa，P=99.5%时轴向应力最大值为 7.267MPa，P=1%时轴向应力最小值为−0.1309MPa，P=99%时轴向应力最大值为 7.263MPa，P=2%时轴向应力最小值为−0.1048MPa，P=98%时轴向应力最大值为 7.256MPa，最大值减最小值为 7.975MPa，(P=98%)−(P=2%) 时轴向应力为 7.361MPa。

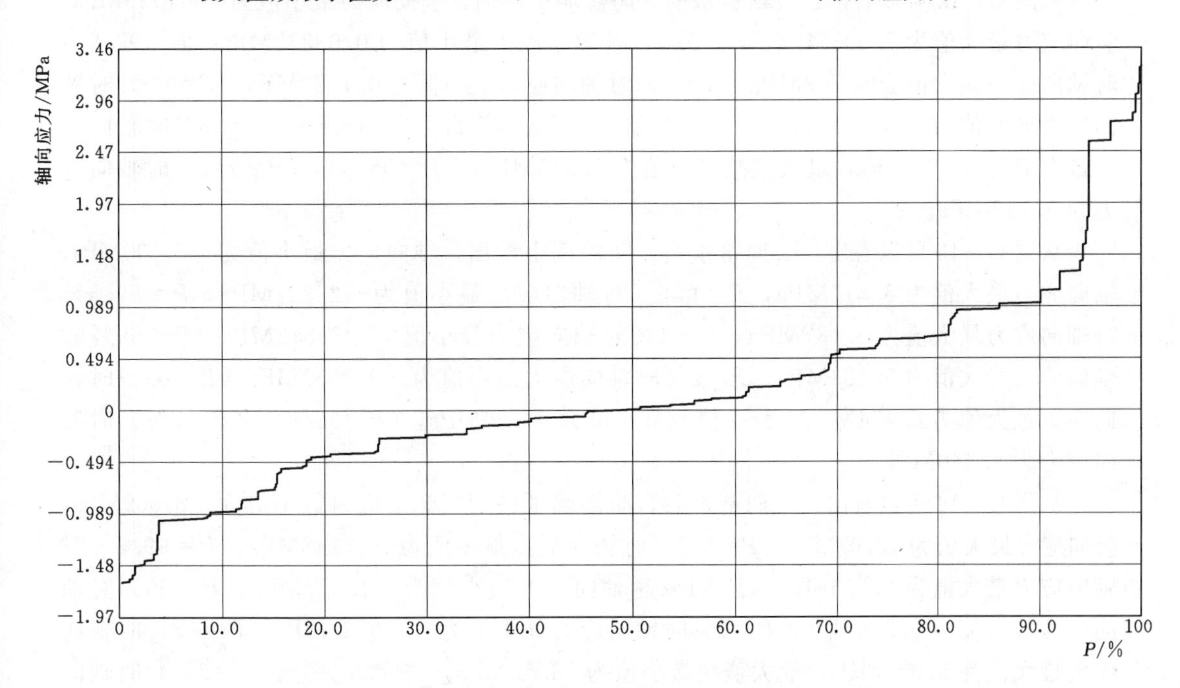

图 G-11　二期蓄水前，防渗墙下游面，轴向应力频率曲线图

从 G-11 可以看出：二期蓄水前，防渗墙下游面，轴向应力最小值为－1.646MPa，轴向应力最大值为 3.303MPa，P=0.5%时轴向应力最小值为－1.642MPa，P=99.5%时轴向应力最大值为 3.017MPa，P=1%时轴向应力最小值为－1.616MPa，P=99%时轴向应力最大值为 2.766MPa，P=2%时轴向应力最小值为－1.481MPa，P=98%时轴向应力最大值为 2.762MPa，最大值减最小值为 4.949MPa，(P=98%)－(P=2%) 时轴向应力为 4.243MPa。

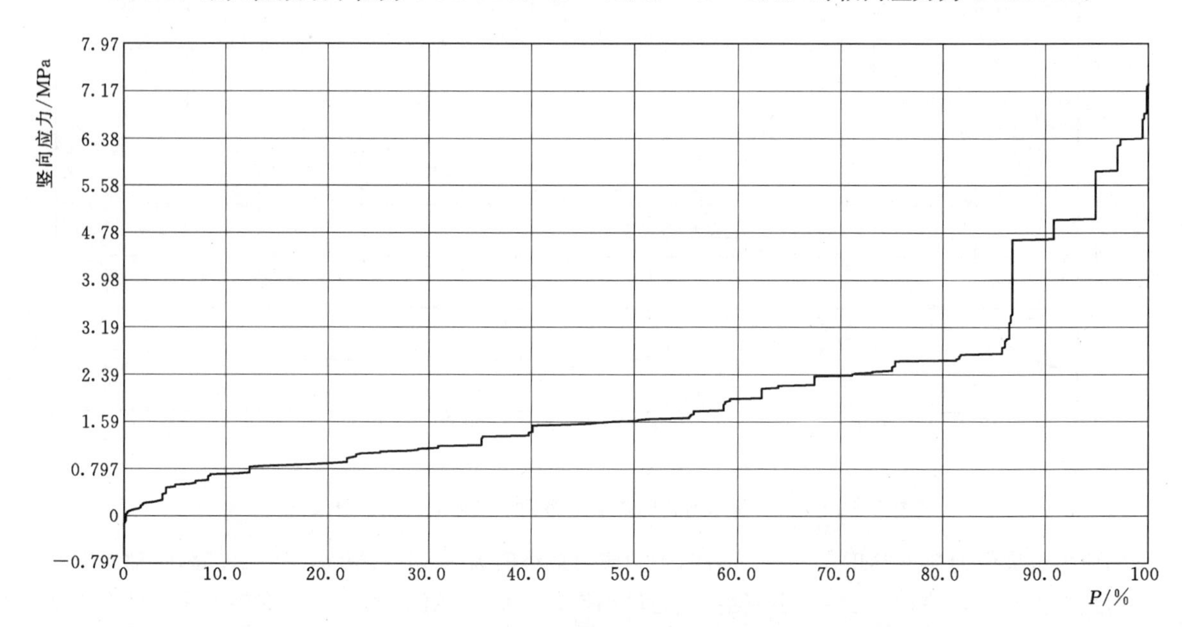

图 G-12　二期蓄水前，防渗墙下游面，竖向应力频率曲线图

从图 G-12 可以看出：二期蓄水前，防渗墙下游面，竖向应力最小值为－0.6719MPa，竖向应力最大值为 7.303MPa，P=0.5%时轴向应力最小值为 0.08333MPa，P=99.5%时轴向应力最大值为 6.702MPa，P=1%时轴向应力最小值为 0.1122MPa，P=99%时轴向应力最大值为 6.372MPa，P=2%时轴向应力最小值为 0.2161MPa，P=98%时轴向应力最大值为 6.365MPa，最大值减最小值为 7.975MPa，(P=98%)－(P=2%) 时轴向应力为 6.149MPa。

从图 G-13 可以看出：二期蓄水后，防渗墙上游面，轴向应力最小值为－3.630MPa，轴向应力最大值为 5.510MPa，P=0.5%时轴向应力最小值为－2.327MPa，P=99.5%时轴向应力最大值为 5.487MPa，P=1%时轴向应力最小值为－2.313MPa，P=99%时轴向应力最大值为 5.483MPa，P=2%时轴向应力最小值为－0.9650MPa，P=98%时轴向应力最大值为 5.474MPa，最大值减最小值为 9.140MPa，(P=98%)－(P=2%) 时轴向应力为 6.440MPa。

从图 G-14 可以看出：二期蓄水后，防渗墙上游面，竖向应力最小值为－3.509MPa，竖向应力最大值为 10.01MPa，P=0.5%时轴向应力最小值为－2.248MPa，P=99.5%时轴向应力最大值为 9.955MPa，P=1%时轴向应力最小值为－1.277MPa，P=99%时轴向应力最大值为 9.949MPa，P=2%时轴向应力最小值为－0.2787MPa，P=98%时轴向应力最大值为 9.937MPa，最大值减最小值为 13.52MPa，(P=98%)－(P=2%) 时轴向

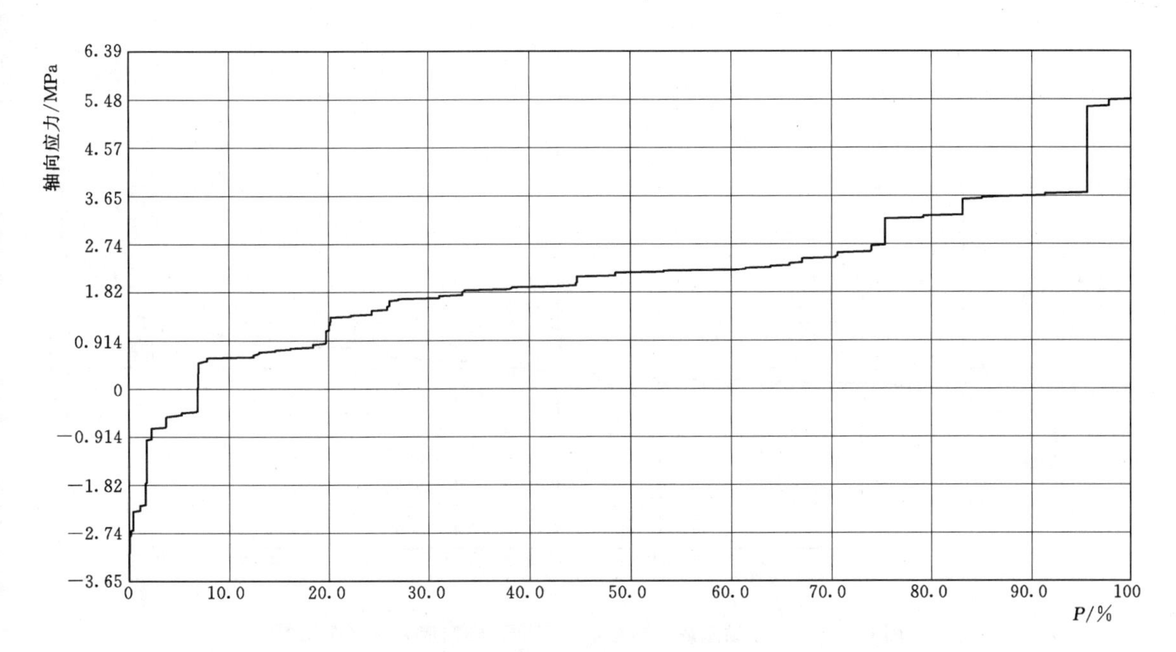

图 G-13　二期蓄水后，防渗墙上游面，轴向应力频率曲线图

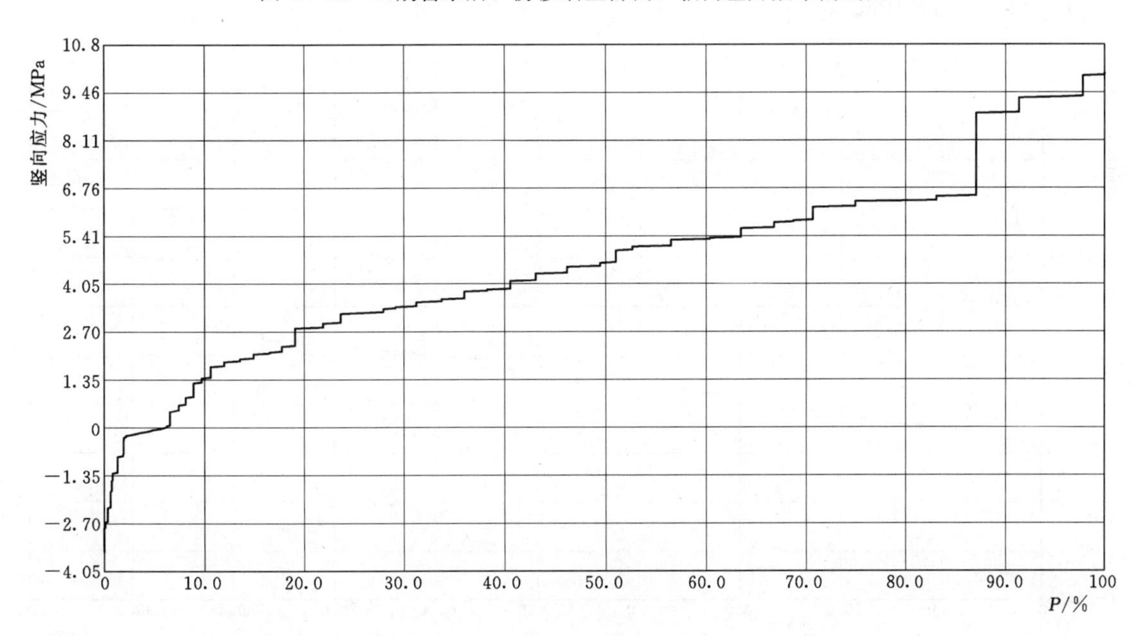

图 G-14　二期蓄水后，防渗墙上游面，竖向应力频率曲线图

应力为 10.21MPa。

从图 G-15 可以看出：二期蓄水后，防渗墙下游面，轴向应力最小值为−3.630MPa，轴向应力最大值为 5.510MPa，P=0.5%时轴向应力最小值为−1.637MPa，P=99.5%时轴向应力最大值为 3.847MPa，P=1%时轴向应力最小值为−1.120MPa，P=99%时轴向应力最大值为 3.604MPa，P=2%时轴向应力最小值为−0.8722MPa，P=98%时轴向应力最大值为 2.263MPa，最大值减最小值为 9.140MPa，(P=98%)−(P=2%) 时轴

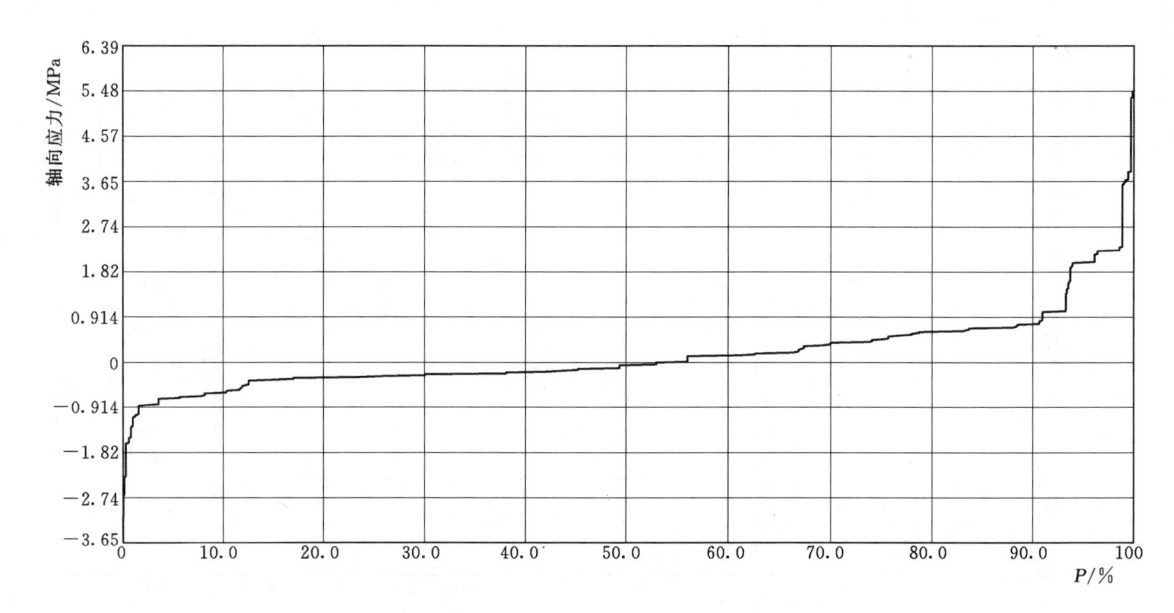

图 G-15　二期蓄水后，防渗墙下游面，轴向应力频率曲线图

向应力为 3.135MPa。

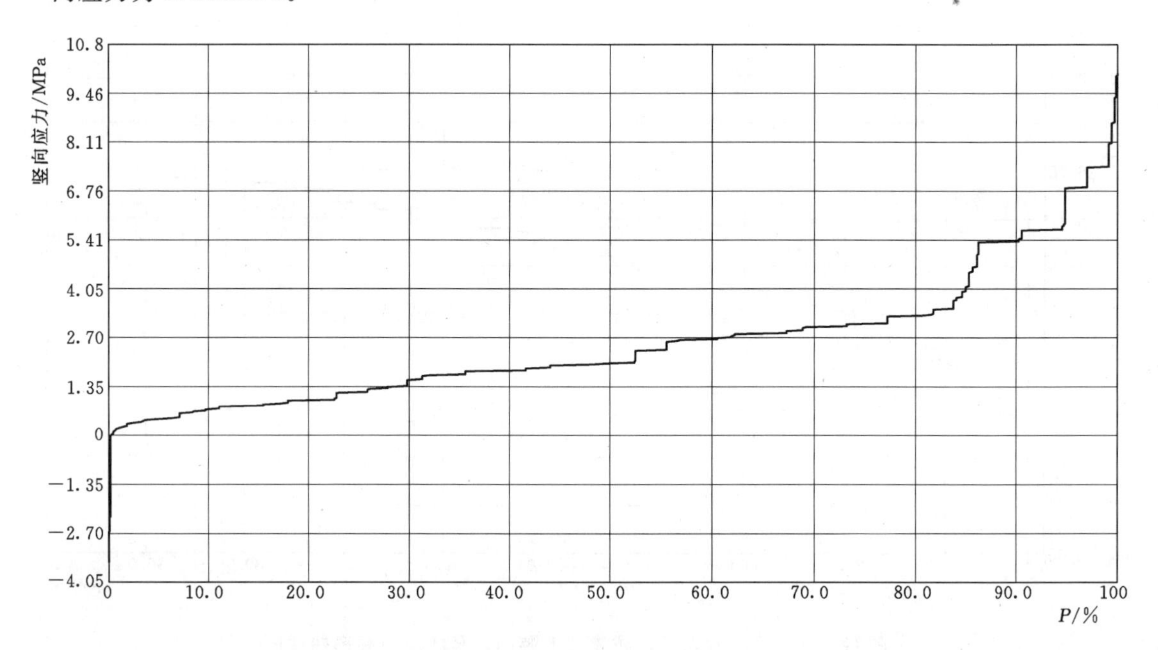

图 G-16　二期蓄水后，防渗墙下游面，竖向应力频率曲线图

从图 G-16 可以看出：二期蓄水后，防渗墙下游面，竖向应力最小值为−3.509MPa，竖向应力最大值为 10.01MPa，P=0.5%时轴向应力最小值为 0.1025MPa，P=99.5%时轴向应力最大值为 8.639MPa，P=1%时轴向应力最小值为 0.1952MPa，P=99%时轴向应力最大值为 7.439MPa，P=2%时轴向应力最小值为 0.3204MPa，P=98%时轴向应力最大值为 7.426MPa，最大值减最小值为 13.52MPa，(P=98%)−(P=2%) 时轴向应力

为 7.106MPa。

从图 H-1 可以看出：二期蓄水后，横缝错动量，全量最大值为 23.0mm。

从图 H-2 可以看出：二期蓄水后，横缝错动量，全量最大值为 1.9mm。

从图 H-3 可以看出：二期蓄水后，横缝张开量，全量最大值为 13.0mm。

从图 H-4 可以看出：二期蓄水后，周边缝错动量，全量最大值为 24.7mm。

从图 H-5 可以看出：二期蓄水后，周边缝相对沉降量，全量最大值为 37.4mm。

从图 H-6 可以看出：二期蓄水后，周边缝张开量，全量最大值为 20.7mm。

从图 H-7 可以看出：二期蓄水后，趾板—连接板错动量，全量最大值为 32.1mm。

从图 H-8 可以看出：二期蓄水后，趾板—连接板相对沉降量，全量最大值为 0.0mm。

从图 H-9 可以看出：二期蓄水后，趾板—连接板张开量，全量最大值为 16.4mm。

从图 H-10 可以看出：二期蓄水后，连接板—防渗墙错动量，全量最大值为 18.5mm。

从图 H-11 可以看出：二期蓄水后，连接板—防渗墙相对沉降量，全量最大值为 34.7mm。

从图 H-12 可以看出：二期蓄水后，连接板—防渗墙张开量，全量最大值为 15.8mm。

附录 2　原体形变形模量+15%计算结果分析

从图 I-1 可以看出：一期蓄水前，坝体横断面 $x=5.860$，顺水流方向位移最小值为 0.1511m，顺水流方向位移最大值为 0.1202m，$P=0.5\%$时顺水流方向位移最小值为 −0.1428m，$P=99.5\%$时顺水流方向位移最大值为 0.1193m。

从图 I-2 可以看出：一期蓄水前，坝体横断面 $x=5.860$，竖向位移最小值为 −0.5024m，竖向位移最大值为 0.01885m，$P=0.5\%$时竖向位移最小值为 −0.4999m，$P=99.5\%$时竖向位移最大值为 0.01723m。

从图 I-3 可以看出：一期蓄水前，坝体横断面 $x=5.860$，第 1 主应力最小值为 0.1000MPa，第 1 主应力最大值为 6.951MPa，$P=0.5\%$时第 1 主应力最小值为 0.1000MPa，$P=99.5\%$时第 1 主应力最大值为 1.677MPa。

从图 I-4 可以看出：一期蓄水前，坝体横断面 $x=5.860$，第 3 主应力最小值为 −1.408MPa，第 3 主应力最大值为 0.9343MPa，$P=0.5\%$时第 3 主应力最小值为 0.08950MPa，$P=99.5\%$时第 3 主应力最大值为 0.8088MPa。

从图 I-5 可以看出：一期蓄水前，坝体横断面 $x=5.860$，应力水平最小值为 0，应力水平最大值为 0.9990，$P=0.5\%$时应力水平最小值为 0.07510，$P=99.5\%$时应力水平最大值为 0.9948。

从图 I-6 可以看出：一期蓄水后，坝体横断面 $x=5.860$，顺水流方向位移最小值为 −0.07616m，顺水流方向位移最大值为 0.1204m，$P=0.5\%$时顺水流方向位移最小值为 −0.06884m，$P=99.5\%$时顺水流方向位移最大值为 0.1194m。

从图 I-7 可以看出：一期蓄水后，坝体横断面 $x=5.860$，竖向位移最小值为 −0.5076m，竖向位移最大值为 0.01885m，$P=0.5\%$时竖向位移最小值为 −0.4988m，$P=99.5\%$时竖向位移最大值为 0.01722m。

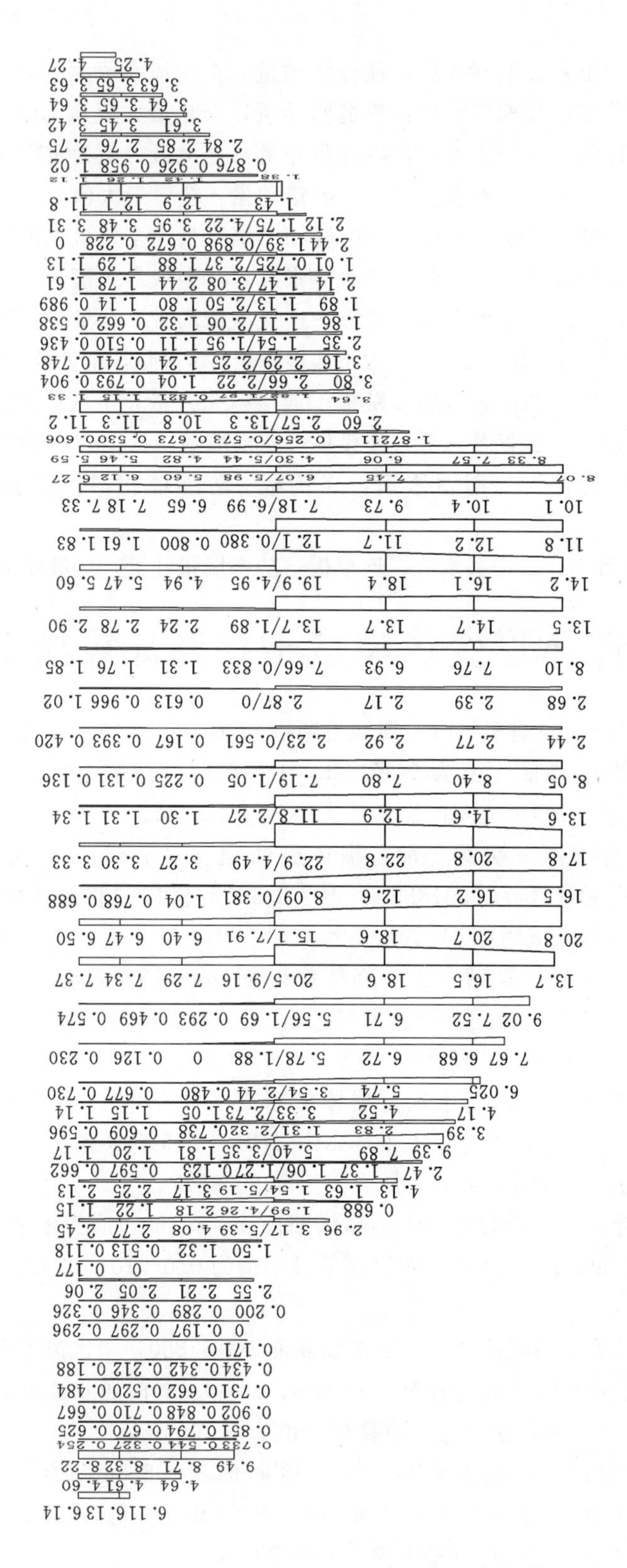

图 H-1 二期蓄水后，横缝错动量图

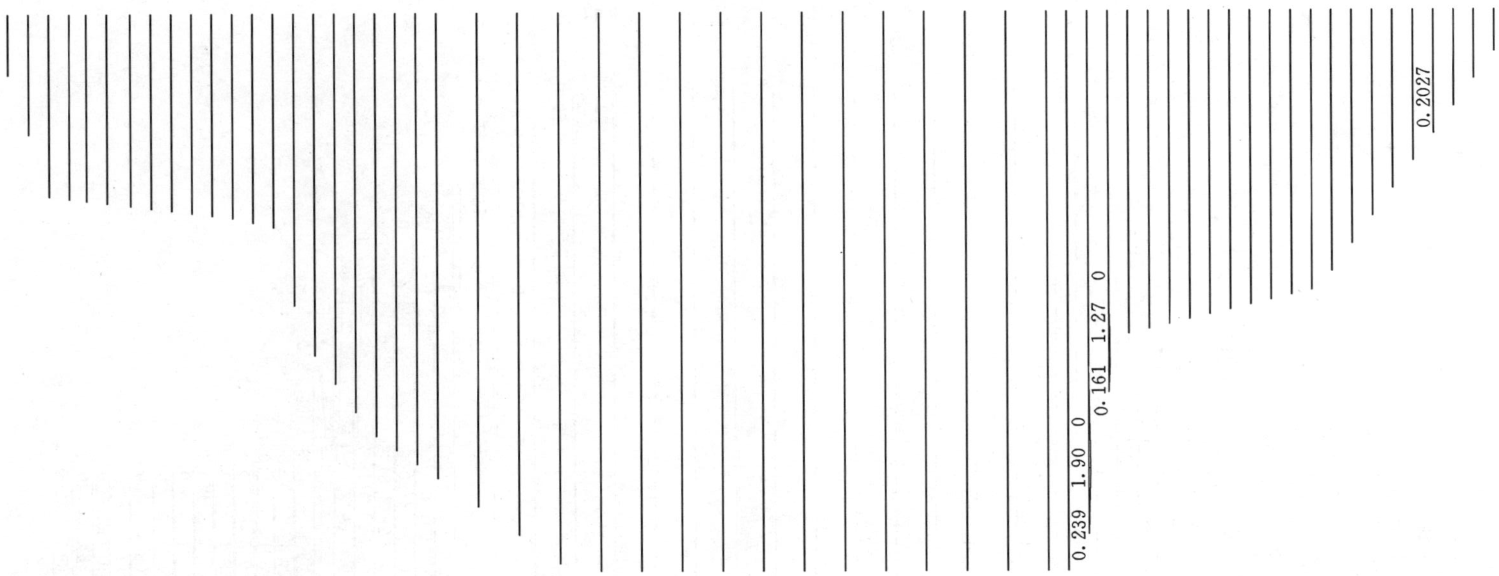

0.2027

0.161 1.27 0

0.239 1.90 0

图 H-2 二期蓄水后，横缝相对沉降量图

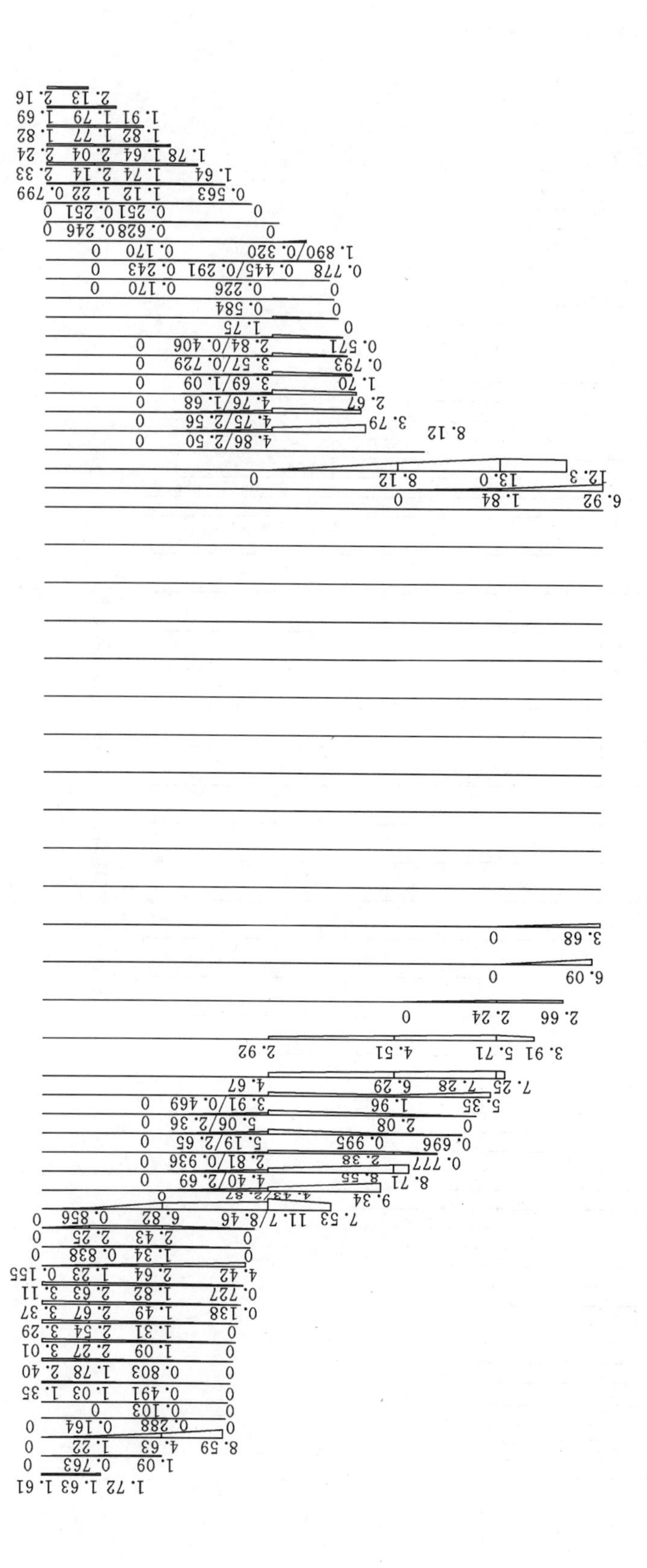

图 H-3　二期蓄水后，横缝张开量图

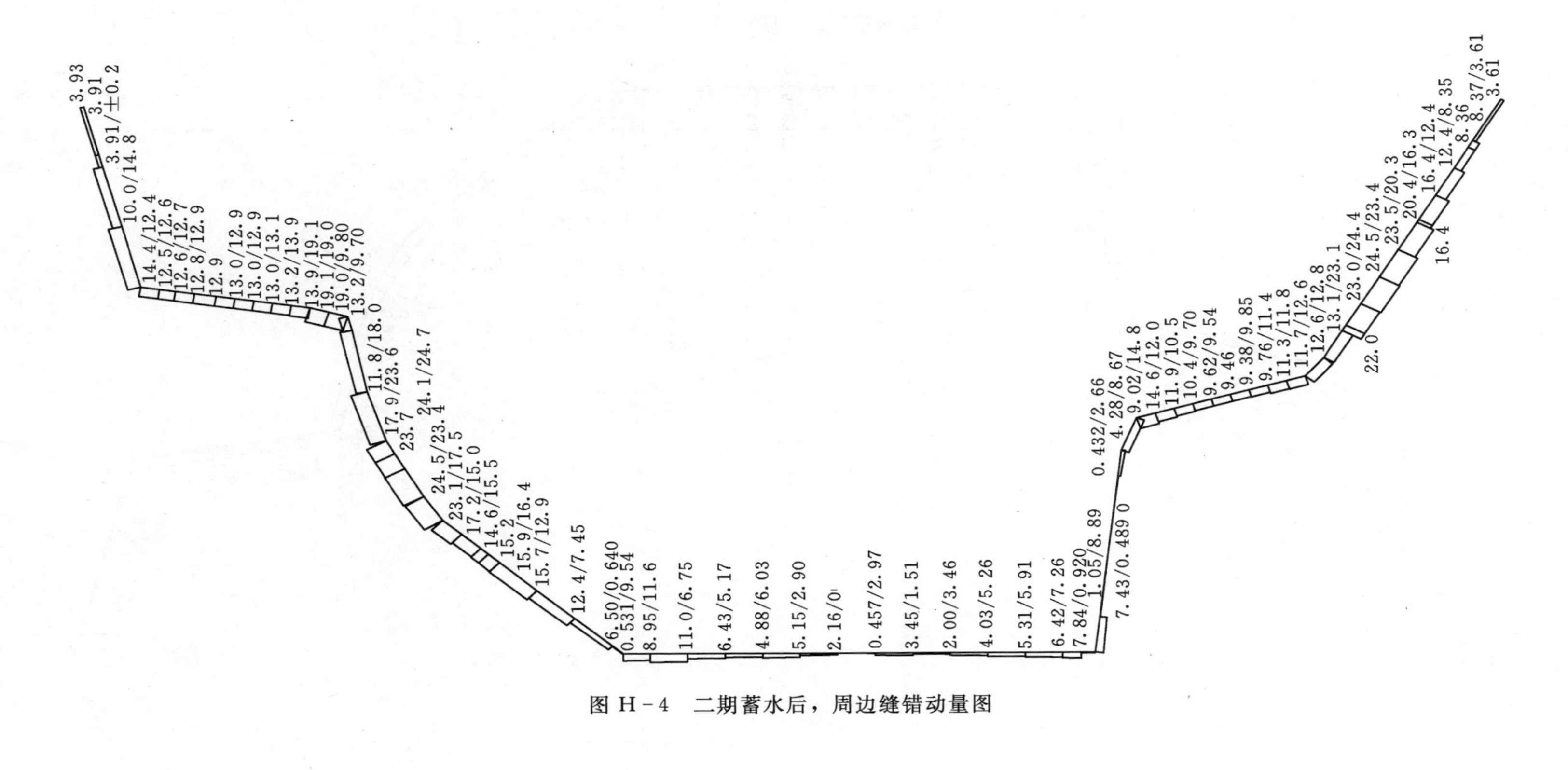

图 H-4 二期蓄水后，周边缝错动量图

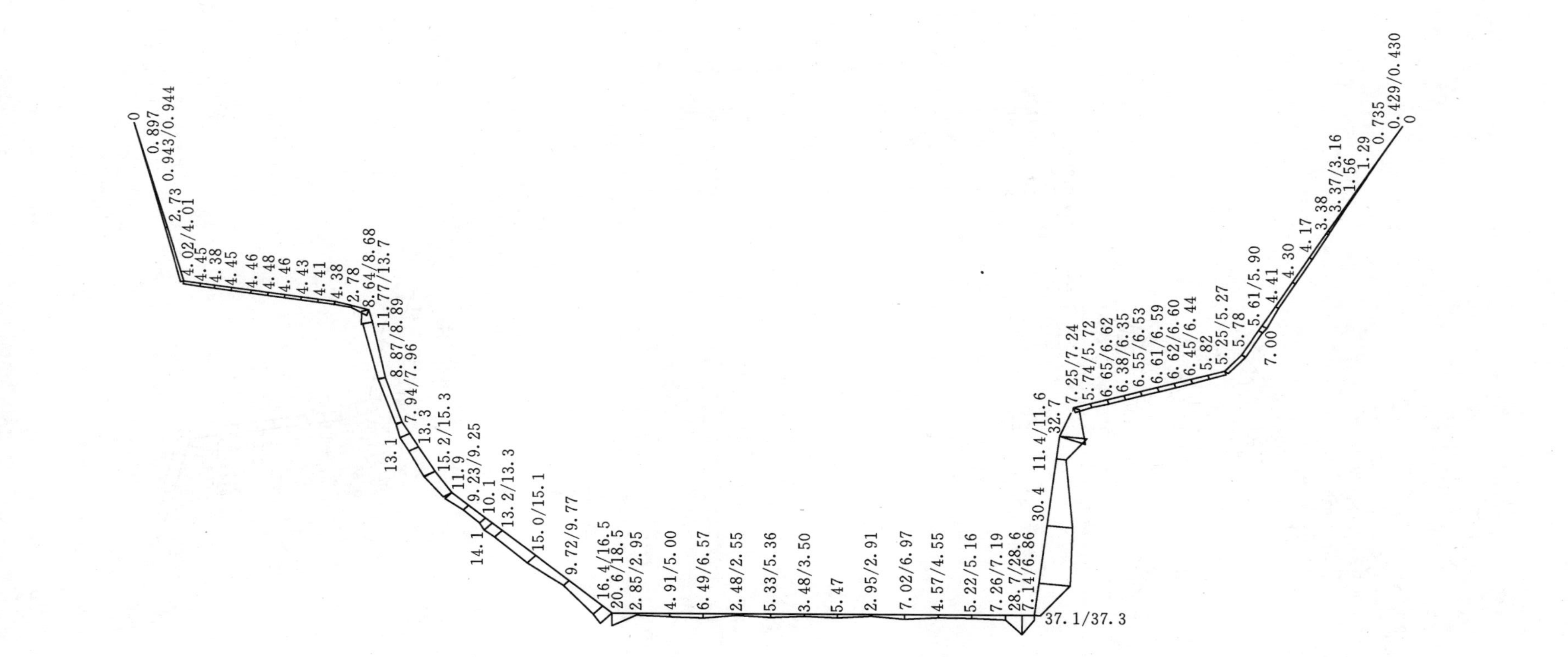

图 H-5　二期蓄水后，周边缝相对沉降量图

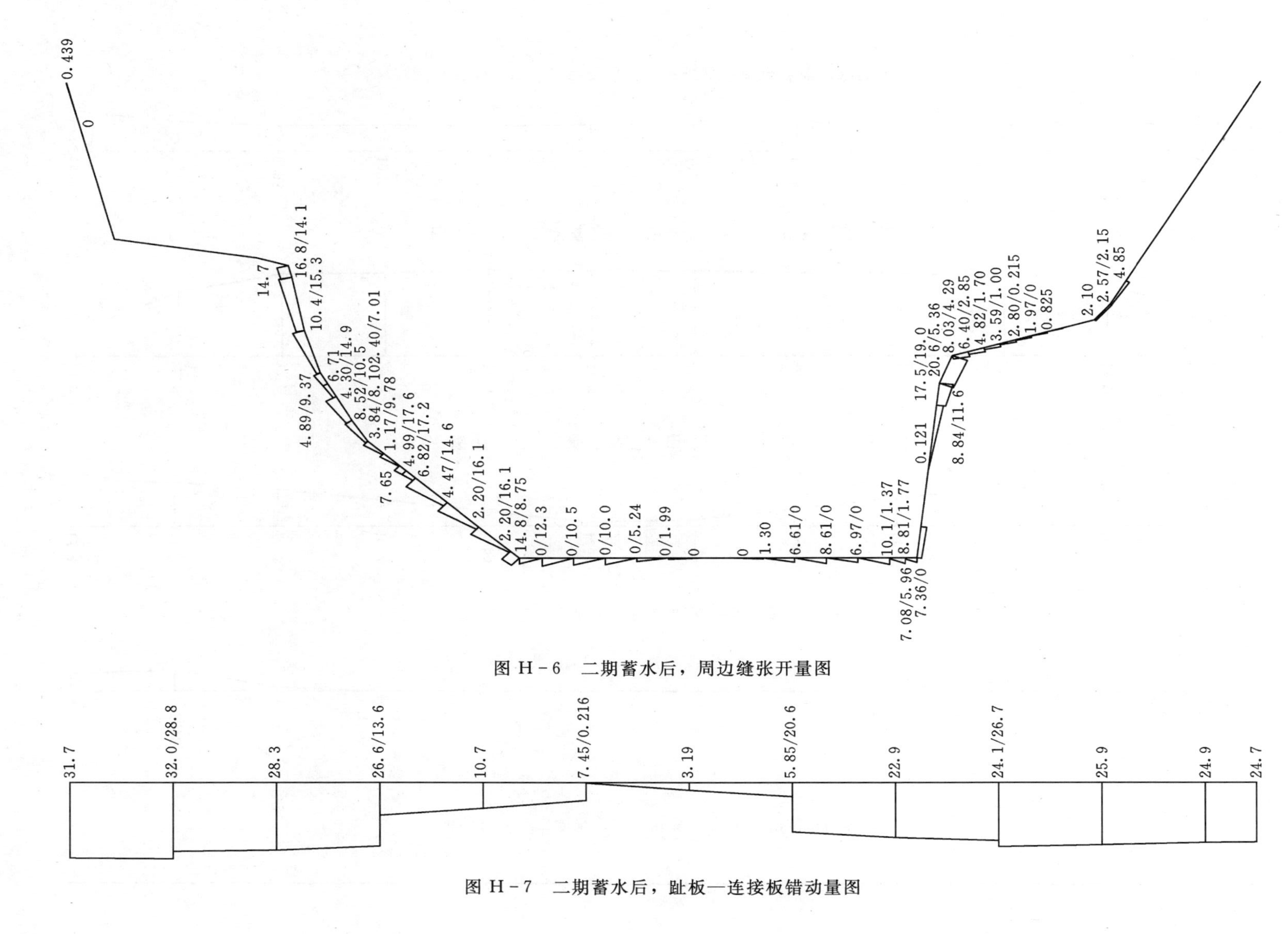

图 H-6　二期蓄水后，周边缝张开量图

图 H-7　二期蓄水后，趾板—连接板错动量图

图 H-8　二期蓄水后，趾板—连接板相对沉降量图

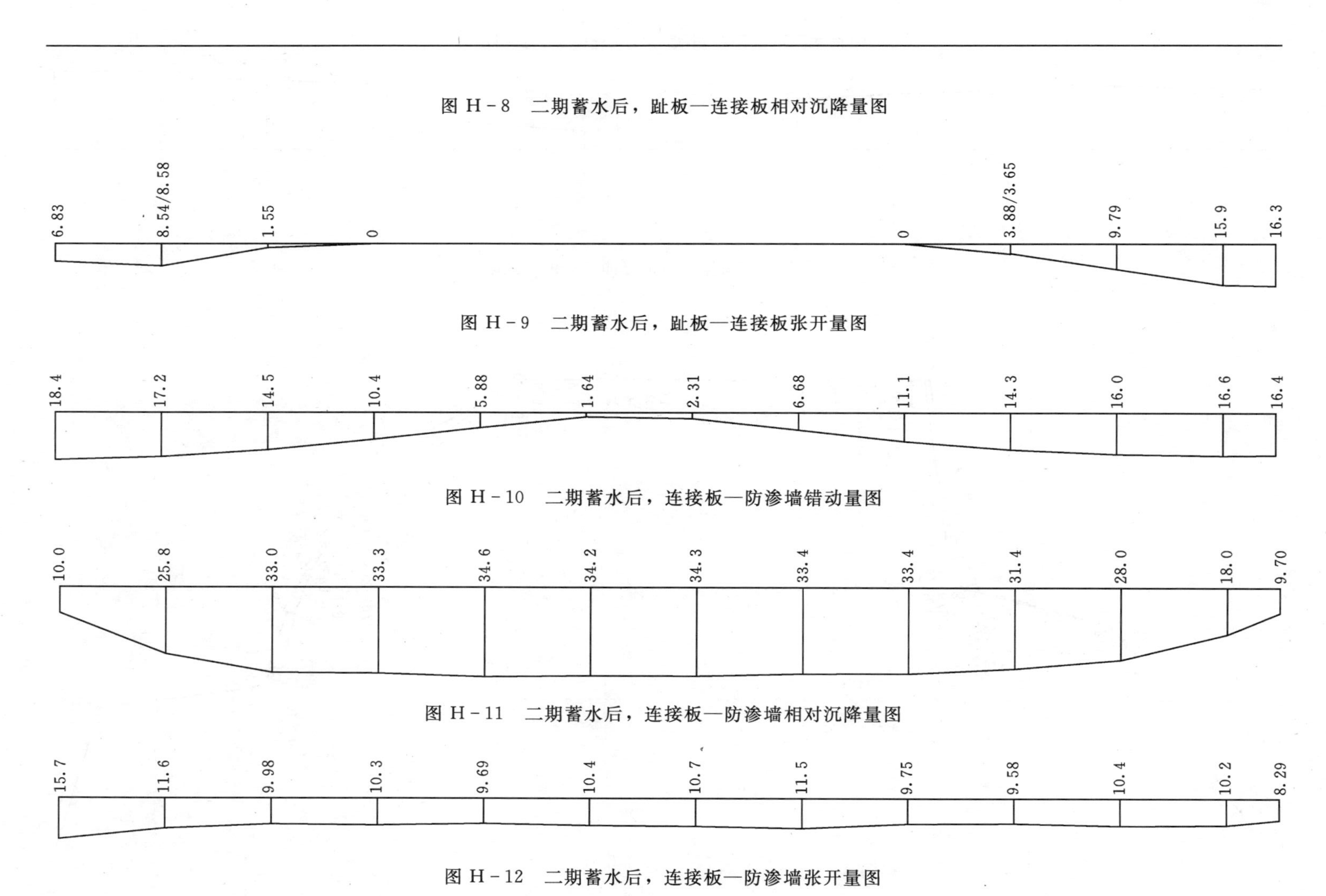

图 H-9　二期蓄水后，趾板—连接板张开量图

图 H-10　二期蓄水后，连接板—防渗墙错动量图

图 H-11　二期蓄水后，连接板—防渗墙相对沉降量图

图 H-12　二期蓄水后，连接板—防渗墙张开量图

附表 2.1　坝体（含覆盖层）计算结果

工况	位置	变量名称	最小值	最大值	$P=0.5\%$	$P=99.5\%$	图名
一期蓄水前	坝体横断面 $x=5.860$	顺水流方向位移/m	−0.1511	0.1202	−0.1428	0.1193	图Ⅰ-1
一期蓄水前	坝体横断面 $x=5.860$	竖向位移/m	−0.5024	0.01885	−0.4999	0.01723	图Ⅰ-2
一期蓄水前	坝体横断面 $x=5.860$	第 1 主应力/MPa	0.1000	6.951	0.1000	1.677	图Ⅰ-3
一期蓄水前	坝体横断面 $x=5.860$	第 3 主应力/MPa	−1.408	0.9343	0.08950	0.8088	图Ⅰ-4
一期蓄水前	坝体横断面 $x=5.860$	应力水平	0	0.9990	0.07510	0.9948	图Ⅰ-5
一期蓄水后	坝体横断面 $x=5.860$	顺水流方向位移/m	−0.07616	0.1204	−0.06884	0.1194	图Ⅰ-6
一期蓄水后	坝体横断面 $x=5.860$	竖向位移/m	−0.5076	0.01885	−0.4988	0.01722	图Ⅰ-7
一期蓄水后	坝体横断面 $x=5.860$	第 1 主应力/MPa	0.1000	7.469	0.1202	1.693	图Ⅰ-8
一期蓄水后	坝体横断面 $x=5.860$	第 3 主应力/MPa	−1.340	0.9488	0.08649	0.8216	图Ⅰ-9
一期蓄水后	坝体横断面 $x=5.860$	应力水平	0	0.9990	0.01791	0.9948	图Ⅰ-10
二期蓄水前	坝体横断面 $x=5.860$	顺水流方向位移/m	−0.09696	0.2031	−0.09679	0.2018	图Ⅰ-11
二期蓄水前	坝体横断面 $x=5.860$	竖向位移/m	−0.7981	0.01906	−0.7697	0.01646	图Ⅰ-12
二期蓄水前	坝体横断面 $x=5.860$	第 1 主应力/MPa	0.1000	7.196	0.1186	2.127	图Ⅰ-13
二期蓄水前	坝体横断面 $x=5.860$	第 3 主应力/MPa	−1.132	1.124	0.08849	1.020	图Ⅰ-14
二期蓄水前	坝体横断面 $x=5.860$	应力水平	0	0.9990	0.03713	0.9948	图Ⅰ-15
二期蓄水后	坝体横断面 $x=5.860$	顺水流方向位移/m	−0.05653	0.2649	−0.04522	0.2640	图Ⅰ-16
二期蓄水后	坝体横断面 $x=5.860$	竖向位移/m	−0.8636	0.01914	−0.7872	0.01456	图Ⅰ-17
二期蓄水后	坝体横断面 $x=5.860$	第 1 主应力/MPa	0.1000	12.25	0.1020	2.272	图Ⅰ-18
二期蓄水后	坝体横断面 $x=5.860$	第 3 主应力/MPa	−3.639	1.199	0.07517	1.088	图Ⅰ-19
二期蓄水后	坝体横断面 $x=5.860$	应力水平	0	0.9990	0.005195	0.9947	图Ⅰ-20

附表 2.2 面板位移和应力

工况	位置	变量名称	最小值	最大值	$P=0.5\%$	$P=99.5\%$	图名
一期蓄水后	面板表面	轴向位移/m	−0.004460	0.006958	−0.004302	0.006866	图 J-1
一期蓄水后	面板表面	顺坡位移/m	−0.01088	0.05456	−0.01071	0.05401	图 J-2
一期蓄水后	面板表面	法向位移/m	−0.1808	0.000002681	−0.1798	−0.001030	图 J-3
一期蓄水后	面板表面	轴向应力/MPa	−0.8602	1.014	−0.1085	0.8744	图 J-4
一期蓄水后	面板表面	顺坡应力/MPa	0.02519	3.671	0.07511	1.997	图 J-5
一期蓄水后	面板底面	轴向位移/m	−0.002420	0.006235	−0.002060	0.006025	图 J-6
一期蓄水后	面板底面	顺坡位移/m	−0.01092	0.05480	−0.01088	0.05411	图 J-7
一期蓄水后	面板底面	法向位移/m	−0.1808	0.000002874	−0.1798	−0.001030	图 J-8
一期蓄水后	面板底面	轴向应力/MPa	−0.6062	0.8958	−0.2411	0.8473	图 J-9
一期蓄水后	面板底面	顺坡应力/MPa	−2.388	1.898	−0.3773	1.879	图 J-10
二期蓄水前	面板表面	轴向位移/m	−0.01929	0.02741	−0.01913	0.02713	图 J-11
二期蓄水前	面板表面	顺坡位移/m	−0.03676	0.02027	−0.03550	0.01967	图 J-12
二期蓄水前	面板表面	法向位移/m	−0.1684	0.001730	−0.1675	−0.001074	图 J-13
二期蓄水前	面板表面	轴向应力/MPa	−0.9569	3.273	−0.1399	3.257	图 J-14
二期蓄水前	面板表面	顺坡应力/MPa	−0.1567	6.567	0.2277	6.546	图 J-15
二期蓄水前	面板底面	轴向位移/m	−0.01791	0.02676	−0.01781	0.02649	图 J-16
二期蓄水前	面板底面	顺坡位移/m	−0.03677	0.02087	−0.03573	0.02026	图 J-17
二期蓄水前	面板底面	法向位移/m	−0.1684	0.001731	−0.1675	−0.001074	图 J-18
二期蓄水前	面板底面	轴向应力/MPa	−1.227	3.311	−0.1116	3.288	图 J-19
二期蓄水前	面板底面	顺坡应力/MPa	0.06316	6.560	0.2614	6.527	图 J-20
二期蓄水后	面板表面	轴向位移/m	−0.03348	0.04988	−0.03333	0.04952	图 J-21
二期蓄水后	面板表面	顺坡位移/m	−0.02174	0.07160	−0.02122	0.06960	图 J-22
二期蓄水后	面板表面	法向位移/m	−0.3558	0.00005498	−0.3558	−0.003212	图 J-23
二期蓄水后	面板表面	轴向应力/MPa	−2.739	7.280	−0.3570	5.109	图 J-24
二期蓄水后	面板表面	顺坡应力/MPa	−0.2496	7.617	−0.1174	5.755	图 J-25
二期蓄水后	面板底面	轴向位移/m	−0.02788	0.04905	−0.02750	0.04871	图 J-26
二期蓄水后	面板底面	顺坡位移/m	−0.02183	0.07077	−0.02152	0.06859	图 J-27
二期蓄水后	面板底面	法向位移/m	−0.3558	0.00002755	−0.3558	−0.003129	图 J-28
二期蓄水后	面板底面	轴向应力/MPa	−7.219	5.142	−0.4756	5.065	图 J-29
二期蓄水后	面板底面	顺坡应力/MPa	−1.717	5.799	−0.3438	5.735	图 J-30

附表 2.3　　防渗墙位移和应力

工况	位置	变量名称	最小值	最大值	$P=0.5\%$	$P=99.5\%$	图名
一期蓄水前	防渗墙上游面	轴向位移/m	−0.001699	0.001609	−0.001678	0.001575	图 K-1
一期蓄水前	防渗墙上游面	顺水流方向位移/m	−0.1053	0.003322	−0.1031	−0.0001829	图 K-2
一期蓄水前	防渗墙上游面	竖向位移/m	−0.002226	0.0003183	−0.002195	−0.0002790	图 K-3
一期蓄水前	防渗墙上游面	轴向应力/MPa	−3.583	2.256	−3.445	2.041	图 K-4
一期蓄水前	防渗墙上游面	竖向应力/MPa	−1.012	3.009	−0.9469	2.991	图 K-5
一期蓄水前	防渗墙下游面	轴向位移/m	−0.001081	0.001174	−0.001000	0.001115	图 K-6
一期蓄水前	防渗墙下游面	顺水流方向位移/m	−0.1053	0.003323	−0.1031	−0.0001817	图 K-7
一期蓄水前	防渗墙下游面	竖向位移/m	−0.002226	0.003391	0.0005448	0.003376	图 K-8
一期蓄水前	防渗墙下游面	轴向应力/MPa	−2.812	3.116	−2.730	3.102	图 K-9
一期蓄水前	防渗墙下游面	竖向应力/MPa	−0.6133	4.459	−0.4748	4.447	图 K-10
一期蓄水后	防渗墙上游面	轴向位移/m	−0.0009580	0.001508	−0.0009516	0.001444	图 K-11
一期蓄水后	防渗墙上游面	顺水流方向位移/m	0.0006682	0.03953	0.001674	0.03850	图 K-12
一期蓄水后	防渗墙上游面	竖向位移/m	−0.002189	0.001135	−0.002161	0.001088	图 K-13
一期蓄水后	防渗墙上游面	轴向应力/MPa	−2.113	3.262	−1.825	3.249	图 K-14
一期蓄水后	防渗墙上游面	竖向应力/MPa	−1.712	6.332	−0.8343	6.313	图 K-15
一期蓄水后	防渗墙下游面	轴向位移/m	−0.0008886	0.001338	−0.0003770	0.0007395	图 K-16
一期蓄水后	防渗墙下游面	顺水流方向位移/m	0.0006447	0.03954	0.001651	0.03851	图 K-17
一期蓄水后	防渗墙下游面	竖向位移/m	−0.003260	0.001087	−0.003076	−0.001639	图 K-18
一期蓄水后	防渗墙下游面	轴向应力/MPa	−2.113	3.262	−1.615	2.172	图 K-19
一期蓄水后	防渗墙下游面	竖向应力/MPa	−1.712	6.332	0.06350	5.523	图 K-20
二期蓄水前	防渗墙上游面	轴向位移/m	−0.0006837	0.001260	−0.0006667	0.001225	图 K-21
二期蓄水前	防渗墙上游面	顺水流方向位移/m	0.0005860	0.01409	0.001233	0.01340	图 K-22
二期蓄水前	防渗墙上游面	竖向位移/m	−0.003593	0.0005569	−0.003541	0.0005150	图 K-23
二期蓄水前	防渗墙上游面	轴向应力/MPa	−1.778	3.058	−1.625	3.046	图 K-24
二期蓄水前	防渗墙上游面	竖向应力/MPa	−0.7437	6.844	−0.1527	6.825	图 K-25
二期蓄水前	防渗墙下游面	轴向位移/m	−0.0007871	0.001225	−0.0007219	0.001160	图 K-26
二期蓄水前	防渗墙下游面	顺水流方向位移/m	0.0005616	0.01409	0.001210	0.01338	图 K-27
二期蓄水前	防渗墙下游面	竖向位移/m	−0.003268	0.0004249	−0.003267	−0.0008683	图 K-28
二期蓄水前	防渗墙下游面	轴向应力/MPa	−1.635	3.058	−1.460	2.519	图 K-29
二期蓄水前	防渗墙下游面	竖向应力/MPa	−0.7437	6.844	0.08485	6.126	图 K-30
二期蓄水后	防渗墙上游面	轴向位移/m	−0.002885	0.004192	−0.002852	0.003950	图 K-31
二期蓄水后	防渗墙上游面	顺水流方向位移/m	0.0004614	0.1115	0.002630	0.1096	图 K-32
二期蓄水后	防渗墙上游面	竖向位移/m	−0.004101	0.002138	−0.004062	0.002116	图 K-33
二期蓄水后	防渗墙上游面	轴向应力/MPa	−3.305	5.084	−2.327	5.063	图 K-34
二期蓄水后	防渗墙上游面	竖向应力/MPa	−3.156	9.495	−1.900	9.464	图 K-35
二期蓄水后	防渗墙下游面	轴向位移/m	−0.002305	0.003534	−0.0006427	0.001473	图 K-36
二期蓄水后	防渗墙下游面	顺水流方向位移/m	0.0004255	0.1115	0.002595	0.1097	图 K-37
二期蓄水后	防渗墙下游面	竖向位移/m	−0.007191	0.002138	−0.006983	−0.003621	图 K-38
二期蓄水后	防渗墙下游面	轴向应力/MPa	−3.305	5.084	−0.9445	2.155	图 K-39
二期蓄水后	防渗墙下游面	竖向应力/MPa	−3.156	9.495	0.1327	7.182	图 K-40

附表 2.4　　连接板位移和应力

工况	位置	变量名称	最小值	最大值	$P=0.5\%$	$P=99.5\%$	图名
一期蓄水后	连接板表面	轴向位移/m	−0.008484	0.009473	−0.008293	0.009421	图 L-1
一期蓄水后	连接板表面	顺水流方向位移/m	0.01820	0.1505	0.03148	0.1501	图 L-2
一期蓄水后	连接板表面	竖向位移/m	−0.08631	−0.005986	−0.08627	−0.006291	图 L-3
一期蓄水后	连接板表面	轴向应力/MPa	−0.3607	4.753	−0.3072	4.740	图 L-4
一期蓄水后	连接板表面	顺水流应力/MPa	0.1056	1.957	0.1221	1.952	图 L-5
一期蓄水后	连接板底面	轴向位移/m	−0.007515	0.008615	−0.007515	0.008568	图 L-6
一期蓄水后	连接板底面	顺水流方向位移/m	0.01659	0.1356	0.02902	0.1353	图 L-7
一期蓄水后	连接板底面	竖向位移/m	−0.08627	−0.005967	−0.08623	−0.006273	图 L-8
一期蓄水后	连接板底面	轴向应力/MPa	−0.9453	4.563	−0.8986	4.549	图 L-9
一期蓄水后	连接板底面	顺水流应力/MPa	−0.7163	0.7652	−0.6685	0.7586	图 L-10
二期蓄水前	连接板表面	轴向位移/m	−0.006679	0.008579	−0.006578	0.008535	图 L-11
二期蓄水前	连接板表面	顺水流方向位移/m	0.007900	0.1183	0.01765	0.1180	图 L-12
二期蓄水前	连接板表面	竖向位移/m	−0.09235	−0.005828	−0.09232	−0.006158	图 L-13
二期蓄水前	连接板表面	轴向应力/MPa	0.1246	4.201	0.1346	4.191	图 L-14
二期蓄水前	连接板表面	顺水流应力/MPa	0.01620	2.925	0.01887	2.917	图 L-15
二期蓄水前	连接板底面	轴向位移/m	−0.005880	0.007612	−0.005791	0.007573	图 L-16
二期蓄水前	连接板底面	顺水流方向位移/m	0.006457	0.1028	0.01555	0.1026	图 L-17
二期蓄水前	连接板底面	竖向位移/m	−0.09232	−0.005808	−0.09228	−0.006311	图 L-18
二期蓄水前	连接板底面	轴向应力/MPa	−0.7885	4.076	−0.7570	4.064	图 L-19
二期蓄水前	连接板底面	顺水流应力/MPa	−0.2864	1.577	−0.2482	1.573	图 L-20
二期蓄水后	连接板表面	轴向位移/m	−0.01444	0.01664	−0.01435	0.01655	图 L-21
二期蓄水后	连接板表面	顺水流方向位移/m	0.01342	0.2251	0.03467	0.2246	图 L-22
二期蓄水后	连接板表面	竖向位移/m	−0.1383	−0.01085	−0.1383	−0.01159	图 L-23
二期蓄水后	连接板表面	轴向应力/MPa	0.02286	8.034	0.3636	8.014	图 L-24
二期蓄水后	连接板表面	顺水流应力/MPa	0.1616	3.923	0.1616	3.906	图 L-25
二期蓄水后	连接板底面	轴向位移/m	−0.01299	0.01510	−0.01299	0.01502	图 L-26
二期蓄水后	连接板底面	顺水流方向位移/m	0.01074	0.2034	0.03085	0.2029	图 L-27
二期蓄水后	连接板底面	竖向位移/m	−0.1383	−0.01080	−0.1383	−0.01155	图 L-28
二期蓄水后	连接板底面	轴向应力/MPa	−1.156	7.717	−0.7792	7.678	图 L-29
二期蓄水后	连接板底面	顺水流应力/MPa	−0.6667	1.987	−0.6390	1.981	图 L-30

附表 2.5　　河床段趾板位移和应力

工况	位置	变量名称	最小值	最大值	$P=0.5\%$	$P=99.5\%$	图名
一期蓄水前	河床段趾板表面	轴向位移/m	-0.01273	0.01562	-0.01256	0.01547	图 M-1
一期蓄水前	河床段趾板表面	顺水流方向位移/m	-0.1316	0.002050	-0.1269	0.0006927	图 M-2
一期蓄水前	河床段趾板表面	竖向位移/m	-0.03505	0.01475	-0.03168	0.01455	图 M-3
一期蓄水前	河床段趾板表面	轴向应力/MPa	-2.619	7.384	-1.990	7.346	图 M-4
一期蓄水前	河床段趾板表面	顺水流应力/MPa	-1.266	1.247	-0.7508	1.206	图 M-5
一期蓄水前	河床段趾板底面	轴向位移/m	-0.01238	0.01545	-0.01221	0.01536	图 M-6
一期蓄水前	河床段趾板底面	顺水流方向位移/m	-0.1386	0.001973	-0.1327	0.0008284	图 M-7
一期蓄水前	河床段趾板底面	竖向位移/m	-0.03506	0.01474	-0.02962	0.01454	图 M-8
一期蓄水前	河床段趾板底面	轴向应力/MPa	-2.405	7.594	-1.490	7.556	图 M-9
一期蓄水前	河床段趾板底面	顺水流应力/MPa	-1.712	1.877	-1.400	1.867	图 M-10
一期蓄水后	河床段趾板表面	轴向位移/m	-0.008446	0.01180	-0.006826	0.009734	图 M-11
一期蓄水后	河床段趾板表面	顺水流方向位移/m	-0.002671	0.03088	-0.001134	0.03071	图 M-12
一期蓄水后	河床段趾板表面	竖向位移/m	-0.1520	0.00002692	-0.1469	-0.0007153	图 M-13
一期蓄水后	河床段趾板表面	轴向应力/MPa	-2.791	7.351	-2.271	7.313	图 M-14
一期蓄水后	河床段趾板表面	顺水流应力/MPa	-1.796	2.790	-1.796	2.776	图 M-15
一期蓄水后	河床段趾板底面	轴向位移/m	-0.007057	0.009731	-0.005412	0.007877	图 M-16
一期蓄水后	河床段趾板底面	顺水流方向位移/m	-0.002690	0.02463	-0.001165	0.02454	图 M-17
一期蓄水后	河床段趾板底面	竖向位移/m	-0.1520	7.75E-07	-0.1457	-0.0008148	图 M-18
一期蓄水后	河床段趾板底面	轴向应力/MPa	-3.525	7.615	-1.507	7.573	图 M-19
一期蓄水后	河床段趾板底面	顺水流应力/MPa	-2.212	2.286	-1.699	2.022	图 M-20
二期蓄水前	河床段趾板表面	轴向位移/m	-0.004677	0.009181	-0.003515	0.009027	图 M-21
二期蓄水前	河床段趾板表面	顺水流方向位移/m	-0.01963	0.007255	-0.01954	0.007166	图 M-22
二期蓄水前	河床段趾板表面	竖向位移/m	-0.1603	0.00003772	-0.1552	-0.0007451	图 M-23
二期蓄水前	河床段趾板表面	轴向应力/MPa	-0.7240	5.714	-0.4683	5.677	图 M-24
二期蓄水前	河床段趾板表面	顺水流应力/MPa	-0.2675	5.019	-0.1790	4.992	图 M-25
二期蓄水前	河床段趾板底面	轴向位移/m	-0.003374	0.007615	-0.001933	0.007130	图 M-26
二期蓄水前	河床段趾板底面	顺水流方向位移/m	-0.03124	0.002879	-0.03124	0.002733	图 M-27
二期蓄水前	河床段趾板底面	竖向位移/m	-0.1603	0.000001544	-0.1540	-0.0007781	图 M-28
二期蓄水前	河床段趾板底面	轴向应力/MPa	-1.836	6.305	-0.3616	6.274	图 M-29
二期蓄水前	河床段趾板底面	顺水流应力/MPa	-1.401	1.267	-1.332	1.255	图 M-30
二期蓄水后	河床段趾板表面	轴向位移/m	-0.01653	0.02171	-0.01493	0.01978	图 M-31
二期蓄水后	河床段趾板表面	顺水流方向位移/m	-0.003574	0.09703	-0.0009840	0.09669	图 M-32
二期蓄水后	河床段趾板表面	竖向位移/m	-0.2268	0.00001677	-0.2205	-0.001090	图 M-33
二期蓄水后	河床段趾板表面	轴向应力/MPa	-4.907	8.302	-2.641	8.225	图 M-34
二期蓄水后	河床段趾板表面	顺水流应力/MPa	-2.657	6.506	-2.505	6.008	图 M-35
二期蓄水后	河床段趾板底面	轴向位移/m	-0.01409	0.01819	-0.01242	0.01670	图 M-36
二期蓄水后	河床段趾板底面	顺水流方向位移/m	-0.003502	0.07331	-0.0009086	0.07308	图 M-37
二期蓄水后	河床段趾板底面	竖向位移/m	-0.2267	5.59E-07	-0.2183	-0.001102	图 M-38
二期蓄水后	河床段趾板底面	轴向应力/MPa	-7.453	8.337	-2.790	8.277	图 M-39
二期蓄水后	河床段趾板底面	顺水流应力/MPa	-3.077	5.826	-3.077	1.950	图 M-40

附表 2.6　　面板主要应力统计表

工况	位置	变量名称	最小值	最大值	$P=0.5\%$	$P=99.5\%$	$P=1\%$	$P=99\%$	$P=2\%$	$P=98\%$	最大值－最小值	($P=98\%$)－($P=2\%$)	图名
二期蓄水后	面板表面	轴向应力	－2.739	7.280	－0.3570	5.109	－0.2551	5.048	－0.1397	5.016	10.02	5.156	图 N－1
二期蓄水后	面板表面	顺坡应力	－0.2496	7.617	－0.1174	5.755	－0.09021	5.691	－0.05975	5.649	7.867	5.709	图 N－2
二期蓄水后	面板底面	轴向应力	－7.219	5.142	－0.4756	5.065	－0.2304	5.050	－0.1790	4.983	12.36	5.162	图 N－3
二期蓄水后	面板底面	顺坡应力	－1.717	5.799	－0.3438	5.735	－0.2913	5.675	－0.2072	5.649	7.516	5.856	图 N－4

附表 2.7　　防渗墙主要应力统计表

工况	位置	变量名称	最小值	最大值	$P=0.5\%$	$P=99.5\%$	$P=1\%$	$P=99\%$	$P=2\%$	$P=98\%$	最大值－最小值	($P=98\%$)－($P=2\%$)	图名
一期蓄水前	防渗墙上游面	轴向应力	－3.583	2.256	－3.445	2.041	－3.253	1.920	－3.248	1.790	5.839	5.038	图 O－1
一期蓄水前	防渗墙上游面	竖向应力	－1.012	3.009	－0.9469	2.991	－0.9456	2.989	－0.9431	2.985	4.021	3.928	图 O－2
一期蓄水前	防渗墙下游面	轴向应力	－2.812	3.116	－2.736	3.102	－2.392	3.099	－2.017	3.093	5.929	5.111	图 O－3
一期蓄水前	防渗墙下游面	竖向应力	－0.6133	4.459	－0.4763	4.447	－0.4714	4.444	－0.3501	4.440	5.073	4.790	图 O－4
一期蓄水后	防渗墙上游面	轴向应力	－2.113	3.262	－1.825	3.249	－1.731	3.247	－1.096	3.242	5.376	4.338	图 O－5
一期蓄水后	防渗墙上游面	竖向应力	－1.712	6.332	－0.8343	6.313	－0.3368	6.309	－0.1592	6.301	8.045	6.461	图 O－6
一期蓄水后	防渗墙下游面	轴向应力	－2.113	3.262	－1.667	2.694	－1.613	2.174	－1.437	2.169	5.376	3.606	图 O－7
一期蓄水后	防渗墙下游面	竖向应力	－1.712	6.332	0.04206	5.840	0.06488	5.523	0.1236	5.516	8.045	5.392	图 O－8
二期蓄水前	防渗墙上游面	轴向应力	－1.778	3.058	－1.625	3.046	－1.552	3.043	－1.049	3.039	4.836	4.088	图 O－9
二期蓄水前	防渗墙上游面	竖向应力	－0.7437	6.844	－0.1527	6.825	－0.1364	6.822	－0.09072	6.815	7.588	6.906	图 O－10

续表

工况	位置	变量名称	最小值	最大值	$P=0.5\%$	$P=99.5\%$	$P=1\%$	$P=99\%$	$P=2\%$	$P=98\%$	最大值－最小值	($P=98\%$)－($P=2\%$)	图名
二期蓄水前	防渗墙下游面	轴向应力	－1.635	3.058	－1.466	2.768	－1.461	2.521	－1.296	2.516	4.693	3.813	图 O－11
二期蓄水前	防渗墙下游面	竖向应力	－0.7437	6.844	0.07158	6.334	0.1027	6.126	0.1925	6.119	7.588	5.927	图 O－12
二期蓄水后	防渗墙上游面	轴向应力	－3.305	5.084	－2.327	5.063	－2.315	5.059	－0.9934	5.051	8.389	6.045	图 O－13
二期蓄水后	防渗墙上游面	竖向应力	－3.156	9.495	－1.900	9.464	－1.017	9.458	－0.2607	9.446	12.65	9.707	图 O－14
二期蓄水后	防渗墙下游面	轴向应力	－3.305	5.084	－1.677	3.591	－1.008	3.326	－0.8663	2.154	8.389	3.020	图 O－15
二期蓄水后	防渗墙下游面	竖向应力	－3.156	9.495	0.07673	8.283	0.1826	7.186	0.2946	7.174	12.65	6.879	图 O－16

附表 2.8　　接缝相对位移统计表

工况	相对变形	全量/增量	最大值	图名
二期蓄水后	横缝错动量/mm	全量	20.0	图 P－1
二期蓄水后	横缝相对沉降量/mm	全量	1.8	图 P－2
二期蓄水后	横缝张开量/mm	全量	11.3	图 P－3
二期蓄水后	周边缝错动量/mm	全量	23.8	图 P－4
二期蓄水后	周边缝相对沉降量/mm	全量	33.2	图 P－5
二期蓄水后	周边缝张开量/mm	全量	19.0	图 P－6
二期蓄水后	趾板—连接板错动量/mm	全量	28.3	图 P－7
二期蓄水后	趾板—连接板相对沉降量/mm	全量	0.0	图 P－8
二期蓄水后	趾板—连接板张开量/mm	全量	14.6	图 P－9
二期蓄水后	连接板—防渗墙错动量/mm	全量	16.6	图 P－10
二期蓄水后	连接板—防渗墙相对沉降量/mm	全量	32.8	图 P－11
二期蓄水后	连接板—防渗墙张开量/mm	全量	14.0	图 P－12

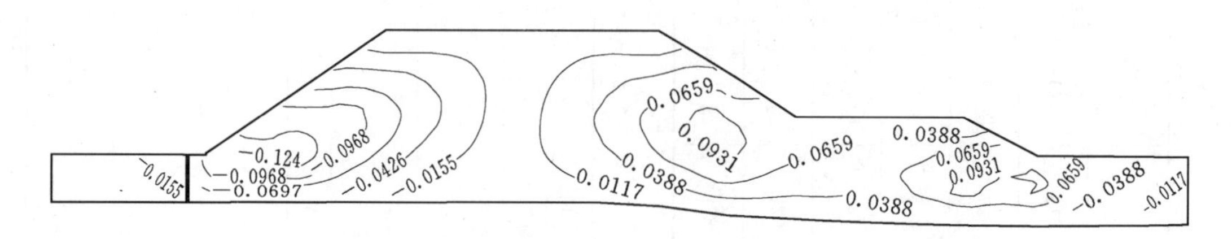

图 I-1 一期蓄水前，坝体横断面 $x=5.860$，顺水流方向位移图（单位：m）

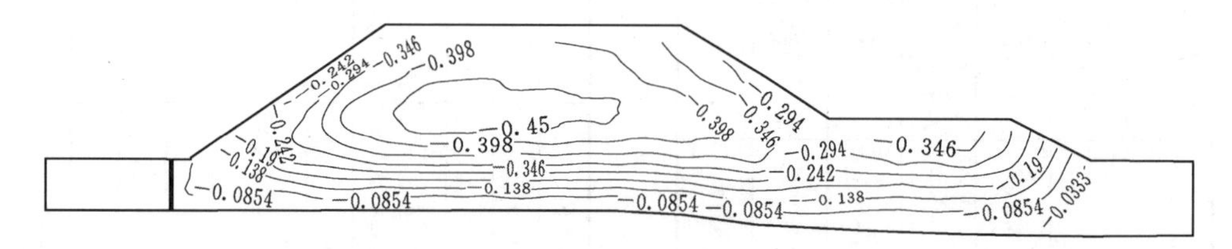

图 I-2 一期蓄水前，坝体横断面 $x=5.860$，竖向位移图（单位：m）

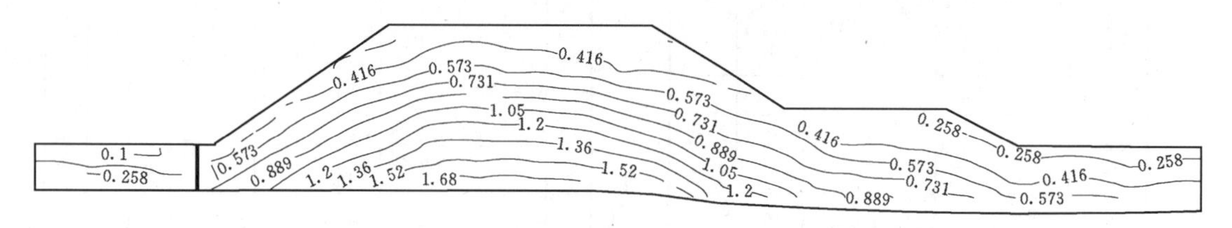

图 I-3 一期蓄水前，坝体横断面 $x=5.860$，第1主应力图（单位：MPa）

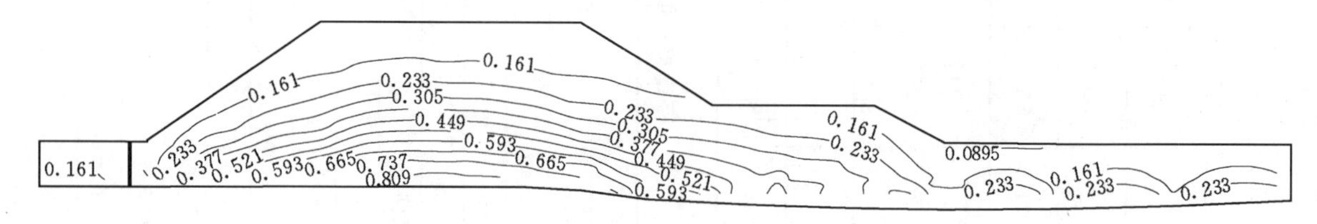

图 I-4 一期蓄水前，坝体横断面 $x=5.860$，第3主应力图（单位：MPa）

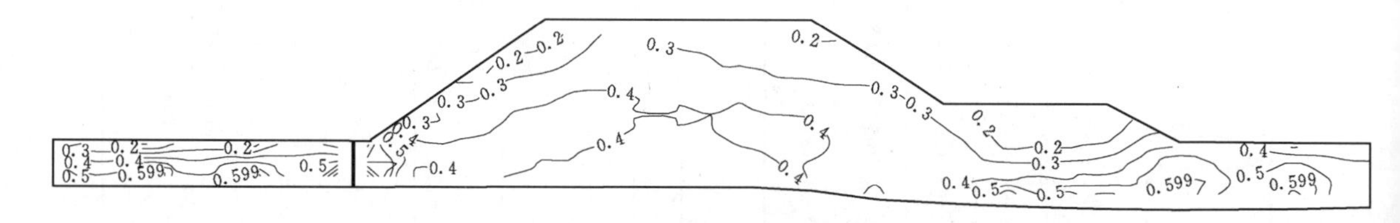

图 I-5 一期蓄水前，坝体横断面 $x=5.860$，应力水平图

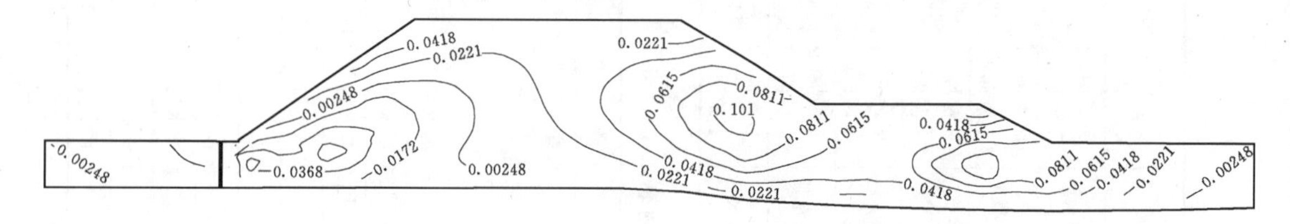

图 I-6 一期蓄水后，坝体横断面 $x=5.860$，顺水流方向位移图（单位：m）

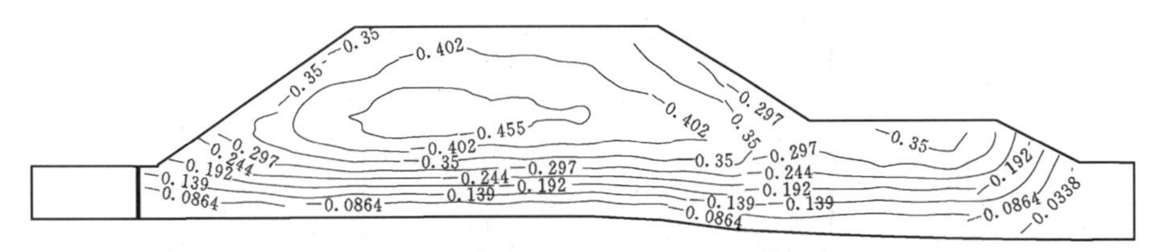

图Ⅰ-7　一期蓄水后，坝体横断面 x=5.860，竖向位移图（单位：m）

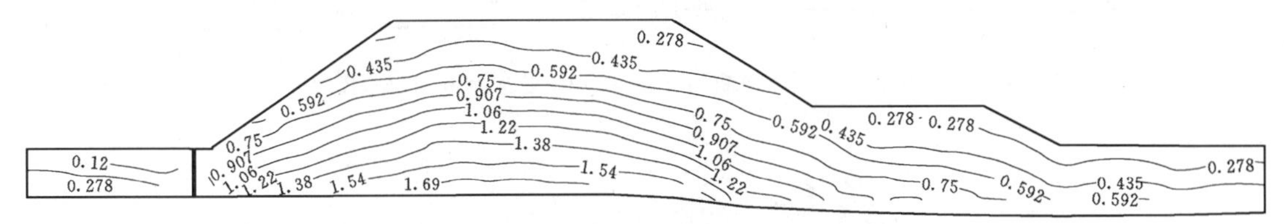

图Ⅰ-8　一期蓄水后，坝体横断面 x=5.860，第1主应力图（单位：MPa）

从图Ⅰ-8可以看出：一期蓄水后，坝体横断面 x=5.860，第1主应力最小值为0.1000MPa，第1主应力最大值为7.469MPa，P=0.5%时第1主应力最小值为0.1202MPa，P=99.5%时第1主应力最大值为1.693MPa。

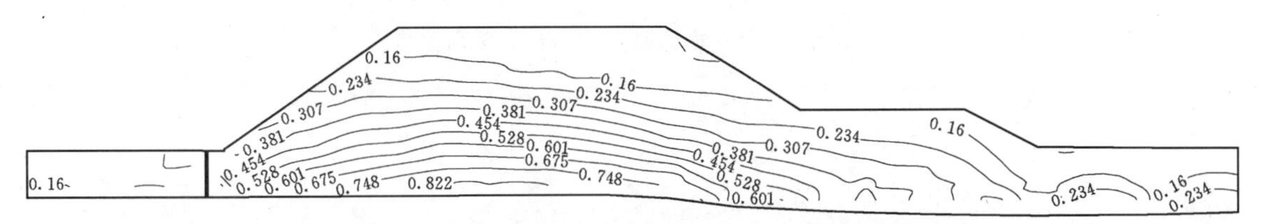

图Ⅰ-9　一期蓄水后，坝体横断面 x=5.860，第3主应力图（单位：MPa）

从图Ⅰ-9可以看出：一期蓄水后，坝体横断面 x=5.860，第3主应力最小值为−1.340MPa，第3主应力最大值为0.9488MPa，P=0.5%时第3主应力最小值为0.08649MPa，P=99.5%时第3主应力最大值为0.8216MPa。

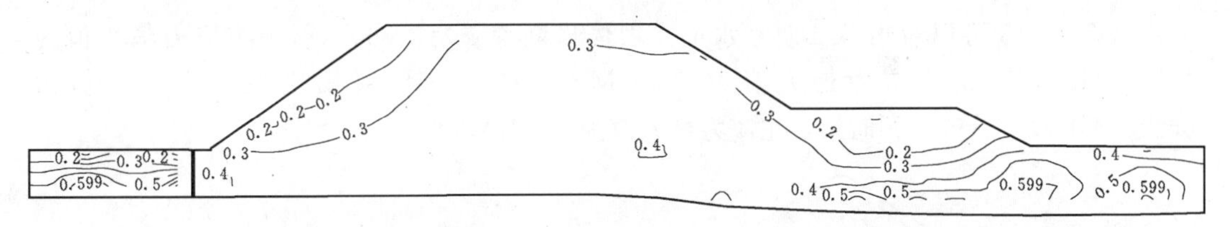

图Ⅰ-10　一期蓄水后，坝体横断面 x=5.860，应力水平图

从图Ⅰ-10可以看出：一期蓄水后，坝体横断面 x=5.860，应力水平最小值为0，应力水平最大值为0.9990，P=0.5%时应力水平最小值为0.01791，P=99.5%时应力水平最大值为0.9948。

从图Ⅰ-11可以看出：二期蓄水前，坝体横断面 x=5.860，顺水流方向位移最小值为−0.09696m，顺水流方向位移最大值为0.2031m，P=0.5%时顺水流方向位移最小值为−0.09679m，P=99.5%时顺水流方向位移最大值为0.2018m。

从图Ⅰ-12可以看出：二期蓄水前，坝体横断面 x=5.860，竖向位移最小值为−0.7981m，竖向位移最大值为0.01906m，P=0.5%时竖向位移最小值为−0.7697m，P=99.5%时竖向位移最大值为0.01646m。

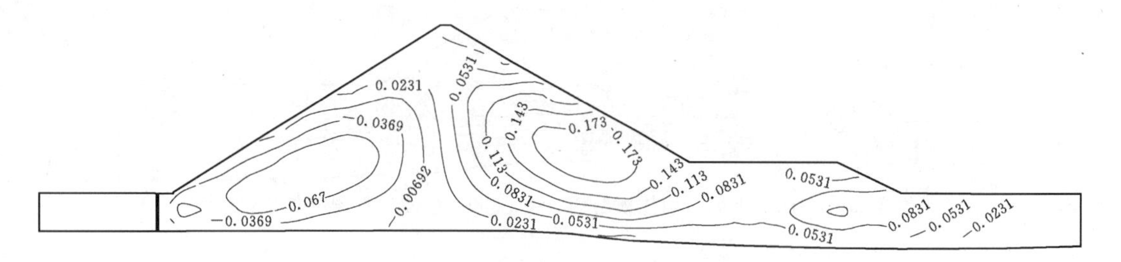

图Ⅰ-11　二期蓄水前，坝体横断面 $x=5.860$，顺水流方向位移图（单位：m）

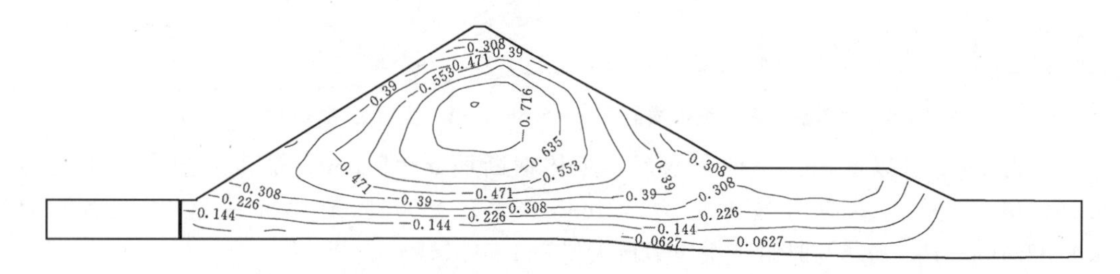

图Ⅰ-12　二期蓄水前，坝体横断面 $x=5.860$，竖向位移图（单位：m）

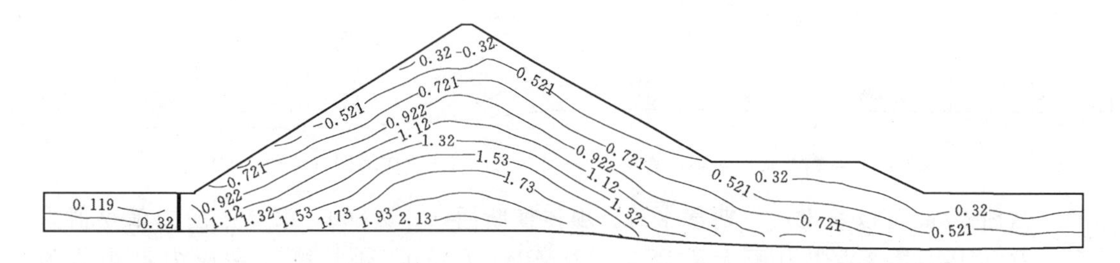

图Ⅰ-13　二期蓄水前，坝体横断面 $x=5.860$，第1主应力图（单位：MPa）

从图Ⅰ-13可以看出：二期蓄水前，坝体横断面 $x=5.860$，第1主应力最小值为0.1000MPa，第1主应力最大值为7.196MPa，$P=0.5\%$ 时第1主应力最小值为0.1186MPa，$P=99.5\%$ 时第1主应力最大值为2.127MPa。

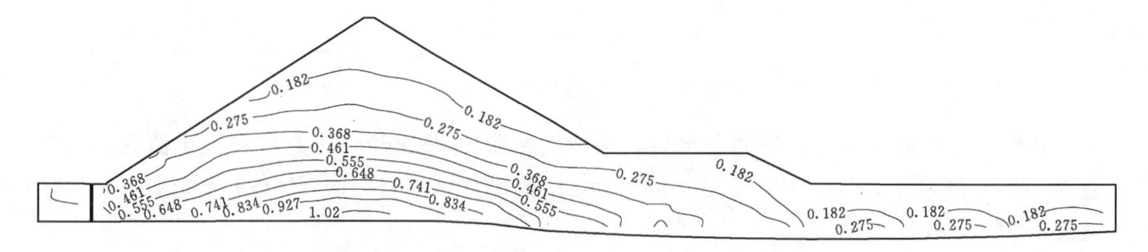

图Ⅰ-14　二期蓄水前，坝体横断面 $x=5.860$，第3主应力图（单位：MPa）

从图Ⅰ-14可以看出：二期蓄水前，坝体横断面 $x=5.860$，第3主应力最小值为-1.132MPa，第3主应力最大值为1.124MPa，$P=0.5\%$ 时第3主应力最小值为0.08849MPa，$P=99.5\%$ 时第3主应力最大值为1.020MPa。

从图Ⅰ-15可以看出：二期蓄水前，坝体横断面 $x=5.860$，应力水平最小值为0，应

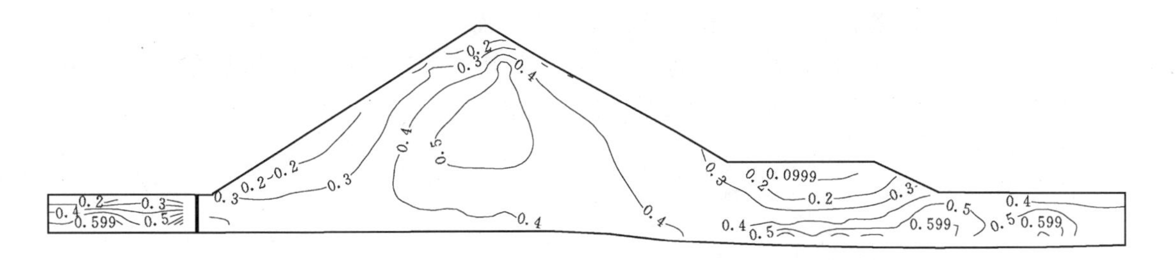

图Ⅰ-15　二期蓄水前，坝体横断面 x=5.860，应力水平图

力水平最大值为 0.9990，P=0.5%时应力水平最小值为 0.03713，P=99.5%时应力水平最大值为 0.9948。

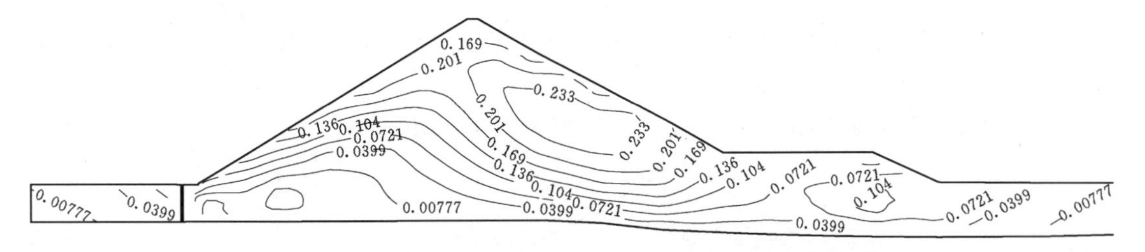

图Ⅰ-16　二期蓄水后，坝体横断面 x=5.860，顺水流方向位移图（单位：m）

从图Ⅰ-16 可以看出：二期蓄水后，坝体横断面 x=5.860，顺水流方向位移最小值为 −0.05653m，顺水流方向位移最大值为 0.2649m，P=0.5%时顺水流方向位移最小值为 −0.04522m，P=99.5%时顺水流方向位移最大值为 0.2640m。

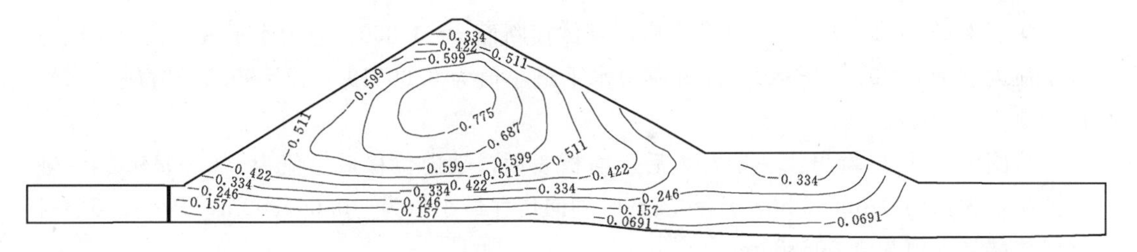

图Ⅰ-17　二期蓄水后，坝体横断面 x=5.860，竖向位移图（单位：m）

从图Ⅰ-17 可以看出：二期蓄水后，坝体横断面 x=5.860，竖向位移最小值为 −0.8636m，竖向位移最大值为 0.01914m，P=0.5%时竖向位移最小值为 −0.7872m，P=99.5%时竖向位移最大值为 0.01456m。

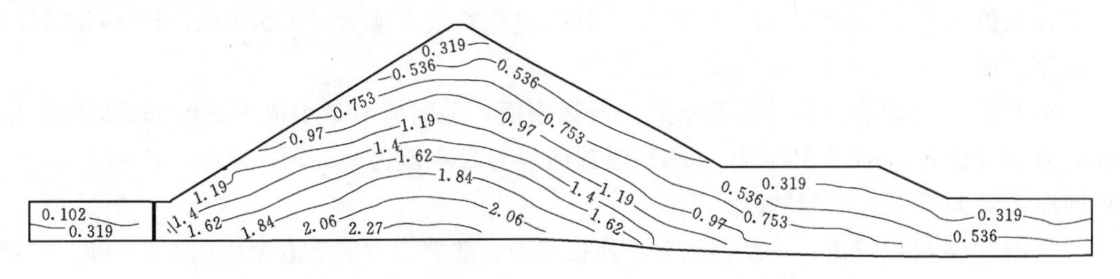

图Ⅰ-18　二期蓄水后，坝体横断面 x=5.860，第 1 主应力图（单位：MPa）

从图 I-18 可以看出：二期蓄水后，坝体横断面 $x=5.860$，第 1 主应力最小值为 0.1000MPa，第 1 主应力最大值为 12.25MPa，$P=0.5\%$ 时第 1 主应力最小值为 0.1020MPa，$P=99.5\%$时第 1 主应力最大值为 2.272MPa。

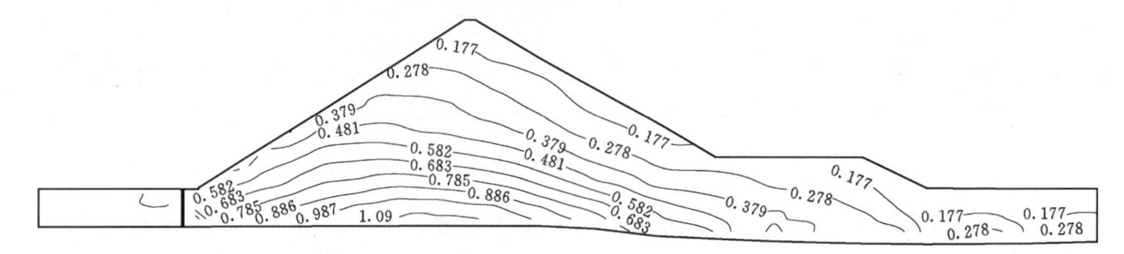

图 I-19　二期蓄水后，坝体横断面 $x=5.860$，第 3 主应力图（单位：MPa）

从图 I-19 可以看出：二期蓄水后，坝体横断面 $x=5.860$，第 3 主应力最小值为 −3.639MPa，第 3 主应力最大值为 1.199MPa，$P=0.5\%$ 时第 3 主应力最小值为 0.07517MPa，$P=99.5\%$时第 3 主应力最大值为 1.088MPa。

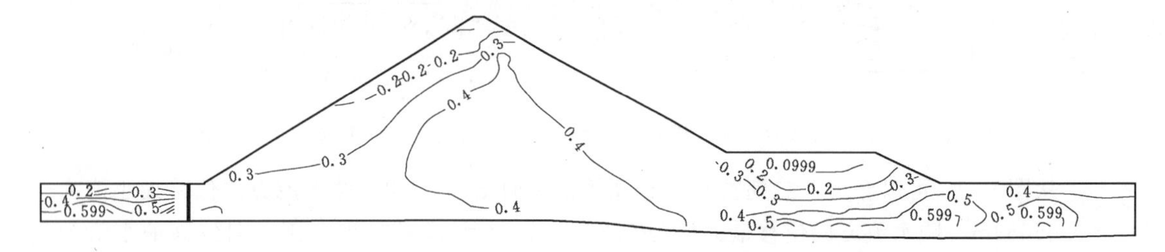

图 I-20　二期蓄水后，坝体横断面 $x=5.860$，应力水平图

从图 I-20 可以看出：二期蓄水后，坝体横断面 $x=5.860$，应力水平最小值为 0 应力水平最大值为 0.9990，$P=0.5\%$时应力水平最小值为 0.005195，$P=99.5\%$时应力水平最大值为 0.9947。

从图 J-1 可以看出：一期蓄水后，面板表面，轴向位移最小值为−0.004460m，轴向位移最大值为 0.006958m，$P=0.5\%$时轴向位移最小值为−0.004302m，$P=99.5\%$时轴向位移最大值为 0.006866m。

从图 J-2 可以看出：一期蓄水后，面板表面，顺坡位移最小值为−0.01088m，顺坡位移最大值为 0.05456m，$P=0.5\%$时顺坡位移最小值为−0.01071m，$P=99.5\%$时顺坡位移最大值为 0.05401m。

从图 J-3 可以看出：一期蓄水后，面板表面，法向位移最小值为−0.1808m，法向位移最大值为 0.000002681m，$P=0.5\%$时法向位移最小值为−0.1798m，$P=99.5\%$时法向位移最大值为−0.001030m。

从图 J-4 可以看出：一期蓄水后，面板表面，轴向应力最小值为−0.8602MPa，轴向应力最大值为 1.014MPa，$P=0.5\%$时轴向应力最小值为−0.1085MPa，$P=99.5\%$时轴向应力最大值为 0.8744MPa。

从图 J-5 可以看出：一期蓄水后，面板表面，顺坡应力最小值为 0.02519MPa，顺坡应力最大值为 3.671MPa，$P=0.5\%$时顺坡应力最小值为 0.07511MPa，$P=99.5\%$时顺坡应力最大值为 1.997MPa。

从图 J-6 可以看出：一期蓄水后，面板底面，轴向位移最小值为−0.002420m，轴向位移最大值为 0.006235m，P=0.5%时轴向位移最小值为−0.002060m，P=99.5%时轴向位移最大值为 0.006025m。

从图 J-7 可以看出：一期蓄水后，面板底面，顺坡位移最小值为−0.01092m，顺坡位移最大值为 0.05480m，P=0.5%时顺坡位移最小值为−0.01088m，P=99.5%时顺坡位移最大值为 0.05411m。

从图 J-8 可以看出：一期蓄水后，面板底面，法向位移最小值为−0.1808m，法向位移最大值为 0.000002874m，P=0.5%时法向位移最小值为−0.1798m，P=99.5%时法向位移最大值为−0.001030m。

从图 J-9 可以看出：一期蓄水后，面板底面，轴向应力最小值为−0.6062MPa，轴向应力最大值为 0.8958MPa，P=0.5%时轴向应力最小值为−0.2411MPa，P=99.5%时轴向应力最大值为 0.8473MPa。

从图 J-10 可以看出：一期蓄水后，面板底面，顺坡应力最小值为−2.388MPa，顺坡应力最大值为 1.898MPa，P=0.5%时顺坡应力最小值为−0.3773MPa，P=99.5%时顺坡应最大值为 1.879MPa。

从图 J-11 可以看出：二期蓄水前，面板表面，轴向位移最小值为−0.01929m，轴向位移最大值为 0.02741m，P=0.5%时轴向位移最小值为−0.01913m，P=99.5%时轴向位移最大值为 0.02713。

从图 J-12 可以看出：二期蓄水前，面板表面，顺坡位移最小值为−0.03676m，顺坡位移最大值为 0.02027m，P=0.5%时顺坡位移最小值为−0.03550m，P=99.5%时顺坡位移最大值为 0.01967m。

从图 J-13 可以看出：二期蓄水前，面板表面，法向位移最小值为−0.1684m，法向位移最大值为 0.001730m，P=0.5%时法向位移最小值为−0.1675m，P=99.5%时法向位移最大值为−0.001074m。

从图 J-14 可以看出：二期蓄水前，面板表面，轴向应力最小值为−0.9569MPa，轴向应力最大值为 3.273MPa，P=0.5%时轴向应力最小值为−0.1399MPa，P=99.5%时轴向应力最大值为 3.257MPa。

从图 J-15 可以看出：二期蓄水前，面板表面，顺坡应力最小值为−0.1567MPa，顺坡应力最大值为 6.567MPa，P=0.5%时顺坡应力最小值为 0.2277MPa，P=99.5%时顺坡应力最大值为 6.546MPa。

从图 J-16 可以看出：二期蓄水前，面板底面，轴向位移最小值为−0.01791m，轴向位移最大值为 0.02676m，P=0.5%时轴向位移最小值为−0.01781m，P=99.5%时轴向位移最大值为 0.02649m。

从图 J-17 可以看出：二期蓄水前，面板底面，顺坡位移最小值为−0.03677m，顺坡位移最大值为 0.02087m，P=0.5%时顺坡位移最小值为−0.03573m，P=99.5%时顺坡位移最大值为 0.02026m。

从图 J-18 可以看出：二期蓄水前，面板底面，法向位移最小值为−0.1684m，法向位移最大值为0.001731m，P=0.5%时法向位移最小值为－0.1675m，P=99.5%时法向位移最大值为－0.001074m。

从图J-19可以看出：二期蓄水前，面板底面，轴向应力最小值为－1.227MPa，轴向应力最大值为3.311MPa，P=0.5%时轴向应力最小值为－0.1116MPa，P=99.5%时轴向应力最大值为3.288MPa。

从图J-20可以看出：二期蓄水前，面板底面，顺坡应力最小值为0.06316MPa，顺坡应力最大值为6.560MPa，P=0.5%时顺坡应力最小值为0.2614MPa，P=99.5%时顺坡应力最大值为6.527MPa。

从图J-21可以看出：二期蓄水后，面板表面，轴向位移最小值为－0.03348m，轴向位移最大值为0.04988m，P=0.5%时轴向位移最小值为－0.03333m，P=99.5%时轴向位移最大值为0.04952m。

从图J-22可以看出：二期蓄水后，面板表面，顺坡位移最小值为－0.02174m，顺坡位移最大值为0.07160m，P=0.5%时顺坡位移最小值为－0.02122m，P=99.5%时顺坡位移最大值为0.06960m。

从图J-23可以看出：二期蓄水后，面板表面，法向位移最小值为－0.3558m，法向位移最大值为0.00005498m，P=0.5%时法向位移最小值为－0.3558m，P=99.5%时法向位移最大值为－0.003212m。

从图J-24可以看出：二期蓄水后，面板表面，轴向应力最小值为－2.739MPa，轴向应力最大值为7.280MPa，P=0.5%时轴向应力最小值为－0.3570MPa，P=99.5%时轴向应力最大值为5.109MPa。

从图J-25可以看出：二期蓄水后，面板表面，顺坡应力最小值为－0.2496MPa，顺坡应力最大值为7.617MPa，P=0.5%时顺坡应力最小值为－0.1174MPa，P=99.5%时顺坡应力最大值为5.755MPa。

从图J-26可以看出：二期蓄水后，面板底面，轴向位移最小值为－0.02788m，轴向位移最大值为0.04905m，P=0.5%时轴向位移最小值为－0.02750m，P=99.5%时轴向位移最大值为0.04871m。

从图J-27可以看出：二期蓄水后，面板底面，顺坡位移最小值为－0.02183m，顺坡位移最大值为0.07077m，P=0.5%时顺坡位移最小值为－0.02152m，P=99.5%时顺坡位移最大值为0.06859m。

从图J-28可以看出：二期蓄水后，面板底面，法向位移最小值为－0.3558m，法向位移最大值为0.00002755m，P=0.5%时法向位移最小值为－0.3558m，P=99.5%时法向位移最大值为－0.003129m。

从图J-29可以看出：二期蓄水后，面板底面，轴向应力最小值为－7.219MPa，轴向应力最大值为5.142MPa，P=0.5%时轴向应力最小值为－0.4756MPa，P=99.5%时轴向应力最大值为5.065MPa。

从图J-30可以看出：二期蓄水后，面板底面，顺坡应力最小值为－1.717MPa，顺坡应力最大值为5.799MPa，P=0.5%时顺坡应力最小值为－0.3438MPa，P=99.5%时顺坡应力最大值为5.735MPa。

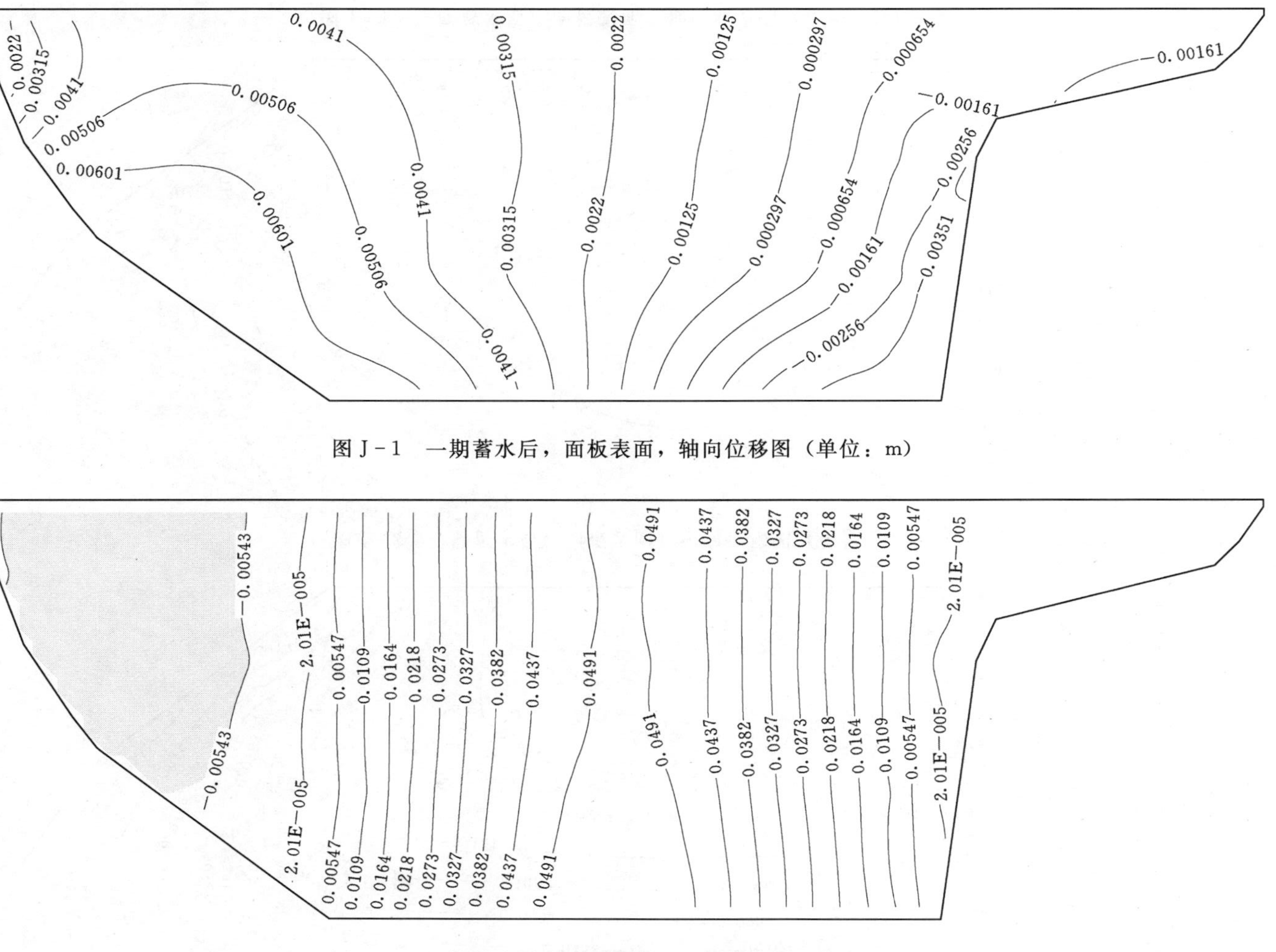

图 J-1　一期蓄水后，面板表面，轴向位移图（单位：m）

图 J-2　一期蓄水后，面板表面，顺坡位移图（单位：m）

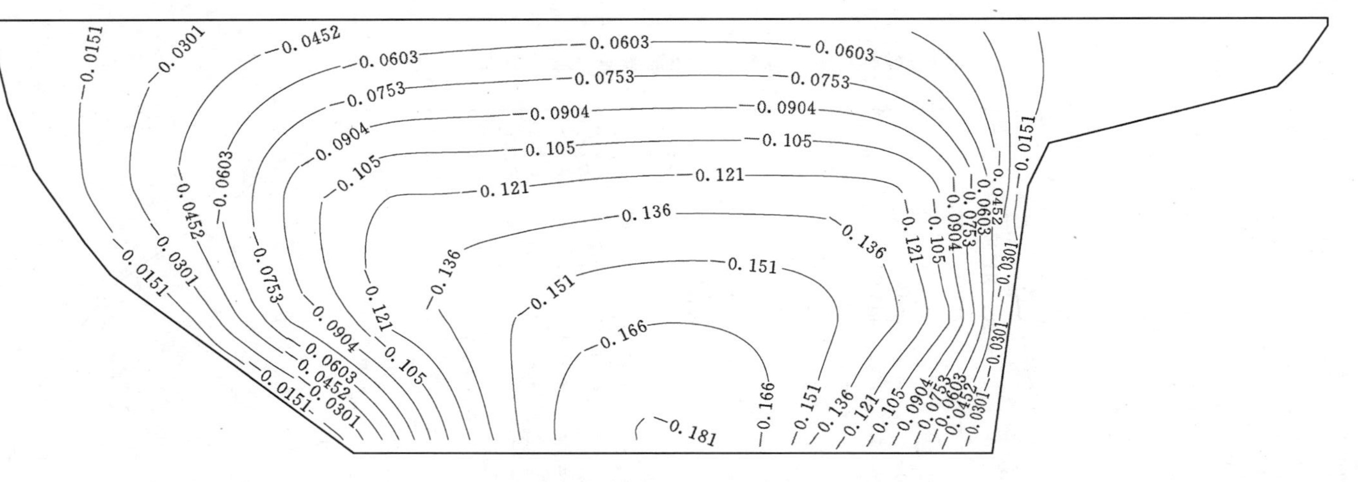

图 J-3　一期蓄水后，面板表面，法向位移图（单位：m）

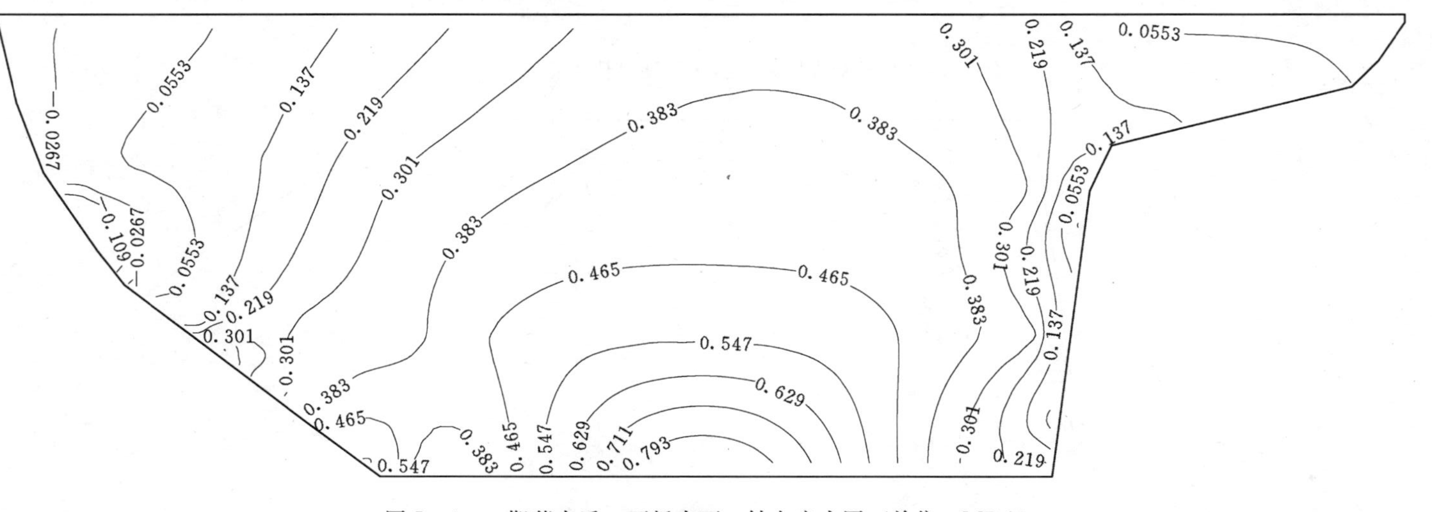

图 J-4　一期蓄水后，面板表面，轴向应力图（单位：MPa）

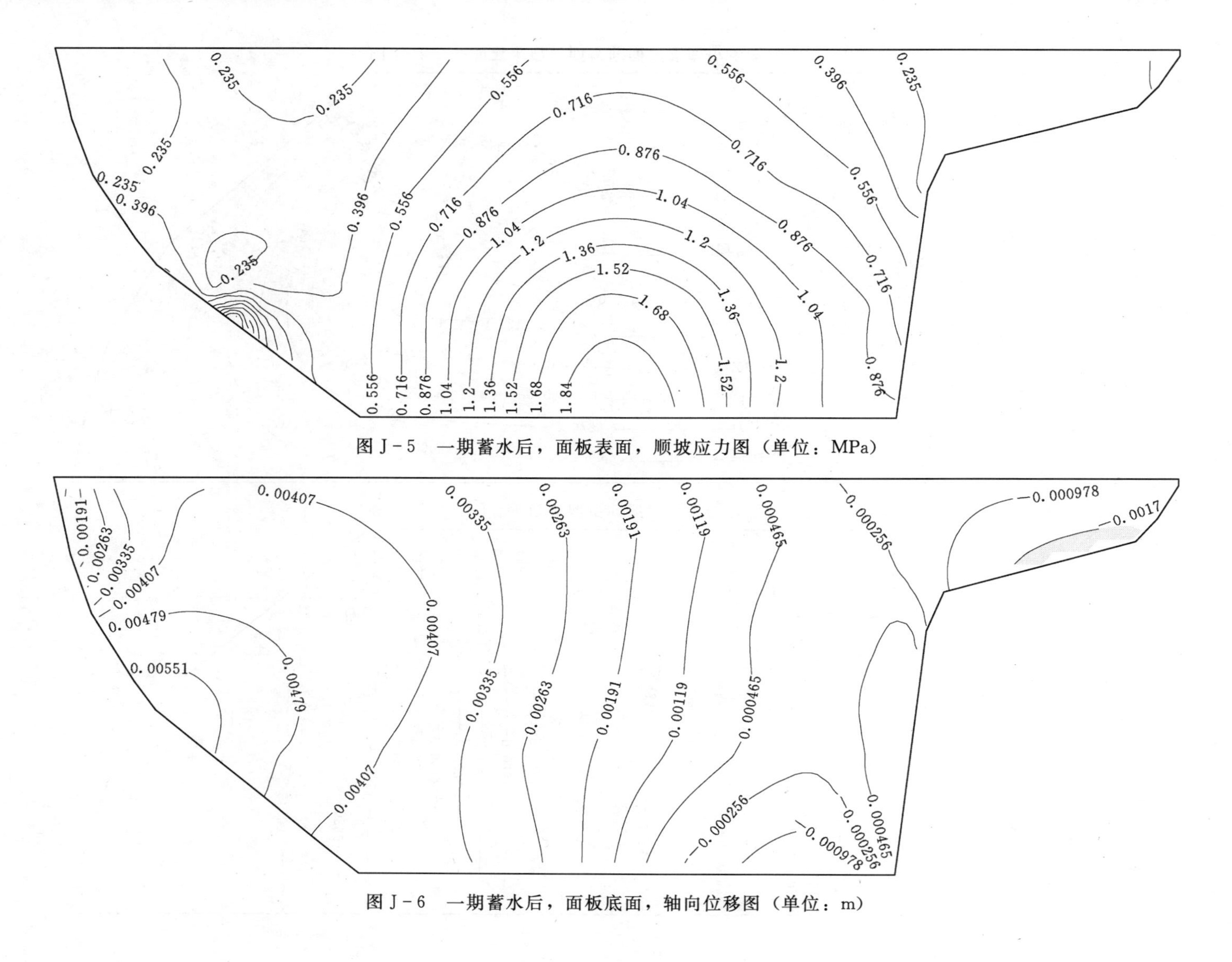

图 J－5 一期蓄水后，面板表面，顺坡应力图（单位：MPa）

图 J－6 一期蓄水后，面板底面，轴向位移图（单位：m）

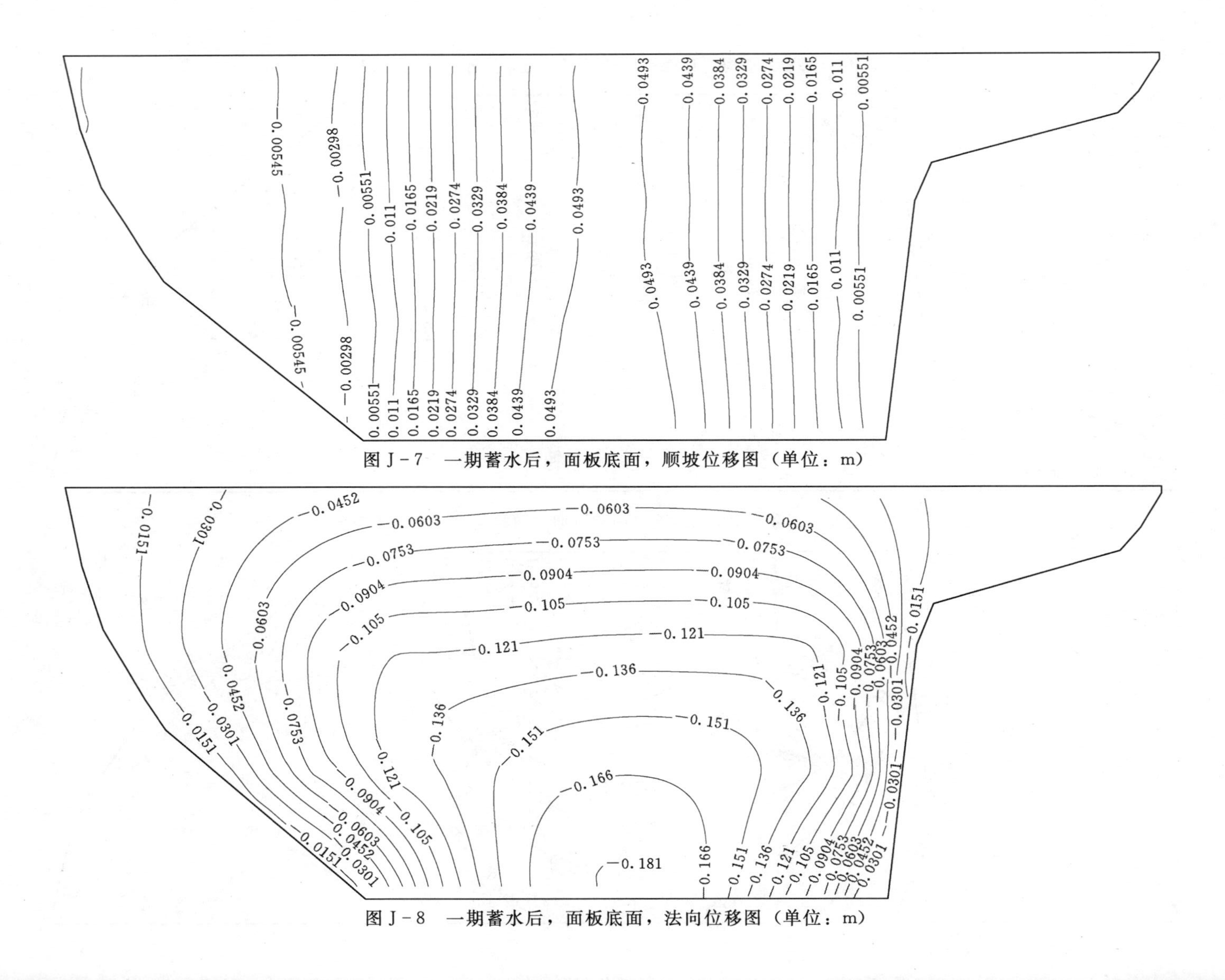

图 J－7　一期蓄水后，面板底面，顺坡位移图（单位：m）

图 J－8　一期蓄水后，面板底面，法向位移图（单位：m）

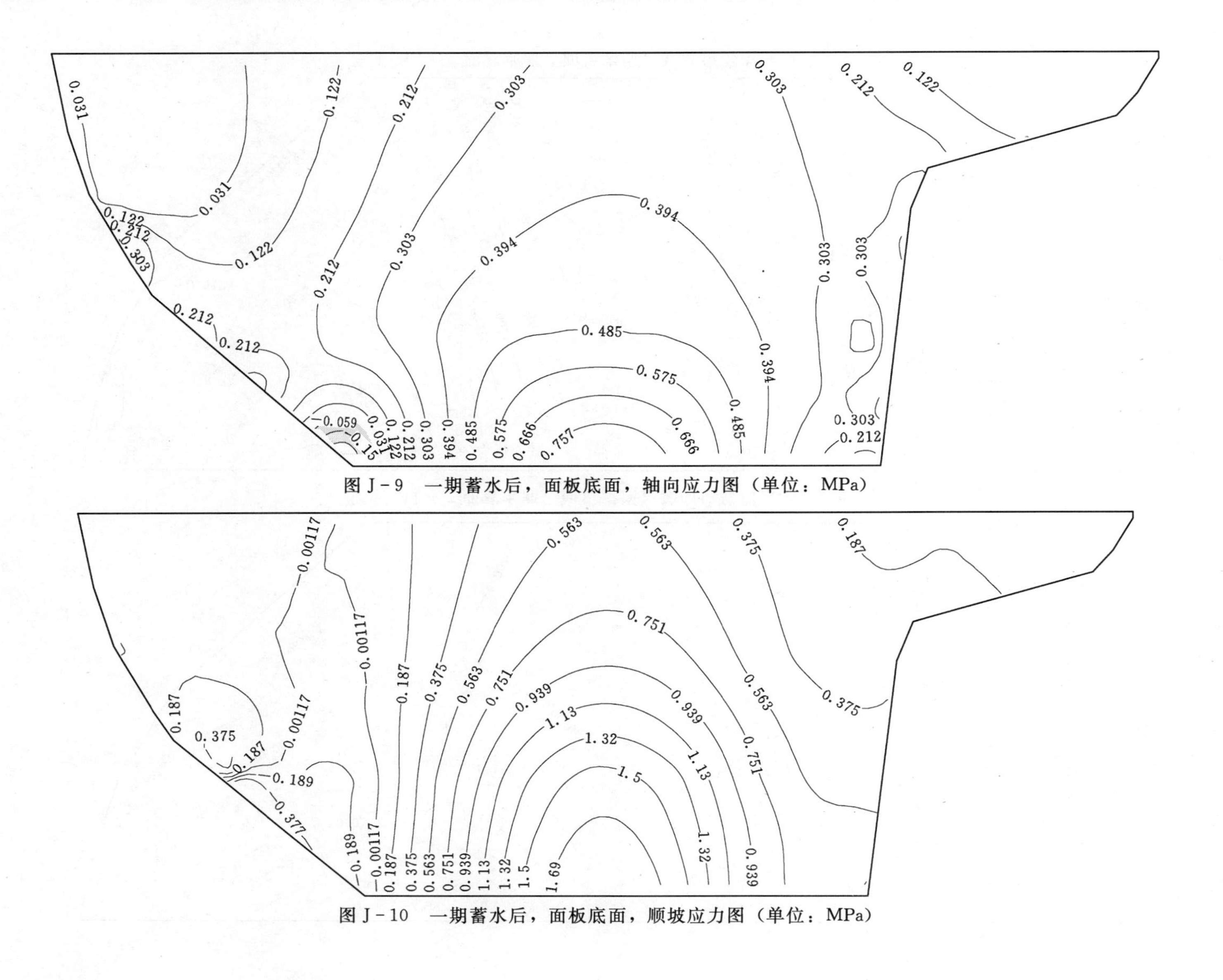

图 J－9　一期蓄水后，面板底面，轴向应力图（单位：MPa）

图 J－10　一期蓄水后，面板底面，顺坡应力图（单位：MPa）

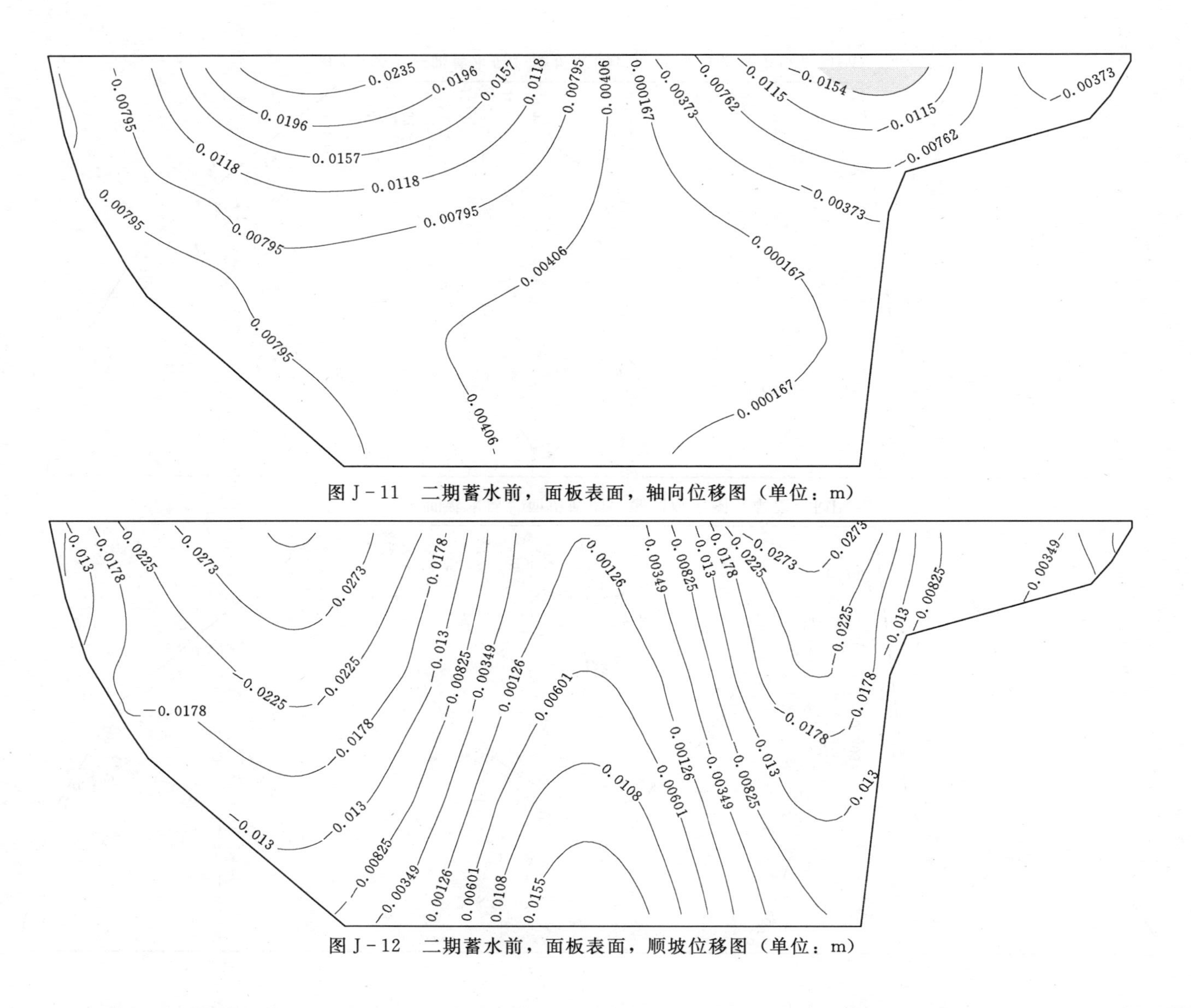

图 J－11　二期蓄水前，面板表面，轴向位移图（单位：m）

图 J－12　二期蓄水前，面板表面，顺坡位移图（单位：m）

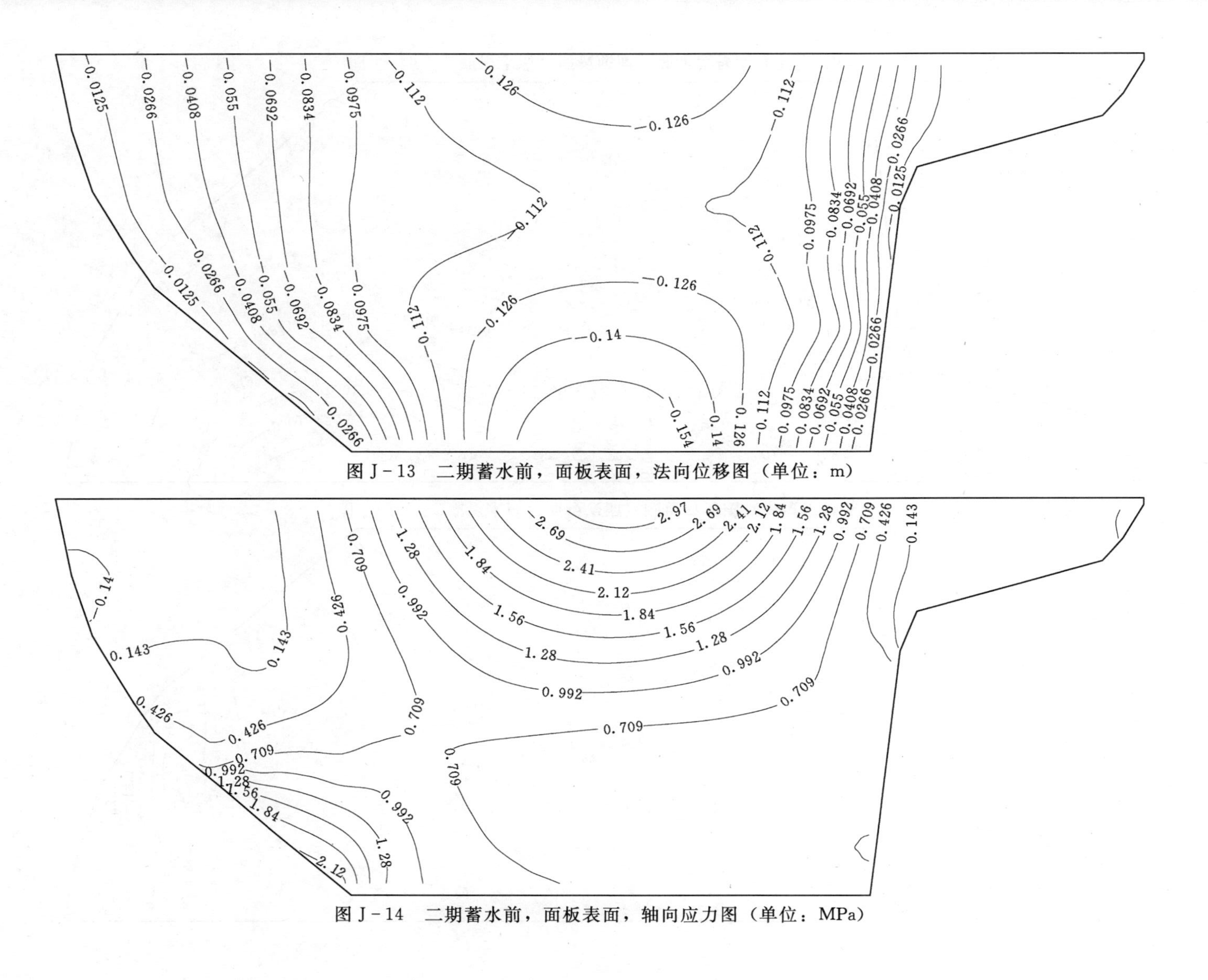

图 J-13　二期蓄水前，面板表面，法向位移图（单位：m）

图 J-14　二期蓄水前，面板表面，轴向应力图（单位：MPa）

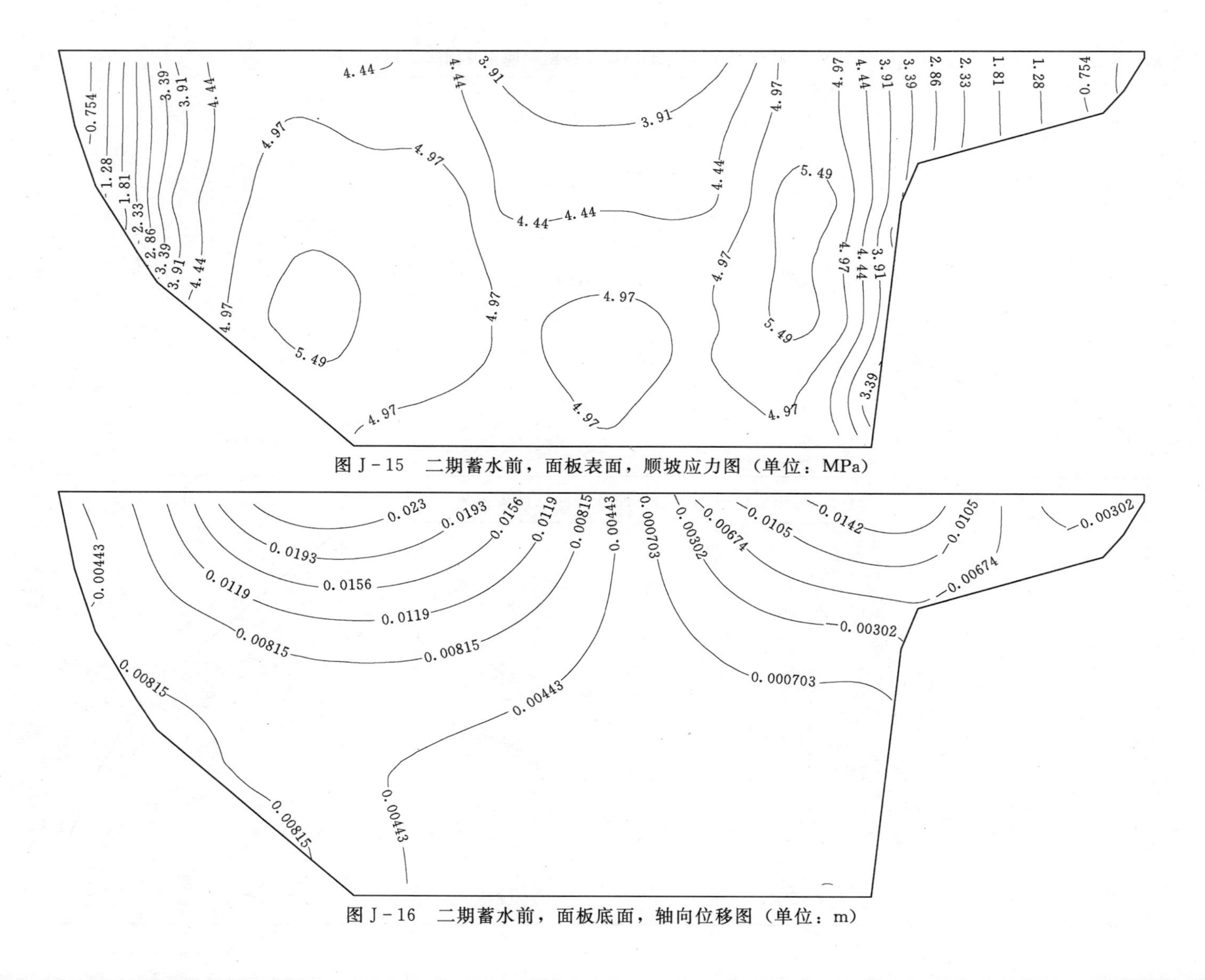

图 J-15　二期蓄水前，面板表面，顺坡应力图（单位：MPa）

图 J-16　二期蓄水前，面板底面，轴向位移图（单位：m）

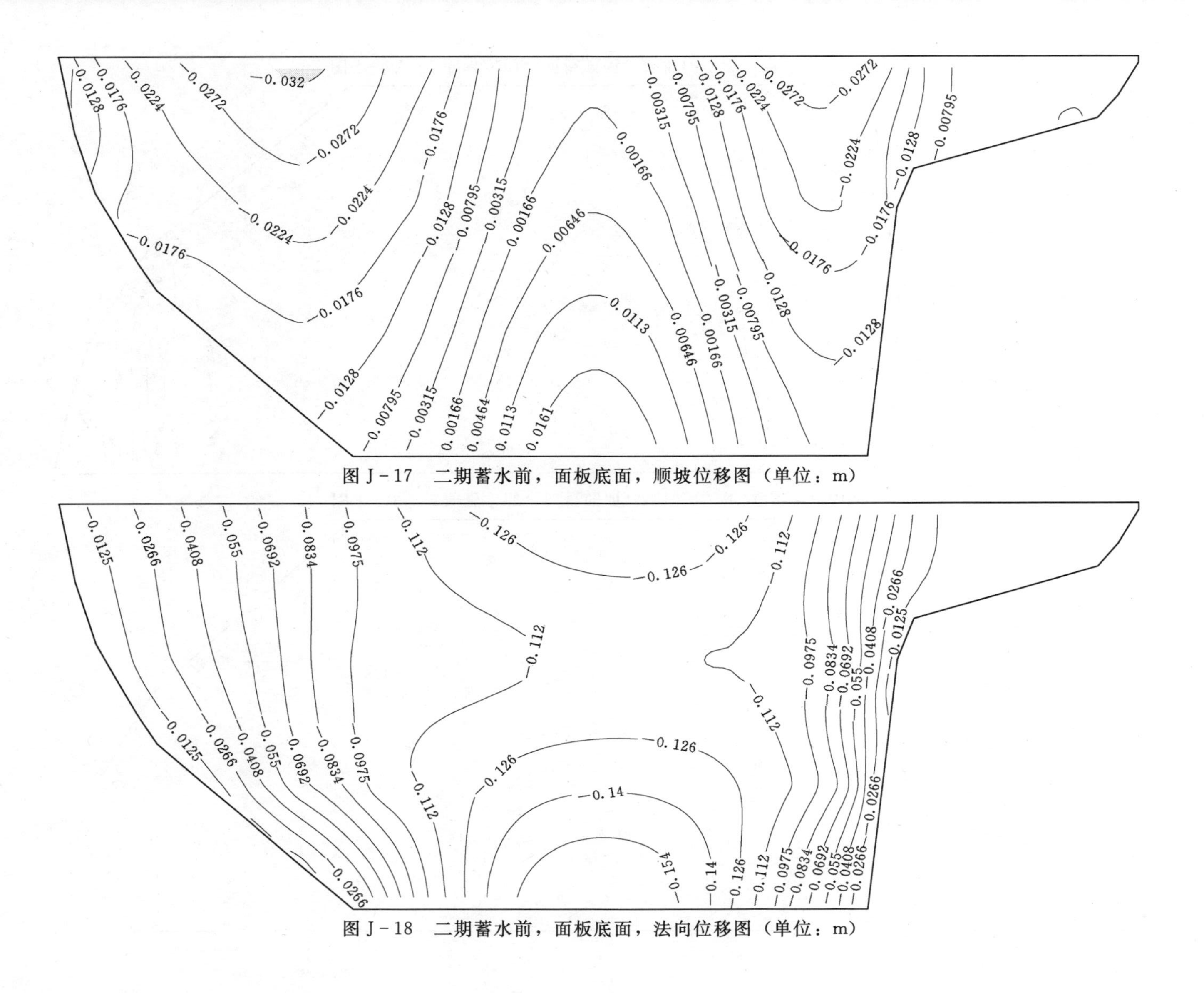

图 J-17　二期蓄水前，面板底面，顺坡位移图（单位：m）

图 J-18　二期蓄水前，面板底面，法向位移图（单位：m）

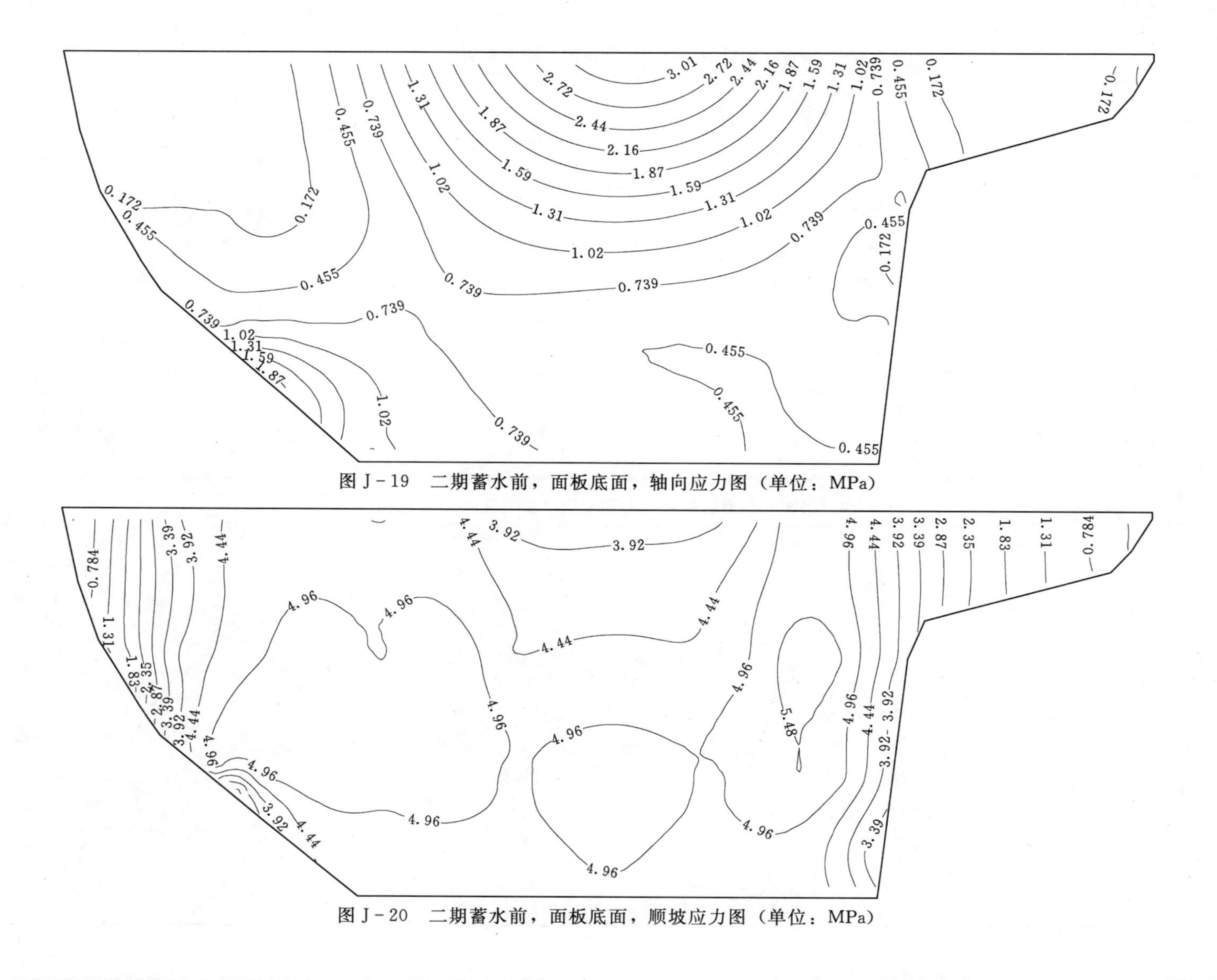

图 J-19　二期蓄水前，面板底面，轴向应力图（单位：MPa）

图 J-20　二期蓄水前，面板底面，顺坡应力图（单位：MPa）

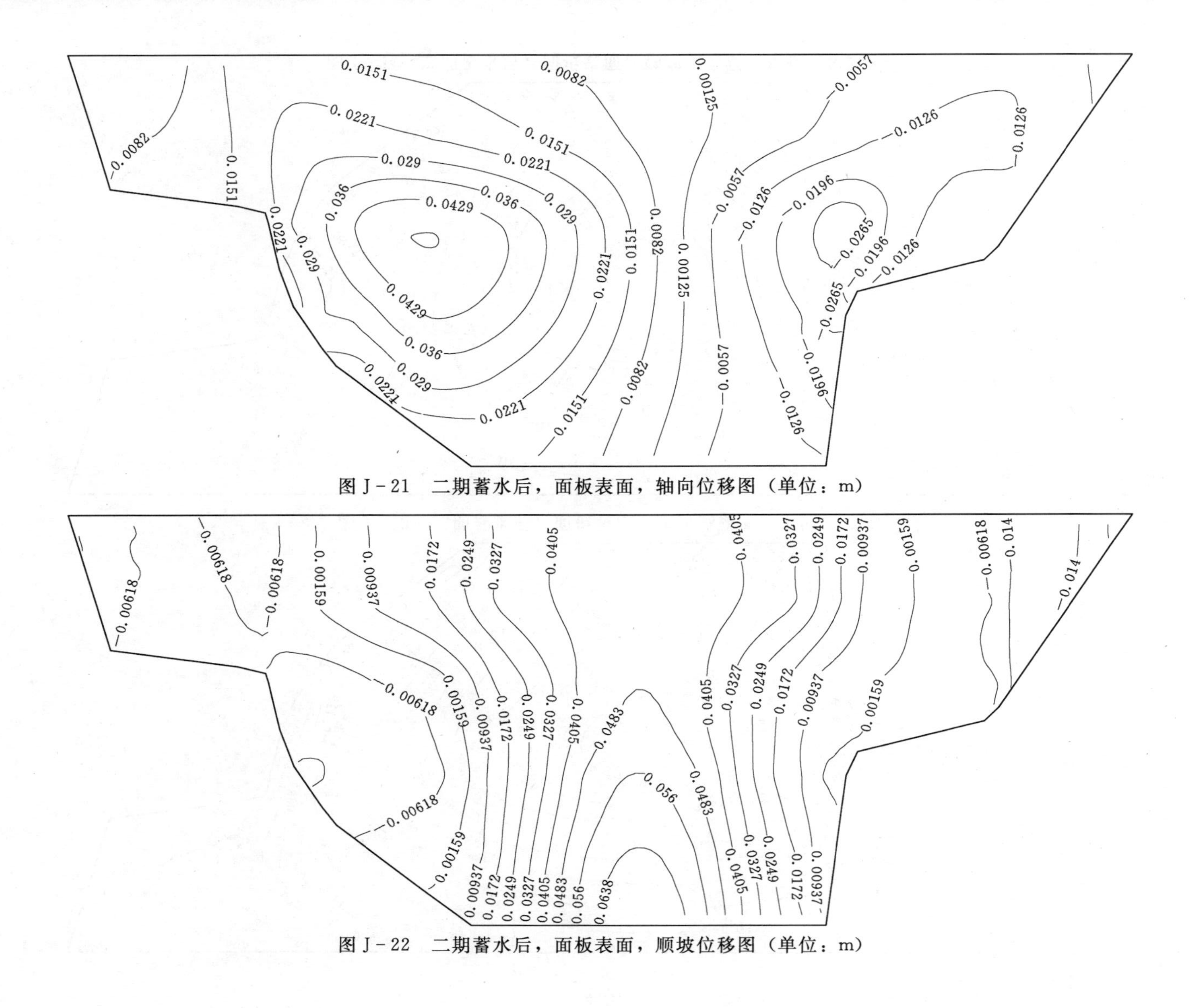

图 J－21　二期蓄水后，面板表面，轴向位移图（单位：m）

图 J－22　二期蓄水后，面板表面，顺坡位移图（单位：m）

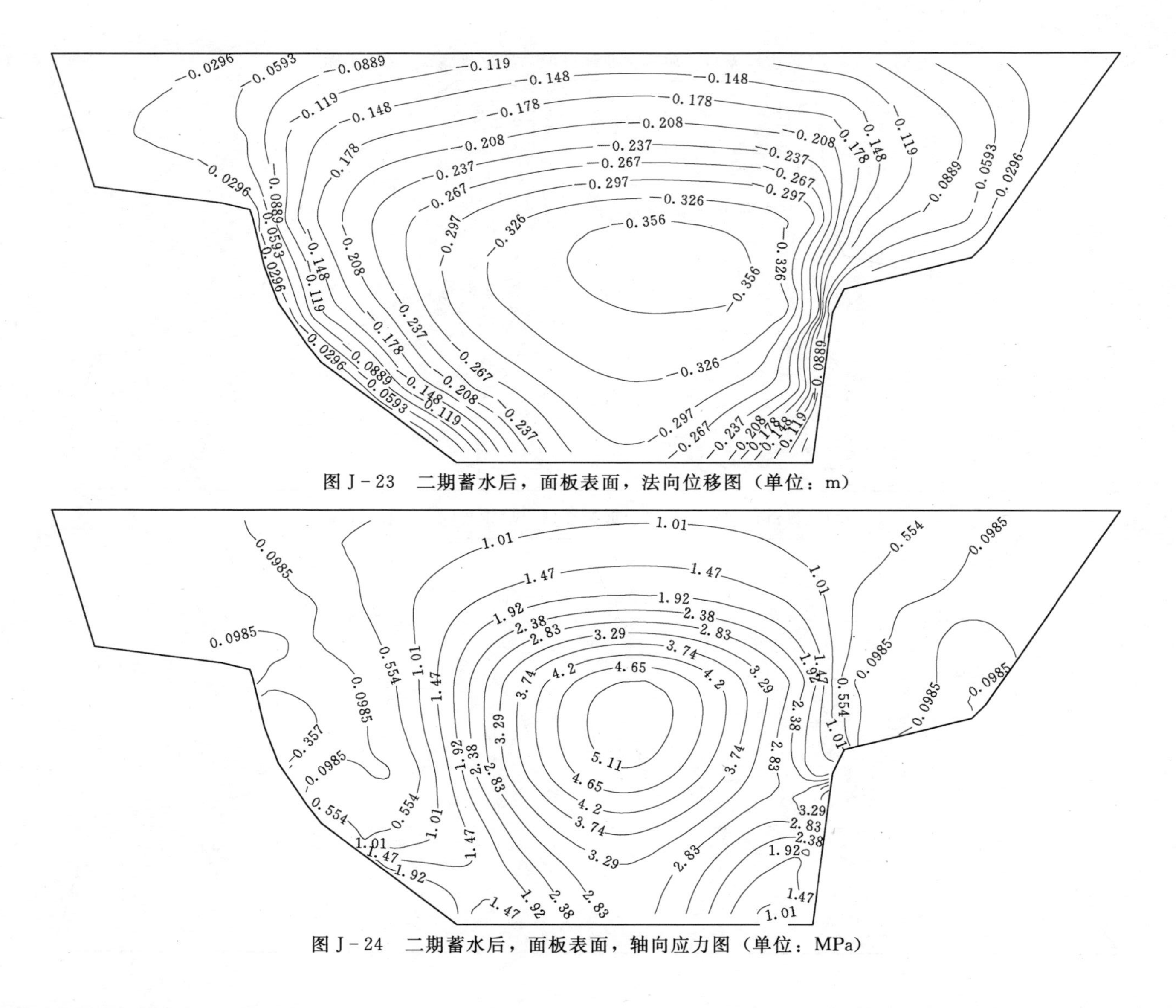

图 J-23 二期蓄水后，面板表面，法向位移图（单位：m）

图 J-24 二期蓄水后，面板表面，轴向应力图（单位：MPa）

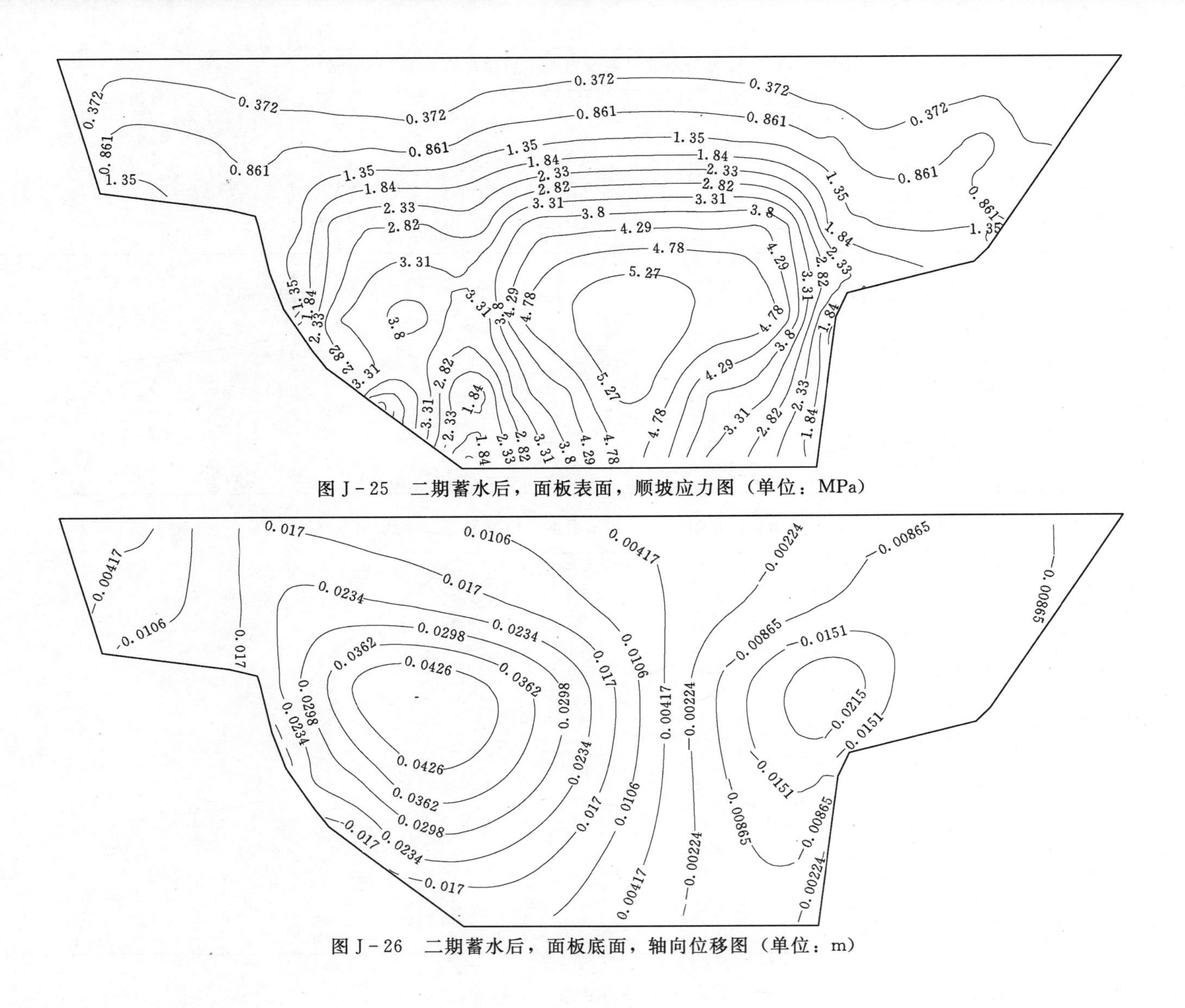

图 J-25　二期蓄水后，面板表面，顺坡应力图（单位：MPa）

图 J-26　二期蓄水后，面板底面，轴向位移图（单位：m）

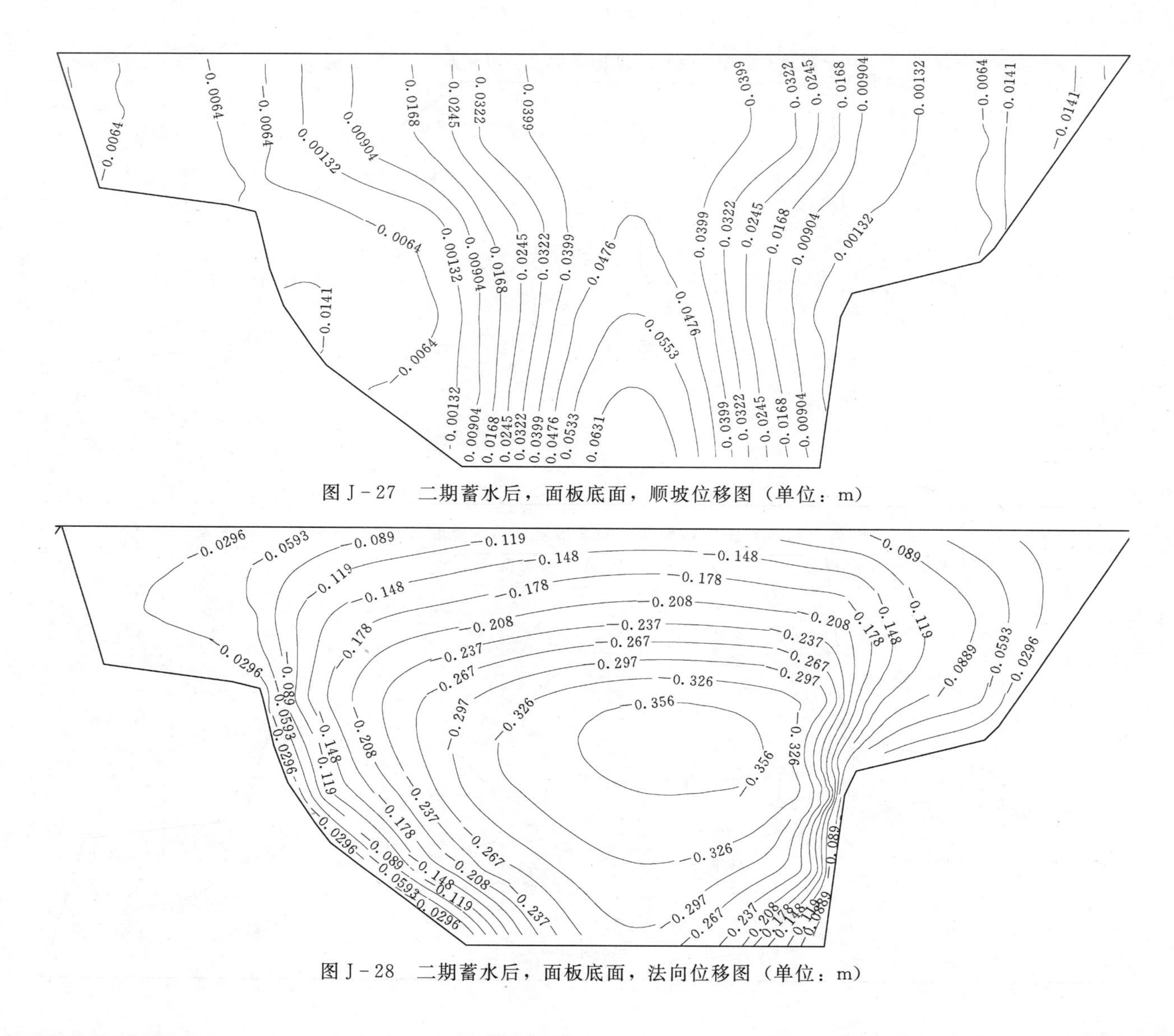

图 J-27　二期蓄水后，面板底面，顺坡位移图（单位：m）

图 J-28　二期蓄水后，面板底面，法向位移图（单位：m）

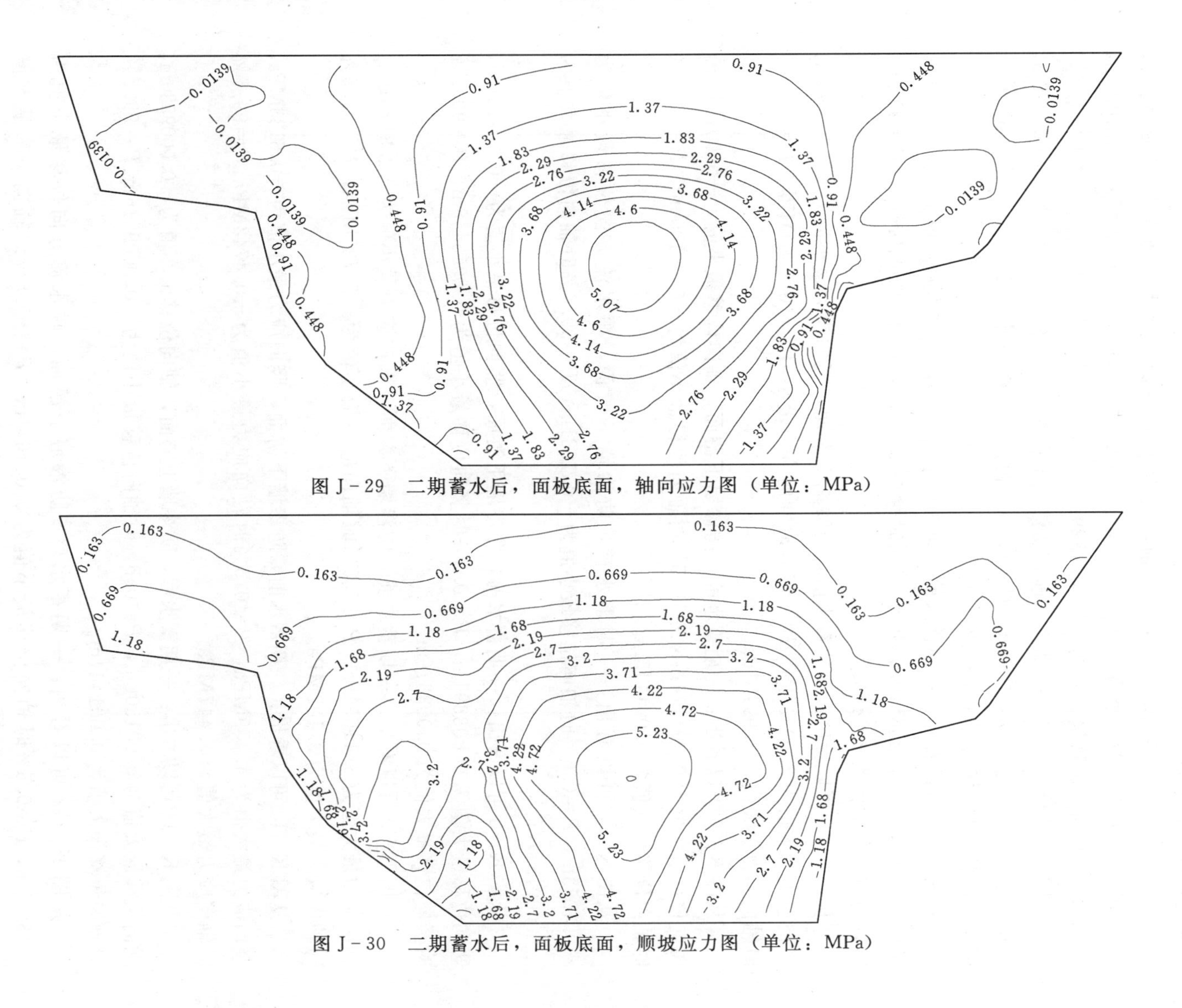

图 J-29　二期蓄水后，面板底面，轴向应力图（单位：MPa）

图 J-30　二期蓄水后，面板底面，顺坡应力图（单位：MPa）

从图 K-1 可以看出：一期蓄水前，防渗墙上游面，轴向位移最小值为－0.001699m，轴向位移最大值为 0.001609m，$P=0.5\%$时轴向位移最小值为－0.001678m，$P=99.5\%$时轴向位移最大值为 0.001575m。

从图 K-2 可以看出：一期蓄水前，防渗墙上游面，顺水流方向位移最小值为－0.1053m，轴向位移最大值为 0.003322m，$P=0.5\%$时轴向位移最小值为－0.1031m，$P=99.5\%$时轴向位移最大值为－0.0001829m。

从图 K-3 可以看出：一期蓄水前，防渗墙上游面，竖向位移最小值为－0.002226m，竖向位移最大值为 0.0003183m，$P=0.5\%$时竖向位移最小值为－0.002195m，$P=99.5\%$时位移最大值为－0.0002790m。

从图 K-4 可以看出：一期蓄水前，防渗墙上游面，轴向应力最小值为－3.583MPa，轴向应力最大值为 2.256MPa，$P=0.5\%$时轴向应力最小值为－3.445MPa，$P=99.5\%$时轴向应力最大值为 2.041MPa。

从图 K-5 可以看出：一期蓄水前，防渗墙上游面，竖向应力最小值为－1.012MPa，竖向应力最大值为 3.009MPa，$P=0.5\%$时轴向应力最小值为－0.9469MPa，$P=99.5\%$时轴向应力最大值为 2.991MPa。

从图 K-6 可以看出：一期蓄水前，防渗墙下游面，轴向位移最小值为－0.001081m，轴向位移最大值为 0.001174m，$P=0.5\%$时轴向位移最小值为－0.001000m，$P=99.5\%$时轴向位移最大值为 0.001115m。

从图 K-7 可以看出：一期蓄水前，防渗墙下游面，顺水流方向位移最小值为－0.1053m，$P=0.5\%$时轴向位移最小值为－0.1031m，$P=99.5\%$时轴向位移最大值为－0.0001817m。

从图 K-8 可以看出：一期蓄水前，防渗墙下游面，竖向位移最小值为－0.002226m，竖向位移最大值为 0.003391m，$P=0.5\%$时竖向位移最小值为 0.0005448m，$P=99.5\%$时竖向位移最大值为 0.003376m。

从图 K-9 可以看出：一期蓄水前，防渗墙下游面，轴向应力最小值为－2.812MPa，轴向应力最大值为 3.116MPa，$P=0.5\%$时轴向应力最小值为－2.730MPa，$P=99.5\%$时轴向应力最大值为 3.102MPa。

从图 K-10 可以看出：一期蓄水前，防渗墙下游面，竖向应力最小值为－0.6133MPa，竖向应力最大值为 4.459MPa，$P=0.5\%$时轴向应力最小值为－0.4748MPa，$P=99.5\%$时轴向应力最大值为 4.447MPa。

从图 K-11 可以看出：一期蓄水后，防渗墙上游面，轴向位移最小值为－0.0009580m，轴向位移最大值为 0.001508m，$P=0.5\%$时轴向位移最小值为－0.0009516m，$P=99.5\%$时轴向位移最大值为 0.001444m。

从图 K-12 可以看出：一期蓄水后，防渗墙上游面，顺水流方向位移最小值为 0.03953m，$P=0.5\%$时轴向位移最小值为 0.001674m，$P=99.5\%$时轴向位移最大值为 0.03850m。

从图 K-13 可以看出：一期蓄水后，防渗墙上游面，竖向位移最小值为－0.002189m，竖向位移最大值为 0.001135m，$P=0.5\%$时竖向位移最小值为－0.002161m，$P=99.5\%$

时竖向位移最大值为0.001088m。

从图K-14可以看出：一期蓄水后，防渗墙上游面，轴向应力最小值为-2.113MPa，轴向应力最大值为3.262MPa，P=0.5%时轴向应力最小值为-1.825MPa，P=99.5%时轴向应力最大值为3.249MPa。

从图K-15可以看出：一期蓄水后，防渗墙上游面，竖向应力最小值为-1.712MPa，竖向应力最大值为6.332MPa，P=0.5%时轴向应力最小值为-0.8343MPa，P=99.5%时轴向应力最大值为6.313MPa。

从图K-16可以看出：一期蓄水后，防渗墙下游面，轴向位移最小值为-0.0008886m，轴向位移最大值为0.001338m，P=0.5%时轴向位移最小值为-0.0003770m，P=99.5%时轴向位移最大值为0.0007395m。

从图K-17可以看出：一期蓄水后，防渗墙下游面，顺水流方向位移最小值为0.03954m，P=0.5%时轴向位移最小值为0.001651m，P=99.5%时轴向位移最大值为0.03851m。

从图K-18可以看出：一期蓄水后，防渗墙下游面，竖向位移最小值为-0.003260m，竖向位移最大值为0.001087m，P=0.5%时竖向位移最小值为-0.003076m，P=99.5%时竖向位移最大值为-0.001639m。

从图K-19可以看出：一期蓄水后，防渗墙下游面，轴向应力最小值为-2.113MPa，轴向应力最大值为3.262MPa，P=0.5%时轴向应力最小值为-1.615MPa，P=99.5%时轴向应力最大值为2.172MPa。

从图K-20可以看出：一期蓄水后，防渗墙下游面，竖向应力最小值为-1.712MPa，竖向应力最大值为6.332MPa，P=0.5%时轴向应力最小值为0.06350MPa，P=99.5%时轴向应力最大值为5.523MPa。

从图K-21可以看出：二期蓄水前，防渗墙上游面，轴向位移最小值为-0.0006837m，轴向位移最大值为0.001260m，P=0.5%时轴向位移最小值为-0.0006667m，P=99.5%时轴向位移最大值为0.001225m。

从图K-22可以看出：二期蓄水前，防渗墙上游面，顺水流方向位移最小值为0.0005860m，顺水流方向位移最大值为0.01409m，P=0.5%时轴向位移最小值为0.001233m，P=99.5%时轴向位移最大值为0.01340m。

从图K-23可以看出：二期蓄水前，防渗墙上游面，竖向位移最小值为-0.003593m，竖向位移最大值为0.0005569m，P=0.5%时竖向位移最小值为-0.003541m，P=99.5%时竖向位移最大值为0.0005150m。

从图K-24可以看出：二期蓄水前，防渗墙上游面，轴向应力最小值为-1.778MPa，轴向应力最大值为3.058MPa，P=0.5%时轴向应力最小值为-1.625MPa，P=99.5%时轴向应力最大值为3.046MPa。

从图K-25可以看出：二期蓄水前，防渗墙上游面，竖向应力最小值为-0.7437MPa，竖向应力最大值为6.844MPa，P=0.5%时轴向应力最小值为-0.1527MPa，P=99.5%时轴向应力最大值为6.825MPa。

从图K-26可以看出：二期蓄水前，防渗墙下游面，轴向位移最小值为-0.0007871m，轴向位移最大值为 0.001225m，$P=0.5\%$ 时轴向位移最小值为 -0.0007219m，$P=99.5\%$ 时轴向位移最大值为 0.001160m。

从图 K-27 可以看出：二期蓄水前，防渗墙下游面，顺水流方向位移最小值为 0.0005616m，顺水流方向位移最大值为 0.01409m，$P=0.5\%$ 时轴向位移最小值为 0.001210m，$P=99.5\%$ 时轴向位移最大值为 0.01338m。

从图 K-28 可以看出：二期蓄水前，防渗墙下游面，竖向位移最小值为 -0.003268m，竖向位移最大值为 0.0004249m，$P=0.5\%$ 时竖向位移最小值为 -0.003267m，$P=99.5\%$ 时竖向位移最大值为 -0.0008683m。

从图 K-29 可以看出：二期蓄水前，防渗墙下游面，轴向应力最小值为 -1.635MPa，轴向应力最大值为 3.058MPa，$P=0.5\%$ 时轴向应力最小值为 -1.460MPa，$P=99.5\%$ 时轴向应力最大值为 2.519MPa。

从图 K-30 可以看出：二期蓄水前，防渗墙下游面，竖向应力最小值为 -0.7437MPa，竖向应力最大值为 6.844MPa，$P=0.5\%$ 时轴向应力最小值为 0.08485MPa，$P=99.5\%$ 时轴向应力最大值为 6.126MPa。

从图 K-31 可以看出：二期蓄水后，防渗墙上游面，轴向位移最小值为 -0.002885m，轴向位移最大值为 0.004192m，$P=0.5\%$ 时轴向位移最小值为 -0.002852m，$P=99.5\%$ 时轴向位移最大值为 0.003950m。

从图 K-32 可以看出：二期蓄水后，防渗墙上游面，顺水流方向位移最小值为 0.0004614m，顺水流方向位移最大值为 0.1115m，$P=0.5\%$ 时轴向位移最小值为 0.002630m，$P=99.5\%$ 时轴向位移最大值为 0.1096m。

从图 K-33 可以看出：二期蓄水后，防渗墙上游面，竖向位移最小值为 -0.004101m，竖向位移最大值为 0.002138m，$P=0.5\%$ 时竖向位移最小值为 -0.004062m，$P=99.5\%$ 时竖向位移最大值为 0.002116m。

从图 K-34 可以看出：二期蓄水后，防渗墙上游面，轴向应力最小值为 -3.305MPa，轴向应力最大值为 5.084MPa，$P=0.5\%$ 时轴向应力最小值为 -2.327MPa，$P=99.5\%$ 时轴向应力最大值为 5.063MPa。

从图 K-35 可以看出：二期蓄水后，防渗墙上游面，竖向应力最小值为 -3.156MPa，竖向应力最大值为 9.495MPa，$P=0.5\%$ 时轴向应力最小值为 -1.900MPa，$P=99.5\%$ 时轴向应力最大值为 9.464MPa。

从图 K-36 可以看出：二期蓄水后，防渗墙下游面，轴向位移最小值为 -0.002305m，轴向位移最大值为 0.003534m，$P=0.5\%$ 时轴向位移最小值为 -0.0006427m，$P=99.5\%$ 时轴向位移最大值为 0.001473m。

从图 K-37 可以看出：二期蓄水后，防渗墙下游面，顺水流方向位移最小值为 0.0004255m，顺水流方向位移最大值为 0.1115m，$P=0.5\%$ 时轴向位移最小值为 0.002595m，$P=99.5\%$ 时轴向位移最大值为 0.1097m。

从图 K-38 可以看出：二期蓄水后，防渗墙下游面，竖向位移最小值为 -0.007191m，竖向位移最大值为 0.002138m，$P=0.5\%$ 时竖向位移最小值为 -0.006983m，$P=99.5\%$

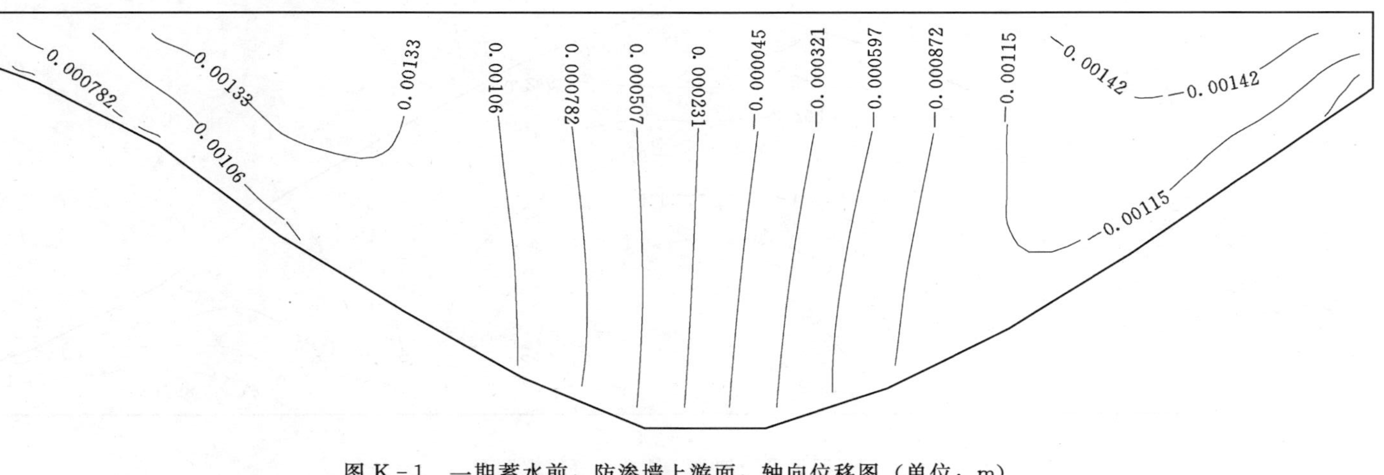

图 K-1　一期蓄水前，防渗墙上游面，轴向位移图（单位：m）

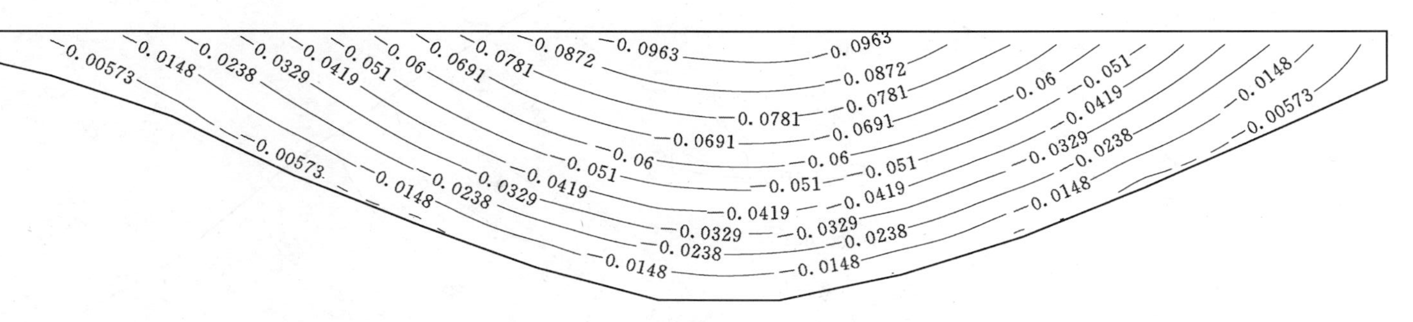

图 K-2　一期蓄水前，防渗墙上游面，顺水流方向位移图（单位：m）

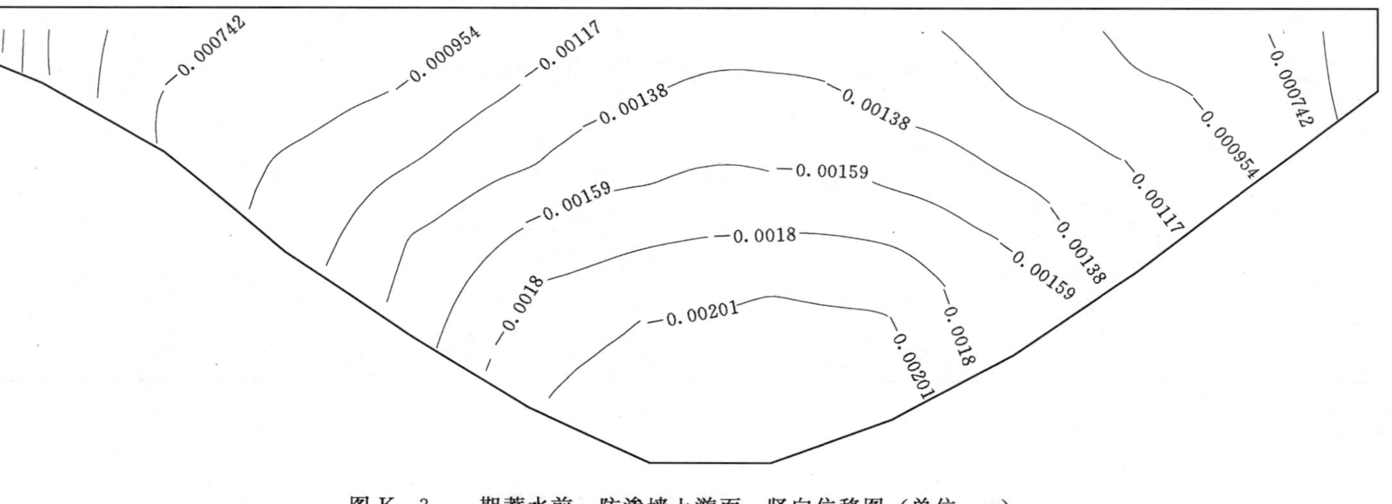

图 K-3　一期蓄水前，防渗墙上游面，竖向位移图（单位：m）

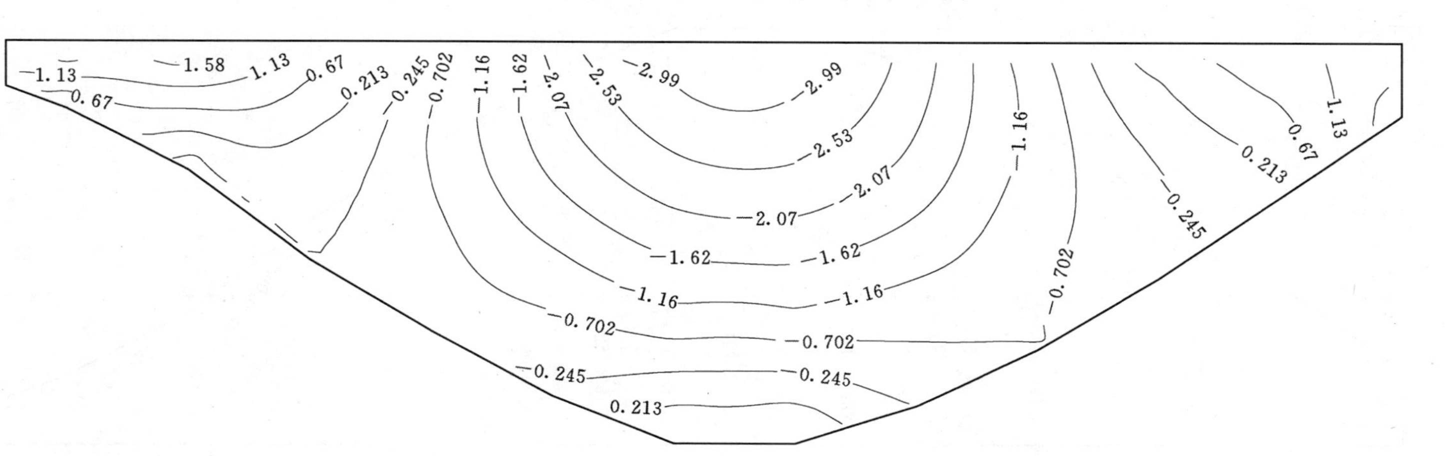

图 K-4　一期蓄水前，防渗墙上游面，轴向应力图（单位：MPa）

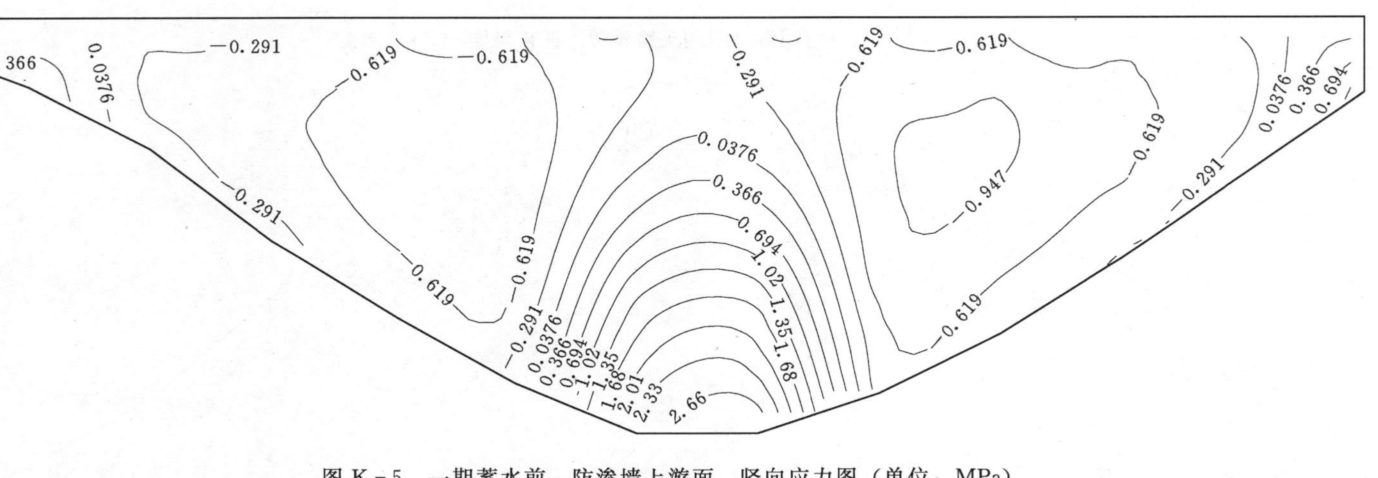

图 K-5　一期蓄水前，防渗墙上游面，竖向应力图（单位：MPa）

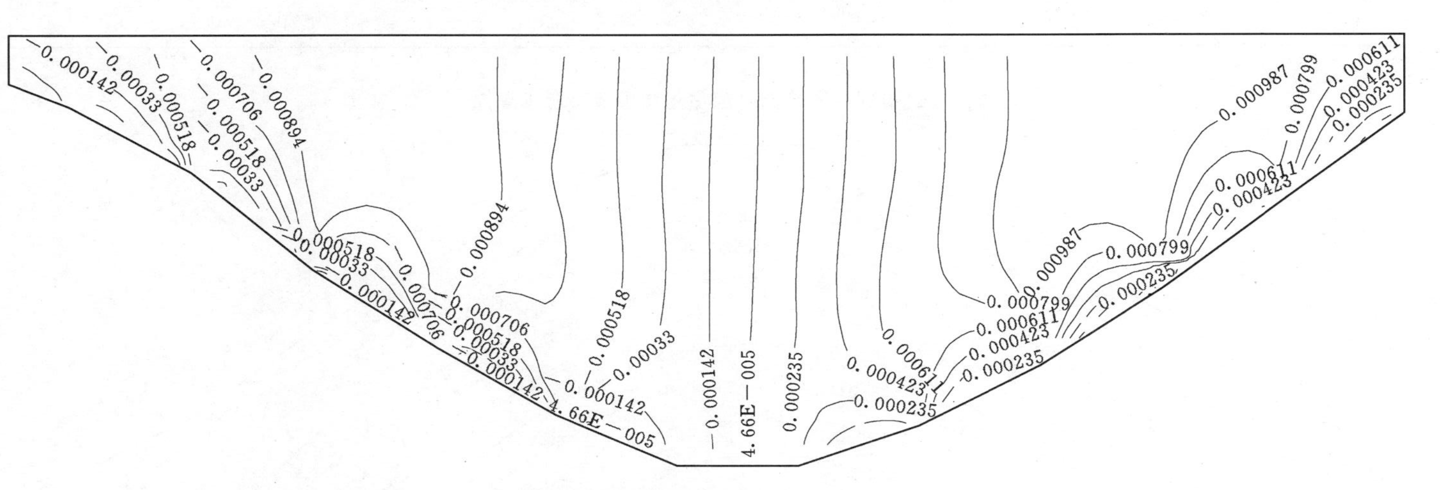

图 K-6　一期蓄水前，防渗墙下游面，轴向位移图（单位：m）

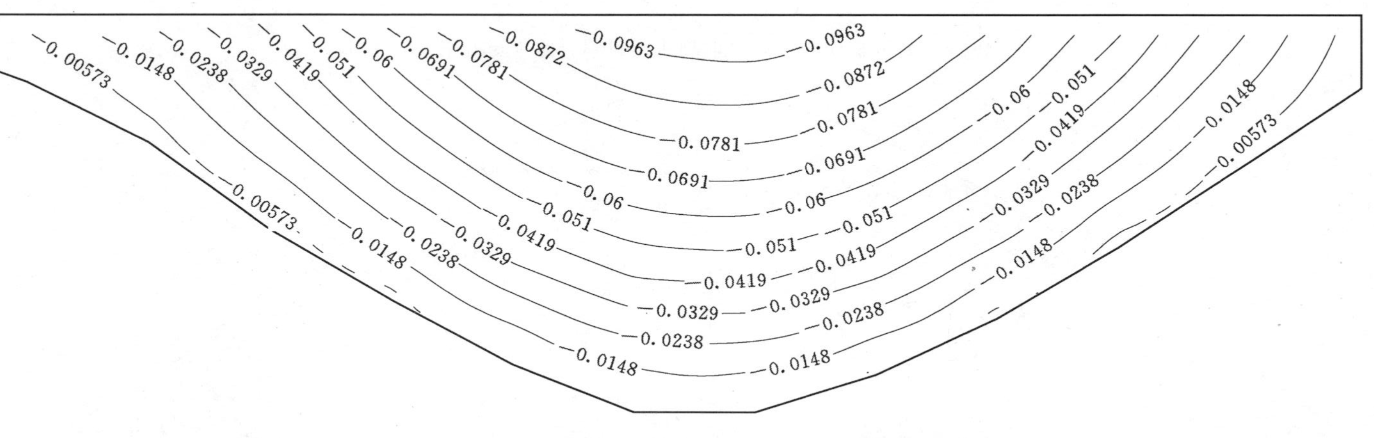

图 K-7　一期蓄水前，防渗墙下游面，顺水流方向位移图（单位：m）

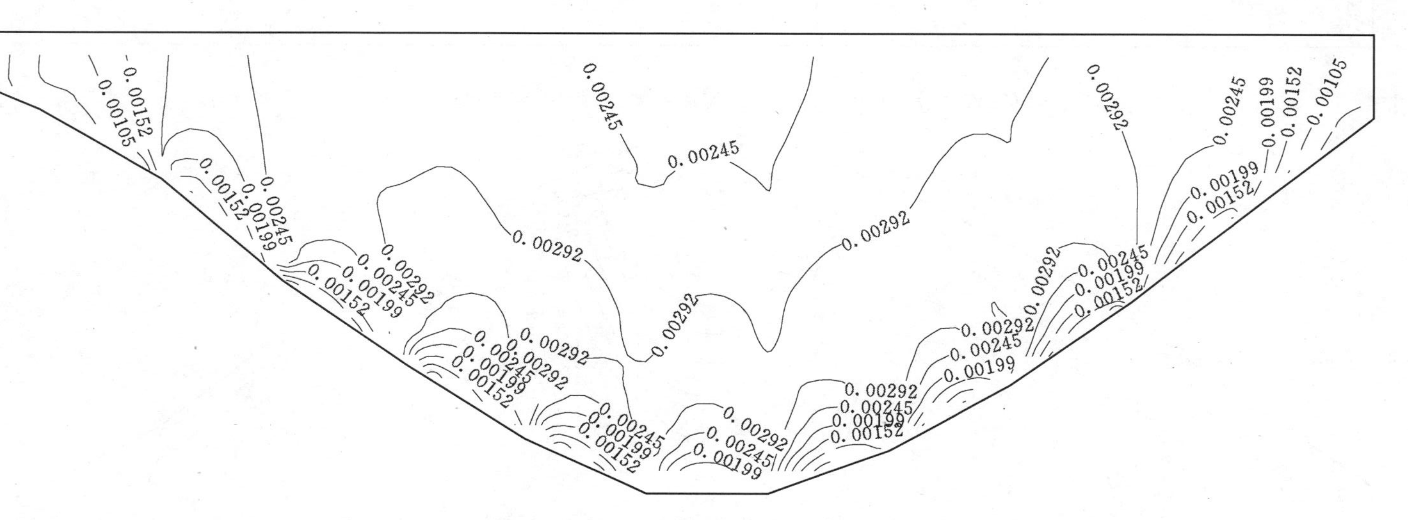

图 K-8　一期蓄水前，防渗墙下游面，竖向位移图（单位：m）

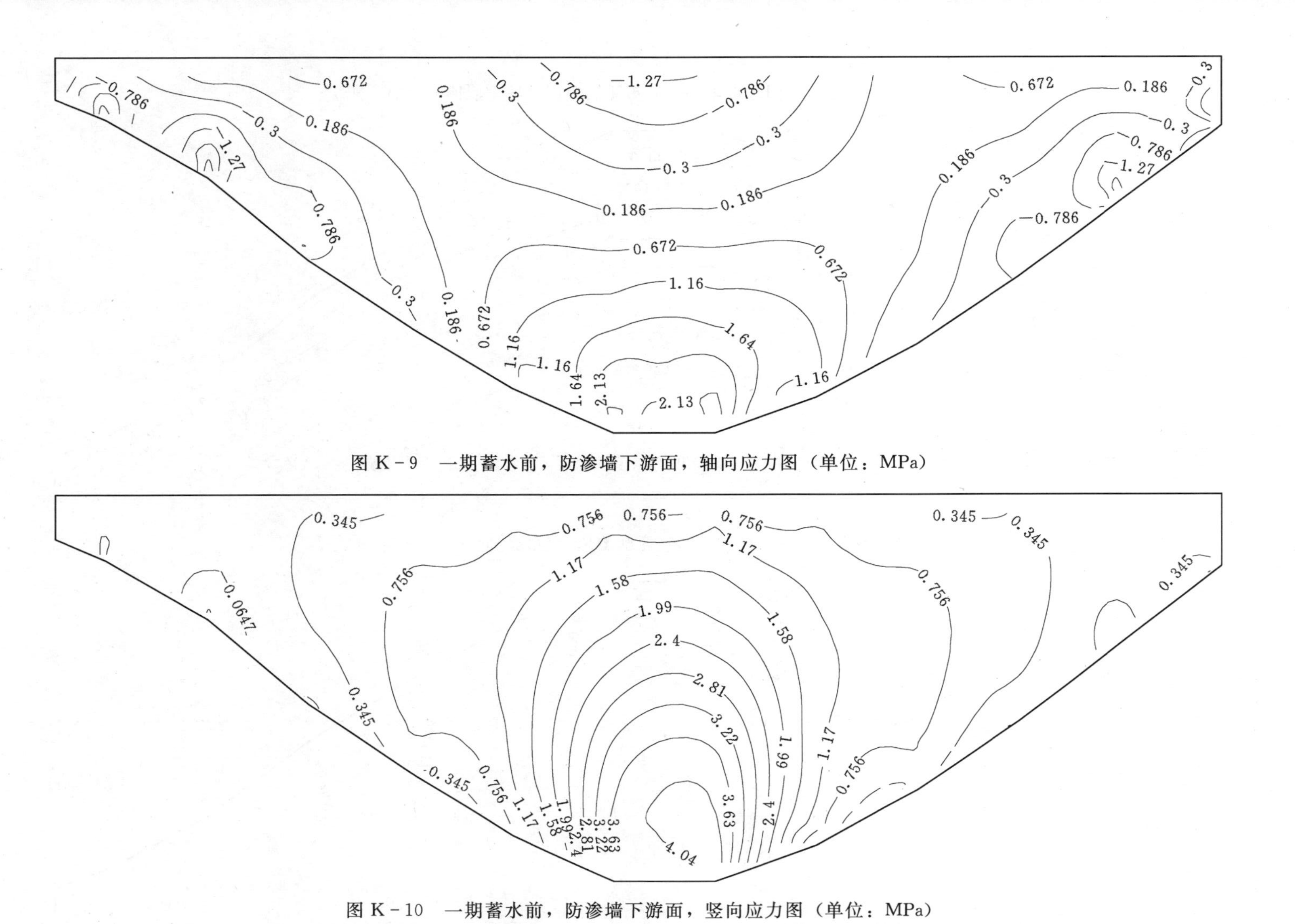

图 K-9　一期蓄水前，防渗墙下游面，轴向应力图（单位：MPa）

图 K-10　一期蓄水前，防渗墙下游面，竖向应力图（单位：MPa）

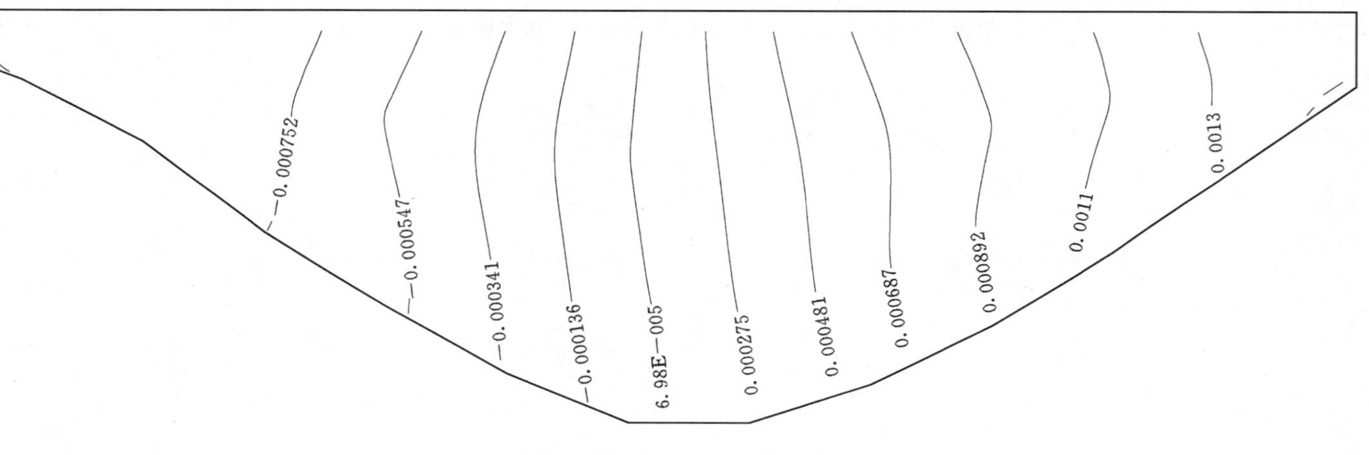

图 K－11　一期蓄水后，防渗墙上游面，轴向位移图（单位：m）

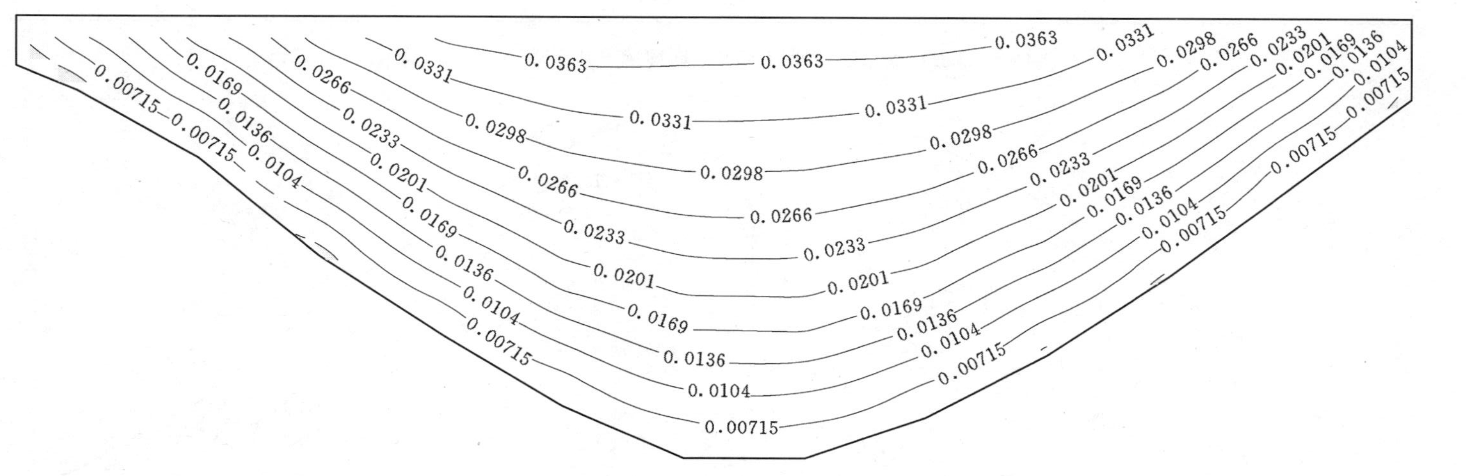

图 K－12　一期蓄水后，防渗墙上游面，顺水流方向位移图（单位：m）

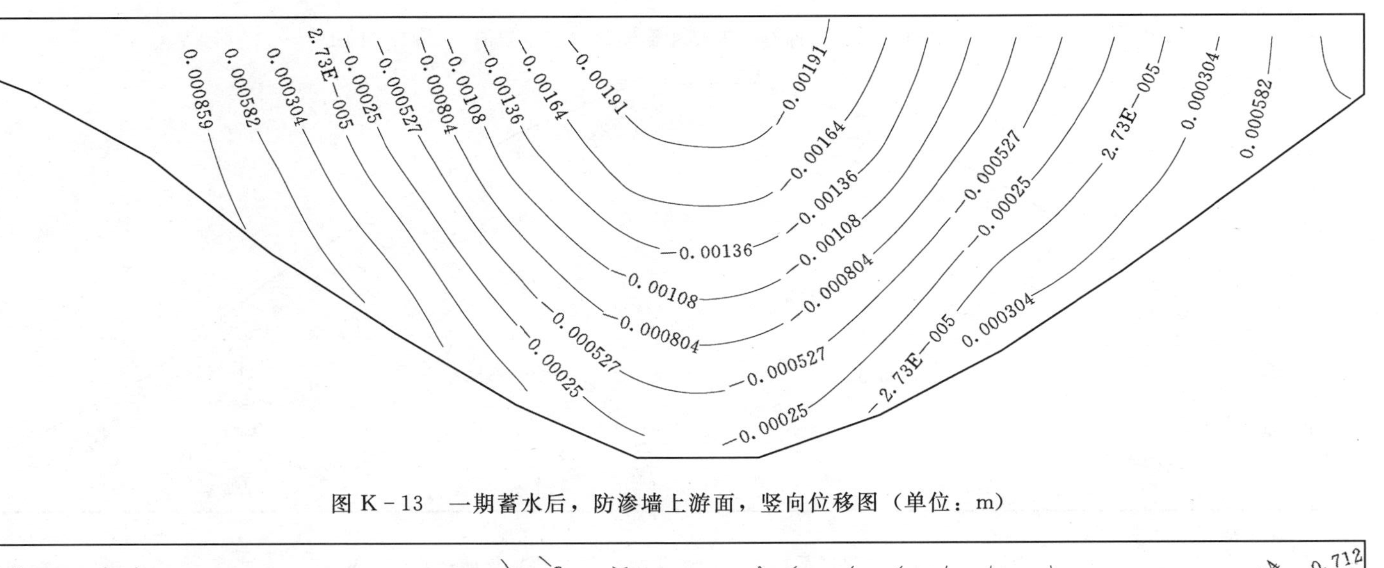

图 K-13　一期蓄水后，防渗墙上游面，竖向位移图（单位：m）

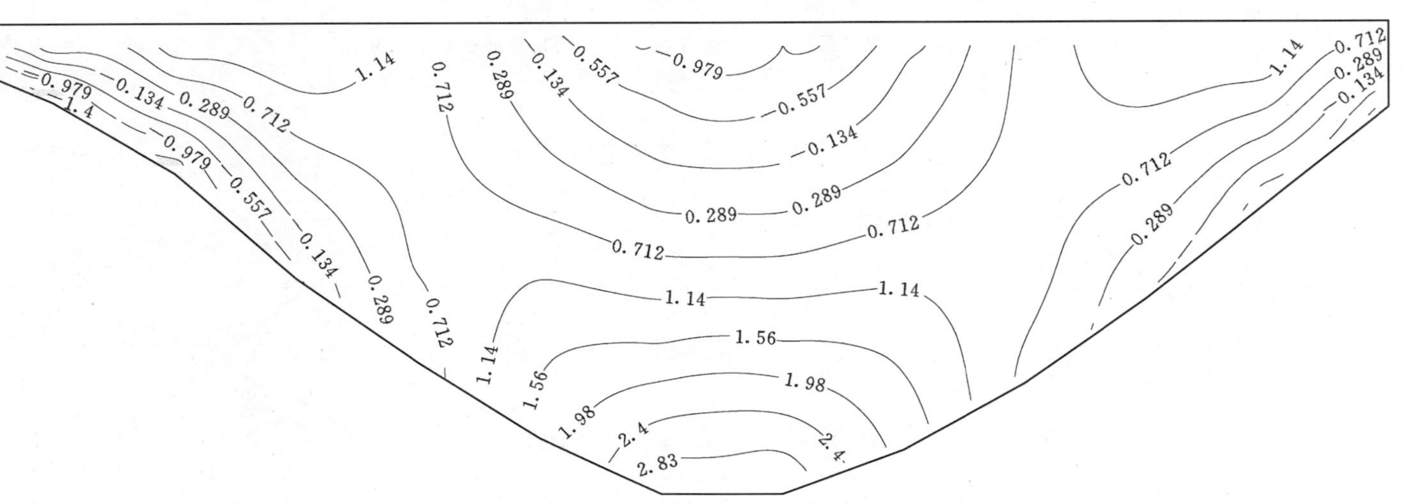

图 K-14　一期蓄水后，防渗墙上游面，轴向应力图（单位：MPa）

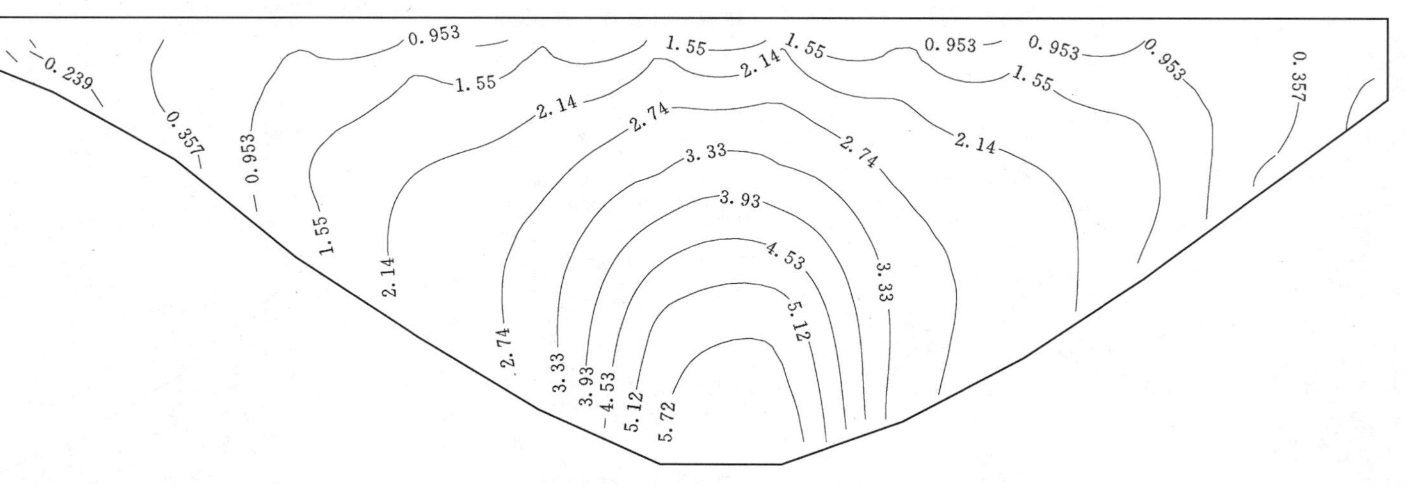

图 K-15　一期蓄水后，防渗墙上游面，竖向应力图（单位：MPa）

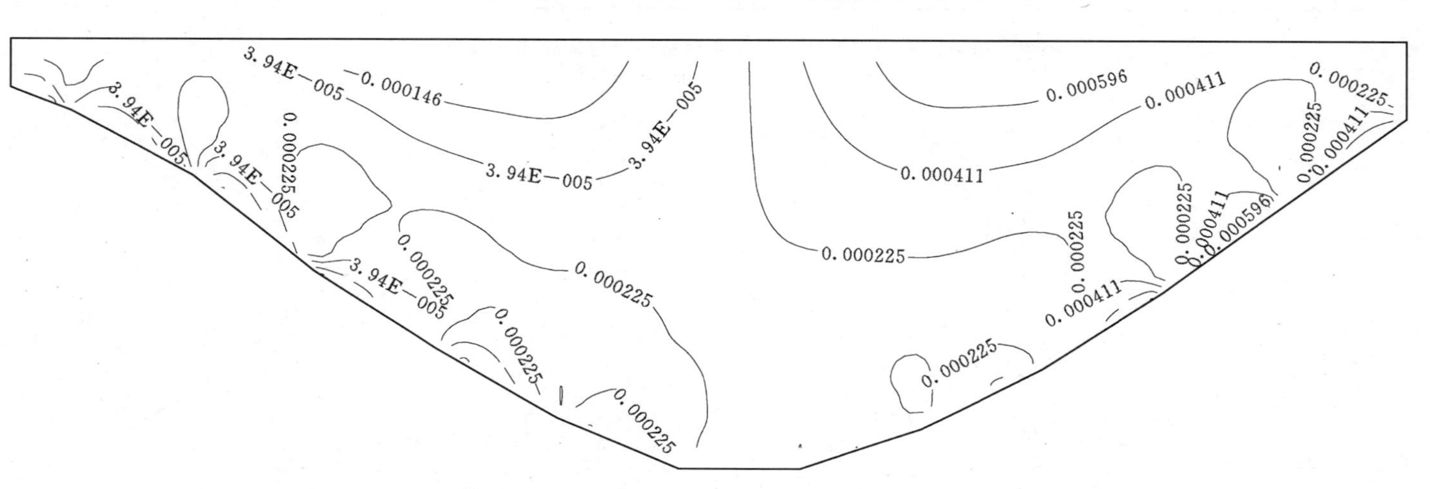

图 K-16　一期蓄水后，防渗墙下游面，轴向位移图（单位：m）

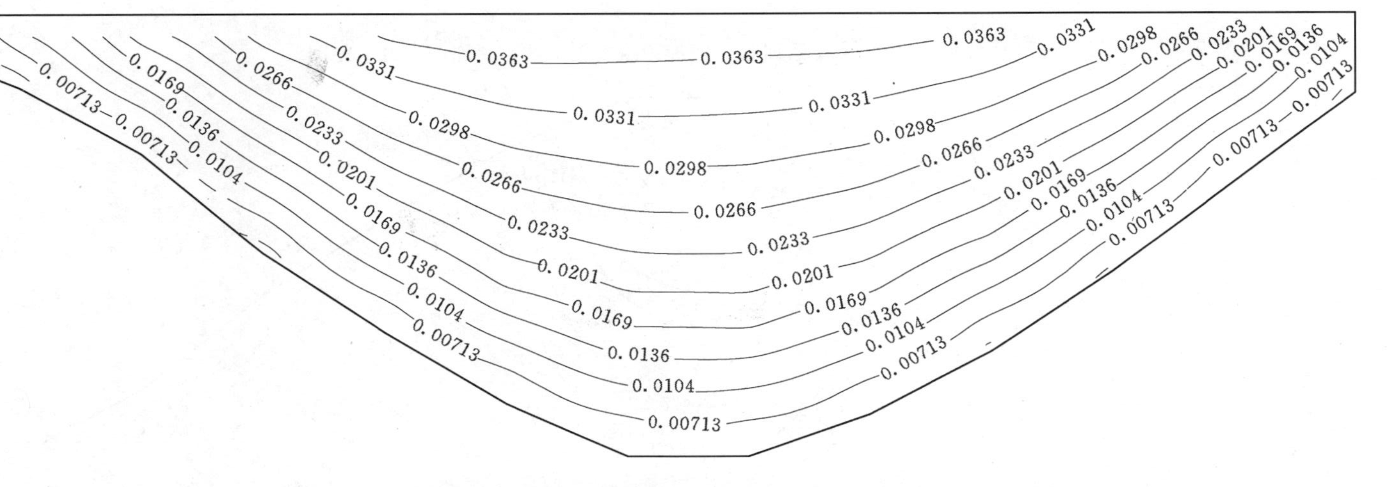

图 K-17　一期蓄水后，防渗墙下游面，顺水流方向位移图（单位：m）

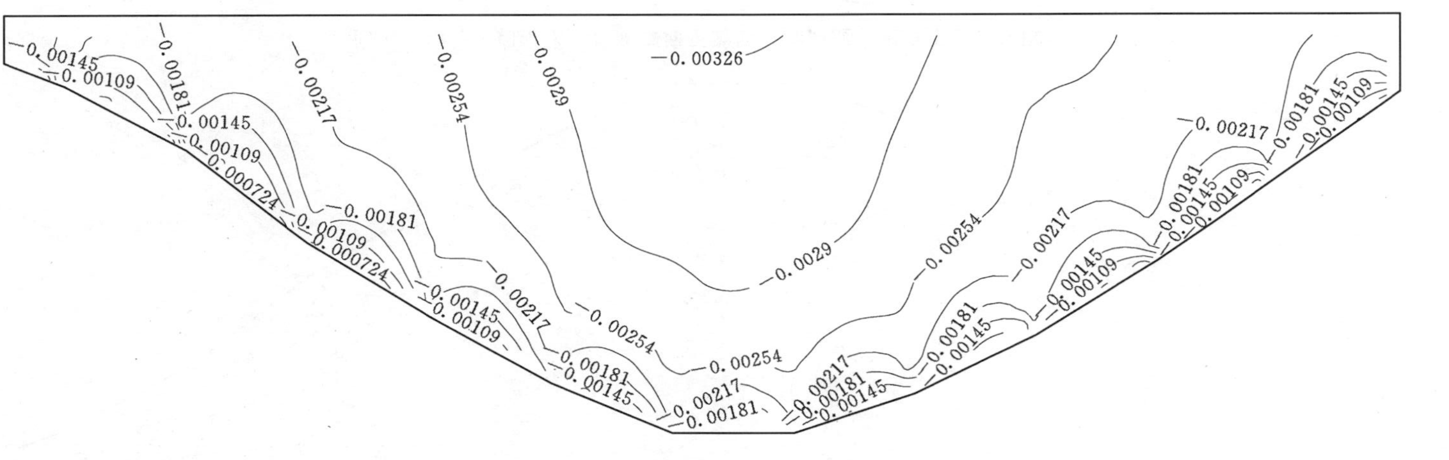

图 K-18　一期蓄水后，防渗墙下游面，竖向位移图（单位：m）

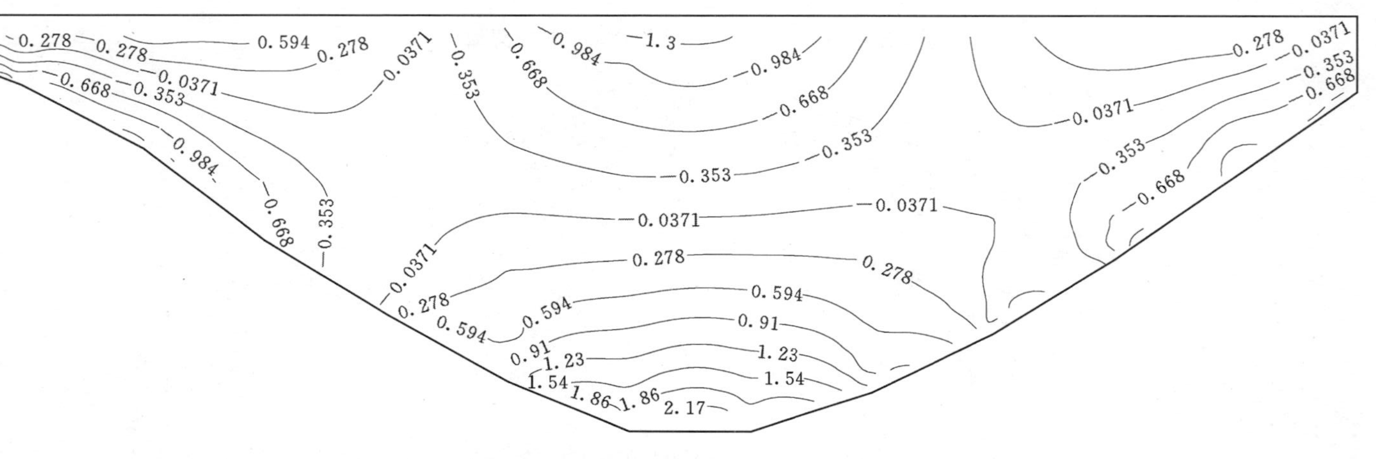

图 K-19　一期蓄水后，防渗墙下游面，轴向应力图（单位：MPa）

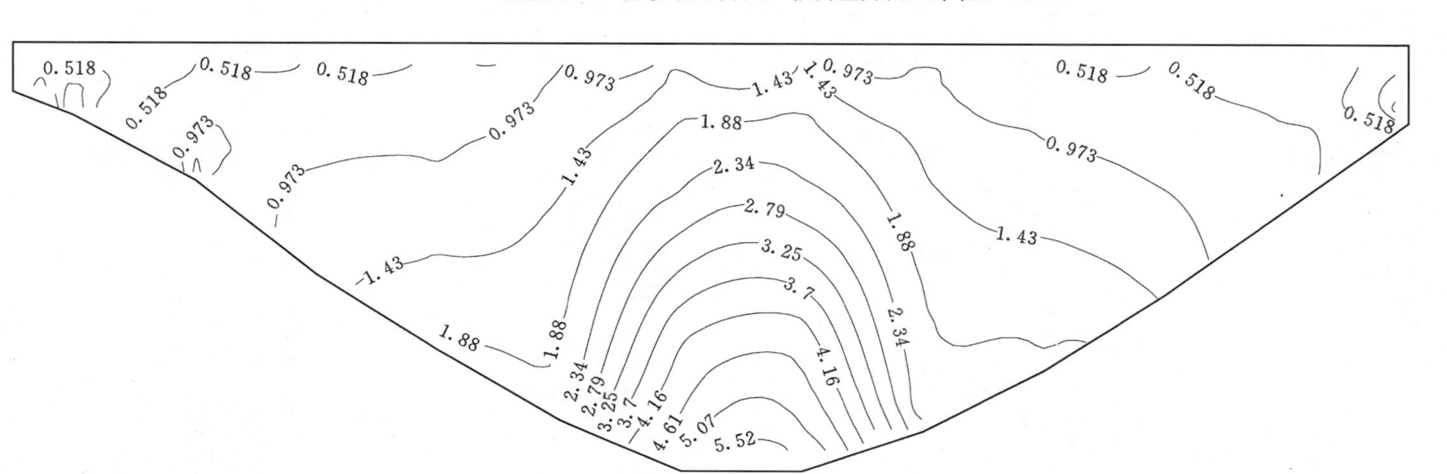

图 K-20　一期蓄水后，防渗墙下游面，竖向应力图（单位：MPa）

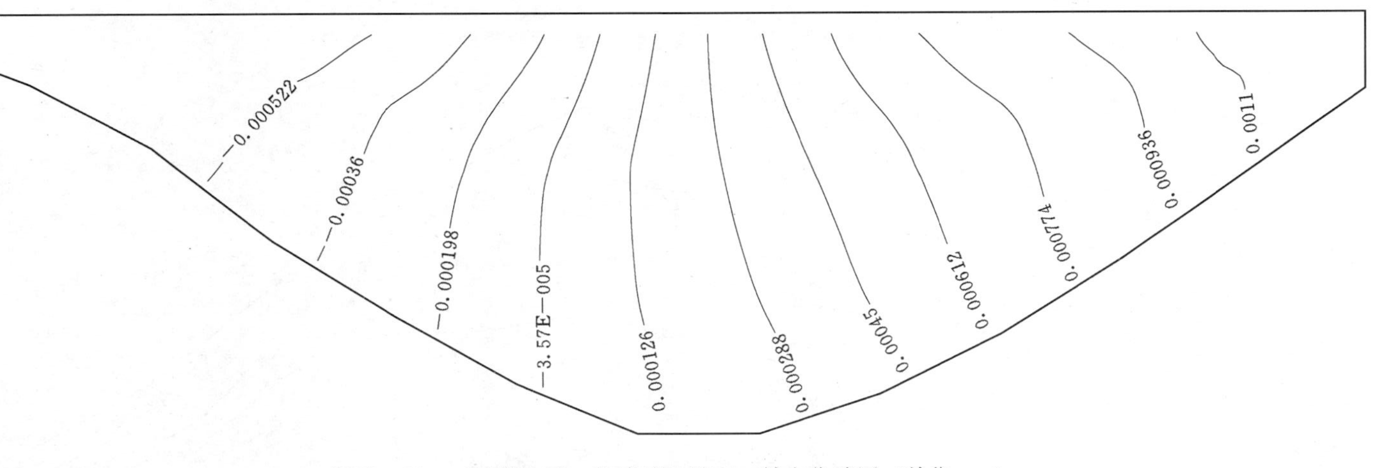

图 K-21　二期蓄水前，防渗墙上游面，轴向位移图（单位：m）

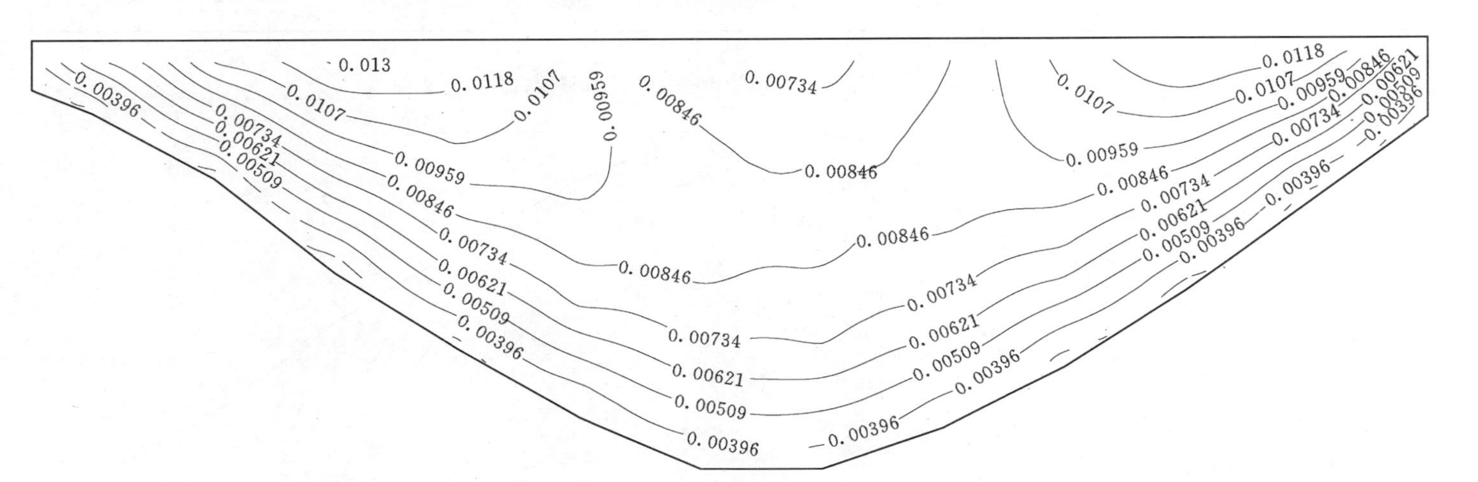

图 K-22　二期蓄水前，防渗墙上游面，顺水流方向位移图（单位：m）

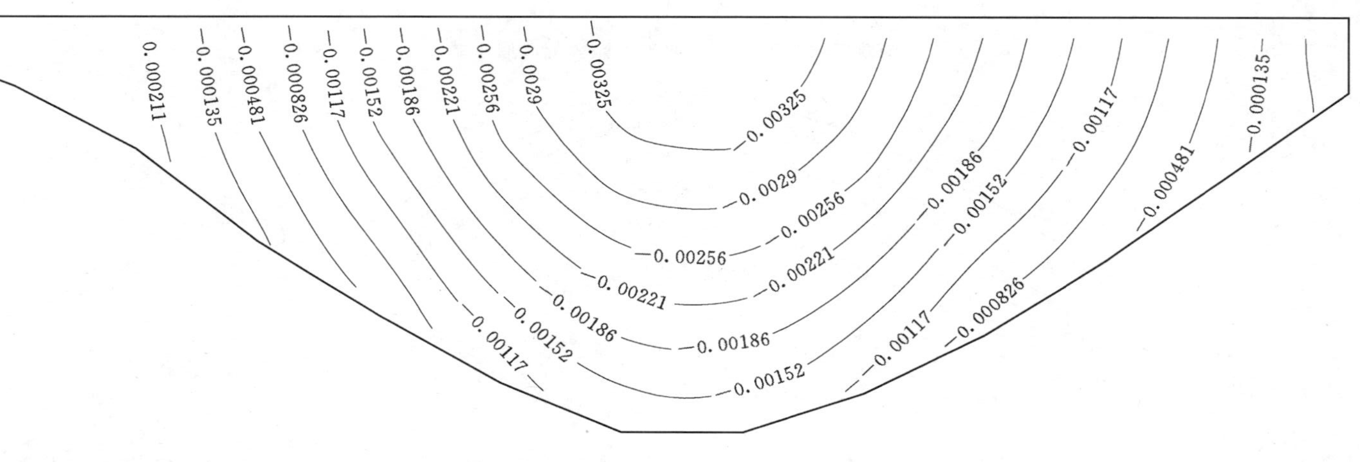

图 K-23　二期蓄水前，防渗墙上游面，竖向位移图（单位：m）

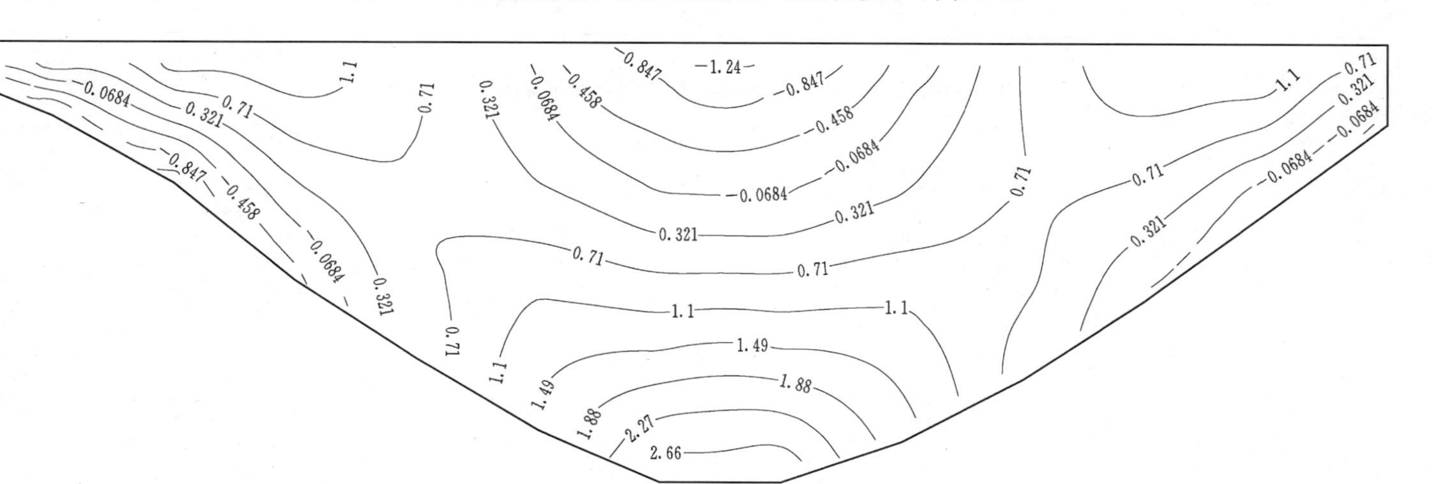

图 K-24　二期蓄水前，防渗墙上游面，轴向应力图（单位：MPa）

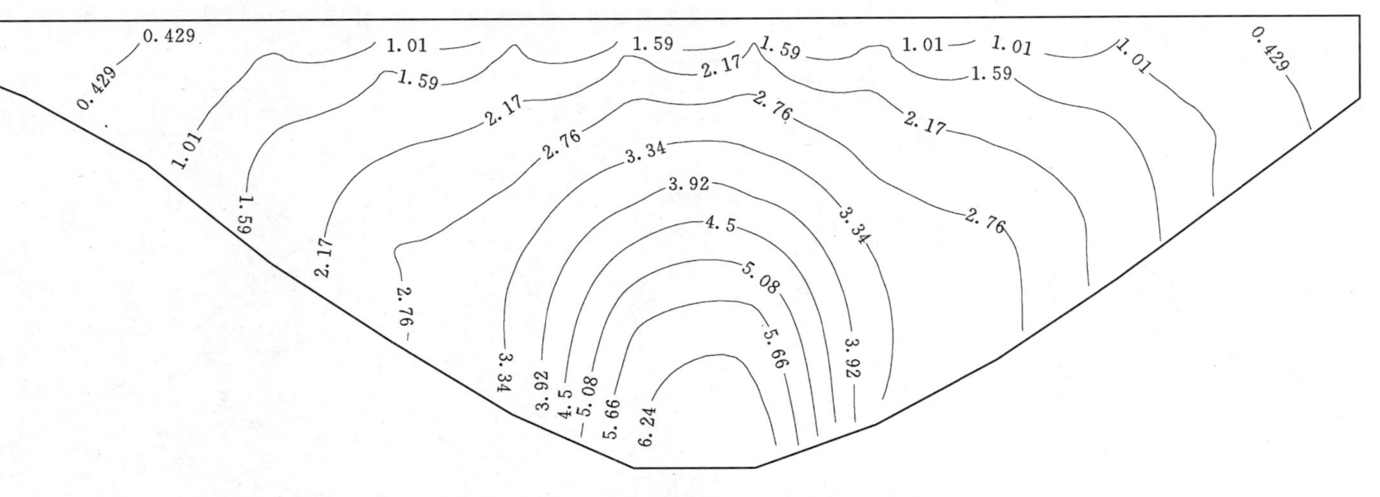

图 K-25　二期蓄水前，防渗墙上游面，竖向应力图（单位：MPa）

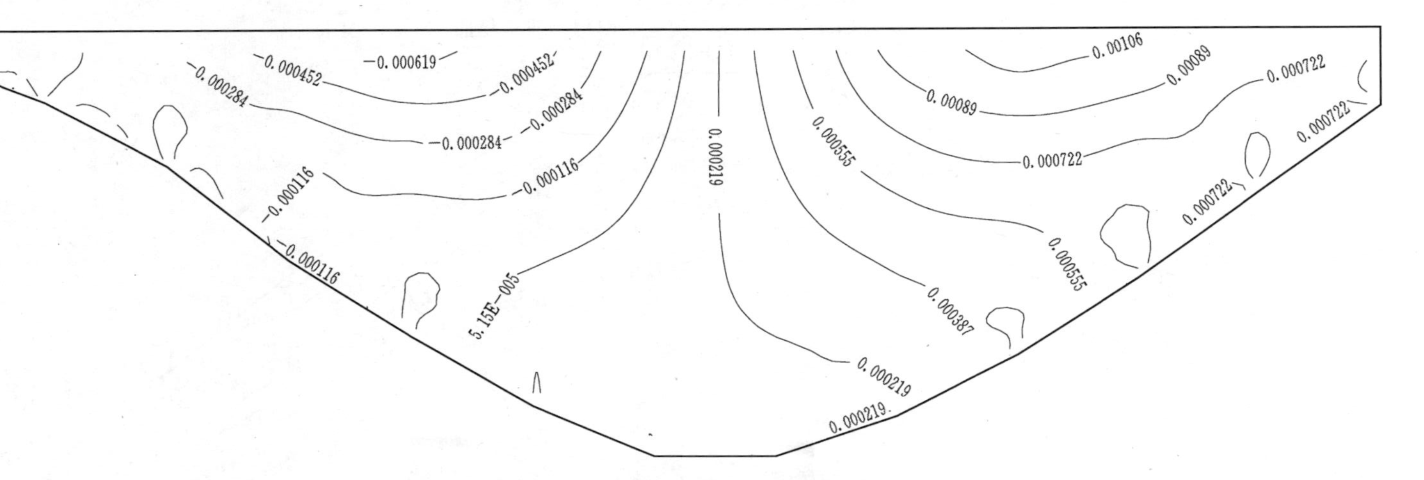

图 K-26　二期蓄水前，防渗墙下游面，轴向位移图（单位：m）

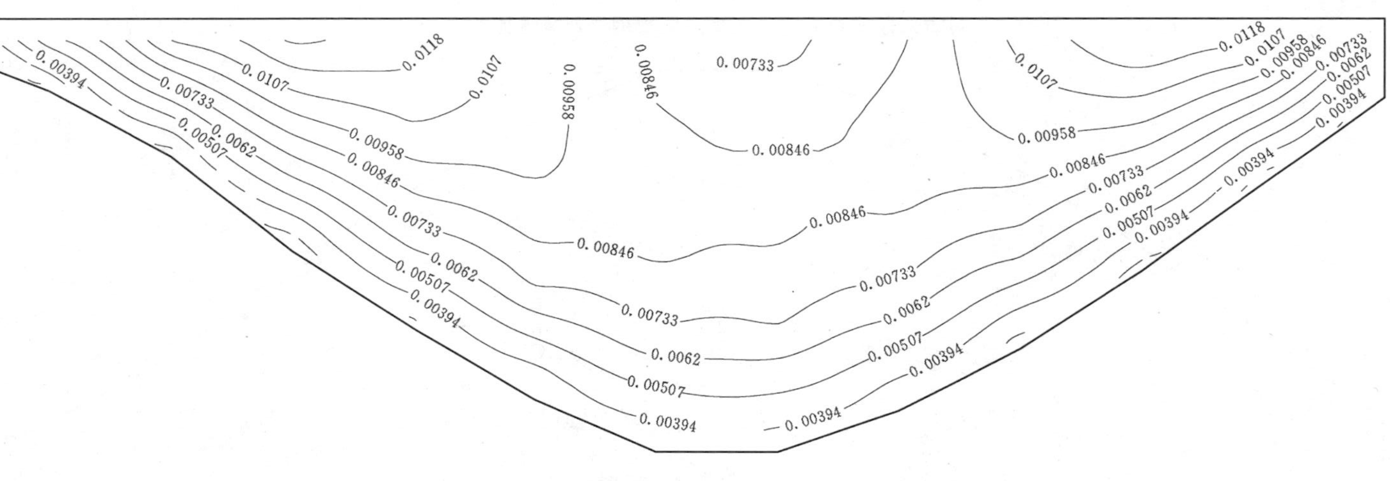

图 K-27　二期蓄水前，防渗墙下游面，顺水流方向位移图（单位：m）

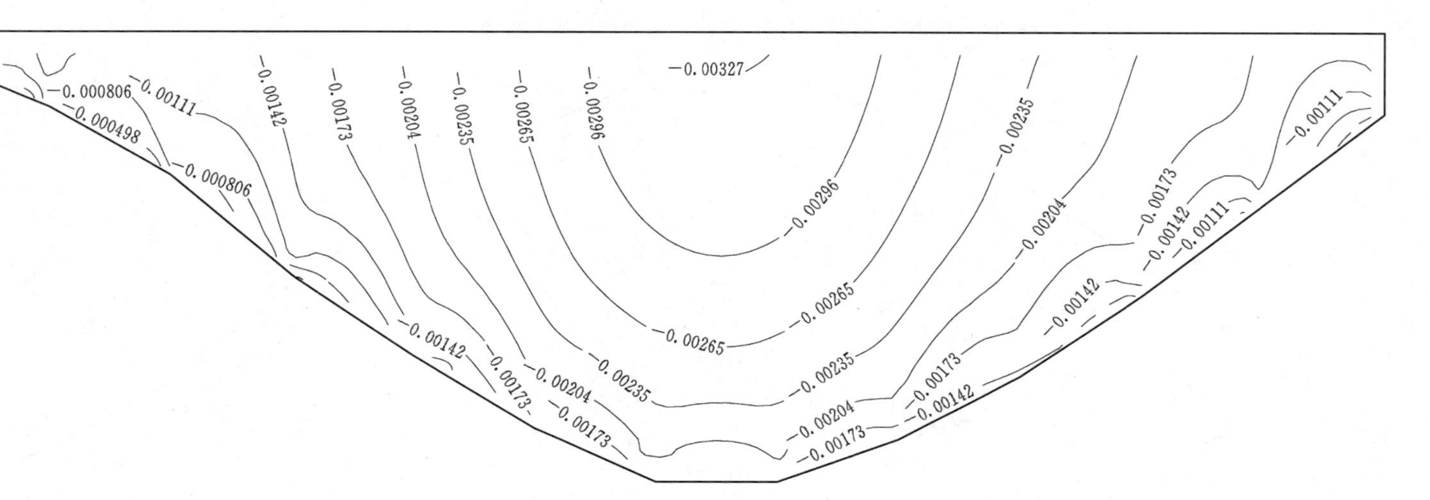

图 K-28　二期蓄水前，防渗墙下游面，竖向位移图（单位：m）

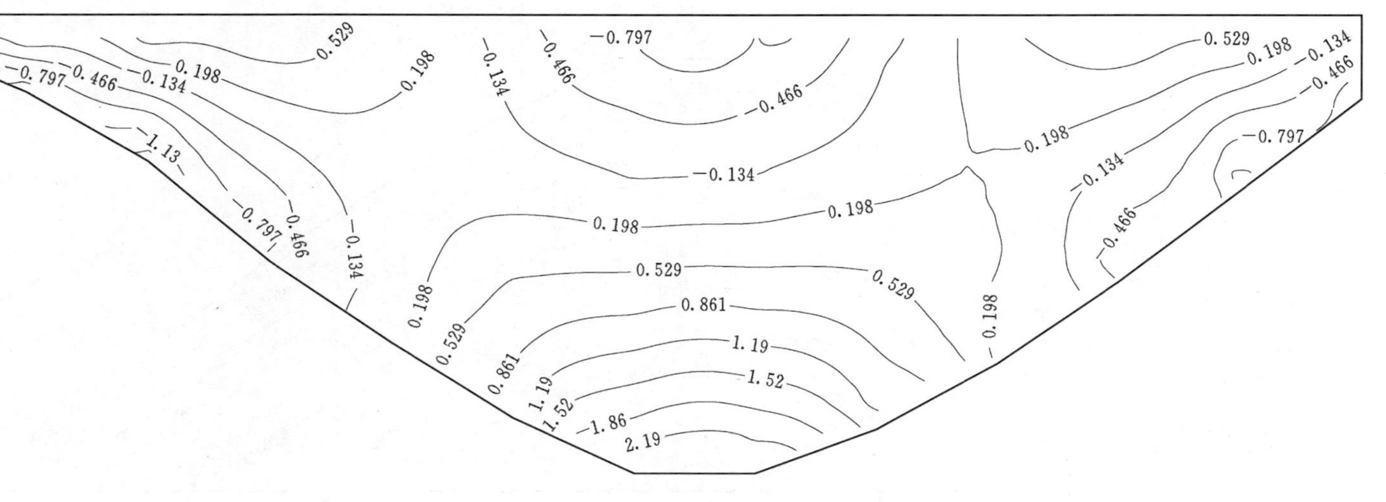

图 K-29　二期蓄水前，防渗墙下游面，轴向应力图（单位：MPa）

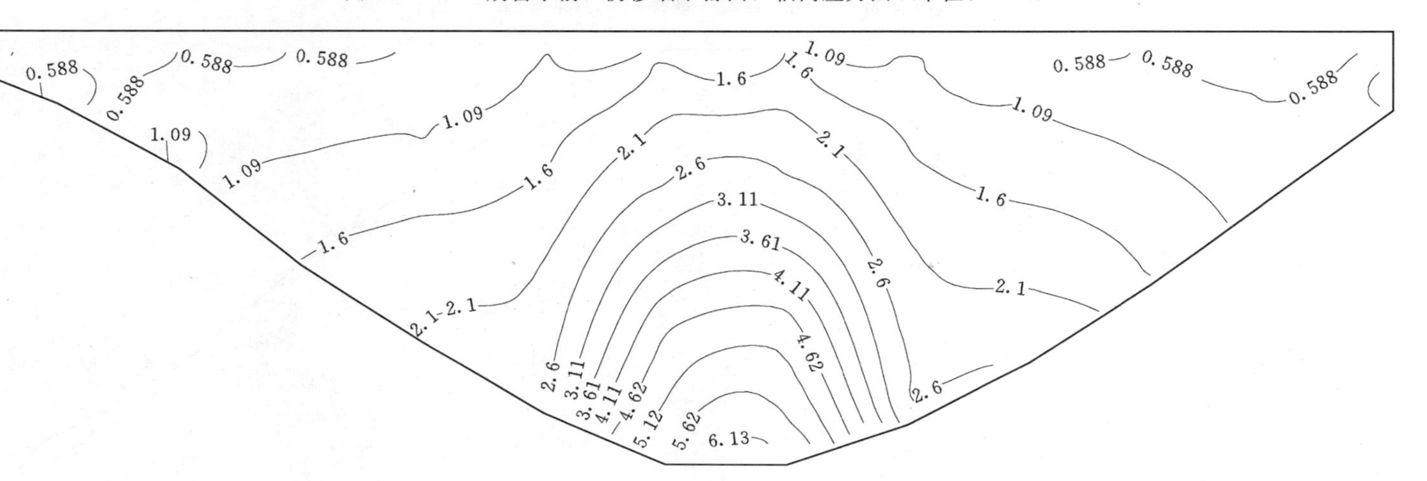

图 K-30　二期蓄水前，防渗墙下游面，竖向应力图（单位：MPa）

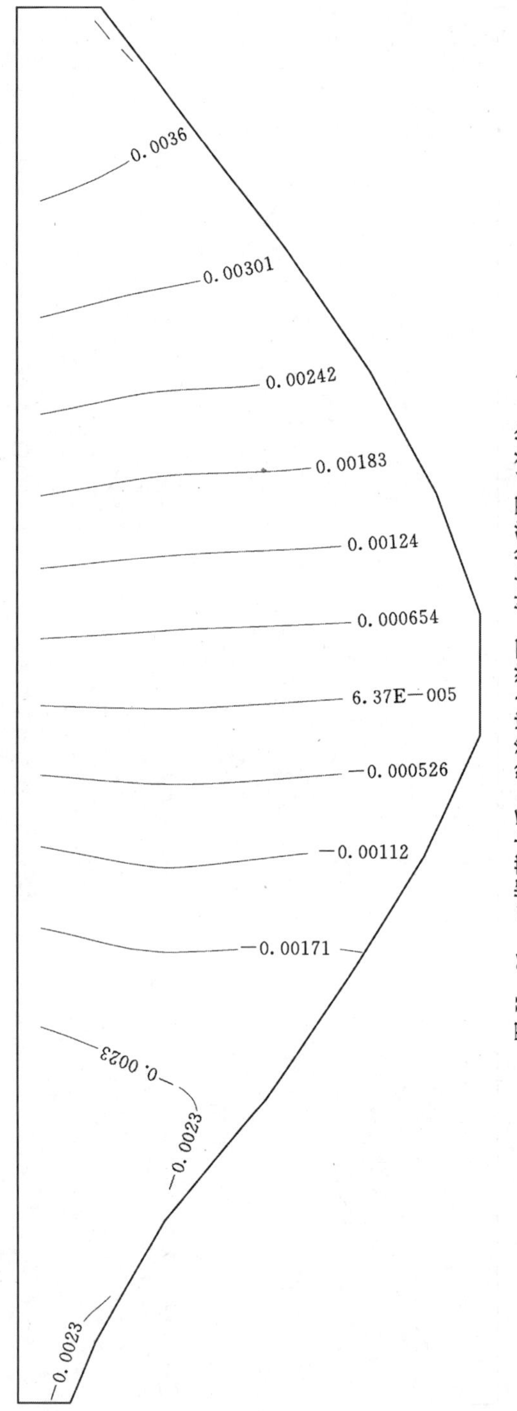

图 K－31　二期蓄水后，防渗墙上游面，轴向位移图（单位：m）

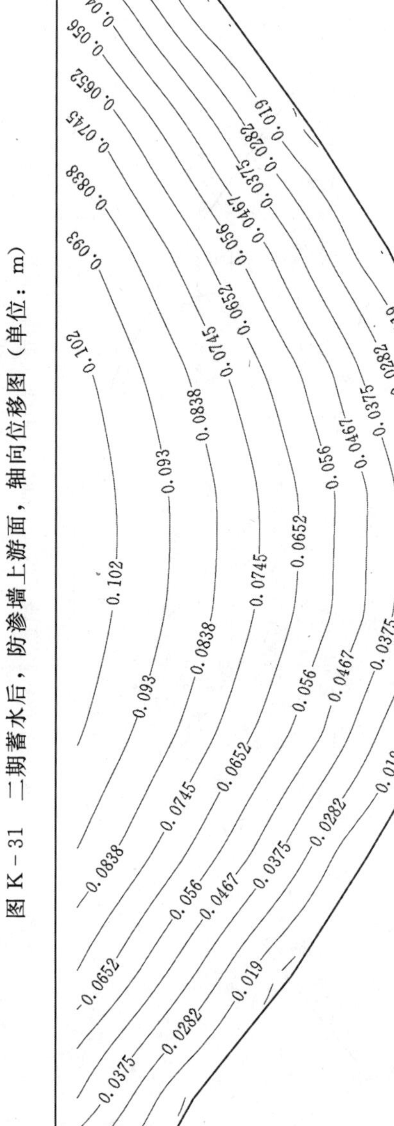

图 K－32　二期蓄水后，防渗墙上游面，顺水流方向位移图（单位：m）

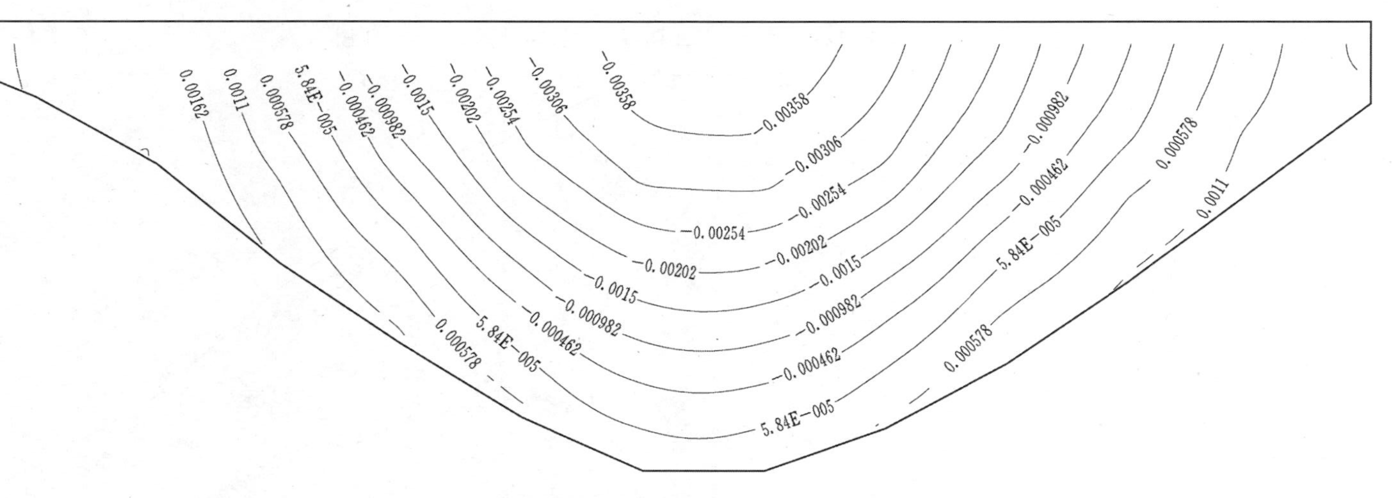

图 K-33　二期蓄水后，防渗墙上游面，竖向位移图（单位：m）

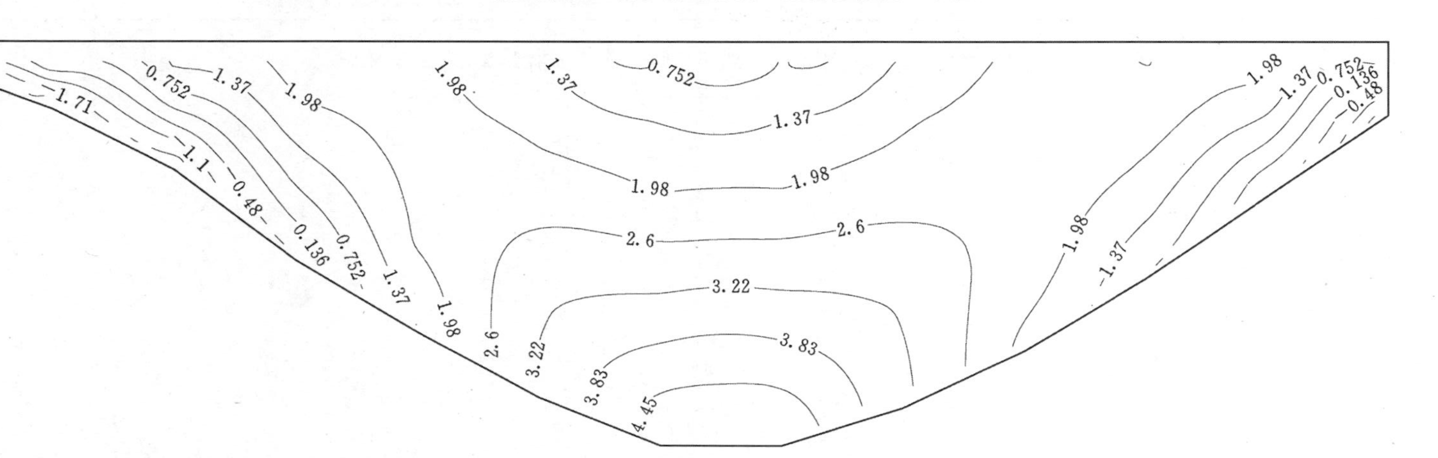

图 K-34　二期蓄水后，防渗墙上游面，轴向应力图（单位：MPa）

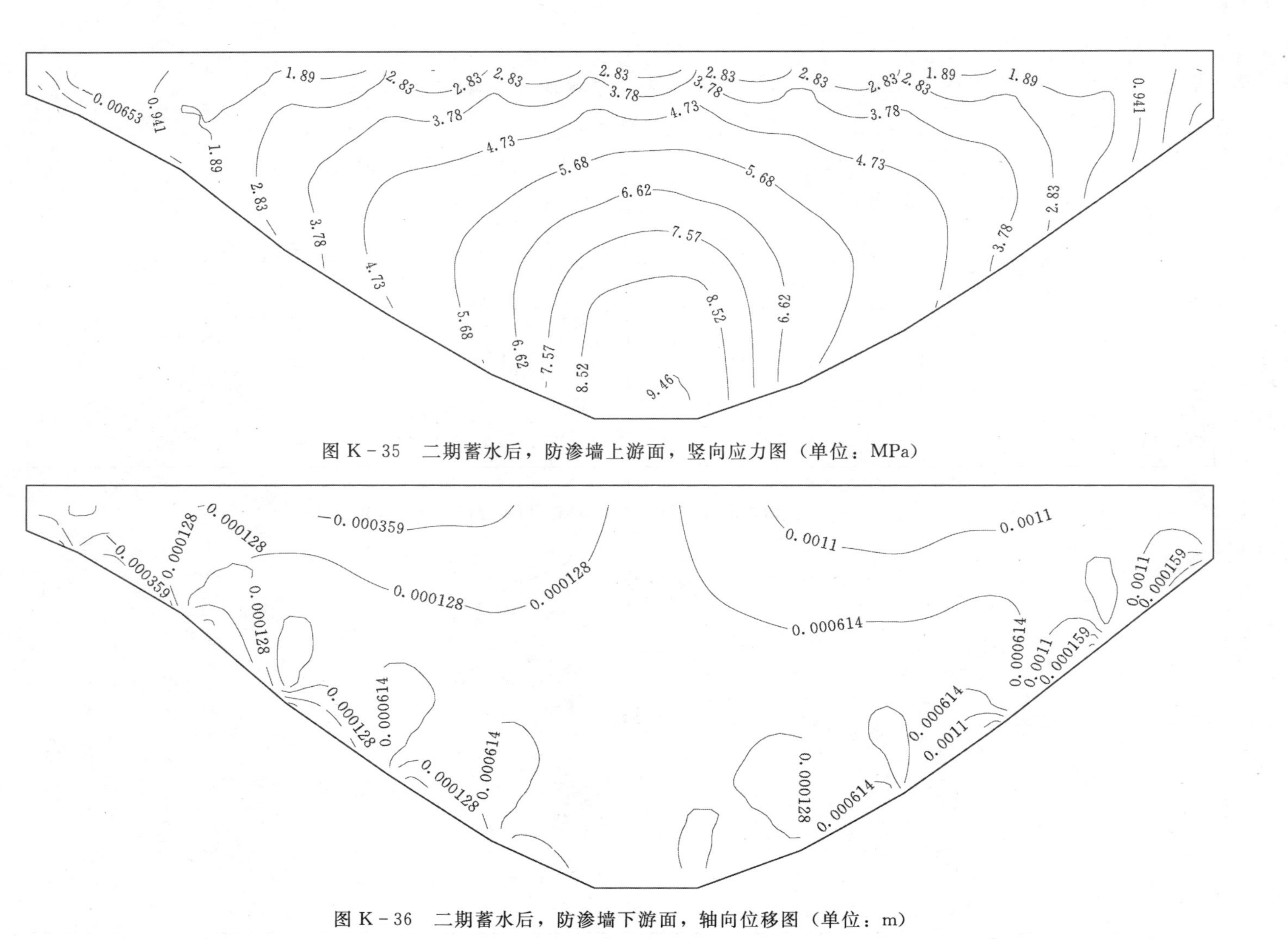

图 K-35　二期蓄水后，防渗墙上游面，竖向应力图（单位：MPa）

图 K-36　二期蓄水后，防渗墙下游面，轴向位移图（单位：m）

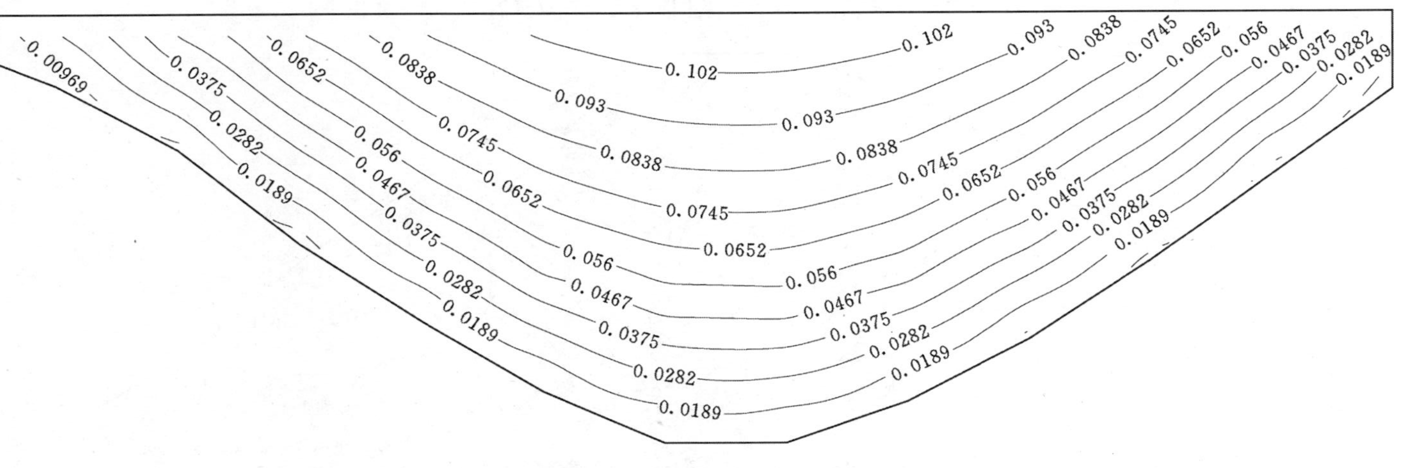

图 K－37　二期蓄水后，防渗墙下游面，顺水流方向位移图（单位：m）

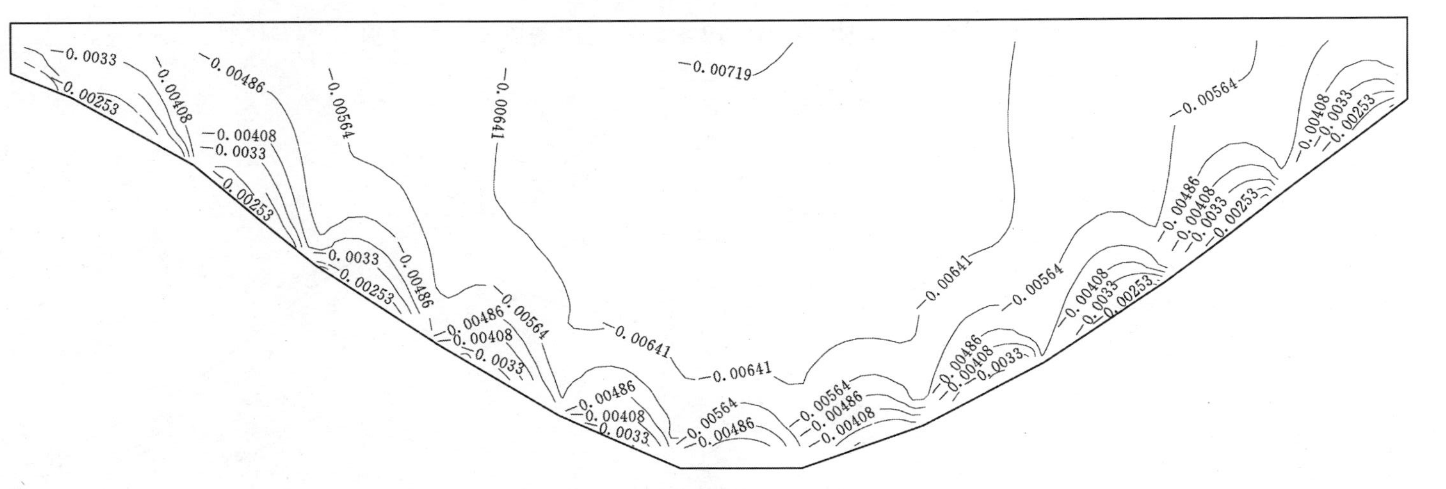

图 K－38　二期蓄水后，防渗墙下游面，竖向位移图（单位：m）

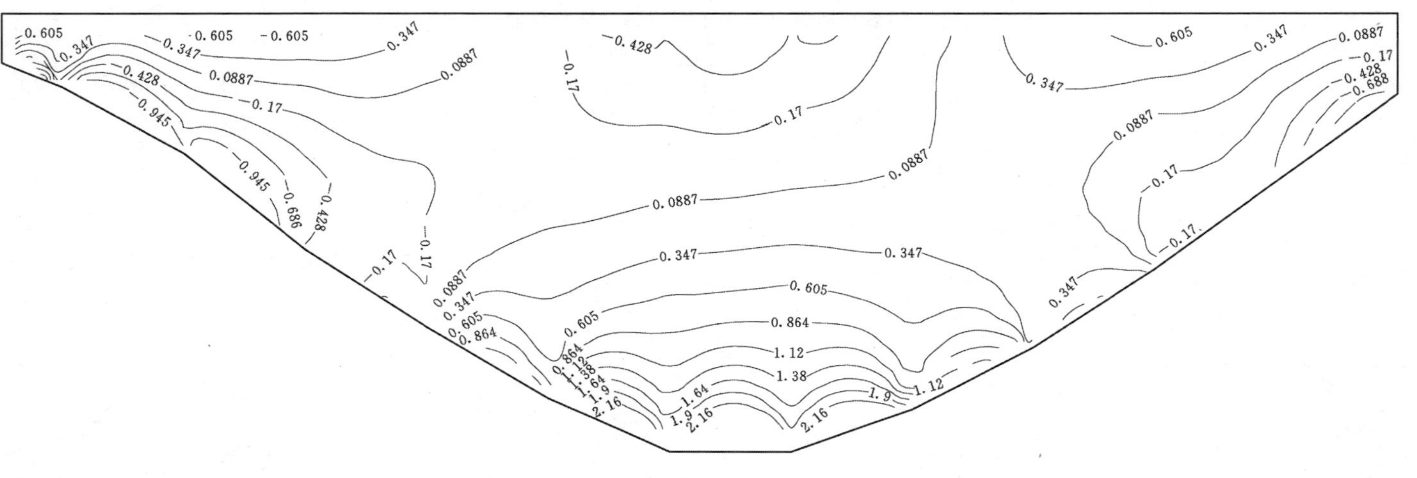

图 K－39　二期蓄水后，防渗墙下游面，轴向应力图（单位：MPa）

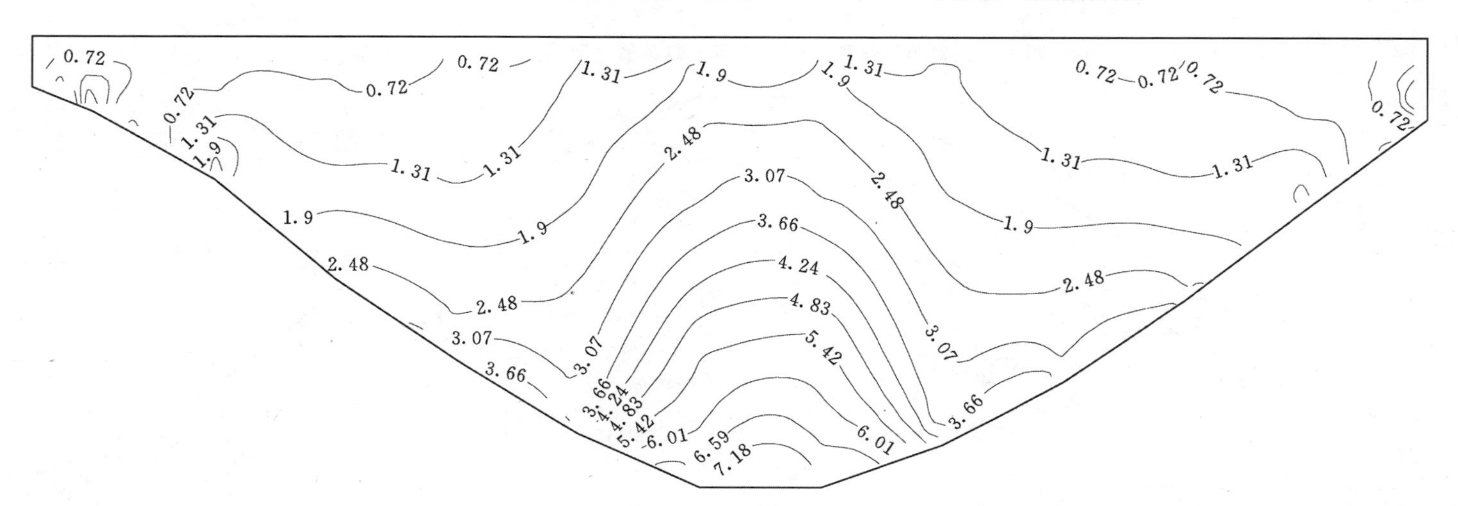

图 K－40　二期蓄水后，防渗墙下游面，竖向应力图（单位：MPa）

时竖向位移最大值为－0.003621m。

从图 K-39 可以看出：二期蓄水后，防渗墙下游面，轴向应力最小值为－3.305MPa，轴向应力最大值为 5.084MPa，P＝0.5%时轴向应力最小值为－0.9445MPa，P＝99.5%时轴向应力最大值为 2.155MPa。

从图 K-40 可以看出：二期蓄水后，防渗墙下游面，竖向应力最小值为－3.156MPa，竖向应力最大值为 9.495MPa，P＝0.5%时轴向应力最小值为 0.1327MPa，P＝99.5%时轴向应力最大值为 7.182MPa。

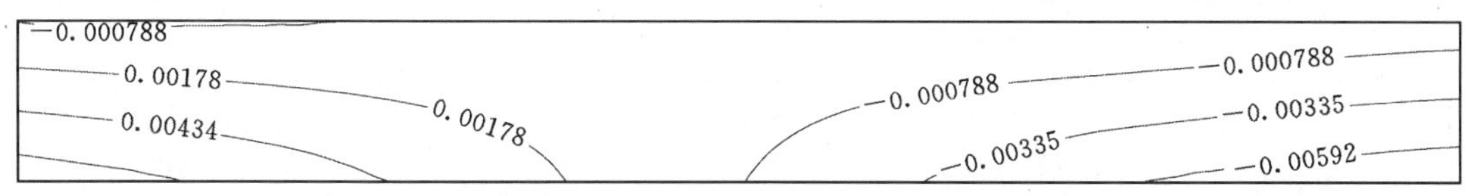

图 L-1　一期蓄水后，连接板表面，轴向位移图（单位：m）

从图 L-1 可以看出：一期蓄水后，连接板表面，轴向位移最小值为－0.008484m，轴向位移最大值为 0.009473m，P＝0.5%时轴向位移最小值为－0.008293m，P＝99.5%时轴向位移最大值为 0.009421m。

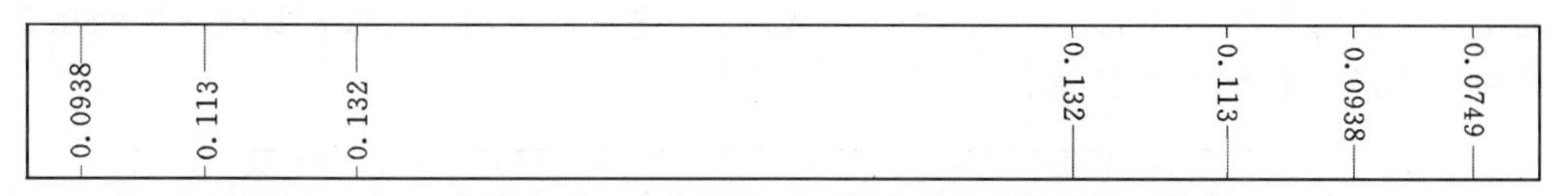

图 L-2　一期蓄水后，连接板表面，顺水流方向位移图（单位：m）

从图 L-2 可以看出：一期蓄水后，连接板表面，顺水流方向位移最小值为 0.01820m，顺水流方向位移最大值为 0.1505m，P＝0.5%时轴向位移最小值为 0.03148m，P＝99.5%时轴向位移最大值为 0.1501m。

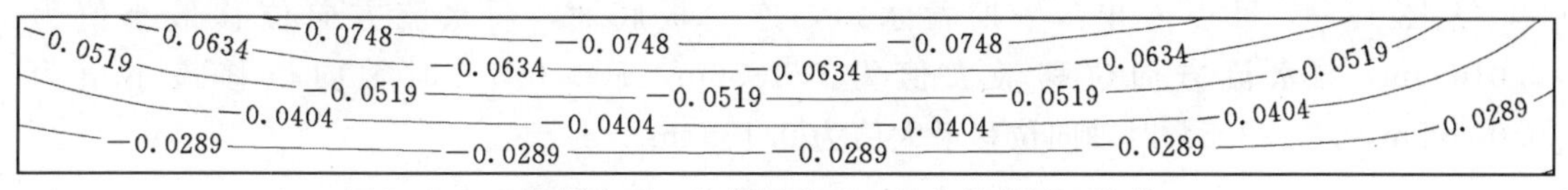

图 L-3　一期蓄水后，连接板表面，竖向位移图（单位：m）

从图 L-3 可以看出：一期蓄水后，连接板表面，竖向位移最小值为－0.08631m，竖向位移最大值为－0.005986m，P＝0.5%时竖向位移最小值为－0.08627m，P＝99.5%时竖向位移最大值为－0.006291m。

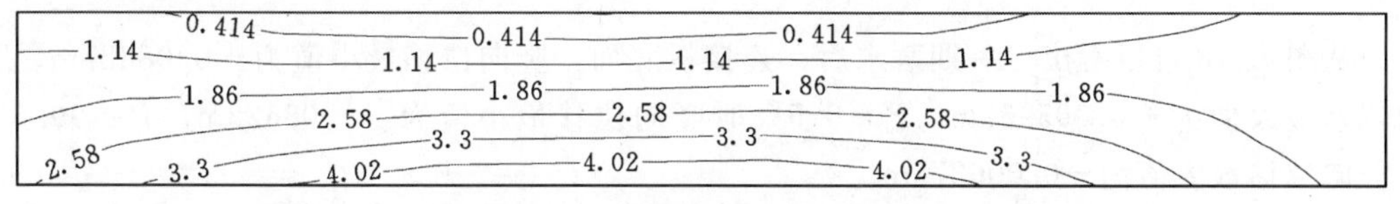

图 L-4　一期蓄水后，连接板表面，轴向应力图（单位：MPa）

从图 L-4 可以看出：一期蓄水后，连接板表面，轴向应力最小值为－0.3607MPa，轴向应力最大值为 4.753MPa，P＝0.5%时轴向应力最小值为－0.3072MPa，P＝99.5%时轴向应力最大值为 4.740MPa。

从图 L-5 可以看出：一期蓄水后，连接板表面，顺水流应力最小值为 0.1056MPa，

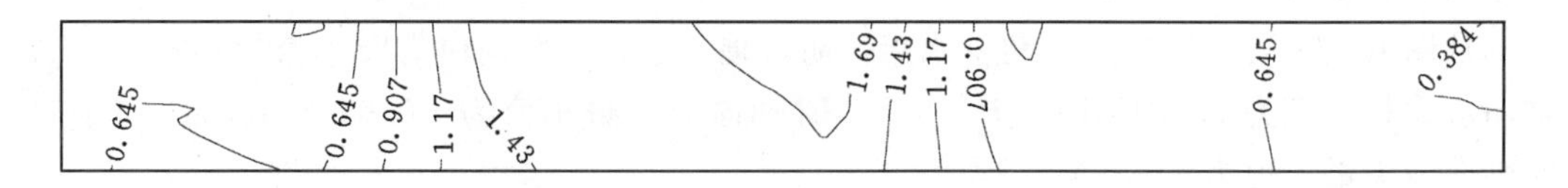

图 L-5　一期蓄水后，连接板表面，顺水流应力图（单位：MPa）

顺水流应力最大值为 1.957MPa，P=0.5%时顺水流应力最小值为 0.1221MPa，P=99.5%时顺水流应力最大值为 1.952MPa。

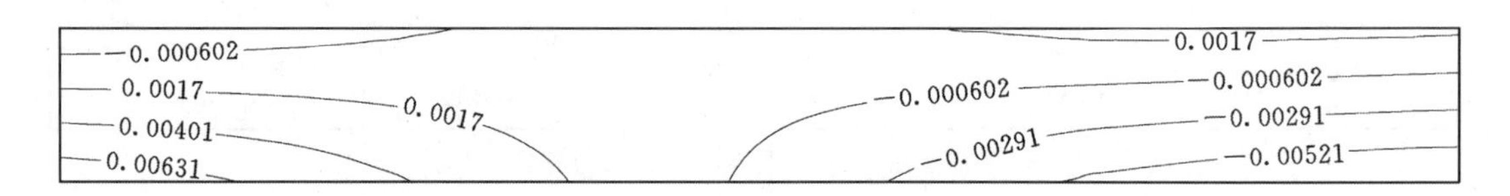

图 L-6　一期蓄水后，连接板底面，轴向位移图（单位：m）

从图 L-6 可以看出：一期蓄水后，连接板底面，轴向位移最小值为−0.007515m，轴向位移最大值为 0.008615m，P=0.5%时轴向位移最小值为−0.007515m，P=99.5%时轴向位移最大值为 0.008568m。

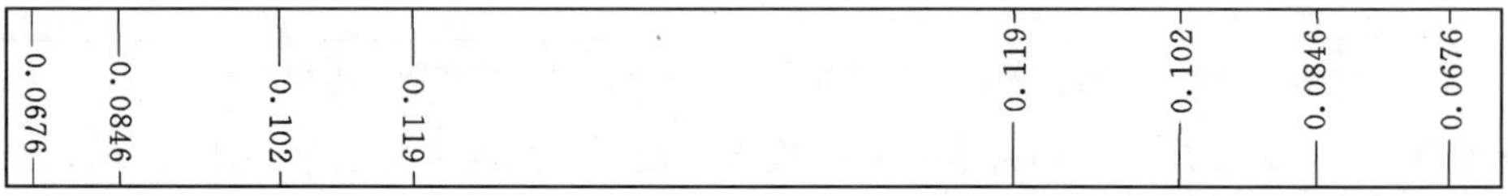

图 L-7　一期蓄水后，连接板底面，顺水流方向位移图（单位：m）

从图 L-7 可以看出：一期蓄水后，连接板底面，顺水流方向位移最小值为 0.01659m，顺水流方向位移最大值为 0.1356m，P=0.5%时轴向位移最小值为 0.02902m，P=99.5%时轴向位移最大值为 0.1353m。

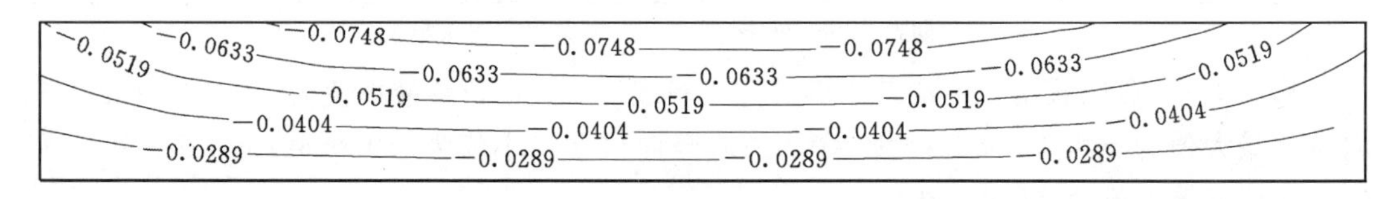

图 L-8　一期蓄水后，连接板底面，竖向位移图（单位：m）

从图 L-8 可以看出：一期蓄水后，连接板底面，竖向位移最小值为−0.08627m，竖向位移最大值为−0.005967m，P=0.5%时竖向位移最小值为−0.08623m，P=99.5%时竖向位移最大值为−0.006273m。

从图 L-9 可以看出：一期蓄水后，连接板底面，轴向应力最小值为−0.9453MPa，轴向应力最大值为 4.563MPa，P=0.5%时轴向应力最小值为−0.8986MPa，P=99.5%时轴向应力最大值为 4.549MPa。

从图 L-10 可以看出：一期蓄水后，连接板底面，顺水流应力最小值为−0.7163MPa，顺水流应力最大值为 0.7652MPa，P=0.5%时顺水流应力最小值为−0.6685MPa，P=

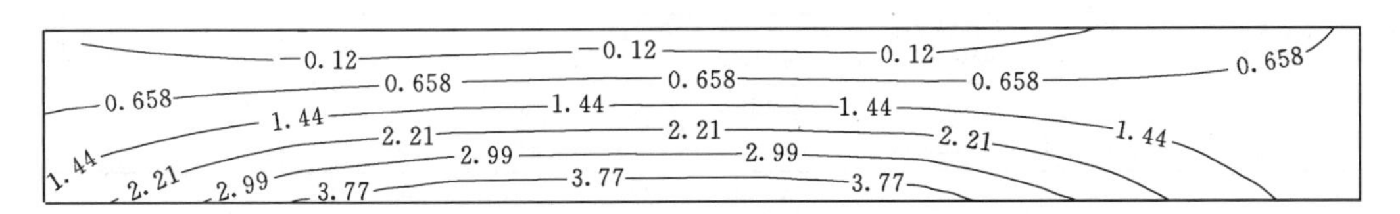

图 L-9　一期蓄水后，连接板底面，轴向应力图（单位：MPa）

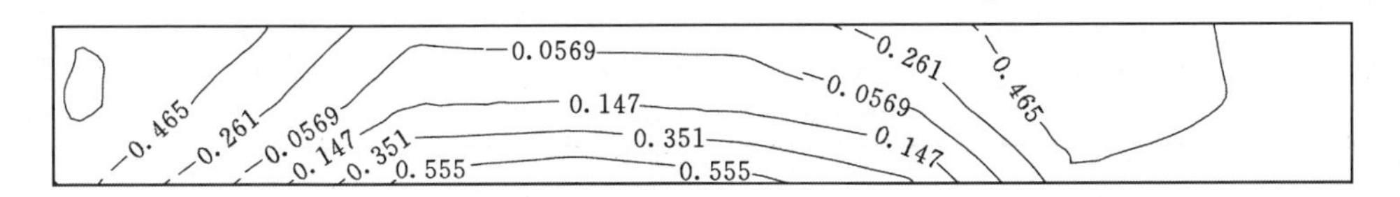

图 L-10　一期蓄水后，连接板底面，顺水流应力图（单位：MPa）

99.5%时顺水流应力最大值为 0.7586MPa。

图 L-11　二期蓄水前，连接板表面，轴向位移图（单位：m）

从图 L-11 可以看出：二期蓄水前，连接板表面，轴向位移最小值为−0.006679m，轴向位移最大值为 0.008579m，P=0.5%时轴向位移最小值为−0.006578m，P=99.5%时轴向位移最大值为 0.008535m。

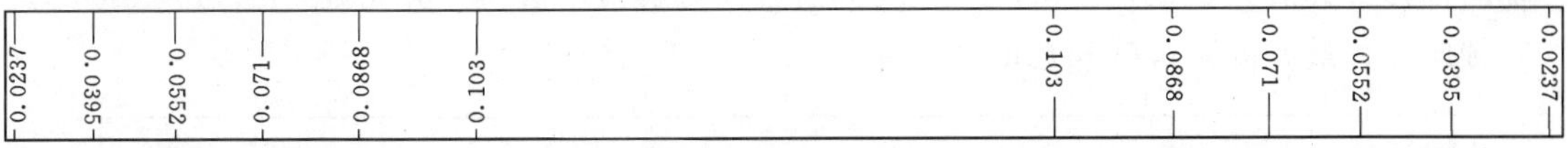

图 L-12　二期蓄水前，连接板表面，顺水流方向位移图（单位：m）

从图 L-12 可以看出：二期蓄水前，连接板表面，顺水流方向位移最小值为 0.007900m，顺水流方向位移最大值为 0.1183m，P = 0.5% 时轴向位移最小值为 0.01765m，P=99.5%时轴向位移最大值为 0.1180m。

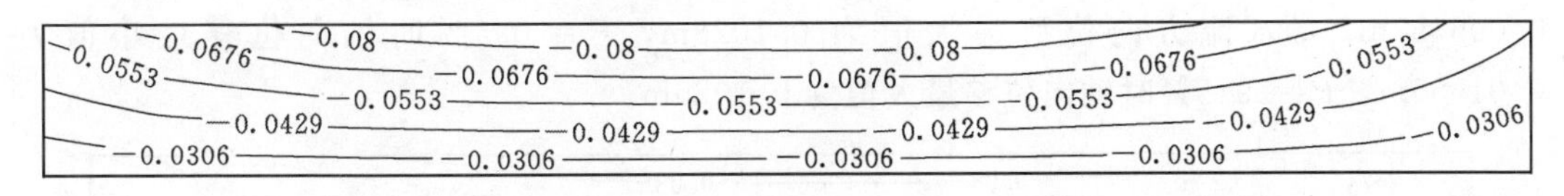

图 L-13　二期蓄水前，连接板表面，竖向位移图（单位：m）

从图 L-13 可以看出：二期蓄水前，连接板表面，竖向位移最小值为−0.09235m，竖向位移最大值为−0.005828m，P=0.5%时竖向位移最小值为−0.09232m，P=99.5%时竖向位移最大值为−0.006158m。

从图 L-14 可以看出：二期蓄水前，连接板表面，轴向应力最小值为 0.1246MPa，轴向应力最大值为 4.201MPa，P=0.5%时轴向应力最小值为 0.1346MPa，P=99.5%时轴向应力最大值为 4.191MPa。

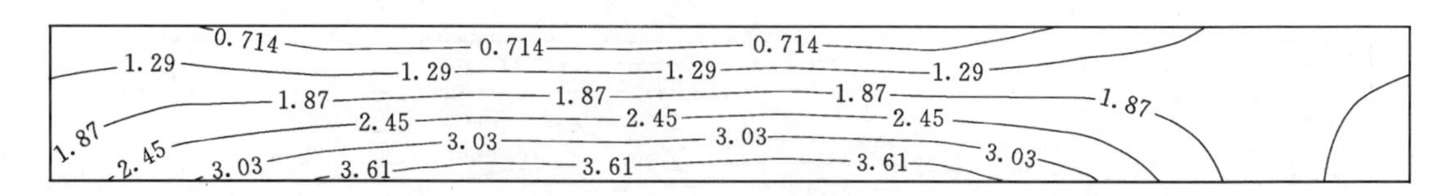

图 L-14　二期蓄水前，连接板表面，轴向应力图（单位：MPa）

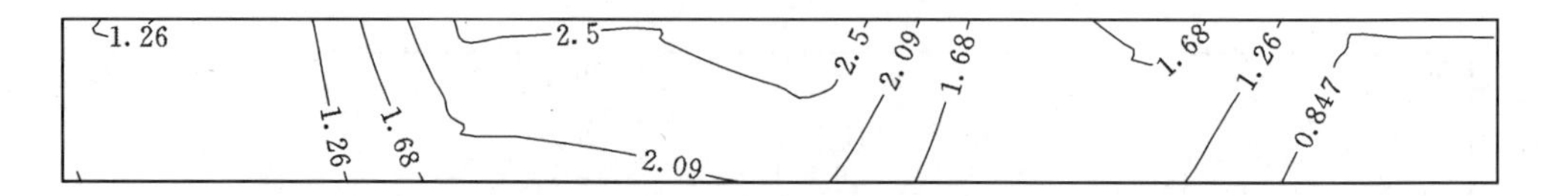

图 L-15　二期蓄水前，连接板表面，顺水流应力图（单位：MPa）

从图 L-15 可以看出：二期蓄水前，连接板表面，顺水流应力最小值为 0.01620MPa，顺水流应力最大值为 2.925MPa，$P=0.5\%$时顺水流应力最小值为 0.01887MPa，$P=99.5\%$时顺水流应力最大值为 2.917MPa。

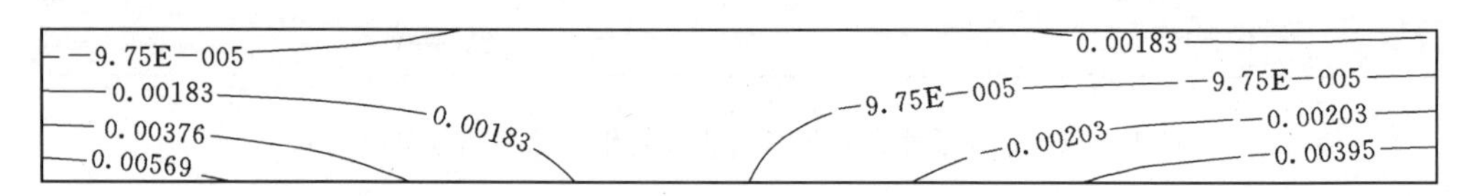

图 L-16　二期蓄水前，连接板底面，轴向位移图（单位：m）

从图 L-16 可以看出：二期蓄水前，连接板底面，轴向位移最小值为-0.005880m，轴向位移最大值为 0.007612m，$P=0.5\%$时轴向位移最小值为-0.005791m，$P=99.5\%$时轴向位移最大值为 0.007573m。

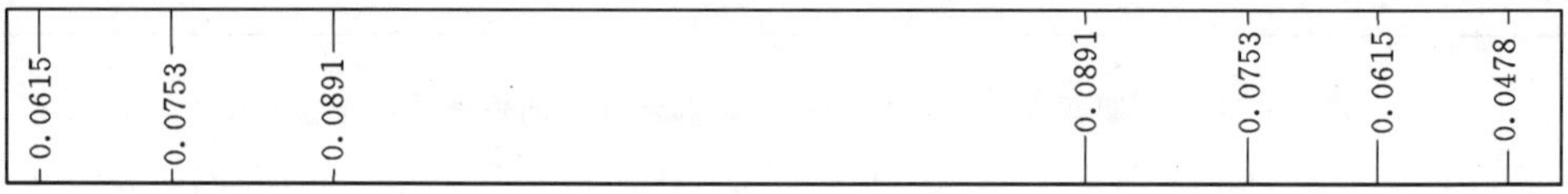

0.0615　0.0753　0.0891　0.0891　0.0753　0.0615　0.0478

图 L-17　二期蓄水前，连接板底面，顺水流方向位移图（单位：m）

从图 L-17 可以看出：二期蓄水前，连接板底面，顺水流方向位移最小值为 0.006457m，顺水流方向位移最大值为 0.1028m，$P=0.5\%$时轴向位移最小值为 0.01555m，$P=99.5\%$时轴向位移最大值为 0.1026m。

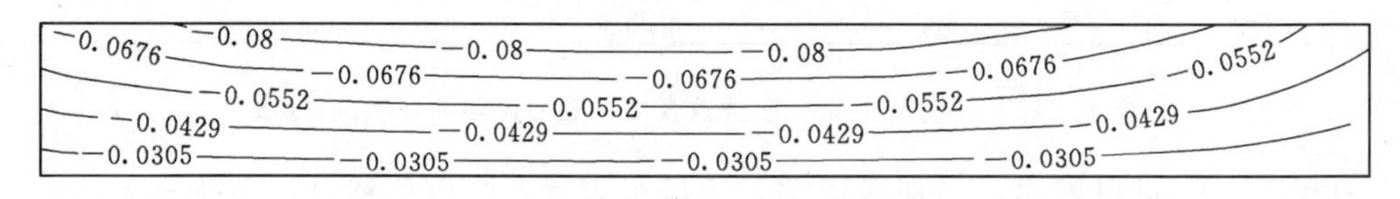

图 L-18　二期蓄水前，连接板底面，竖向位移图（单位：m）

从图 L-18 可以看出：二期蓄水前，连接板底面，竖向位移最小值为-0.09232m，竖向位移最大值为-0.005808m，$P=0.5\%$时竖向位移最小值为-0.09228m，$P=99.5\%$时竖向位移最大值为-0.006311m。

从图 L-19 可以看出：二期蓄水前，连接板底面，轴向应力最小值为-0.7885MPa，

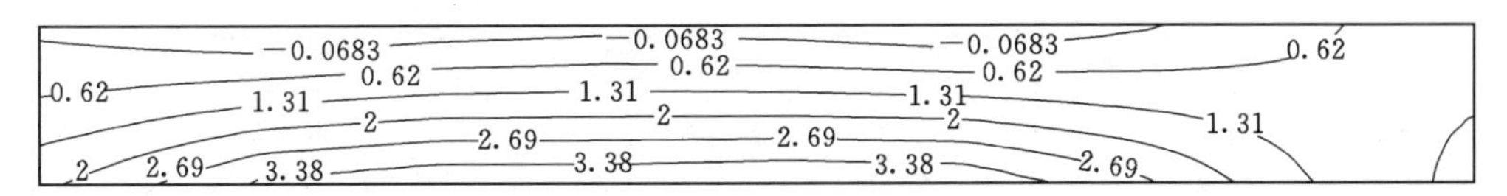

图 L-19　二期蓄水前，连接板底面，轴向应力图（单位：MPa）

轴向应力最大值为 4.076MPa，$P=0.5\%$时轴向应力最小值为-0.7570MPa，$P=99.5\%$时轴向应力最大值为 4.064MPa。

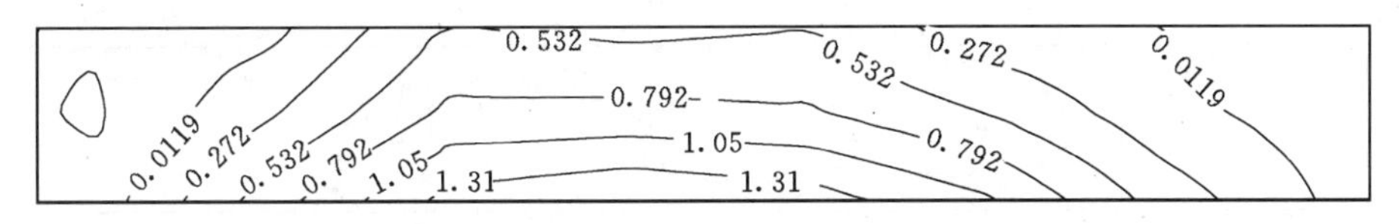

图 L-20　二期蓄水前，连接板底面，顺水流应力图（单位：MPa）

从图 L-20 可以看出：二期蓄水前，连接板底面，顺水流应力最小值为-0.2864MPa，顺水流应力最大值为 1.577MPa，$P=0.5\%$时顺水流应力最小值为-0.2482MPa，$P=99.5\%$时顺水流应力最大值为 1.573MPa。

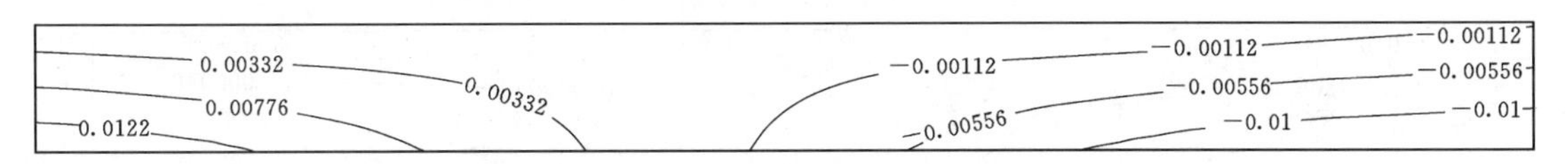

图 L-21　二期蓄水后，连接板表面，轴向位移图（单位：m）

从图 L-21 可以看出：二期蓄水后，连接板表面，轴向位移最小值为-0.01444m，轴向位移最大值为 0.01664m，$P=0.5\%$时轴向位移最小值为-0.01435m，$P=99.5\%$时轴向位移最大值为 0.01655m。

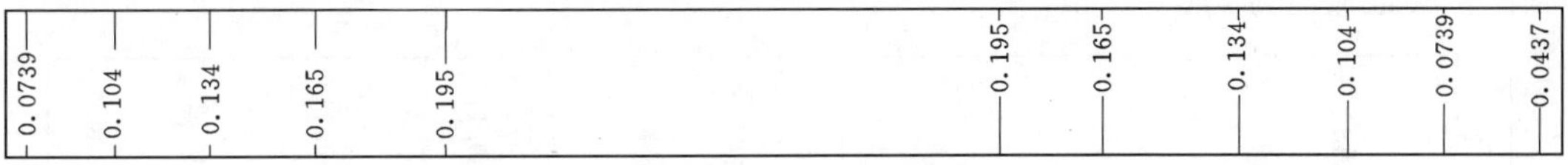

图 L-22　二期蓄水后，连接板表面，顺水流方向位移图（单位：m）

从图 L-22 可以看出：二期蓄水后，连接板表面，顺水流方向位移最小值为 0.01342m，顺水流方向位移最大值为 0.2251m，$P=0.5\%$时轴向位移最小值为 0.03467m，$P=99.5\%$时轴向位移最大值为 0.2246m。

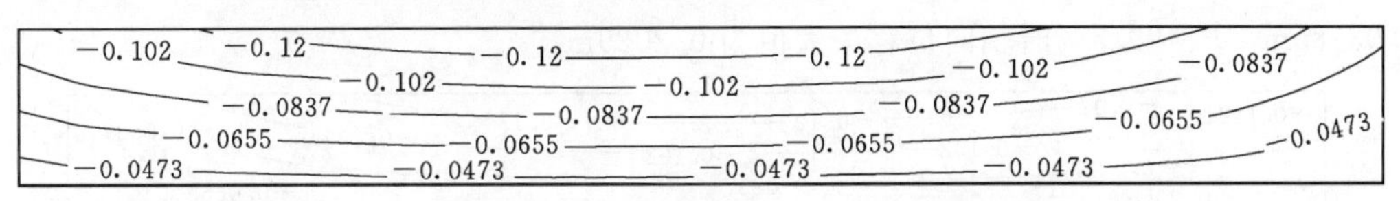

图 L-23　二期蓄水后，连接板表面，竖向位移图（单位：m）

从图 L-23 可以看出：二期蓄水后，连接板表面，竖向位移最小值为-0.1383m，竖向位移最大值为-0.01085m，$P=0.5\%$时竖向位移最小值为-0.1383m，$P=99.5\%$时竖向位移最大值为-0.01159m。

从图 L-24 可以看出：二期蓄水后，连接板表面，轴向应力最小值为 0.02286MPa，

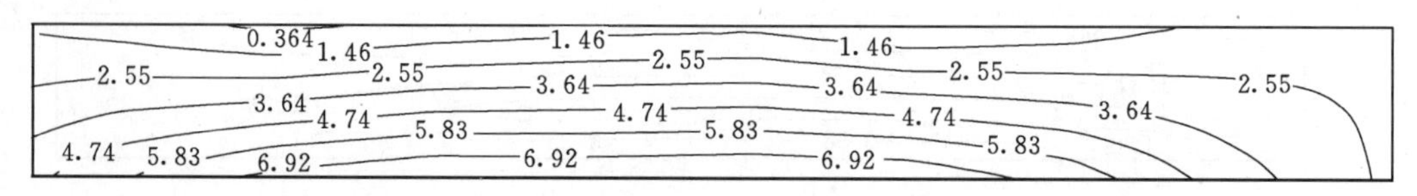

图 L-24　二期蓄水后，连接板表面，轴向应力图（单位：MPa）

轴向应力最大值为 8.034MPa，P=0.5%时轴向应力最小值为 0.3636MPa，P=99.5%时轴向应力最大值为 8.014。

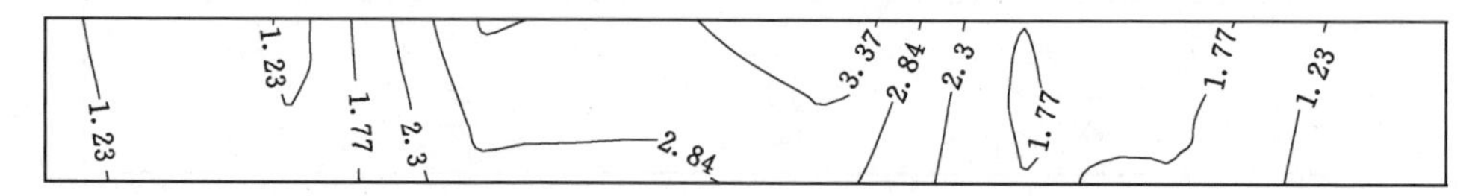

图 L-25　二期蓄水后，连接板表面，顺水流应力图（单位：MPa）

从图 L-25 可以看出：二期蓄水后，连接板表面，顺水流应力最小值为 0.1616MPa，顺水流应力最大值为 3.923MPa，P=0.5%时顺水流应力最小值为 0.1616MPa，P=99.5%时顺水流应力最大值为 3.906MPa。

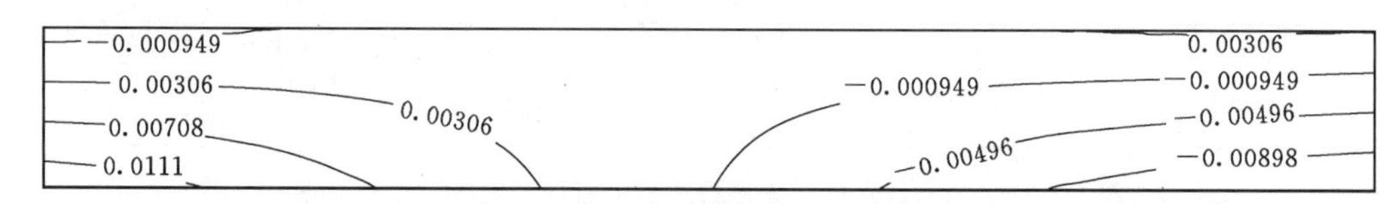

图 L-26　二期蓄水后，连接板底面，轴向位移图（单位：m）

从图 L-26 可以看出：二期蓄水后，连接板底面，轴向位移最小值为−0.01299m，轴向位移最大值为 0.01510m，P=0.5%时轴向位移最小值为−0.01299m，P=99.5%时轴向位移最大值为 0.01502m。

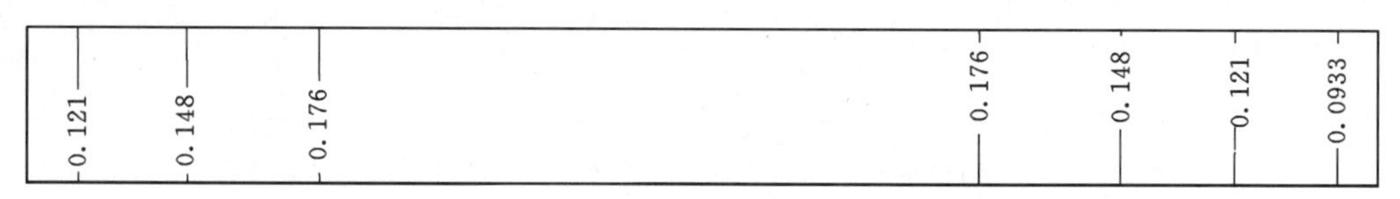

图 L-27　二期蓄水后，连接板底面，顺水流方向位移图（单位：m）

从图 L-27 可以看出：二期蓄水后，连接板底面，顺水流方向位移最小值为 0.01074m，顺水流方向位移最大值为 0.2034m，P=0.5%时轴向位移最小值为 0.03085m，P=99.5%时轴向位移最大值为 0.2029m。

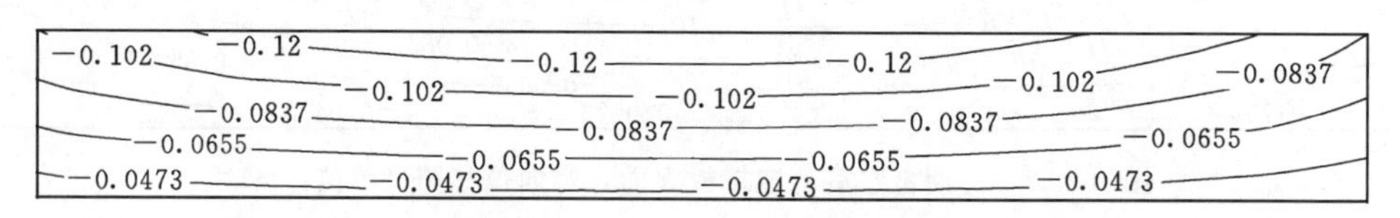

图 L-28　二期蓄水后，连接板底面，竖向位移图（单位：m）

从图 L-28 可以看出：二期蓄水后，连接板底面，竖向位移最小值为−0.1383m，竖向位移最大值为−0.01080m，P=0.5%时竖向位移最小值为−0.1383m，P=99.5%时竖向位移最大值为−0.01155m。

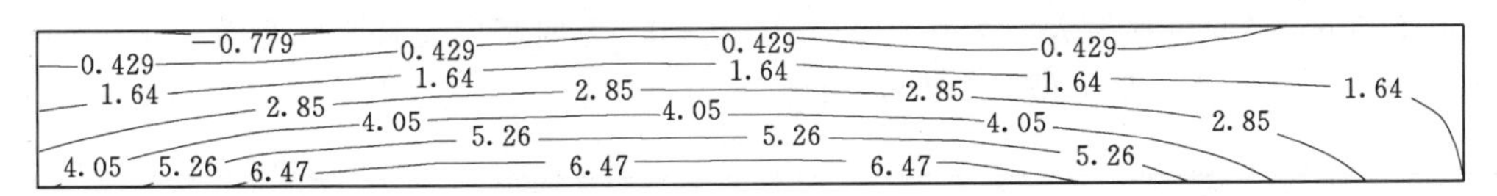

图 L-29　二期蓄水后，连接板底面，轴向应力图（单位：MPa）

从图 L-29 可以看出：二期蓄水后，连接板底面，轴向应力最小值为－1.156MPa，轴向应力最大值为 7.717MPa，P=0.5%时轴向应力最小值为－0.7792MPa，P=99.5%时轴向应力最大值为 7.678MPa。

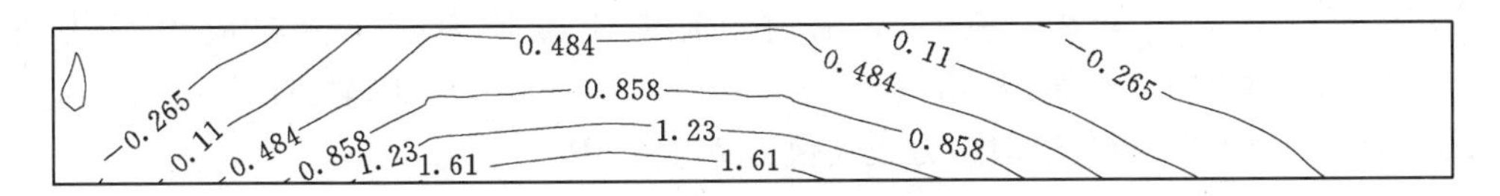

图 L-30　二期蓄水后，连接板底面，顺水流应力图（单位：MPa）

从图 L-30 可以看出：二期蓄水后，连接板底面，顺水流应力最小值为－0.6667MPa，顺水流应力最大值为 1.987MPa，P=0.5%时顺水流应力最小值为－0.6390MPa，P=99.5%时顺水流应力最大值为 1.981MPa。

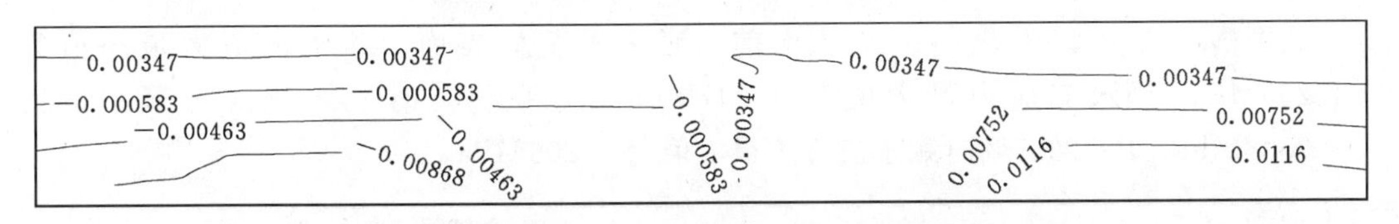

图 M-1　一期蓄水前，河床段趾板表面，轴向位移图（单位：m）

从图 M-1 可以看出：一期蓄水前，河床段趾板表面，轴向位移最小值为－0.01273m，轴向位移最大值为 0.01562m，P=0.5%时轴向位移最小值为－0.01256m，P=99.5%时轴向位移最大值为 0.01547m。

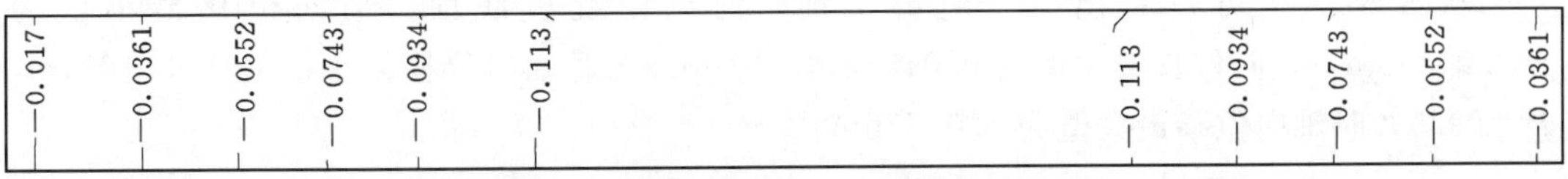

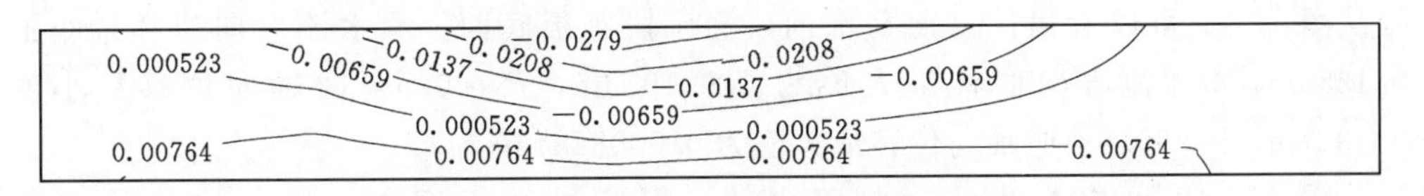

图 M-2　一期蓄水前，河床段趾板表面，顺水流方向位移图（单位：m）

从图 M-2 可以看出：一期蓄水前，河床段趾板表面，顺水流方向位移最小值为－0.1316m，顺水流方向位移最大值为 0.002050m，P=0.5%时轴向位移最小值为－0.1269m，P=99.5%时轴向位移最大值为 0.0006927m。

图 M-3　一期蓄水前，河床段趾板表面，竖向位移图（单位：m）

从图 M-3 可以看出：一期蓄水前，河床段趾板表面，竖向位移最小值为

−0.03505m，竖向位移最大值为 0.01475m，P=0.5%时竖向位移最小值为−0.03168m，P=99.5%时竖向位移最大值为 0.01455m。

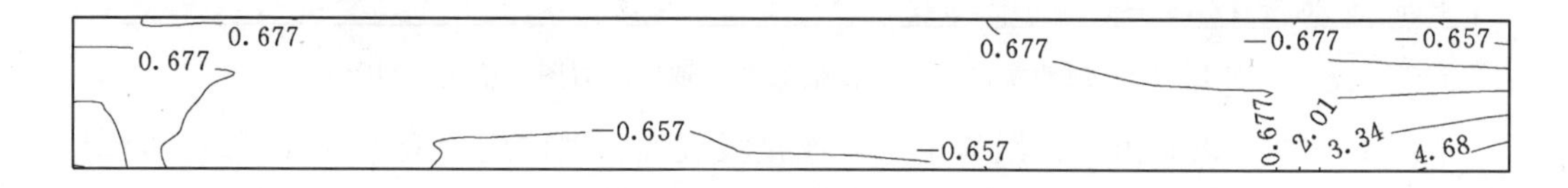

图 M-4　一期蓄水前，河床段趾板表面，轴向应力图（单位：MPa）

从图 M-4 可以看出：一期蓄水前，河床段趾板表面，轴向应力最小值为−2.619MPa，轴向应力最大值为 7.384MPa，P=0.5%时轴向应力最小值为−1.990MPa，P=99.5%时轴向应力最大值为 7.346MPa。

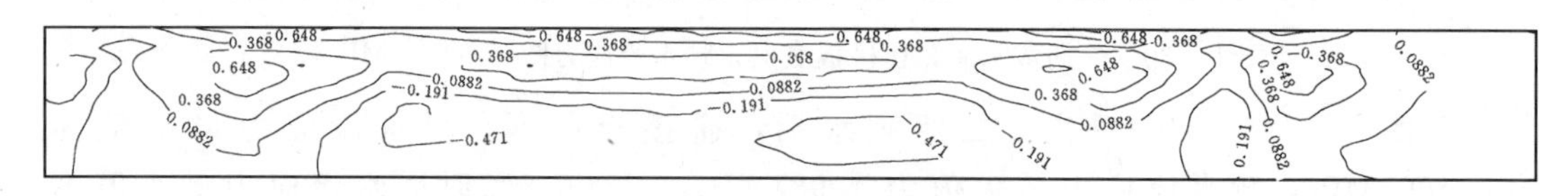

图 M-5　一期蓄水前，河床段趾板表面，顺水流应力图（单位：MPa）

从图 M-5 可以看出：一期蓄水前，河床段趾板表面，顺水流应力最小值为−1.266MPa，顺水流应力最大值为 1.247MPa，P=0.5%时顺水流应力最小值为−0.7508MPa，P=99.5%时顺水流应力最大值为 1.206MPa。

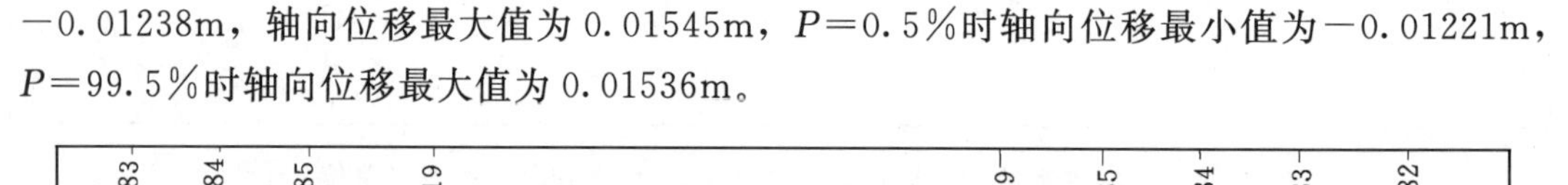

图 M-6　一期蓄水前，河床段趾板底面，轴向位移图（单位：m）

从图 M-6 可以看出：一期蓄水前，河床段趾板底面，轴向位移最小值为−0.01238m，轴向位移最大值为 0.01545m，P=0.5%时轴向位移最小值为−0.01221m，P=99.5%时轴向位移最大值为 0.01536m。

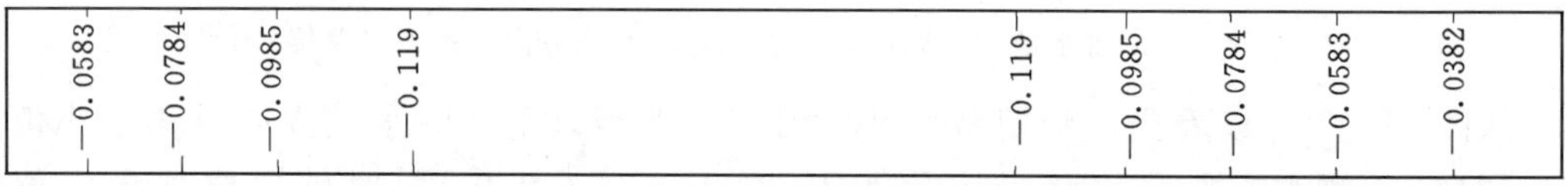

图 M-7　一期蓄水前，河床段趾板底面，顺水流方向位移图（单位：m）

从图 M-7 可以看出：一期蓄水前，河床段趾板底面，顺水流方向位移最小值为−0.1386m，顺水流方向位移最大值为 0.001973m，P=0.5%时轴向位移最小值为−0.1327m，P=99.5%时轴向位移最大值为 0.0008284m。

从图 M-8 可以看出：一期蓄水前，河床段趾板底面，竖向位移最小值为−0.03506m，竖向位移最大值为 0.01474m，P=0.5%时竖向位移最小值为−0.02962m，P=99.5%时竖向位移最大值为 0.01454m。

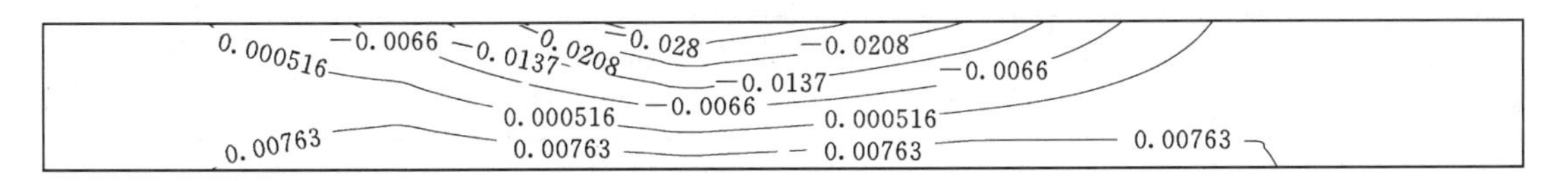

图 M-8　一期蓄水前，河床段趾板底面，竖向位移图（单位：m）

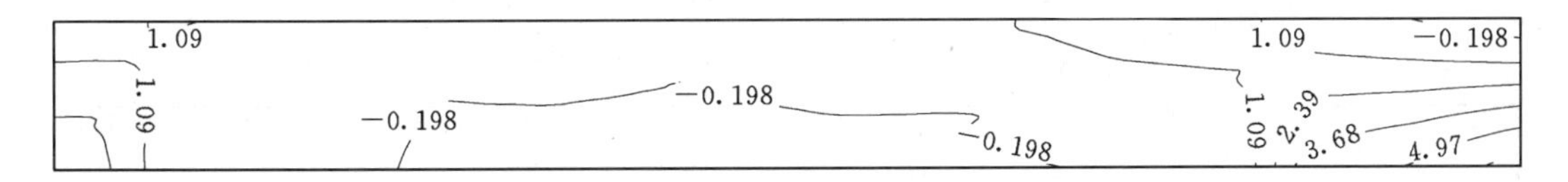

图 M-9　一期蓄水前，河床段趾板底面，轴向应力图（单位：MPa）

从图 M-9 可以看出：一期蓄水前，河床段趾板底面，轴向应力最小值为−2.405MPa，轴向应力最大值为 7.594MPa，P=0.5%时轴向应力最小值为−1.490MPa，P=99.5%时轴向应力最大值为 7.556MPa。

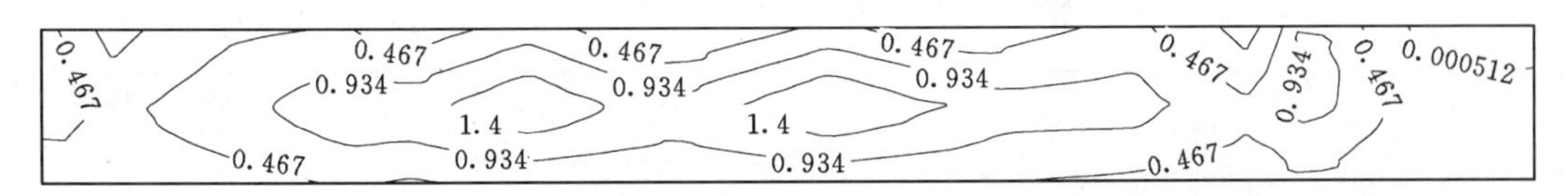

图 M-10　一期蓄水前，河床段趾板底面，顺水流应力图（单位：MPa）

从图 M-10 可以看出：一期蓄水前，河床段趾板底面，顺水流应力最小值为−1.712MPa，顺水流应力最大值为 1.877MPa，P=0.5%时顺水流应力最小值为−1.400MPa，P=99.5%时顺水流应力最大值为 1.867MPa。

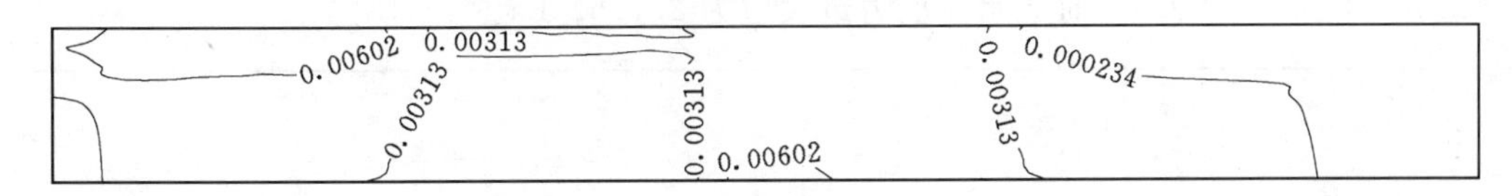

图 M-11　一期蓄水后，河床段趾板表面，轴向位移图（单位：m）

从图 M-11 可以看出：一期蓄水后，河床段趾板表面，轴向位移最小值为−0.008446m，轴向位移最大值为 0.01180m，P=0.5%时轴向位移最小值为−0.006826m，P=99.5%时轴向位移最大值为 0.009734m。

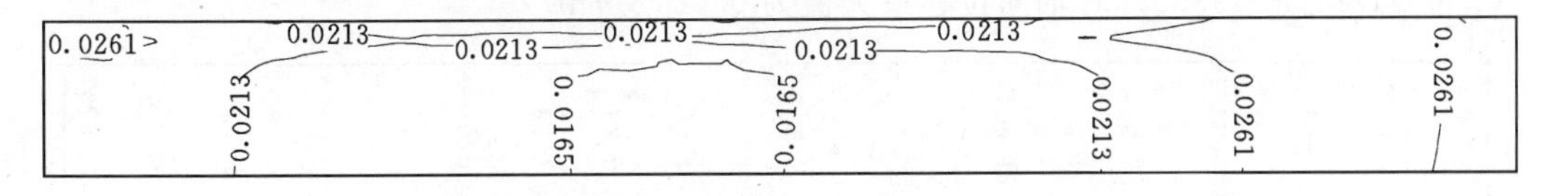

图 M-12　一期蓄水后，河床段趾板表面，顺水流方向位移图（单位：m）

从图 M-12 可以看出：一期蓄水后，河床段趾板表面，顺水流方向位移最小值为−0.002671m，顺水流方向位移最大值为 0.03088m，P=0.5%时轴向位移最小值为−0.001134m，P=99.5%时轴向位移最大值为 0.03071m。

从图 M-13 可以看出：一期蓄水后，河床段趾板表面，竖向位移最小值为

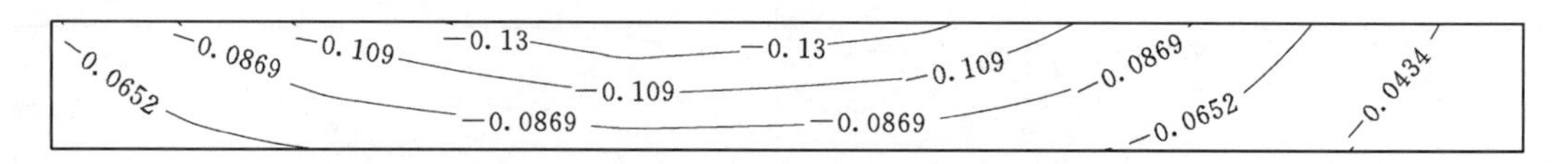

图 M-13　一期蓄水后，河床段趾板表面，竖向位移图（单位：m）

－0.1520m，竖向位移最大值为 0.00002692m，$P=0.5\%$ 时竖向位移最小值为－0.1469m，$P=99.5\%$时竖向位移最大值为－0.0007153m。

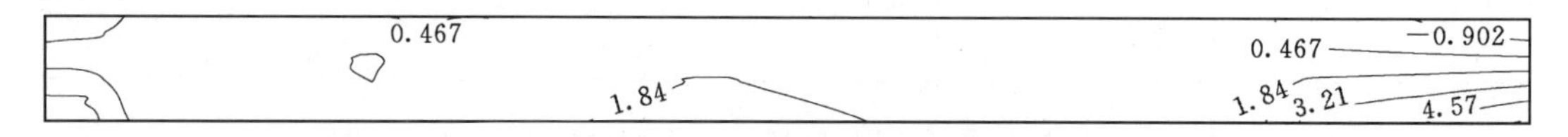

图 M-14　一期蓄水后，河床段趾板表面，轴向应力图（单位：MPa）

从图 M-14 可以看出：一期蓄水后，河床段趾板表面，轴向应力最小值为－2.791MPa，轴向应力最大值为 7.351MPa，$P=0.5\%$ 时轴向应力最小值为－2.271MPa，$P=99.5\%$时轴向应力最大值为 7.313MPa。

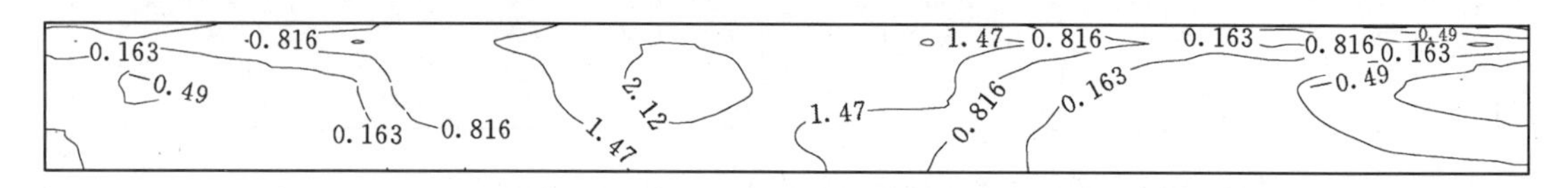

图 M-15　一期蓄水后，河床段趾板表面，顺水流应力图（单位：MPa）

从图 M-15 可以看出：一期蓄水后，河床段趾板表面，顺水流应力最小值为－1.796MPa，顺水流应力最大值为 2.790MPa，$P=0.5\%$ 时顺水流应力最小值为－1.796MPa，$P=99.5\%$时顺水流应力最大值为 2.776MPa。

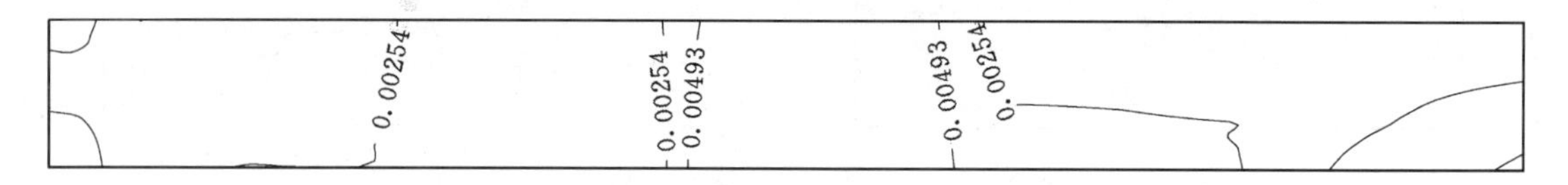

图 M-16　一期蓄水后，河床段趾板底面，轴向位移图（单位：m）

从图 M-16 可以看出：一期蓄水后，河床段趾板底面，轴向位移最小值为－0.007057m，轴向位移最大值为 0.009731m，$P=0.5\%$ 时轴向位移最小值为－0.005412m，$P=99.5\%$时轴向位移最大值为 0.007877m。

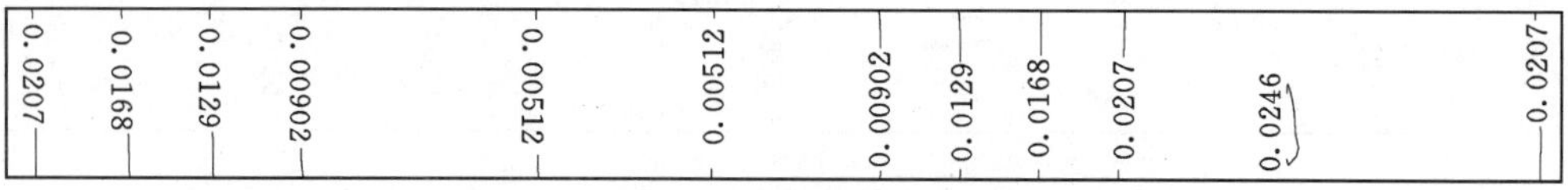

图 M-17　一期蓄水后，河床段趾板底面，顺水流方向位移图（单位：m）

从图 M-17 可以看出：一期蓄水后，河床段趾板底面，顺水流方向位移最小值为－0.002690m，顺水流方向位移最大值为 0.02463m，$P=0.5\%$ 时轴向位移最小值为－0.001165m，$P=99.5\%$时轴向位移最大值为 0.02454m。

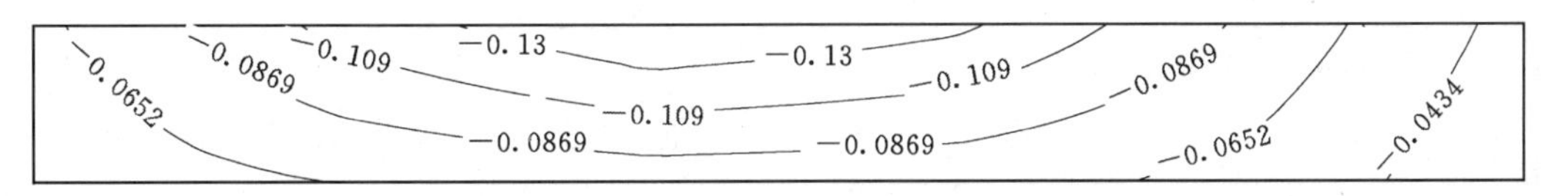

图 M-18　一期蓄水后，河床段趾板底面，竖向位移图（单位：m）

从图 M-18 可以看出：一期蓄水后，河床段趾板底面，竖向位移最小值为 -0.1520m，竖向位移最大值为 7.75E-07m，$P=0.5\%$时竖向位移最小值为 -0.1457m，$P=99.5\%$时竖向位移最大值为 -0.0008148m。

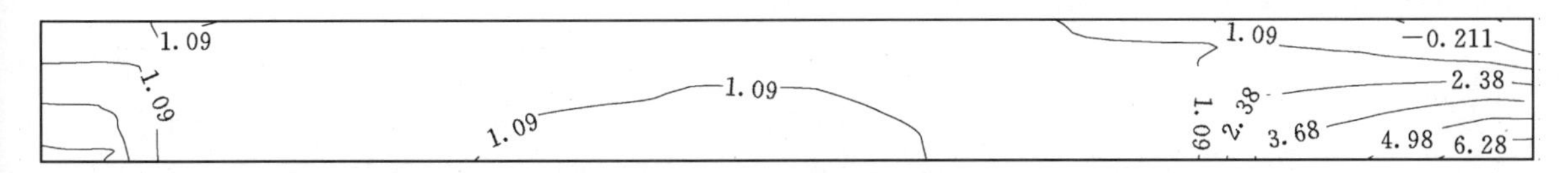

图 M-19　一期蓄水后，河床段趾板底面，轴向应力图（单位：MPa）

从图 M-19 可以看出：一期蓄水后，河床段趾板底面，轴向应力最小值为 -3.525MPa，轴向应力最大值为 7.615MPa，$P=0.5\%$时轴向应力最小值为 -1.507MPa，$P=99.5\%$时轴向应力最大值为 7.573MPa。

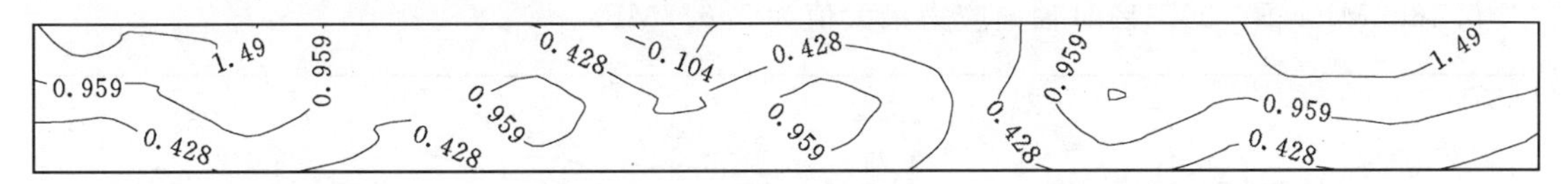

图 M-20　一期蓄水后，河床段趾板底面，顺水流应力图（单位：MPa）

从图 M-20 可以看出：一期蓄水后，河床段趾板底面，顺水流应力最小值为 -2.212MPa，顺水流应力最大值为 2.286MPa，$P=0.5\%$时顺水流应力最小值为 -1.699MPa，$P=99.5\%$时顺水流应力最大值为 2.022MPa。

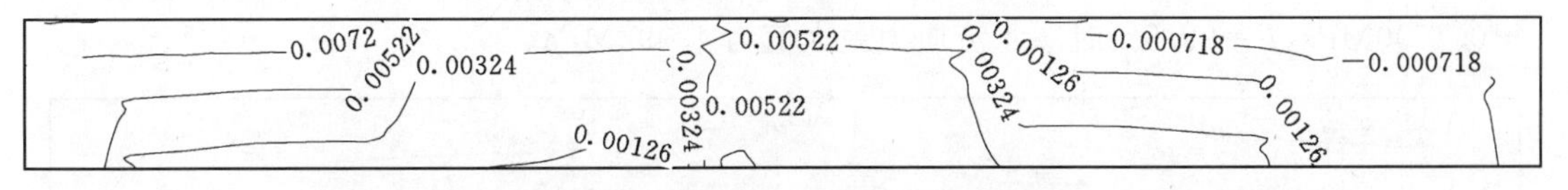

图 M-21　二期蓄水前，河床段趾板表面，轴向位移图（单位：m）

从图 M-21 可以看出：二期蓄水前，河床段趾板表面，轴向位移最小值为 -0.004677m，轴向位移最大值为 0.009181m，$P=0.5\%$时轴向位移最小值为 -0.003515m，$P=99.5\%$时轴向位移最大值为 0.009027m。

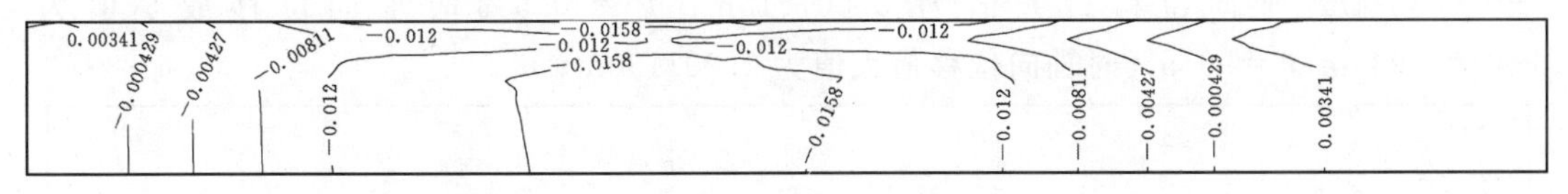

图 M-22　二期蓄水前，河床段趾板表面，顺水流方向位移图（单位：m）

从图 M-22 可以看出：二期蓄水前，河床段趾板表面，顺水流方向位移最小值为 -0.01963m，顺水流方向位移最大值为 0.007255m，$P=0.5\%$时轴向位移最小值为 -0.01954m，$P=99.5\%$时轴向位移最大值为 0.007166m。

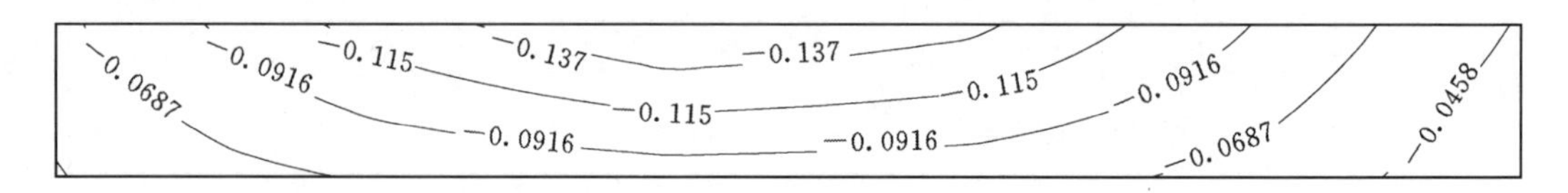

图 M-23　二期蓄水前，河床段趾板表面，竖向位移图（单位：m）

从图 M-23 可以看出：二期蓄水前，河床段趾板表面，竖向位移最小值为－0.1603m，竖向位移最大值为 0.00003772m，P＝0.5％时竖向位移最小值为－0.1552m，P＝99.5％时竖向位移最大值为－0.0007451m。

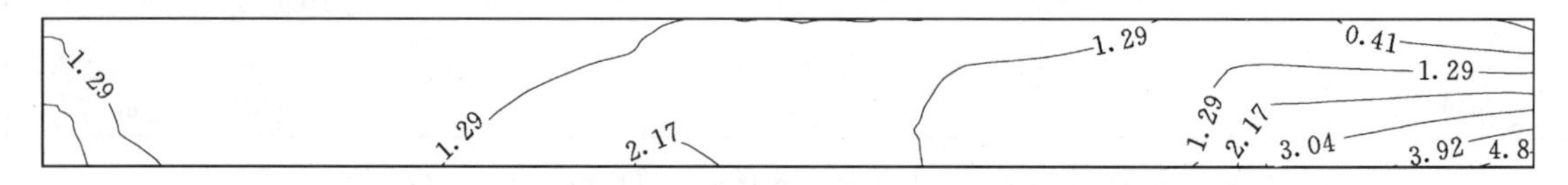

图 M-24　二期蓄水前，河床段趾板表面，轴向应力图（单位：MPa）

从图 M-24 可以看出：二期蓄水前，河床段趾板表面，轴向应力最小值为－0.7240MPa，轴向应力最大值为 5.714MPa，P＝0.5％时轴向应力最小值为－0.4683MPa，P＝99.5％时轴向应力最大值为 5.677MPa。

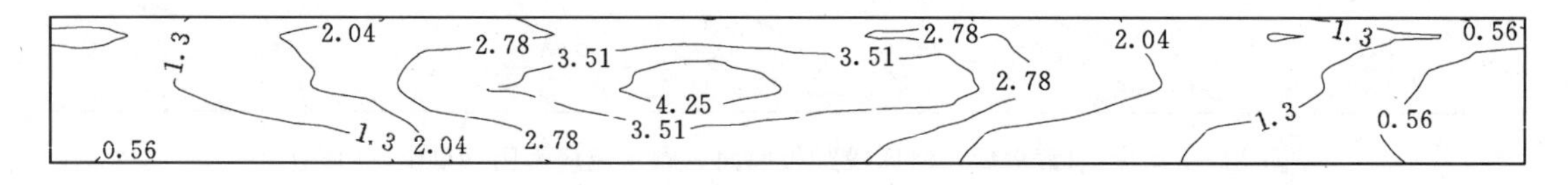

图 M-25　二期蓄水前，河床段趾板表面，顺水流应力图（单位：MPa）

从图 M-25 可以看出：二期蓄水前，河床段趾板表面，顺水流应力最小值为－0.2675MPa，顺水流应力最大值为 5.019MPa，P＝0.5％时顺水流应力最小值为－0.1790MPa，P＝99.5％时顺水流应力最大值为 4.992MPa。

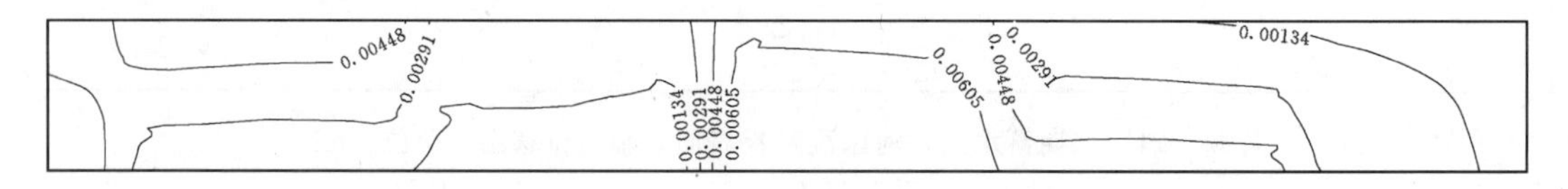

图 M-26　二期蓄水前，河床段趾板底面，轴向位移图（单位：m）

从图 M-26 可以看出：二期蓄水前，河床段趾板底面，轴向位移最小值为－0.003374m，轴向位移最大值为 0.007615m，P＝0.5％时轴向位移最小值为－0.001933m，P＝99.5％时轴向位移最大值为 0.007130m。

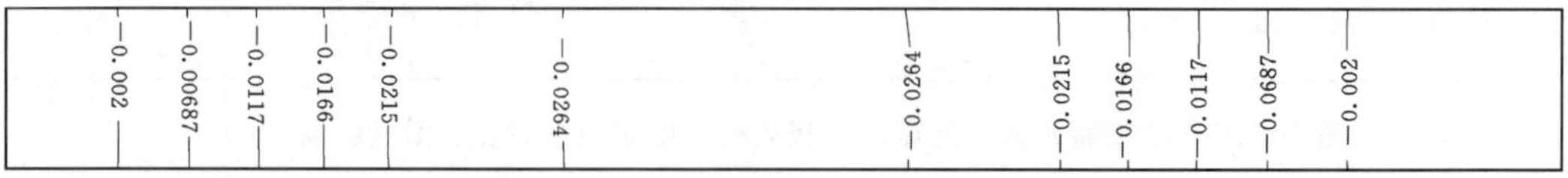

图 M-27　二期蓄水前，河床段趾板底面，顺水流方向位移图（单位：m）

从图 M-27 可以看出：二期蓄水前，河床段趾板底面，顺水流方向位移最小值为－0.03124m，顺水流方向位移最大值为 0.002879m，P＝0.5％时轴向位移最小值为

—0.03124m，P=99.5%时轴向位移最大值为0.002733m。

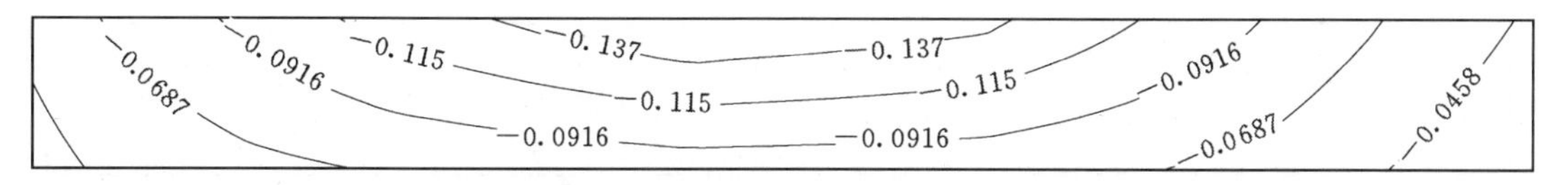

图 M-28　二期蓄水前，河床段趾板底面，竖向位移图（单位：m）

从图M-28可以看出：二期蓄水前，河床段趾板底面，竖向位移最小值为—0.1603m，竖向位移最大值为0.000001544m，P=0.5%时竖向位移最小值为—0.1540m，P=99.5%时竖向位移最大值为—0.0007781m。

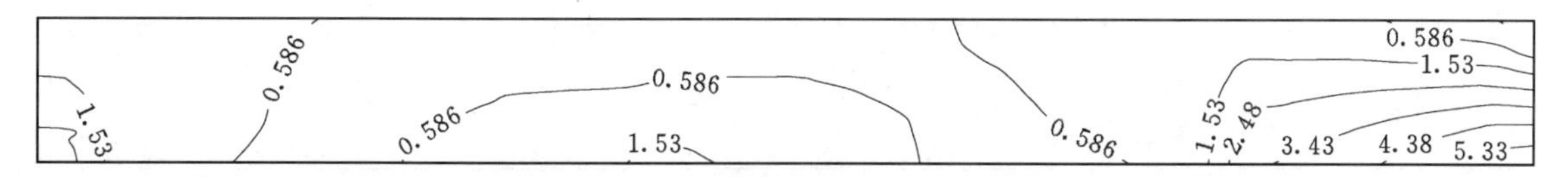

图 M-29　二期蓄水前，河床段趾板底面，轴向应力图（单位：MPa）

从图M-29可以看出：二期蓄水前，河床段趾板底面，轴向应力最小值为—1.836MPa，轴向应力最大值为6.305MPa，P=0.5%时轴向应力最小值为—0.3616MPa，P=99.5%时轴向应力最大值为6.274MPa。

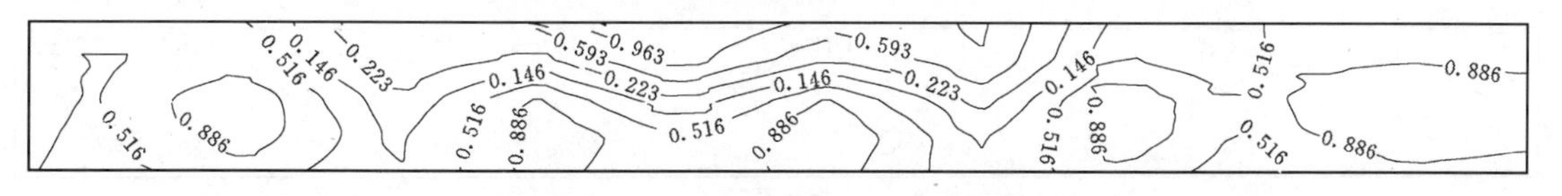

图 M-30　二期蓄水前，河床段趾板底面，顺水流应力图（单位：MPa）

从图M-30可以看出：二期蓄水前，河床段趾板底面，顺水流应力最小值为—1.401MPa，顺水流应力最大值为1.267MPa，P=0.5%时顺水流应力最小值为—1.332MPa，P=99.5%时顺水流应力最大值为1.255MPa。

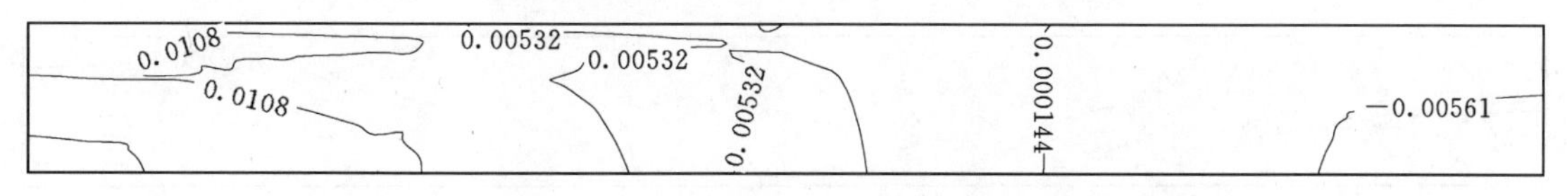

图 M-31　二期蓄水后，河床段趾板表面，轴向位移图（单位：m）

从图M-31可以看出：二期蓄水后，河床段趾板表面，轴向位移最小值为—0.01653m，轴向位移最大值为0.02171m，P=0.5%时轴向位移最小值为—0.01493m，P=99.5%时轴向位移最大值为0.01978m。

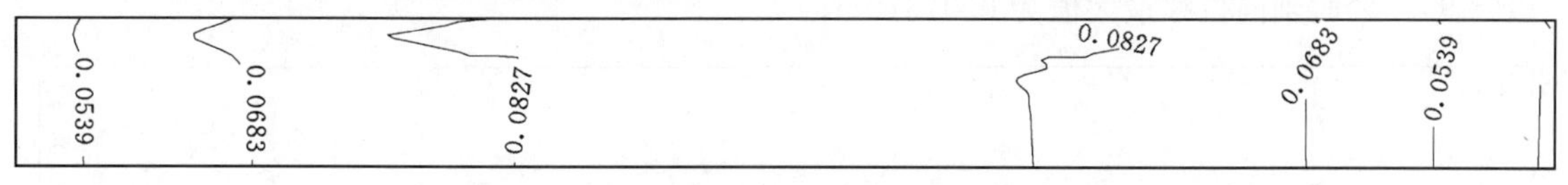

图 M-32　二期蓄水后，河床段趾板表面，顺水流方向位移图（单位：m）

从图M-32可以看出：二期蓄水后，河床段趾板表面，顺水流方向位移最小值为—0.003574m，顺水流方向位移最大值为0.09703m，P=0.5%时轴向位移最小值为

－0.0009840m，P＝99.5％时轴向位移最大值为0.09669m。

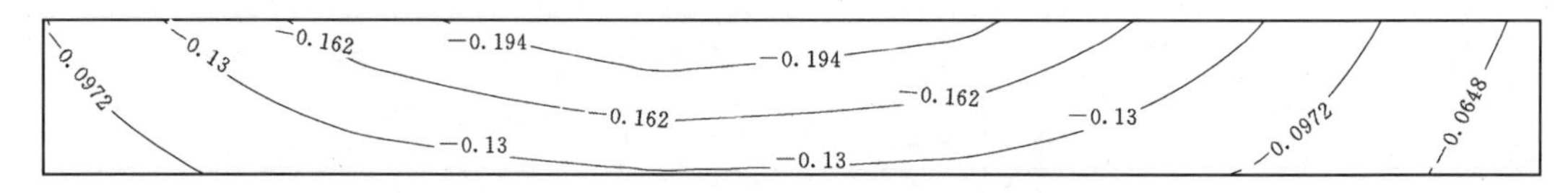

图 M-33　二期蓄水后，河床段趾板表面，竖向位移图（单位：m）

从图M-33可以看出：二期蓄水后，河床段趾板表面，竖向位移最小值为－0.2268m，竖向位移最大值为0.00001677m，P＝0.5％时竖向位移最小值为－0.2205m，P＝99.5％时竖向位移最大值为－0.001090m。

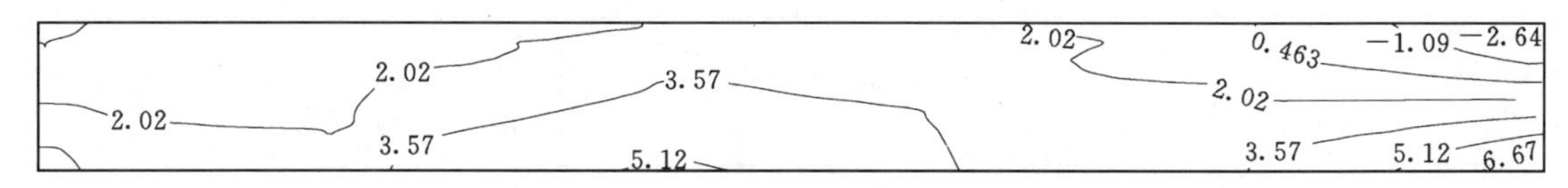

图 M-34　二期蓄水后，河床段趾板表面，轴向应力图（单位：MPa）

从图M-34可以看出：二期蓄水后，河床段趾板表面，轴向应力最小值为－4.907MPa，轴向应力最大值为8.302MPa，P＝0.5％时轴向应力最小值为－2.641MPa，P＝99.5％时轴向应力最大值为8.225MPa。

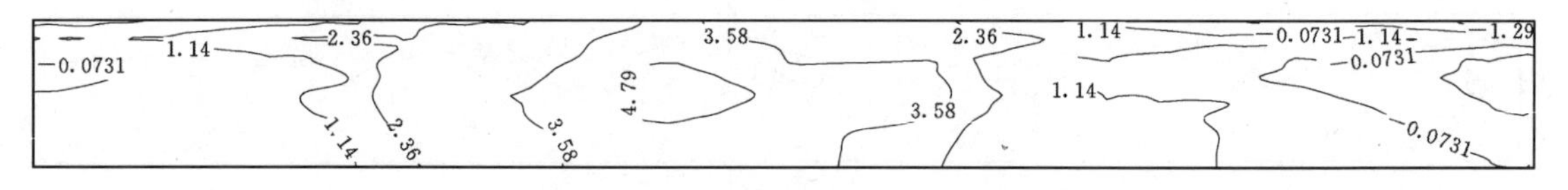

图 M-35　二期蓄水后，河床段趾板表面，顺水流应力图（单位：MPa）

从图M-35可以看出：二期蓄水后，河床段趾板表面，顺水流应力最小值为－2.657MPa，顺水流应力最大值为6.506MPa，P＝0.5％时顺水流应力最小值为－2.505MPa，P＝99.5％时顺水流应力最大值为6.008MPa。

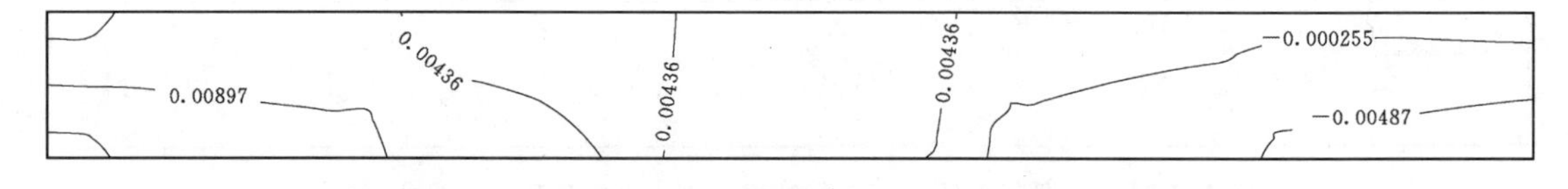

图 M-36　二期蓄水后，河床段趾板底面，轴向位移图（单位：m）

从图M-36可以看出：二期蓄水后，河床段趾板底面，轴向位移最小值为－0.01409m，轴向位移最大值为0.01819m，P＝0.5％时轴向位移最小值为－0.01242m，P＝99.5％时轴向位移最大值为0.01670m。

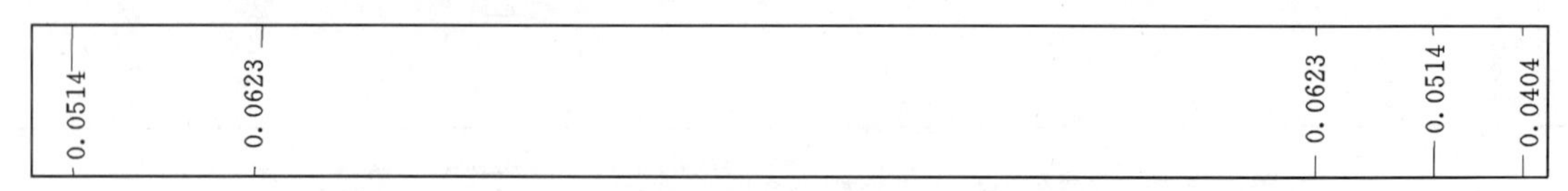

图 M-37　二期蓄水后，河床段趾板底面，顺水流方向位移图（单位：m）

从图M-37可以看出：二期蓄水后，河床段趾板底面，顺水流方向位移最小值为

−0.003502m，顺水流方向位移最大值为 0.07331m，P＝0.5％时轴向位移最小值为−0.0009086m，P＝99.5％时轴向位移最大值为 0.07308m。

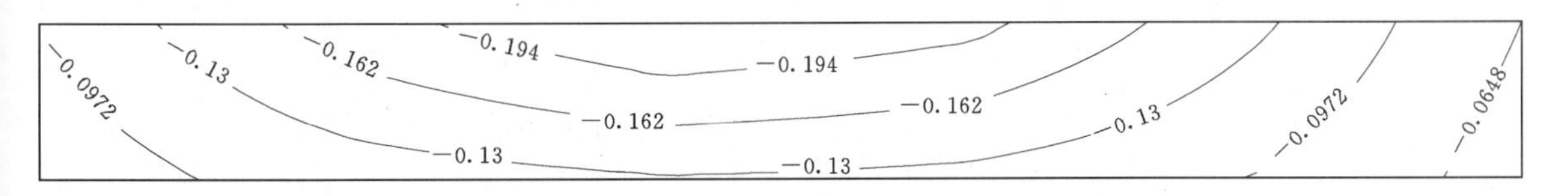

图 M－38　二期蓄水后，河床段趾板底面，竖向位移图（单位：m）

从图 M－38 可以看出：二期蓄水后，河床段趾板底面，竖向位移最小值为−0.2267m，竖向位移最大值为 5.59E－07m，P＝0.5％时竖向位移最小值为−0.2183m，P＝99.5％时竖向位移最大值为−0.001102m。

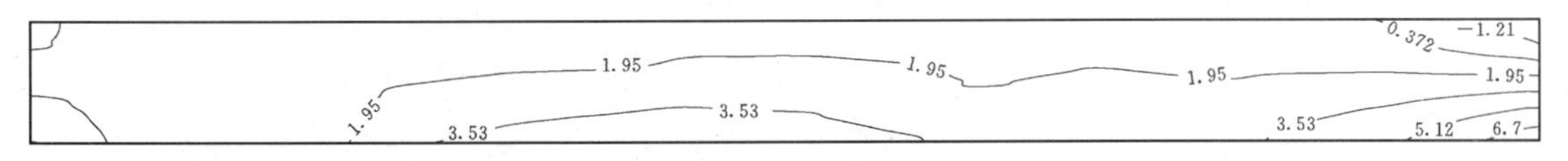

图 M－39　二期蓄水后，河床段趾板底面，轴向应力图（单位：MPa）

从图 M－39 可以看出：二期蓄水后，河床段趾板底面，轴向应力最小值为−7.453MPa，轴向应力最大值为 8.337MPa，P＝0.5％时轴向应力最小值为−2.790MPa，P＝99.5％时轴向应力最大值为 8.277MPa。

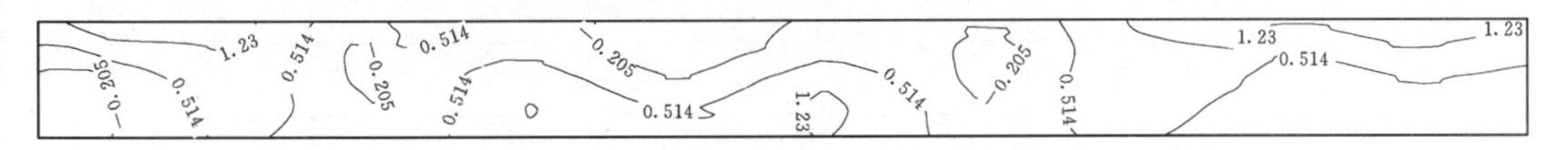

图 M－40　二期蓄水后，河床段趾板底面，顺水流应力图（单位：MPa）

从图 M－40 可以看出：二期蓄水后，河床段趾板底面，顺水流应力最小值为−3.077MPa，顺水流应力最大值为 5.826MPa，P＝0.5％时顺水流应力最小值为−3.077MPa，P＝99.5％时顺水流应力最大值为 1.950MPa。

从图 N－1 可以看出：二期蓄水后，面板表面，轴向应力最小值为−2.739MPa，轴向应力最大值为 7.280MPa，P＝0.5％时轴向应力最小值为−0.3570MPa，P＝99.5％时轴向应力最大值为 5.109MPa，P＝1％时轴向应力最小值为−0.2551MPa，P＝99％时轴向应力最大值为 5.048MPa，P＝2％时轴向应力最小值为−0.1397MPa，P＝98％时轴向应力最大值为 5.0161MPa，最大值减最小值轴向应力为 0.02MPa，（P＝98％）－（P＝2％）时轴向应力为 5.156MPa。

从图 N－2 可以看出：二期蓄水后，面板表面，顺坡应力最小值为−0.2496MPa，顺坡应力最大值为 7.617MPa，P＝0.5％时顺坡应力最小值为−0.1174MPa，P＝99.5％时顺坡应力最大值为 5.755MPa，P＝1％时顺坡应力最小值为−0.09021MPa，P＝99％时顺坡应力最大值为 5.691MPa，P＝2％时顺坡应力最小值为−0.05975MPa，P＝98％时顺坡应力最大值为 5.649MPa，最大值减最小值顺坡应力为 7.867MPa，（P＝98％）－（P＝2％）时顺坡应力为 5.709MPa。

从图 N－3 可以看出：二期蓄水后，面板底面，轴向应力最小值为−7.219MPa，轴向应力最大值为 5.142MPa，P＝0.5％时轴向应力最小值为−0.4756MPa，P＝99.5％时

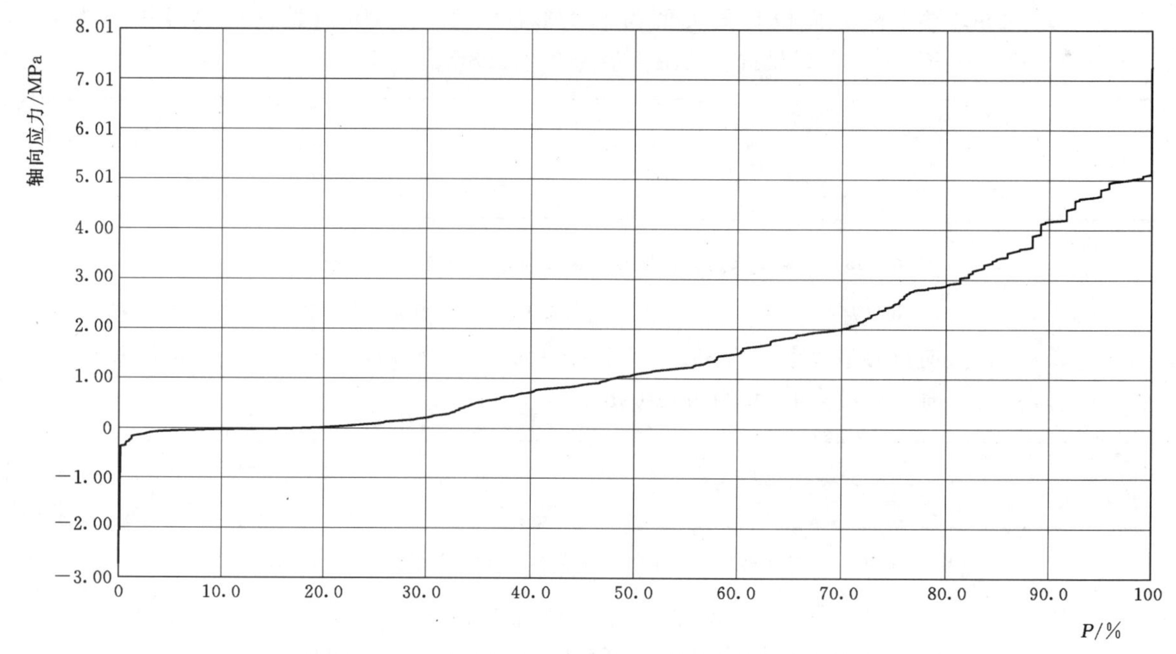

图 N-1　二期蓄水后，面板表面，轴向应力频率曲线图

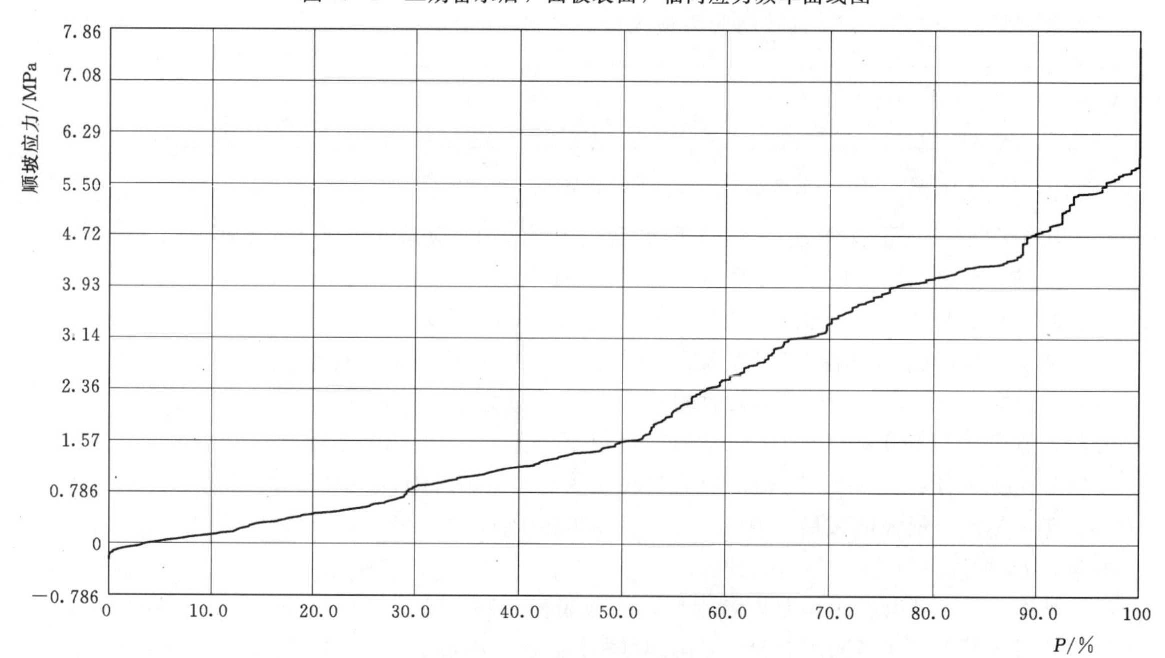

图 N-2　二期蓄水后，面板表面，顺坡应力频率曲线图

轴向应力最大值为 5.065MPa，$P=1\%$时轴向应力最小值为-0.2304MPa，$P=99\%$时轴向应力最大值为 5.050MPa，$P=2\%$时轴向应力最小值为-0.1790MPa，$P=98\%$时轴向应力最大值为 4.9831MPa，最大值减最小值轴向应力为 2.36MPa，$(P=98\%)-(P=2\%)$时轴向应力为 5.162MPa。

从图 N-4 可以看出：二期蓄水后，面板底面，顺坡应力最小值为-1.717MPa，顺

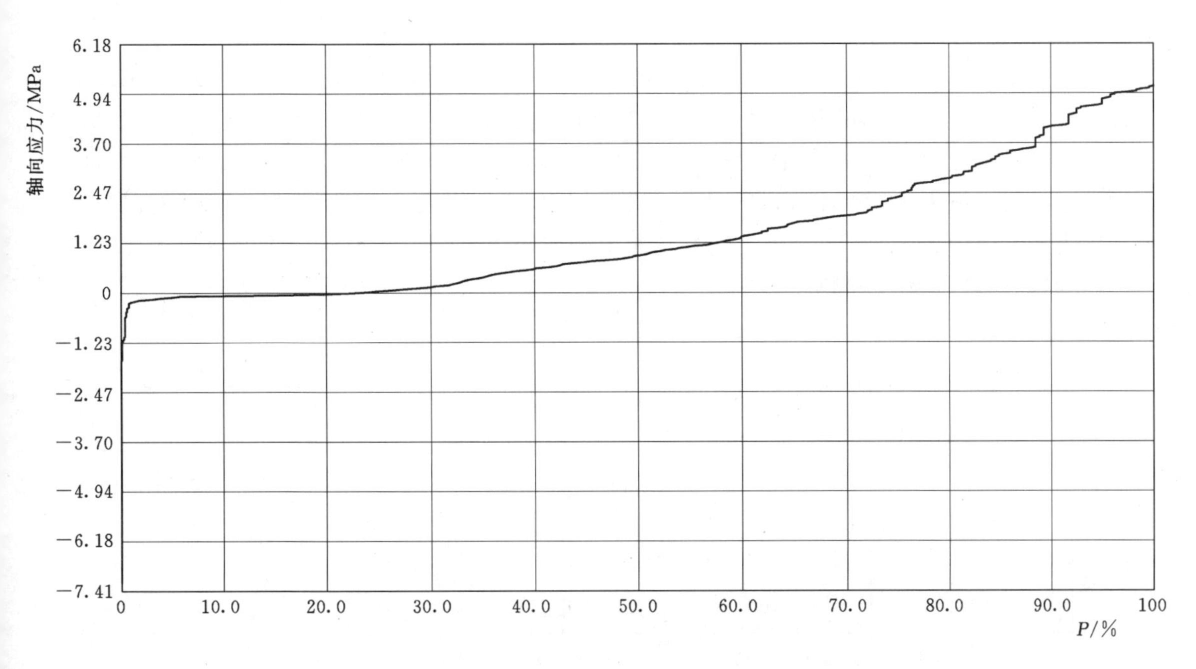

图 N-3　二期蓄水后，面板底面，轴向应力频率曲线图

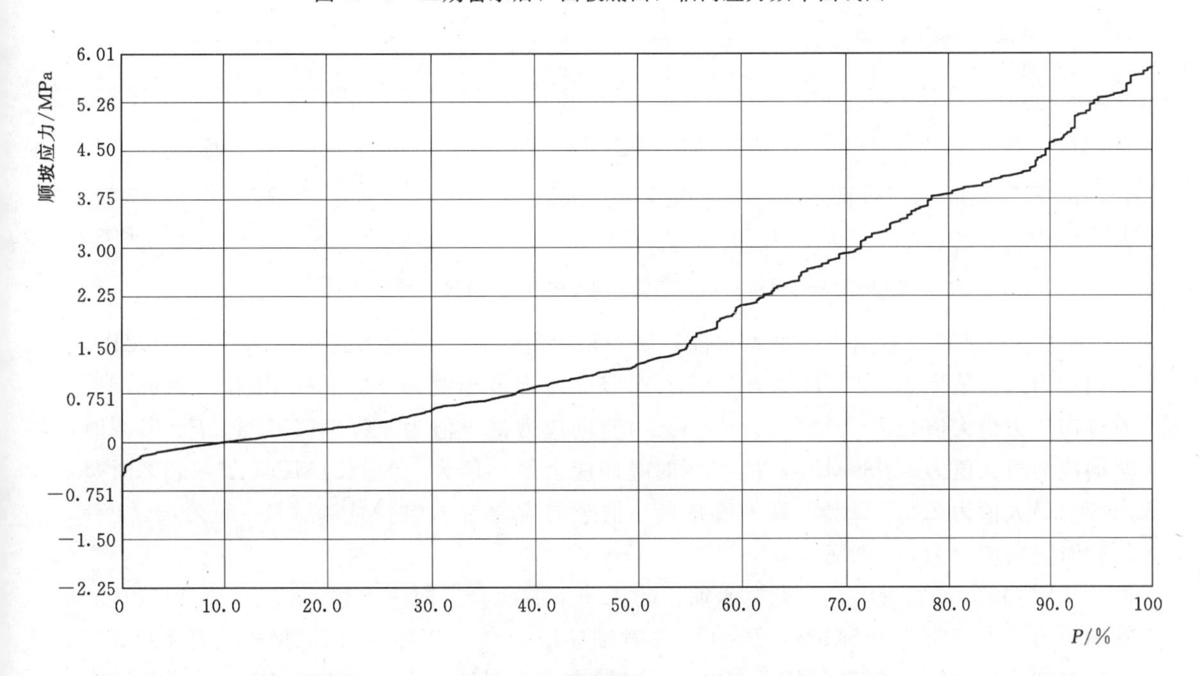

图 N-4　二期蓄水后，面板底面，顺坡应力频率曲线图

坡应力最大值为 5.799MPa，P=0.5%时顺坡应力最小值为−0.3438MPa，P=99.5%时顺坡应力最大值为 5.735MPa，P=1%时顺坡应力最小值为−0.2913MPa，P=99%时顺坡应力最大值为 5.675MPa，P=2%时顺坡应力最小值为−0.2072MPa，P=98%时顺坡应力最大值为 5.649MPa，最大值减最小值轴向应力为 7.516MPa，(P=98%)−(P=

2%）时顺坡应力为 5.856MPa。

从图 O-1 可以看出：一期蓄水前，防渗墙上游面，轴向应力最小值为－3.583MPa，轴向应力最大值为 2.256MPa，P＝0.5%时轴向应力最小值为－3.445MPa，P＝99.5%时轴向应力最大值为 2.041MPa，P＝1%时轴向应力最小值为－3.253MPa，P＝99%时轴向应力最大值为 1.920MPa，P＝2%时轴向应力最小值为－3.248MPa，P＝98%时轴向应力最大值为 1.790MPa，最大值减最小值轴向应力为 5.839MPa，（P＝98%）－（P＝2%）时轴向应力为 5.038MPa。

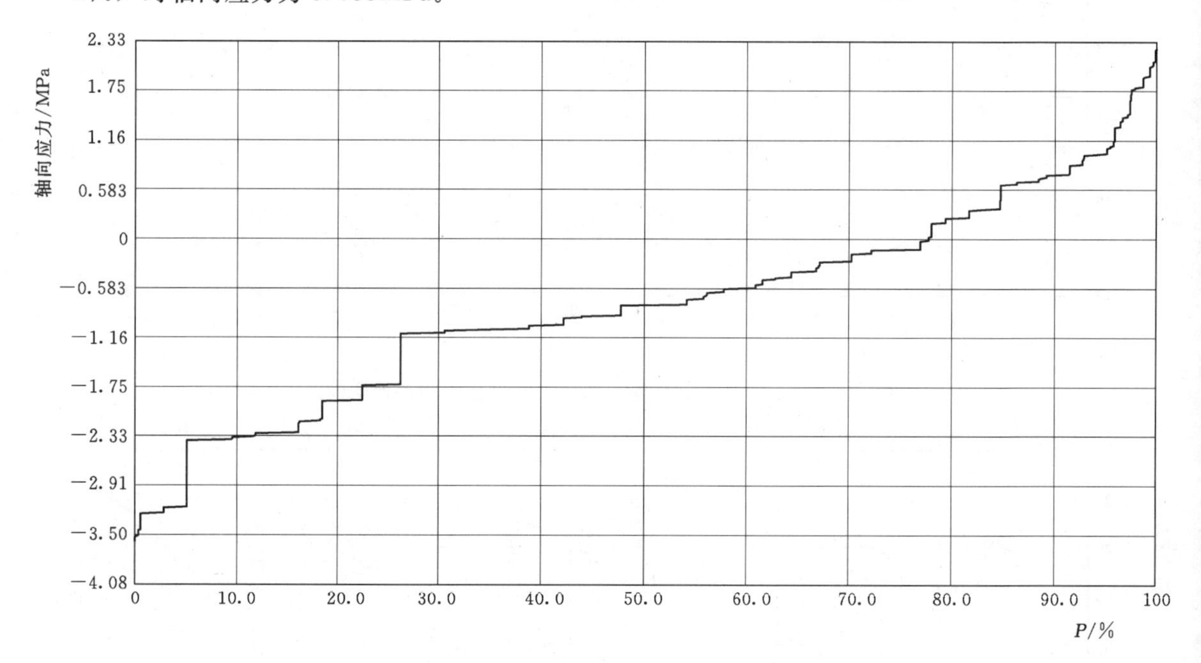

图 O-1　一期蓄水前，防渗墙上游面，轴向应力频率曲线图

从图 O-2 可以看出：一期蓄水前，防渗墙上游面，竖向应力最小值为－1.012MPa，竖向应力最大值为 3.009MPa，P＝0.5%时竖向应力最小值为－0.9469MPa，P＝99.5%时竖向应力最大值为 2.991MPa，P＝1%时竖向应力最小值为－0.9456MPa，P＝99%时竖向应力最大值为 2.989MPa，P＝2%时竖向应力最小值为－0.9431MPa，P＝98%时竖向应力最大值为 2.985MPa，最大值减最小值竖向应力为 4.021MPa，（P＝98%）－（P＝2%）时竖向应力为 3.928MPa。

从图 O-3 可以看出：一期蓄水前，防渗墙下游面，轴向应力最小值为－2.812MPa，轴向应力最大值为 3.116MPa，P＝0.5%时轴向应力最小值为－2.736MPa，P＝99.5%时轴向应力最大值为 3.102MPa，P＝1%时轴向应力最小值为－2.392MPa，P＝99%时轴向应力最大值为 3.099MPa，P＝2%时轴向应力最小值为－2.017MPa，P＝98%时轴向应力最大值为 3.093MPa，最大值减最小值轴向应力为 5.929MPa，（P＝98%）－（P＝2%）时轴向应力为 5.111MPa。

从图 O-4 可以看出：一期蓄水前，防渗墙下游面，竖向应力最小值为－0.6133MPa，竖向应力最大值为 4.459MPa，P＝0.5%时竖向应力最小值为－0.4763MPa，P＝99.5%

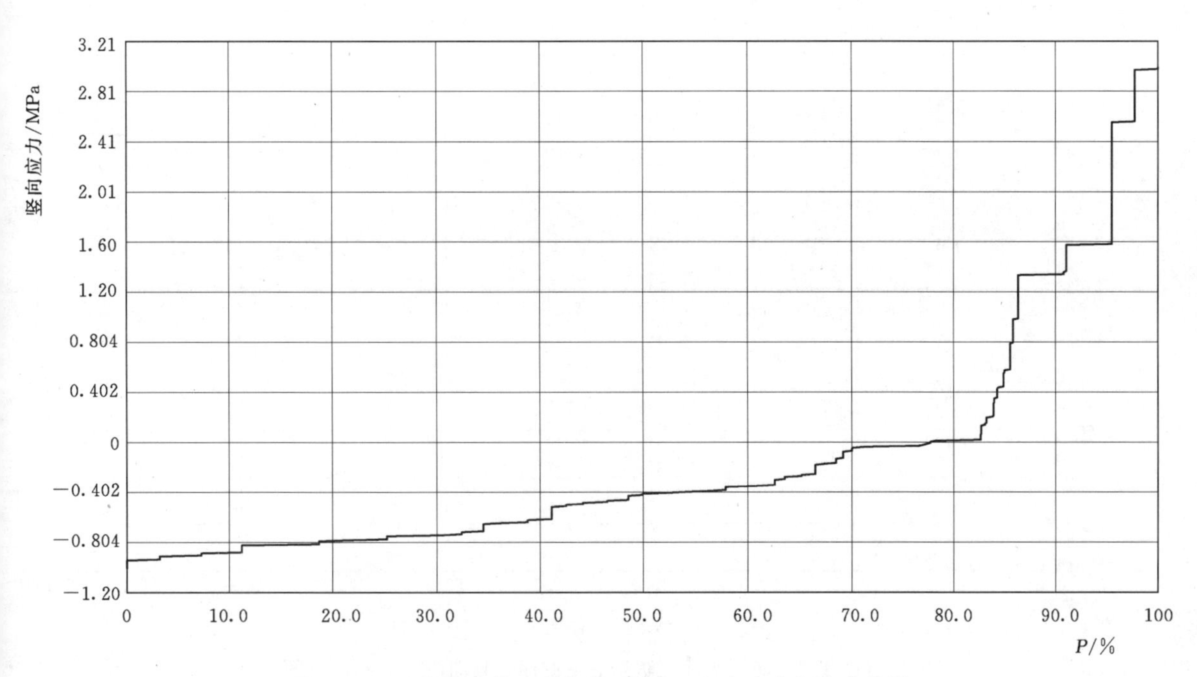

图 O-2 一期蓄水前，防渗墙上游面，竖向应力频率曲线图

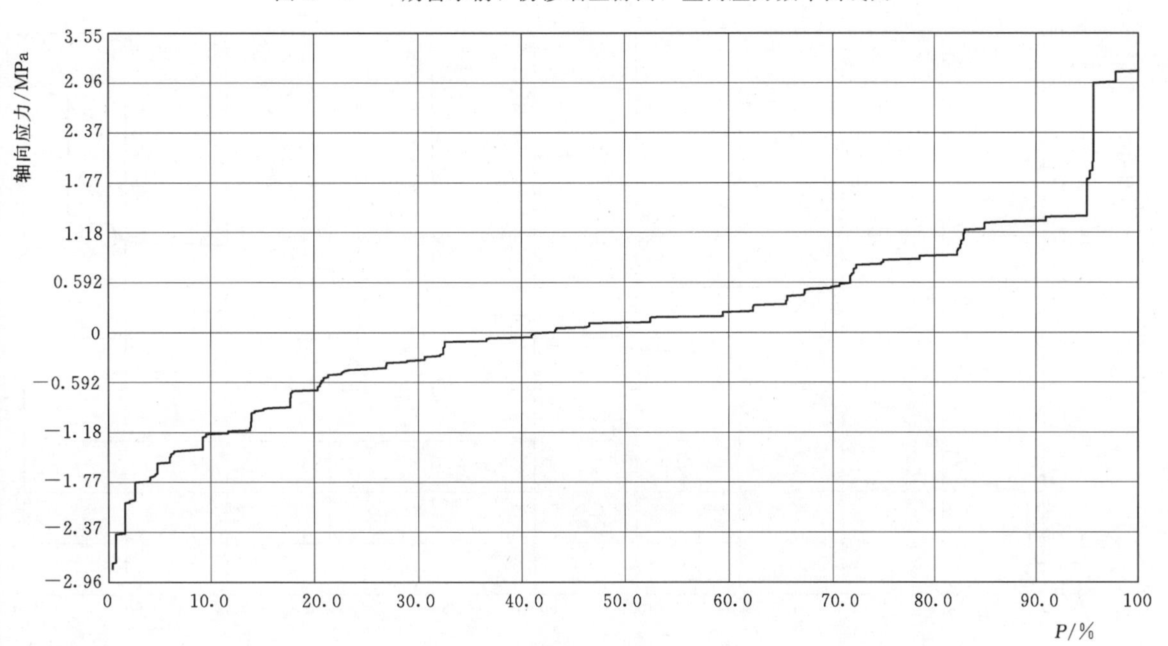

图 O-3 一期蓄水前，防渗墙下游面，轴向应力频率曲线图

时竖向应力最大值为 4.447MPa，$P=1\%$时竖向应力最小值为−0.4714MPa，$P=99\%$时竖向应力最大值为 4.444MPa，$P=2\%$时竖向应力最小值为−0.3501MPa，$P=98\%$时竖向应力最大值为 4.440MPa，最大值减最小值竖向应力为 5.073MPa，$(P=98\%)-(P=2\%)$时竖向应力为 4.790MPa。

从图 O-5 可以看出：一期蓄水后，防渗墙上游面，轴向应力最小值为−2.113MPa，

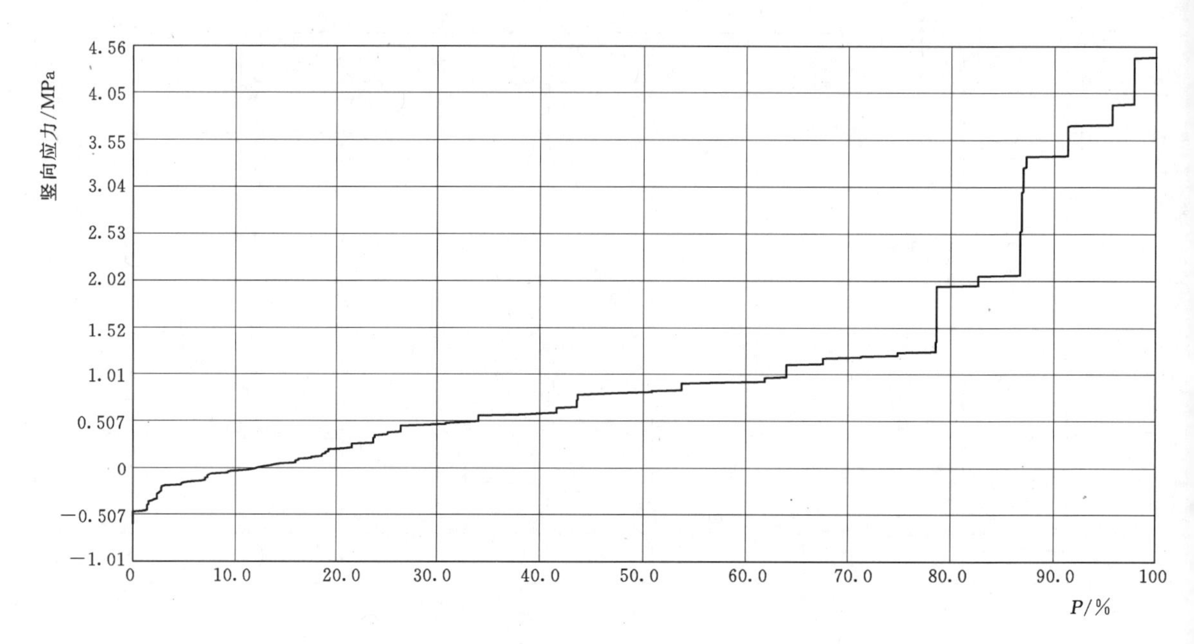

图 O-4　一期蓄水前，防渗墙下游面，竖向应力频率曲线图

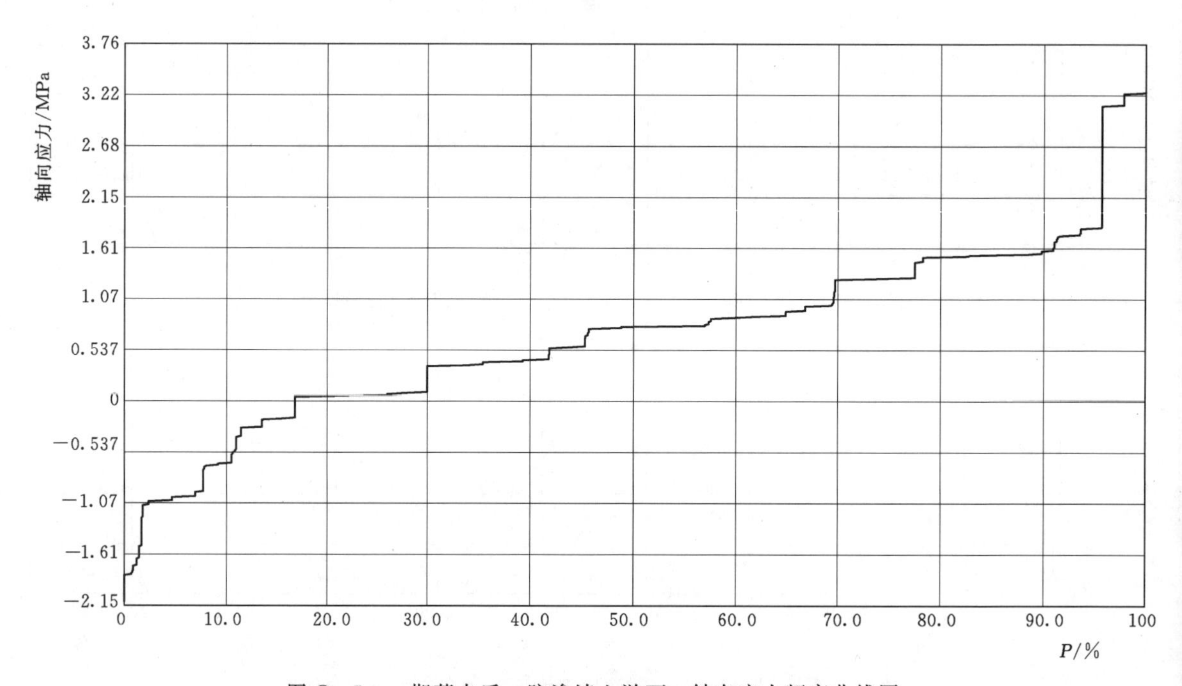

图 O-5　一期蓄水后，防渗墙上游面，轴向应力频率曲线图

轴向应力最大值为 3.262MPa，P=0.5%时轴向应力最小值为-1.825MPa，P=99.5%时轴向应力最大值为 3.249MPa，P=1%时轴向应力最小值为-1.731MPa，P=99%时轴向应力最大值为 3.247MPa，P=2%时轴向应力最小值为-1.096MPa，P=98%时轴向应力最大值为 3.242MPa，最大值减最小值轴向应力为 5.376MPa，(P=98%)-(P=2%)时轴向应力为 4.338MPa。

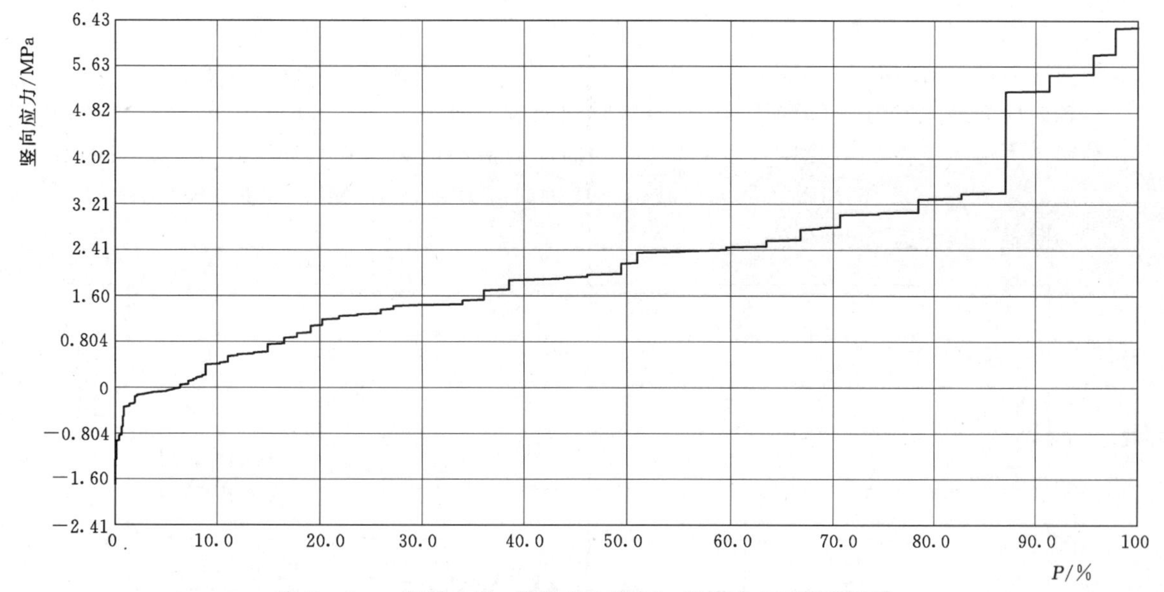

图 O-6　一期蓄水后，防渗墙上游面，竖向应力频率曲线图

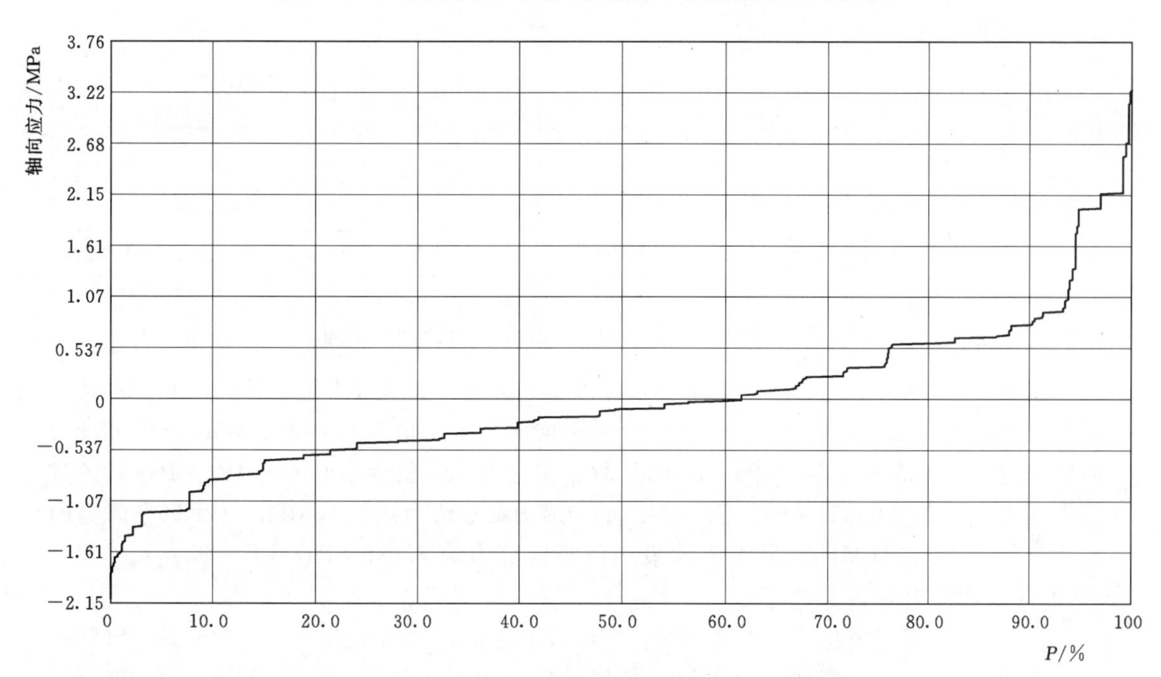

图 O-7　一期蓄水后，防渗墙下游面，轴向应力频率曲线图

从图 O-6 可以看出：一期蓄水后，防渗墙上游面，竖向应力最小值为−1.712MPa，竖向应力最大值为 6.332MPa，P=0.5%时竖向应力最小值为−0.8343MPa，P=99.5%时竖向应力最大值为 6.313MPa，P=1%时竖向应力最小值为−0.3368MPa，P=99%时竖向应力最大值为 6.309MPa，P=2%时竖向应力最小值为−0.1592MPa，P=98%时竖向应力最大值为 6.301MPa，最大值减最小值竖向应力为 8.045MPa，(P=98%)−(P=2%)时竖向应力为 6.461MPa。

从图 O－7 可以看出：一期蓄水后，防渗墙下游面，轴向应力最小值为－2.113MPa，轴向应力最大值为 3.262MPa，P＝0.5％时轴向应力最小值为－1.667MPa，P＝99.5％时轴向应力最大值为 2.694MPa，P＝1％时轴向应力最小值为－1.613MPa，P＝99％时轴向应力最大值为 2.174MPa，P＝2％时轴向应力最小值为－1.437MPa，P＝98％时轴向应力最大值为 2.169MPa，最大值减最小值轴向应力为 5.376MPa，(P＝98％)－(P＝2％)时轴向应力为 3.606MPa。

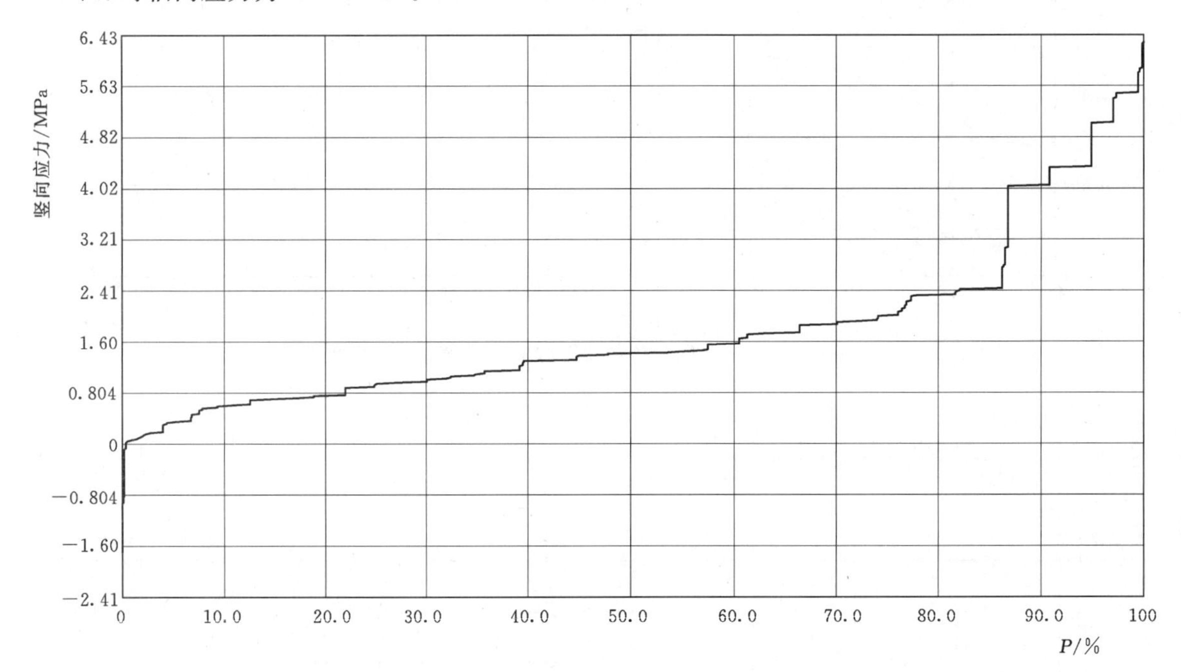

图 O－8　一期蓄水后，防渗墙下游面，竖向应力频率曲线图

从图 O－8 可以看出：一期蓄水后，防渗墙下游面，竖向应力最小值为－1.712MPa，竖向应力最大值为 6.332MPa，P＝0.5％时竖向应力最小值为 0.04206MPa，P＝99.5％时竖向应力最大值为 5.840MPa，P＝1％时竖向应力最小值为 0.06488MPa，P＝99％时竖向应力最大值为 5.523MPa，P＝2％时竖向应力最小值为 0.1236MPa，P＝98％时竖向应力最大值为 5.516MPa，最大值减最小值竖向应力为 8.045MPa，(P＝98％)－(P＝2％) 时竖向应力为 5.392MPa。

从图 O－9 可以看出：二期蓄水前，防渗墙上游面，轴向应力最小值为－1.778MPa，轴向应力最大值为 3.058MPa，P＝0.5％时轴向应力最小值为－1.625MPa，P＝99.5％时轴向应力最大值为 3.046MPa，P＝1％时轴向应力最小值为－1.552MPa，P＝99％时轴向应力最大值为 3.043MPa，P＝2％时轴向应力最小值为－1.049MPa，P＝98％时轴向应力最大值为 3.039MPa，最大值减最小值轴向应力为 4.836MPa，(P＝98％)－(P＝2％) 时轴向应力为 4.088MPa。

从图 O－10 可以看出：二期蓄水前，防渗墙上游面，竖向应力最小值为－0.7437MPa，竖向应力最大值为 6.844MPa，P＝0.5％时竖向应力最小值为－0.1527MPa，P＝99.5％时竖向应力最大值为 6.825MPa，P＝1％时竖向应力最小值为－0.1364MPa，P＝99％时

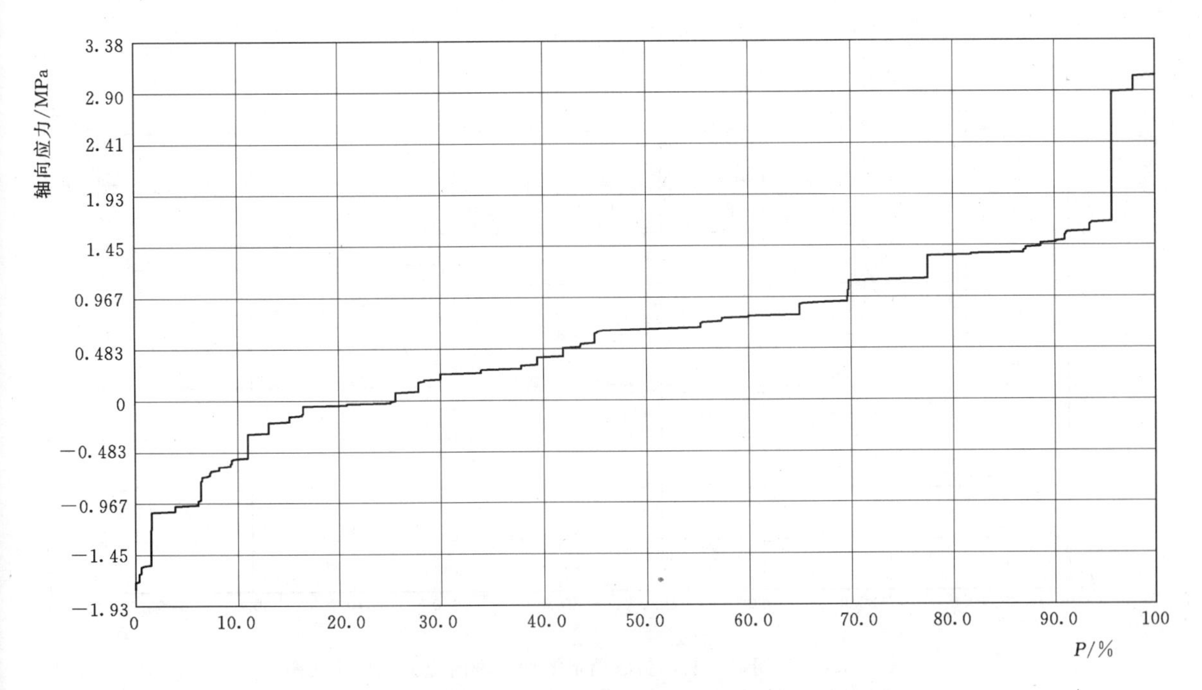

图 O-9　二期蓄水前，防渗墙上游面，轴向应力频率曲线图

竖向应力最大值为 6.822MPa，$P=2\%$时竖向应力最小值为−0.09072MPa，$P=98\%$时竖向应力最大值为 6.815MPa，最大值减最小值竖向应力为 7.588MPa，$(P=98\%)-(P=2\%)$时竖向应力为 6.906MPa。

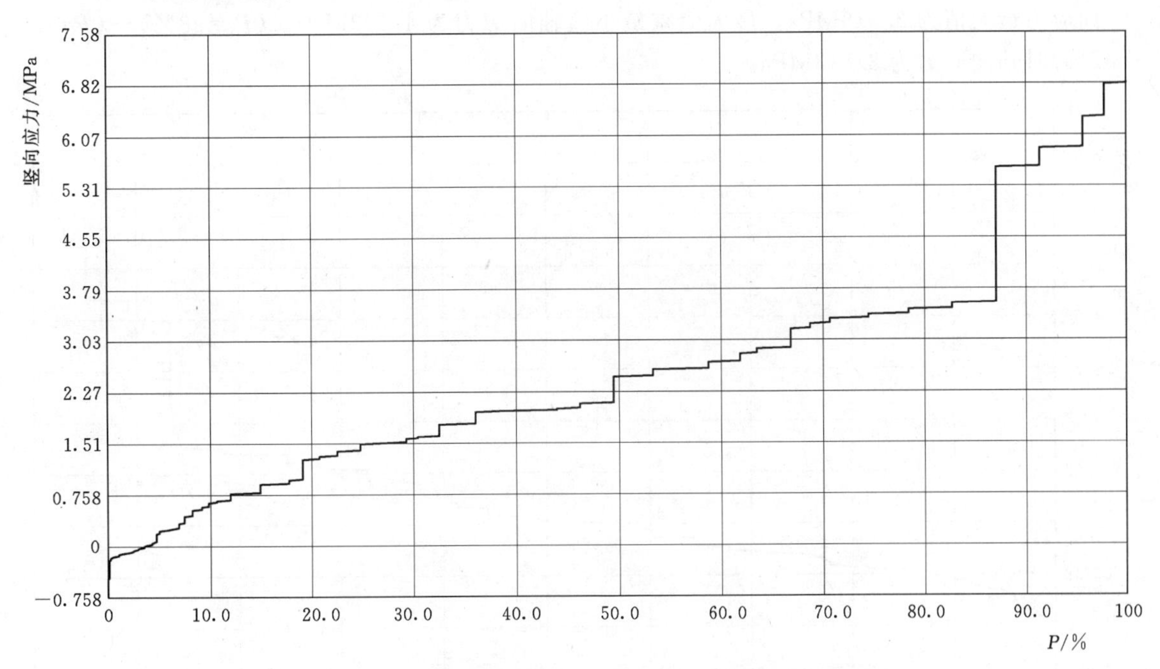

图 O-10　二期蓄水前，防渗墙上游面，竖向应力频率曲线图

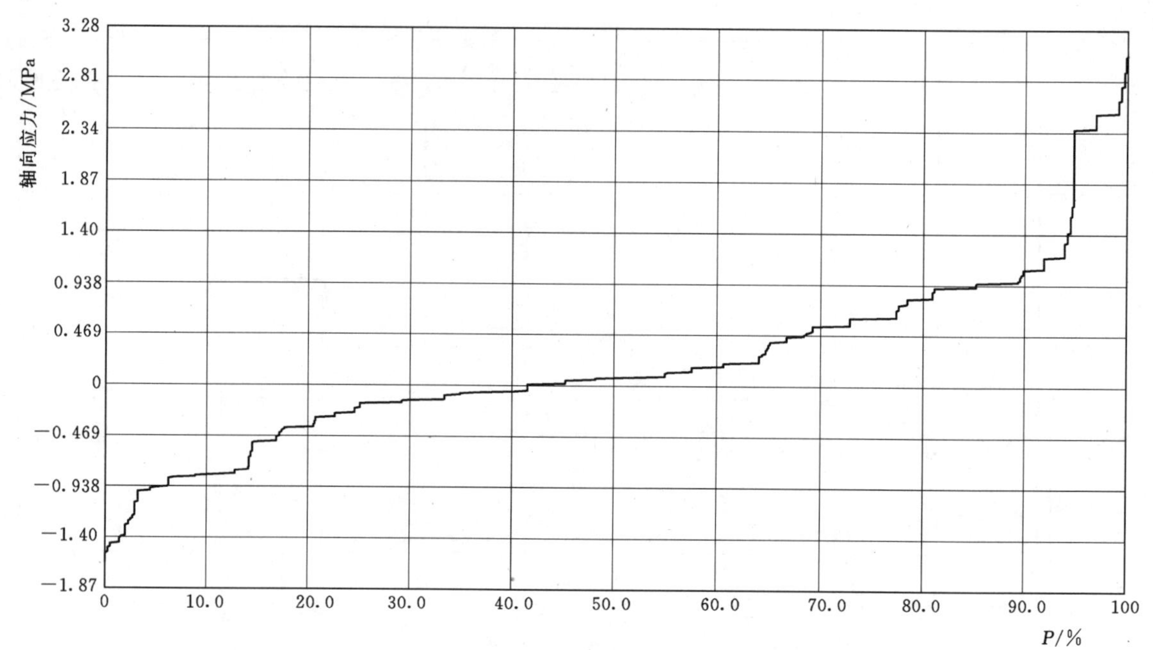

图 O－11　二期蓄水前，防渗墙下游面，轴向应力频率曲线图

从图 O－11 可以看出：二期蓄水前，防渗墙下游面，轴向应力最小值为－1.635MPa，轴向应力最大值为 3.058MPa，$P=0.5\%$时轴向应力最小值为－1.466MPa，$P=99.5\%$时轴向应力最大值为 2.768MPa，$P=1\%$时轴向应力最小值为－1.461MPa，$P=99\%$时轴向应力最大值为 2.521MPa，$P=2\%$时轴向应力最小值为－1.296MPa，$P=98\%$时轴向应力最大值为 2.516MPa，最大值减最小值轴向应力为 4.693MPa，$(P=98\%)-(P=2\%)$时轴向应力为 3.813MPa。

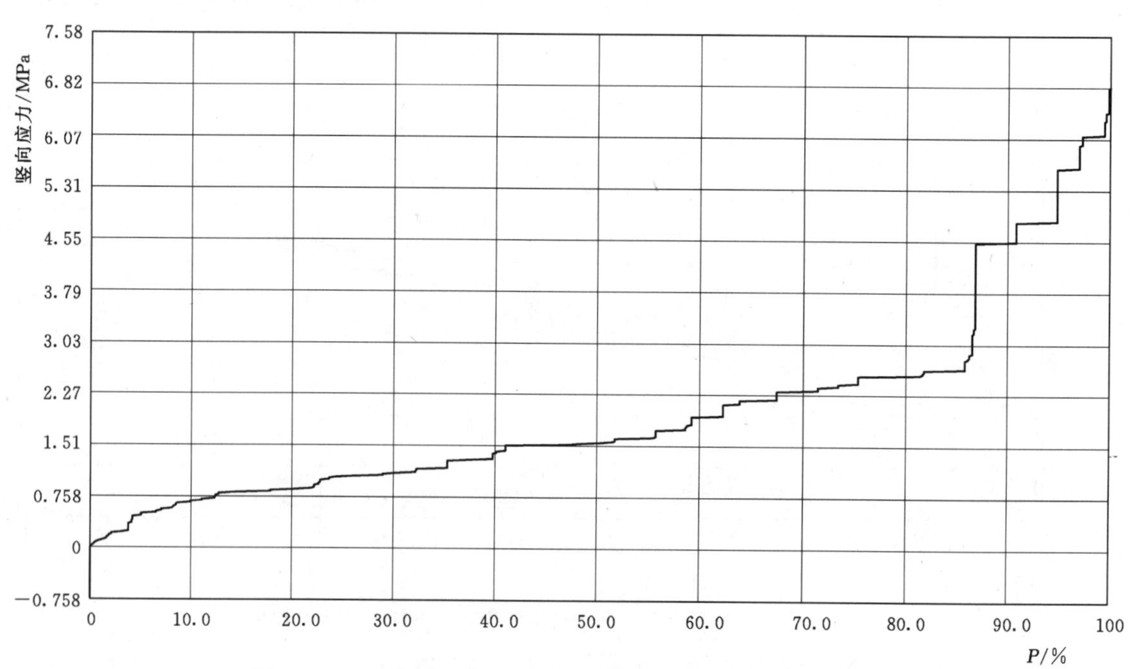

图 O－12　二期蓄水前，防渗墙下游面，竖向应力频率曲线图

从图 O-12 可以看出：二期蓄水前，防渗墙下游面，竖向应力最小值为−0.7437MPa，竖向应力最大值为 6.844MPa，P=0.5%时竖向应力最小值为 0.07158MPa，P=99.5%时竖向应力最大值为 6.334MPa，P=1%时竖向应力最小值为 0.1027MPa，P=99%时竖向应力最大值为 6.126MPa，P=2%时竖向应力最小值为 0.1925MPa，P=98%时竖向应力最大值为 6.119MPa，最大值减最小值竖向应力为 7.588MPa，(P=98%)−(P=2%)时竖向应力为 5.927MPa。

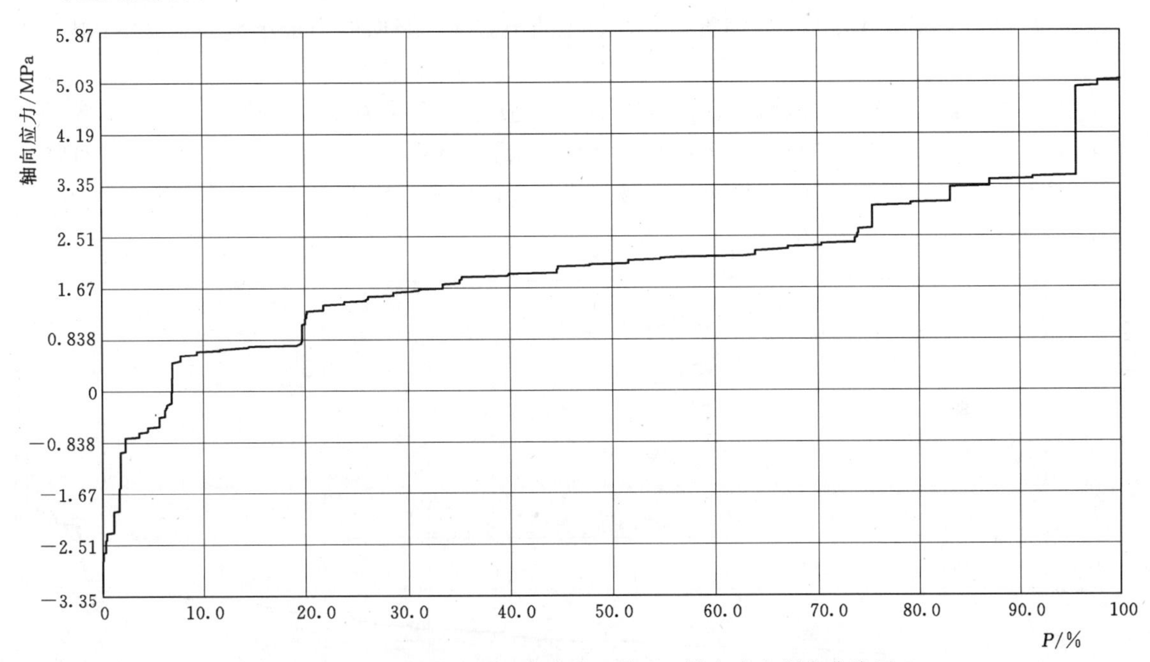

图 O-13　二期蓄水后，防渗墙上游面，轴向应力频率曲线图

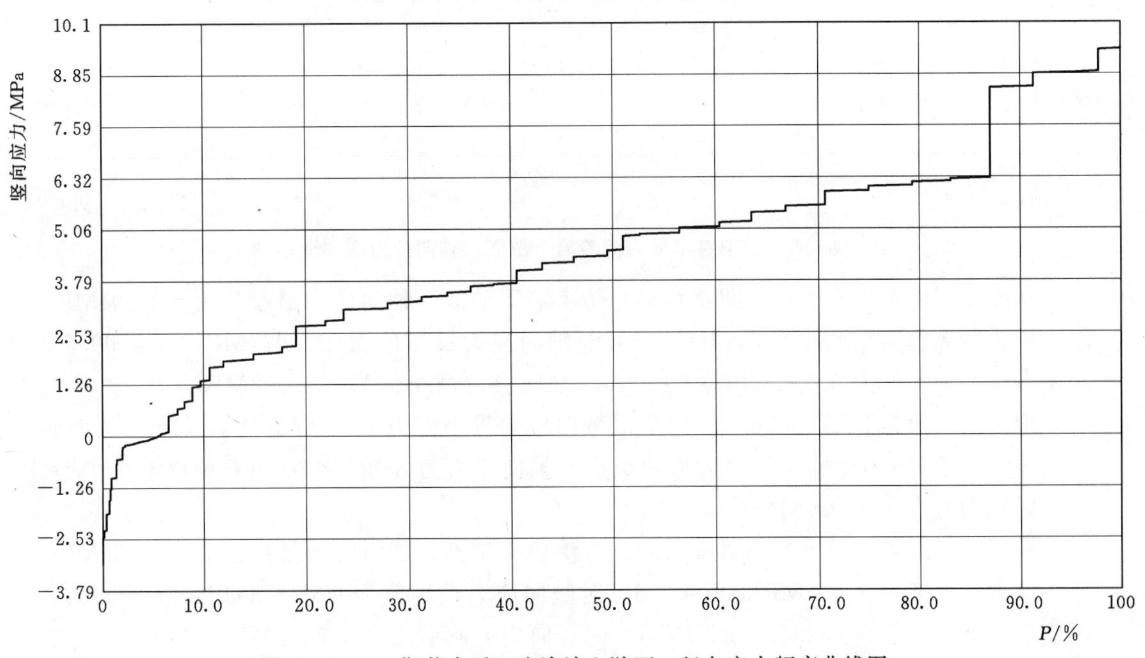

图 O-14　二期蓄水后，防渗墙上游面，竖向应力频率曲线图

从图 O-13 可以看出：二期蓄水后，防渗墙上游面，轴向应力最小值为－3.305MPa，轴向应力最大值为5.084MPa，P＝0.5％时轴向应力最小值为－2.327MPa，P＝99.5％时轴向应力最大值为5.063MPa，P＝1％时轴向应力最小值为－2.315MPa，P＝99％时轴向应力最大值为5.059MPa，P＝2％时轴向应力最小值为－0.9934MPa，P＝98％时轴向应力最大值为5.051MPa，最大值减最小值轴向应力为8.389MPa，(P＝98％)－(P＝2％)时轴向应力为6.045MPa。

从图 O-14 可以看出：二期蓄水后，防渗墙上游面，竖向应力最小值为－3.156MPa，竖向应力最大值为9.495MPa，P＝0.5％时竖向应力最小值为－1.900MPa，P＝99.5％时竖向应力最大值为9.464MPa，P＝1％时竖向应力最小值为－1.017MPa，P＝99％时竖向应力最大值为9.458MPa，P＝2％时竖向应力最小值为－0.2607MPa，P＝98％时竖向应力最大值为9.446MPa，最大值减最小值竖向应力为12.65MPa，(P＝98％)－(P＝2％)时竖向应力为9.707MPa。

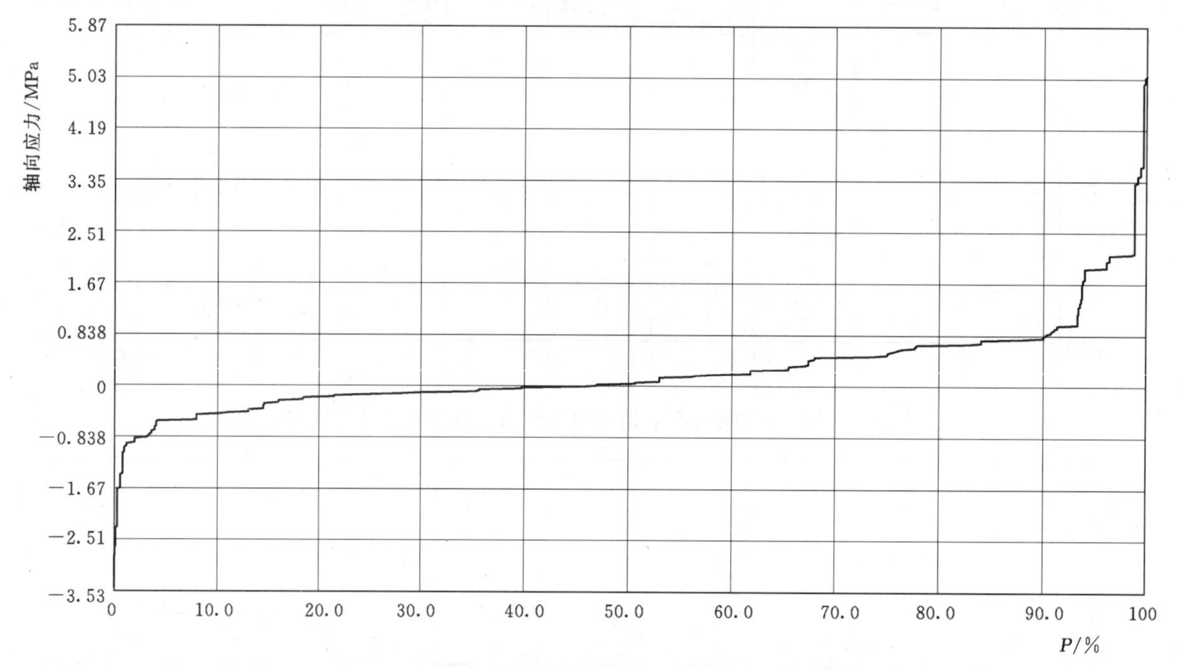

图 O-15　二期蓄水后，防渗墙下游面，轴向应力频率曲线图

从图 O-15 可以看出：二期蓄水后，防渗墙下游面，轴向应力最小值为－3.305MPa，轴向应力最大值为5.084MPa，P＝0.5％时轴向应力最小值为－1.677MPa，P＝99.5％时轴向应力最大值为3.591MPa，P＝1％时轴向应力最小值为－1.008MPa，P＝99％时轴向应力最大值为3.326MPa，P＝2％时轴向应力最小值为－0.8663MPa，P＝98％时轴向应力最大值为2.154MPa，最大值减最小值轴向应力为8.389MPa，(P＝98％)－(P＝2％)时轴向应力为3.020MPa。

从图 O-16 可以看出：二期蓄水后，防渗墙下游面，竖向应力最小值为－3.156MPa，竖向应力最大值为9.495MPa，P＝0.5％时竖向应力最小值为0.07673MPa，P＝99.5％时竖向应力最大值为8.283MPa，P＝1％时竖向应力最小值为0.1826MPa，P＝99％时竖向应力最大值为 7.186MPa，$P=2\%$时竖向应力最小值为 0.2946MPa，$P=98\%$时竖向应力最大值为 7.174MPa，最大值减最小值竖向应力 12.65MPa，$(P=98\%)-(P=2\%)$时竖向应力为 6.879MPa。

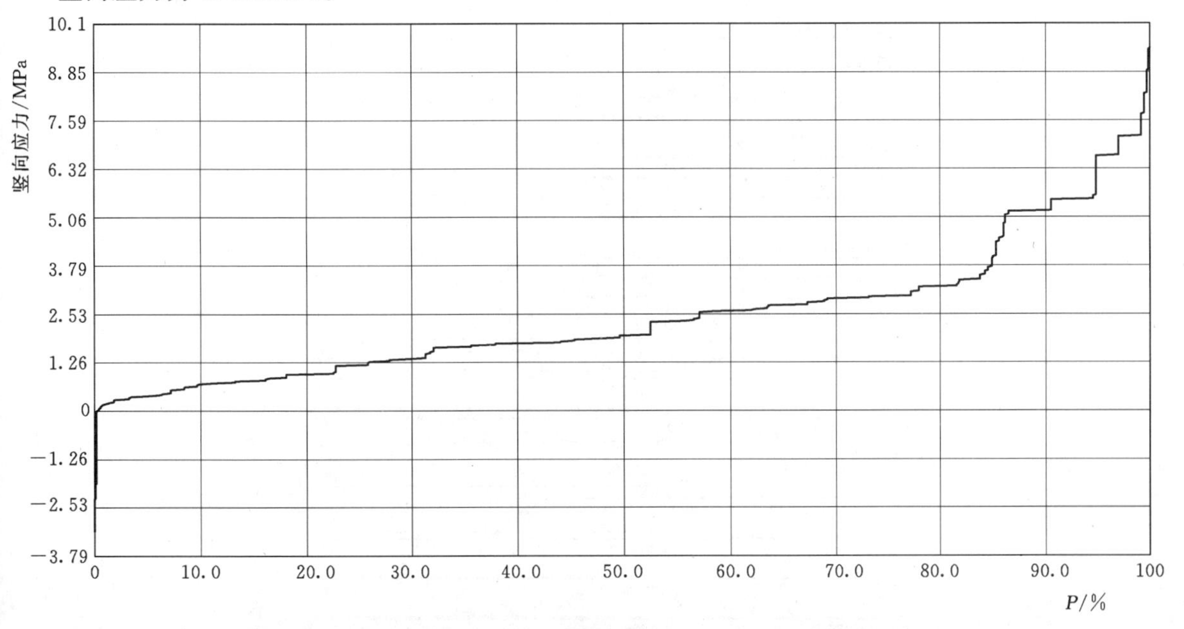

图 O-16　二期蓄水后，防渗墙下游面，竖向应力频率曲线图

从图 P-1 可以看出：二期蓄水后，横缝错动量，全量最大值为 20.0mm。

从图 P-2 可以看出：二期蓄水后，横缝相对沉降量，全量最大值为 1.8mm。

从图 P-3 可以看出：二期蓄水后，横缝张开量，全量最大值为 11.3mm。

从图 P-4 可以看出：二期蓄水后，周边缝错动量，全量最大值为 23.8mm。

从图 P-5 可以看出：二期蓄水后，周边缝相对沉降量，全量最大值为 33.2mm。

从图 P-6 可以看出：二期蓄水后，周边缝张开量，全量最大值为 19.0mm。

从图 P-7 可以看出：二期蓄水后，趾板—连接板错动量，全量最大值为 28.3mm。

从图 P-8 可以看出：二期蓄水后，趾板—连接板相对沉降量，全量最大值为 0mm。

从图 P-9 可以看出：二期蓄水后，趾板—连接板张开量，全量最大值为 14.6mm。

从图 P-10 可以看出：二期蓄水后，连接板—防渗墙错动量，全量最大值为 16.6mm。

从图 P-11 可以看出：二期蓄水后，连接板—防渗墙相对沉降量，全量最大值为 32.8mm。

从图 P-12 可以看出：二期蓄水后，连接板—防渗墙张开量，全量最大值为 14.0mm。

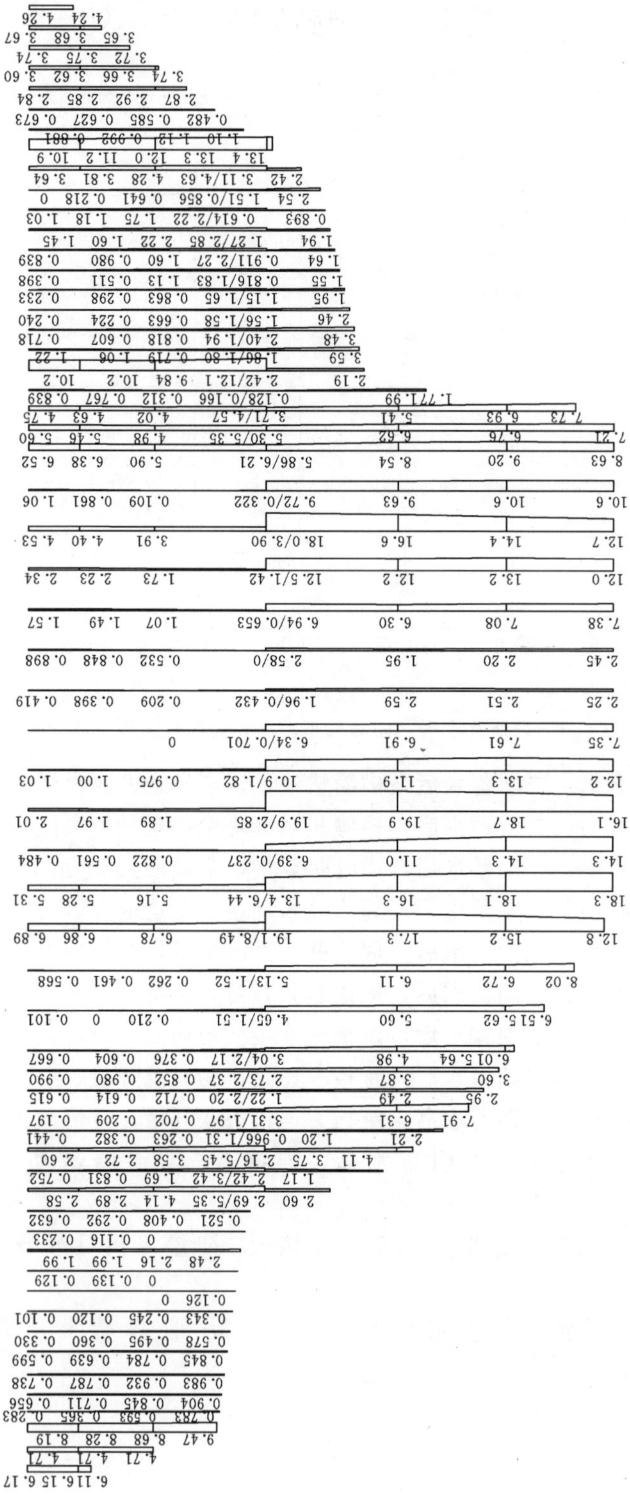

图 P-1　二期蓄水后，横缝错动量图（单位：mm）

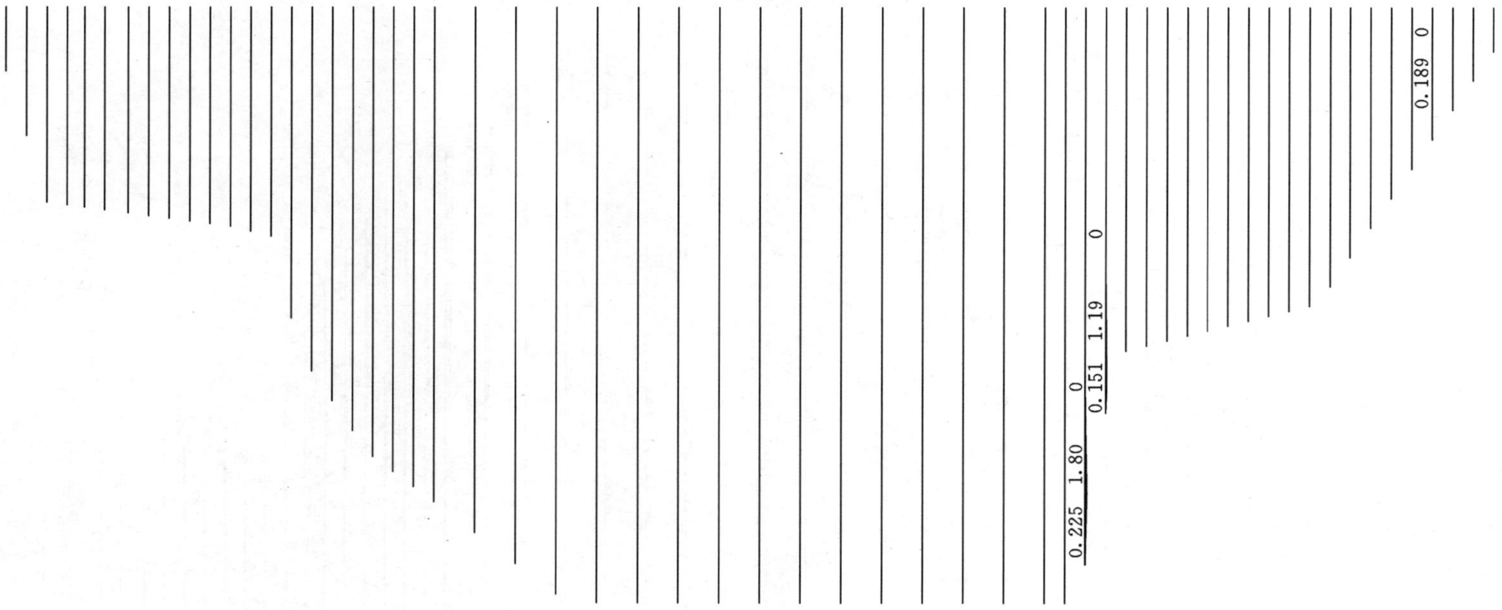

0.189 0

0.151 1.19 0

0.225 1.80 0

图 P-2 二期蓄水后，横缝相对沉降量图（单位：mm）

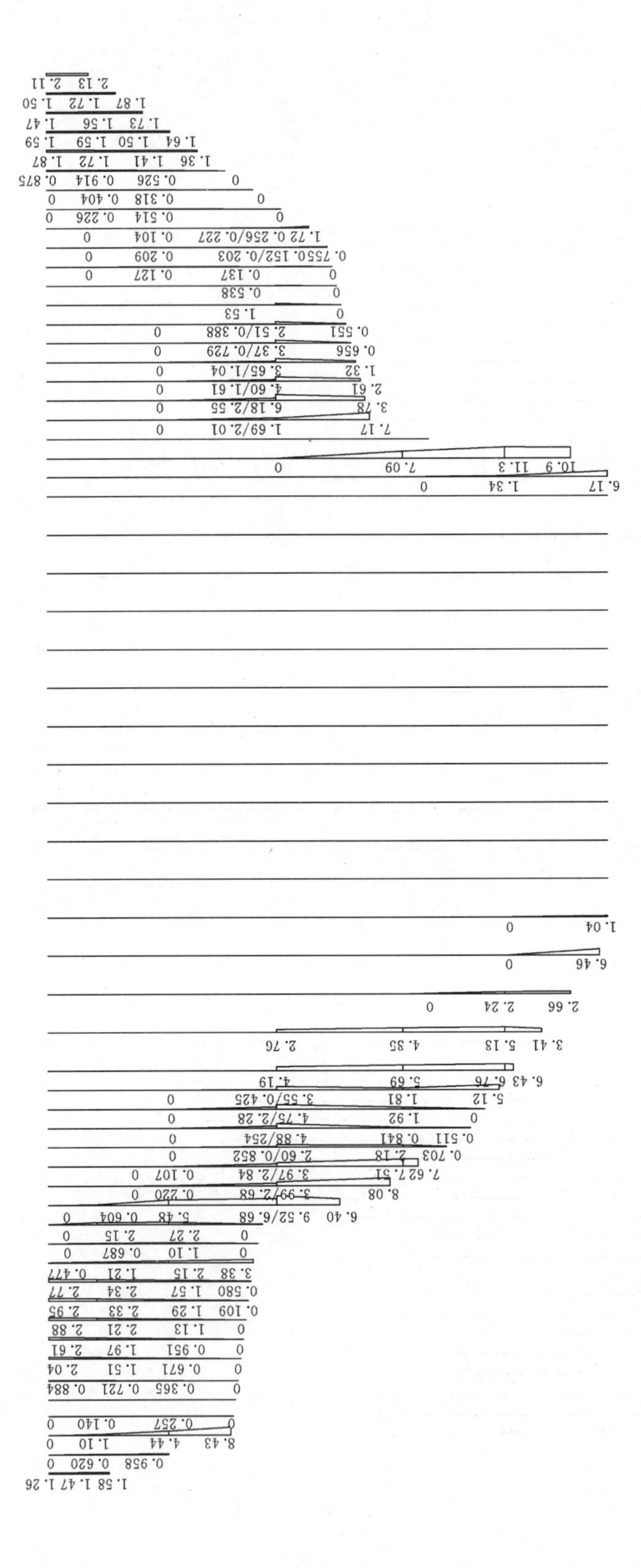

图 P-3　二期蓄水后，横缝张开量图（单位：mm）

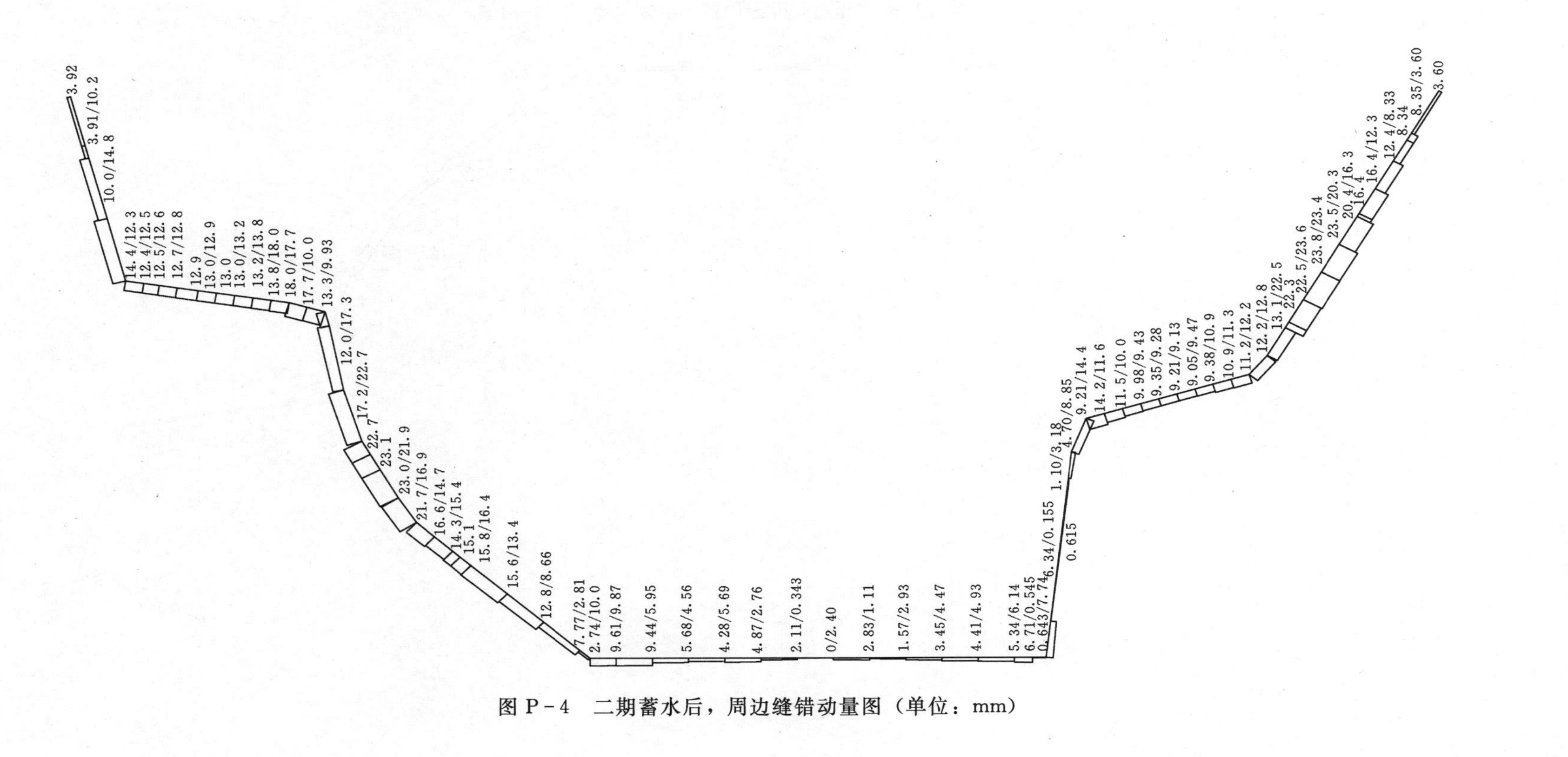

图 P－4　二期蓄水后，周边缝错动量图（单位：mm）

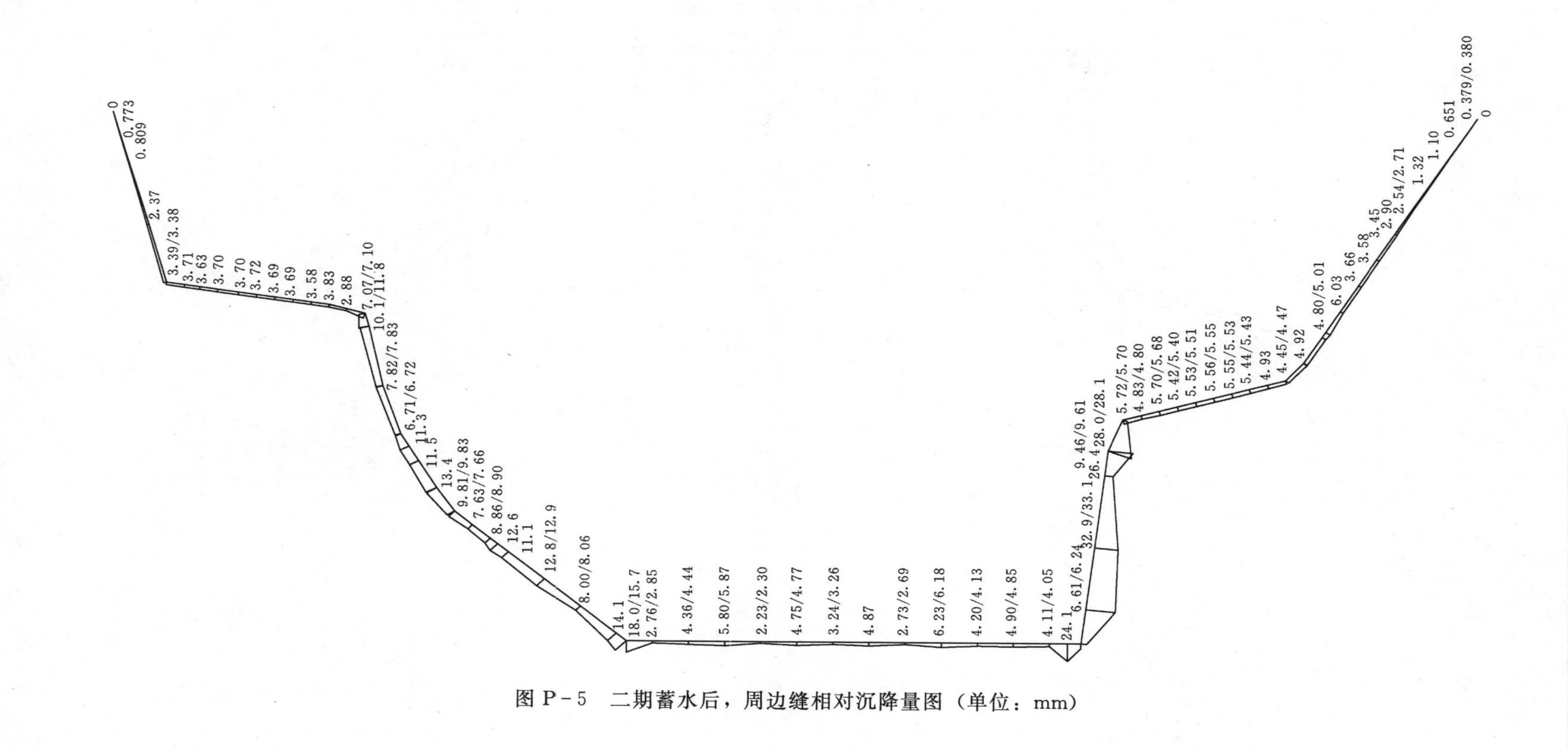

图 P-5　二期蓄水后，周边缝相对沉降量图（单位：mm）

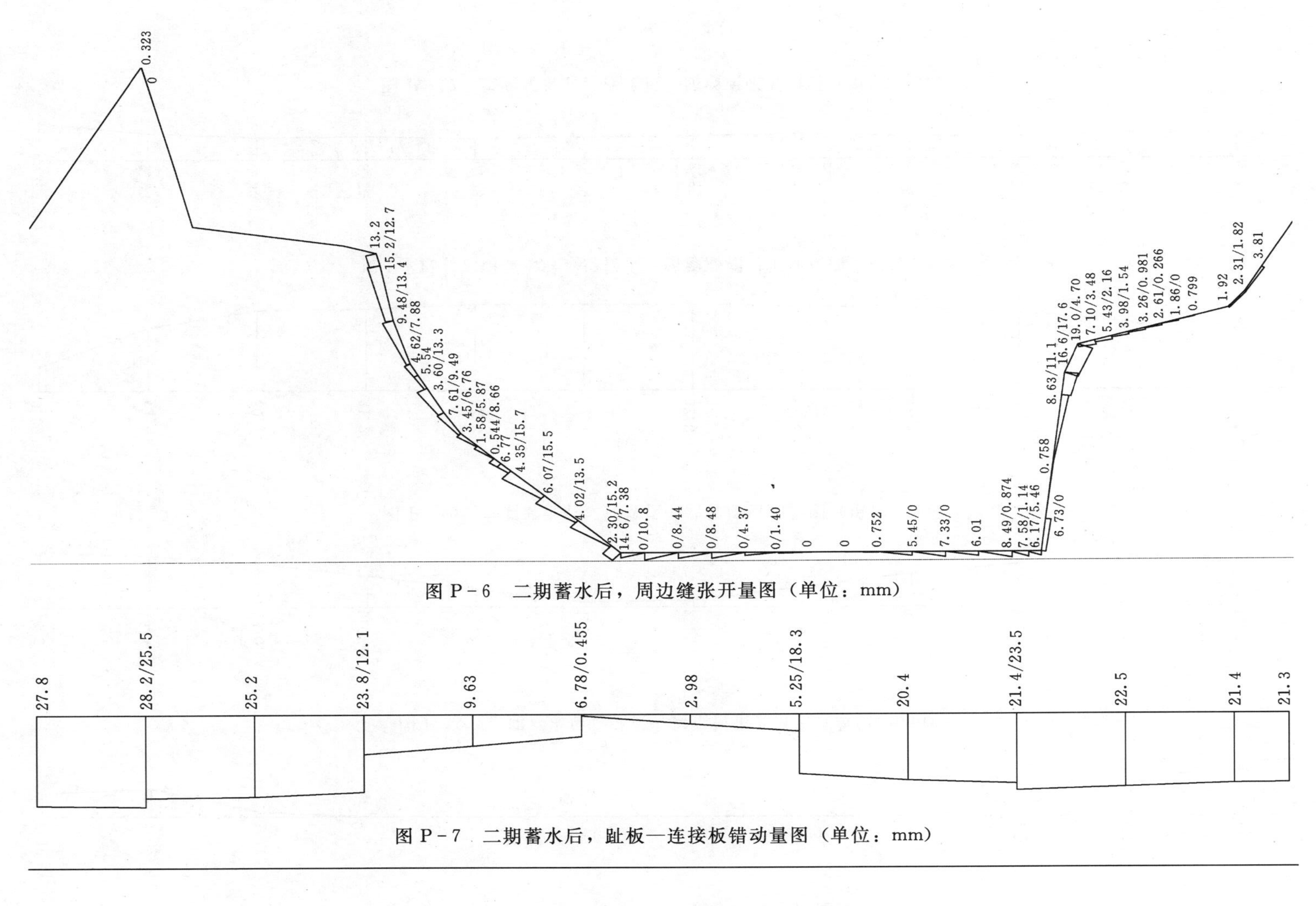

图 P-6　二期蓄水后，周边缝张开量图（单位：mm）

图 P-7　二期蓄水后，趾板—连接板错动量图（单位：mm）

图 P-8　二期蓄水后，趾板—连接板相对沉降量图

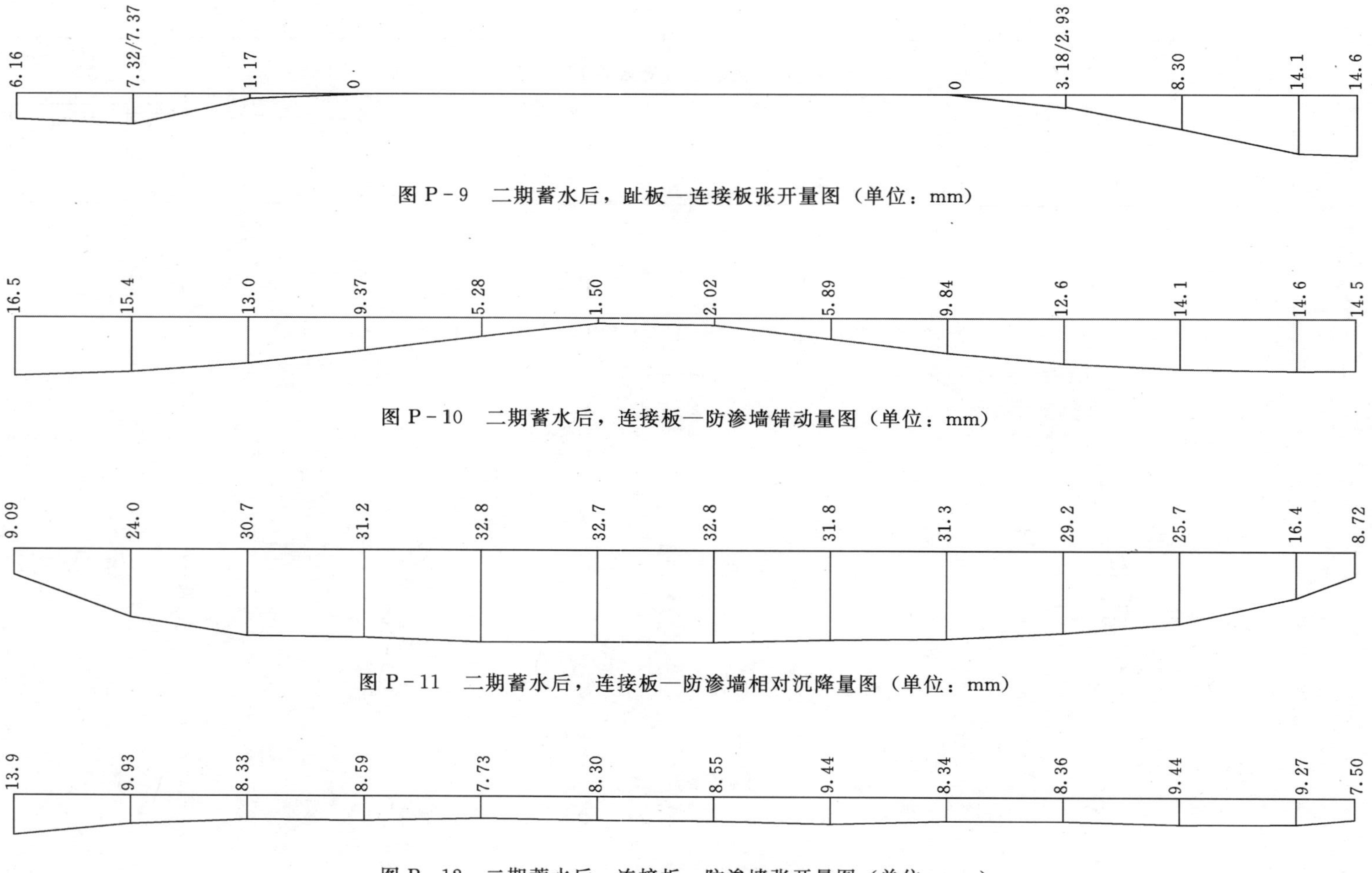

图 P-9　二期蓄水后，趾板—连接板张开量图（单位：mm）

图 P-10　二期蓄水后，连接板—防渗墙错动量图（单位：mm）

图 P-11　二期蓄水后，连接板—防渗墙相对沉降量图（单位：mm）

图 P-12　二期蓄水后，连接板—防渗墙张开量图（单位：mm）

附录 3　原体形变形模量−15%计算结果分析

附表 3.1　坝体（含覆盖层）计算结果

工况	位置	变量名称	最小值	最大值	$P=0.5\%$	$P=99.5\%$	图名
一期蓄水前	坝体横断面 $x=5.860$	顺水流方向位移/m	−0.1939	0.1569	−0.1874	0.1558	图 Q-1
一期蓄水前	坝体横断面 $x=5.860$	竖向位移/m	−0.6644	0.02440	−0.6612	0.02227	图 Q-2
一期蓄水前	坝体横断面 $x=5.860$	第 1 主应力/MPa	0.1000	7.273	0.1000	1.685	图 Q-3
一期蓄水前	坝体横断面 $x=5.860$	第 3 主应力/MPa	−1.954	0.9346	0.08366	0.8087	图 Q-4
一期蓄水前	坝体横断面 $x=5.860$	应力水平	0	0.9990	0.07310	0.9948	图 Q-5
一期蓄水后	坝体横断面 $x=5.860$	顺水流方向位移/m	−0.09051	0.1572	−0.07745	0.1565	图 Q-6
一期蓄水后	坝体横断面 $x=5.860$	竖向位移/m	−0.6718	0.02440	−0.6601	0.02225	图 Q-7
一期蓄水后	坝体横断面 $x=5.860$	第 1 主应力/MPa	0.1000	7.398	0.1200	1.701	图 Q-8
一期蓄水后	坝体横断面 $x=5.860$	第 3 主应力/MPa	−2.058	0.9495	0.08754	0.8205	图 Q-9
一期蓄水后	坝体横断面 $x=5.860$	应力水平	0	0.9990	0.01590	0.9948	图 Q-10
二期蓄水前	坝体横断面 $x=5.860$	顺水流方向位移/m	−0.1283	0.2706	−0.1264	0.2687	图 Q-11
二期蓄水前	坝体横断面 $x=5.860$	竖向位移/m	−1.054	0.02462	−1.017	0.02118	图 Q-12
二期蓄水前	坝体横断面 $x=5.860$	第 1 主应力/MPa	0.1000	6.898	0.1178	2.132	图 Q-13
二期蓄水前	坝体横断面 $x=5.860$	第 3 主应力/MPa	−1.800	1.124	0.08676	1.019	图 Q-14
二期蓄水前	坝体横断面 $x=5.860$	应力水平	0	0.9990	0.04314	0.9948	图 Q-15
二期蓄水后	坝体横断面 $x=5.860$	顺水流方向位移/m	−0.06602	0.3515	−0.06049	0.3504	图 Q-16
二期蓄水后	坝体横断面 $x=5.860$	竖向位移/m	−1.142	0.02471	−1.041	0.02100	图 Q-17
二期蓄水后	坝体横断面 $x=5.860$	第 1 主应力/MPa	0.1000	13.02	0.1004	2.280	图 Q-18
二期蓄水后	坝体横断面 $x=5.860$	第 3 主应力/MPa	−4.573	1.273	0.06704	1.088	图 Q-19
二期蓄水后	坝体横断面 $x=5.860$	应力水平	0	0.9990	0.01120	0.9947	图 Q-20

附表 3.2　面板位移和应力

工况	位置	变量名称	最小值	最大值	$P=0.5\%$	$P=99.5\%$	图名
一期蓄水后	面板表面	轴向位移/m	−0.005897	0.007386	−0.005502	0.007305	图 R-1
一期蓄水后	面板表面	顺坡位移/m	−0.01104	0.06931	−0.01104	0.06863	图 R-2
一期蓄水后	面板表面	法向位移/m	−0.2385	0.000001754	−0.2373	−0.001190	图 R-3
一期蓄水后	面板表面	轴向应力/MPa	−1.070	1.014	−0.2227	0.9928	图 R-4
一期蓄水后	面板表面	顺坡应力/MPa	0.02196	3.959	0.07375	2.112	图 R-5
一期蓄水后	面板底面	轴向位移/m	−0.003128	0.006388	−0.002352	0.006234	图 R-6
一期蓄水后	面板底面	顺坡位移/m	−0.01098	0.06967	−0.01096	0.06883	图 R-7
一期蓄水后	面板底面	法向位移/m	−0.2385	0.000002020	−0.2373	−0.001189	图 R-8
一期蓄水后	面板底面	轴向应力/MPa	−0.7050	1.003	−0.3925	0.9618	图 R-9
一期蓄水后	面板底面	顺坡应力/MPa	−2.739	1.994	−0.6137	1.963	图 R-10
二期蓄水前	面板表面	轴向位移/m	−0.02464	0.03462	−0.02417	0.03438	图 R-11
二期蓄水前	面板表面	顺坡位移/m	−0.04000	0.02303	−0.03962	0.02225	图 R-12
二期蓄水前	面板表面	法向位移/m	−0.2206	0.002312	−0.2196	−0.001363	图 R-13
二期蓄水前	面板表面	轴向应力/MPa	−1.221	3.968	−0.3109	3.948	图 R-14
二期蓄水前	面板表面	顺坡应力/MPa	−0.2068	7.271	0.2427	7.233	图 R-15
二期蓄水前	面板底面	轴向位移/m	−0.02251	0.03367	−0.02218	0.03334	图 R-16
二期蓄水前	面板底面	顺坡位移/m	−0.04023	0.02383	−0.04010	0.02303	图 R-17
二期蓄水前	面板底面	法向位移/m	−0.2206	0.002313	−0.2196	−0.001362	图 R-18
二期蓄水前	面板底面	轴向应力/MPa	−1.060	4.012	−0.1298	3.992	图 R-19
二期蓄水前	面板底面	顺坡应力/MPa	0.07765	7.263	0.6581	7.241	图 R-20
二期蓄水后	面板表面	轴向位移/m	−0.03882	0.06170	−0.03751	0.06117	图 R-21
二期蓄水后	面板表面	顺坡位移/m	−0.02264	0.08969	−0.02175	0.08728	图 R-22
二期蓄水后	面板表面	法向位移/m	−0.4714	0.00006498	−0.4713	−0.004577	图 R-23
二期蓄水后	面板表面	轴向应力/MPa	−3.321	7.361	−0.4363	6.032	图 R-24
二期蓄水后	面板表面	顺坡应力/MPa	−0.3048	7.369	−0.1767	6.213	图 R-25
二期蓄水后	面板底面	轴向位移/m	−0.03137	0.06049	−0.03073	0.06001	图 R-26
二期蓄水后	面板底面	顺坡位移/m	−0.02287	0.08860	−0.02250	0.08597	图 R-27
二期蓄水后	面板底面	法向位移/m	−0.4715	0.00002715	−0.4714	−0.004202	图 R-28
二期蓄水后	面板底面	轴向应力/MPa	−7.057	6.071	−0.4507	5.987	图 R-29
二期蓄水后	面板底面	顺坡应力/MPa	−1.593	6.224	−0.5732	6.174	图 R-30

附表 3.3　　防渗墙位移和应力

工况	位置	变量名称	最小值	最大值	$P=0.5\%$	$P=99.5\%$	图名
一期蓄水前	防渗墙上游面	轴向位移/m	−0.002097	0.001948	−0.002070	0.001914	图 S-1
一期蓄水前	防渗墙上游面	顺水流方向位移/m	−0.1369	0.004115	−0.1338	−0.0001873	图 S-2
一期蓄水前	防渗墙上游面	竖向位移/m	−0.003063	0.0003432	−0.002938	−0.0004793	图 S-3
一期蓄水前	防渗墙上游面	轴向应力/MPa	−4.316	2.600	−4.167	2.357	图 S-4
一期蓄水前	防渗墙上游面	竖向应力/MPa	−1.083	3.379	−1.019	3.368	图 S-5
一期蓄水前	防渗墙下游面	轴向位移/m	−0.001387	0.001562	−0.001357	0.001543	图 S-6
一期蓄水前	防渗墙下游面	顺水流方向位移/m	−0.1369	0.004116	−0.1338	−0.0001862	图 S-7
一期蓄水前	防渗墙下游面	竖向位移/m	−0.003063	0.004206	0.0008862	0.004187	图 S-8
一期蓄水前	防渗墙下游面	轴向应力/MPa	−3.279	3.677	−3.023	3.660	图 S-9
一期蓄水前	防渗墙下游面	竖向应力/MPa	−0.6276	4.876	−0.5122	4.863	图 S-10
一期蓄水后	防渗墙上游面	轴向位移/m	−0.001266	0.001617	−0.001265	0.001558	图 S-11
一期蓄水后	防渗墙上游面	顺水流方向位移/m	0.0006633	0.05137	0.002078	0.05019	图 S-12
一期蓄水后	防渗墙上游面	竖向位移/m	−0.002207	0.001723	−0.002111	0.001712	图 S-13
一期蓄水后	防渗墙上游面	轴向应力/MPa	−2.503	3.742	−2.303	3.726	图 S-14
一期蓄水后	防渗墙上游面	竖向应力/MPa	−2.062	7.022	−0.9887	7.000	图 S-15
一期蓄水后	防渗墙下游面	轴向位移/m	−0.001232	0.001471	−0.0005060	0.0007222	图 S-16
一期蓄水后	防渗墙下游面	顺水流方向位移/m	0.0006341	0.05137	0.002049	0.05019	图 S-17
一期蓄水后	防渗墙下游面	竖向位移/m	−0.003539	0.001720	−0.003539	−0.002127	图 S-18
一期蓄水后	防渗墙下游面	轴向应力/MPa	−2.503	3.742	−2.087	2.425	图 S-19
一期蓄水后	防渗墙下游面	竖向应力/MPa	−2.062	7.022	0.06525	5.980	图 S-20
二期蓄水前	防渗墙上游面	轴向位移/m	−0.0008157	0.001238	−0.0007982	0.001221	图 S-21
二期蓄水前	防渗墙上游面	顺水流方向位移/m	0.0006182	0.01821	0.001497	0.01729	图 S-22
二期蓄水前	防渗墙上游面	竖向位移/m	−0.003939	0.0007612	−0.003833	0.0007389	图 S-23
二期蓄水前	防渗墙上游面	轴向应力/MPa	−2.461	3.455	−2.227	3.440	图 S-24
二期蓄水前	防渗墙上游面	竖向应力/MPa	−0.8728	7.586	−0.1999	7.548	图 S-25
二期蓄水前	防渗墙下游面	轴向位移/m	−0.0009709	0.001312	−0.0009015	0.001243	图 S-26
二期蓄水前	防渗墙下游面	顺水流方向位移/m	0.0005882	0.01822	0.001468	0.01729	图 S-27
二期蓄水前	防渗墙下游面	竖向位移/m	−0.003317	0.0006938	−0.003163	−0.001096	图 S-28
二期蓄水前	防渗墙下游面	轴向应力/MPa	−1.837	3.455	−1.643	2.890	图 S-29
二期蓄水前	防渗墙下游面	竖向应力/MPa	−0.8728	7.586	0.09639	6.615	图 S-30
二期蓄水后	防渗墙上游面	轴向位移/m	−0.003545	0.004656	−0.003522	0.004392	图 S-31
二期蓄水后	防渗墙上游面	顺水流方向位移/m	0.0002659	0.1412	0.003501	0.1383	图 S-32
二期蓄水后	防渗墙上游面	竖向位移/m	−0.003974	0.003240	−0.003870	0.003215	图 S-33
二期蓄水后	防渗墙上游面	轴向应力/MPa	−3.915	5.836	−2.329	5.793	图 S-34
二期蓄水后	防渗墙上游面	竖向应力/MPa	−3.898	10.36	−2.682	10.33	图 S-35
二期蓄水后	防渗墙下游面	轴向位移/m	−0.002962	0.003963	−0.0006717	0.001394	图 S-36
二期蓄水后	防渗墙下游面	顺水流方向位移/m	0.0002120	0.1412	0.003448	0.1383	图 S-37
二期蓄水后	防渗墙下游面	竖向位移/m	−0.008085	0.003240	−0.008085	−0.004728	图 S-38
二期蓄水后	防渗墙下游面	轴向应力/MPa	−3.915	5.836	−1.292	2.217	图 S-39
二期蓄水后	防渗墙下游面	竖向应力/MPa	−3.898	10.36	0.1532	7.644	图 S-40

附表 3.4　　连接板位移和应力

工况	位置	变量名称	最小值	最大值	P=0.5%	P=99.5%	图名
一期蓄水后	连接板表面	轴向位移/m	−0.01084	0.01154	−0.01065	0.01147	图 T-1
一期蓄水后	连接板表面	顺水流方向位移/m	0.02484	0.1952	0.04297	0.1948	图 T-2
一期蓄水后	连接板表面	竖向位移/m	−0.1152	−0.007321	−0.1141	−0.007727	图 T-3
一期蓄水后	连接板表面	轴向应力/MPa	−0.4959	5.747	−0.4806	5.732	图 T-4
一期蓄水后	连接板表面	顺水流应力/MPa	0.1920	2.223	0.1957	2.218	图 T-5
一期蓄水后	连接板底面	轴向位移/m	−0.009710	0.01059	−0.009710	0.01049	图 T-6
一期蓄水后	连接板底面	顺水流方向位移/m	0.02262	0.1741	0.03934	0.1738	图 T-7
一期蓄水后	连接板底面	竖向位移/m	−0.1152	−0.007303	−0.1140	−0.007709	图 T-8
一期蓄水后	连接板底面	轴向应力/MPa	−1.425	5.541	−1.310	5.510	图 T-9
一期蓄水后	连接板底面	顺水流应力/MPa	−0.8547	0.8224	−0.8170	0.8183	图 T-10
二期蓄水前	连接板表面	轴向位移/m	−0.008427	0.009876	−0.008342	0.009822	图 T-11
二期蓄水前	连接板表面	顺水流方向位移/m	0.01015	0.1511	0.02345	0.1507	图 T-12
二期蓄水前	连接板表面	竖向位移/m	−0.1229	−0.006793	−0.1212	−0.007230	图 T-13
二期蓄水前	连接板表面	轴向应力/MPa	−0.02578	5.040	0.02725	5.027	图 T-14
二期蓄水前	连接板表面	顺水流应力/MPa	0.05052	3.476	0.3197	3.467	图 T-15
二期蓄水前	连接板底面	轴向位移/m	−0.007537	0.008805	−0.007396	0.008758	图 T-16
二期蓄水前	连接板底面	顺水流方向位移/m	0.007967	0.1290	0.01987	0.1287	图 T-17
二期蓄水前	连接板底面	竖向位移/m	−0.1229	−0.006772	−0.1212	−0.007443	图 T-18
二期蓄水前	连接板底面	轴向应力/MPa	−1.120	4.913	−1.118	4.886	图 T-19
二期蓄水前	连接板底面	顺水流应力/MPa	−0.3493	1.773	−0.2803	1.764	图 T-20
二期蓄水后	连接板表面	轴向位移/m	−0.01805	0.01948	−0.01795	0.01937	图 T-21
二期蓄水后	连接板表面	顺水流方向位移/m	0.01875	0.2913	0.04720	0.2907	图 T-22
二期蓄水后	连接板表面	竖向位移/m	−0.1850	−0.01309	−0.1846	−0.01374	图 T-23
二期蓄水后	连接板表面	轴向应力/MPa	−0.3875	9.498	−0.08593	9.474	图 T-24
二期蓄水后	连接板表面	顺水流应力/MPa	0.2248	4.604	0.2415	4.594	图 T-25
二期蓄水后	连接板底面	轴向位移/m	−0.01636	0.01773	−0.01636	0.01763	图 T-26
二期蓄水后	连接板底面	顺水流方向位移/m	0.01493	0.2602	0.04151	0.2591	图 T-27
二期蓄水后	连接板底面	竖向位移/m	−0.1850	−0.01304	−0.1846	−0.01370	图 T-28
二期蓄水后	连接板底面	轴向应力/MPa	−1.864	9.193	−1.526	9.166	图 T-29
二期蓄水后	连接板底面	顺水流应力/MPa	−0.8381	2.164	−0.8247	2.157	图 T-30

附表 3.5　　河床段趾板位移和应力

工况	位置	变量名称	最小值	最大值	$P=0.5\%$	$P=99.5\%$	图名
一期蓄水前	河床段趾板表面	轴向位移/m	−0.01521	0.02035	−0.01193	0.02024	图 U-1
一期蓄水前	河床段趾板表面	顺水流方向位移/m	−0.1698	0.005489	−0.1637	0.003708	图 U-2
一期蓄水前	河床段趾板表面	竖向位移/m	−0.04283	0.02008	−0.03856	0.01982	图 U-3
一期蓄水前	河床段趾板表面	轴向应力/MPa	−3.411	8.794	−2.578	8.748	图 U-4
一期蓄水前	河床段趾板表面	顺水流应力/MPa	−1.200	1.291	−0.7972	1.171	图 U-5
一期蓄水前	河床段趾板底面	轴向位移/m	−0.01473	0.02011	−0.01452	0.02000	图 U-6
一期蓄水前	河床段趾板底面	顺水流方向位移/m	−0.1787	0.005411	−0.1710	0.003542	图 U-7
一期蓄水前	河床段趾板底面	竖向位移/m	−0.04283	0.02007	−0.03597	0.01981	图 U-8
一期蓄水前	河床段趾板底面	轴向应力/MPa	−3.192	9.059	−2.022	9.012	图 U-9
一期蓄水前	河床段趾板底面	顺水流应力/MPa	−2.120	1.995	−1.735	1.982	图 U-10
一期蓄水后	河床段趾板表面	轴向位移/m	−0.01032	0.01531	−0.008380	0.01269	图 U-11
一期蓄水后	河床段趾板表面	顺水流方向位移/m	−0.006460	0.04482	−0.004317	0.04457	图 U-12
一期蓄水后	河床段趾板表面	竖向位移/m	−0.1992	0.00003599	−0.1924	−0.0009364	图 U-13
一期蓄水后	河床段趾板表面	轴向应力/MPa	−3.850	9.001	−2.985	8.952	图 U-14
一期蓄水后	河床段趾板表面	顺水流应力/MPa	−2.105	3.160	−1.941	3.144	图 U-15
一期蓄水后	河床段趾板底面	轴向位移/m	−0.008515	0.01249	−0.006499	0.01017	图 U-16
一期蓄水后	河床段趾板底面	顺水流方向位移/m	−0.006297	0.03608	−0.004187	0.03595	图 U-17
一期蓄水后	河床段趾板底面	竖向位移/m	−0.1991	0.000001030	−0.1909	−0.0009675	图 U-18
一期蓄水后	河床段趾板底面	轴向应力/MPa	−4.947	9.499	−2.757	9.415	图 U-19
一期蓄水后	河床段趾板底面	顺水流应力/MPa	−2.519	2.409	−2.263	2.219	图 U-20
二期蓄水前	河床段趾板表面	轴向位移/m	−0.005477	0.01251	−0.003895	0.01237	图 U-21
二期蓄水前	河床段趾板表面	顺水流方向位移/m	−0.02691	0.01069	−0.02686	0.01051	图 U-22
二期蓄水前	河床段趾板表面	竖向位移/m	−0.2097	0.00005161	−0.2031	−0.0009723	图 U-23
二期蓄水前	河床段趾板表面	轴向应力/MPa	−1.215	6.754	−0.7714	6.723	图 U-24
二期蓄水前	河床段趾板表面	顺水流应力/MPa	−0.7812	5.910	−0.7552	5.877	图 U-25
二期蓄水前	河床段趾板底面	轴向位移/m	−0.003731	0.01040	−0.002005	0.009724	图 U-26
二期蓄水前	河床段趾板底面	顺水流方向位移/m	−0.04199	0.003540	−0.04199	0.003403	图 U-27
二期蓄水前	河床段趾板底面	竖向位移/m	−0.2097	0.000002106	−0.2015	−0.001017	图 U-28
二期蓄水前	河床段趾板底面	轴向应力/MPa	−2.791	7.615	−1.318	7.575	图 U-29
二期蓄水前	河床段趾板底面	顺水流应力/MPa	−1.595	1.529	−1.492	1.521	图 U-30
二期蓄水后	河床段趾板表面	轴向位移/m	−0.02102	0.02839	−0.01905	0.02561	图 U-31
二期蓄水后	河床段趾板表面	顺水流方向位移/m	−0.009325	0.1269	−0.005817	0.1262	图 U-32
二期蓄水后	河床段趾板表面	竖向位移/m	−0.2991	0.00002091	−0.2908	−0.001586	图 U-33
二期蓄水后	河床段趾板表面	轴向应力/MPa	−5.888	10.13	−3.459	10.07	图 U-34
二期蓄水后	河床段趾板表面	顺水流应力/MPa	−2.751	8.174	−2.718	7.468	图 U-35
二期蓄水后	河床段趾板底面	轴向位移/m	−0.01781	0.02367	−0.01574	0.02150	图 U-36
二期蓄水后	河床段趾板底面	顺水流方向位移/m	−0.008875	0.09580	−0.005341	0.09549	图 U-37
二期蓄水后	河床段趾板底面	竖向位移/m	−0.2990	4.06E-07	−0.2879	−0.001453	图 U-38
二期蓄水后	河床段趾板底面	轴向应力/MPa	−9.469	10.29	−4.465	10.22	图 U-39
二期蓄水后	河床段趾板底面	顺水流应力/MPa	−3.961	4.223	−1.663	2.038	图 U-40

附表 3.6 面板主要应力统计表

工况	位置	变量名称	最小值	最大值	$P=0.5\%$	$P=99.5\%$	$P=1\%$	$P=99\%$	$P=2\%$	$P=98\%$	Max - Min	$(P=98\%)-(P=2\%)$	图名
二期蓄水后	面板表面	轴向应力	−3.321	7.361	−0.4363	6.032	−0.3191	5.942	−0.1487	5.891	10.68	6.039	图 V-1
二期蓄水后	面板表面	顺坡应力	−0.3048	7.369	−0.1767	6.213	−0.1508	6.148	−0.1137	6.109	7.674	6.223	图 V-2
二期蓄水后	面板底面	轴向应力	−7.057	6.071	−0.4507	5.987	−0.2528	5.903	−0.1933	5.850	13.12	6.044	图 V-3
二期蓄水后	面板底面	顺坡应力	−1.593	6.224	−0.5732	6.174	−0.5392	6.092	−0.4545	6.068	7.818	6.523	图 V-4

附表 3.7 防渗墙主要应力统计表

工况	位置	变量名称	最小值	最大值	$P=0.5\%$	$P=99.5\%$	$P=1\%$	$P=99\%$	$P=2\%$	$P=98\%$	Max - Min	$(P=98\%)-(P=2\%)$	图名
一期蓄水前	防渗墙上游面	轴向应力	−4.316	2.600	−4.167	2.357	−3.925	2.181	−3.919	1.837	6.916	5.756	图 W-1
一期蓄水前	防渗墙上游面	竖向应力	−1.083	3.379	−1.019	3.368	−1.018	3.366	−1.015	3.362	4.462	4.377	图 W-2
一期蓄水前	防渗墙下游面	轴向应力	−3.279	3.677	−3.025	3.660	−3.016	3.657	−2.484	3.650	6.956	6.134	图 W-3
一期蓄水前	防渗墙下游面	竖向应力	−0.6276	4.876	−0.5142	4.863	−0.5099	4.860	−0.3297	4.855	5.504	5.185	图 W-4
一期蓄水后	防渗墙上游面	轴向应力	−2.503	3.742	−2.303	3.726	−1.710	3.724	−1.574	3.718	6.246	5.293	图 W-5
一期蓄水后	防渗墙上游面	竖向应力	−2.062	7.022	−0.9887	7.000	−0.6007	6.995	−0.1641	6.987	9.085	7.151	图 W-6
一期蓄水后	防渗墙下游面	轴向应力	−2.503	3.742	−2.087	3.056	−1.682	2.427	−1.611	2.421	6.246	4.032	图 W-7
一期蓄水后	防渗墙下游面	竖向应力	−2.062	7.022	0.04075	6.442	0.07463	5.980	0.1507	5.972	9.085	5.821	图 W-8
二期蓄水前	防渗墙上游面	轴向应力	−2.461	3.455	−2.227	3.440	−1.606	3.437	−1.601	3.432	5.916	5.034	图 W-9
二期蓄水前	防渗墙上游面	竖向应力	−0.8728	7.586	−0.1999	7.548	−0.1505	7.544	−0.1093	7.536	8.458	7.645	图 W-10

续表

工况	位置	变量名称	最小值	最大值	P=0.5%	P=99.5%	P=1%	P=99%	P=2%	P=98%	Max - Min	(P=98%) − (P=2%)	图名
二期蓄水前	防渗墙下游面	轴向应力	−1.837	3.455	−1.682	3.150	−1.647	2.892	−1.486	2.887	5.292	4.374	图 W - 11
二期蓄水前	防渗墙下游面	竖向应力	−0.8728	7.586	0.08684	7.000	0.1066	6.616	0.2240	6.608	8.458	6.384	图 W - 12
二期蓄水后	防渗墙上游面	轴向应力	−3.915	5.836	−2.329	5.793	−2.195	5.788	−1.130	5.779	9.752	6.910	图 W - 13
二期蓄水后	防渗墙上游面	竖向应力	−3.898	10.36	−2.682	10.33	−1.429	10.32	−0.2905	10.31	14.26	10.60	图 W - 14
二期蓄水后	防渗墙下游面	轴向应力	−3.915	5.836	−1.613	3.984	−1.335	3.842	−0.9967	2.219	9.752	3.216	图 W - 15
二期蓄水后	防渗墙下游面	竖向应力	−3.898	10.36	0.1116	8.943	0.2094	7.648	0.2706	7.635	14.26	7.364	图 W - 16

附表 3.8　　接缝相对位移统计表

工况	相对变形	全量/增量	最大值	图名
二期蓄水后	横缝错动量/mm	全量	25.1	图 X - 1
二期蓄水后	横缝相对沉降量/mm	全量	3.2	图 X - 2
二期蓄水后	横缝张开量/mm	全量	14.9	图 X - 3
二期蓄水后	周边缝错动量/mm	全量	26.5	图 X - 4
二期蓄水后	周边缝相对沉降量/mm	全量	40.9	图 X - 5
二期蓄水后	周边缝张开量/mm	全量	19.7	图 X - 6
二期蓄水后	趾板—连接板错动量/mm	全量	36.1	图 X - 7
二期蓄水后	趾板—连接板相对沉降量/mm	全量	0.0	图 X - 8
二期蓄水后	趾板—连接板张开量/mm	全量	18.0	图 X - 9
二期蓄水后	连接板—防渗墙错动量/mm	全量	20.1	图 X - 10
二期蓄水后	连接板—防渗墙相对沉降量/mm	全量	36.6	图 X - 11
二期蓄水后	连接板—防渗墙张开量/mm	全量	24.5	图 X - 12

从图 Q-1 可以看出：一期蓄水前，坝体横断面 x=5.860，顺水流方向位移最小值为 −0.1939m，顺水流方向位移最大值为 0.1569m，P=0.5%时顺水流方向位移最小值为 −0.1874m，P=99.5%时顺水流方向位移最大值为 0.1558m。

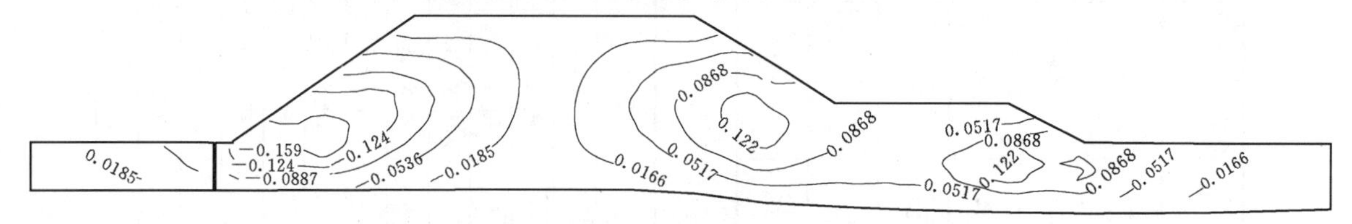

图 Q-1　一期蓄水前，坝体横断面 x=5.860，顺水流方向位移图（单位：m）

从图 Q-2 可以看出：一期蓄水前，坝体横断面 x=5.860 竖向位移最小值为 −0.6644m，竖向位移最大值为 0.02440m，P=0.5%时竖向位移最小值为 −0.6612m，P=99.5%时竖向位移最大值为 0.02227m。

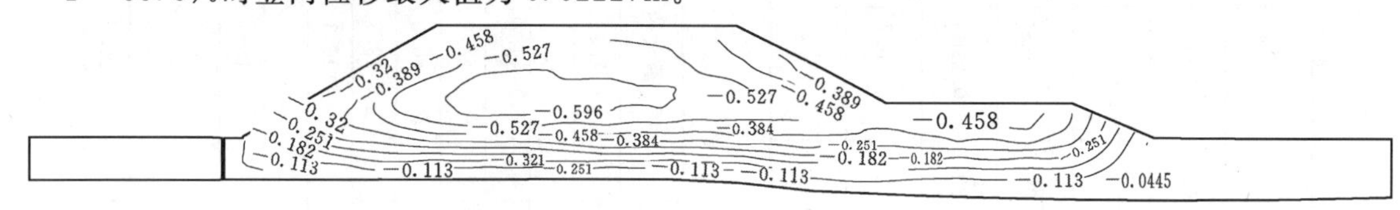

图 Q-2　一期蓄水前，坝体横断面 x=5.860，竖向位移图（单位：m）

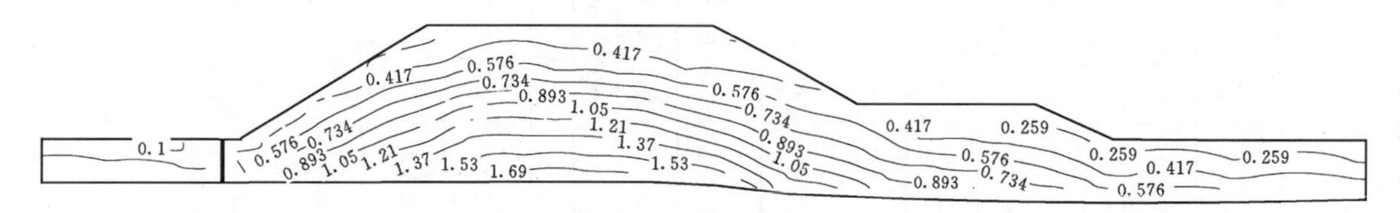

图 Q-3　一期蓄水前，坝体横断面 x=5.860，第 1 主应力图（单位：MPa）

从图 Q-3 可以看出：一期蓄水前，坝体横断面 x=5.860 第 1 主应力最小值为 0.1000MPa，第 1 主应力最大值为 7.273MPa，P=0.5%时第 1 主应力最小值为 0.1000MPa，P=99.5%时第 1 主应力最大值为 1.685MPa。

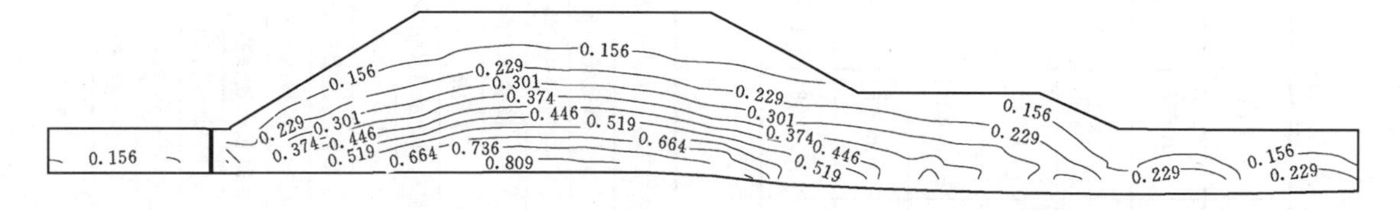

图 Q-4　一期蓄水前，坝体横断面 x=5.860，第 3 主应力图（单位：MPa）

从图 Q-4 可以看出：一期蓄水前，坝体横断面 x=5.860 第 3 主应力最小值为 −1.954MPa，第 3 主应力最大值为 0.9346MPa，P=0.5%时第 3 主应力最小值为 0.08366MPa，P=99.5%时第 3 主应力最大值为 0.8087MPa。

从图 Q-5 可以看出：一期蓄水前，坝体横断面 x=5.860 应力水平最小值为 0，应力水平最大值为 0.9990，P=0.5%时应力水平最小值为 0.07310，P=99.5%时应力水平最大值为 0.9948。

从图 Q-6 可以看出：一期蓄水前，坝体横断面 x=5.860 顺水流方向位移最小值为

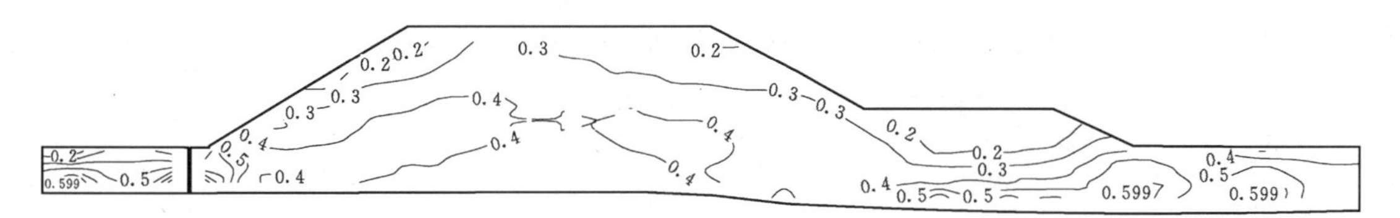

图 Q-5　一期蓄水前，坝体横断面 $x=5.860$，应力水平图

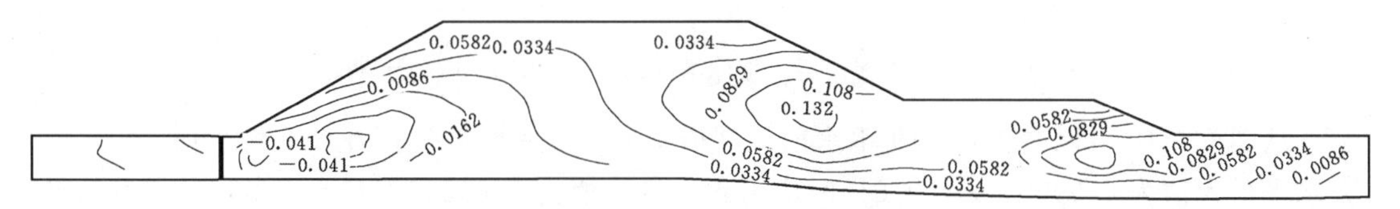

图 Q-6　一期蓄水后，坝体横断面 $x=5.860$，顺水流方向位移图（单位：m）

－0.09051m，顺水流方向位移最大值为 0.1572m，$P=0.5\%$时顺水流方向位移最小值为－0.07745m，$P=99.5\%$时顺水流方向位移最大值为 0.1565m。

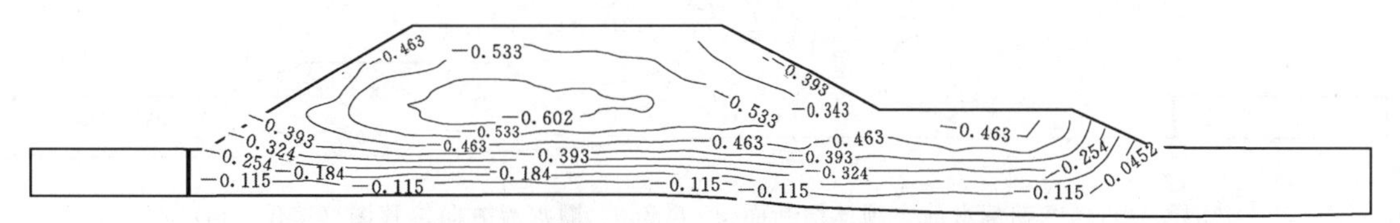

图 Q-7　一期蓄水后，坝体横断面 $x=5.860$，竖向位移图（单位：m）

从图 Q-7 可以看出：一期蓄水前，坝体横断面 $x=5.860$ 竖向位移最小值为－0.6718m，竖向位移最大值为 0.02440m，$P=0.5\%$时竖向位移最小值为－0.6601m，$P=99.5\%$时竖向位移最大值为 0.02225m。

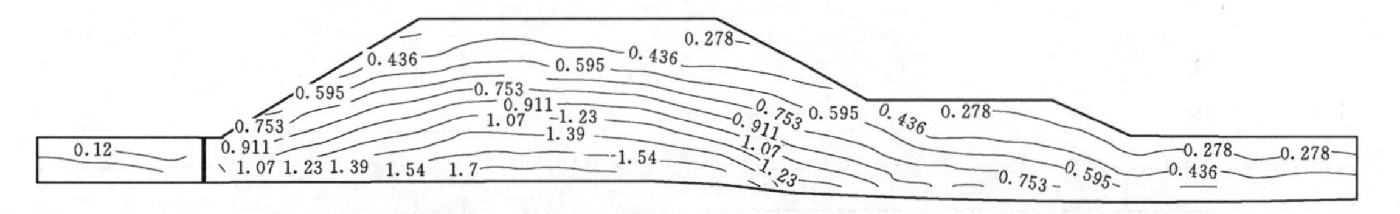

图 Q-8　一期蓄水后，坝体横断面 $x=5.860$，第 1 主应力图（单位：MPa）

从图 Q-8 可以看出：一期蓄水前，坝体横断面 $x=5.860$ 第 1 主应力最小值为 0.1000MPa，第 1 主应力最大值为 7.398MPa，$P=0.5\%$时第 1 主应力最小值为 0.1200MPa，$P=99.5\%$时第 1 主应力最大值为 1.701MPa。

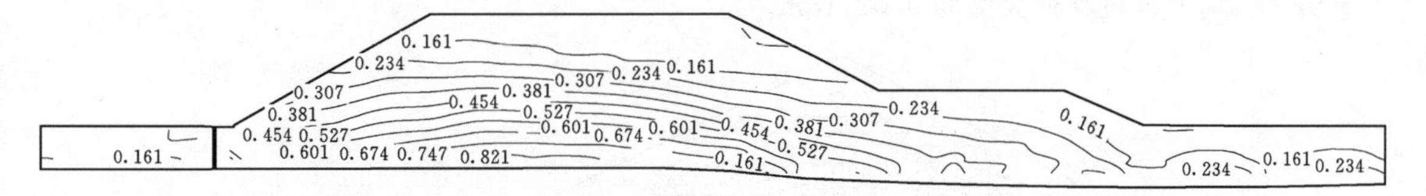

图 Q-9　一期蓄水后，坝体横断面 $x=5.860$，第 3 主应力图（单位：MPa）

从图 Q-9 可以看出：一期蓄水前，坝体横断面 $x=5.860$ 第 3 主应力最小值为－2.058MPa，第 3 主应力最大值为 0.9495MPa，$P=0.5\%$时第 3 主应力最小值为

0.08754MPa，P=99.5%时第3主应力最大值为0.8205MPa。

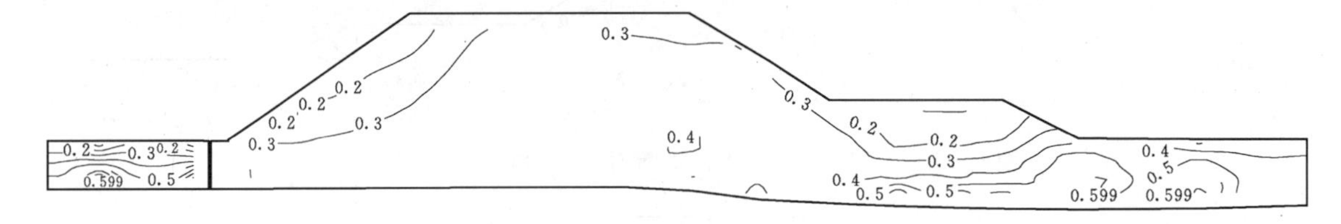

图 Q-10　一期蓄水后，坝体横断面 x=5.860，应力水平图

从图 Q-10 可以看出：一期蓄水前，坝体横断面 x=5.860 应力水平最小值为 0，应力水平最大值为 0.9990，P=0.5%时应力水平最小值为 0.01590，P=99.5%时应力水平最大值为 0.9948。

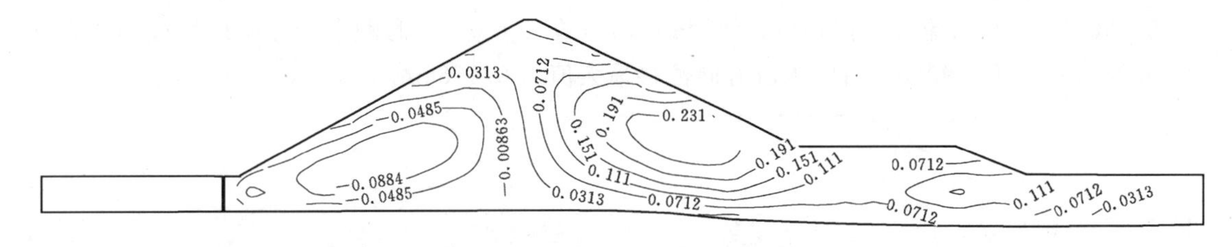

图 Q-11　二期蓄水前，坝体横断面 x=5.860，顺水流方向位移图（单位：m）

从图 Q-11 可以看出：一期蓄水前，坝体横断面 x=5.860 顺水流方向位移最小值为 −0.1283m，顺水流方向位移最大值为 0.2706m，P=0.5%时顺水流方向位移最小值为 −0.1264m，P=99.5%时顺水流方向位移最大值为 0.2687m。

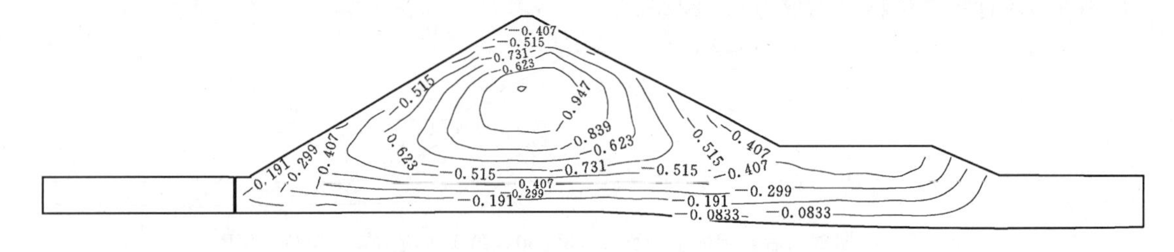

图 Q-12　二期蓄水前，坝体横断面 x=5.860，竖向位移图（单位：m）

从图 Q-12 可以看出：一期蓄水前，坝体横断面 x=5.860 竖向位移最小值为 −1.054m，竖向位移最大值为 0.02462m，P=0.5%时竖向位移最小值为 −1.017m，P=99.5%时竖向位移最大值为 0.02118m。

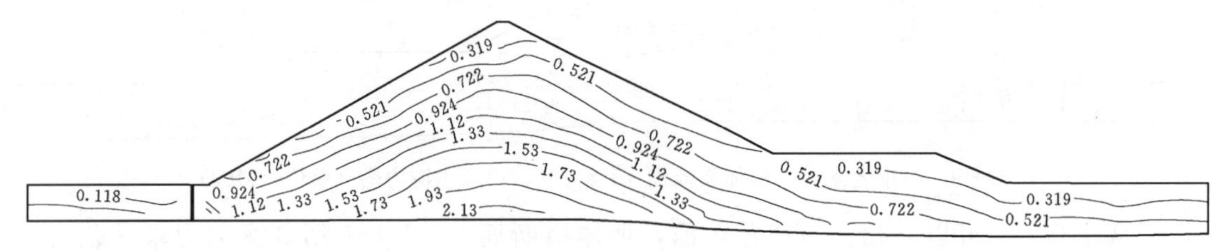

图 Q-13　二期蓄水前，坝体横断面 x=5.860，第 1 主应力图（单位：MPa）

从图 Q－13 可以看出：一期蓄水前，坝体横断面 $x=5.860$ 第 1 主应力最小值为 0.1000MPa，第 1 主应力最大值为 6.898MPa，$P=0.5\%$ 时第 1 主应力最小值为 0.1178MPa，$P=99.5\%$ 时第 1 主应力最大值为 2.132MPa。

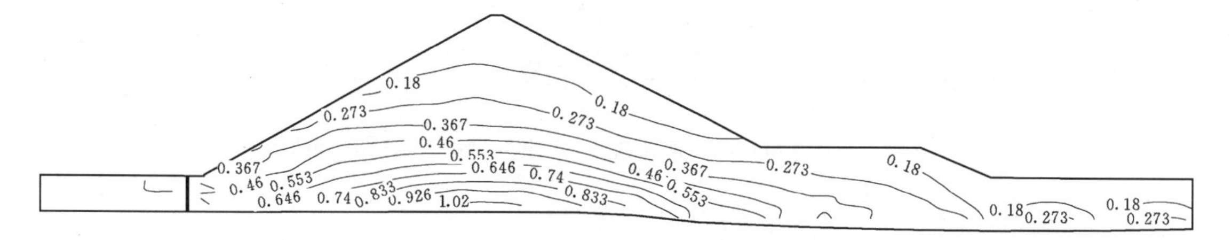

图 Q－14　二期蓄水前，坝体横断面 $x=5.860$，第 3 主应力图（单位：MPa）

从图 Q－14 可以看出：一期蓄水前，坝体横断面 $x=5.860$ 第 3 主应力最小值为 －1.800MPa，第 3 主应力最大值为 1.124MPa，$P=0.5\%$ 时第 3 主应力最小值为 0.08676MPa，$P=99.5\%$ 时第 3 主应力最大值为 1.019MPa。

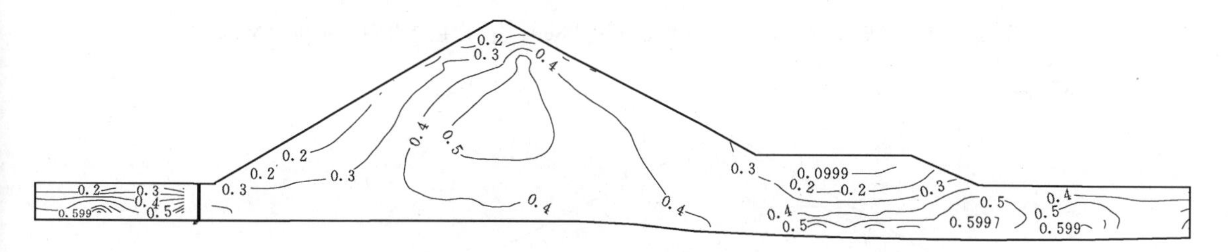

图 Q－15　二期蓄水前，坝体横断面 $x=5.860$，应力水平图

从图 Q－15 可以看出：一期蓄水前，坝体横断面 $x=5.860$ 应力水平最小值为 0，应力水平最大值为 0.9990，$P=0.5\%$ 时应力水平最小值为 0.04314，$P=99.5\%$ 时应力水平最大值为 0.9948。

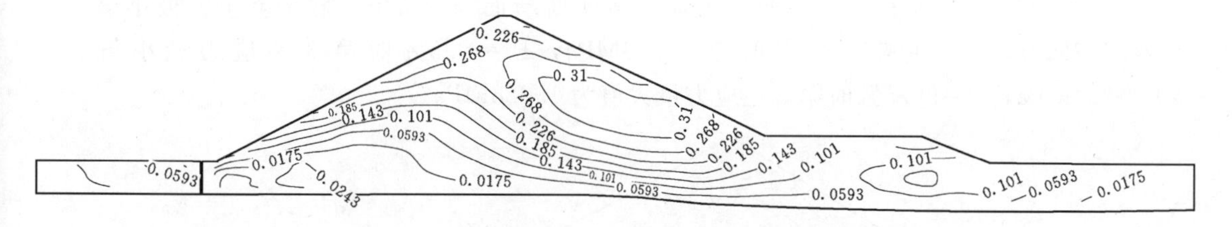

图 Q－16　二期蓄水后，坝体横断面 $x=5.860$，顺水流方向位移图（单位：m）

从图 Q－16 可以看出：二期蓄水后，坝体横断面 $x=5.860$，顺水流方向位移最小值为－0.06602m，顺水流方向位移最大值为 0.3515m，$P=0.5\%$ 时顺水流方向位移最小值为－0.06049m，$P=99.5\%$ 时顺水流方向位移最大值为 0.3504m。

从图 Q－17 可以看出：一期蓄水前，坝体横断面 $x=5.860$ 竖向位移最小值为－1.142m，竖向位移最大值为 0.02471m，$P=0.5\%$ 时竖向位移最小值为－1.041m，$P=99.5\%$ 时竖向位移最大值为 0.02100m。

从图 Q－18 可以看出：一期蓄水前，坝体横断面 $x=5.860$ 第 1 主应力最小值为 0.1000MPa，第 1 主应力最大值为 13.02MPa，$P=0.5\%$ 时第 1 主应力最小值为

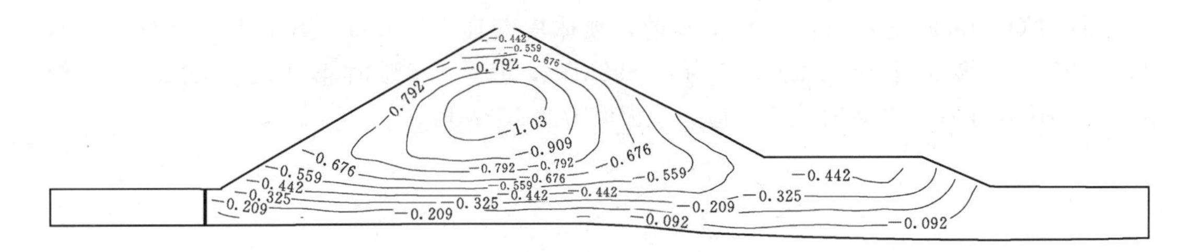

图 Q-17　二期蓄水后，坝体横断面 $x=5.860$，竖向位移图（单位：m）

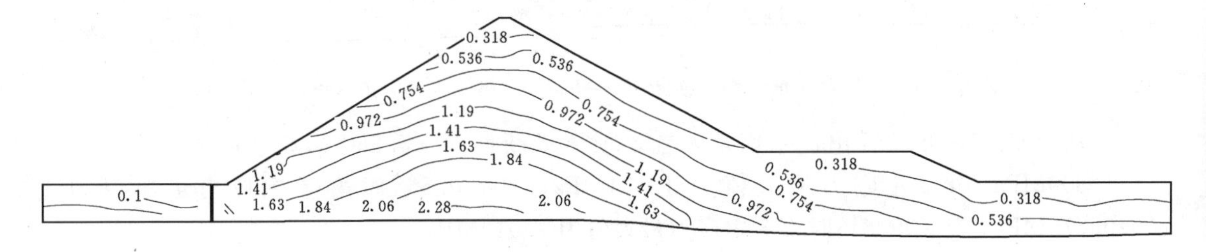

图 Q-18　二期蓄水后，坝体横断面 $x=5.860$，第 1 主应力图（单位：MPa）

0.1004MPa，$P=99.5\%$时第 1 主应力最大值为 2.280MPa。

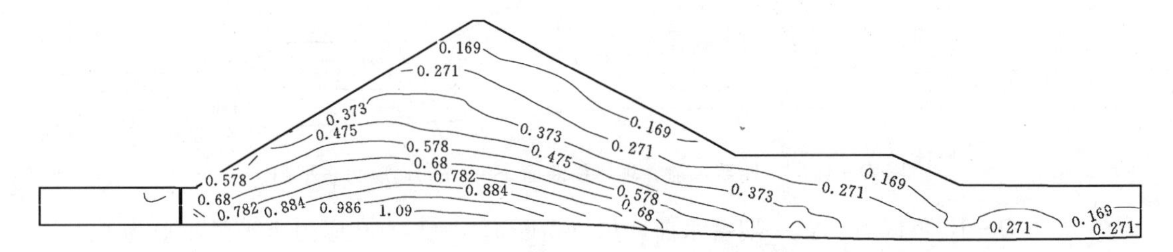

图 Q-19　二期蓄水后，坝体横断面 $x=5.860$，第 3 主应力图（单位：MPa）

从图 Q-19 可以看出：一期蓄水前，坝体横断面 $x=5.860$ 第 3 主应力最小值为 −4.573MPa，第 3 主应力最大值为 1.273MPa，$P=0.5\%$时第 3 主应力最小值为 0.06704MPa，$P=99.5\%$时第 3 主应力最大值为 1.088MPa。

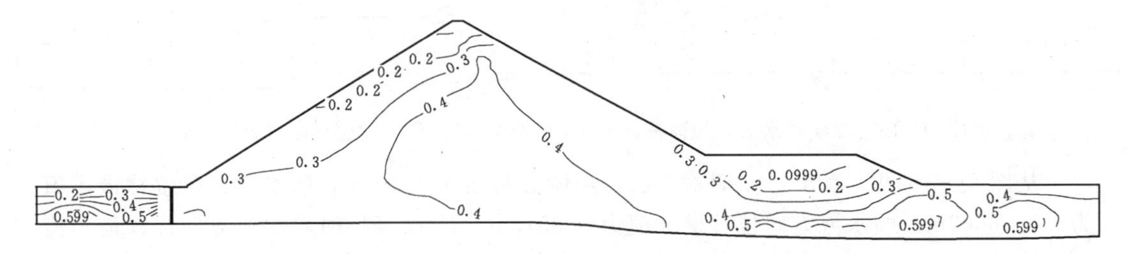

图 Q-20　二期蓄水后，坝体横断面 $x=5.860$，应力水平图

从图 Q-20 可以看出：一期蓄水前，坝体横断面 $x=5.860$，应力水平最小值为 0，应力水平最大值为 0.9990，$P=0.5\%$时应力水平最小值为 0.01120，$P=99.5\%$时应力水平最大值为 0.9947。

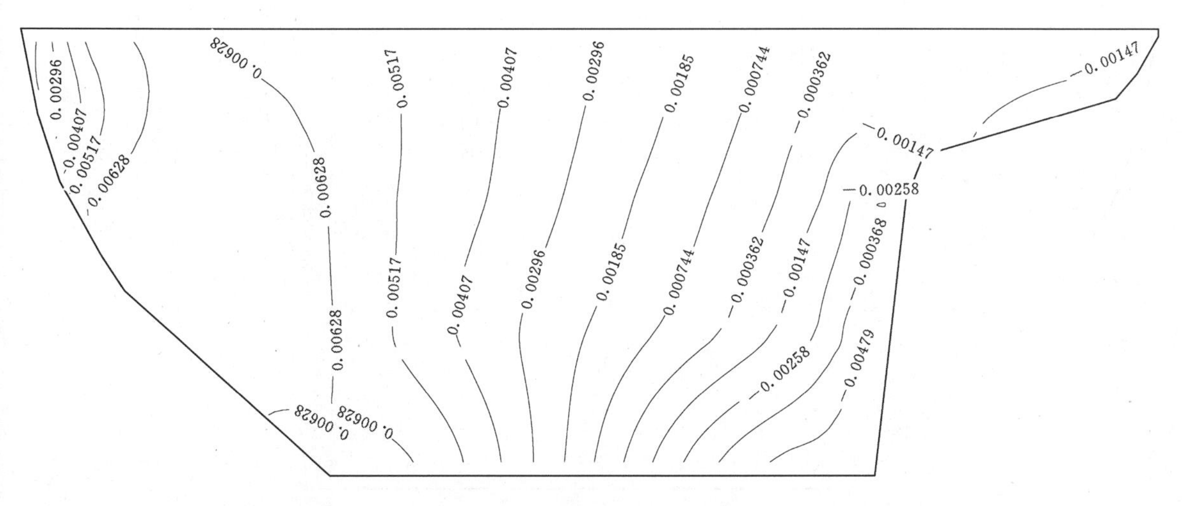

图 R-1　一期蓄水后，面板表面，轴向位移图（单位：m）

从图 R-1 可以看出：一期蓄水后，面板表面，轴向位移最小值为－0.005897m，轴向位移最大值为 0.007386m，P＝0.5％时轴向位移最小值为－0.005502m，P＝99.5％时轴向位移最大值为 0.007305m。

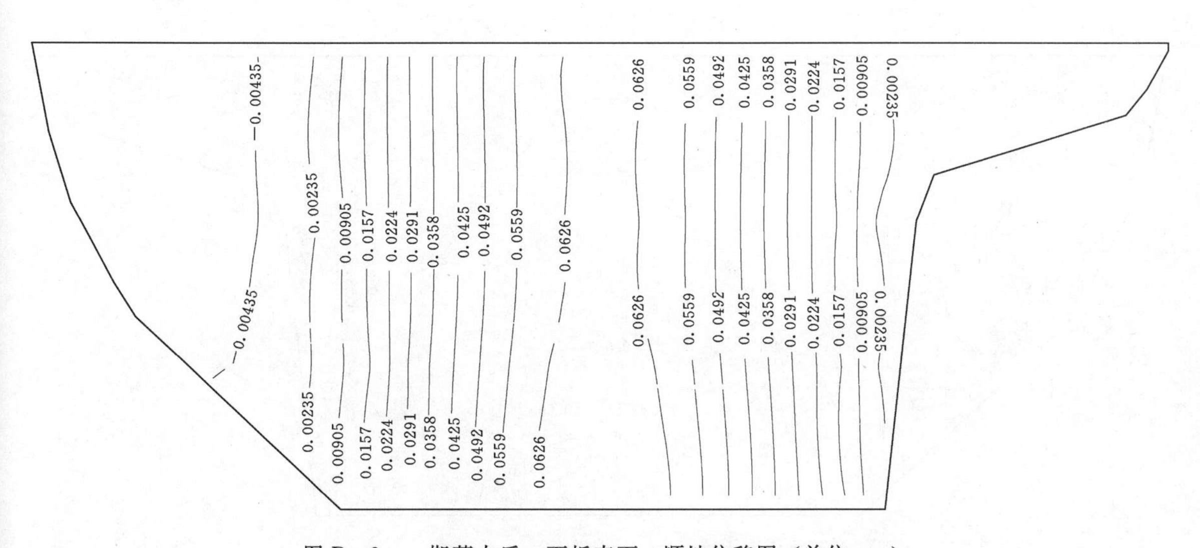

图 R-2　一期蓄水后，面板表面，顺坡位移图（单位：m）

从图 R-2 可以看出：一期蓄水后，面板表面，顺坡位移最小值为－0.01104m，顺坡位移最大值为 0.06931m，P＝0.5％时顺坡位移最小值为－0.01104m，P＝99.5％时顺坡位移最大值为 0.06863m。

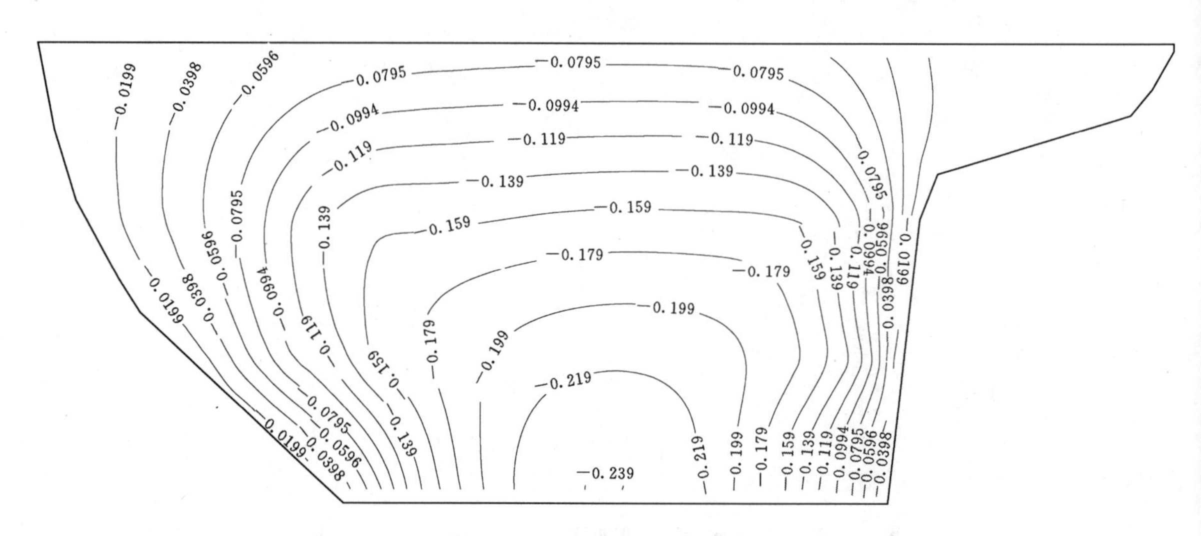

图 R-3　一期蓄水后，面板表面，法向位移图（单位：m）

从图 R-3 可以看出：一期蓄水后，面板表面，法向位移最小值为－0.2385m，法向位移最大值为 0.000001754m，P＝0.5％时法向位移最小值为－0.2373m，P＝99.5％时法向位移最大值为－0.001190m。

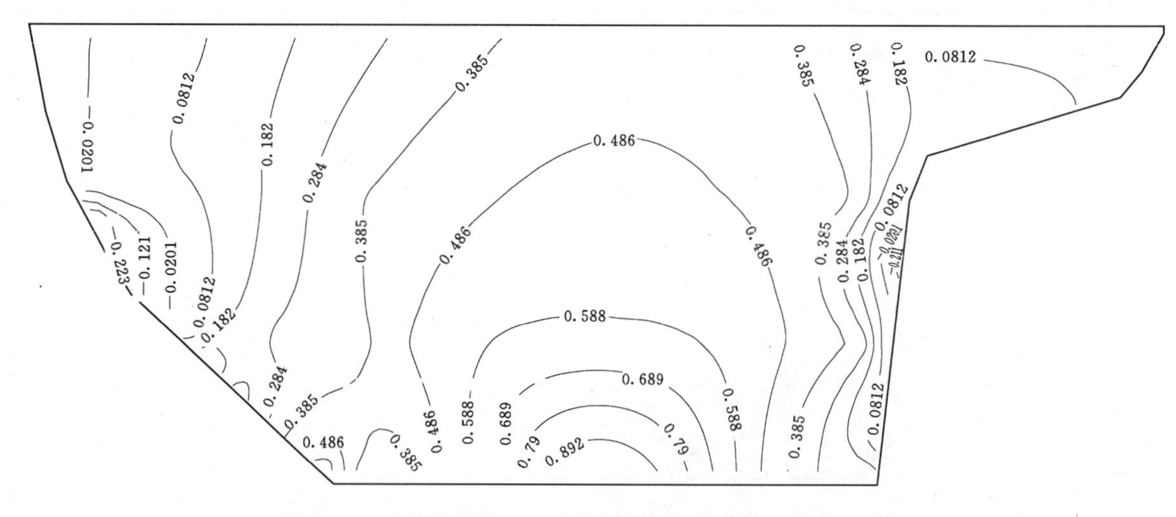

图 R-4　一期蓄水后，面板表面，轴向应力图（单位：MPa）

从图 R-4 可以看出：一期蓄水后，面板表面，轴向应力最小值为－1.070MPa，轴向应力最大值为 1.014MPa，P＝0.5％时轴向应力最小值为－0.2227MPa，P＝99.5％时轴向应力最大值为 0.9928MPa。

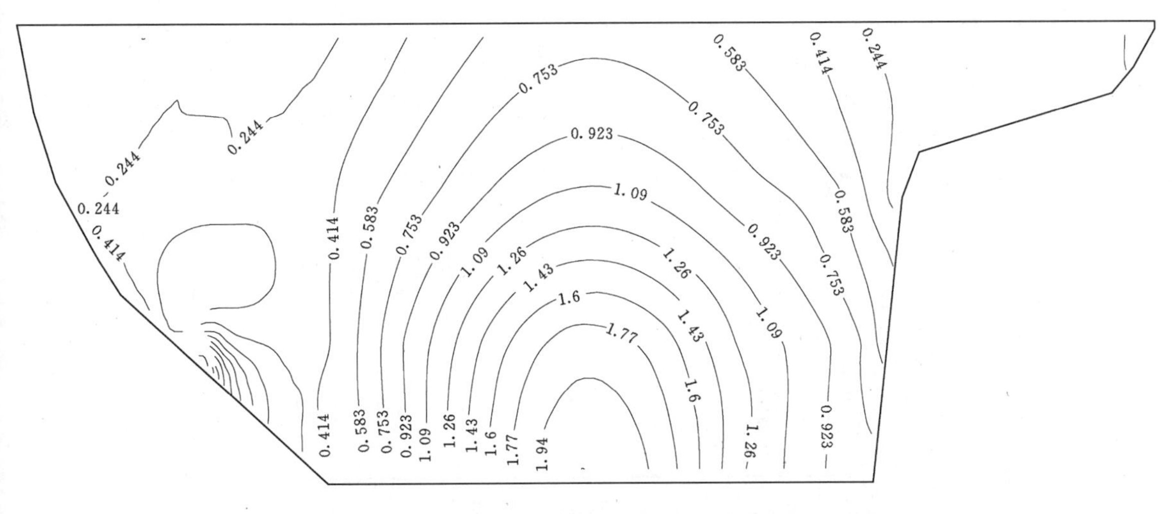

图 R-5　一期蓄水后，面板表面，顺坡应力图（单位：MPa）

从图 R-5 可以看出：一期蓄水后，面板表面，顺坡应力最小值为 0.02196MPa，顺坡应力最大值为 3.959MPa，P=0.5%时顺坡应力最小值为 0.07375MPa，P=99.5%时顺坡应力最大值为 2.112MPa。

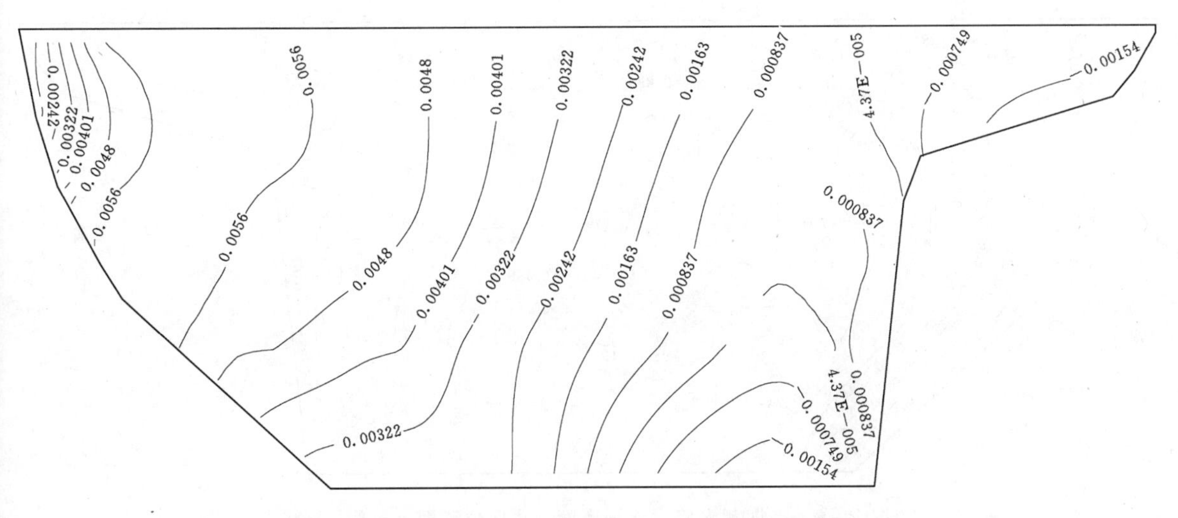

图 R-6　一期蓄水后，面板底面，轴向位移图（单位：m）

从图 R-6 可以看出：一期蓄水后，面板底面，轴向位移最小值为-0.003128m，轴向位移最大值为 0.006388m，P=0.5%时轴向位移最小值为-0.002352m，P=99.5%时轴向位移最大值为 0.006234m。

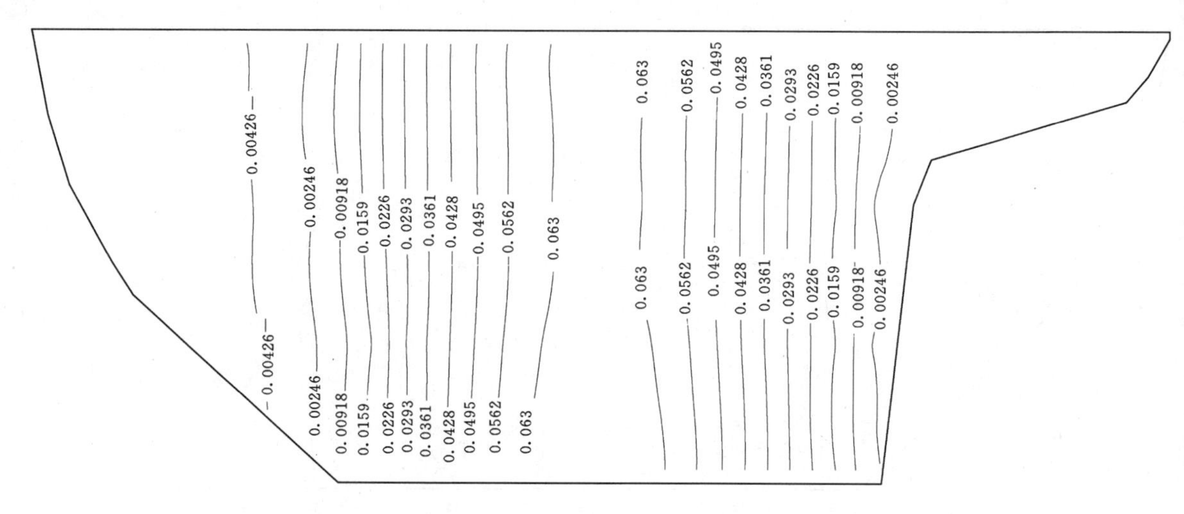

图 R-7 一期蓄水后，面板底面，顺坡位移图（单位：m）

从图 R-7 可以看出：一期蓄水后，面板底面，顺坡位移最小值为－0.01098m，顺坡位移最大值为 0.06967m，P＝0.5％时顺坡位移最小值为－0.01096m，P＝99.5％时顺坡位移最大值为 0.06883m。

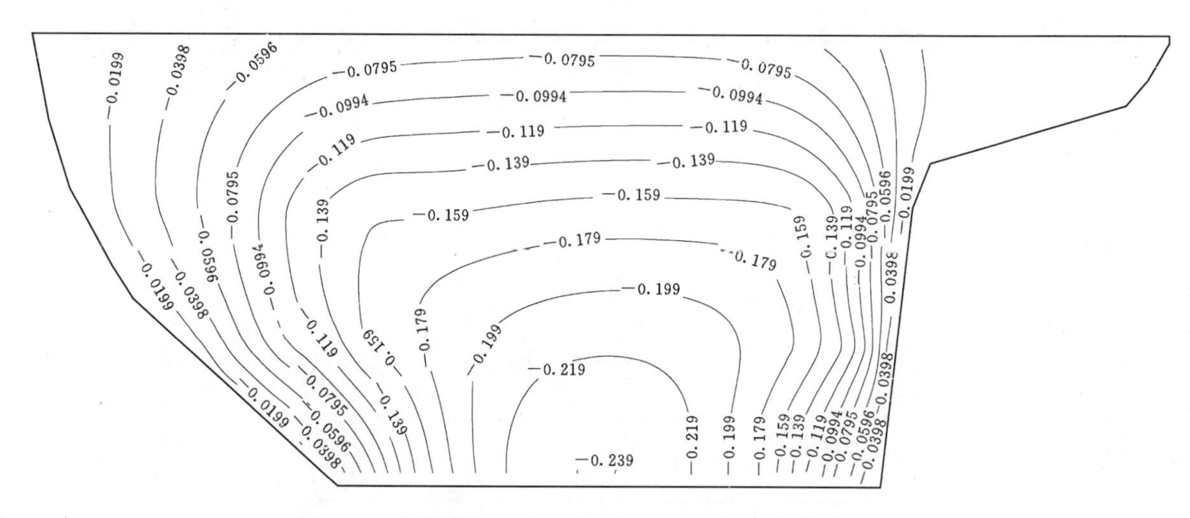

图 R-8 一期蓄水后，面板底面，法向位移图（单位：m）

从图 R-8 可以看出：一期蓄水后，面板底面，法向位移最小值为－0.2385m，法向位移最大值为 0.000002020m，P＝0.5％时法向位移最小值为－0.2373m，P＝99.5％时法向位移最大值为－0.001189m。

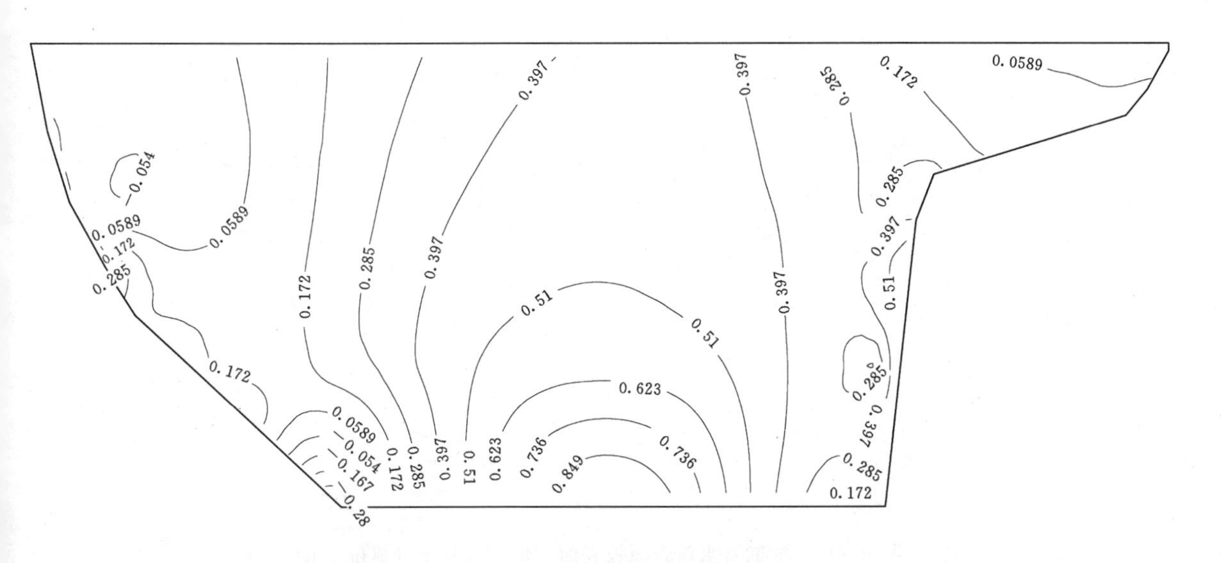

图 R-9　一期蓄水后，面板底面，轴向应力图（单位：MPa）

从图 R-9 可以看出：一期蓄水后，面板底面，轴向应力最小值为－0.7050MPa，轴向应力最大值为 1.003MPa，P=0.5%时轴向应力最小值为－0.3925MPa，P=99.5%时轴向应力最大值为 0.9618MPa。

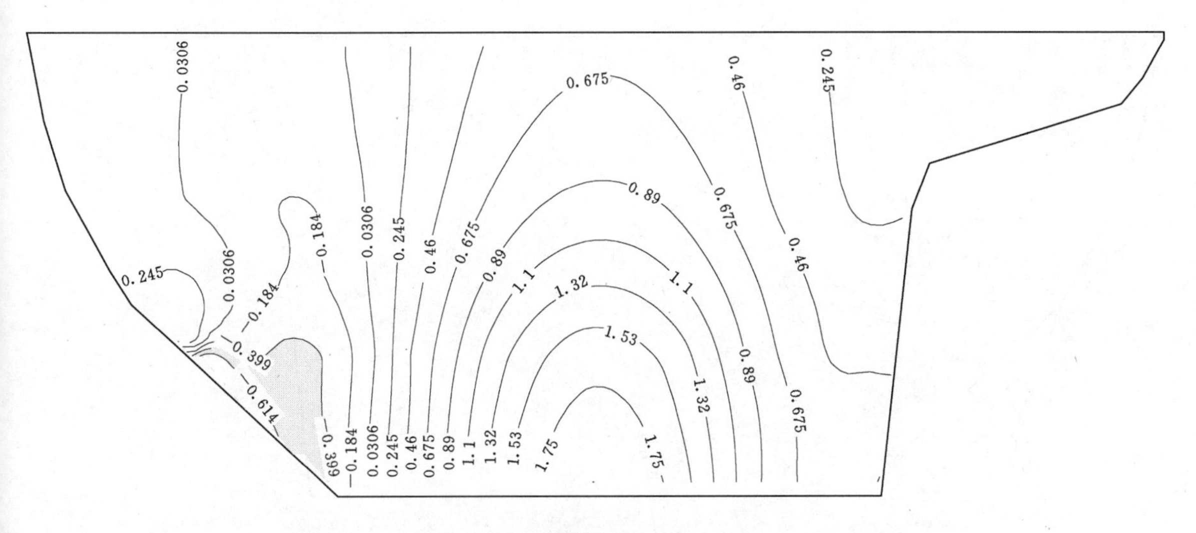

图 R-10　一期蓄水后，面板底面，顺坡应力图（单位：MPa）

从图 R-10 可以看出：一期蓄水后，面板底面，顺坡应力最小值为－2.739MPa，顺坡应力最大值为 1.994MPa，P=0.5%时顺坡应力最小值为－0.6137MPa，P=99.5%时顺坡应力最大值为 1.963MPa。

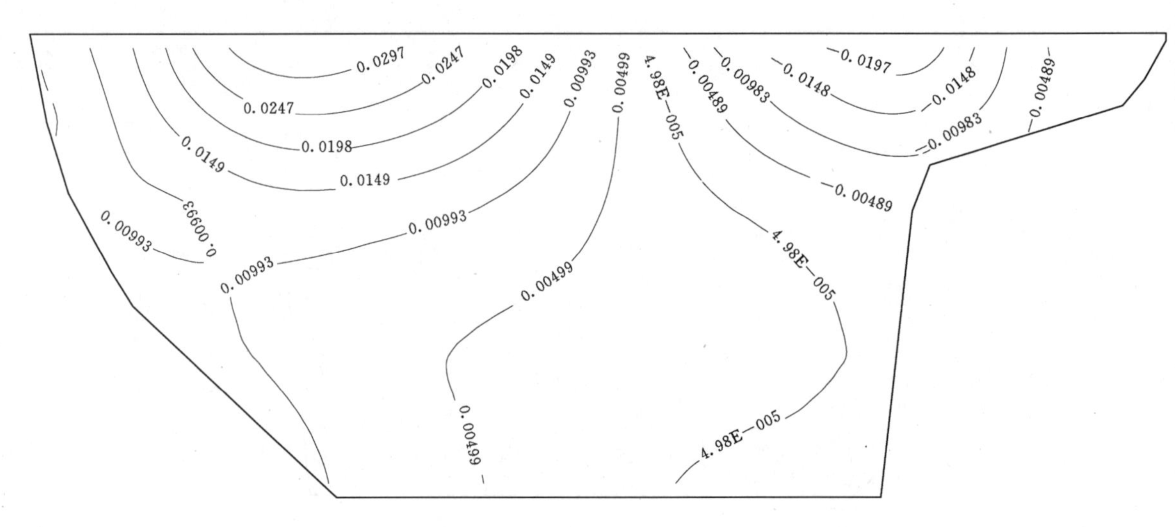

图 R-11　二期蓄水前，面板表面，轴向位移图（单位：m）

从图 R-11 可以看出：二期蓄水前，面板表面，轴向位移最小值为－0.02464m，轴向位移最大值为 0.03462m，P＝0.5％时轴向位移最小值为－0.02417m，P＝99.5％时轴向位移最大值为 0.03438m。

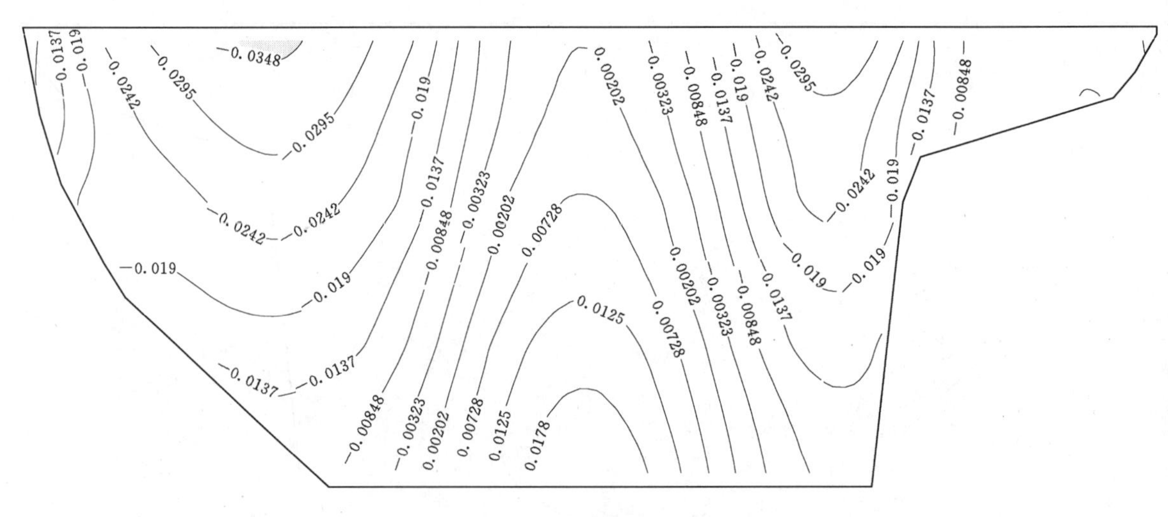

图 R-12　二期蓄水前，面板表面，顺坡位移图（单位：m）

从图 R-12 可以看出：二期蓄水前，面板表面，顺坡位移最小值为－0.04000m，顺坡位移最大值为 0.02303m，P＝0.5％时顺坡位移最小值为－0.03962m，P＝99.5％时顺坡位移最大值为 0.02225m。

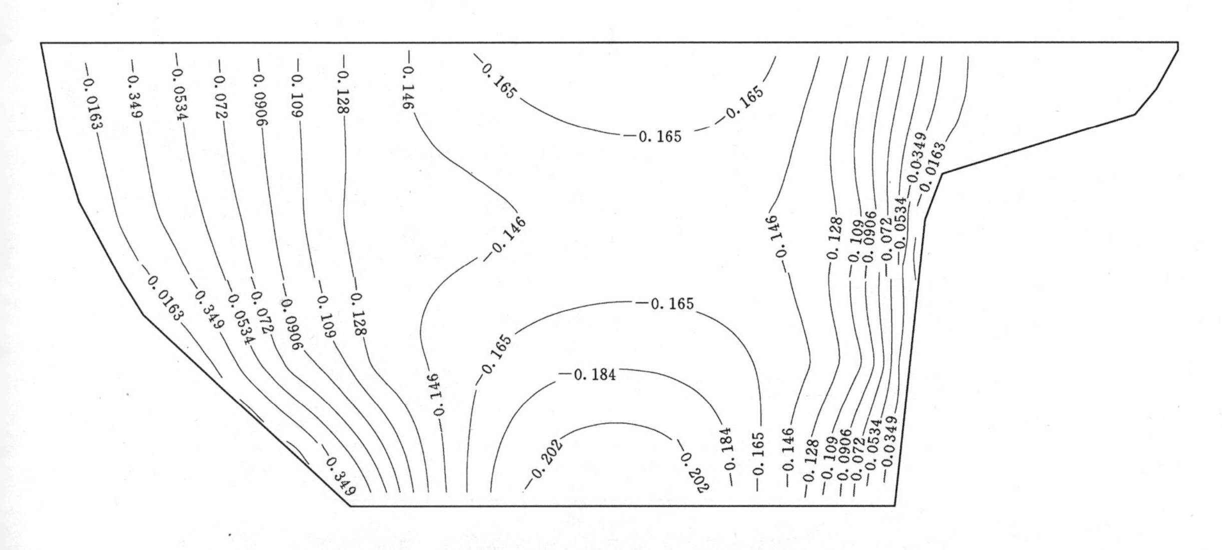

图 R-13　二期蓄水前，面板表面，法向位移图（单位：m）

从图 R-13 可以看出：二期蓄水前，面板表面，法向位移最小值为－0.2206m，法向位移最大值为 0.002312m，P＝0.5％时法向位移最小值为－0.2196m，P＝99.5％时法向位移最大值为－0.001363m。

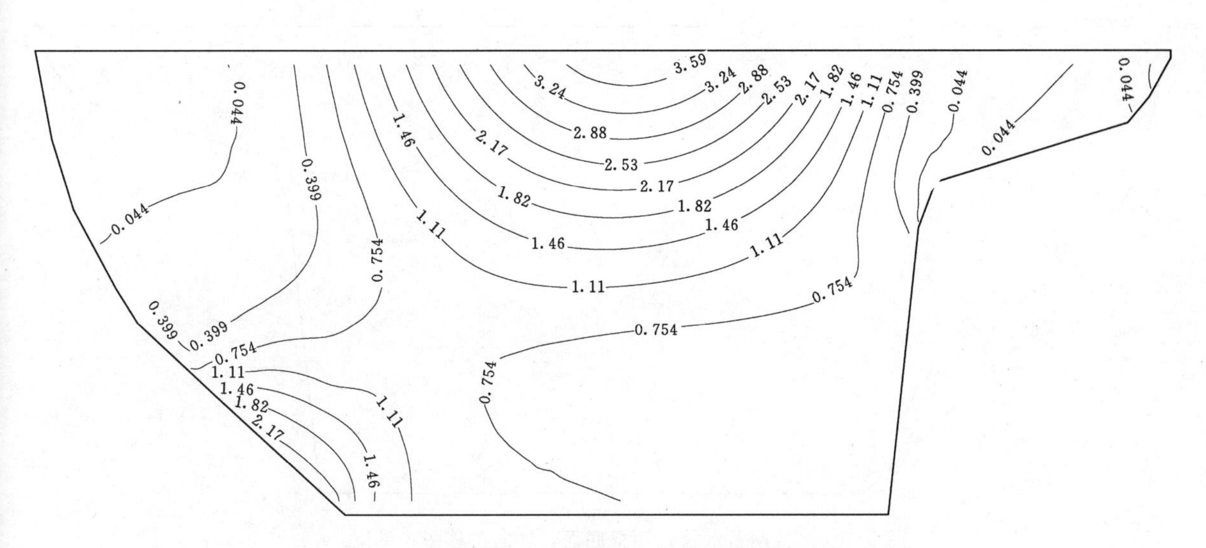

图 R-14　二期蓄水前，面板表面，轴向应力图（单位：MPa）

从图 R-14 可以看出：二期蓄水前，面板表面，轴向应力最小值为－1.221MPa，轴向应力最大值为 3.968MPa，P＝0.5％时轴向应力最小值为－0.3109MPa，P＝99.5％时轴向应力最大值为 3.948MPa。

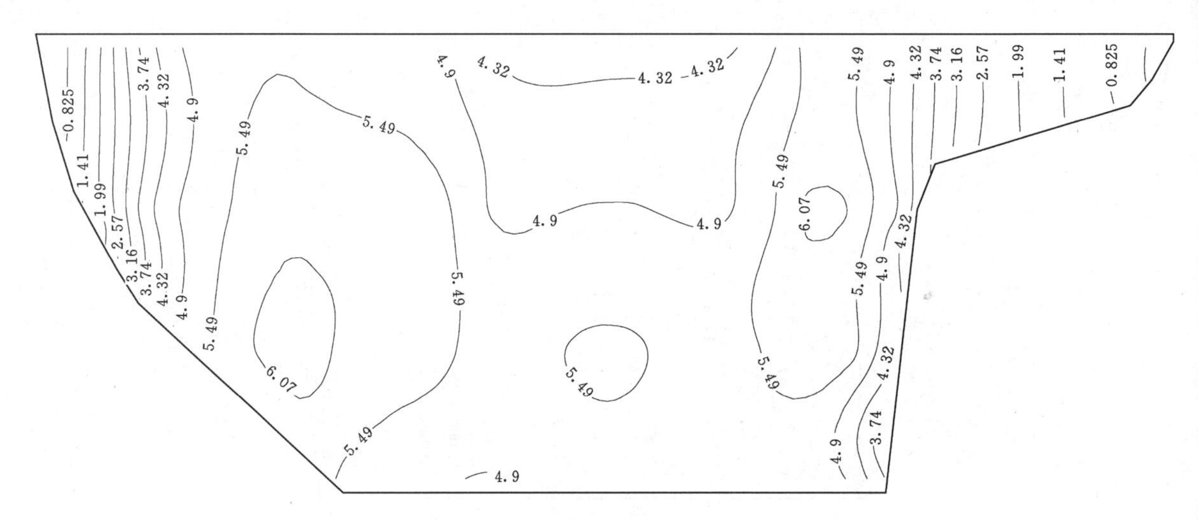

图 R-15　二期蓄水前，面板表面，顺坡应力图（单位：MPa）

从图 R-15 可以看出：二期蓄水前，面板表面，顺坡应力最小值为－0.2068MPa，顺坡应力最大值为7.271MPa，P=0.5%时顺坡应力最小值为0.2427MPa，P=99.5%时顺坡应力最大值为7.233MPa。

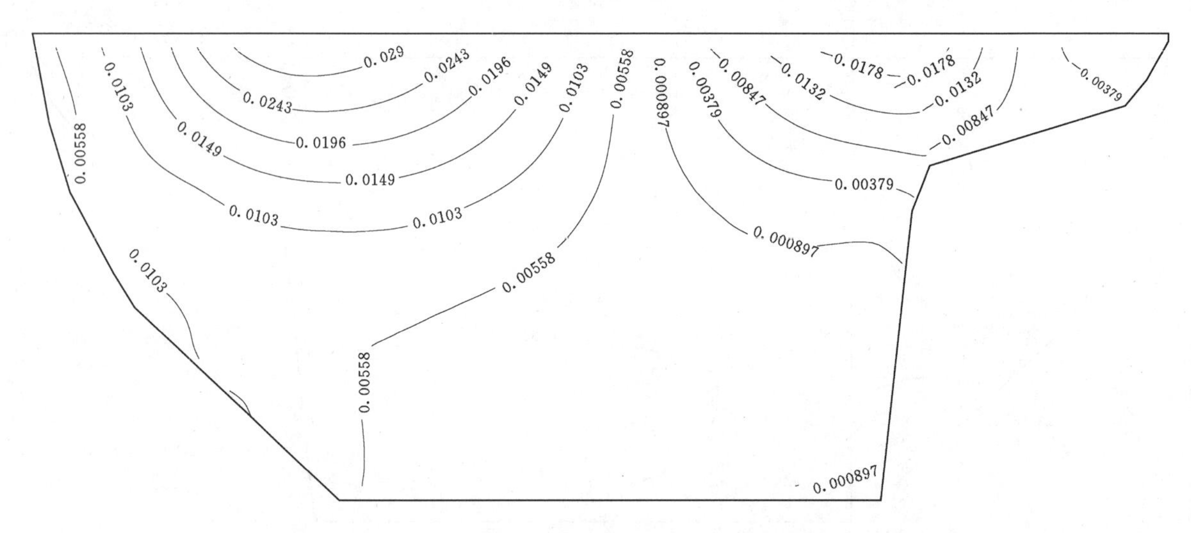

图 R-16　二期蓄水前，面板底面，轴向位移图（单位：m）

从图 R-16 可以看出：二期蓄水前，面板底面，轴向位移最小值为－0.02251m，轴向位移最大值为0.03367m，P=0.5%时轴向位移最小值为－0.02218m，P=99.5%时轴向位移最大值为0.03334m。

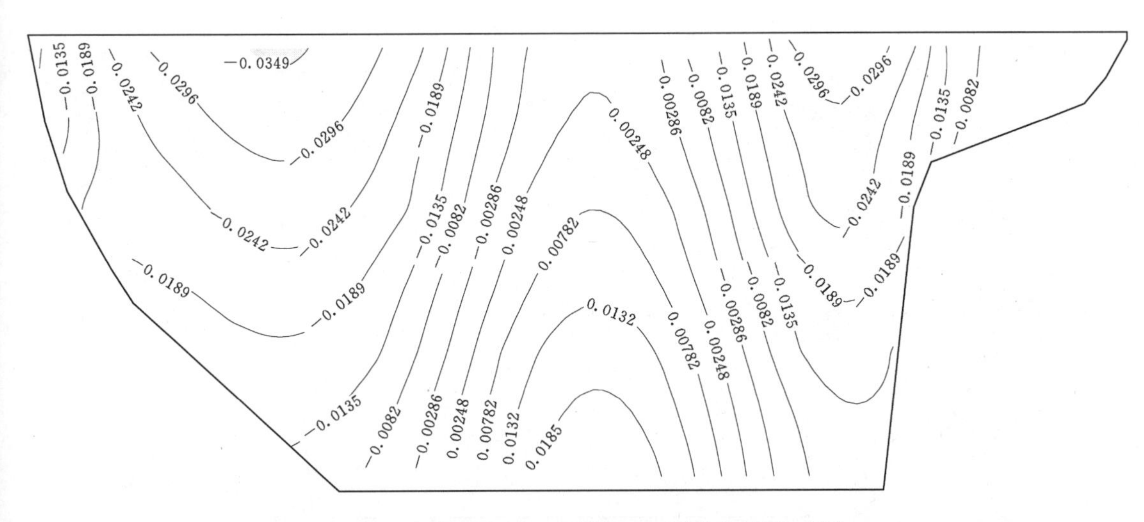

图 R-17　二期蓄水前，面板底面，顺坡位移图（单位：m）

从图 R-17 可以看出：二期蓄水前，面板底面，顺坡位移最小值为－0.04023m，顺坡位移最大值为 0.02383m，$P=0.5\%$时顺坡位移最小值为－0.04010m，$P=99.5\%$时顺坡位移最大值为 0.02303m。

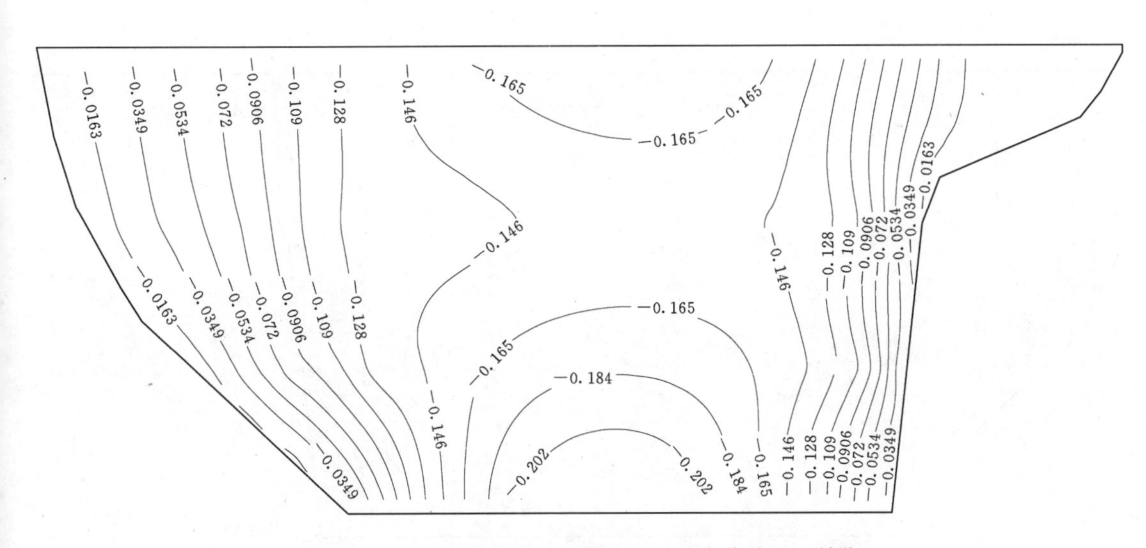

图 R-18　二期蓄水前，面板底面，法向位移图（单位：m）

从图 R-18 可以看出：二期蓄水前，面板底面，法向位移最小值为－0.2206m，法向位移最大值为 0.002313m，$P=0.5\%$时法向位移最小值为－0.2196m，$P=99.5\%$时法向位移最大值为－0.001362m。

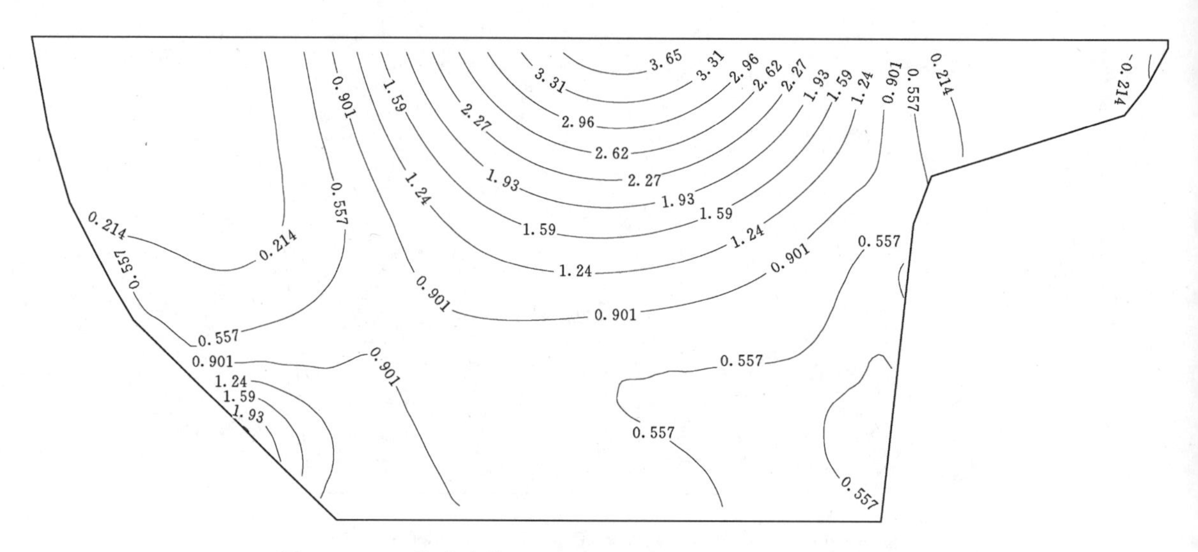

图 R-19　二期蓄水前，面板底面，轴向应力图（单位：MPa）

从图 R-19 可以看出：二期蓄水前，面板底面，轴向应力最小值为－1.060MPa，轴向应力最大值为 4.012MPa，P=0.5%时轴向应力最小值为－0.1298MPa，P=99.5%时轴向应力最大值为 3.992MPa。

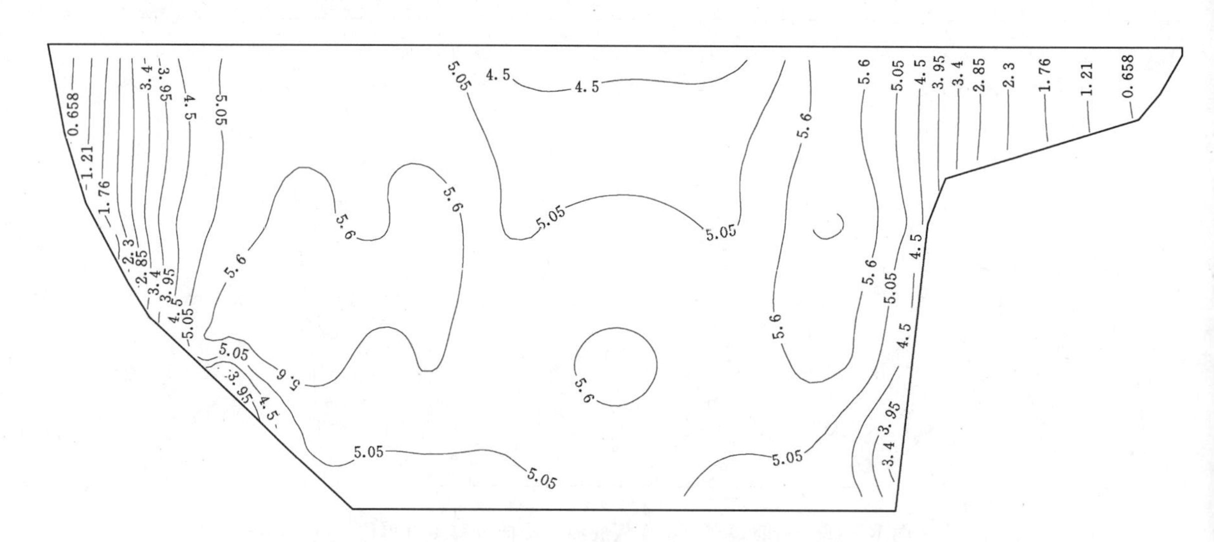

图 R-20　二期蓄水前，面板底面，顺坡应力图（单位：MPa）

从图 R-20 可以看出：二期蓄水前，面板底面，顺坡应力最小值为 0.07765MPa，顺坡应力最大值为 7.263MPa，P=0.5%时顺坡应力最小值为 0.6581MPa，P=99.5%时顺坡应力最大值为 7.241MPa。

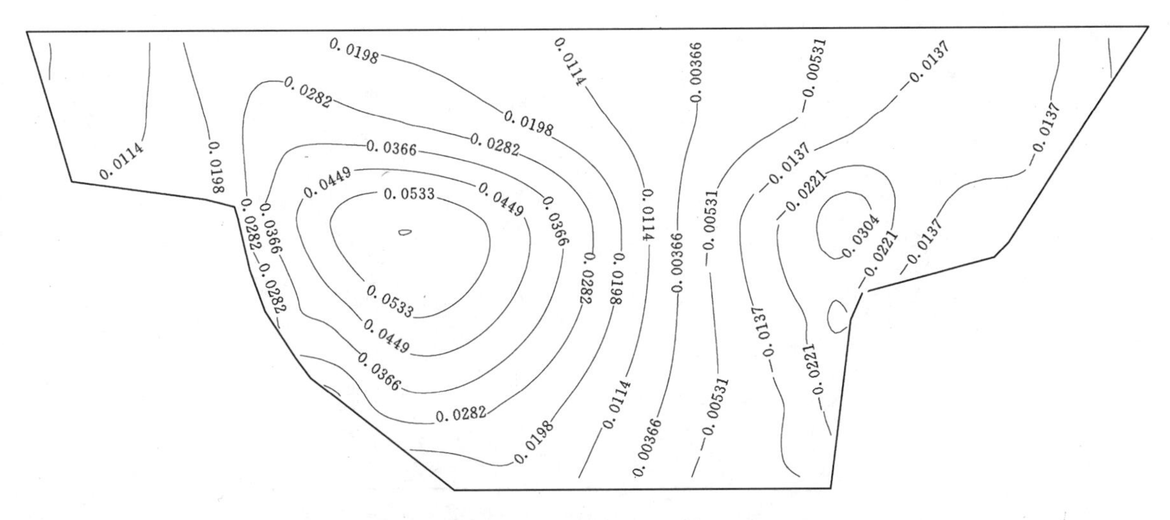

图 R-21　二期蓄水后，面板表面，轴向位移图（单位：m）

从图 R-21 可以看出：二期蓄水后，面板表面，轴向位移最小值为－0.03882m，轴向位移最大值为 0.06170m，P＝0.5％时轴向位移最小值为－0.03751m，P＝99.5％时轴向位移最大值为 0.06117m。

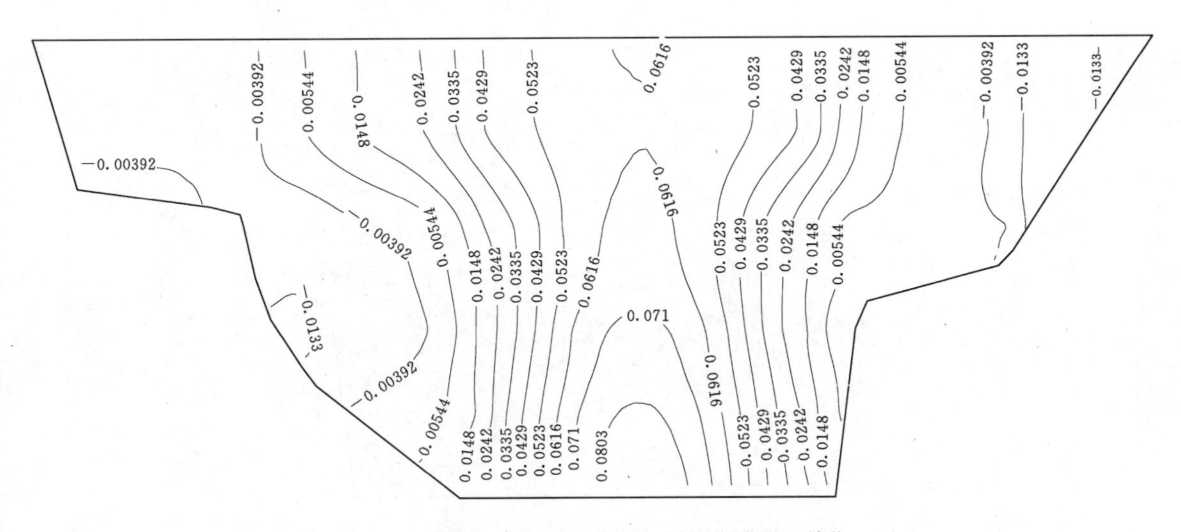

图 R-22　二期蓄水后，面板表面，顺坡位移图（单位：m）

从图 R-22 可以看出：二期蓄水后，面板表面，顺坡位移最小值为－0.02264m，顺坡位移最大值为 0.08969m，P＝0.5％时顺坡位移最小值为－0.02175m，P＝99.5％时顺坡位移最大值为 0.08728m。

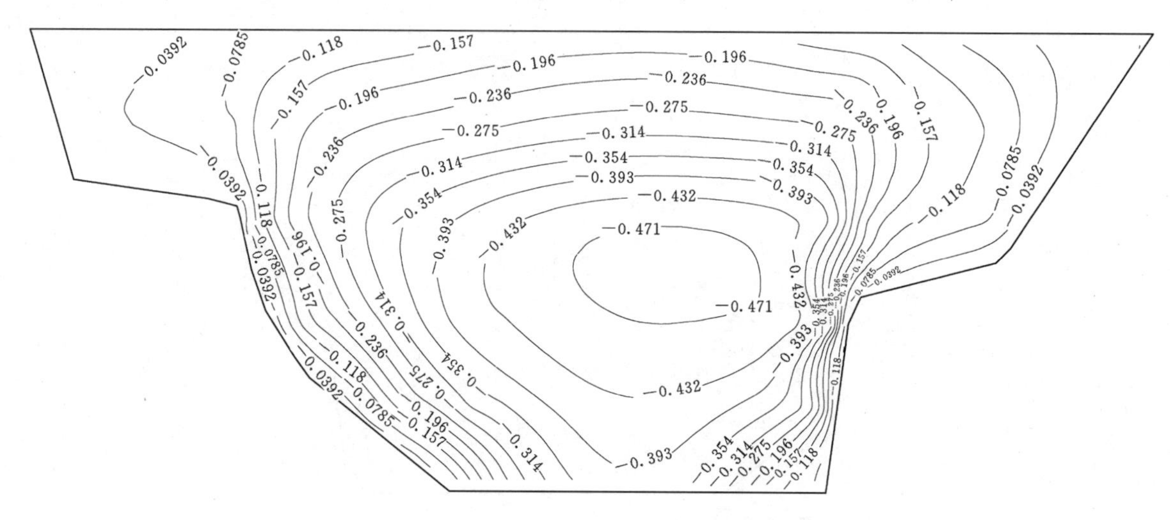

图 R-23　二期蓄水后，面板表面，法向位移图（单位：m）

从图 R-23 可以看出：二期蓄水后，面板表面，法向位移最小值为－0.4714m，法向位移最大值为 0.00006498m，P＝0.5％时法向位移最小值为－0.4713m，P＝99.5％时法向位移最大值为－0.004577m。

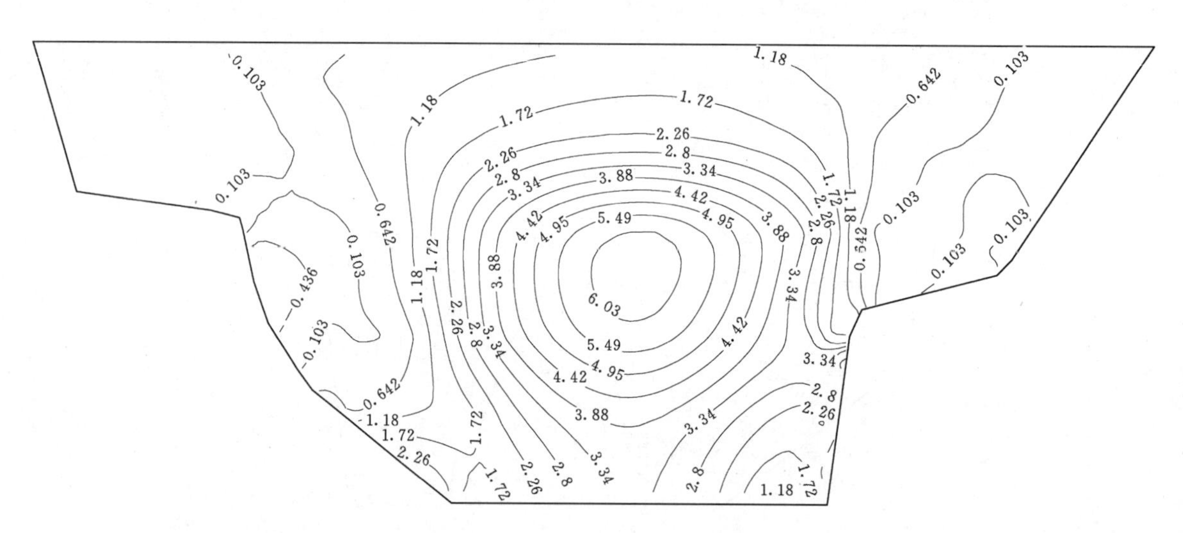

图 R-24　二期蓄水后，面板表面，轴向应力图（单位：MPa）

从图 R-24 可以看出：二期蓄水后，面板表面，轴向应力最小值为－3.321MPa，轴向应力最大值为 7.361MPa，P＝0.5％时轴向应力最小值为－0.4363MPa，P＝99.5％时轴向应力最大值为 6.032MPa。

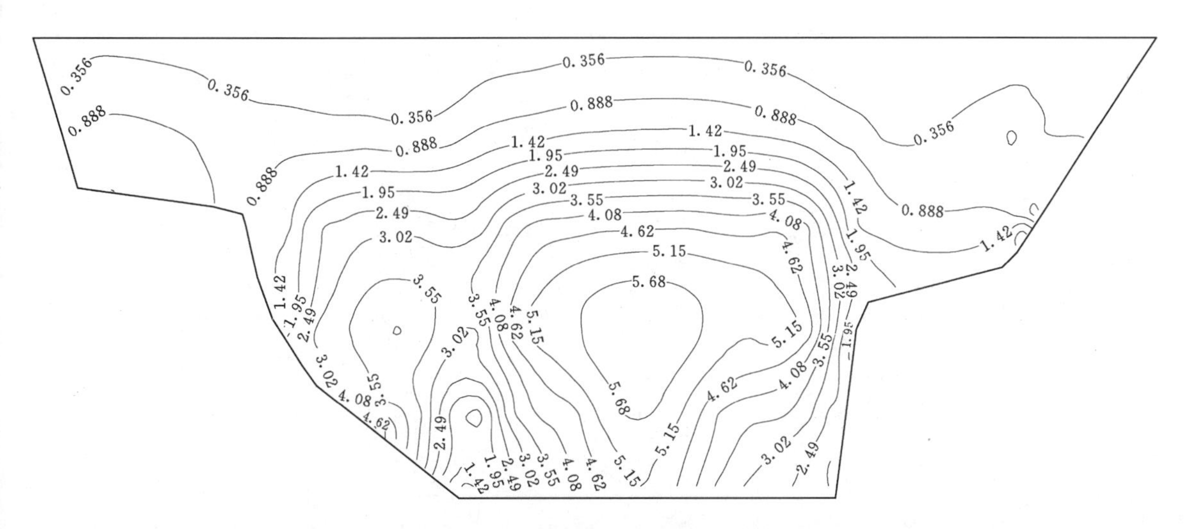

图 R-25　二期蓄水后，面板表面，顺坡应力图（单位：MPa）

从图 R-25 可以看出：二期蓄水后，面板表面，顺坡应力最小值为－0.3048MPa，顺坡应力最大值为 7.369MPa，P＝0.5％时顺坡应力最小值为－0.1767MPa，P＝99.5％时顺坡应力最大值为 6.213MPa。

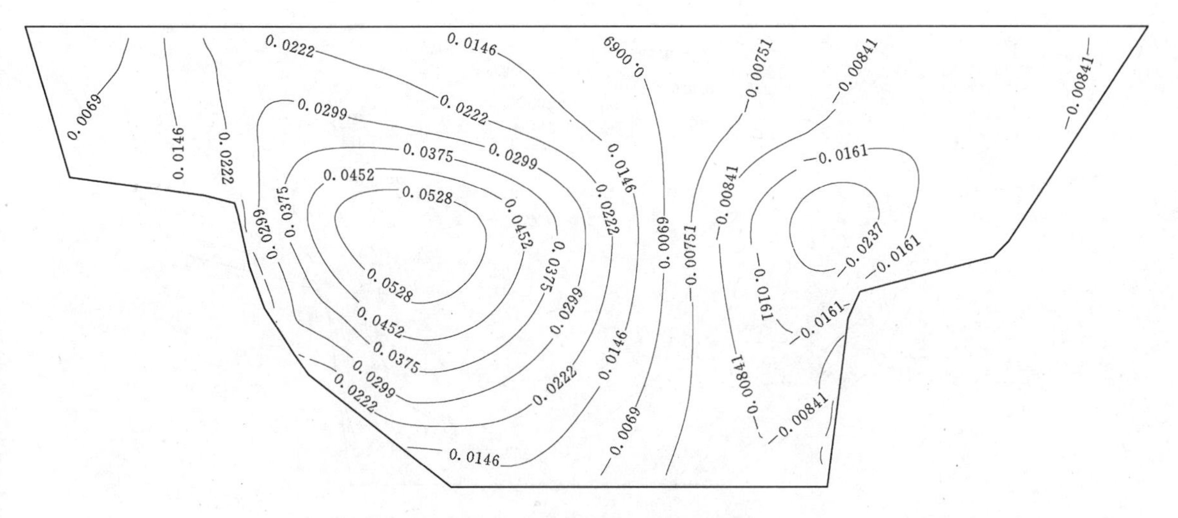

图 R-26　二期蓄水后，面板底面，轴向位移图（单位：m）

从图 R-26 可以看出：二期蓄水后，面板底面，轴向位移最小值为－0.03137m，轴向位移最大值为 0.06049m，P＝0.5％时轴向位移最小值为－0.03073m，P＝99.5％时轴向位移最大值为 0.06001m。

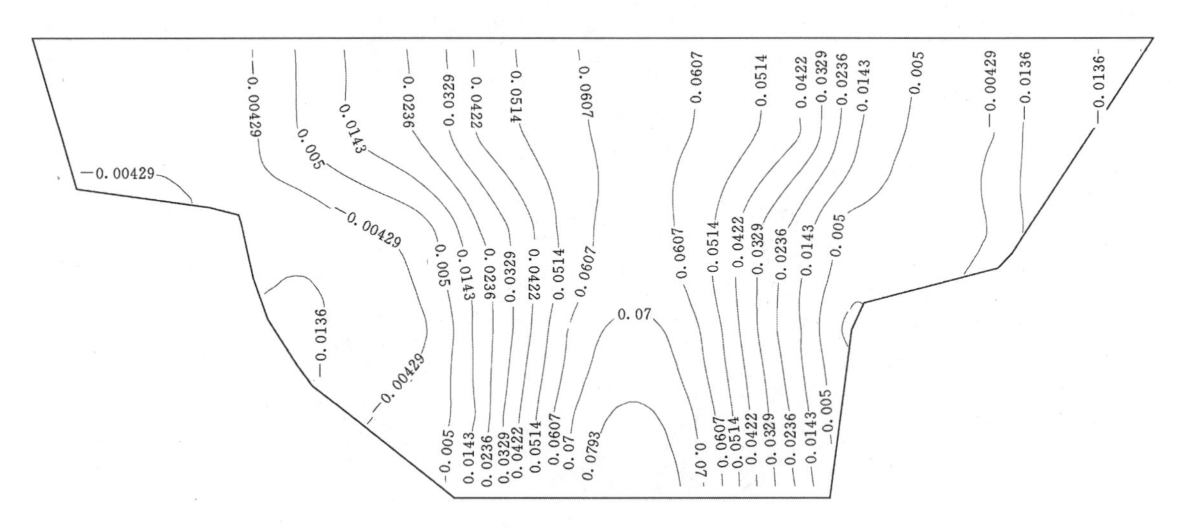

图 R-27　二期蓄水后，面板底面，顺坡位移图（单位：m）

从图 R-27 可以看出：二期蓄水后，面板底面，顺坡位移最小值为－0.02287m，顺坡位移最大值为 0.08860m，P＝0.5％时顺坡位移最小值为－0.02250m，P＝99.5％时顺坡位移最大值为 0.08597m。

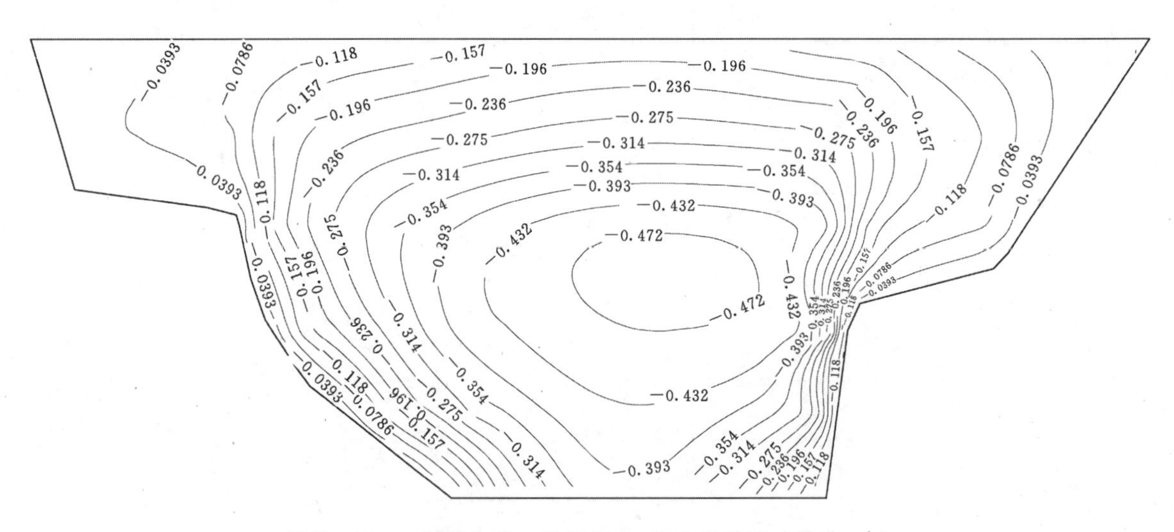

图 R-28　二期蓄水后，面板底面，法向位移图（单位：m）

从图 R-28 可以看出：二期蓄水后，面板底面，法向位移最小值为－0.4715m，法向位移最大值为 0.00002715m，P＝0.5％时法向位移最小值为－0.4714m，P＝99.5％时法向位移最大值为－0.004202m。

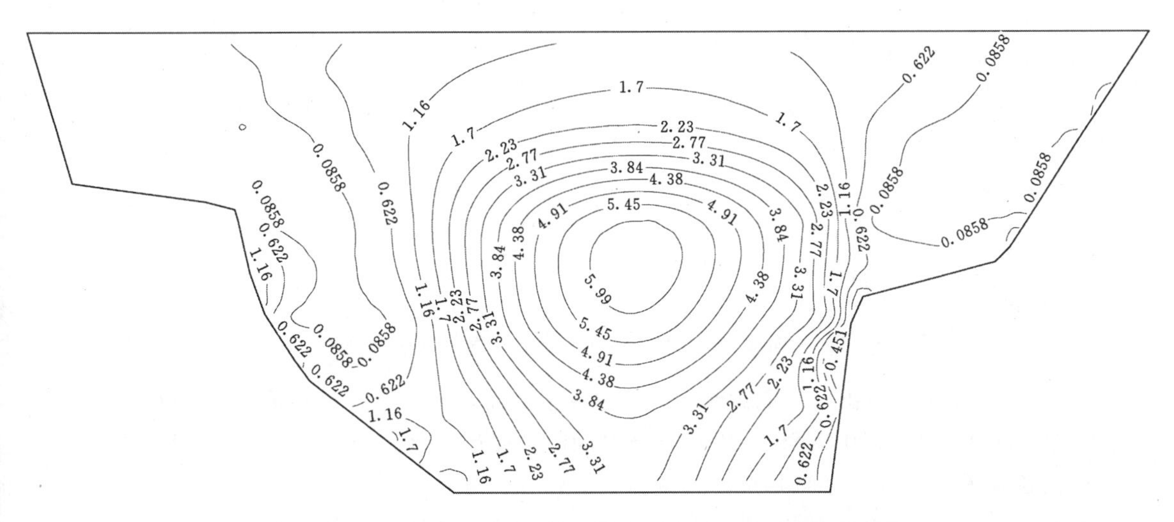

图 R-29　二期蓄水后，面板底面，轴向应力图（单位：MPa）

从图 R-29 可以看出：二期蓄水后，面板底面，轴向应力最小值为－7.057MPa，轴向应力最大值为 6.071MPa，P＝0.5％时轴向应力最小值为－0.4507MPa，P＝99.5％时轴向应力最大值为 0.987MPa。

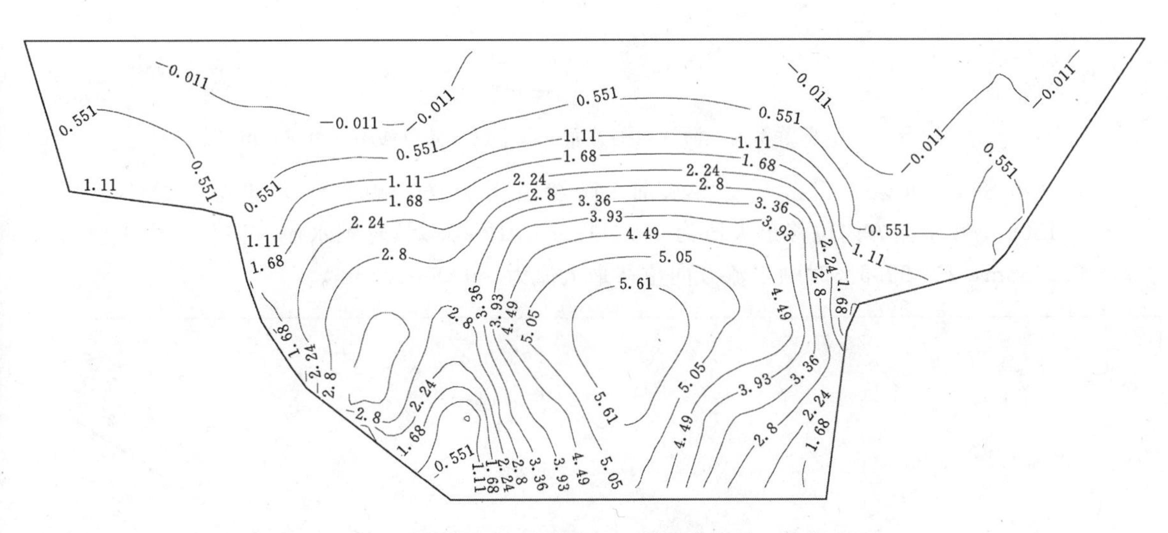

图 R-30　二期蓄水后，面板底面，顺坡应力图（单位：MPa）

从图 R-30 可以看出：二期蓄水后，面板底面，顺坡应力最小值为－1.593MPa，顺坡应力最大值为 6.224MPa，P＝0.5％时顺坡应力最小值为－0.5732MPa，P＝99.5％时顺坡应力最大值为 6.174MPa。

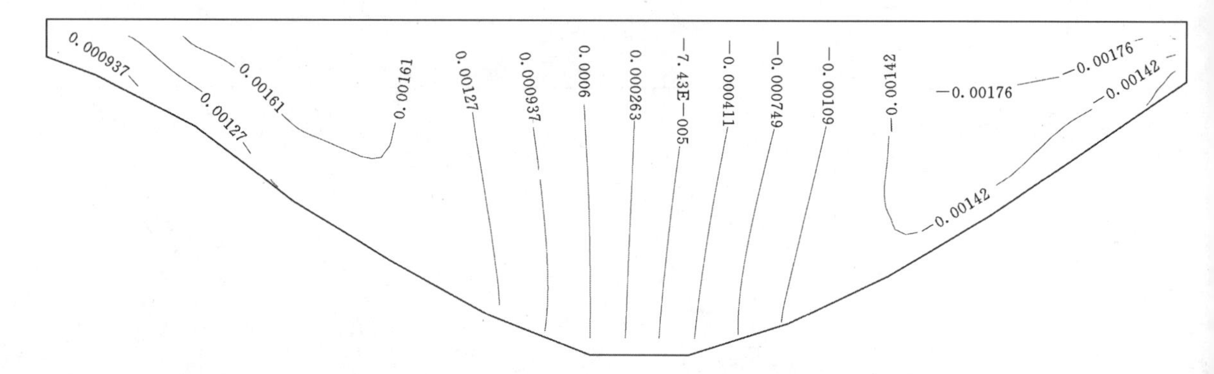

图 S-1　一期蓄水前，防渗墙上游面，轴向位移图（单位：m）

从图 S-1 可以看出：一期蓄水前，防渗墙上游面，轴向位移最小值为−0.002097m，轴向位移最大值为 0.001948m，P=0.5%时轴向位移最小值为−0.002070m，P=99.5%时轴向位移最大值为 0.001914m。

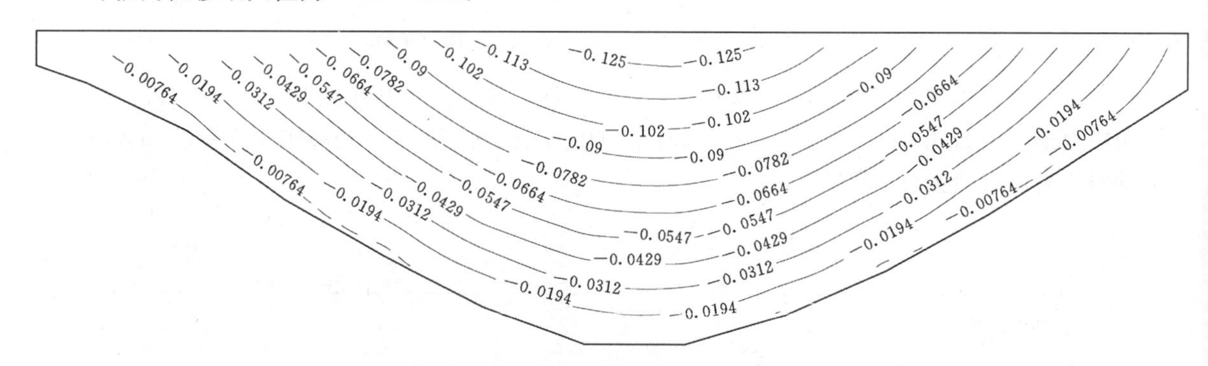

图 S-2　一期蓄水前，防渗墙上游面，顺水流方向位移图（单位：m）

从图 S-2 可以看出：一期蓄水前，防渗墙上游面，顺水流方向位移最小值为−0.1369m，顺水流方向位移最大值为 0.004115m，P=0.5%时顺水流方向位移最小值为−0.1338m，P=99.5%时顺水流方向位移最大值为−0.0001873m。

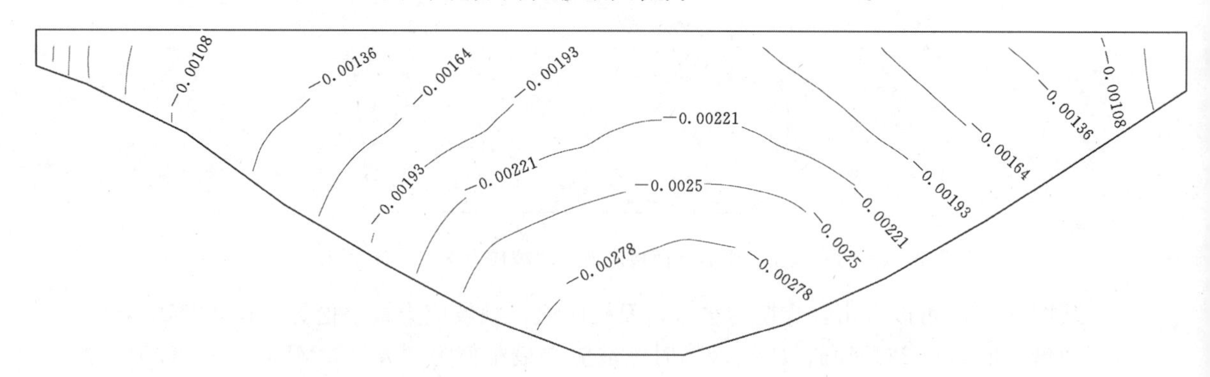

图 S-3　一期蓄水前，防渗墙上游面，竖向位移图（单位：m）

从图 S-3 可以看出：一期蓄水前，防渗墙上游面，竖向位移最小值为−0.003063m，竖向位移最大值为 0.0003432m，P=0.5%时竖向位移最小值为−0.002938m，P=99.5%时竖向位移最大值为−0.0004793m。

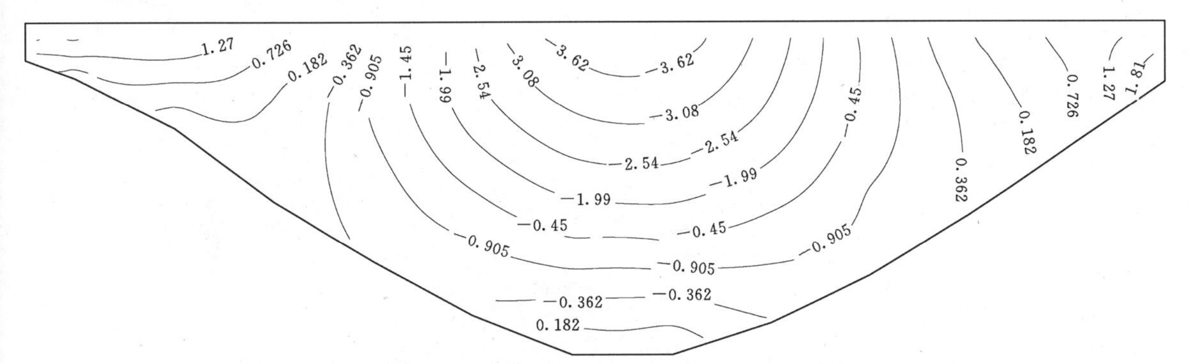

图 S-4　一期蓄水前，防渗墙上游面，轴向应力图（单位：MPa）

从图 S-4 可以看出：一期蓄水前，防渗墙上游面，轴向应力最小值为−4.316MPa，轴向应力最大值为 2.600MPa，P=0.5%时轴向应力最小值为−4.167MPa，P=99.5%时轴向应力最大值为 2.357MPa。

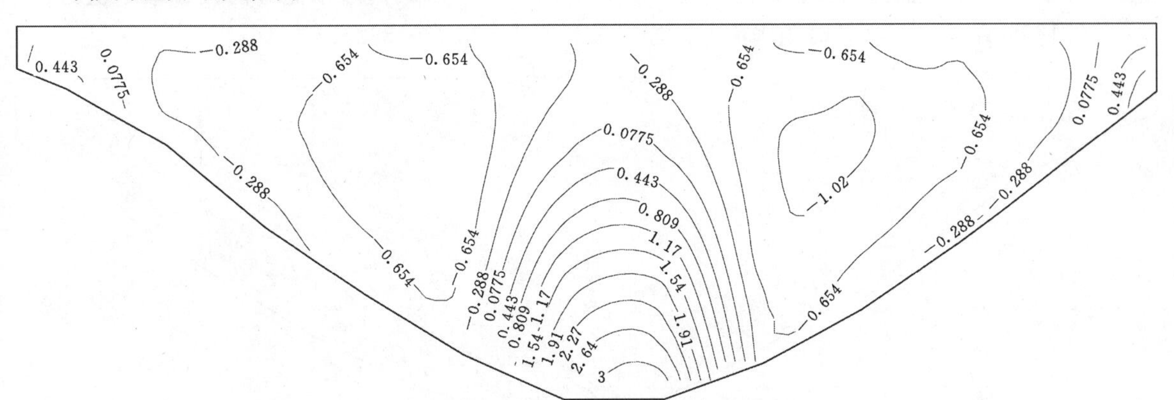

图 S-5　一期蓄水前，防渗墙上游面，竖向应力图（单位：MPa）

从图 S-5 可以看出：一期蓄水前，防渗墙上游面，竖向应力最小值为−1.083MPa，竖向应力最大值为 3.379MPa，P=0.5%时竖向应力最小值为−1.019MPa，P=99.5%时竖向应力最大值为 3.368MPa。

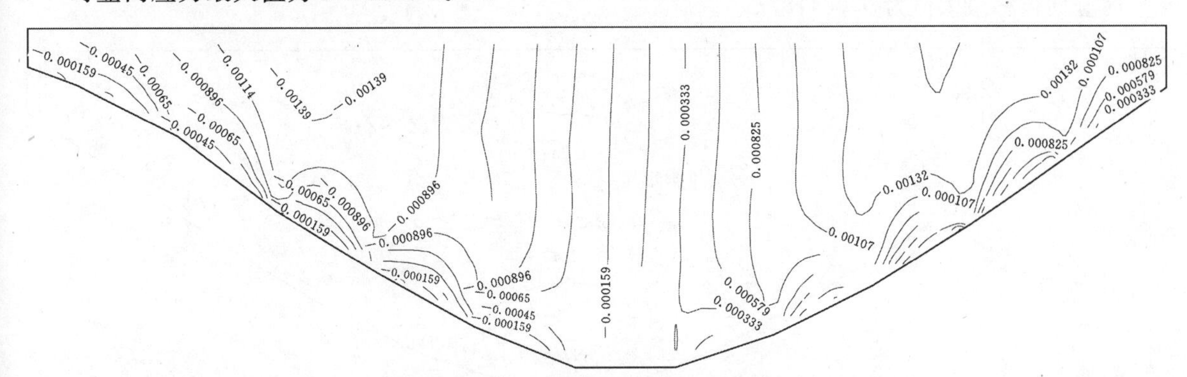

图 S-6　一期蓄水前，防渗墙下游面，轴向位移图（单位：m）

从图 S－6 可以看出：一期蓄水前，防渗墙下游面，轴向位移最小值为－0.001387m，轴向位移最大值为 0.001562m，P=0.5%时轴向位移最小值为－0.001357m，P=99.5%时轴向位移最大值为 0.001543m。

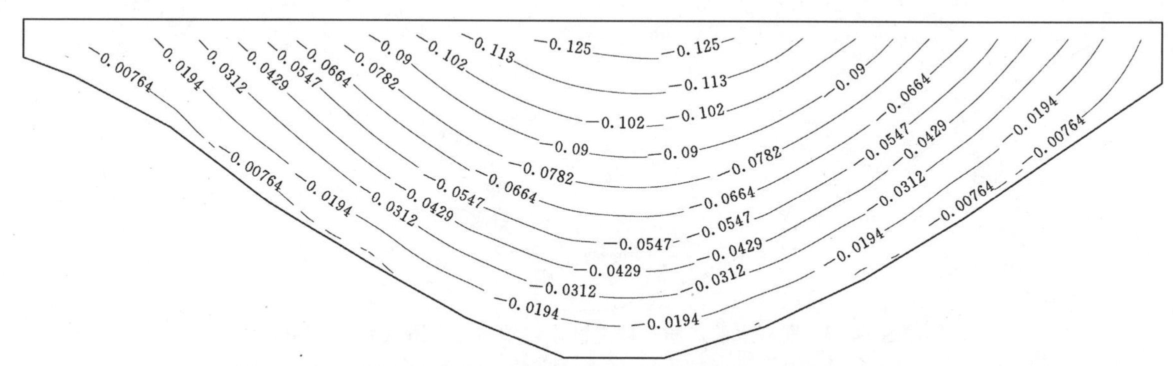

图 S－7　一期蓄水前，防渗墙下游面，顺水流方向位移图（单位：m）

从图 S－7 可以看出：一期蓄水前，防渗墙下游面，顺水流方向位移最小值为－0.1369m，顺水流方向位移最大值为 0.004116m，P=0.5%时顺水流方向位移最小值为－0.1338m，P=99.5%时顺水流方向位移最大值为－0.0001862m。

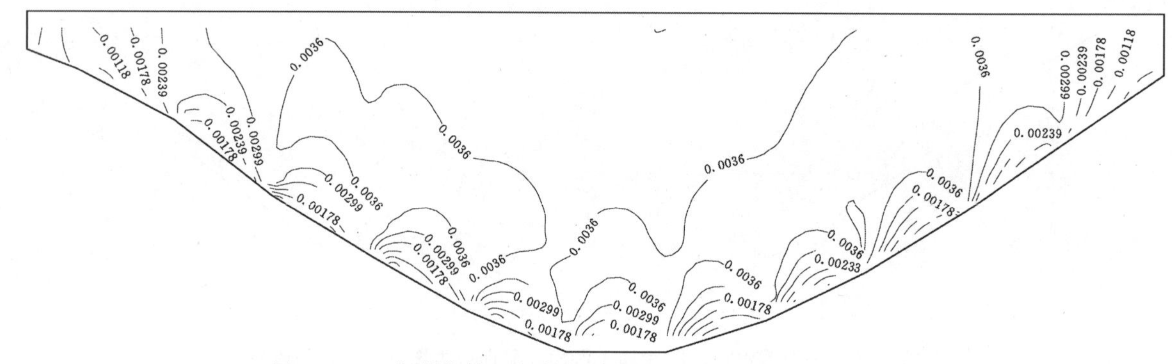

图 S－8　一期蓄水前，防渗墙下游面，竖向位移图（单位：m）

从图 S－8 可以看出：一期蓄水前，防渗墙下游面，竖向位移最小值为－0.003063m，竖向位移最大值为 0.004206m，P=0.5%时竖向位移最小值为 0.0008862m，P=99.5%时竖向位移最大值为 0.004187m。

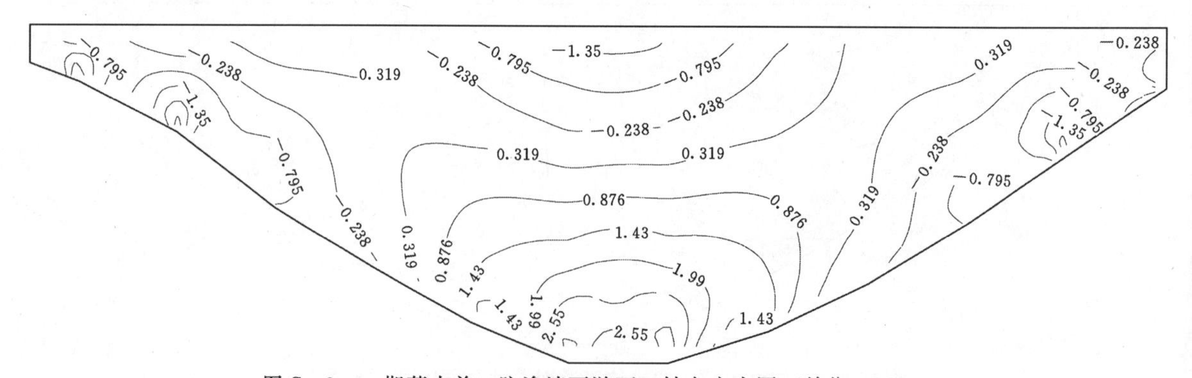

图 S－9　一期蓄水前，防渗墙下游面，轴向应力图（单位：MPa）

从图 S-9 可以看出：一期蓄水前，防渗墙下游面，轴向应力最小值为－3.279MPa，轴向应力最大值为 3.677MPa，P＝0.5%时轴向应力最小值为－3.023MPa，P＝99.5%时轴向应力最大值为 3.660MPa。

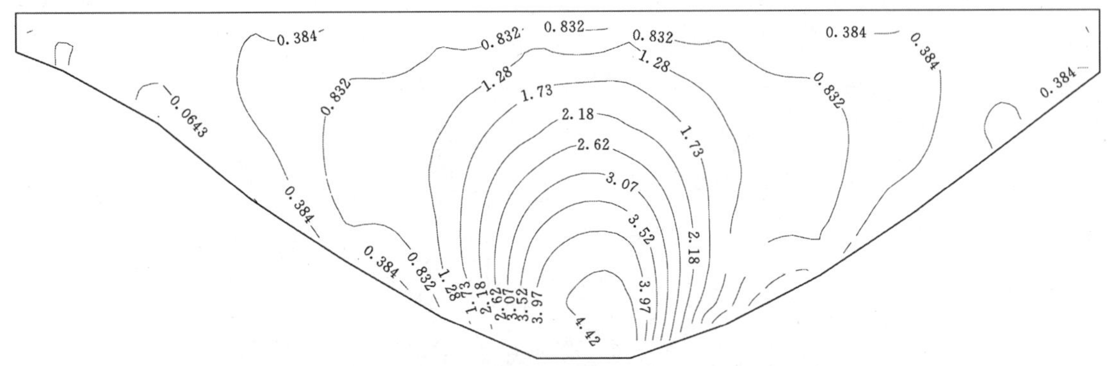

图 S-10　一期蓄水前，防渗墙下游面，竖向应力图（单位：MPa）

从图 S-10 可以看出：一期蓄水前，防渗墙下游面，竖向应力最小值为－0.6276MPa，竖向应力最大值为 4.876MPa，P＝0.5%时竖向应力最小值为－0.5122MPa，P＝99.5%时竖向应力最大值为 4.863MPa。

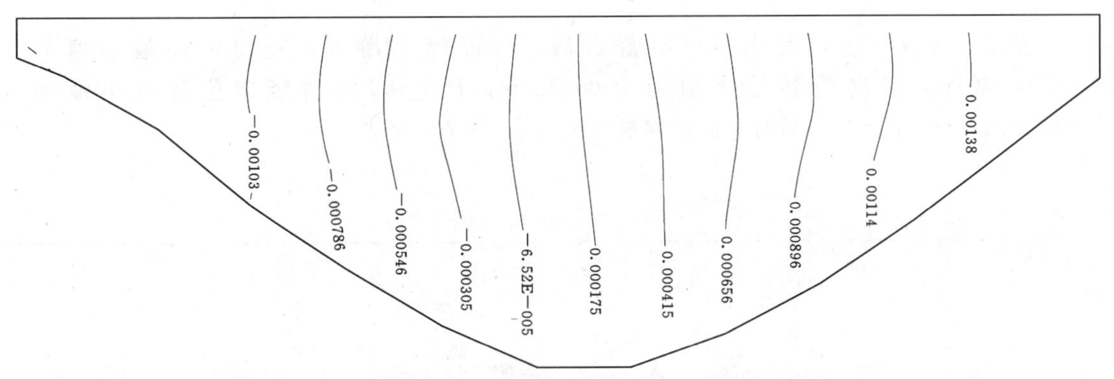

图 S-11　一期蓄水后，防渗墙上游面，轴向位移图（单位：m）

从图 S-11 可以看出：一期蓄水后，防渗墙上游面，轴向位移最小值为－0.001266m，轴向位移最大值为 0.001617m，P＝0.5%时轴向位移最小值为－0.001265m，P＝99.5%时轴向位移最大值为 0.001558m。

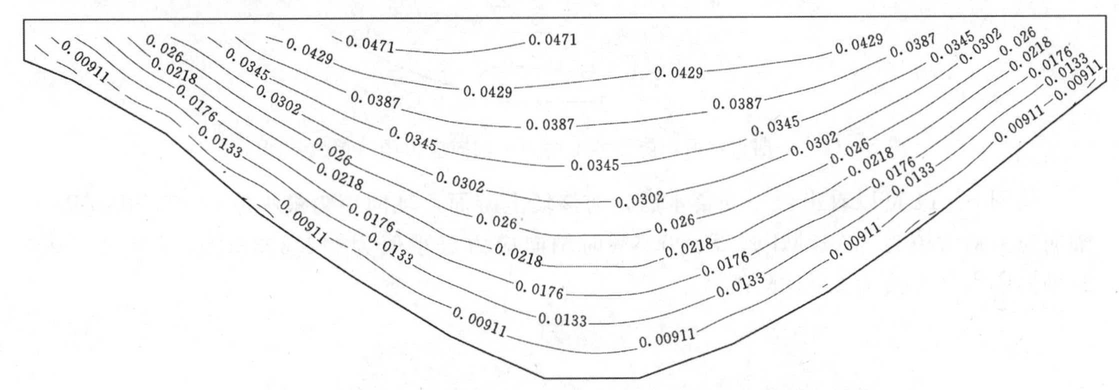

图 S-12　一期蓄水后，防渗墙上游面，顺水流方向位移图（单位：m）

从图 S-12 可以看出：一期蓄水后，防渗墙上游面，顺水流方向位移最小值为 0.0006633m，顺水流方向位移最大值为 0.05137m，$P=0.5\%$时顺水流方向位移最小值为 0.002078m，$P=99.5\%$时顺水流方向位移最大值为 0.05019m。

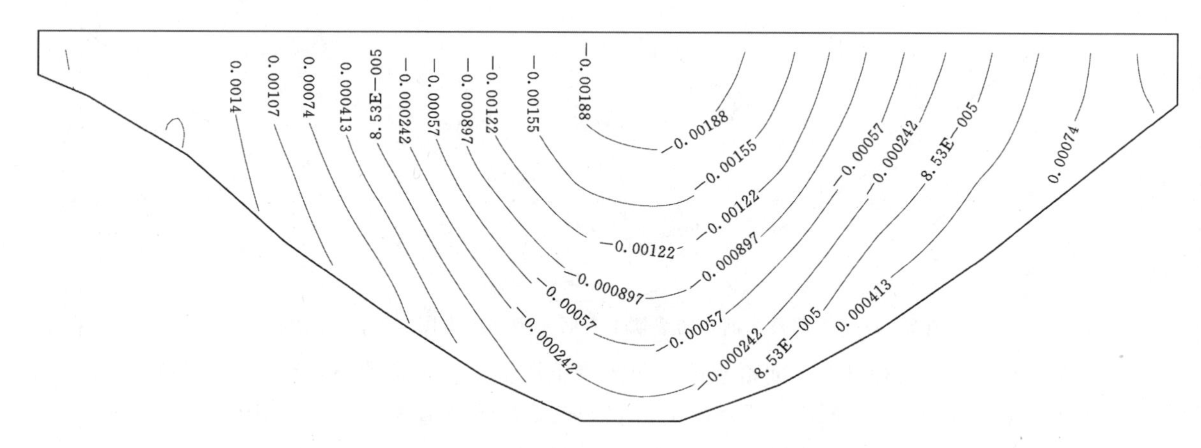

图 S-13 一期蓄水后，防渗墙上游面，竖向位移图（单位：m）

从图 S-13 可以看出：一期蓄水后，防渗墙上游面，竖向位移最小值为 -0.002207m，竖向位移最大值为 0.001723m，$P=0.5\%$时竖向位移最小值为 -0.002111m，$P=99.5\%$时竖向位移最大值为 0.001712m。

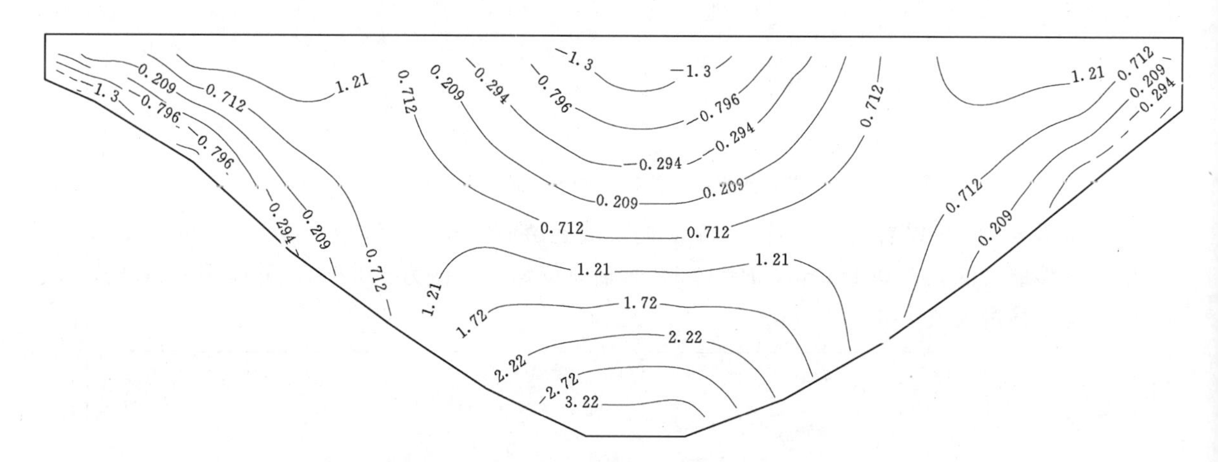

图 S-14 一期蓄水后，防渗墙上游面，轴向应力图（单位：MPa）

从图 S-14 可以看出：一期蓄水后，防渗墙上游面，轴向应力最小值为 -2.503MPa，轴向应力最大值为 3.742MPa，$P=0.5\%$时轴向应力最小值为 -2.303MPa，$P=99.5\%$时轴向应力最大值为 3.726MPa。

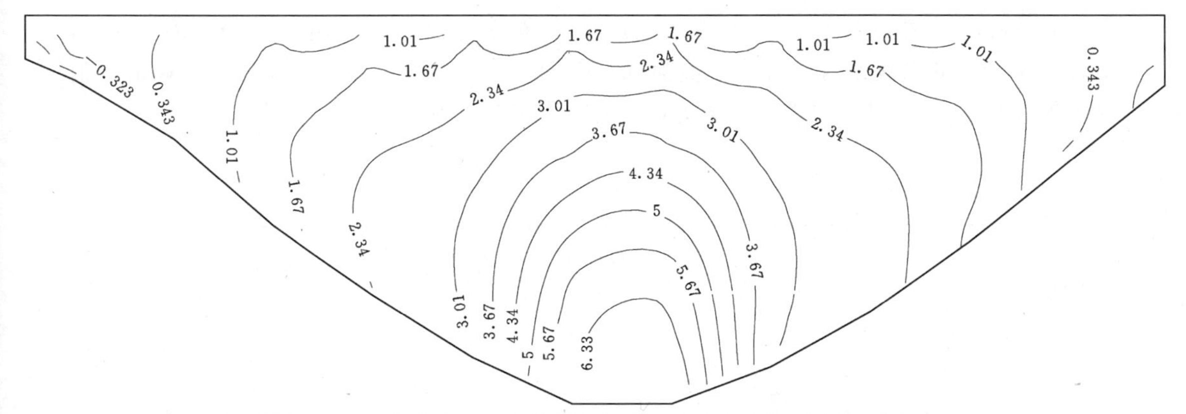

图 S-15　一期蓄水后，防渗墙上游面，竖向应力图（单位：MPa）

从图 S-15 可以看出：一期蓄水后，防渗墙上游面，竖向应力最小值为－2.062MPa，竖向应力最大值为 7.022MPa，P＝0.5％时竖向应力最小值为－0.9887MPa，P＝99.5％时竖向应力最大值为 7.000MPa。

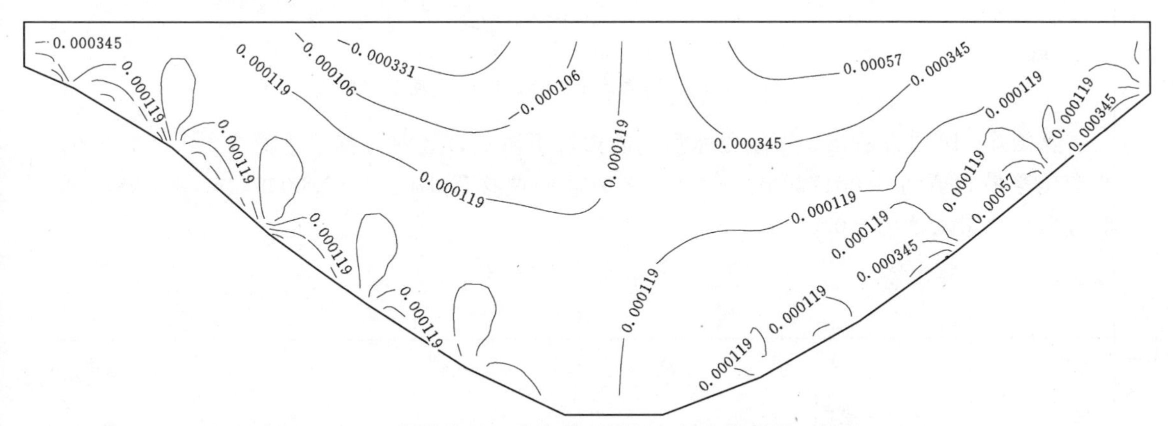

图 S-16　一期蓄水后，防渗墙下游面，轴向位移图（单位：m）

从图 S-16 可以看出：一期蓄水后，防渗墙下游面，轴向位移最小值为－0.001232m，轴向位移最大值为 0.001471m，P＝0.5％时轴向位移最小值为－0.0005060m，P＝99.5％时轴向位移最大值为 0.0007222m。

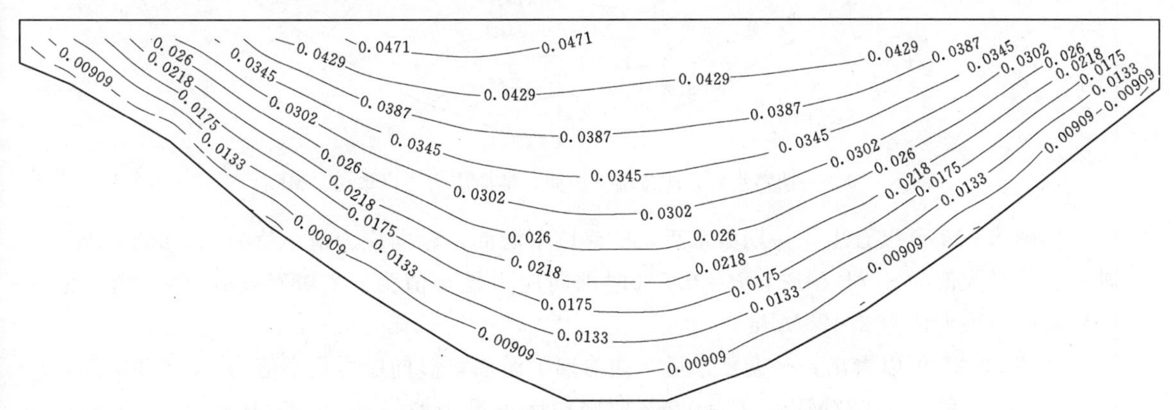

图 S-17　一期蓄水后，防渗墙下游面，顺水流方向位移图（单位：m）

从图 S－17 可以看出：一期蓄水后，防渗墙下游面，顺水流方向位移最小值为 0.0006341m，顺水流方向位移最大值为 0.05137m，P＝0.5％时顺水流方向位移最小值为 0.002049m，P＝99.5％时顺水流方向位移最大值为 0.05019m。

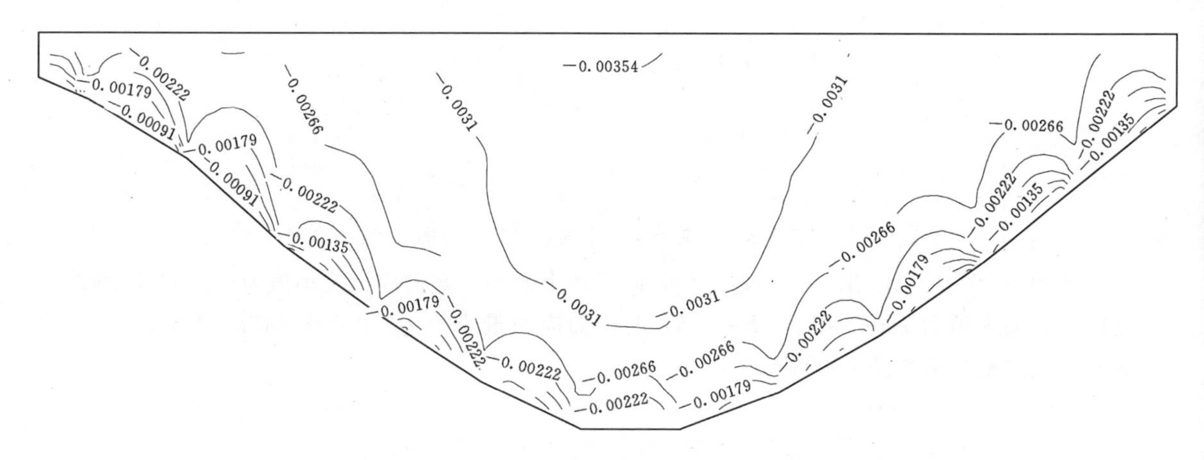

图 S－18　一期蓄水后，防渗墙下游面，竖向位移图（单位：m）

从图 S－18 可以看出：一期蓄水后，防渗墙下游面，竖向位移最小值为－0.003539m，竖向位移最大值为 0.001720m，P＝0.5％时竖向位移最小值为－0.003539m，P＝99.5％时竖向位移最大值为－0.002127m。

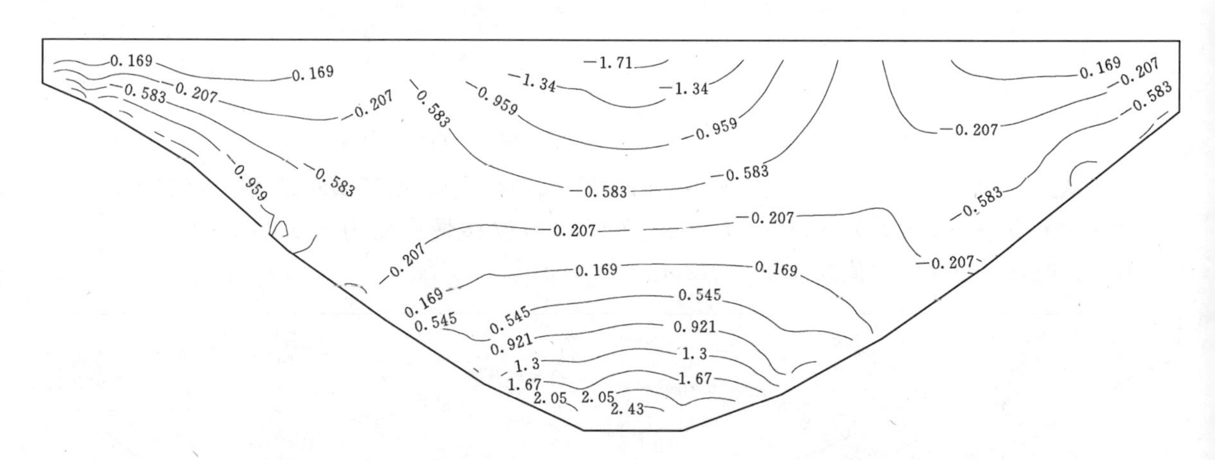

图 S－19　一期蓄水后，防渗墙下游面，轴向应力图（单位：MPa）

从图 S－19 可以看出：一期蓄水后，防渗墙下游面，轴向应力最小值为－2.503MPa，轴向应力最大值为 3.742MPa，P＝0.5％时轴向应力最小值为－2.087MPa，P＝99.5％时轴向应力最大值为 2.425MPa。

从图 S－20 可以看出：一期蓄水后，防渗墙下游面，竖向应力最小值为－2.062MPa，竖向应力最大值为 7.022MPa，P＝0.5％时竖向应力最小值为 0.06525MPa，P＝99.5％

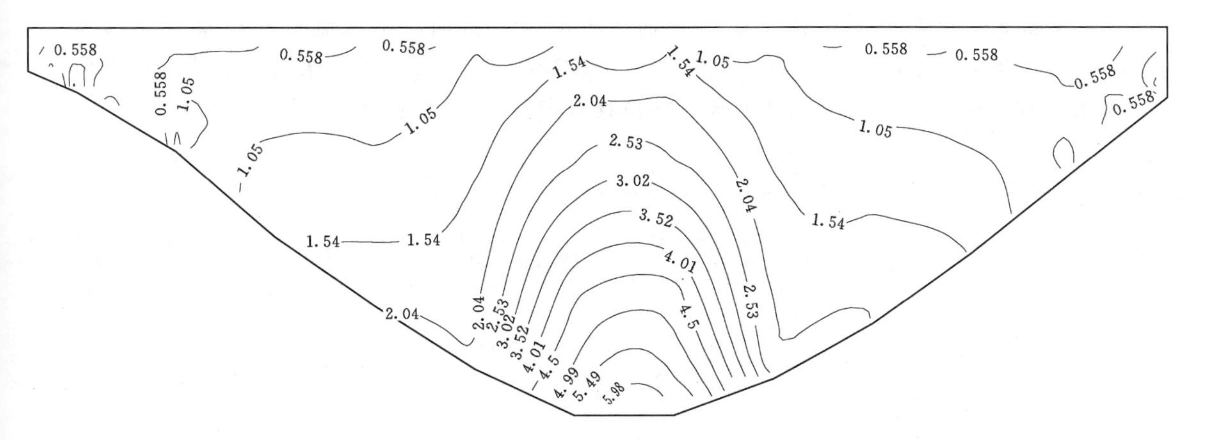

图 S-20　一期蓄水后，防渗墙下游面，竖向应力图（单位：MPa）

时竖向应力最大值为 5.980MPa。

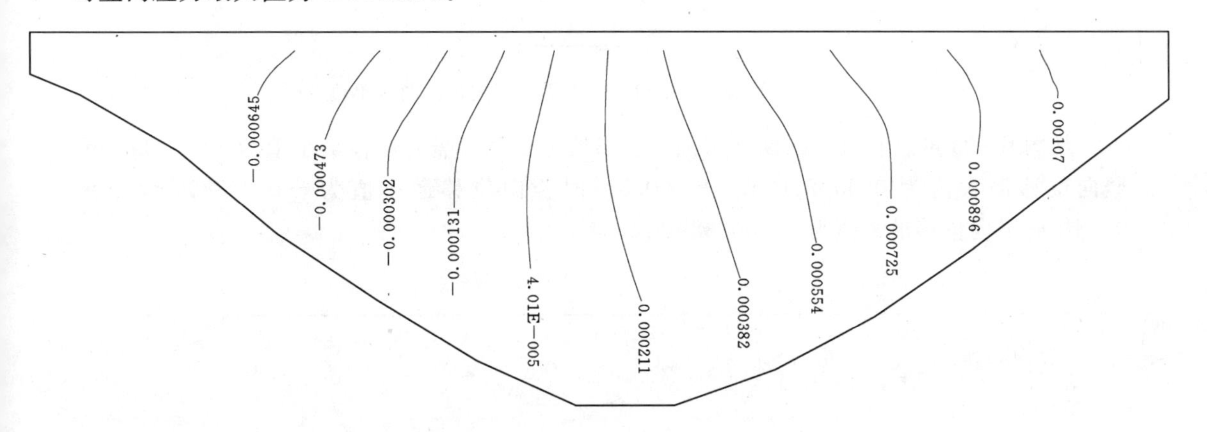

图 S-21　二期蓄水前，防渗墙上游面，轴向位移图（单位：m）

从图 S-21 可以看出：二期蓄水前，防渗墙上游面，轴向位移最小值为-0.0008157m，轴向位移最大值为 0.001238m，$P=0.5\%$时轴向位移最小值为-0.0007982m，$P=99.5\%$时轴向位移最大值为 0.001221m。

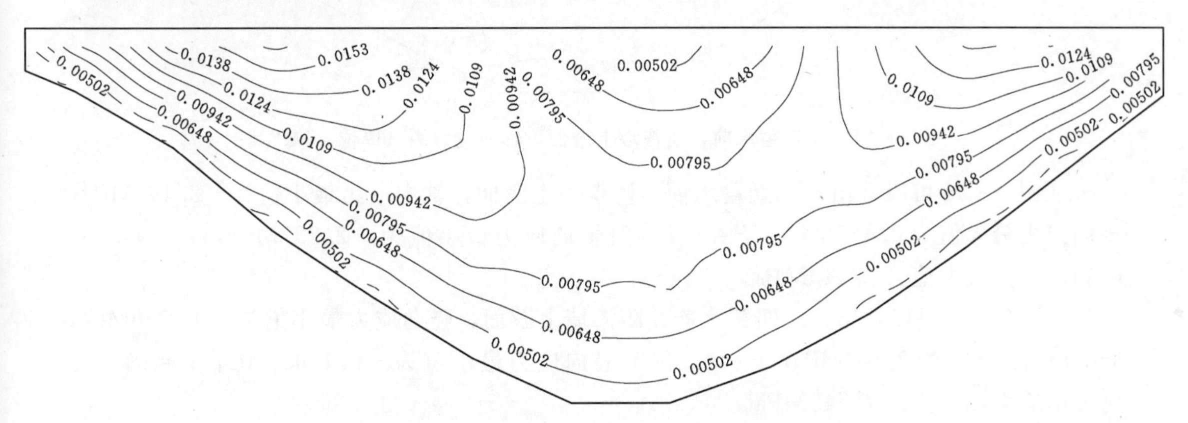

图 S-22　二期蓄水前，防渗墙上游面，顺水流方向位移图（单位：m）

从图 S-22 可以看出：二期蓄水前，防渗墙上游面，顺水流方向位移最小值为 0.0006182m，顺水流方向位移最大值为 0.01821m，$P=0.5\%$时顺水流方向位移最小值为 0.001497m，$P=99.5\%$时顺水流方向位移最大值为 0.01729m。

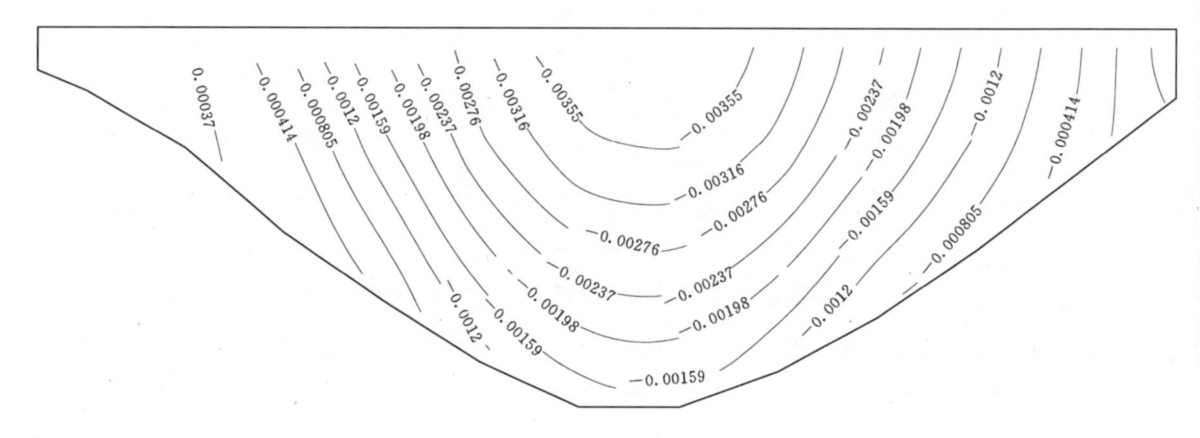

图 S-23　二期蓄水前，防渗墙上游面，竖向位移图（单位：m）

从图 S-23 可以看出：二期蓄水前，防渗墙上游面，竖向位移最小值为−0.003939m，竖向位移最大值为 0.0007612m，$P=0.5\%$时竖向位移最小值为−0.003833m，$P=99.5\%$时竖向位移最大值为 0.0007389m。

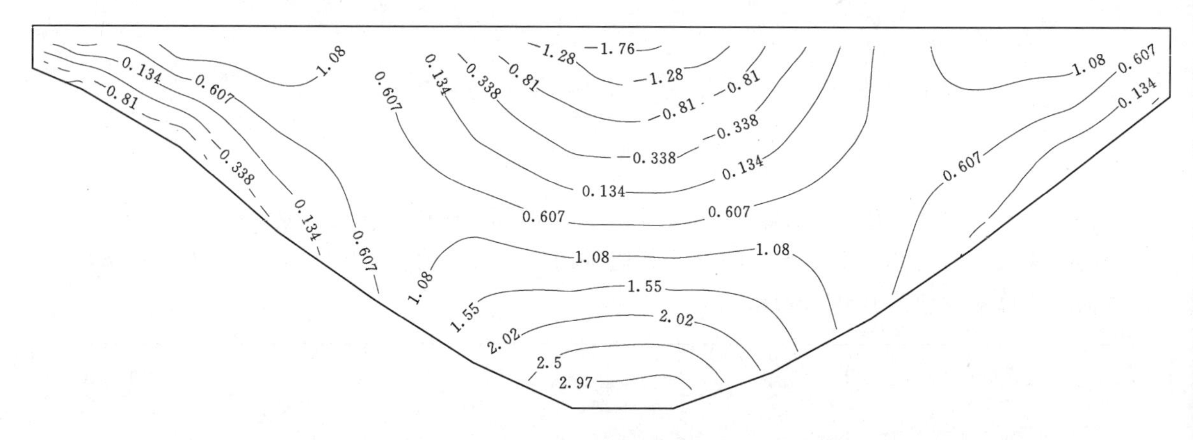

图 S-24　二期蓄水前，防渗墙上游面，轴向应力图（单位：MPa）

从图 S-24 可以看出：二期蓄水前，防渗墙上游面，轴向应力最小值为−2.461MPa，轴向应力最大值为 3.455MPa，$P=0.5\%$时轴向应力最小值为−2.227MPa，$P=99.5\%$时轴向应力最大值为 3.440MPa。

从图 S-25 可以看出：二期蓄水前，防渗墙上游面，竖向应力最小值为−0.8728MPa，竖向应力最大值为 7.586MPa，$P=0.5\%$时竖向应力最小值为−0.1999MPa，$P=99.5\%$时竖向应力最大值为 7.548MPa。

从图 S-26 可以看出：二期蓄水前，防渗墙下游面，轴向位移最小值为−0.0009709m，

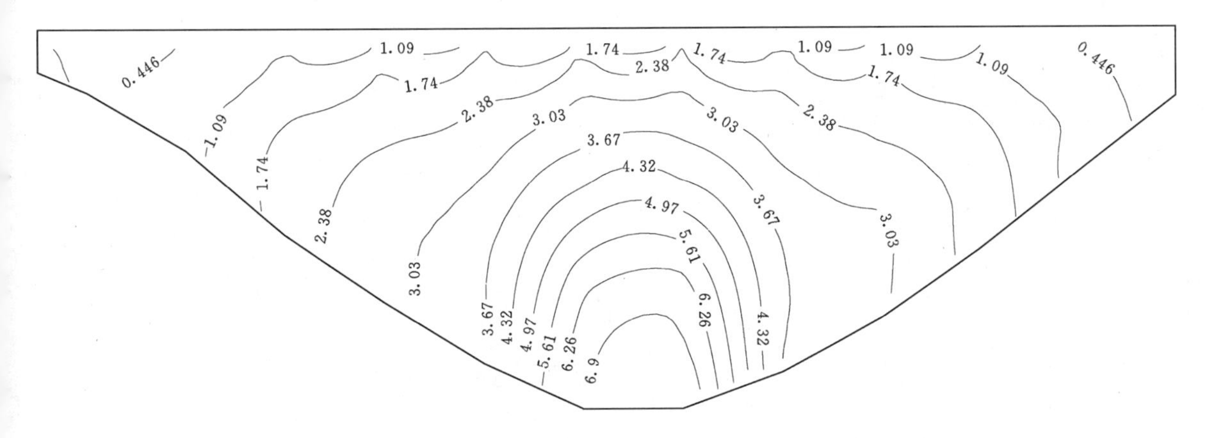

图 S-25　二期蓄水前，防渗墙上游面，竖向应力图（单位：MPa）

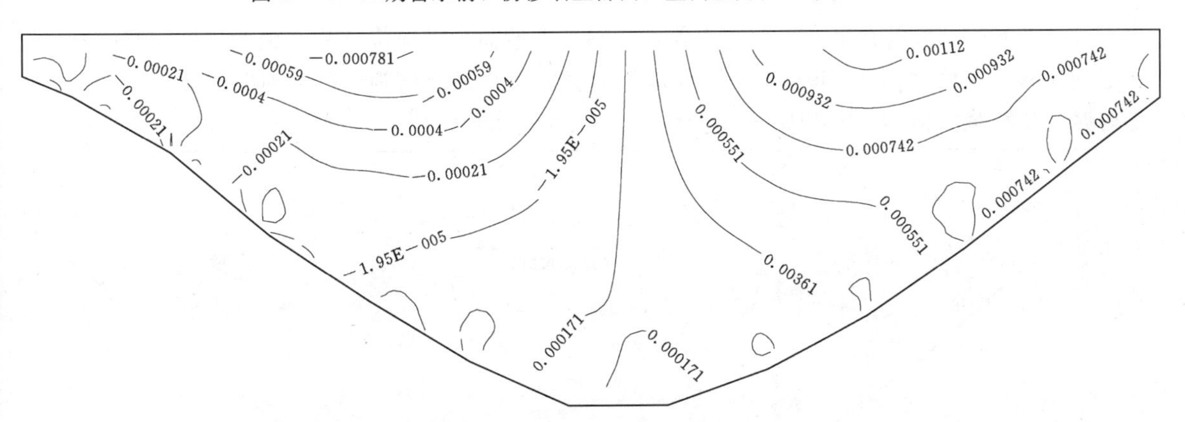

图 S-26　二期蓄水前，防渗墙下游面，轴向位移图（单位：m）

轴向位移最大值为 0.001312m，$P=0.5\%$时轴向位移最小值为-0.0009015m，$P=99.5\%$时轴向位移最大值为 0.001243m。

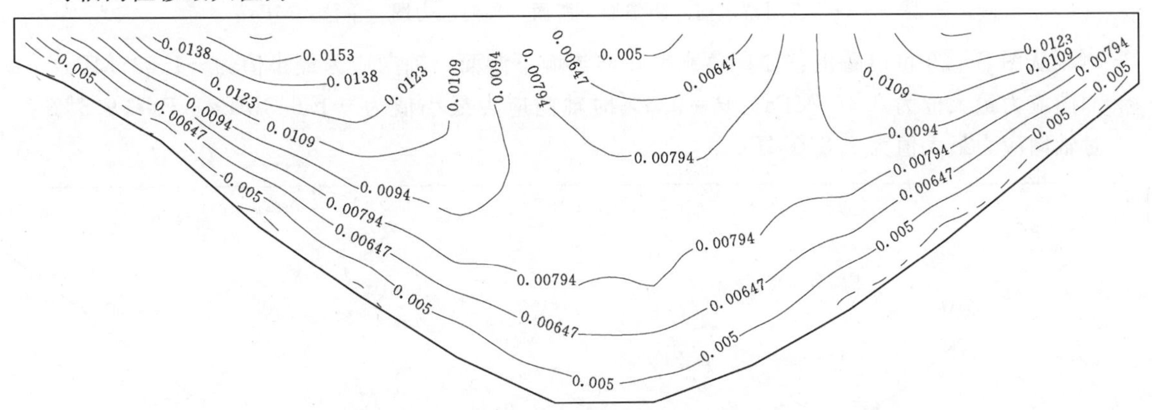

图 S-27　二期蓄水前，防渗墙下游面，顺水流方向位移图（单位：m）

从图 S-27 可以看出：二期蓄水前，防渗墙下游面，顺水流方向位移最小值为 0.0005882m，顺水流方向位移最大值为 0.01822m，$P=0.5\%$时顺水流方向位移最小值为 0.001468m，$P=99.5\%$时顺水流方向位移最大值为 0.01729m。

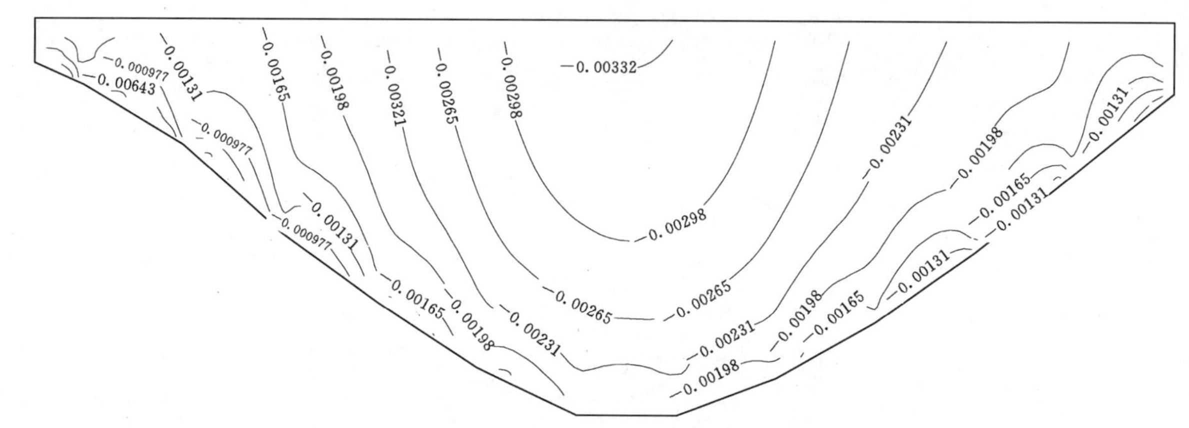

图 S-28　二期蓄水前，防渗墙下游面，竖向位移图（单位：m）

从图 S-28 可以看出：二期蓄水前，防渗墙下游面，竖向位移最小值为－0.003317m，竖向位移最大值为 0.0006938m，P＝0.5%时竖向位移最小值为－0.003163m，P＝99.5%时竖向位移最大值为－0.001096m。

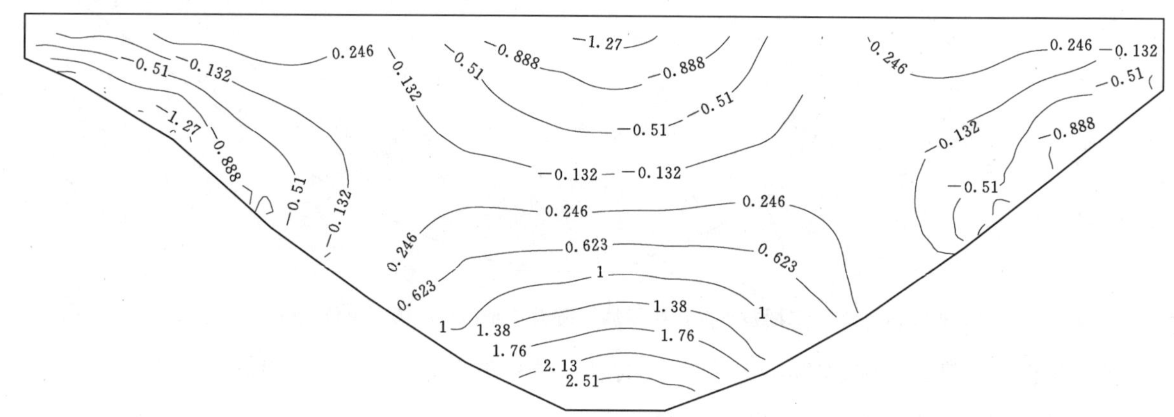

图 S-29　二期蓄水前，防渗墙下游面，轴向应力图（单位：MPa）

从图 S-29 可以看出：二期蓄水前，防渗墙下游面，轴向应力最小值为－1.837MPa，轴向应力最大值为 3.455MPa，P＝0.5%时轴向应力最小值为－1.643MPa，P＝99.5%时轴向应力最大值为 2.890MPa。

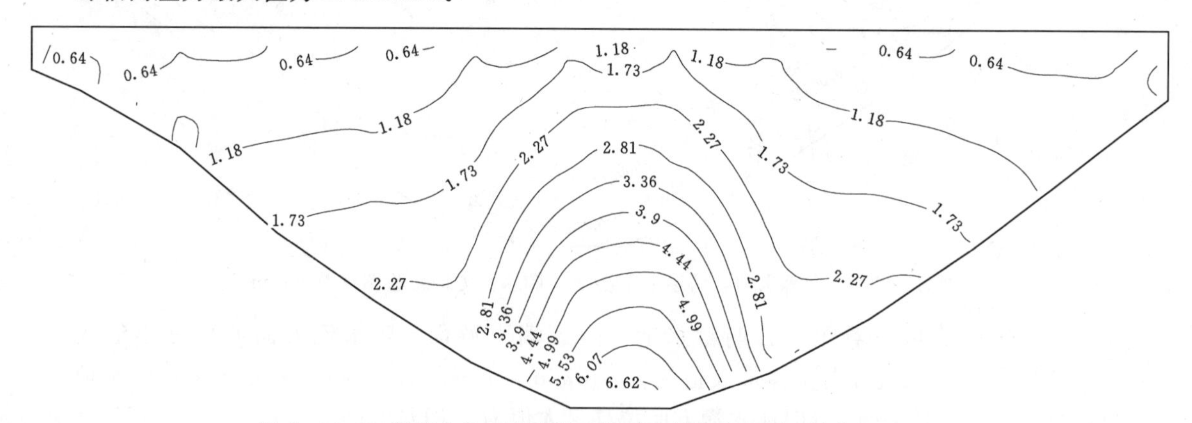

图 S-30　二期蓄水前，防渗墙下游面，竖向应力图（单位：MPa）

从图 S-30 可以看出：二期蓄水前，防渗墙下游面，竖向应力最小值为−0.8728MPa，竖向应力最大值为 7.586MPa，P=0.5%时竖向应力最小值为 0.09639MPa，P=99.5%时竖向应力最大值为 6.615MPa。

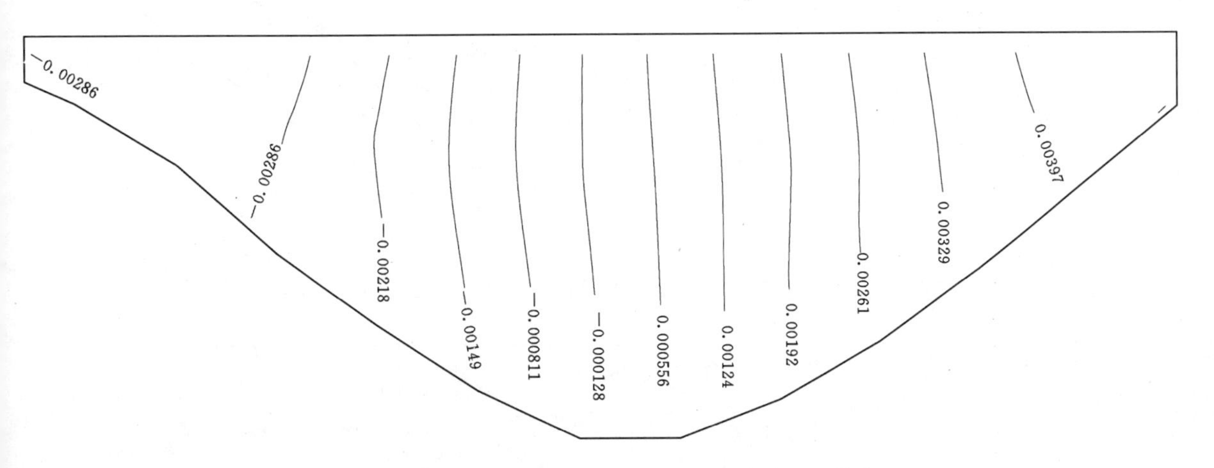

图 S-31　二期蓄水后，防渗墙上游面，轴向位移图（单位：m）

从图 S-31 可以看出：二期蓄水后，防渗墙上游面，轴向位移最小值为−0.003545m，轴向位移最大值为 0.004656m，P=0.5%时轴向位移最小值为−0.003522m，P=99.5%时轴向位移最大值为 0.004392m。

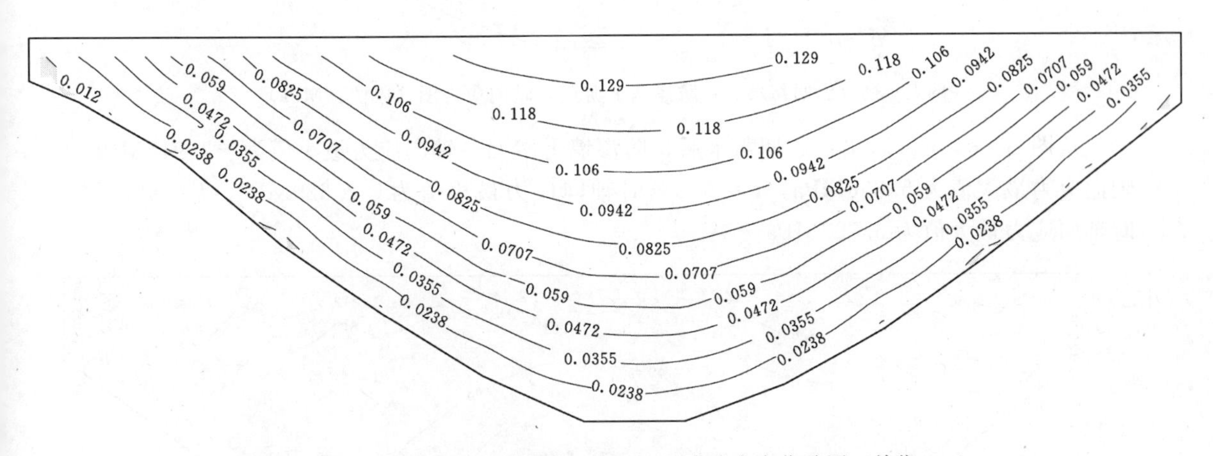

图 S-32　二期蓄水后，防渗墙上游面，顺水流方向位移图（单位：m）

从图 S-32 可以看出：二期蓄水后，防渗墙上游面，顺水流方向位移最小值为 0.0002659m，顺水流方向位移最大值为 0.1412m，P=0.5%时顺水流方向位移最小值为 0.003501m，P=99.5%时顺水流方向位移最大值为 0.1383m。

从图 S-33 可以看出：二期蓄水后，防渗墙上游面，竖向位移最小值为−0.003974m，竖向位移最大值为 0.003240m，P=0.5%时竖向位移最小值为−0.003870m，P=99.5%时竖向位移最大值为 0.003215m。

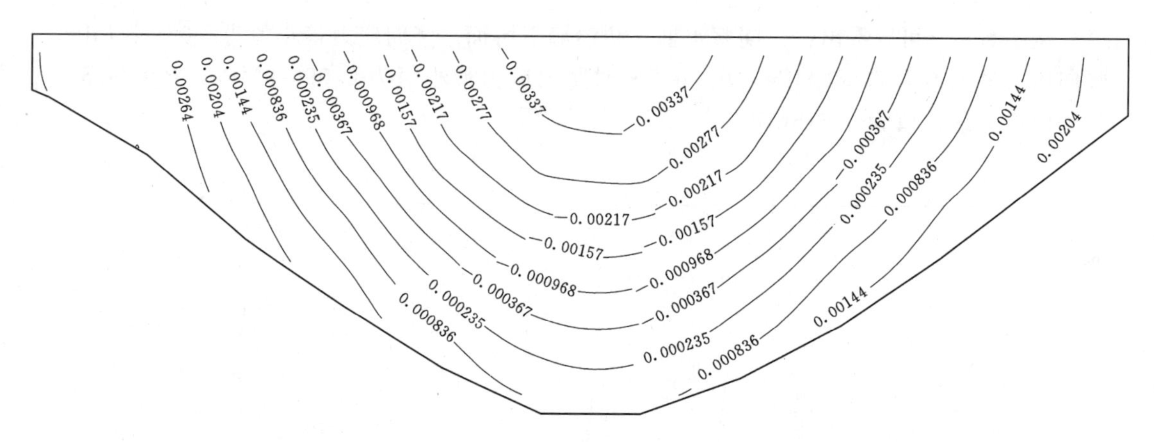

图 S-33　二期蓄水后，防渗墙上游面，竖向位移图（单位：m）

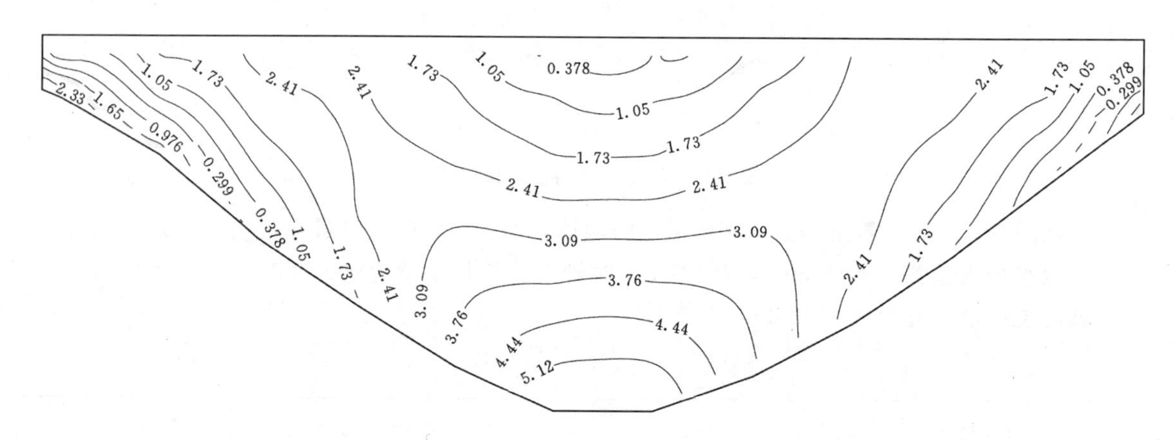

图 S-34　二期蓄水后，防渗墙上游面，轴向应力图（单位：MPa）

从图 S-34 可以看出：二期蓄水后，防渗墙上游面，轴向应力最小值为－3.915MPa，轴向应力最大值为 5.836MPa，$P=0.5\%$时轴向应力最小值为－2.329MPa，$P=99.5\%$时轴向应力最大值为 5.793MPa。

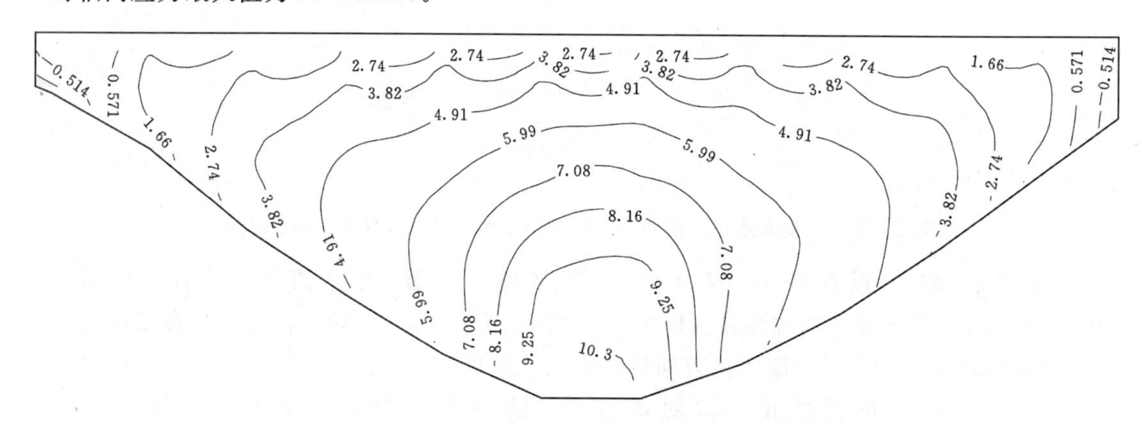

图 S-35　二期蓄水后，防渗墙上游面，竖向应力图（单位：MPa）

从图 S-35 可以看出：二期蓄水后，防渗墙上游面，竖向应力最小值为－3.898MPa，竖向应力最大值为 10.36MPa，$P=0.5\%$时竖向应力最小值为-2.682MPa，$P=99.5\%$时竖向应力最大值为 10.33MPa。

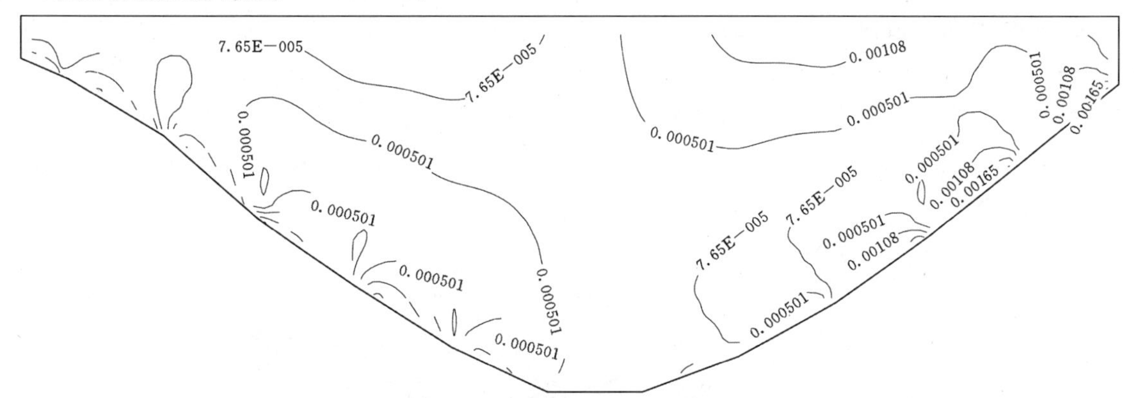

图 S-36　二期蓄水后，防渗墙下游面，轴向位移图（单位：m）

从图 S-36 可以看出：二期蓄水后，防渗墙下游面，轴向位移最小值为-0.002962m，轴向位移最大值为 0.003963m，$P=0.5\%$时轴向位移最小值为-0.0006717m，$P=99.5\%$时轴向位移最大值为 0.001394m。

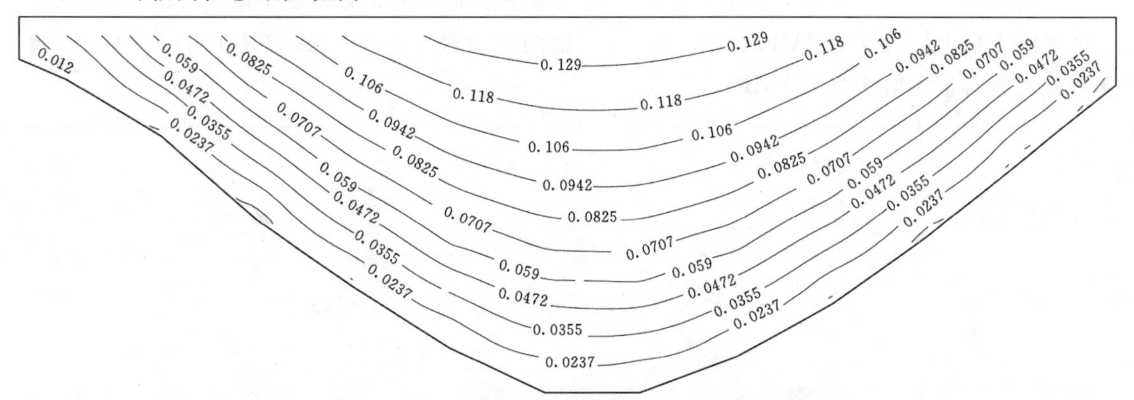

图 S-37　二期蓄水后，防渗墙下游面，顺水流方向位移图（单位：m）

从图 S-37 可以看出：二期蓄水后，防渗墙下游面，顺水流方向位移最小值为 0.0002120m，顺水流方向位移最大值为 0.1412m，$P=0.5\%$时顺水流方向位移最小值为 0.003448m，$P=99.5\%$时顺水流方向位移最大值为 0.1383m。

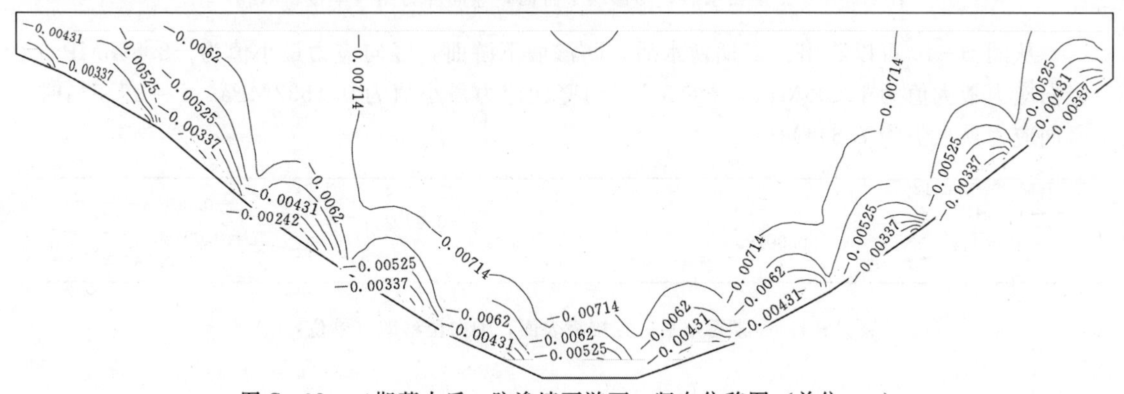

图 S-38　二期蓄水后，防渗墙下游面，竖向位移图（单位：m）

从图 S-38 可以看出：二期蓄水后，防渗墙下游面，竖向位移最小值为－0.008085m，竖向位移最大值为 0.003240m，P=0.5%时竖向位移最小值为－0.008085m，P=99.5%时竖向位移最大值为－0.004728m。

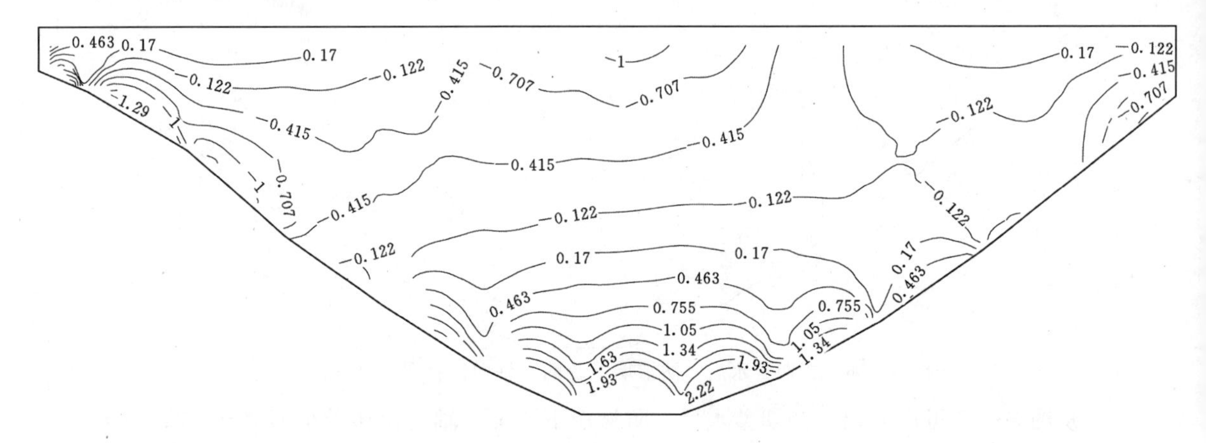

图 S-39　二期蓄水后，防渗墙下游面，轴向应力图（单位：MPa）

从图 S-39 可以看出：二期蓄水后，防渗墙下游面，轴向应力最小值为－3.915MPa，轴向应力最大值为 5.836MPa，P=0.5%时轴向应力最小值为－1.292MPa，P=99.5%时轴向应力最大值为 2.217MPa。

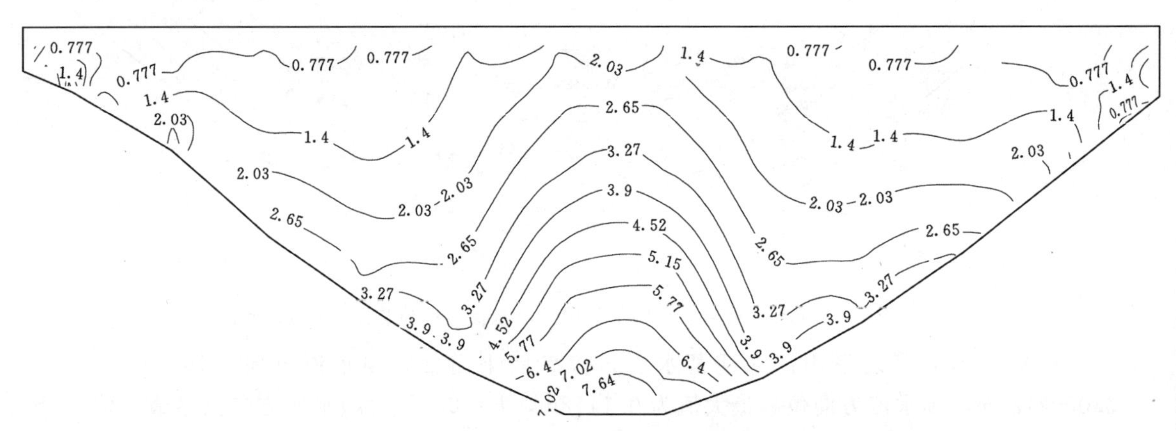

图 S-40　二期蓄水后，防渗墙下游面，竖向应力图（单位：MPa）

从图 S-40 可以看出：二期蓄水后，防渗墙下游面，竖向应力最小值为－3.898MPa，竖向应力最大值为 10.36MPa，P=0.5%时竖向应力最小值为 0.1532MPa，P=99.5%时竖向应力最大值为 7.644MPa。

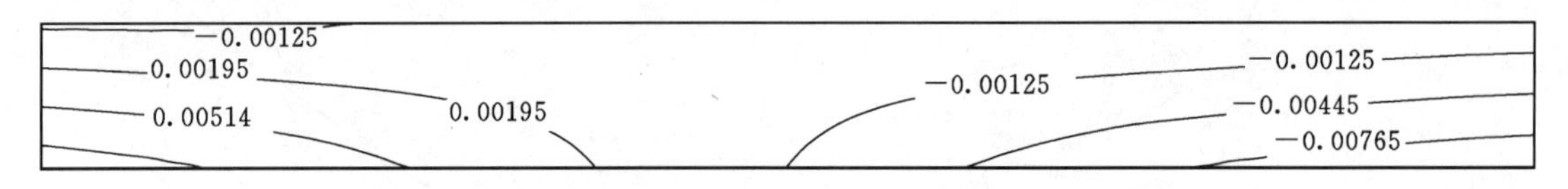

图 T-1　一期蓄水后，连接板表面，轴向位移图（单位：m）

从图 T-1 可以看出：一期蓄水后，连接板表面，轴向位移最小值为－0.01084m，轴向位移最大值为 0.01154m，P＝0.5％时轴向位移最小值为－0.01065m，P＝99.5％时轴向位移最大值为 0.01147m。

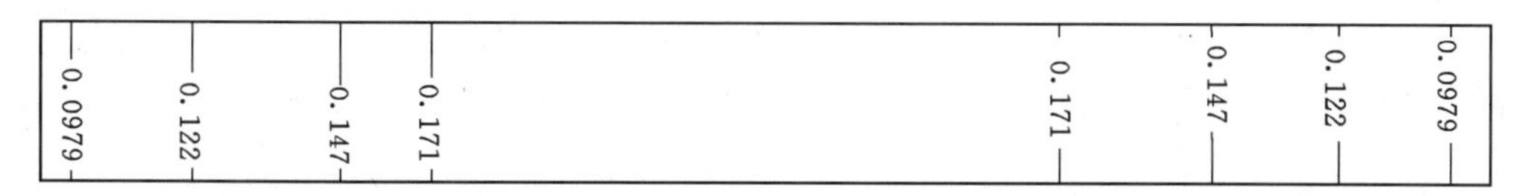

图 T-2　一期蓄水后，连接板表面，顺水流方向位移图（单位：m）

从图 T-2 可以看出：一期蓄水后，连接板表面，顺水流方向位移最小值为 0.02484m，顺水流方向位移最大值为 0.1952m，P＝0.5％时顺水流方向位移最小值为 0.04297m，P＝99.5％时顺水流方向位移最大值为 0.1948m。

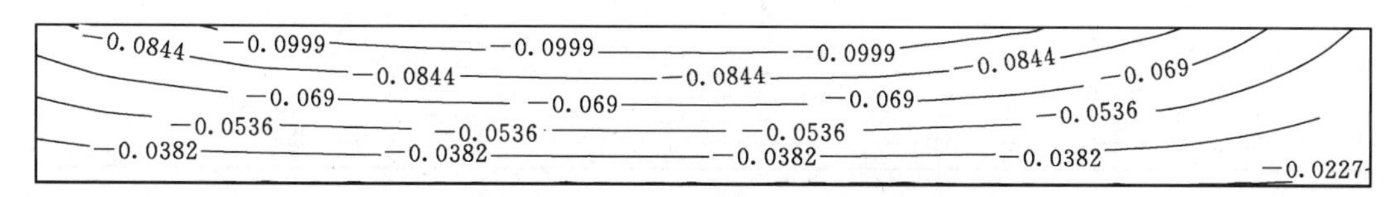

图 T-3　一期蓄水后，连接板表面，竖向位移图（单位：m）

从图 T-3 可以看出：一期蓄水后，连接板表面，竖向位移最小值为－0.1152m，竖向位移最大值为－0.007321m，P＝0.5％时竖向位移最小值为－0.1141m，P＝99.5％时竖向位移最大值为－0.007727m。

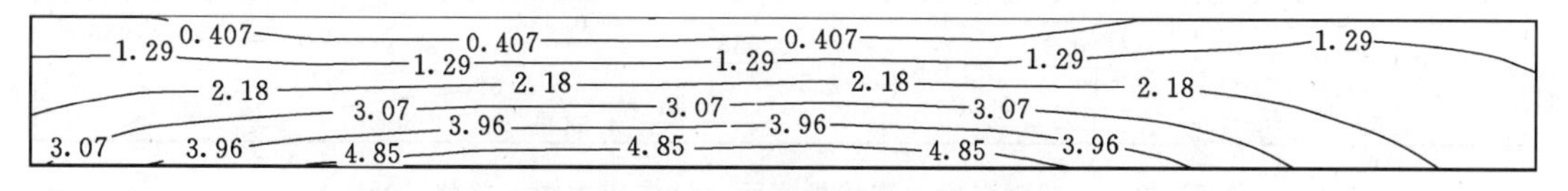

图 T-4　一期蓄水后，连接板表面，轴向应力图（单位：MPa）

从图 T-4 可以看出：一期蓄水后，连接板表面，轴向应力最小值为－0.4959MPa，轴向应力最大值为 5.747MPa，P＝0.5％时轴向应力最小值为－0.4806MPa，P＝99.5％时轴向应力最大值为 5.732MPa。

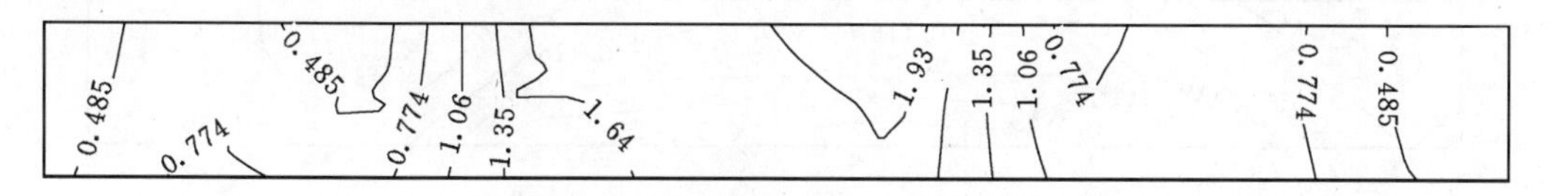

图 T-5　一期蓄水后，连接板表面，顺水应力图（单位：MPa）

从图 T-5 可以看出：一期蓄水后，连接板表面，顺水流应力最小值为 0.1920MPa，顺水流应力最大值为 2.223MPa，P＝0.5％时顺水流应力最小值为 0.1957MPa，P＝99.5％时顺水流应力最大值为 2.218MPa。

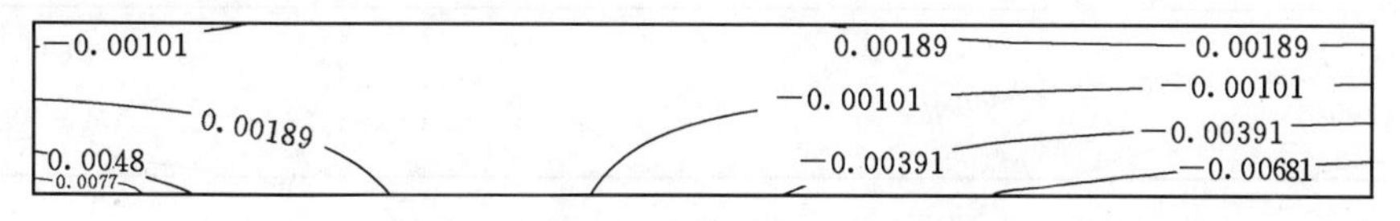

图 T-6　一期蓄水后，连接板底面，轴向位移图（单位：m）

从图 T-6 可以看出：一期蓄水后，连接板底面，轴向位移最小值为－0.009710m，轴向位移最大值为 0.01059m，P=0.5%时轴向位移最小值为－0.009710m，P=99.5%时轴向位移最大值为 0.01049m。

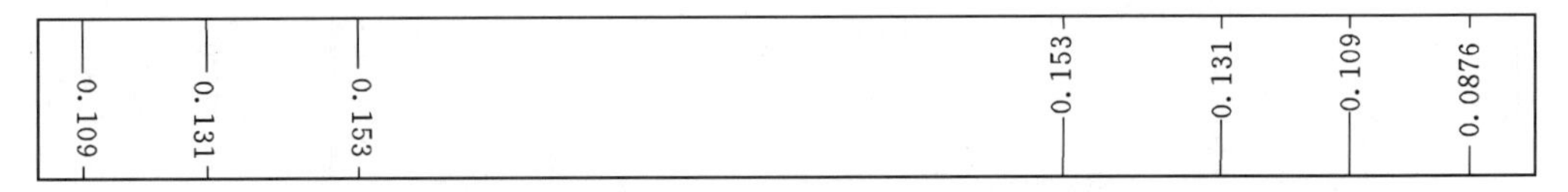

图 T-7　一期蓄水后，连接板底面，顺水流方向位移图（单位：m）

从图 T-7 可以看出：一期蓄水后，连接板底面，顺水流方向位移最小值为 0.02262m，顺水流方向位移最大值为 0.1741m，P=0.5%时顺水流方向位移最小值为 0.03934m，P=99.5%时顺水流方向位移最大值为 0.1738m。

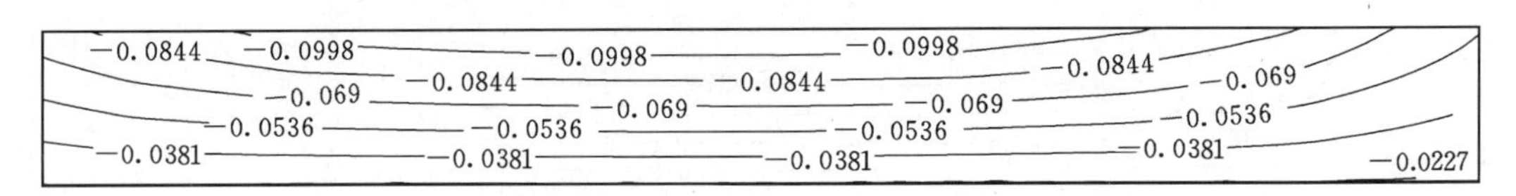

图 T-8　一期蓄水后，连接板底面，竖向位移图（单位：m）

从图 T-8 可以看出：一期蓄水后，连接板底面，竖向位移最小值为－0.1152m，竖向位移最大值为－0.007303m，P=0.5%时竖向位移最小值为－0.1140m，P=99.5%时竖向位移最大值为－0.007709m。

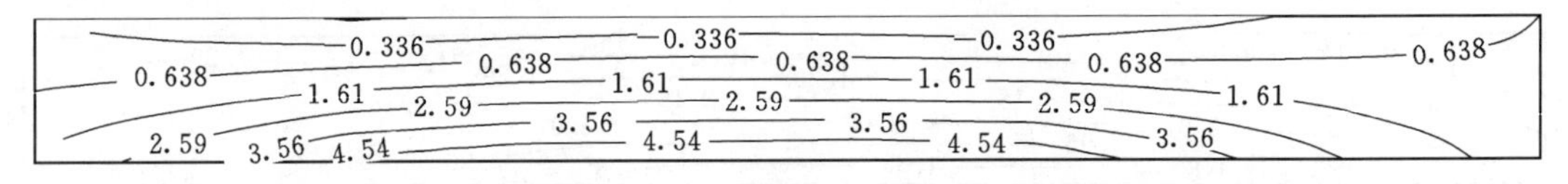

图 T-9　一期蓄水后，连接板底面，轴向应力图（单位：MPa）

从图 T-9 可以看出：一期蓄水后，连接板底面，轴向应力最小值为－1.425MPa，轴向应力最大值为 5.541MPa，P=0.5%时轴向应力最小值为－1.310MPa，P=99.5%时轴向应力最大值为 5.510MPa。

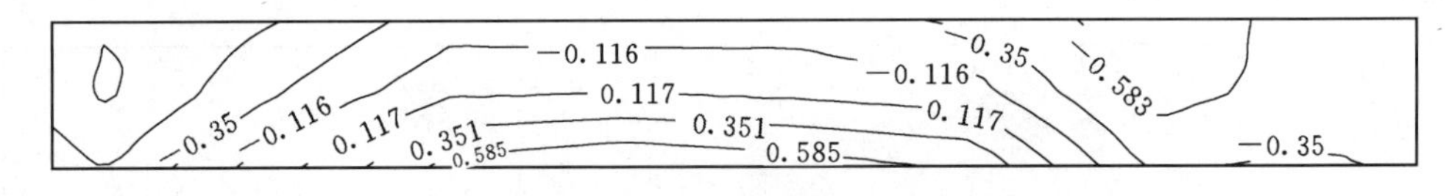

图 T-10　一期蓄水后，连接板底面，顺水流应力图（单位：MPa）

从图 T-10 可以看出：一期蓄水后，连接板底面，顺水流应力最小值为－0.8547MPa，顺水流应力最大值为 0.8224MPa，P=0.5%时顺水流应力最小值为－0.8170MPa，P=99.5%时顺水流应力最大值为 0.8183MPa。

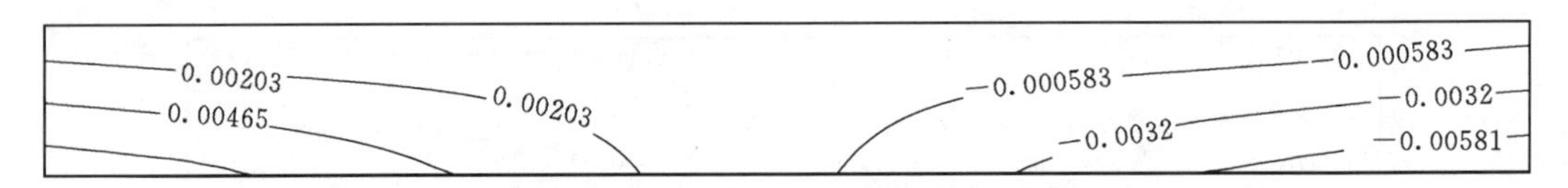

图 T-11　二期蓄水前，连接板表面，轴向位移图（单位：m）

从图 T－11 可以看出：二期蓄水前，连接板表面，轴向位移最小值为－0.008427m，轴向位移最大值为 0.009876m，P＝0.5％时轴向位移最小值为－0.008342m，P＝99.5％时轴向位移最大值为 0.009822m。

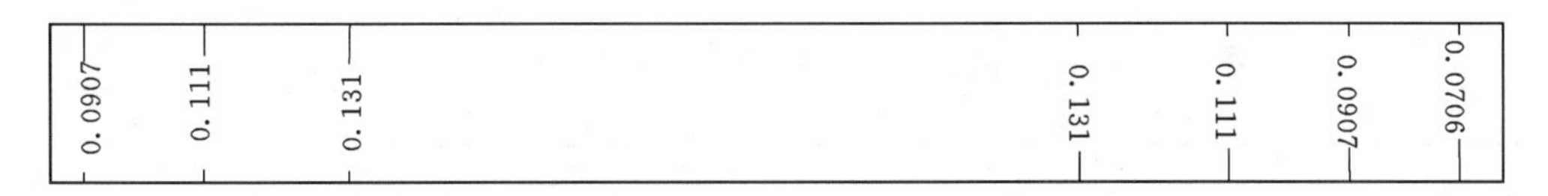

图 T－12　二期蓄水前，连接板表面，顺水流方向位移图（单位：m）

从图 T－12 可以看出：二期蓄水前，连接板表面，顺水流方向位移最小值为 0.01015m，顺水流方向位移最大值为 0.1511m，P＝0.5％时顺水流方向位移最小值为 0.02345m，P＝99.5％时顺水流方向位移最大值为 0.1507m。

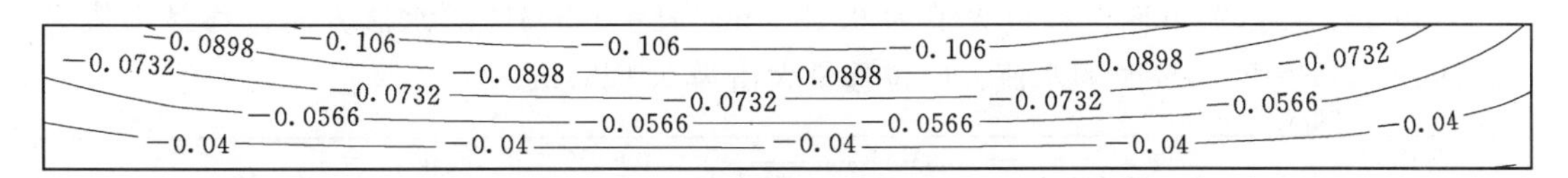

图 T－13　二期蓄水前，连接板表面，竖向位移图（单位：m）

从图 T－13 可以看出：二期蓄水前，连接板表面，竖向位移最小值为－0.1229m，竖向位移最大值为－0.006793m，P＝0.5％时竖向位移最小值为－0.1212m，P＝99.5％时竖向位移最大值为－0.007230m。

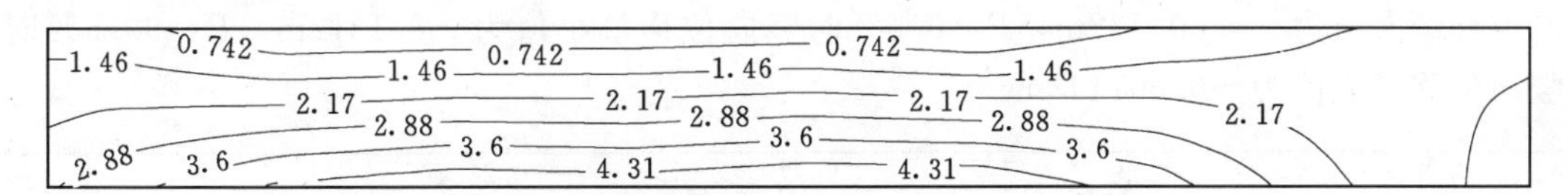

图 T－14　二期蓄水前，连接板表面，轴向应力图（单位：MPa）

从图 T－14 可以看出：二期蓄水前，连接板表面，轴向应力最小值为－0.02578MPa，轴向应力最大值为 5.040MPa，P＝0.5％时轴向应力最小值为 0.02725MPa，P＝99.5％时轴向应力最大值为 5.027MPa。

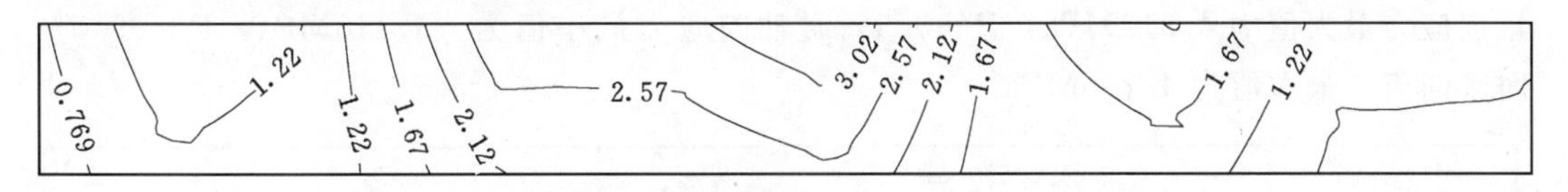

图 T－15　二期蓄水前，连接板表面，顺水流应力图（单位：MPa）

从图 T－15 可以看出：二期蓄水前，连接板表面，顺水流应力最小值为 0.05052MPa，顺水流应力最大值为 3.476MPa，P＝0.5％时顺水流应力最小值为 0.3197MPa，P＝99.5％时顺水流应力最大值为 3.467MPa。

从图 T－16 可以看出：二期蓄水前，连接板底面，轴向位移最小值为－0.007537m，轴向位移最大值为 0.008805m，P＝0.5％时轴向位移最小值为－0.007396m，P＝99.5％时轴向位移最大值为 0.008758m。

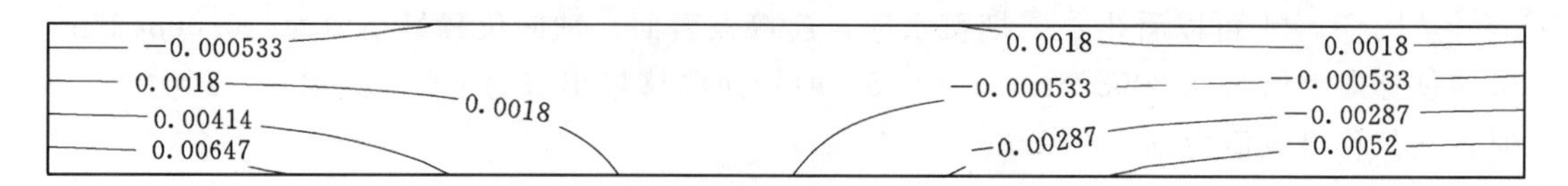

图 T-16　二期蓄水前，连接板底面，轴向位移图（单位：m）

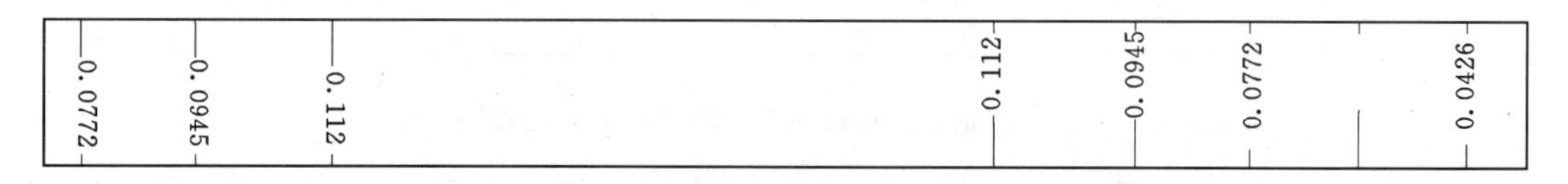

图 T-17　二期蓄水前，连接板底面，顺水流方向位移图（单位：m）

从图 T-17 可以看出：二期蓄水前，连接板底面，顺水流方向位移最小值为 0.007967m，顺水流方向位移最大值为 0.1290m，$P=0.5\%$时顺水流方向位移最小值为 0.01987m，$P=99.5\%$时顺水流方向位移最大值为 0.1287m。

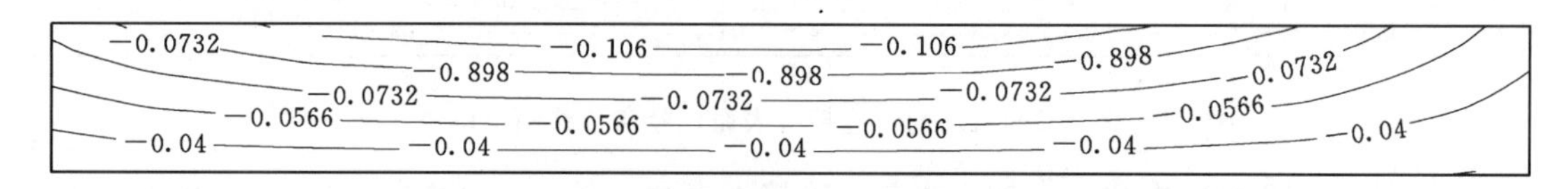

图 T-18　二期蓄水前，连接板底面，竖向位移图（单位：m）

从图 T-18 可以看出：二期蓄水前，连接板底面，竖向位移最小值为−0.1229m，竖向位移最大值为−0.006772m，$P=0.5\%$时竖向位移最小值为−0.1212m，$P=99.5\%$时竖向位移最大值为−0.007443m。

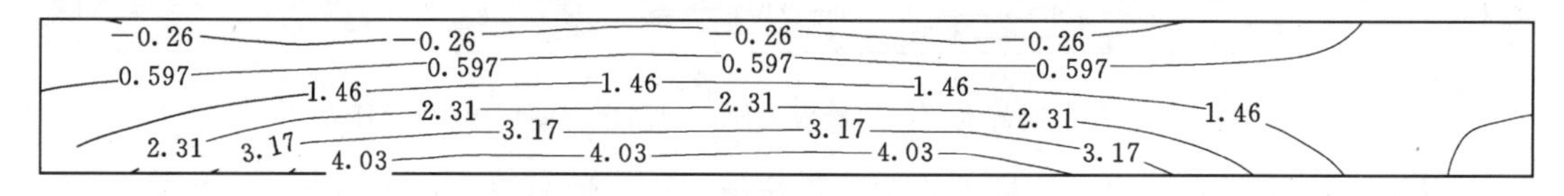

图 T-19　二期蓄水前，连接板底面，轴向应力图（单位：MPa）

从图 T-19 可以看出：二期蓄水前，连接板底面，轴向应力最小值为−1.120MPa，轴向应力最大值为 4.913MPa，$P=0.5\%$时轴向应力最小值为−1.118MPa，$P=99.5\%$时轴向应力最大值为 4.886MPa。

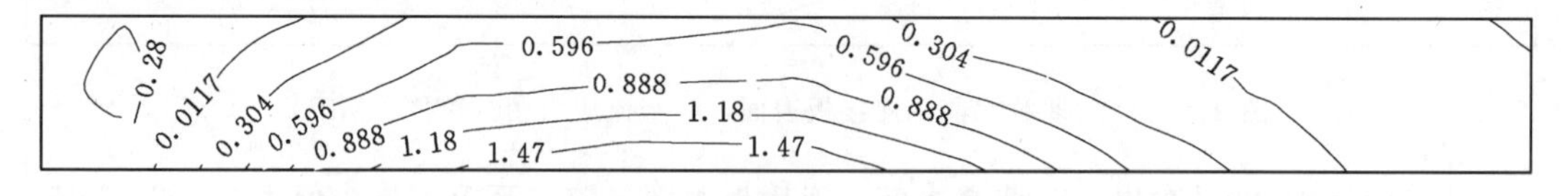

图 T-20　二期蓄水前，连接板底面，顺水流应力图（单位：MPa）

从图 T-20 可以看出：二期蓄水前，连接板底面，顺水流应力最小值为−0.3493MPa，顺水流应力最大值为 1.773MPa，$P=0.5\%$时顺水流应力最小值为−0.2803MPa，$P=99.5\%$时顺水流应力最大值为 1.764MPa。

从图 T-21 可以看出：二期蓄水后，连接板表面，轴向位移最小值为−0.01805m，

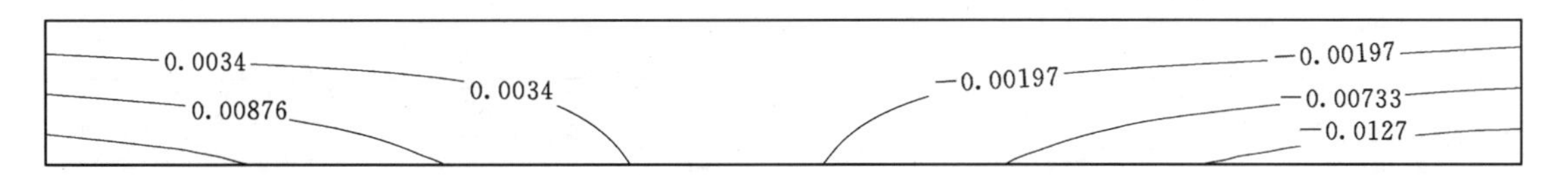

图 T-21　二期蓄水后，连接板表面，轴向位移图（单位：m）

轴向位移最大值为 0.01948m，P=0.5%时轴向位移最小值为−0.01795m，P=99.5%时轴向位移最大值为 0.01937m。

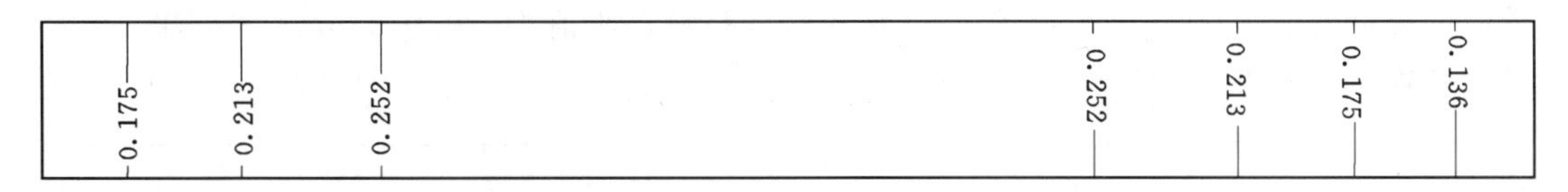

图 T-22　二期蓄水后，连接板表面，顺水流方向位移图（单位：m）

从图 T-22 可以看出：二期蓄水后，连接板表面，顺水流方向位移最小值为 0.01875m，顺水流方向位移最大值为 0.2913m，P=0.5%时顺水流方向位移最小值为 0.04720m，P=99.5%时顺水流方向位移最大值为 0.2907m。

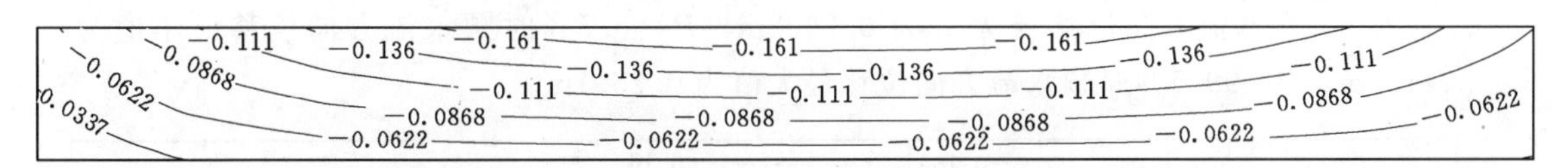

图 T-23　二期蓄水后，连接板表面，竖向位移图（单位：m）

从图 T-23 可以看出：二期蓄水后，连接板表面，竖向位移最小值为−0.1850m，竖向位移最大值为−0.01309m，P=0.5%时竖向位移最小值为−0.1846m，P=99.5%时竖向位移最大值为−0.01374m。

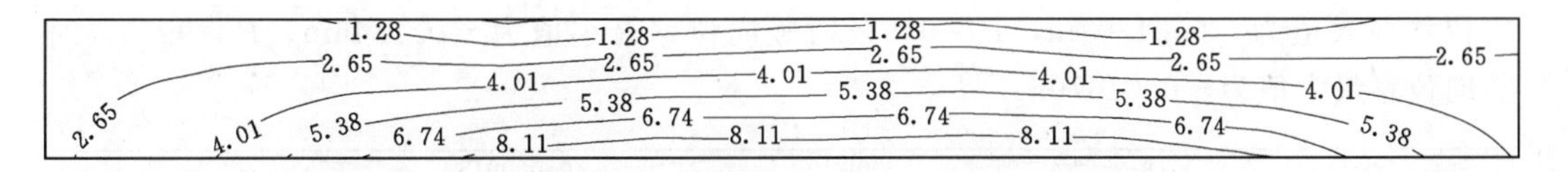

图 T-24　二期蓄水后，连接板表面，轴向应力图（单位：MPa）

从图 T-24 可以看出：二期蓄水后，连接板表面，轴向应力最小值为−0.3875MPa，轴向应力最大值为 9.498MPa，P=0.5%时轴向应力最小值为−0.08593MPa，P=99.5%时轴向应力最大值为 9.474MPa。

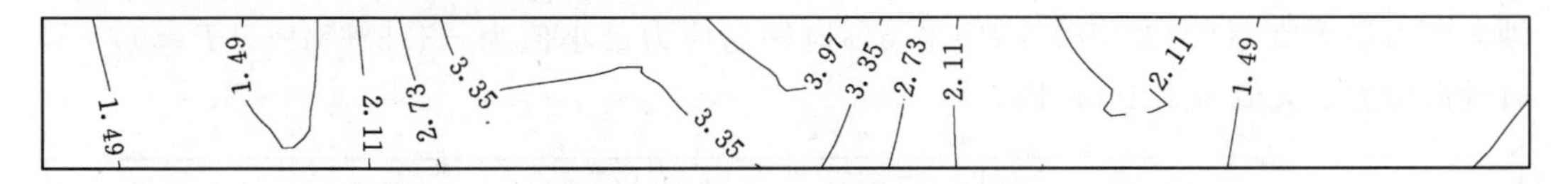

图 T-25　二期蓄水后，连接板表面，顺水流应力图（单位：MPa）

从图 T-25 可以看出：二期蓄水后，连接板表面，顺水流应力最小值为 0.2248MPa，顺水流应力最大值为 4.604MPa，P=0.5%时顺水流应力最小值为 0.2415MPa，P=

99.5%时顺水流应力最大值为4.594MPa。

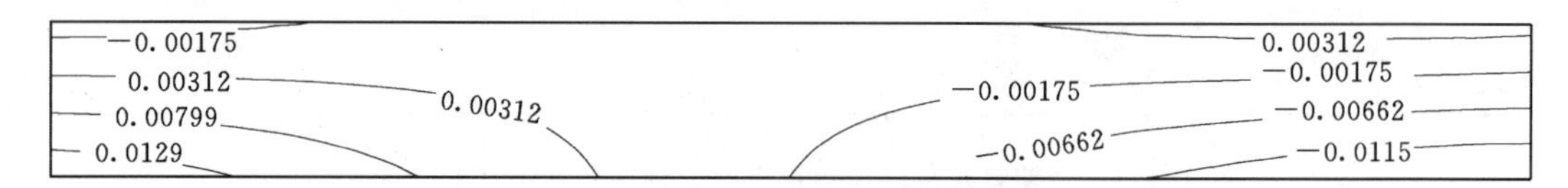

图 T-26　二期蓄水后，连接板底面，轴向位移图（单位：m）

从图T-26可以看出：二期蓄水后，连接板底面，轴向位移最小值为−0.01636m，轴向位移最大值为0.01773m，P=0.5%时轴向位移最小值为−0.01636m，P=99.5%时轴向位移最大值为0.01763m。

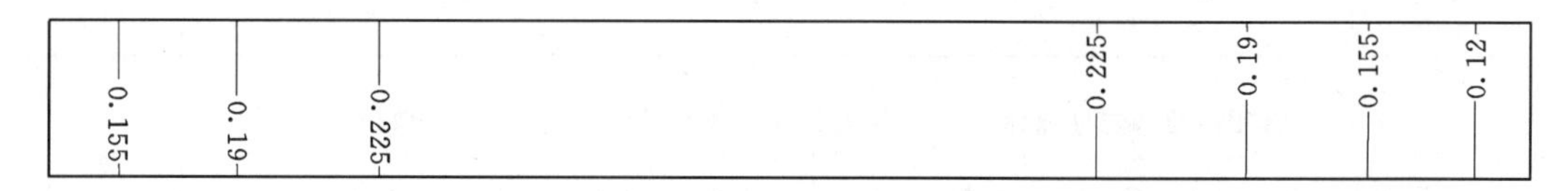

图 T-27　二期蓄水后，连接板底面，顺水流方向位移图（单位：m）

从图T-27可以看出：二期蓄水后，连接板底面，顺水流方向位移最小值为0.01493m，顺水流方向位移最大值为0.2602m，P=0.5%时顺水流方向位移最小值为0.04151m，P=99.5%时顺水流方向位移最大值为0.2591m。

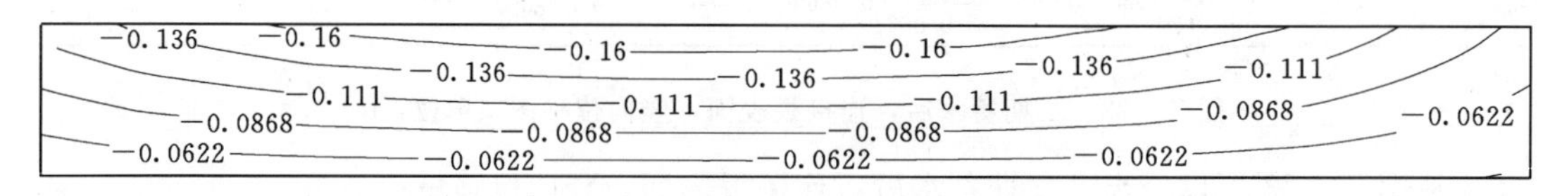

图 T-28　二期蓄水后，连接板底面，竖向位移图（单位：m）

从图T-28可以看出：二期蓄水后，连接板底面，竖向位移最小值为−0.1850m，竖向位移最大值为−0.01304m，P=0.5%时竖向位移最小值为−0.1846m，P=99.5%时竖向位移最大值为−0.01370m。

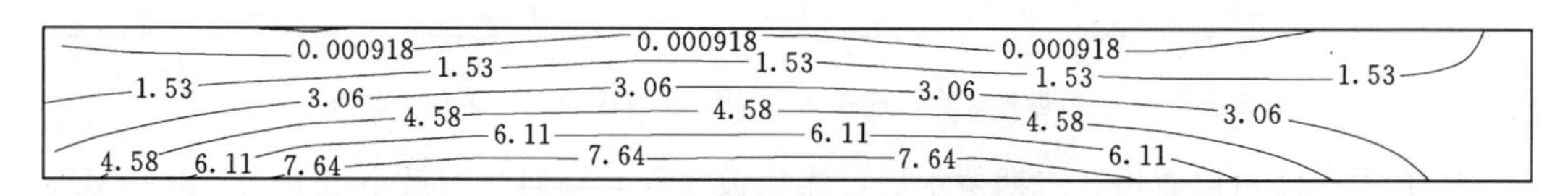

图 T-29　二期蓄水后，连接板底面，轴向应力图（单位：MPa）

从图T-29可以看出：二期蓄水后，连接板底面，轴向应力最小值为−1.864MPa，轴向应力最大值为9.193MPa，P=0.5%时轴向应力最小值为−1.526MPa，P=99.5%时轴向应力最大值为9.166MPa。

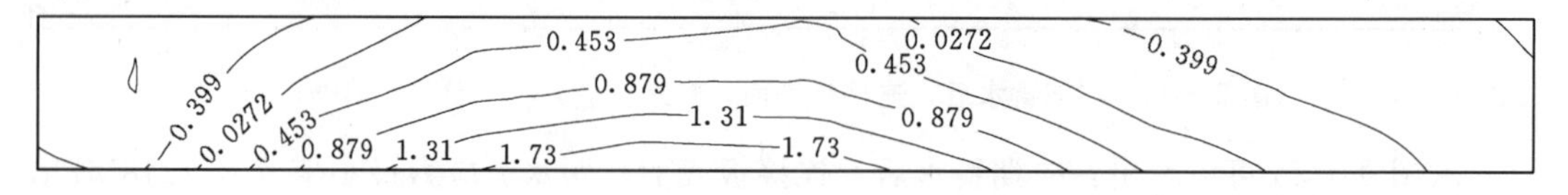

图 T-30　二期蓄水后，连接板底面，顺水流应力图（单位：MPa）

从图 T－30 可以看出：二期蓄水后，连接板底面，顺水流应力最小值为－0.8381MPa,顺水流应力最大值为 2.164MPa，$P=0.5\%$时顺水流应力最小值为－0.8247MPa,$P=99.5\%$时顺水流应力最大值为 2.157MPa。

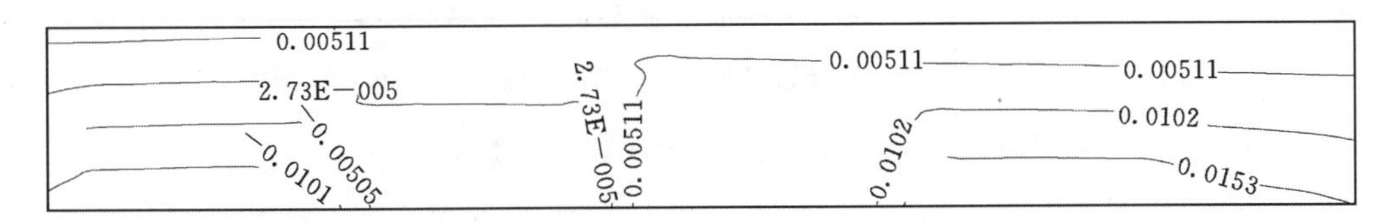

图 U－1　一期蓄水前，河床段趾板表面，轴向位移图（单位：m）

从图 U－1 可以看出：一期蓄水前，河床段趾板表面，轴向位移最小值为－0.01521m,轴向位移最大值为 0.02035m，$P=0.5\%$时轴向位移最小值为－0.01193m，$P=99.5\%$时轴向位移最大值为 0.02024m。

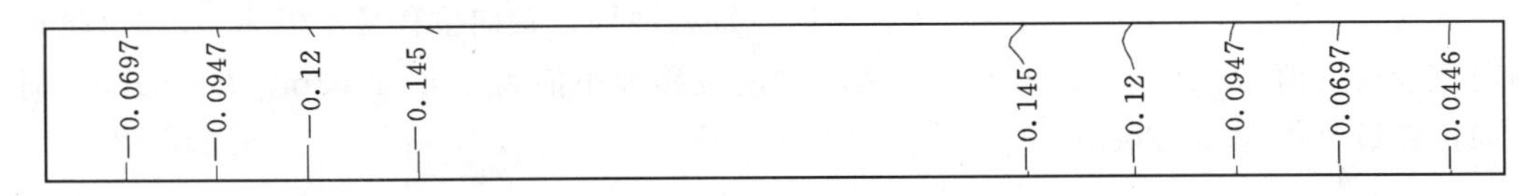

图 U－2　一期蓄水前，河床段趾板表面，顺水流方向位移图（单位：m）

从图 U－2 可以看出：一期蓄水前，河床段趾板表面，顺水流方向位移最小值为－0.1698m,顺水流方向位移最大值为 0.005489m，$P=0.5\%$时顺水流方向位移最小值为－0.1637m，$P=99.5\%$时顺水流方向位移最大值为 0.003708m。

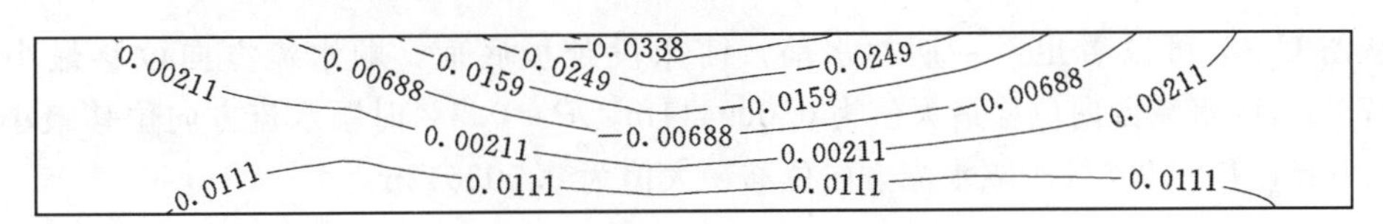

图 U－3　一期蓄水前，河床段趾板表面，竖向位移图（单位：m）

从图 U－3 可以看出：一期蓄水前，河床段趾板表面，竖向位移最小值为－0.04283m,竖向位移最大值为 0.02008m，$P=0.5\%$时竖向位移最小值为－0.03856m，$P=99.5\%$时竖向位移最大值为 0.01982m。

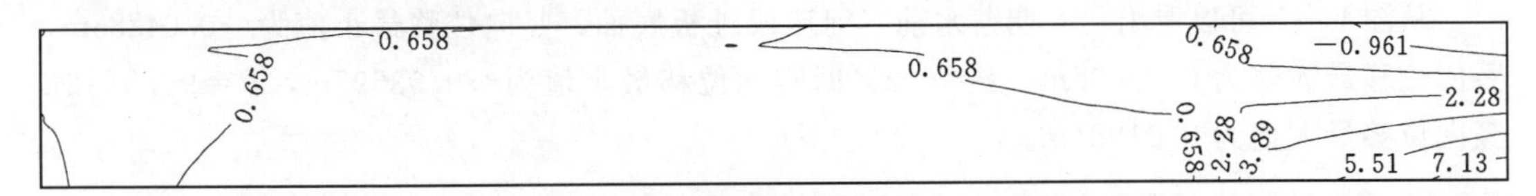

图 U－4　一期蓄水前，河床段趾板表面，轴向应力图（单位：MPa）

从图 U－4 可以看出：一期蓄水前，河床段趾板表面，轴向应力最小值为－3.411MPa,轴向应力最大值为 8.794MPa，$P=0.5\%$时轴向应力最小值为－2.578MPa，$P=99.5\%$时轴向应力最大值为 8.748MPa。

从图 U－5 可以看出：一期蓄水前，河床段趾板表面，顺水流应力最小值为－1.200MPa，顺水流应力最大值为 1.291MPa，$P=0.5\%$时顺水流应力最小值

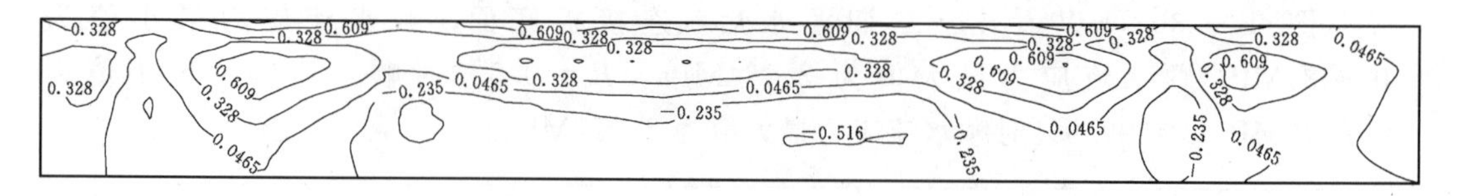

图 U-5　一期蓄水前，河床段趾板表面，顺水流应力图（单位：MPa）

－0.7972MPa，P＝99.5％时顺水流应力最大值为 1.171MPa。

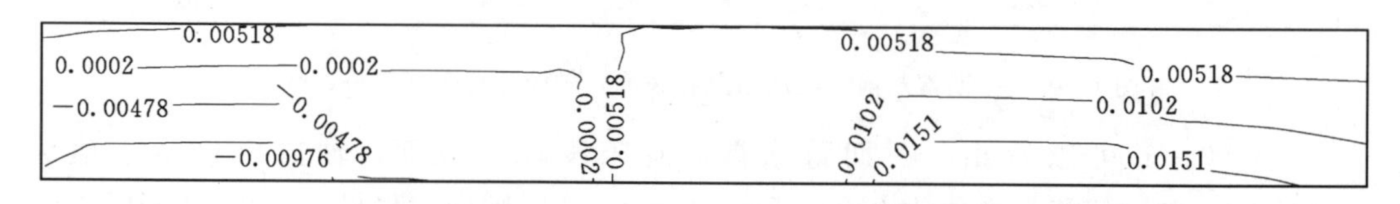

图 U-6　一期蓄水前，河床段趾板底面，轴向位移图（单位：m）

从图 U-6 可以看出：一期蓄水前，河床段趾板底面，轴向位移最小值为－0.01473m，轴向位移最大值为 0.02011m，P＝0.5％时轴向位移最小值为－0.01452m，P＝99.5％时轴向位移最大值为 0.02000m。

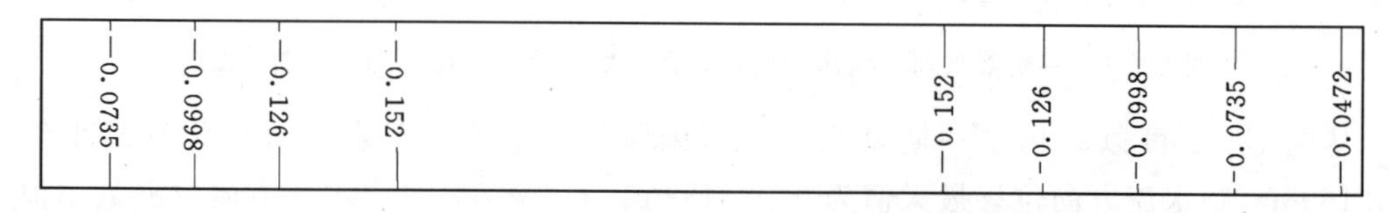

图 U-7　一期蓄水前，河床段趾板底面，顺水流方向位移图（单位：m）

从图 U-7 可以看出：一期蓄水前，河床段趾板底面，顺水流方向位移最小值为－0.1787m，顺水流方向位移最大值为 0.005411m，P＝0.5％时顺水流方向位移最小值为－0.1710m，P＝99.5％时顺水流方向位移最大值为 0.003542m。

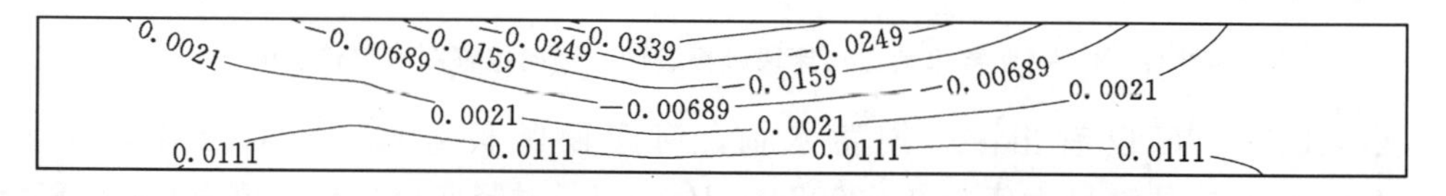

图 U-8　一期蓄水前，河床段趾板底面，竖向位移图（单位：m）

从图 U-8 可以看出：一期蓄水前，河床段趾板底面，竖向位移最小值为－0.04283m，竖向位移最大值为 0.02007m，P＝0.5％时竖向位移最小值为－0.03597m，P＝99.5％时竖向位移最大值为 0.01981m。

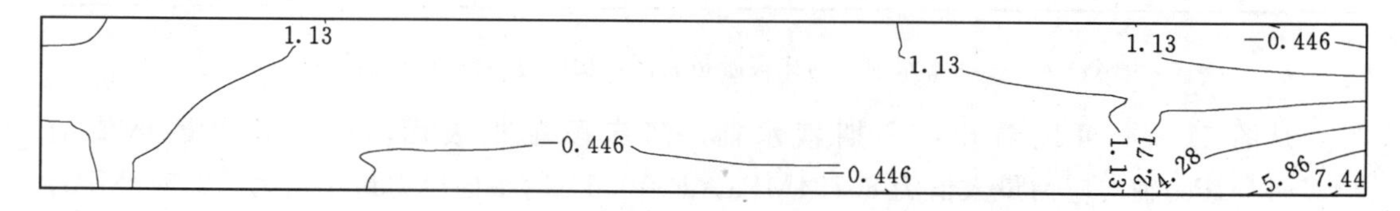

图 U-9　一期蓄水前，河床段趾板底面，轴向应力图（单位：MPa）

从图 U-9 可以看出：一期蓄水前，河床段趾板底面，轴向应力最小值为－3.192MPa，轴向应力最大值为 9.059MPa，$P=0.5\%$时轴向应力最小值为－2.022MPa，$P=99.5\%$时轴向应力最大值为 9.012MPa。

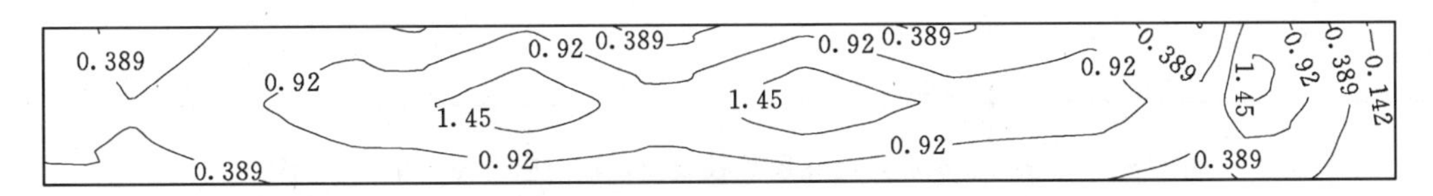

图 U-10　一期蓄水前，河床段趾板底面，顺水流应力图（单位：MPa）

从图 U-10 可以看出：一期蓄水前，河床段趾板底面，顺水流应力最小值为－2.120MPa，顺水流应力最大值为 1.995MPa，$P=0.5\%$时顺水流应力最小值为－1.735MPa，$P=99.5\%$时顺水流应力最大值为 1.982MPa。

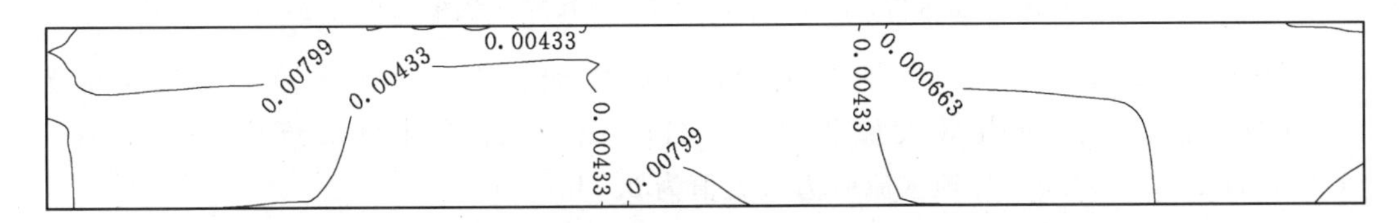

图 U-11　一期蓄水后，河床段趾板表面，轴向位移图（单位：m）

从图 U-11 可以看出：一期蓄水后，河床段趾板表面，轴向位移最小值为－0.01032m，轴向位移最大值为 0.01531m，$P=0.5\%$时轴向位移最小值为－0.008380m，$P=99.5\%$时轴向位移最大值为 0.01269m。

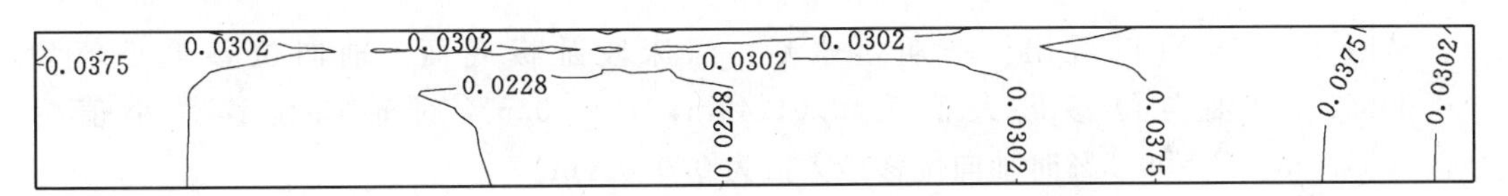

图 U-12　一期蓄水后，河床段趾板表面，顺水流方向位移图（单位：m）

从图 U-12 可以看出：一期蓄水后，河床段趾板表面，顺水流方向位移最小值为－0.006460m，顺水流方向位移最大值为 0.04482m，$P=0.5\%$时顺水流方向位移最小值为－0.004317m，$P=99.5\%$时顺水流方向位移最大值为 0.04457m。

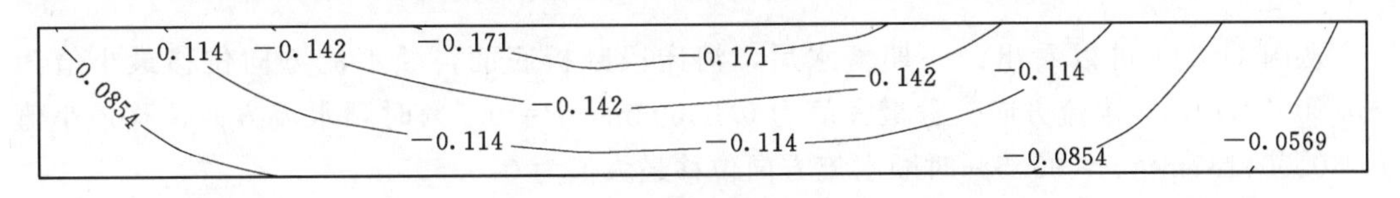

图 U-13　一期蓄水后，河床段趾板表面，竖向位移图（单位：m）

从图 U-13 可以看出：一期蓄水后，河床段趾板表面，竖向位移最小值为－0.1992m，竖向位移最大值为 0.00003599m，$P=0.5\%$时竖向位移最小值为－0.1924m，$P=99.5\%$时竖向位移最大值为－0.0009364m。

从图 U-14 可以看出：一期蓄水后，河床段趾板表面，轴向应力最小值为－3.850MPa，轴向应力最大值为 9.001MPa，$P=0.5\%$时轴向应力最小值为－2.985MPa，$P=99.5\%$时轴向应力最大值为 8.952MPa。

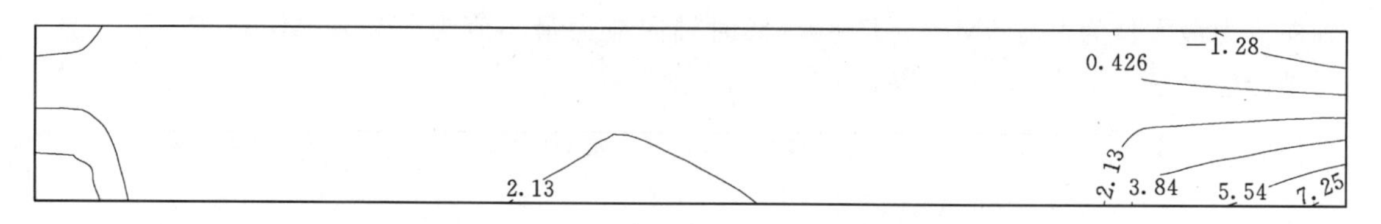

图 U-14　一期蓄水后，河床段趾板表面，轴向应力图（单位：MPa）

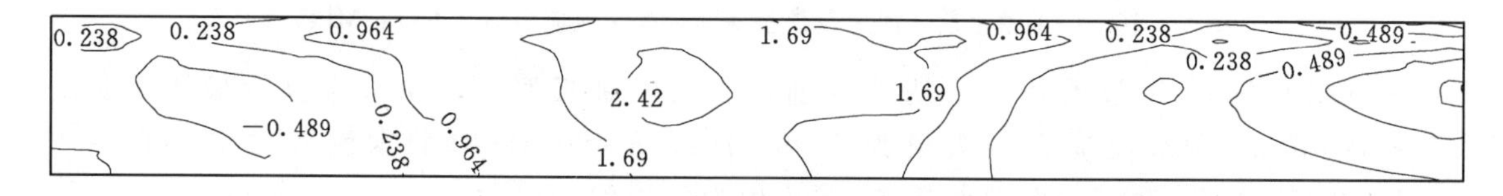

图 U-15　一期蓄水后，河床段趾板表面，顺水流应力图（单位：MPa）

从图 U-15 可以看出：一期蓄水后，河床段趾板表面，顺水流应力最小值为－2.105MPa，顺水流应力最大值为 3.160MPa，$P=0.5\%$时顺水流应力最小值为－1.941MPa，$P=99.5\%$时顺水流应力最大值为 3.144MPa。

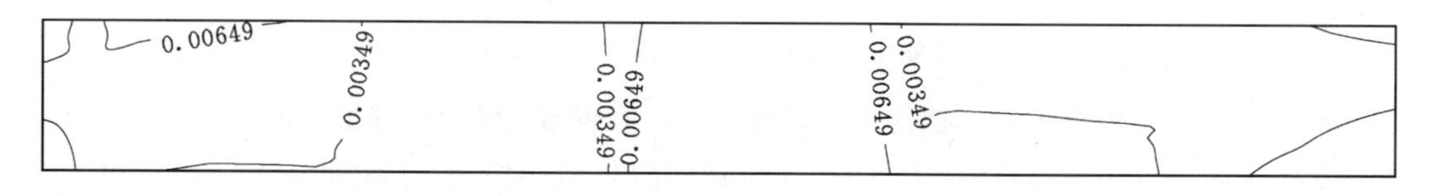

图 U-16　一期蓄水后，河床段趾板底面，轴向位移图（单位：m）

从图 U-16 可以看出：一期蓄水后，河床段趾板底面，轴向位移最小值为－0.008515m，轴向位移最大值为 0.01249m，$P=0.5\%$时轴向位移最小值为－0.006499m，$P=99.5\%$时轴向位移最大值为 0.01017m。

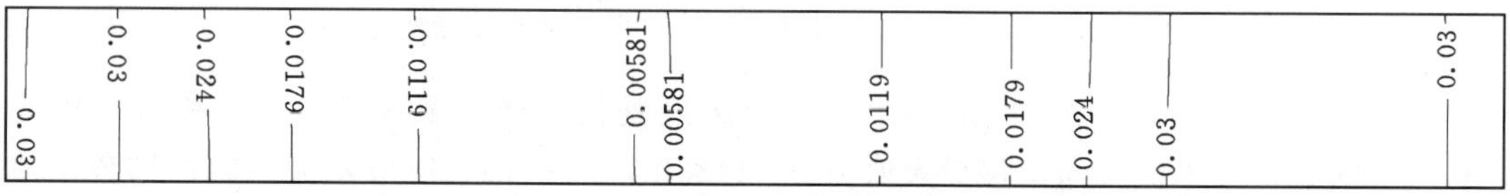

图 U-17　一期蓄水后，河床段趾板底面，顺水流方向位移图（单位：m）

从图 U-17 可以看出：一期蓄水后，河床段趾板底面，顺水流方向位移最小值为－0.006297m，顺水流方向位移最大值为 0.03608m，$P=0.5\%$时顺水流方向位移最小值为－0.004187m，$P=99.5\%$时顺水流方向位移最大值为 0.03595m。

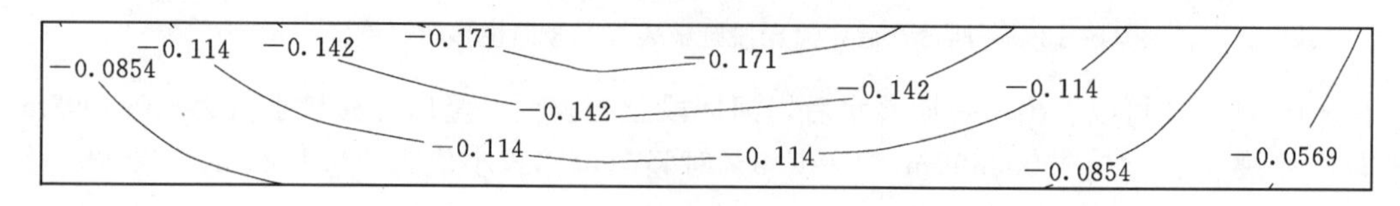

图 U-18　一期蓄水后，河床段趾板底面，竖向位移图（单位：m）

从图 U-18 可以看出：一期蓄水后，河床段趾板底面，竖向位移最小值为－0.1991m，竖向位移最大值为 0.000001030m，$P=0.5\%$时竖向位移最小值为－0.1909m，$P=$

99.5%时竖向位移最大值为－0.0009675m。

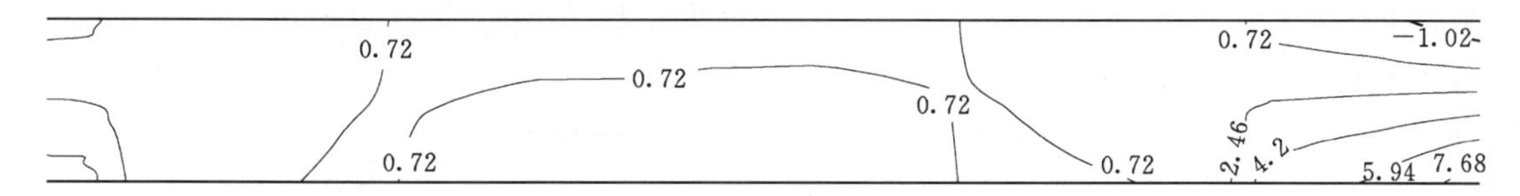

图 U-19　一期蓄水后，河床段趾板底面，轴向应力图（单位：MPa）

从图 U-19 可以看出：一期蓄水后，河床段趾板底面，轴向应力最小值为－4.947MPa，轴向应力最大值为 9.499MPa，P＝0.5%时轴向应力最小值为－2.757MPa，P＝99.5%时轴向应力最大值为 9.415MPa。

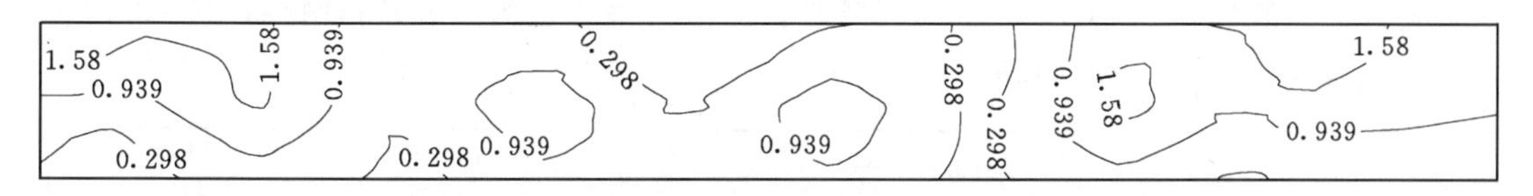

图 U-20　一期蓄水后，河床段趾板底面，顺水流应力图（单位：MPa）

从图 U-20 可以看出：一期蓄水后，河床段趾板底面，顺水流应力最小值为－2.519MPa，顺水流应力最大值为 2.409MPa，P＝0.5%时顺水流应力最小值为－2.263MPa，P＝99.5%时顺水流应力最大值为 2.219MPa。

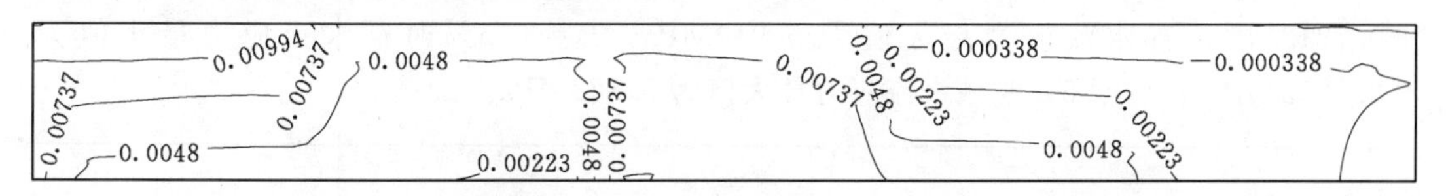

图 U-21　二期蓄水前，河床段趾板表面，轴向位移图（单位：m）

从图 U-21 可以看出：二期蓄水前，河床段趾板表面，轴向位移最小值为－0.005477m，轴向位移最大值为 0.01251m，P＝0.5%时轴向位移最小值为－0.003895m，P＝99.5%时轴向位移最大值为 0.01237m。

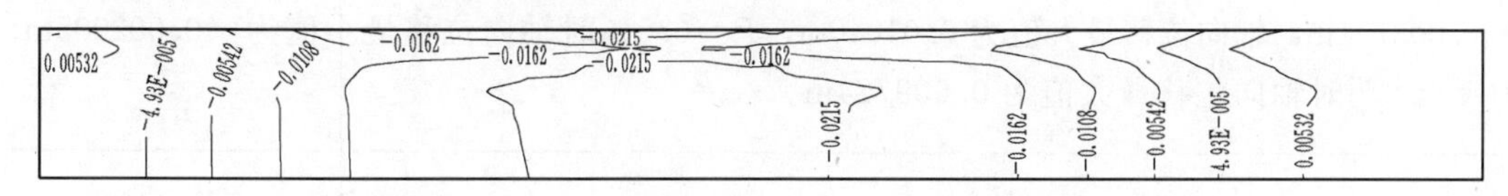

图 U-22　二期蓄水前，河床段趾板表面，顺水流方向位移图（单位：m）

从图 U-22 可以看出：二期蓄水前，河床段趾板表面，顺水流方向位移最小值为－0.02691m，顺水流方向位移最大值为 0.01069m，P＝0.5%时顺水流方向位移最小值为－0.02686m，P＝99.5%时顺水流方向位移最大值为 0.01051m。

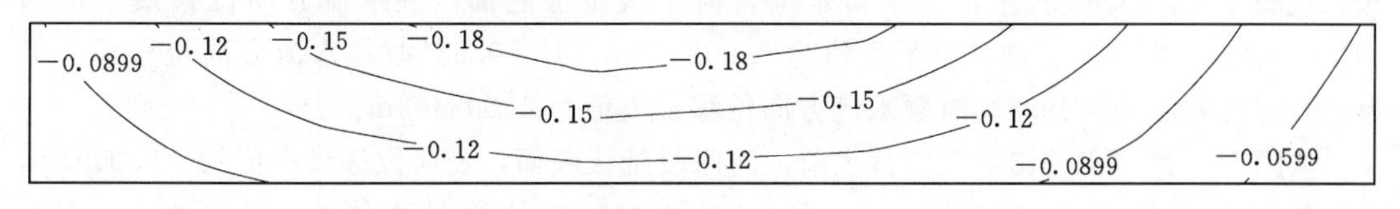

图 U-23　二期蓄水前，河床段趾板表面，竖向位移图（单位：m）

从图 U-23 可以看出：二期蓄水前，河床段趾板表面，竖向位移最小值为－0.2097m，竖向位移最大值为 0.00005161m，P=0.5%时竖向位移最小值为－0.2031m，P=99.5%时竖向位移最大值为－0.0009723m。

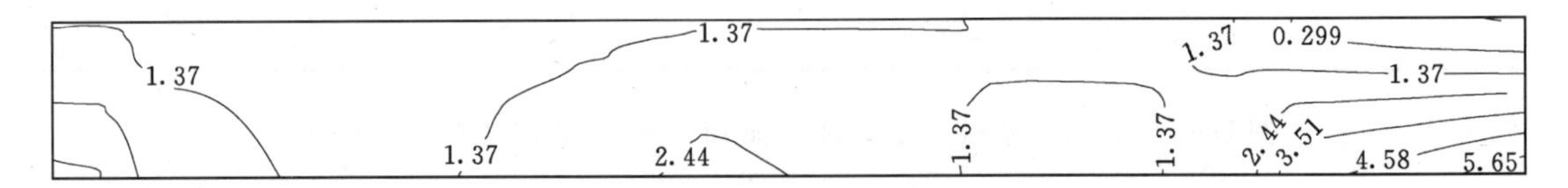

图 U-24　二期蓄水前，河床段趾板表面，轴向应力图（单位：MPa）

从图 U-24 可以看出：二期蓄水前，河床段趾板表面，轴向应力最小值为－1.215MPa，轴向应力最大值为 6.754MPa，P=0.5%时轴向应力最小值为－0.7714MPa，P=99.5%时轴向应力最大值为 6.723MPa。

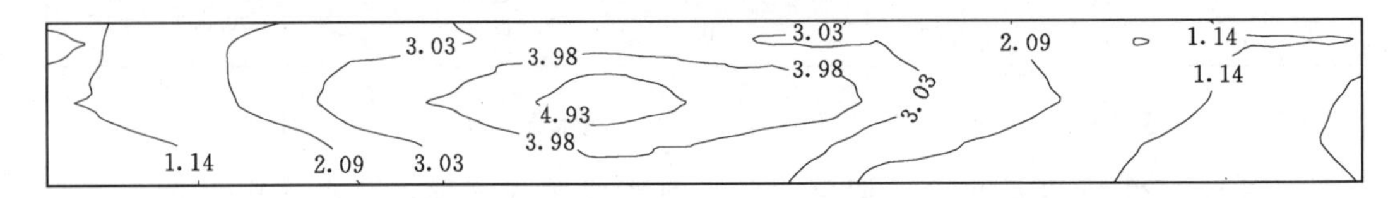

图 U-25　二期蓄水前，河床段趾板表面，顺水流应力图（单位：MPa）

从图 U-25 可以看出：二期蓄水前，河床段趾板表面，顺水流应力最小值为－0.7812MPa，顺水流应力最大值为 5.910MPa，P=0.5%时顺水流应力最小值为－0.7552MPa，P=99.5%时顺水流应力最大值为 5.877MPa。

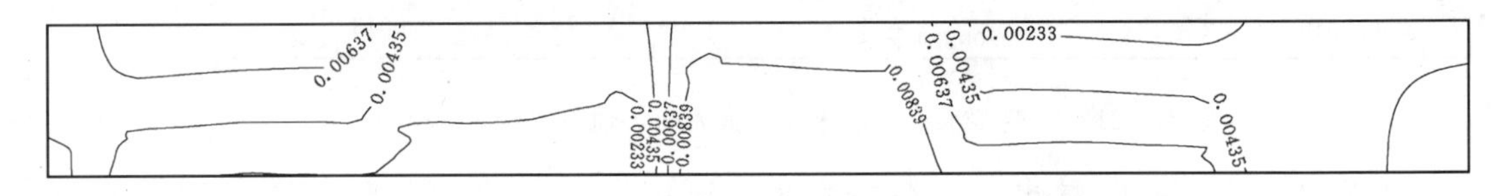

图 U-26　二期蓄水前，河床段趾板表面，轴向位移图（单位：m）

从图 U-26 可以看出：二期蓄水前，河床段趾板底面，轴向位移最小值为－0.003731m，轴向位移最大值为 0.01040m，P=0.5%时轴向位移最小值为－0.002005m，P=99.5%时轴向位移最大值为 0.009724m。

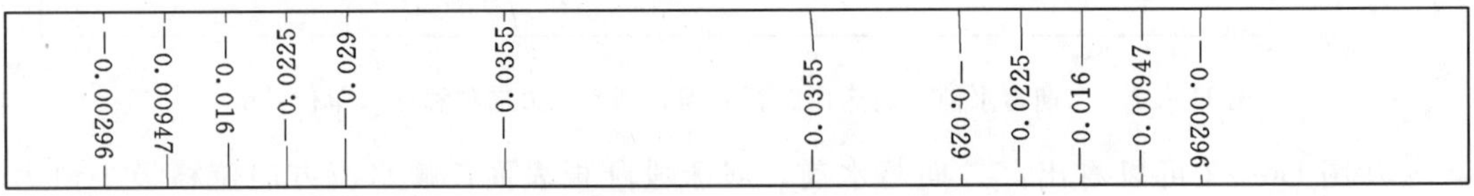

图 U-27　二期蓄水前，河床段趾板底面，顺水流方向位移图（单位：m）

从图 U-27 可以看出：二期蓄水前，河床段趾板底面，顺水流方向位移最小值为－0.04199m，顺水流方向位移最大值为 0.003540m，P=0.5%时顺水流方向位移最小值为－0.04199m，P=99.5%时顺水流方向位移最大值为 0.003403m。

从图 U-28 可以看出：二期蓄水前，河床段趾板底面，竖向位移最小值为－0.2097m，竖向位移最大值为 0.000002106m，P=0.5%时竖向位移最小值为－0.2015m，P=

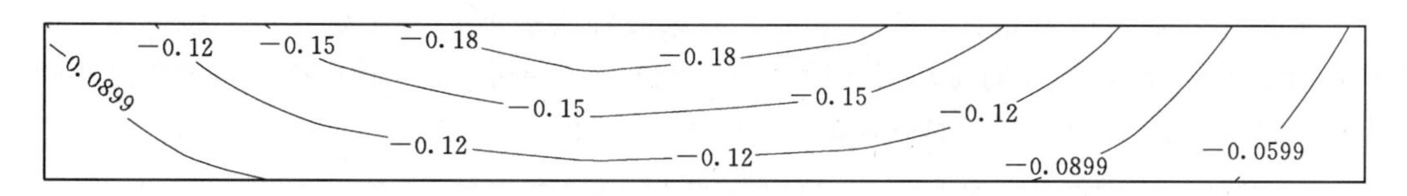

图 U-28　二期蓄水前，河床段趾板底面，竖向位移图（单位：m）

99.5%时竖向位移最大值为-0.001017m。

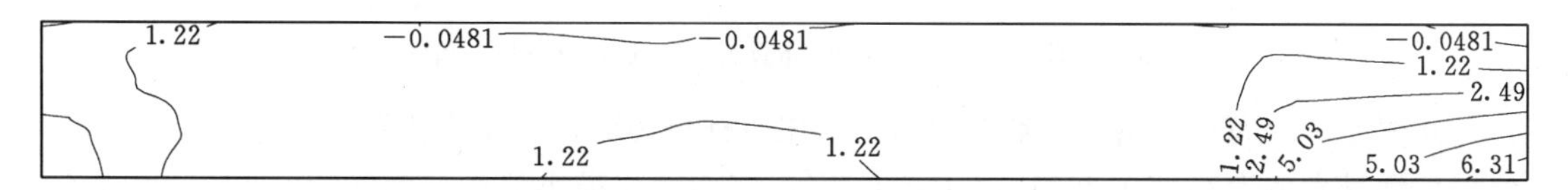

图 U-29　二期蓄水前，河床段趾板底面，轴向应力图（单位：MPa）

从图 U-29 可以看出：二期蓄水前，河床段趾板底面，轴向应力最小值为-2.791MPa，轴向应力最大值为 7.615MPa，P=0.5%时轴向应力最小值为-1.318MPa，P=99.5%时轴向应力最大值为 7.575MPa。

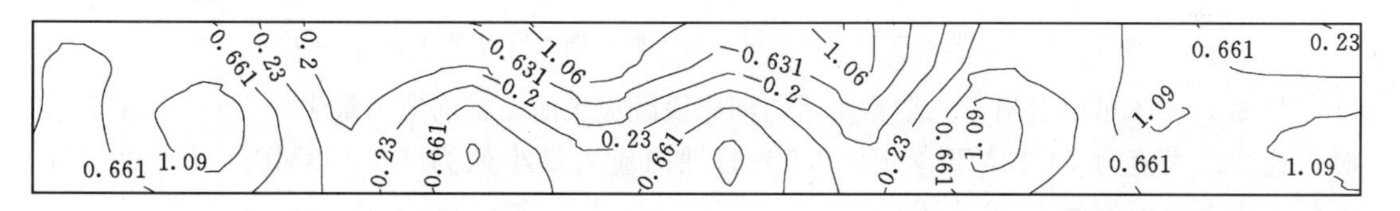

图 U-30　二期蓄水前，河床段趾板底面，顺水流应力图（单位：MPa）

从图 U-30 可以看出：二期蓄水前，河床段趾板底面，顺水流应力最小值为-1.595MPa，顺水流应力最大值为 1.529MPa，P=0.5%时顺水流应力最小值为-1.492MPa，P=99.5%时顺水流应力最大值为 1.521MPa。

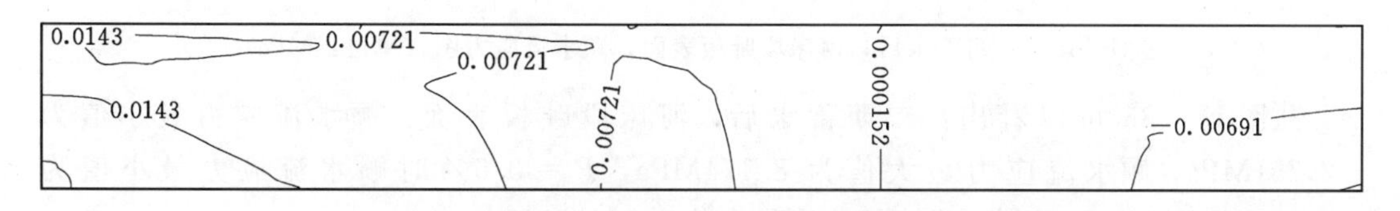

图 U-31　二期蓄水后，河床段趾板表面，轴向位移图（单位：m）

从图 U-31 可以看出：二期蓄水后，河床段趾板表面，轴向位移最小值为-0.02102m，轴向位移最大值为 0.02839m，P=0.5%时轴向位移最小值为-0.01905m，P=99.5%时轴向位移最大值为 0.02561m。

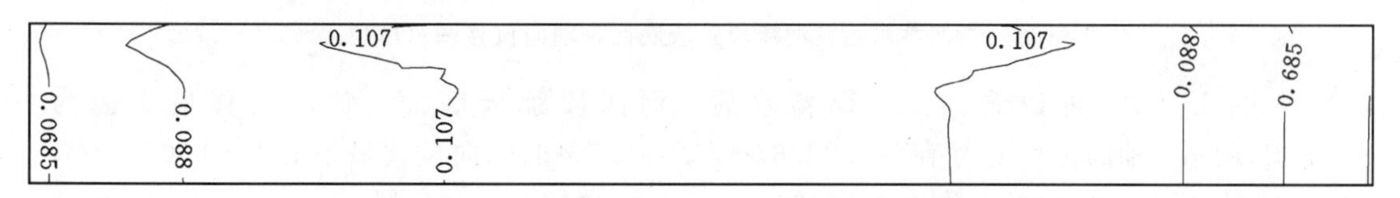

图 U-32　二期蓄水后，河床段趾板表面，顺水流方向位移图（单位：m）

从图 U－32 可以看出：二期蓄水后，河床段趾板表面，顺水流方向位移最小值为－0.009325m，顺水流方向位移最大值为 0.1269m，$P=0.5\%$时顺水流方向位移最小值为－0.005817m，$P=99.5\%$时顺水流方向位移最大值为 0.1262m。

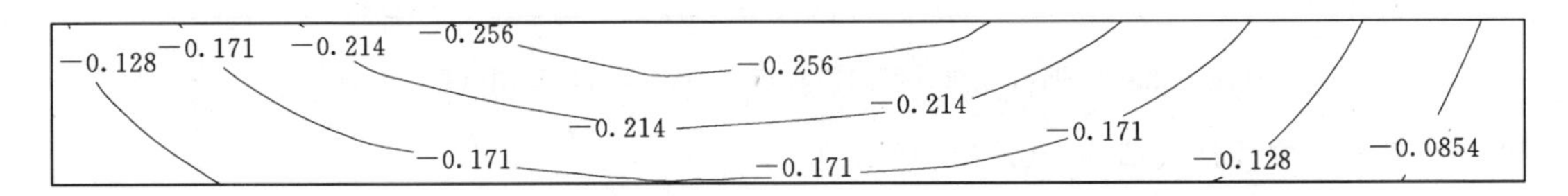

图 U－33　二期蓄水后，河床段趾板表面，竖向位移图（单位：m）

从图 U－33 可以看出：二期蓄水后，河床段趾板表面，竖向位移最小值为－0.2991m，竖向位移最大值为 0.00002091m，$P=0.5\%$时竖向位移最小值为－0.2908m，$P=99.5\%$时竖向位移最大值为－0.001586m。

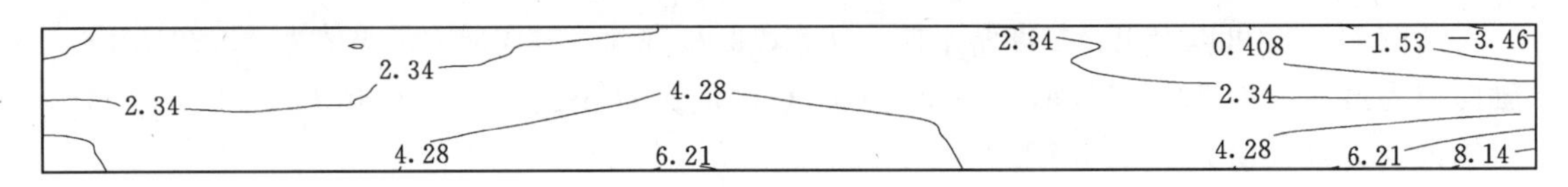

图 U－34　二期蓄水后，河床段趾板表面，轴向应力图（单位：MPa）

从图 U－34 可以看出：二期蓄水后，河床段趾板表面，轴向应力最小值为－5.888MPa，轴向应力最大值为 10.13MPa，$P=0.5\%$时轴向应力最小值为－3.459MPa，$P=99.5\%$时轴向应力最大值为 10.07MPa。

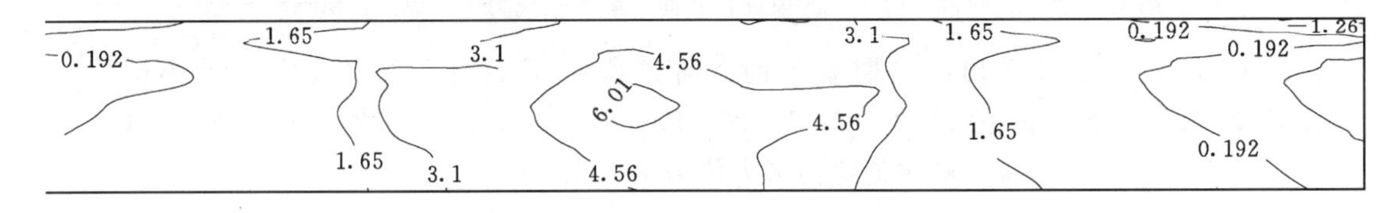

图 U－35　二期蓄水后，河床段趾板表面，顺水流应力图（单位：MPa）

从图 U－35 可以看出：二期蓄水后，河床段趾板表面，顺水流应力最小值为－2.751MPa，顺水流应力最大值为 8.174MPa，$P=0.5\%$时顺水流应力最小值为－2.718MPa，$P=99.5\%$时顺水流应力最大值为 7.468MPa。

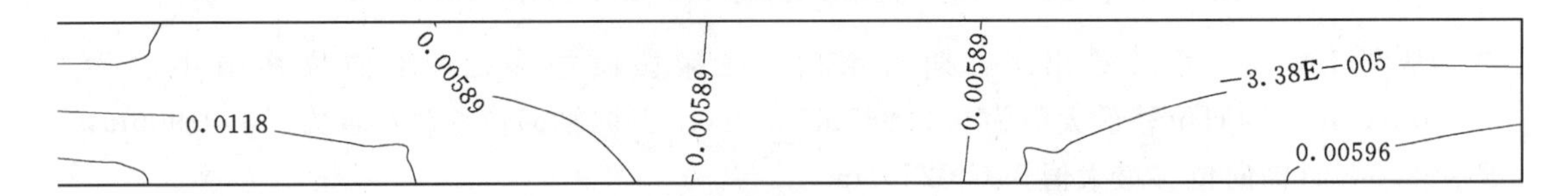

图 U－36　二期蓄水后，河床段趾板底面，轴向位移图（单位：m）

从图 U－36 可以看出：二期蓄水后，河床段趾板底面，轴向位移最小值为－0.01781m，轴向位移最大值为 0.02367m，$P=0.5\%$时轴向位移最小值为－0.01574m，$P=99.5\%$时轴向位移最大值为 0.02150m。

从图 U－37 可以看出：二期蓄水后，河床段趾板底面，顺水流方向位移最小值为－0.008875m，顺水流方向位移最大值为 0.09580m，$P=0.5\%$时顺水流方向位移最小值

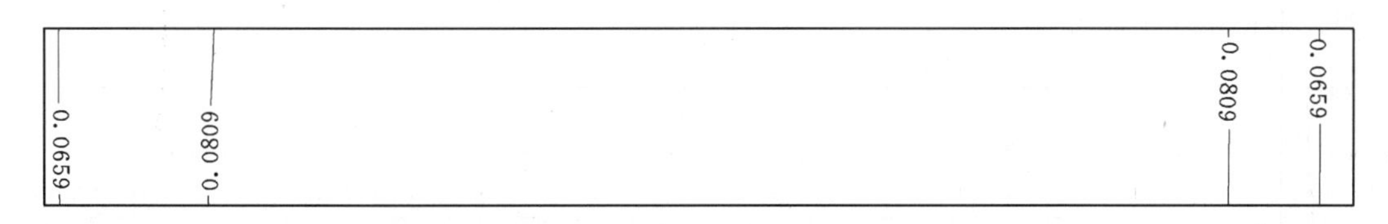

图 U-37　二期蓄水后，河床段趾板底面，顺水流方向位移图（单位：m）

为－0.005341m，P=99.5%时顺水流方向位移最大值为 0.09549m。

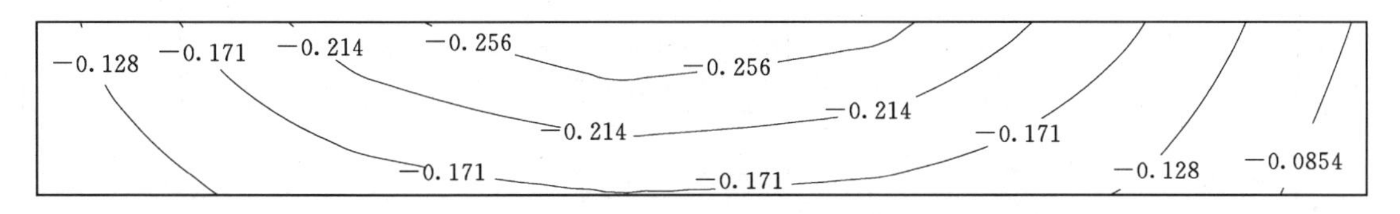

图 U-38　二期蓄水后，河床段趾板底面，竖向位移图（单位：m）

从图 U-38 可以看出：二期蓄水后，河床段趾板底面，竖向位移最小值为－0.2990m，竖向位移最大值为 0.000000406m，P＝0.5%时竖向位移最小值为－0.2879m，P=99.5%时竖向位移最大值为－0.001453m。

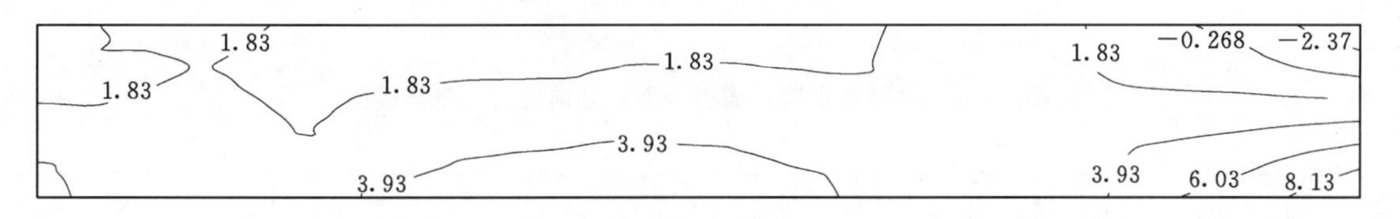

图 U-39　二期蓄水后，河床段趾板底面，轴向应力图（单位：MPa）

从图 U-39 可以看出：二期蓄水后，河床段趾板底面，轴向应力最小值为－9.469MPa，轴向应力最大值为 10.29MPa，P=0.5%时轴向应力最小值为－4.4651MPa，P=99.5%时轴向应力最大值为 0.22MPa。

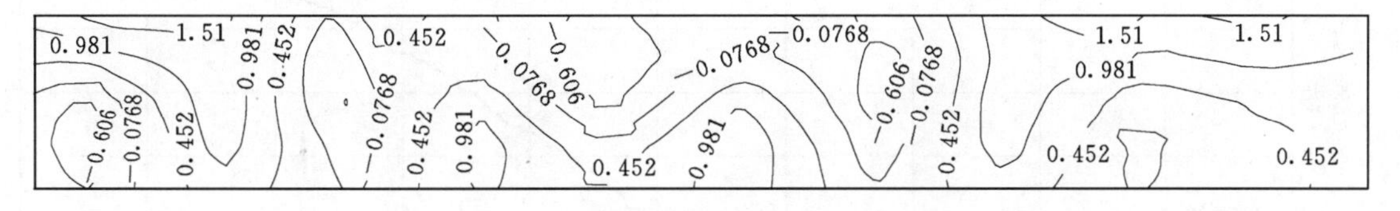

图 U-40　二期蓄水后，河床段趾板底面，顺水流应力图（单位：MPa）

从图 U-40 可以看出：二期蓄水后，河床段趾板底面，顺水流应力最小值为－3.961MPa，顺水流应力最大值为 4.223MPa，P＝0.5%时顺水流应力最小值为－1.663MPa，P=99.5%时顺水流应力最大值为 2.038MPa。

从图 V-1 可以看出：二期蓄水后，面板表面，轴向应力最小值为－3.321MPa，轴向应力最大值为 7.361MPa，P=0.5%时轴向应力最小值为－0.4363MPa，P=99.5%时轴向应力最大值为 6.032MPa，P=1%时轴向应力最小值为－0.3191MPa，P=99%时轴向应力最大值为 5.942MPa，P=2%时轴向应力最小值为－0.1487MPa，P=98%时轴向应力最大值为 5.891MPa，最大值减最小值为 10.68MPa，(P=98%)－(P=2%）时轴向应力为 6.039MPa。

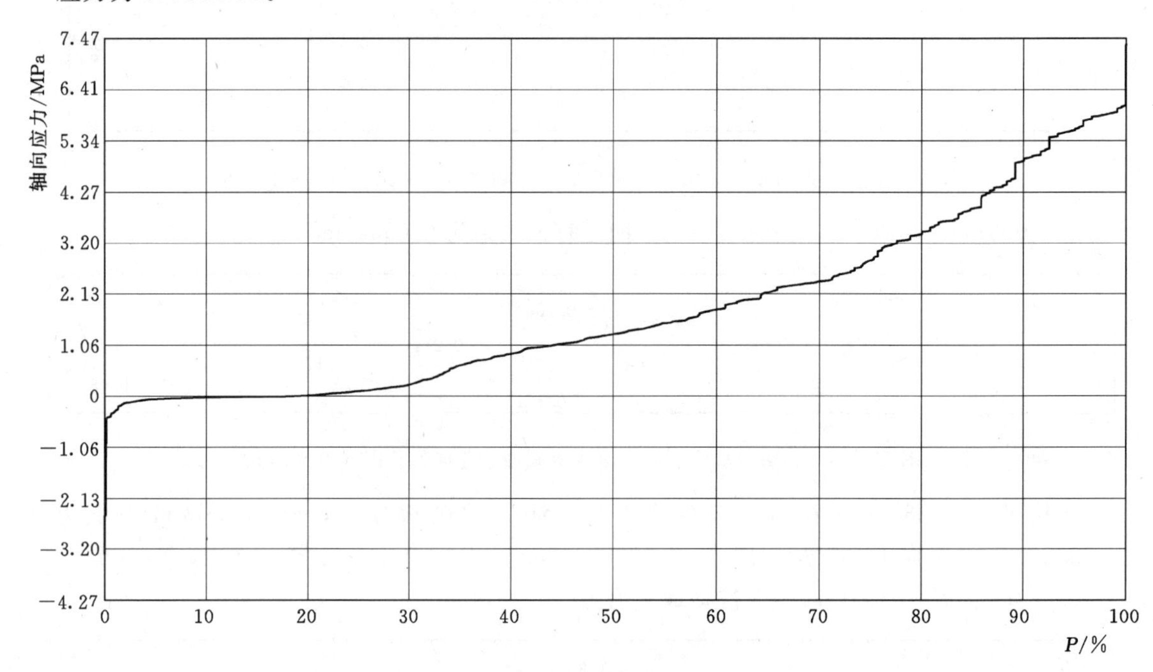

图 V-1　二期蓄水后，面板表面，轴向应力频率曲线图

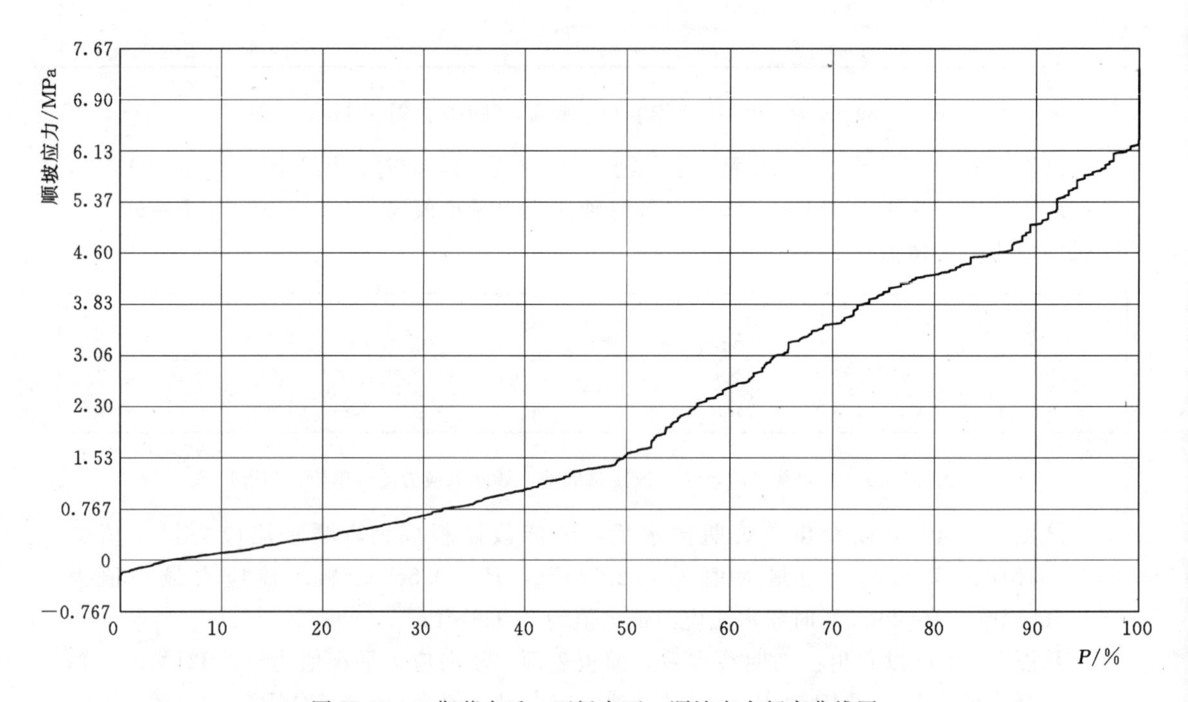

图 V-2　二期蓄水后，面板表面，顺坡应力频率曲线图

从图 V-2 可以看出：二期蓄水后，面板表面，顺坡应力最小值为−0.3048MPa，顺坡应力最大值为 7.369MPa，P=0.5%时顺坡应力最小值为−0.1767MPa，P=99.5%时

顺坡应力最大值为 6.213MPa，P=1%时顺坡应力最小值为－0.1508MPa，P=99%时顺坡应力最大值为 6.148MPa，P=2%时顺坡应力最小值为－0.1137MPa，P=98%时顺坡应力最大值为 6.109MPa，最大值减最小值为 7.674MPa，(P=98%)－(P=2%) 时顺坡应力为 6.223MPa。

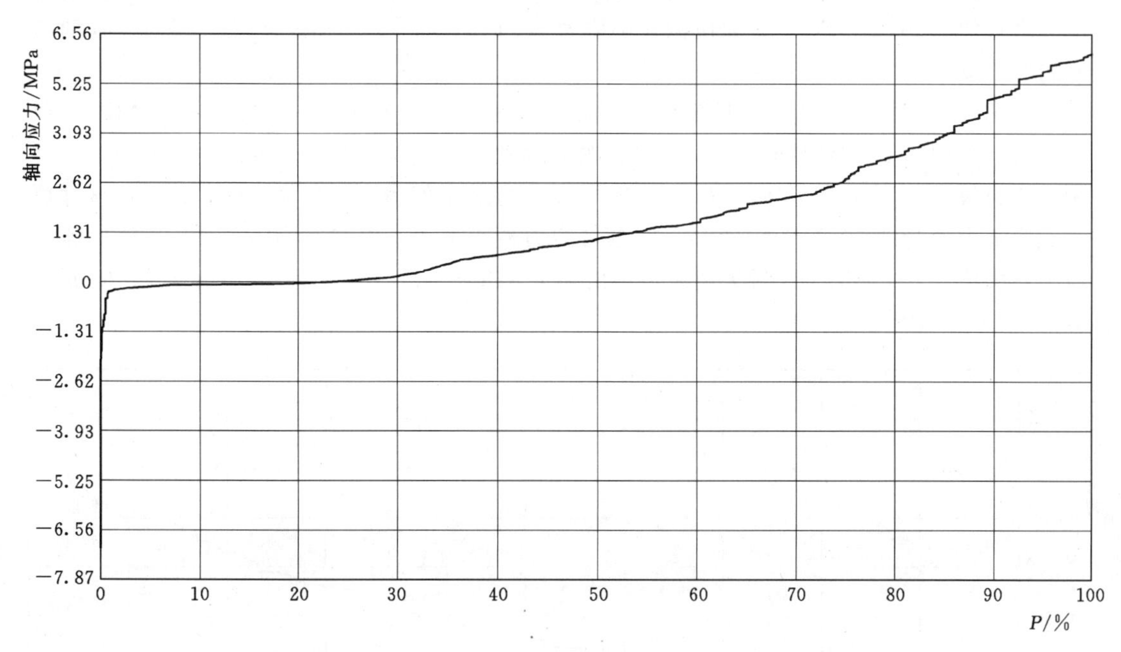

图 V-3　二期蓄水后，面板底面，轴向应力频率曲线图

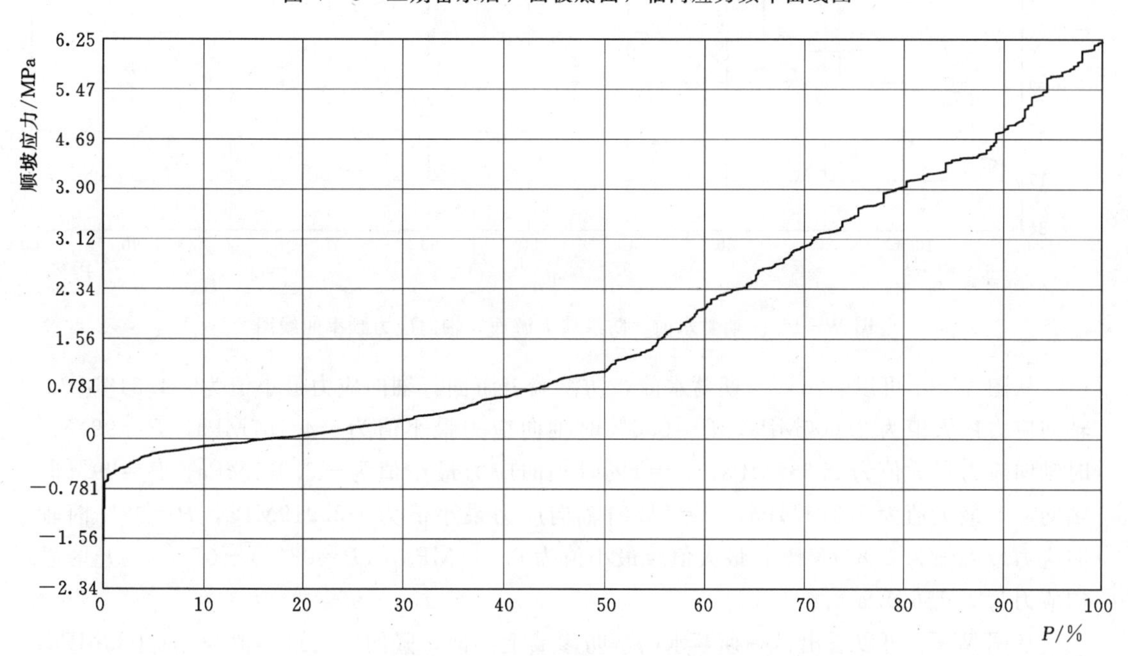

图 V-4　二期蓄水后，面板底面，顺坡应力频率曲线图

从图 V－3 可以看出：二期蓄水后，面板底面，轴向应力最小值为－7.057MPa，轴向应力最大值为 6.071MPa，P＝0.5％时轴向应力最小值为－0.4507MPa，P＝99.5％时轴向应力最大值为 5.987MPa，P＝1％时轴向应力最小值为－0.2528MPa，P＝99％时轴向应力最大值为 5.903MPa，P＝2％时轴向应力最小值为－0.1933MPa，P＝98％时轴向应力最大值为 5.850MPa，最大值减最小值为 13.12MPa，（P＝98％）－（P＝2％）时轴向应力为 6.044MPa。

从图 V－4 可以看出：二期蓄水后，面板底面，顺坡应力最小值为－1.593MPa，顺坡应力最大值为 6.224MPa，P＝0.5％时顺坡应力最小值为－0.5732MPa，P＝99.5％时顺坡应力最大值为 6.174MPa，P＝1％时顺坡应力最小值为－0.5392MPa，P＝99％时顺坡应力最大值为 6.092MPa，P＝2％时顺坡应力最小值为－0.4545MPa，P＝98％时顺坡应力最大值为 6.068MPa，最大值减最小值为 7.818MPa，（P＝98％）－（P＝2％）时顺坡应力为 6.523MPa。

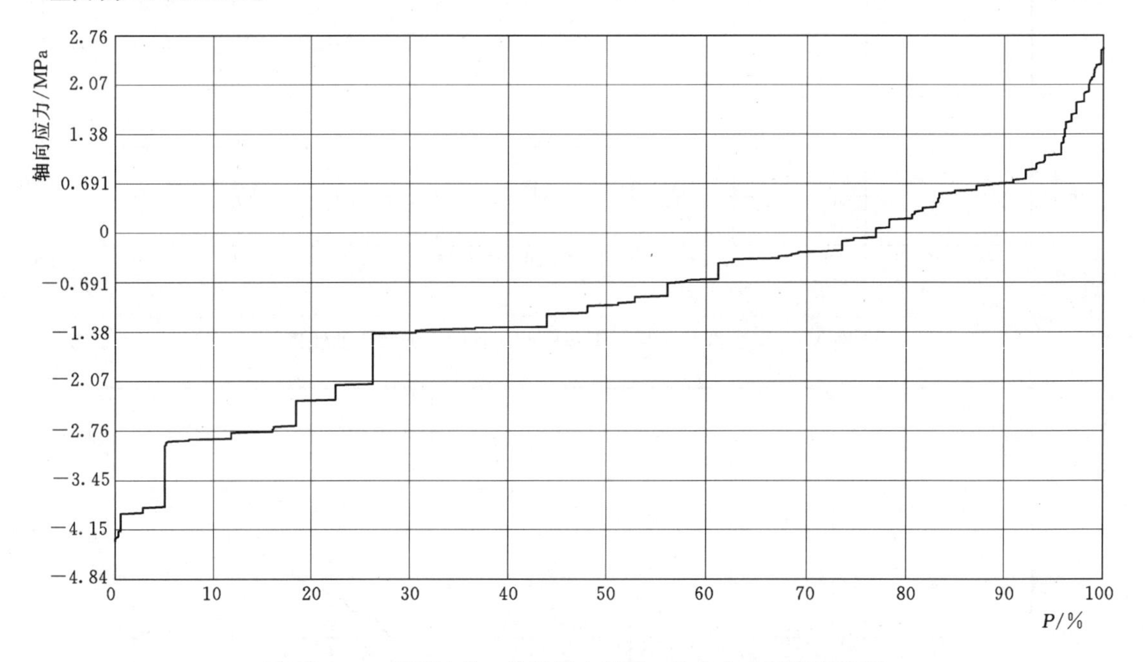

图 W－1　一期蓄水前，防渗墙上游面，轴向应力频率曲线图

从图 W－1 可以看出：一期蓄水前，防渗墙上游面，轴向应力最小值为－4.316MPa，轴向应力最大值为 2.600MPa，P＝0.5％时轴向应力最小值为－4.167MPa，P＝99.5％时轴向应力最大值为 2.357MPa，P＝1％时轴向应力最小值为－3.925MPa，P＝99％时轴向应力最大值为 2.181MPa，P＝2％时轴向应力最小值为－3.919MPa，P＝98％时轴向应力最大值为 1.837MPa，最大值减最小值为 6.916MPa，（P＝98％）－（P＝2％）时轴向应力为 5.756MPa。

从图 W－2 可以看出：一期蓄水前，防渗墙上游面，竖向应力最小值为－1.083MPa，竖向应力最大值为 3.379MPa，P＝0.5％时竖向应力最小值为－1.0197MPa，P＝99.5％时竖向应力最大值为 3.368MPa，P＝1％时竖向应力最小值为－1.018MPa，P＝99％时竖向应力最大值为 3.366MPa，$P=2\%$时竖向应力最小值为－1.015MPa，$P=98\%$时竖向应力最大值为 3.362MPa，最大值减最小值为 4.462MPa，($P=98\%$)－($P=2\%$) 时竖向应力为 4.377MPa。

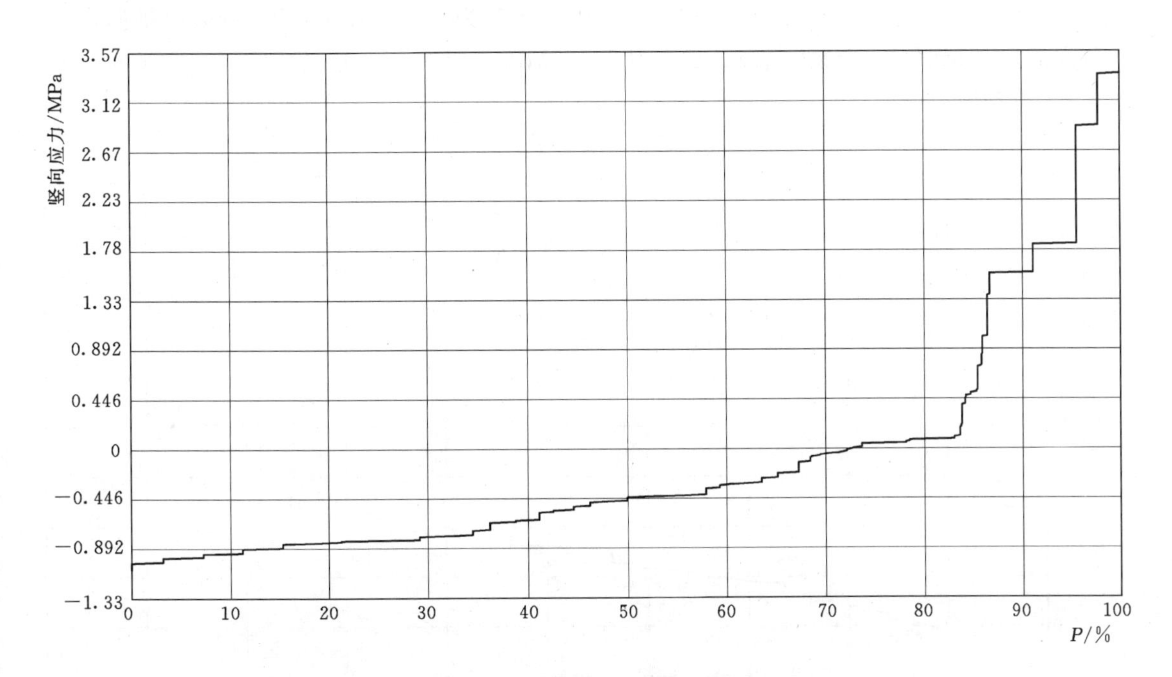

图 W-2　一期蓄水前，防渗墙上游面，竖向应力频率曲线图

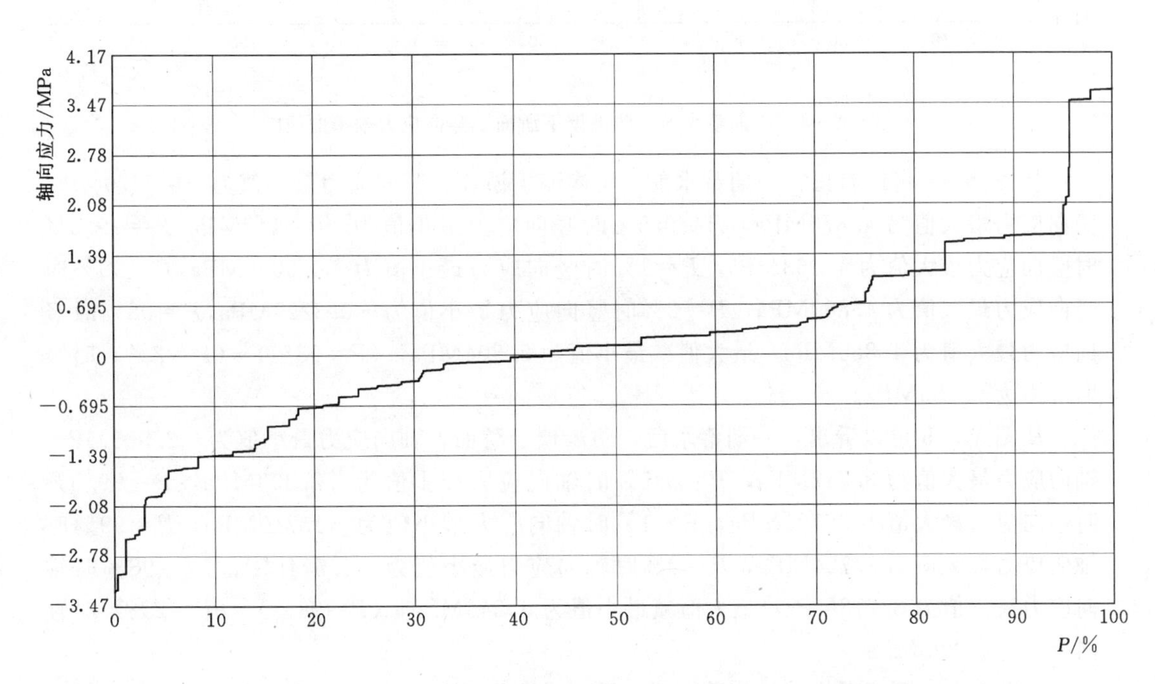

图 W-3　一期蓄水前，防渗墙下游面，轴向应力频率曲线图

从图 W－3 可以看出：一期蓄水前，防渗墙下游面，轴向应力最小值为－3.279MPa，轴向应力最大值为 3.677MPa，P=0.5%时轴向应力最小值为－3.025MPa，P=99.5%时轴向应力最大值为 3.660MPa，P=1%时轴向应力最小值为－3.016MPa，P=99%时轴向应力最大值为 3.657MPa，P=2%时轴向应力最小值为－2.484MPa，P=98%时轴向应力最大值为 3.650MPa，最大值减最小值为 6.956MPa，(P=98%)－(P=2%) 时轴向应力为 6.134MPa。

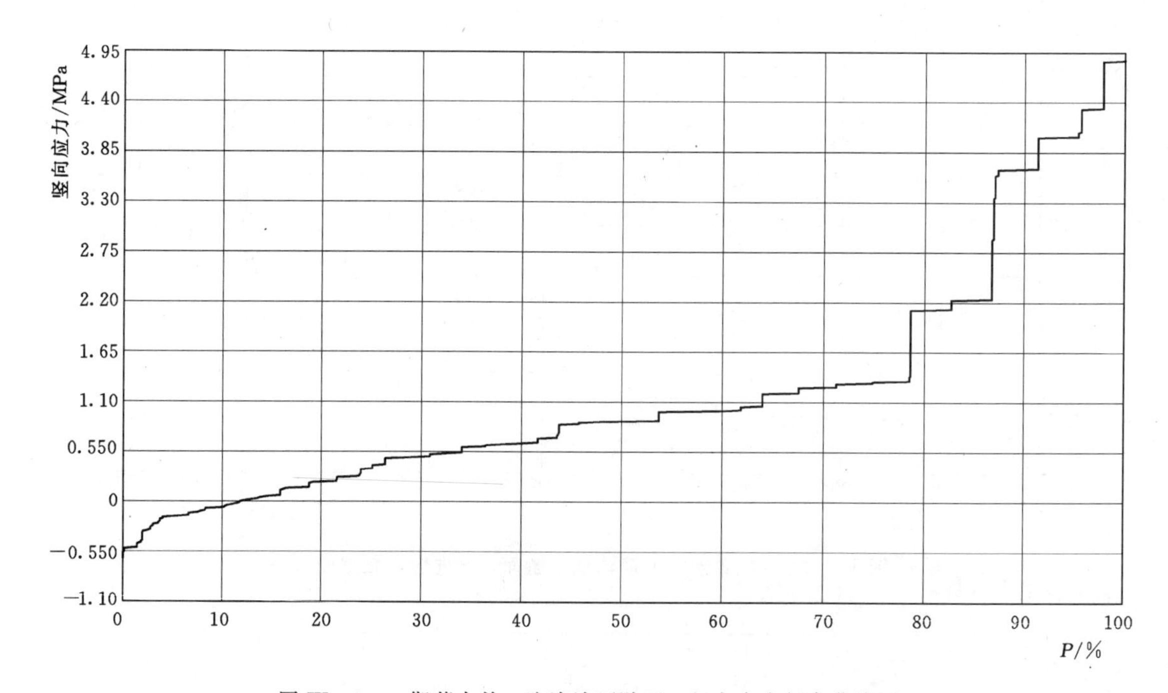

图 W－4 一期蓄水前，防渗墙下游面，竖向应力频率曲线图

从图 W－4 可以看出：一期蓄水前，防渗墙下游面，竖向应力最小值为－0.6276MPa，竖向应力最大值为 4.876MPa，P=0.5%时竖向应力最小值为－0.5142MPa，P=99.5%时竖向应力最大值为 4.863MPa，P=1%时竖向应力最小值为－0.5099MPa，P=99%时竖向应力最大值为 4.860MPa，P=2%时竖向应力最小值为－0.3297MPa，P=98%时竖向应力最大值为 4.855MPa，最大值减最小值为 5.504MPa，(P=98%)－(P=2%) 时竖向应力为 5.185MPa。

从图 W－5 可以看出：一期蓄水后，防渗墙上游面，轴向应力最小值为－2.503MPa，轴向应力最大值为 3.742MPa，P=0.5%时轴向应力最小值为－2.303MPa，P=99.5%时轴向应力最大值为 3.726MPa，P=1%时轴向应力最小值为－1.710MPa，P=99%时轴向应力最大值为 3.724MPa，P=2%时轴向应力最小值为－1.574MPa，P=98%时轴向应力最大值为 3.718MPa，最大值减最小值为 6.246MPa，(P=98%)－(P=2%) 时轴向应力为 5.293MPa。

从图 W－6 可以看出：一期蓄水后，防渗墙上游面，竖向应力最小值为－2.062MPa，竖向应力最大值为 7.022MPa，P=0.5%时竖向应力最小值为－0.9887MPa，P=99.5%

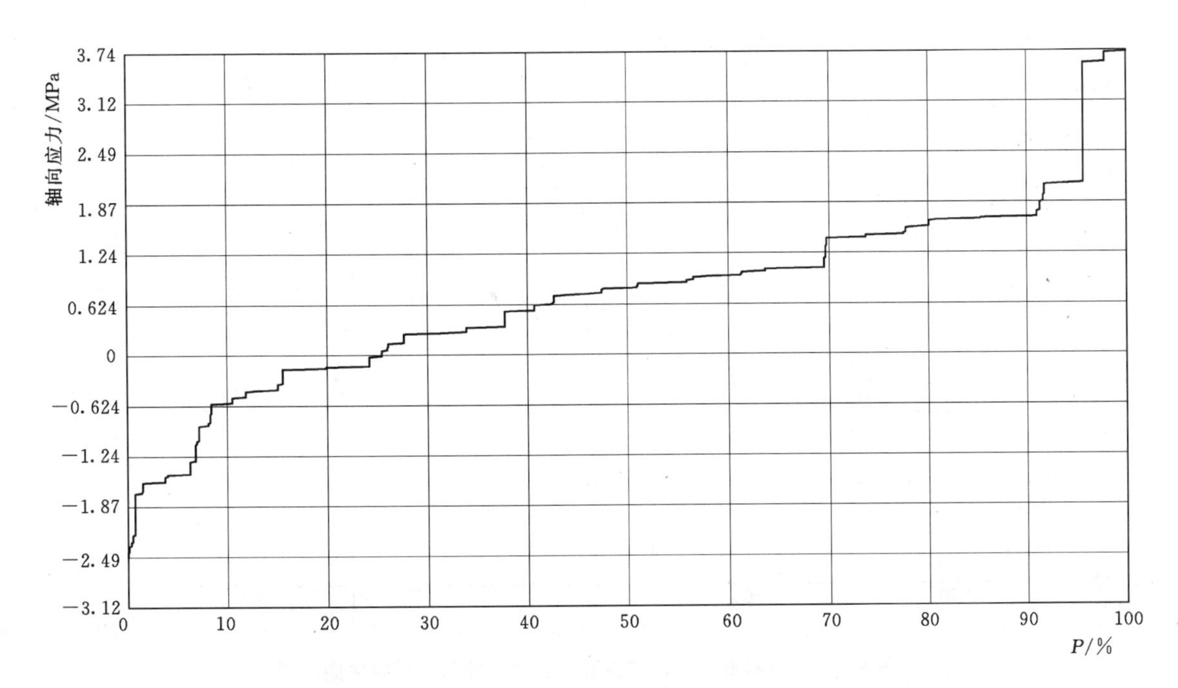

图 W-5　一期蓄水后，防渗墙上游面，轴向应力频率曲线图

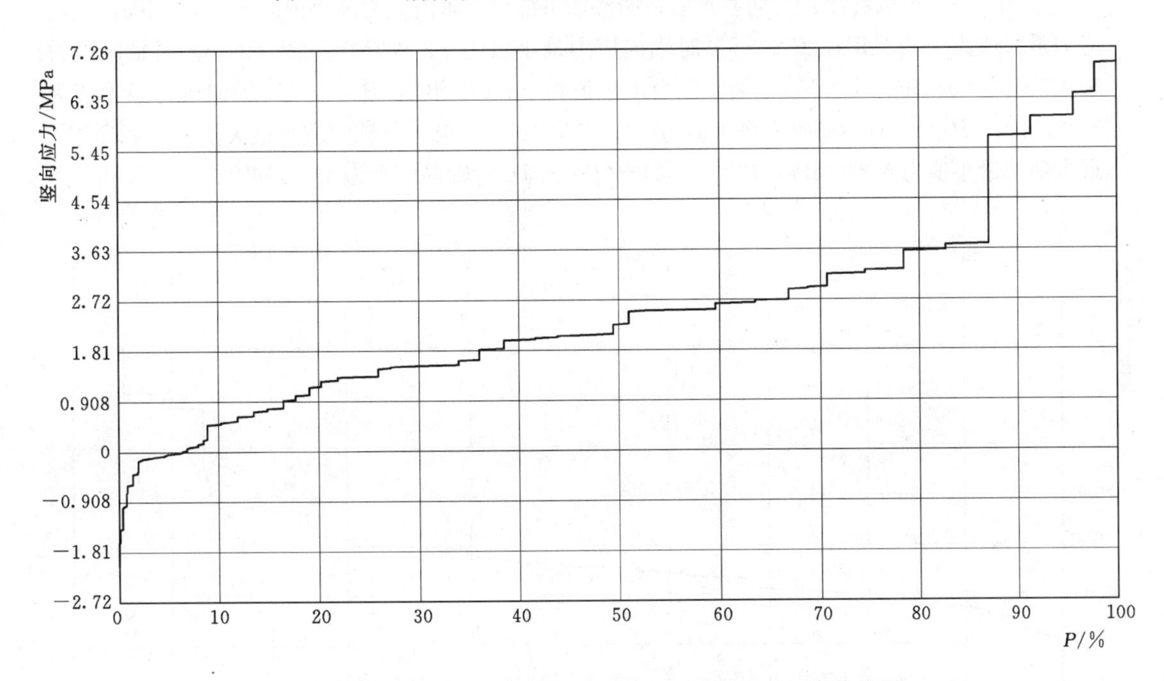

图 W-6　一期蓄水后，防渗墙上游面，竖向应力频率曲线图

时竖向应力最大值为 7.000MPa，$P=1\%$时竖向应力最小值为−0.6007MPa，$P=99\%$时竖向应力最大值为 6.995MPa，$P=2\%$时竖向应力最小值为−0.1641MPa，$P=98\%$时竖向应力最大值为 6.987MPa，最大值减最小值为 9.085MPa，($P=98\%$)−($P=2\%$) 时竖向应力为 7.151MPa。

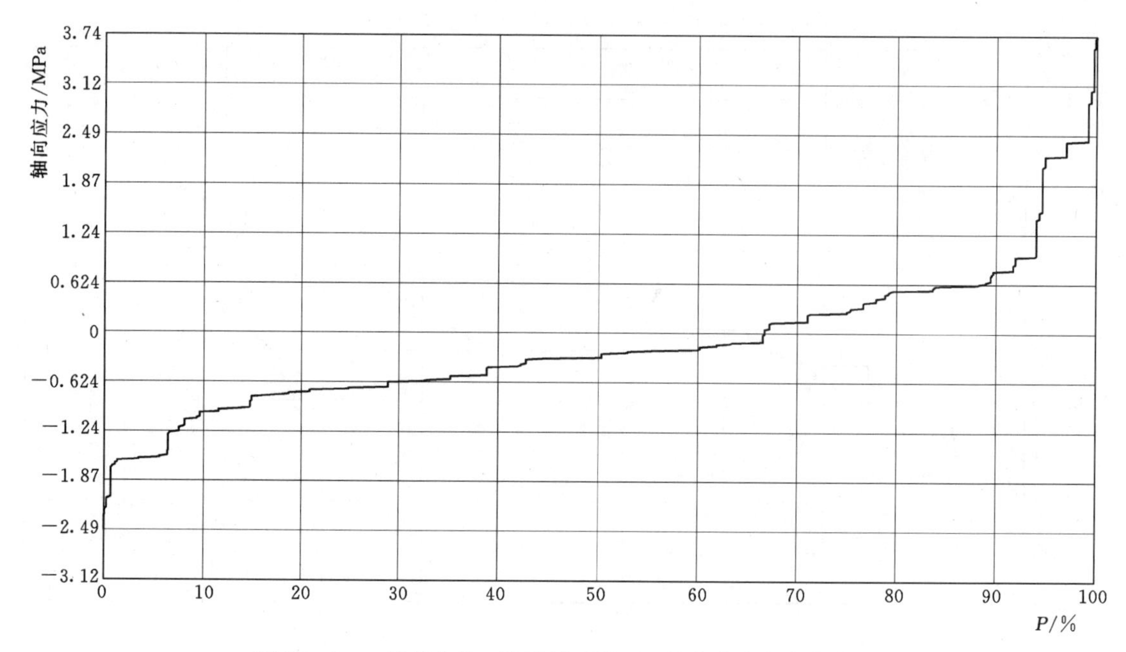

图 W-7　一期蓄水前，防渗墙下游面，轴向应力频率曲线图

从图 W-7 可以看出：一期蓄水后，防渗墙下游面，轴向应力最小值为−2.503MPa，轴向应力最大值为 3.742MPa，P=0.5%时轴向应力最小值为−2.087MPa，P=99.5%时轴向应力最大值为 3.056MPa，P=1%时轴向应力最小值为−1.682MPa，P=99%时轴向应力最大值为 2.427MPa，P=2%时轴向应力最小值为−1.611MPa，P=98%时轴向应力最大值为 2.421MPa，最大值减最小值为 6.246MPa，(P=98%)−(P=2%) 时轴向应力为 4.032MPa。

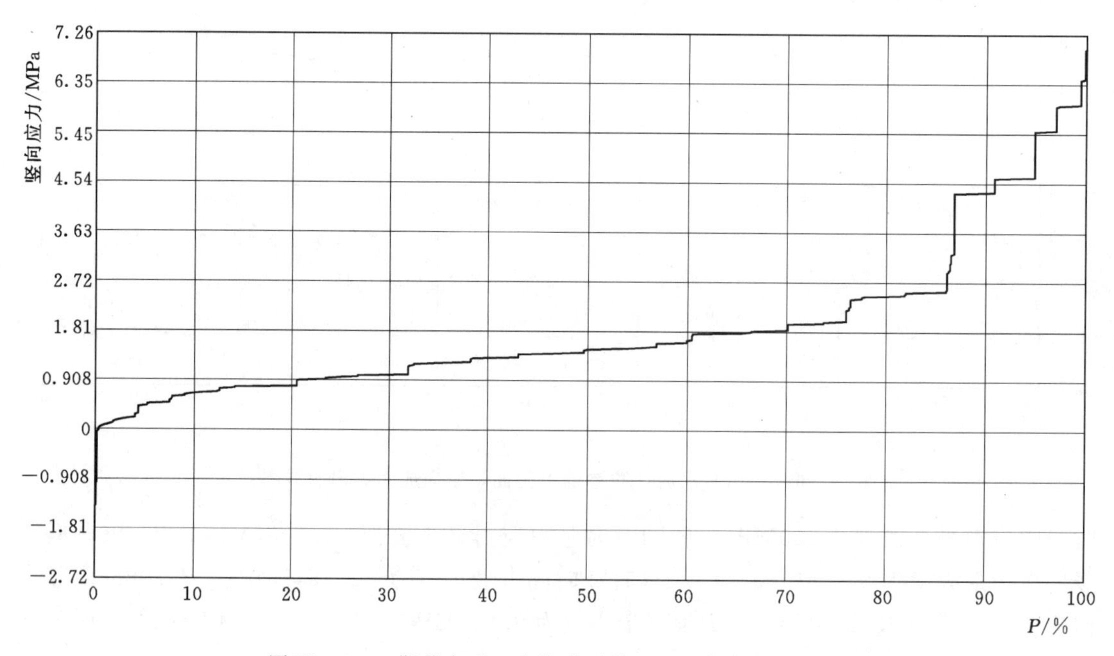

图 W-8　一期蓄水后，防渗墙下游面，竖向应力频率曲线图

从图 W－8 可以看出：一期蓄水后，防渗墙下游面，竖向应力最小值为－2.062MPa，竖向应力最大值为 7.022MPa，P=0.5%时竖向应力最小值为 0.04075MPa，P=99.5%时竖向应力最大值为 6.442MPa，P=1%时竖向应力最小值为 0.07463MPa，P=99%时竖向应力最大值为 5.980MPa，P=2%时竖向应力最小值为 0.1507MPa，P=98%时竖向应力最大值为 5.972MPa，最大值减最小值为 9.085MPa，(P=98%)－(P=2%) 时竖向应力为 5.821MPa。

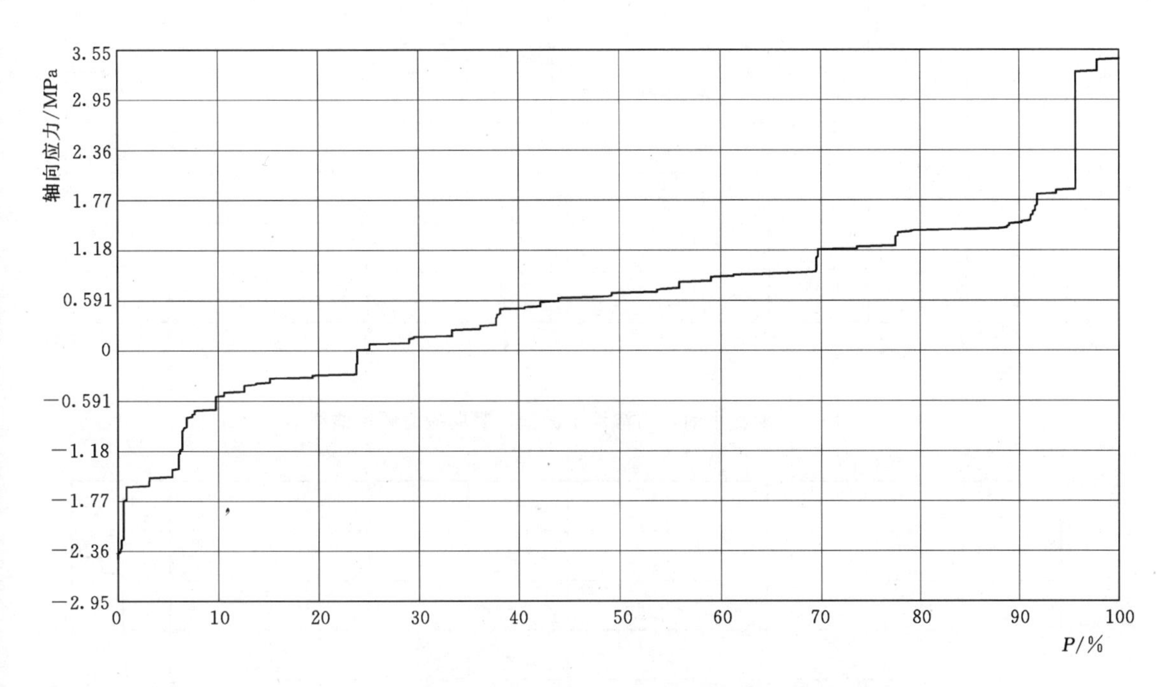

图 W－9　二期蓄水前，防渗墙上游面，轴向应力频率曲线图

从图 W－9 可以看出：二期蓄水前，防渗墙上游面，轴向应力最小值为－2.461MPa，轴向应力最大值为 3.455MPa，P=0.5%时轴向应力最小值为－2.227MPa，P=99.5%时轴向应力最大值为 3.440MPa，P=1%时轴向应力最小值为－1.606MPa，P=99%时轴向应力最大值为 3.437MPa，P=2%时轴向应力最小值为－1.601MPa，P=98%时轴向应力最大值为 3.432MPa，最大值减最小值为 5.916MPa，(P=98%)－(P=2%) 时轴向应力为 5.034MPa。

从图 W－10 可以看出：二期蓄水前，防渗墙上游面，竖向应力最小值为－0.8728MPa，竖向应力最大值为 7.586MPa，P=0.5%时竖向应力最小值为－0.1999MPa，P=99.5%时竖向应力最大值为 7.548MPa，P=1%时竖向应力最小值为－0.1505MPa，P=99%时竖向应力最大值为 7.544MPa，P=2%时竖向应力最小值为－0.1093MPa，P=98%时竖向应力最大值为 7.536MPa，最大值减最小值为 8.458MPa，(P=98%)－(P=2%) 时竖向应力为 7.645MPa。

从图 W－11 可以看出：二期蓄水前，防渗墙下游面，轴向应力最小值为－1.837MPa，轴向应力最大值为 3.455MPa，P=0.5%时轴向应力最小值为－1.682MPa，

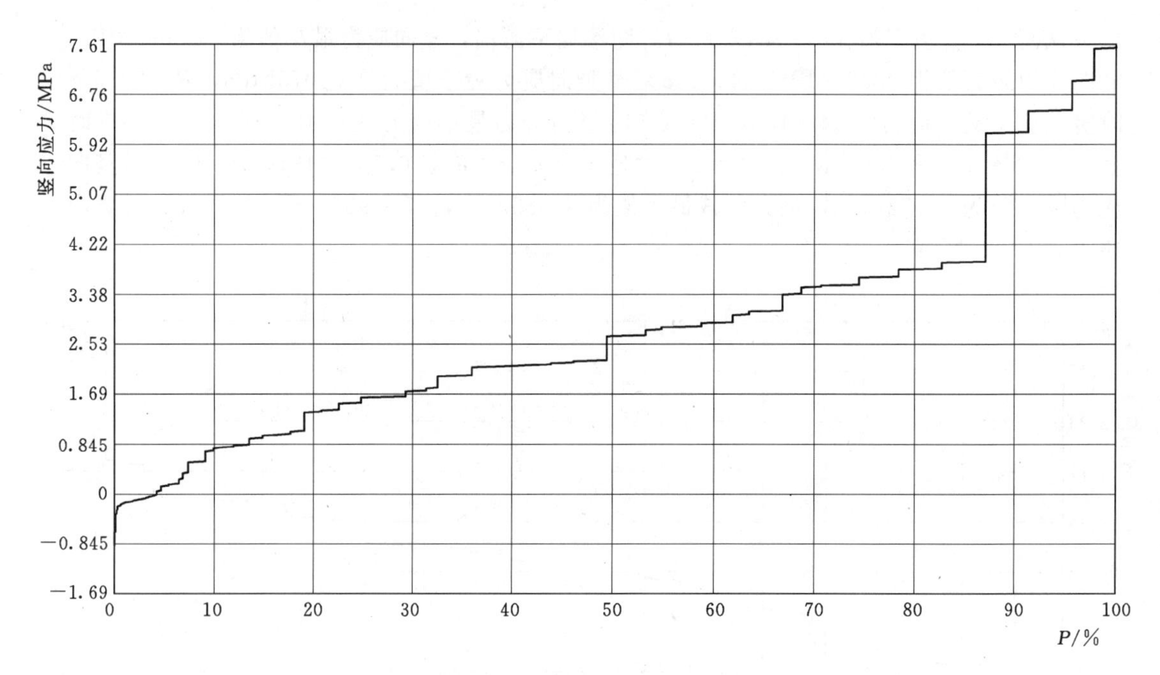

图 W-10　二期蓄水前，防渗墙上游面，竖向应力频率曲线图

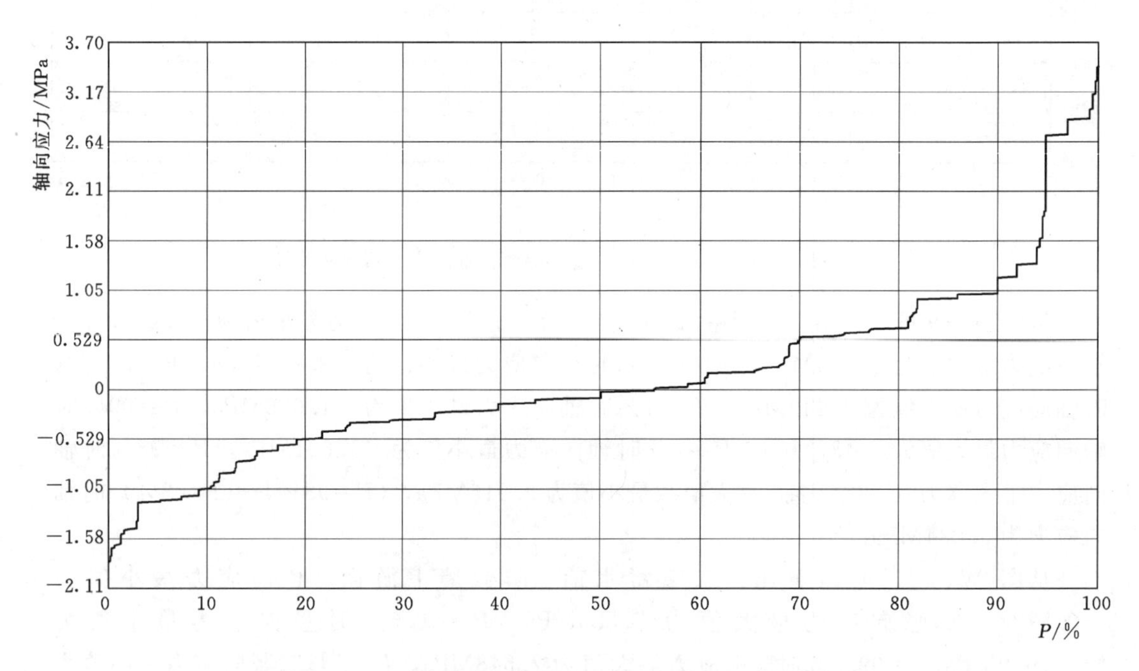

图 W-11　二期蓄水前，防渗墙下游面，轴向应力频率曲线图

P=99.5%时轴向应力最大值为 3.150MPa，P=1%时轴向应力最小值为-1.647MPa，P=99%时轴向应力最大值为 2.892MPa，P=2%时轴向应力最小值为-1.486MPa，P=98%时轴向应力最大值为 2.887MPa，最大值减最小值为 5.292MPa，(P=98%)-(P=2%) 时轴向应力为 4.374MPa。

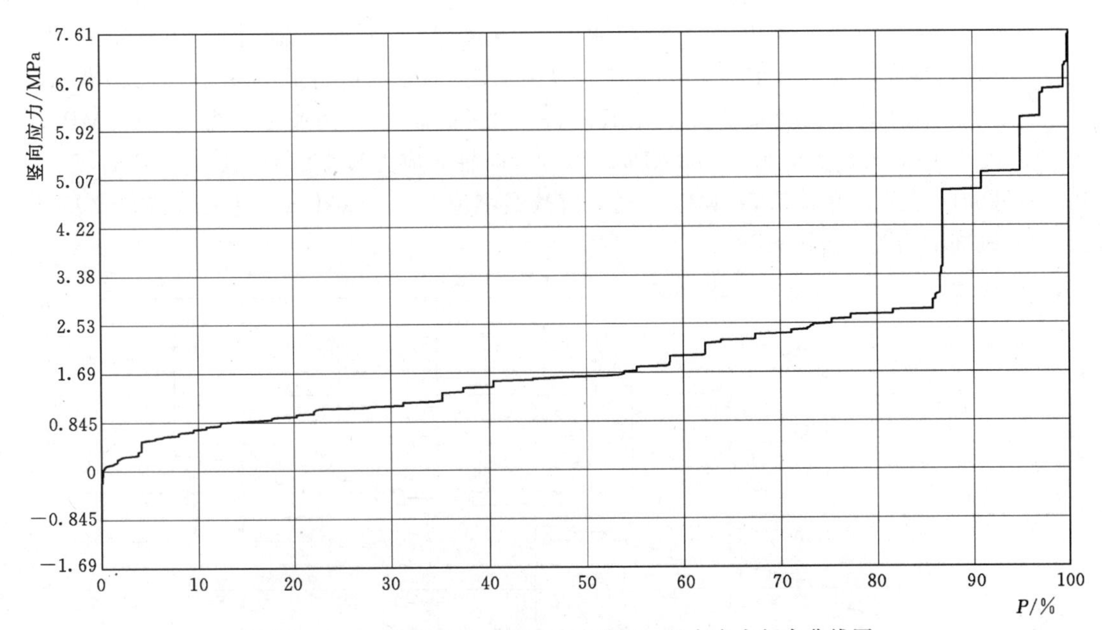

图 W-12　二期蓄水前，防渗墙下游面，竖向应力频率曲线图

从图 W-12 可以看出：二期蓄水前，防渗墙下游面，竖向应力最小值为−0.8728MPa，竖向应力最大值为 7.586MPa，$P=0.5\%$时竖向应力最小值为 0.08684MPa，$P=99.5\%$时竖向应力最大值为 7.000MPa，$P=1\%$时竖向应力最小值为 0.1066MPa，$P=99\%$时竖向应力最大值为 6.616MPa，$P=2\%$时竖向应力最小值为 0.2240MPa，$P=98\%$时竖向应力最大值为 6.608MPa，最大值减最小值为 8.458MPa，$(P=98\%)-(P=2\%)$ 时竖向应力为 6.384MPa。

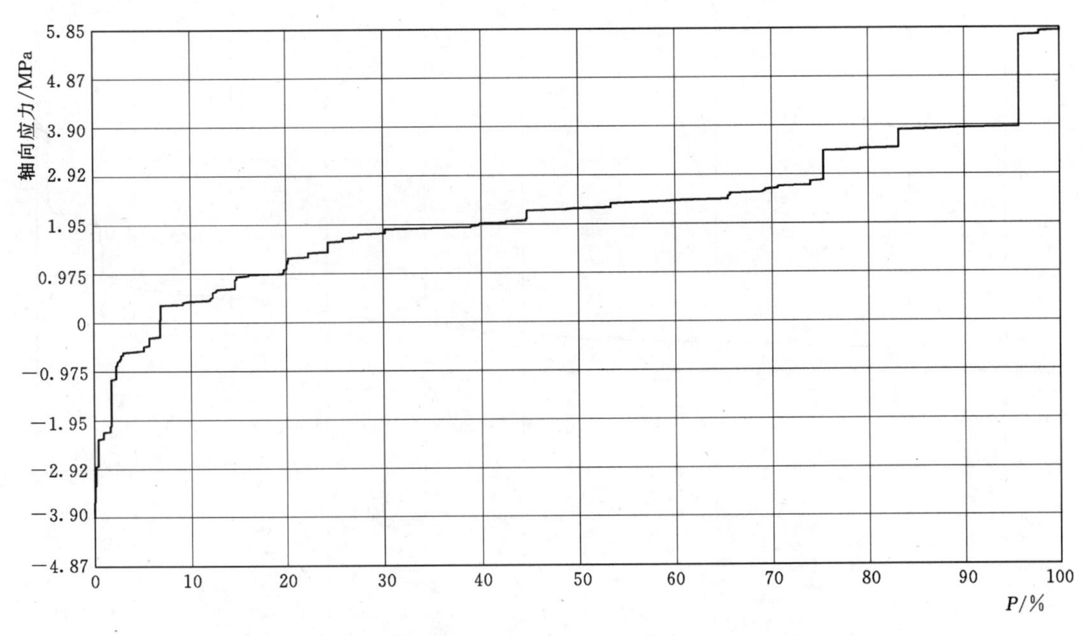

图 W-13　二期蓄水后，防渗墙上游面，轴向应力频率曲线图

从图 W-13 可以看出：二期蓄水后，防渗墙上游面，轴向应力最小值为 -3.915MPa，轴向应力最大值为 5.836MPa，$P=0.5\%$时轴向应力最小值为-2.329MPa，$P=99.5\%$时轴向应力最大值为 5.793MPa，$P=1\%$时轴向应力最小值为-2.195MPa，$P=99\%$时轴向应力最大值为 5.788MPa，$P=2\%$时轴向应力最小值为-1.130MPa，$P=98\%$时轴向应力最大值为 5.779MPa，最大值减最小值为 9.752MPa，$(P=98\%)-(P=2\%)$ 时轴向应力为 6.910MPa。

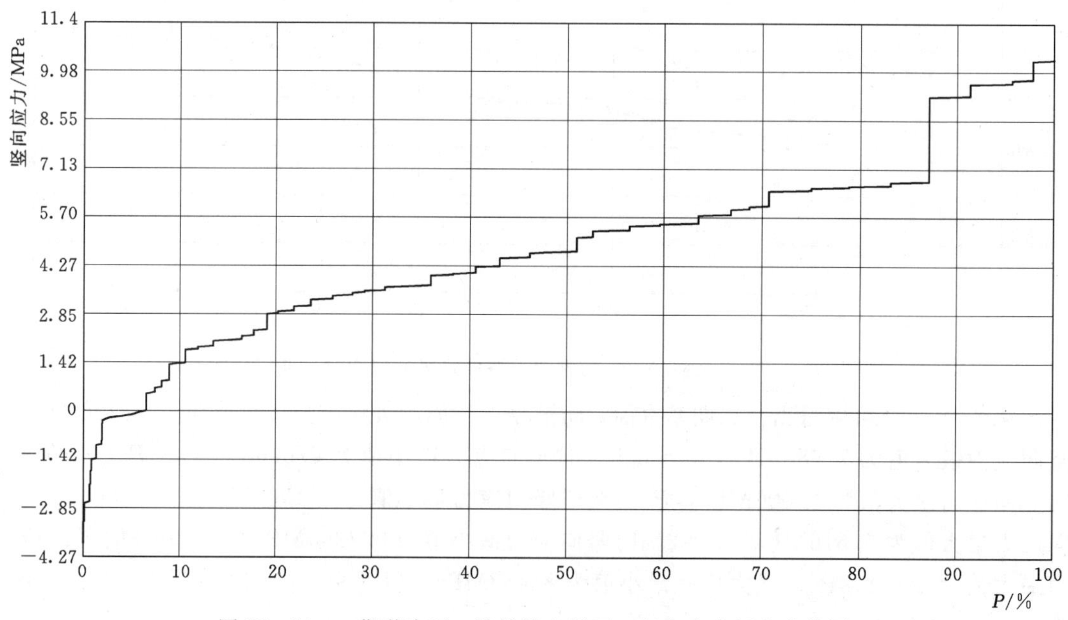

图 W-14 二期蓄水后，防渗墙上游面，竖向应力频率曲线图

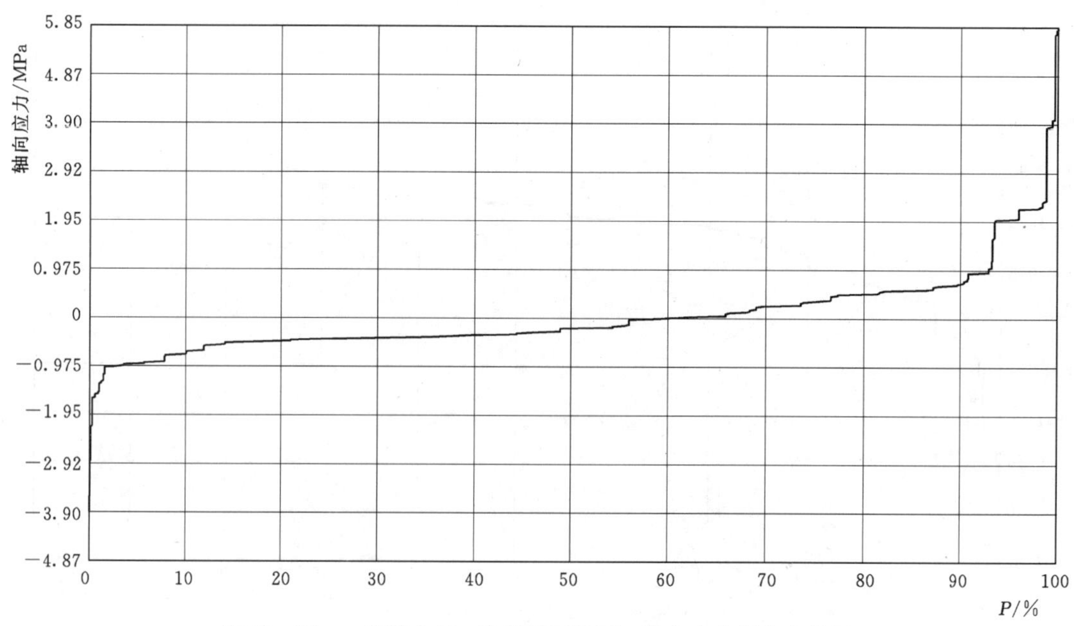

图 W-15 二期蓄水后，防渗墙下游面，轴向应力频率曲线图

从图 W-14 可以看出：二期蓄水后，防渗墙上游面，竖向应力最小值为－3.898MPa，竖向应力最大值为 10.36MPa，P=0.5%时竖向应力最小值为－2.682MPa，P=99.5%时竖向应力最大值为 10.33MPa，P=1%时竖向应力最小值为－1.429MPa，P=99%时竖向应力最大值为 10.32MPa，P=2%时竖向应力最小值为－0.2905MPa，P=98%时竖向应力最大值为 10.31MPa，最大值减最小值为 14.26MPa，(P=98%)－(P=2%) 时竖向应力为 10.60MPa。

从图 W-15 可以看出：二期蓄水后，防渗墙下游面，轴向应力最小值为－3.915MPa，轴向应力最大值为 5.836MPa，P=0.5%时轴向应力最小值为－1.613MPa，P=99.5%时轴向应力最大值为 3.984MPa，P=1%时轴向应力最小值为－1.335MPa，P=99%时轴向应力最大值为 3.842MPa，P=2%时轴向应力最小值为－0.9967MPa，P=98%时轴向应力最大值为 2.219MPa，最大值减最小值为 9.752MPa，(P=98%)－(P=2%) 时轴向应力为 3.216MPa。

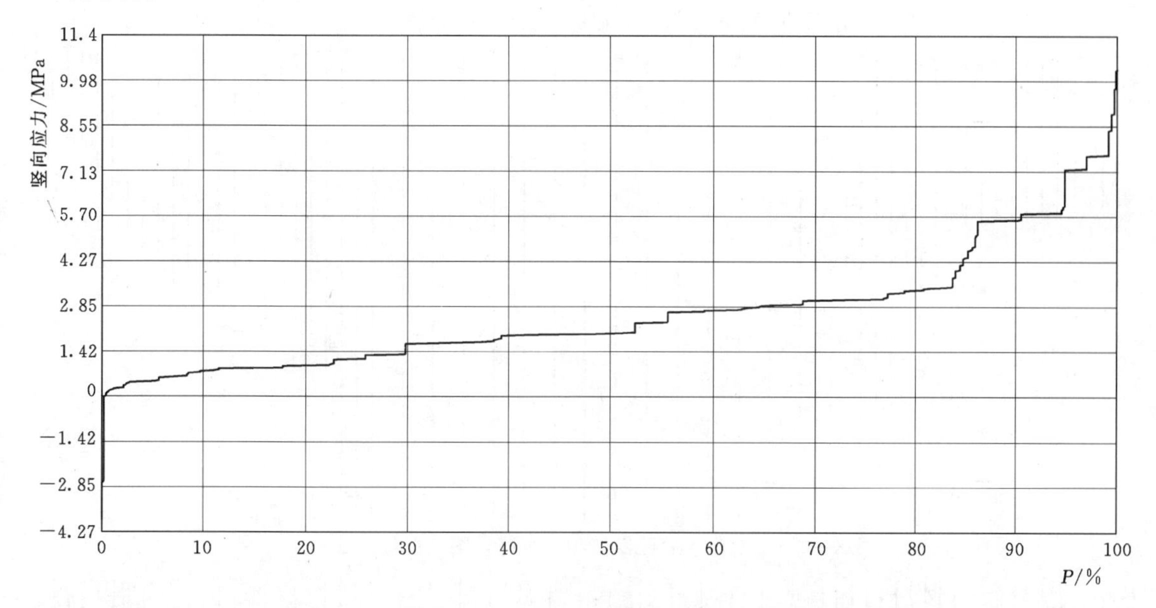

图 W-16　二期蓄水后，防渗墙下游面，竖向应力频率曲线图

从图 W-16 可以看出：二期蓄水后，防渗墙下游面，竖向应力最小值为－3.898MPa，竖向应力最大值为 10.36MPa，P=0.5%时竖向应力最小值为 0.1116MPa，P=99.5%时竖向应力最大值为 8.943MPa，P=1%时竖向应力最小值为 0.2094MPa，P=99%时竖向应力最大值为 7.648MPa，P=2%时竖向应力最小值为 0.2706MPa，P=98%时竖向应力最大值为 7.635MPa，最大值减最小值为 14.26MPa，(P=98%)－(P=2%) 时竖向应力为 7.364MPa。

从图 X-1 可以看出：二期蓄水后横缝错动量全量最大值为 25.1mm。

从图 X-2 可以看出：二期蓄水后横缝相对沉降量全量最大值为 3.2mm。

从图 X-3 可以看出：二期蓄水后横缝张开量全量最大值为 14.9mm。

从图 X-4 可以看出：二期蓄水后周边缝错动量全量最大值为 26.5mm。

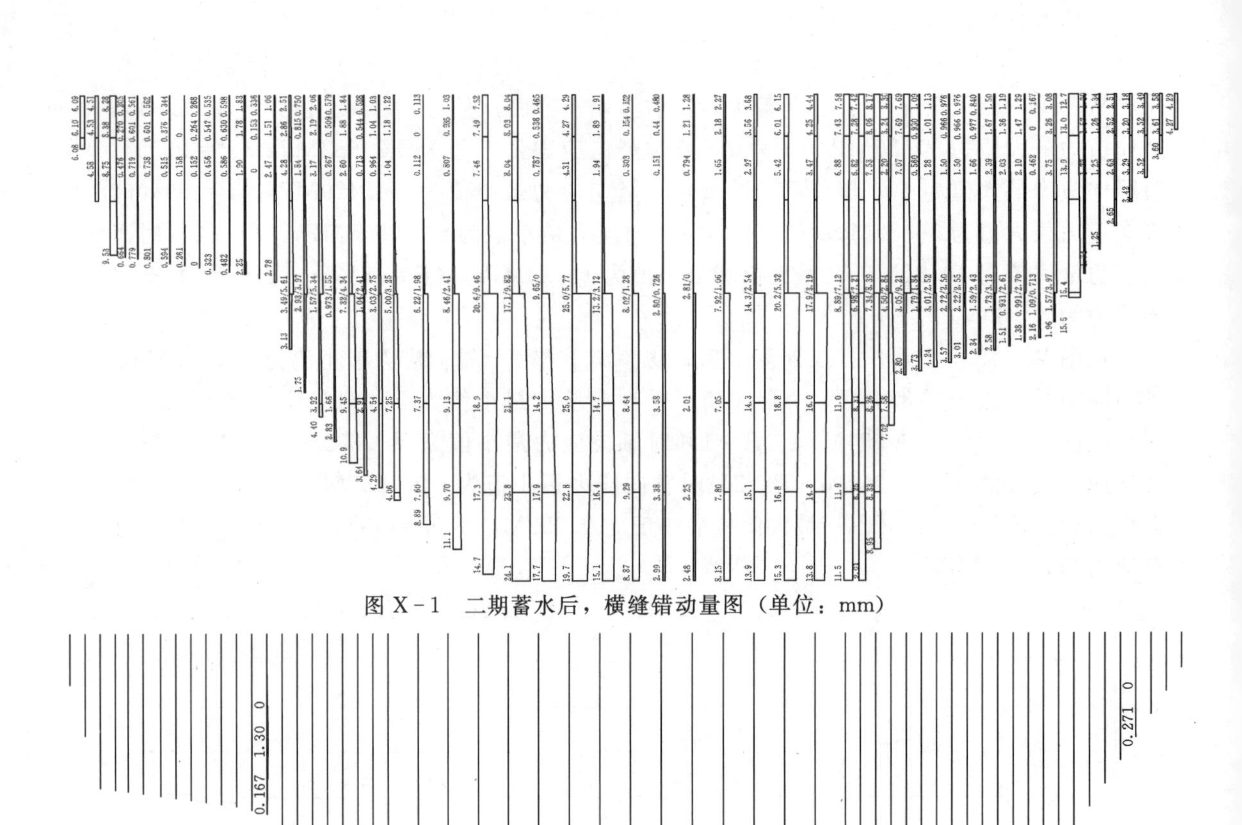

图 X-1　二期蓄水后，横缝错动量图（单位：mm）

图 X-2　二期蓄水后，横缝相对沉降量图（单位：mm）

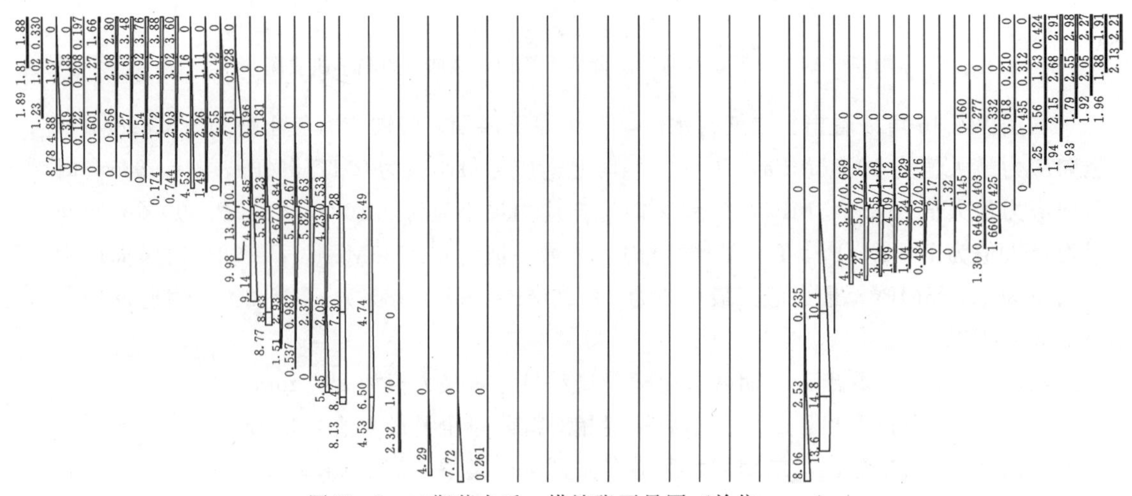

图 X-3　二期蓄水后，横缝张开量图（单位：mm）

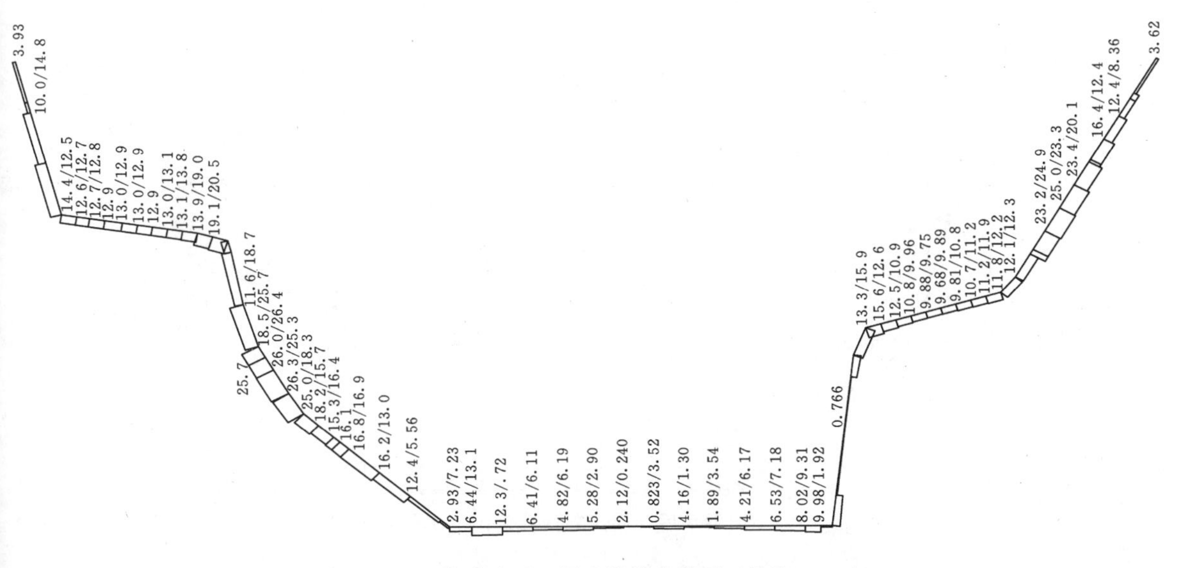

图 X-4　二期蓄水后，周边缝错动量图（单位：mm）

从图 X-5 可以看出：二期蓄水后周边缝相对沉降量全量最大值为 40.9mm。

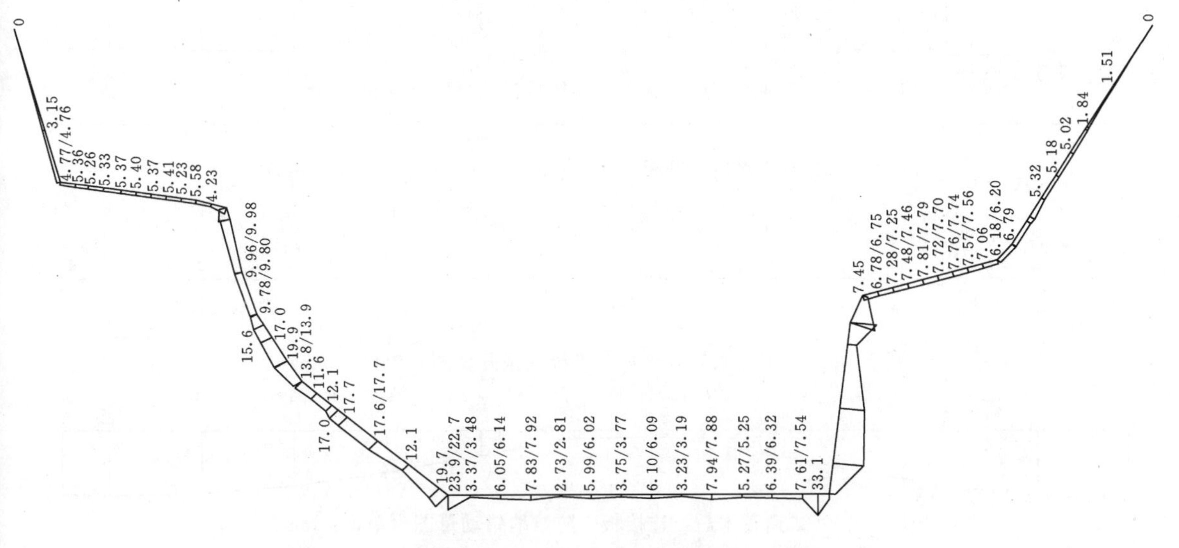

图 X-5　二期蓄水后，周边缝相对沉降量图（单位：mm）

从图 X-6 可以看出：二期蓄水后周边缝张开量全量最大值为 19.7mm。

从图 X-7 可以看出：二期蓄水后趾板—连接板错动量全量最大值为 36.1mm。

从图 X-8 可以看出：二期蓄水后趾板—连接板相对沉降量全量最大值为 0.0mm。

从图 X-9 可以看出：二期蓄水后趾板—连接板张开量全量最大值为 18.0mm。

从图 X-10 可以看出：二期蓄水后连接板—防渗墙错动量全量最大值为 20.1mm。

从图 X-11 可以看出：二期蓄水后连接板—防渗墙相对沉降量全量最大值为 36.6mm。

从图 X-12 可以看出：二期蓄水后连接板—防渗墙张开量全量最大值为 24.5mm。

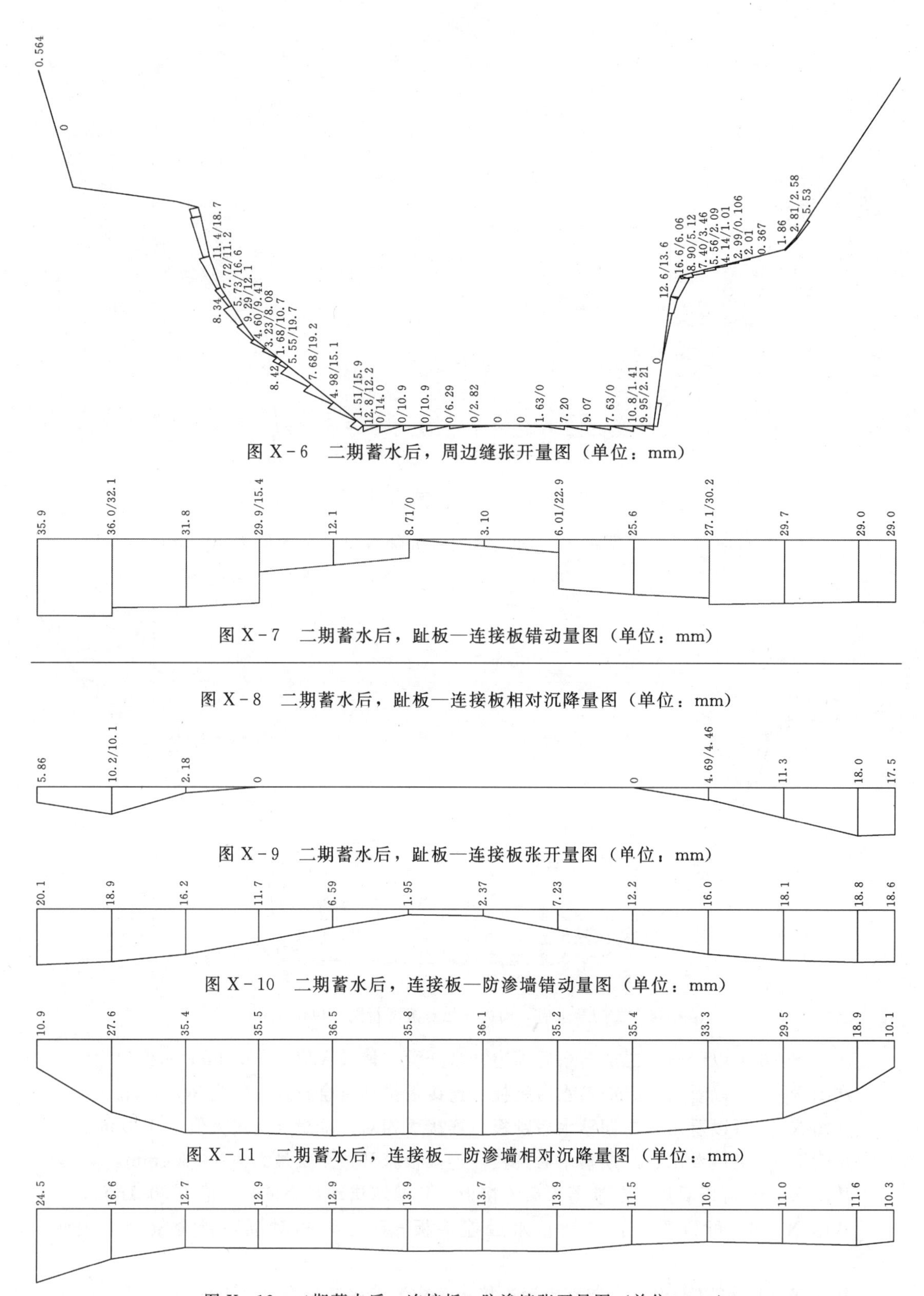

图 X-6　二期蓄水后，周边缝张开量图（单位：mm）

图 X-7　二期蓄水后，趾板—连接板错动量图（单位：mm）

图 X-8　二期蓄水后，趾板—连接板相对沉降量图（单位：mm）

图 X-9　二期蓄水后，趾板—连接板张开量图（单位：mm）

图 X-10　二期蓄水后，连接板—防渗墙错动量图（单位：mm）

图 X-11　二期蓄水后，连接板—防渗墙相对沉降量图（单位：mm）

图 X-12　二期蓄水后，连接板—防渗墙张开量图（单位：mm）

5 深覆盖层坝基处理方案比选计算研究分析

河口村水库坝基覆盖层主要是河床、漫滩及高漫滩河流冲积、洪积层。一般厚度30m，最大厚度为41.87m。岩性为含漂石及泥的砂卵石层，中间夹4层连续性不强的黏性土及19个砂层透镜体。据ZK88号钻孔第一层黏性土夹层取样，经C^{14}鉴定绝对年龄为34800年，时代应定为$Q_3{}^2$。由于只作一次年龄鉴定，资料不足，据此资料覆盖层与Ⅰ级、Ⅱ级阶地的关系尚不清楚，故报告中河床覆盖层及Ⅰ级、Ⅱ级阶地仍按Q_4划分。坝基不开挖方案的关键是查清覆盖层的组成和结构，有无软土、架空或易液化的细砂夹层等，影响坝体变形或稳定。

漂石：最大直径5m以上，一般1m左右，蚀圆度差，较大者具原始坍落状态，部分表面有钙质薄膜。成分以石英砾岩、灰岩、花岗岩为主。其分布规律：自地表以下5m深即表层普遍分布着一层漂石。在76个钻孔中有37个钻孔于不同深度穿过54个漂石，钻孔可见率为49%。垂直分布规律：自地面以下5m为表层，基岩面以上8m为底层，其余为中间层。表层共有9个钻孔遇到漂石占总数的16%，此外有些孔位避开大漂石，有些是开钻前挖掉未画在柱状图上；中间层13个孔遇到漂石占24%；底层32个孔遇见漂石占60%，故表层5m和底层8m为漂石密集层。由于河床砂卵石层的不均匀性，含漂石较多，坝基防渗墙施工时困难较多，应引起注意。

卵、砾、砂：卵石成分以石灰岩、白云岩为主，个别为砂岩和砾岩，蚀圆度中等；砾石成分以灰岩、白云岩为主，砂、页岩次之。卵砾石一般呈新鲜至微风化；砂子粗粒以岩屑为主，中细粒以石英为主，次为云母及长石。根据8个管钻孔颗分及263段密度测井资料分为上、中、下3层。

上层（$alQ_4{}^{3-3}$）：为含漂石卵石层，自河床至高程163.00m（即河床至第二层黏性土顶板间），厚度10m左右；中层（$alQ_4{}^{3-2}$）：为含漂石细砾石层，高程自163.00～152.00m（即第二层与第三层黏性土间），厚度10m左右；下层（$alQ_4{}^{3-1}$）：为含漂石砂砾石层，高程152.00m以下至基岩（即第三层黏性土夹层以下），厚度10～15m。

河床覆盖层卵石含量自上而下递减，砂、粉粒、黏粒含量及干密度递增，颗粒级配曲线为平缓光滑型，不均匀系数η=100～750之间，为级配良好的中等偏密实含漂细砾石层。

应该指出的是，以上试验资料除试坑外，颗分为管钻取样。开孔管径273mm，终孔管径168mm，打碎率为91.25%，故自上而下粗粒递减细粒递增与钻探方法亦有关系，并非地层真实规律。干密度：试坑用标准砂法做，管钻孔为物探（$\gamma-\gamma$）测得，如第一层两种方法所得结果相差很大，标准砂法是连漂石在内，组数少，其值偏大。

超重型重力触探试验：

为了解坝址区河床砂砾石层的物理力学特性，在2005～2008年地质勘察工作中，分别对趾板钻孔进行了超重型动力触探试验工作。

根据中国建筑出版社出版的第4版《工程地质手册》对动探资料进行统计分析。

上层：共统计了49次（贯入10cm为一次，下同），其中稍密（3～6击）的有6段，占12.24%，变形模量为19.62～24.3MPa；中密（6～11击）的有13段，占26.53%，变形模量为26.52～37.44MPa；密实（11～14击）的有4段，占8.16%，变形模量为40.03～46.53MPa；很密（>14击）的有26段，占53.07%，多集中在16～27击间，变形模量为47.82～97MPa。

中层：共统计了155次，其中稍密（3～6击）的有8段，占5.16%，变形模量为19.37～25.57MPa；击中密（6～11）的有14段，占9.03%，变形模量为26.12～38.69MPa；密实（11～14击）的有12段，占7.74%，变形模量为40.01～46.83MPa；很密（>14击）的有121段，占78.07%，多集中在15～24击间，变形模量为47.7～85.75MPa。

下层：共统计了11次，其中稍密（3～6击）的有1段，占9.09%，变形模量为22.75MPa；中密（6～11击）的有1段，占9.09%，变形模量为47.7～38.87MPa；密实（11～14击）的有1段，占9.09%，变形模量为43.17MPa；很密（>14击）的有8段，占72.73%，多集中于15～20击间，变形模量为49～62MPa。

综上所述，从重探击数来看，3层砂卵砾石均属中密—密实，但结合钻孔取芯资料来看，其中上层卵石含量较高，局部含有孤石，可能会造成锤击数偏大，以小值平均值判断，上层的密实度为中密，中、下层属密实结构，这与以前众多试验数据的结论一致。

另外，变形模量的小值平均值和试坑（水上部分）砂砾石压缩及抗剪试验成果中的弹性模量比较接近，可能和卵石含量较高，局部含漂石、孤石、夹泥有关。由于各层砂卵砾石层的密实程度和压缩性的不均一性，可能会产生不均匀沉降。

压缩、抗剪、剪切模量试验：

压缩抗剪试验分两种情况，第一种情况以试坑中砂砾石去掉粒径大于100mm者，按颗分曲线的上下包线、平均线控制不同干密度制件试验。

第二种情况是以管钻砂砾石样品和部分试坑砂砾石样品，用管钻颗分平均曲线控制不同干密度制件试验。剪切模量是采用地震跨孔试验，用1575B微地震仪测试的横波速度进行计算的。

（1）试坑砂卵石试验规律。

1）上包线与下包线比较，压力0～0.6MPa时，压缩系数$a_{上}>a_{下}$，压力0.6～1.2MPa时，压缩系数$a_{上}\approx a_{下}$，压力1.2～3.5MPa时，压缩系数$a_{上}<a_{下}$，说明压缩系数主要受级配控制，平均粒径小初始阶段易于压缩。

2）平均级配试件随干密度增大，压缩系数减小。

3）抗剪强度c、φ值与干密度呈正比（在试验压力范围内为直线关系）。

（2）管钻砂卵石试验规律

1）压缩系数（a）主要受干密度控制，呈反比关系，与级配关系不明显，大体上在压力0.79MPa以后a值变化较小。

2）抗剪强度 c、φ 值主要受级配与干密度两种因素控制，即平均粒径和干密度（γd）与 c、φ 值呈正比关系。

3）试验所得 c、φ 值仅相当于粗砂，是由于小于 5mm 的含量为 39%～66%，即细粒起控制作用的原因。

以上试验说明压缩系数与抗剪强度受颗粒级配与干密度的控制。管钻砂砾石破坏率较高，为 91.25%，已不能代表坝基砂砾石层的级配情况，试坑级配可以近似代表。故建议采用试坑试验制备干密度 $\gamma_d=2.08\text{g/m}^3$。其中 $\varphi=36°$，$c=0$。

5.1 坝基处理方案

针对河口村面板堆石坝的覆盖层，对坝基覆盖层与坝体结构以及坝基防渗结构的相互作用进行了系统的分析计算。采取部分挖除趾板附近的处理方式与采用垂直防渗处理方案相结合，利用混凝土防渗墙作为地基防渗措施，将趾板直接置于砂砾石地基上，并用趾板或连接板将防渗墙和面板连接起来，接缝处设置止水，从而形成完整的防渗系统。在这种情况下，工程设计的关键是要保证防渗墙、连接板和趾板的变形协调，并满足强度方面的要求。

通过系统的研究表明：深覆盖层与上部坝体的相互作用，主要表现为坝基覆盖层压缩变形对上部坝体的影响。其直接后果将导致坝体最大沉降区域的下移、坝顶产生向内凹陷的变形，并有可能引起一期面板顶部与坝体间产生局部脱开的趋势。与修建于坚硬基岩上的常规面板堆石坝相比，深覆盖层地基上的面板堆石坝坝体位移、面板变形以及周边缝的位移均有所增加。坝基防渗墙与趾板之间也存在一定的变形差异，这种差异变形可以采用连接板的方式进行过渡。从防渗墙的应力变形看，趾板与防渗墙之间连接板的长度与防渗墙的应力和位移有着明显的相关关系，应通过优化分析确定合理的长度 4m。

针对河口村面板坝工程可能采用的三个坝基处理方案，计算每个方案的坝体和防渗系统应力变形。各个加固方案见表 5.1。

表 5.1　　河床坝基覆盖层三种加固方案

强夯方案	坝轴线以上范围内挖至高程 165.00m＋其下部强夯，坝轴线以下 70m 强夯
强夯＋固结灌浆方案	位于防渗墙上游 7m 至防渗墙下游连接趾板下关键区域宽 50m 范围内采用砂砾石地基固结灌浆，在其下游至大坝主堆石区（坝轴线以下 60m）基础范围强夯
强夯＋旋喷方案	坝轴线以上范围内挖至高程 165.00m，在防渗墙到趾板区域打 5 排旋喷桩（20m 深，间距 2m），依次向下游（趾板“X”线下 50m）再打 12 排旋喷桩（20m 深，每 4m 一排，间距 2m），其下游至坝轴线以下（70m）强夯

河床坝基处理方案分析：见表 5.2。

方案一：是全强夯方案，施工条件是地下水位要降到覆盖层开挖面 3m 以下，且根据国内地基处理经验，强夯深度的影响范围大约在 8～10m。又由于地层中漂、卵石含量相对较多，强夯的结果不是夯实而是振松。

方案二：制约因素是工期较长，为了赶工期，必须在截流之前开始施工，这样一来水下固结灌浆的质量得不到保证。

方案三：为高压旋喷灌浆方案，这两种方案的区别是趾板下游 50m 范围内的旋喷桩排数及间距不同。为了避免高压旋喷后的地基和未旋喷的地基变形模量出现急剧的变化，要考虑已旋喷地基和未旋喷地基变形模量的过渡，因此在高压旋喷灌浆施工布置时，连接板、趾板地基的桩排距为 2m；趾板下游区的桩排距从上到下游逐渐增大，桩排距采用 2m、3m、4m 三级过渡。

表 5.2　　河床坝基覆盖层处理方案措施比较表

	方案一	方案二	方案三
施工工艺	强夯施工工艺：强夯施工前先把地下水位降至夯击面以下 3m，然后按点夯、复夯、满夯的工艺组合，先点夯一遍（每遍 6～8 击），复夯一遍（每遍 6～8 击），满夯 3 遍	固结灌浆工艺：灌浆施工按分序加密的原则进行。结合砂砾石帷幕灌浆和岩石固结灌浆的施工经验，灌浆施工次序采取先边排后中排，先外后内，先导孔、Ⅰ序孔、Ⅱ序孔的施工顺序。各单元先导孔钻进结束后，先进行一组弹性波 CT 测试。然后再进行灌浆的相关操作	旋喷桩施工工艺：采用三管法，各项施工参数满足《水利水电工程高压喷射灌浆技术规范》（DL/T 5200—2004）的要求
技术可靠性	强夯的技术可靠性：强夯法主要适用于处理碎石土、砂土、非饱和细粒土、湿陷性黄土、素填土和杂填土等地基的处理，对处理地下水位较高且含有大孤石的砂砾石地基效果尚无较成熟的经验，处理效果须经强夯试验检验。	固结灌浆技术可靠性：根据相关文献分析地基固结灌浆后，其中架空或大孔结构及大部分连通性较好的孔隙被水泥结石充填，但细砂及黏性土等细颗粒区域的灌浆效果远不如粗颗粒区域好。灌后其整体性虽然进一步得到加强，但随着压强的增大仍存在一定的变形	旋喷桩技术可靠性：旋喷桩对砂卵石等松散地层比较适用，但对于含有较多漂石的地层，须经高压喷射灌浆试验，根据相关工程经验经旋喷桩处理后桩位处的地基承载力可提高 6 倍，桩间提高 1.5～2.0 倍

5.2　计算参数建议值

无论哪种地基处理方案，坝体材料均参照表 5.3 中数值，不再改变，只需变动坝基覆盖层中的砂卵石层、壤土夹层、夹砂层三种材料参数。

当采用全强夯方案，河床覆盖层下的坝基上部 8m 深的覆盖层（如含有下面三种夹层）采用表 5.4～表 5.6 参数，坝基 8m 深下部的覆盖层仍采用表 5.3 中所列参数。

当采用旋喷桩＋强夯方案，对于强夯区，河床覆盖层下的坝基上部 8m 深的覆盖层（如含有下面三种夹层）采用表 5.4～表 5.6 参数，坝基 8m 深下部的覆盖层仍采用表 5.3 中所列参数；对于旋喷桩区，旋喷桩深度，按 20m 和与基岩相接两个标准控制，即当此处的覆盖层小于 20m，旋喷桩直接打到与基岩相接，当此处覆盖层大于 20m 旋喷桩，只打 20m 旋喷桩区域计算参数见表 5.8、表 5.9。

表 5.3　　E—B 模型参数表（覆盖层坝基处理后）

参数 料种	容重/(kN/m³)	K	n	K_b	m	R_f	K_{ur}	φ_0/(°)	$\Delta\varphi$/(°)	C/kPa
主堆石料	21.5	700	0.315	189	0.392	0.759	1400	46.0	1.4	0
过渡石料	23	598	0.431	280	0.215	0.789	1196	51.0	3.6	0
河床砂卵石料	20.8	449	0.541	117	0.479	0.824	898	44	0.7	0

续表

料种 \ 参数	容重 /(kN/m³)	K	n	K_b	m	R_f	K_{ur}	φ_0/(°)	$\Delta\varphi$/(°)	C/kPa
黏土夹层	16.5	76.1	0.818	52.9	0.329	0.589	152.2	35.5	4.9	5
垫层料	23	500	0.45	290	0.28	0.85	1000	55	12	0
次堆料	20.5	600	0.315	189	0.392	0.759	1200	46.0	1.4	0
特殊垫层区	23	480	0.45	290	0.28	0.85	960	55	12	0
夹砂层	16.3	100	0.5	150	0.25	0.85	200	28	0	0
石渣支座	20.5	1000	0.3	550	0.28	0.75	2000	45	0	0
混凝土面板 趾板连接板 混凝土防渗墙	弹性模量 $E=2.8\times10^4$ MPa，泊松比 $\upsilon=0.167$，$\gamma=24$kN/m³，C25									

（1）原计算参数。

表 5.4　　E—B 模型参数表（覆盖层坝基处理前）

料种 \ 参数	容重 /(kN/m³)	K	n	R_f	K_{ur}	C /kPa	φ_0 /(°)	$\Delta\varphi$ /(°)	K_b	m
垫层料	23	1250	0.45	0.85	2500	0	55	12	500	0.28
过度料	23	1200	0.48	0.9	2400	0	54	12	500	0.28
砂卵石层	20.8	900	0.42	0.85	1350	0	38	2	500	0.28
主堆石	21.5	1150	0.35	0.83	2300	0	53	13	500	0.28
次主堆石	20.5	1000	0.25	0.81	2000	0	52	12	450	0.2
特殊垫层料	23	1200	0.45	0.85	2400	0	55	12	600	0.2
壤土夹层	16.5	264	0.25	0.85	396	5	23	0	134	0.4
夹砂层	16.3	300	0.5	0.89	480	0	28	0	150	0.4
石渣支座	20.5	1000	0.3	0.75	1250	0	45	0	550	0.28
混凝土面板 趾板 连接板 混凝土防渗墙	弹性模量 $E=2.8\times10^4$ MPa，泊松比 $\upsilon=0.167$，$\gamma=24$kN/m³，C25									

（2）强夯区域计算参数。

表 5.5　　E—B 模型参数表（K、K_b 提高 10%，K_{ur}、φ_0 也相应提高）

覆盖层	容重 /(kN/m³)	K	n	R_f	K_{ur}	C /kPa	φ_0 /(°)	$\Delta\varphi$ /(°)	K_b	m
砂卵石层	21	990	0.42	0.85	1485	0	40	2	550	0.28
壤土夹层	16.7	290	0.25	0.85	435	8	25	0	148	0.4
夹砂层	16.7	330	0.5	0.89	495	0	30	0	165	0.4

表 5.6　　E—B 模型参数表（K、K_b 提高 30%，K_{ur}、φ_0 也相应提高）

覆盖层	容重 /(kN/m³)	K	n	R_f	K_{ur}	C /kPa	φ_0 /(°)	$\Delta\varphi$ /(°)	K_b	m
砂卵石层	21.2	1170	0.42	0.85	1755	0	41	2	650	0.28
壤土夹层	17	343	0.25	0.85	515	8	26	0	174	0.4
夹砂层	17	390	0.5	0.89	585	0	31	0	195	0.4

表 5.7　　E—B 模型参数表（K、K_b 提高 40%，K_{ur}、φ_0 也相应提高）

覆盖层	容重 /(kN/m³)	K	n	R_f	K_{ur}	C /kPa	φ_0 /(°)	$\Delta\varphi$ /(°)	K_b	m
砂卵石层	21.5	1260	0.42	0.85	1890	0	42	2	700	0.28
壤土夹层	17	396	0.25	0.85	594	8	28	0	187	0.4
夹砂层	17.5	420	0.5	0.89	630	0	31.5	0	210	0.4

（3）固结灌浆区域计算参数。

表 5.8　　E—B 模型参数表（覆盖层固结灌浆区域）

覆盖层	容重 /(kN/m³)	K	n	R_f	K_{ur}	C /kPa	φ_0 /(°)	$\Delta\varphi$ /(°)	K_b	m
砂卵石层（灌浆区—密孔）	21.5	1150	0.42	0.85	1600	0	44	2	600	0.28
砂卵石层（灌浆区—疏孔）	21.2	1050	0.42	0.85	1500	0	42	2	550	0.28

（4）旋喷灌浆区域计算参数。

表 5.9　　E—B 模型参数表（覆盖层旋喷灌浆区域）

覆盖层	容重 /(kN/m³)	K	n	R_f	K_{ur}	C /kPa	φ_0 /(°)	$\Delta\varphi$ /(°)	K_b	m
砂卵石层（旋喷桩区—密孔）	21.5	1150	0.42	0.85	1600	0	44	2	600	0.28
砂卵石层（旋喷桩区—疏孔）	21.2	1050	0.42	0.85	1500	0	42	2	550	0.28

5.3 分组与计算结果说明

根据本章第 1 节，共有 3 个加固方案，每个方案都含有强夯加固部分。根据本章第 2 节，要求强夯后坝基参数的变形模量分别按增加 10%、30%、40%计算（即强夯加固系数分别为 1.1、1.3、1.4），因此，共需要进行 9 组计算。为了与不加固情况对照，共进行了 10 组计算，分别给予序号 0～9，各组计算的内容见表 5.10。

表 5.10　　10组覆盖层坝基处理措施方案

组　　号	坝　基　处　理
第 0 组	坝基不处理，考虑壤土夹层和夹砂层
第 1 组	强夯加固系数=1.1，强夯方案
第 2 组	强夯加固系数=1.1，强夯+固结灌浆方案
第 3 组	强夯加固系数=1.1，强夯+旋喷方案
第 4 组	强夯加固系数=1.3，强夯方案
第 5 组	强夯加固系数=1.3，强夯+固结灌浆方案
第 6 组	强夯加固系数=1.3，强夯+旋喷方案
第 7 组	强夯加固系数=1.4，强夯方案
第 8 组	强夯加固系数=1.4，强夯+固结灌浆方案
第 9 组	强夯加固系数=1.4，强夯+旋喷方案

计算采用的填筑、蓄水顺序、接触面参数等和先前提交的“河口村面板堆石坝三维有限元应力变形分析”报告相同。计算结果是采用批处理技术自动整理的。由于篇幅较大，省略了部分等值线图形，但列出了分缝变形和防渗墙变形曲线，详见下列各章。

本文顺水流方向位移“+”向下游，“−”向上游，轴向位移“+”向右岸，“−”向左岸。竖向位移向上为“+”，应力拉为−，压为+。

5.4　坝体与防渗系统应力变形

坝体与防渗系统应力变形见表 5.11。

表 5.11　　坝体与防渗系统应力变形表

第 0 组：地基不处理，含壤土夹层和夹砂层				
工况	位置	变　量　名　称	最小值	最大值
一期蓄水前	坝体横断面	顺水流方向位移/m	−0.2669	0.1818
一期蓄水前	坝体横断面	竖向位移/m	−0.6847	0.02540
一期蓄水前	坝体横断面	第 1 主应力/MPa	−0.05636	1.515
一期蓄水前	坝体横断面	第 3 主应力/MPa	−0.02867	0.7996
一期蓄水前	坝体横断面	应力水平	0.04900	0.9948
一期蓄水后	坝体横断面	顺水流方向位移/m	−0.1054	0.1870
一期蓄水后	坝体横断面	竖向位移/m	−0.7004	0.02580
一期蓄水后	坝体横断面	第 1 主应力/MPa	0.1000	1.604
一期蓄水后	坝体横断面	第 3 主应力/MPa	0.05430	0.9139
一期蓄水后	坝体横断面	应力水平	0.03431	0.9948
二期蓄水前	坝体横断面	顺水流方向位移/m	−0.1725	0.2818
二期蓄水前	坝体横断面	竖向位移/m	−0.9365	0.02477
二期蓄水前	坝体横断面	第 1 主应力/MPa	0.1000	1.996

续表

工况	位置	变 量 名 称	最小值	最大值
二期蓄水前	坝体横断面	第3主应力/MPa	0.06263	1.109
二期蓄水前	坝体横断面	应力水平	0.04658	0.9948
二期蓄水后	坝体横断面	顺水流方向位移/m	−0.05566	0.3468
二期蓄水后	坝体横断面	竖向位移/m	−0.9845	0.02451
二期蓄水后	坝体横断面	第1主应力/MPa	0.1000	2.062
二期蓄水后	坝体横断面	第3主应力/MPa	−0.04774	1.155
二期蓄水后	坝体横断面	应力水平	0.04882	0.9948
一期蓄水后	面板表面	轴向位移/m	−0.007328	0.009103
一期蓄水后	面板表面	顺坡位移/m	−0.01109	0.06641
一期蓄水后	面板表面	法向位移/m	−0.3233	−0.001872
一期蓄水后	面板表面	轴向应力/MPa	−0.2154	1.184
一期蓄水后	面板表面	顺坡应力/MPa	0.07517	1.981
一期蓄水后	面板底面	轴向位移/m	−0.006127	0.006120
一期蓄水后	面板底面	顺坡位移/m	−0.01111	0.06786
一期蓄水后	面板底面	法向位移/m	−0.3233	−0.001872
一期蓄水后	面板底面	轴向应力/MPa	−0.03332	1.168
一期蓄水后	面板底面	顺坡应力/MPa	−0.5635	1.951
二期蓄水前	面板表面	轴向位移/m	−0.02524	0.02811
二期蓄水前	面板表面	顺坡位移/m	−0.03968	0.01031
二期蓄水前	面板表面	法向位移/m	−0.2932	−0.001686
二期蓄水前	面板表面	轴向应力/MPa	−0.3088	3.852
二期蓄水前	面板表面	顺坡应力/MPa	0.2922	6.977
二期蓄水前	面板底面	轴向位移/m	−0.02439	0.02730
二期蓄水前	面板底面	顺坡位移/m	−0.03976	0.01197
二期蓄水前	面板底面	法向位移/m	−0.2932	−0.001685
二期蓄水前	面板底面	轴向应力/MPa	−0.1376	3.901
二期蓄水前	面板底面	顺坡应力/MPa	0.5648	6.624
二期蓄水后	面板表面	轴向位移/m	−0.05500	0.05085
二期蓄水后	面板表面	顺坡位移/m	−0.02298	0.07472
二期蓄水后	面板表面	法向位移/m	−0.4753	−0.003999
二期蓄水后	面板表面	轴向应力/MPa	−0.4330	7.262
二期蓄水后	面板表面	顺坡应力/MPa	−0.1712	6.146
二期蓄水后	面板底面	轴向位移/m	−0.05390	0.04983
二期蓄水后	面板底面	顺坡位移/m	−0.02307	0.07510
二期蓄水后	面板底面	法向位移/m	−0.4753	−0.004010

续表

工况	位置	变 量 名 称	最小值	最大值
二期蓄水后	面板底面	轴向应力/MPa	−0.3082	7.301
二期蓄水后	面板底面	顺坡应力/MPa	−0.4305	6.271
一期蓄水前	防渗墙上游面	轴向位移/m	−0.002570	0.002516
一期蓄水前	防渗墙上游面	顺水流方向位移/m	−0.1535	−0.0007866
一期蓄水前	防渗墙上游面	竖向位移/m	−0.004147	−0.0005970
一期蓄水前	防渗墙上游面	轴向应力/MPa	−6.443	6.248
一期蓄水前	防渗墙上游面	竖向应力/MPa	−3.799	15.11
一期蓄水前	防渗墙下游面	轴向位移/m	−0.001913	0.002286
一期蓄水前	防渗墙下游面	顺水流方向位移/m	−0.1535	−0.0004815
一期蓄水前	防渗墙下游面	竖向位移/m	0.001129	0.006540
一期蓄水前	防渗墙下游面	轴向应力/MPa	−7.115	6.321
一期蓄水前	防渗墙下游面	竖向应力/MPa	−7.032	7.352
一期蓄水后	防渗墙上游面	轴向位移/m	−0.001136	0.001521
一期蓄水后	防渗墙上游面	顺水流方向位移/m	0.0003988	0.05420
一期蓄水后	防渗墙上游面	竖向位移/m	−0.0005718	0.003020
一期蓄水后	防渗墙上游面	轴向应力/MPa	−7.486	6.753
一期蓄水后	防渗墙上游面	竖向应力/MPa	−13.22	8.482
一期蓄水后	防渗墙下游面	轴向位移/m	−0.0006158	0.001065
一期蓄水后	防渗墙下游面	顺水流方向位移/m	0.0004078	0.05420
一期蓄水后	防渗墙下游面	竖向位移/m	−0.002506	0.002401
一期蓄水后	防渗墙下游面	轴向应力/MPa	−4.997	7.159
一期蓄水后	防渗墙下游面	竖向应力/MPa	−0.02166	16.59
二期蓄水前	防渗墙上游面	轴向位移/m	−0.0007481	0.001052
二期蓄水前	防渗墙上游面	顺水流方向位移/m	−0.001263	0.009030
二期蓄水前	防渗墙上游面	竖向位移/m	−0.002304	0.001576
二期蓄水前	防渗墙上游面	轴向应力/MPa	−5.525	7.011
二期蓄水前	防渗墙上游面	竖向应力/MPa	−7.682	10.26
二期蓄水前	防渗墙下游面	轴向位移/m	−0.0009038	0.001278
二期蓄水前	防渗墙下游面	顺水流方向位移/m	−0.001248	0.009022
二期蓄水前	防渗墙下游面	竖向位移/m	−0.001356	0.002974
二期蓄水前	防渗墙下游面	轴向应力/MPa	−4.634	7.193
二期蓄水前	防渗墙下游面	竖向应力/MPa	0.03206	12.42
二期蓄水后	防渗墙上游面	轴向位移/m	−0.003542	0.004362
二期蓄水后	防渗墙上游面	顺水流方向位移/m	0.0009332	0.1541
二期蓄水后	防渗墙上游面	竖向位移/m	−0.001116	0.007282

续表

工况	位置	变 量 名 称	最小值	最大值
二期蓄水后	防渗墙上游面	轴向应力/MPa	−6.737	7.183
二期蓄水后	防渗墙上游面	竖向应力/MPa	−10.16	12.67
二期蓄水后	防渗墙下游面	轴向位移/m	−0.001222	0.001755
二期蓄水后	防渗墙下游面	顺水流方向位移/m	0.0009725	0.1541
二期蓄水后	防渗墙下游面	竖向位移/m	−0.006033	0.0002889
二期蓄水后	防渗墙下游面	轴向应力/MPa	−3.540	7.706
二期蓄水后	防渗墙下游面	竖向应力/MPa	−1.742	21.53
一期蓄水后	连接板表面	轴向位移/m	−0.01341	0.01416
一期蓄水后	连接板表面	顺水流方向位移/m	0.05527	0.2419
一期蓄水后	连接板表面	竖向位移/m	−0.1993	−0.005103
一期蓄水后	连接板表面	轴向应力/MPa	−0.5345	7.187
一期蓄水后	连接板表面	顺水流应力/MPa	0.2672	1.292
一期蓄水后	连接板底面	轴向位移/m	−0.01218	0.01293
一期蓄水后	连接板底面	顺水流方向位移/m	0.04727	0.2014
一期蓄水后	连接板底面	竖向位移/m	−0.1993	−0.005092
一期蓄水后	连接板底面	轴向应力/MPa	−1.592	6.944
一期蓄水后	连接板底面	顺水流应力/MPa	−0.9538	0.2336
二期蓄水前	连接板表面	轴向位移/m	−0.01065	0.01091
二期蓄水前	连接板表面	顺水流方向位移/m	0.03374	0.1858
二期蓄水前	连接板表面	竖向位移/m	−0.2051	−0.004195
二期蓄水前	连接板表面	轴向应力/MPa	−0.1954	6.036
二期蓄水前	连接板表面	顺水流应力/MPa	0.1176	2.214
二期蓄水前	连接板底面	轴向位移/m	−0.009510	0.009755
二期蓄水前	连接板底面	顺水流方向位移/m	0.02576	0.1449
二期蓄水前	连接板底面	竖向位移/m	−0.2050	−0.004180
二期蓄水前	连接板底面	轴向应力/MPa	−1.415	5.843
二期蓄水前	连接板底面	顺水流应力/MPa	−0.4775	1.139
二期蓄水后	连接板表面	轴向位移/m	−0.02220	0.02254
二期蓄水后	连接板表面	顺水流方向位移/m	0.06580	0.3534
二期蓄水后	连接板表面	竖向位移/m	−0.3027	−0.009761
二期蓄水后	连接板表面	轴向应力/MPa	0.2547	11.55
二期蓄水后	连接板表面	顺水流应力/MPa	0.3028	2.839
二期蓄水后	连接板底面	轴向位移/m	−0.02002	0.02053
二期蓄水后	连接板底面	顺水流方向位移/m	0.05434	0.2972
二期蓄水后	连接板底面	竖向位移/m	−0.3027	−0.009123

续表

工况	位置	变 量 名 称	最小值	最大值
二期蓄水后	连接板底面	轴向应力/MPa	－1.707	10.80
二期蓄水后	连接板底面	顺水流应力/MPa	－1.074	0.8916
一期蓄水前	河床段趾板表面	轴向位移/m	－0.02044	0.02179
一期蓄水前	河床段趾板表面	顺水流方向位移/m	－0.2211	0.005262
一期蓄水前	河床段趾板表面	竖向位移/m	－0.1342	0.02295
一期蓄水前	河床段趾板表面	轴向应力/MPa	－1.634	11.19
一期蓄水前	河床段趾板表面	顺水流应力/MPa	－2.605	2.488
一期蓄水前	河床段趾板底面	轴向位移/m	－0.02081	0.02113
一期蓄水前	河床段趾板底面	顺水流方向位移/m	－0.2415	0.005373
一期蓄水前	河床段趾板底面	竖向位移/m	－0.1342	0.02294
一期蓄水前	河床段趾板底面	轴向应力/MPa	－1.256	11.64
一期蓄水前	河床段趾板底面	顺水流应力/MPa	－2.700	1.799
一期蓄水后	河床段趾板表面	轴向位移/m	－0.01309	0.01581
一期蓄水后	河床段趾板表面	顺水流方向位移/m	－0.01124	0.03258
一期蓄水后	河床段趾板表面	竖向位移/m	－0.3661	－0.001414
一期蓄水后	河床段趾板表面	轴向应力/MPa	－4.711	16.31
一期蓄水后	河床段趾板表面	顺水流应力/MPa	－2.138	3.241
一期蓄水后	河床段趾板底面	轴向位移/m	－0.01001	0.01145
一期蓄水后	河床段趾板底面	顺水流方向位移/m	－0.01344	0.02271
一期蓄水后	河床段趾板底面	竖向位移/m	－0.3610	－0.001225
一期蓄水后	河床段趾板底面	轴向应力/MPa	－2.879	17.43
一期蓄水后	河床段趾板底面	顺水流应力/MPa	－2.202	3.474
二期蓄水前	河床段趾板表面	轴向位移/m	－0.01021	0.01558
二期蓄水前	河床段趾板表面	顺水流方向位移/m	－0.05070	－0.002714
二期蓄水前	河床段趾板表面	竖向位移/m	－0.3719	－0.001532
二期蓄水前	河床段趾板表面	轴向应力/MPa	－0.6504	12.55
二期蓄水前	河床段趾板表面	顺水流应力/MPa	－0.1293	4.954
二期蓄水前	河床段趾板底面	轴向位移/m	－0.005049	0.006728
二期蓄水前	河床段趾板底面	顺水流方向位移/m	－0.07381	－0.001356
二期蓄水前	河床段趾板底面	竖向位移/m	－0.3675	－0.001592
二期蓄水前	河床段趾板底面	轴向应力/MPa	－1.413	13.82
二期蓄水前	河床段趾板底面	顺水流应力/MPa	－5.239	2.586
二期蓄水后	河床段趾板表面	轴向位移/m	－0.02765	0.02880
二期蓄水后	河床段趾板表面	顺水流方向位移/m	－0.01914	0.1397
二期蓄水后	河床段趾板表面	竖向位移/m	－0.5024	－0.001868

续表

工况	位置	变 量 名 称	最小值	最大值
二期蓄水后	河床段趾板表面	轴向应力/MPa	－6.162	17.51
二期蓄水后	河床段趾板表面	顺水流应力/MPa	－3.664	5.788
二期蓄水后	河床段趾板底面	轴向位移/m	－0.02274	0.02319
二期蓄水后	河床段趾板底面	顺水流方向位移/m	－0.01687	0.08828
二期蓄水后	河床段趾板底面	竖向位移/m	－0.4955	－0.001678
二期蓄水后	河床段趾板底面	轴向应力/MPa	－5.052	18.59
二期蓄水后	河床段趾板底面	顺水流应力/MPa	－3.004	7.075

第1组：强夯加固系数＝1.1，强夯方案

工况	位置	变 量 名 称	最小值	最大值
一期蓄水前	坝体横断面	顺水流方向位移/m	－0.1903	0.1382
一期蓄水前	坝体横断面	竖向位移/m	－0.5817	0.02169
一期蓄水前	坝体横断面	第1主应力/MPa	－0.05750	1.595
一期蓄水前	坝体横断面	第3主应力/MPa	0.001114	0.8283
一期蓄水前	坝体横断面	应力水平	0.03498	0.9947
一期蓄水后	坝体横断面	顺水流方向位移/m	－0.06760	0.1414
一期蓄水后	坝体横断面	竖向位移/m	－0.5792	0.02135
一期蓄水后	坝体横断面	第1主应力/MPa	0.1000	1.634
一期蓄水后	坝体横断面	第3主应力/MPa	0.05865	0.8766
一期蓄水后	坝体横断面	应力水平	0.03449	0.9947
二期蓄水前	坝体横断面	顺水流方向位移/m	－0.1088	0.2057
二期蓄水前	坝体横断面	竖向位移/m	－0.8115	0.02102
二期蓄水前	坝体横断面	第1主应力/MPa	0.1000	2.056
二期蓄水前	坝体横断面	第3主应力/MPa	0.06358	1.118
二期蓄水前	坝体横断面	应力水平	0.03627	0.9947
二期蓄水后	坝体横断面	顺水流方向位移/m	－0.04377	0.2389
二期蓄水后	坝体横断面	竖向位移/m	－0.8557	0.02079
二期蓄水后	坝体横断面	第1主应力/MPa	0.1000	2.085
二期蓄水后	坝体横断面	第3主应力/MPa	－0.05447	1.133
二期蓄水后	坝体横断面	应力水平	0.03702	0.9947
一期蓄水后	面板表面	轴向位移/m	－0.007496	0.009107
一期蓄水后	面板表面	顺坡位移/m	－0.01145	0.05733
一期蓄水后	面板表面	法向位移/m	－0.2698	－0.001562
一期蓄水后	面板表面	轴向应力/MPa	－0.1707	1.203
一期蓄水后	面板表面	顺坡应力/MPa	0.07370	2.266
一期蓄水后	面板底面	轴向位移/m	－0.006467	0.006479

续表

工况	位置	变 量 名 称	最小值	最大值
一期蓄水后	面板底面	顺坡位移/m	－0.01147	0.05839
一期蓄水后	面板底面	法向位移/m	－0.2698	－0.001562
一期蓄水后	面板底面	轴向应力/MPa	－0.03103	1.191
一期蓄水后	面板底面	顺坡应力/MPa	－0.2882	2.210
二期蓄水前	面板表面	轴向位移/m	－0.02448	0.02682
二期蓄水前	面板表面	顺坡位移/m	－0.03518	0.01699
二期蓄水前	面板表面	法向位移/m	－0.2464	－0.001401
二期蓄水前	面板表面	轴向应力/MPa	－0.3233	3.610
二期蓄水前	面板表面	顺坡应力/MPa	0.2246	6.044
二期蓄水前	面板底面	轴向位移/m	－0.02359	0.02597
二期蓄水前	面板底面	顺坡位移/m	－0.03537	0.01828
二期蓄水前	面板底面	法向位移/m	－0.2465	－0.001401
二期蓄水前	面板底面	轴向应力/MPa	－0.1123	3.648
二期蓄水前	面板底面	顺坡应力/MPa	0.3465	5.789
二期蓄水后	面板表面	轴向位移/m	－0.05094	0.04602
二期蓄水后	面板表面	顺坡位移/m	－0.02512	0.06856
二期蓄水后	面板表面	法向位移/m	－0.4116	－0.003422
二期蓄水后	面板表面	轴向应力/MPa	－0.4310	6.672
二期蓄水后	面板表面	顺坡应力/MPa	－0.08101	6.357
二期蓄水后	面板底面	轴向位移/m	－0.04915	0.04481
二期蓄水后	面板底面	顺坡位移/m	－0.02532	0.06883
二期蓄水后	面板底面	法向位移/m	－0.4116	－0.003431
二期蓄水后	面板底面	轴向应力/MPa	－0.2742	6.706
二期蓄水后	面板底面	顺坡应力/MPa	－0.2289	6.472
一期蓄水前	防渗墙上游面	轴向位移/m	－0.002052	0.002020
一期蓄水前	防渗墙上游面	顺水流方向位移/m	－0.1226	－0.0004199
一期蓄水前	防渗墙上游面	竖向位移/m	－0.003374	－0.0003374
一期蓄水前	防渗墙上游面	轴向应力/MPa	－5.934	5.630
一期蓄水前	防渗墙上游面	竖向应力/MPa	－3.758	12.75
一期蓄水前	防渗墙下游面	轴向位移/m	－0.001542	0.001588
一期蓄水前	防渗墙下游面	顺水流方向位移/m	－0.1226	－0.0004092
一期蓄水前	防渗墙下游面	竖向位移/m	0.0007291	0.005315
一期蓄水前	防渗墙下游面	轴向应力/MPa	－5.766	5.732
一期蓄水前	防渗墙下游面	竖向应力/MPa	－5.966	6.719
一期蓄水后	防渗墙上游面	轴向位移/m	－0.001207	0.001535

续表

工况	位置	变 量 名 称	最小值	最大值
一期蓄水后	防渗墙上游面	顺水流方向位移/m	0.0003733	0.05942
一期蓄水后	防渗墙上游面	竖向位移/m	−0.0006704	0.002759
一期蓄水后	防渗墙上游面	轴向应力/MPa	−7.074	6.351
一期蓄水后	防渗墙上游面	竖向应力/MPa	−12.31	8.182
一期蓄水后	防渗墙下游面	轴向位移/m	−0.0006464	0.0008863
一期蓄水后	防渗墙下游面	顺水流方向位移/m	0.0003885	0.05942
一期蓄水后	防渗墙下游面	竖向位移/m	−0.003020	0.001485
一期蓄水后	防渗墙下游面	轴向应力/MPa	−4.311	6.683
一期蓄水后	防渗墙下游面	竖向应力/MPa	−0.04163	15.86
二期蓄水前	防渗墙上游面	轴向位移/m	−0.0008948	0.001104
二期蓄水前	防渗墙上游面	顺水流方向位移/m	0.0003777	0.02325
二期蓄水前	防渗墙上游面	竖向位移/m	−0.002003	0.001739
二期蓄水前	防渗墙上游面	轴向应力/MPa	−5.654	6.512
二期蓄水前	防渗墙上游面	竖向应力/MPa	−7.936	9.337
二期蓄水前	防渗墙下游面	轴向位移/m	−0.0008495	0.0009998
二期蓄水前	防渗墙下游面	顺水流方向位移/m	0.0004166	0.02325
二期蓄水前	防渗墙下游面	竖向位移/m	−0.002195	0.001924
二期蓄水前	防渗墙下游面	轴向应力/MPa	−4.052	6.726
二期蓄水前	防渗墙下游面	竖向应力/MPa	0.01069	12.86
二期蓄水后	防渗墙上游面	轴向位移/m	−0.003581	0.004387
二期蓄水后	防渗墙上游面	顺水流方向位移/m	0.0008644	0.1531
二期蓄水后	防渗墙上游面	竖向位移/m	−0.001413	0.006626
二期蓄水后	防渗墙上游面	轴向应力/MPa	−6.703	6.857
二期蓄水后	防渗墙上游面	竖向应力/MPa	−9.714	12.57
二期蓄水后	防渗墙下游面	轴向位移/m	−0.001284	0.001538
二期蓄水后	防渗墙下游面	顺水流方向位移/m	0.0008957	0.1531
二期蓄水后	防渗墙下游面	竖向位移/m	−0.006226	−0.0005378
二期蓄水后	防渗墙下游面	轴向应力/MPa	−2.913	7.320
二期蓄水后	防渗墙下游面	竖向应力/MPa	−0.8955	21.40
一期蓄水后	连接板表面	轴向位移/m	−0.01223	0.01266
一期蓄水后	连接板表面	顺水流方向位移/m	0.04756	0.2046
一期蓄水后	连接板表面	竖向位移/m	−0.1492	−0.004752
一期蓄水后	连接板表面	轴向应力/MPa	−0.2815	6.027
一期蓄水后	连接板表面	顺水流应力/MPa	0.2008	1.040
一期蓄水后	连接板底面	轴向位移/m	−0.01103	0.01156

续表

工况	位置	变 量 名 称	最小值	最大值
一期蓄水后	连接板底面	顺水流方向位移/m	0.04002	0.1751
一期蓄水后	连接板底面	竖向位移/m	−0.1491	−0.005033
一期蓄水后	连接板底面	轴向应力/MPa	−1.217	6.011
一期蓄水后	连接板底面	顺水流应力/MPa	−0.8859	0.7558
二期蓄水前	连接板表面	轴向位移/m	−0.01012	0.01072
二期蓄水前	连接板表面	顺水流方向位移/m	0.03242	0.1629
二期蓄水前	连接板表面	竖向位移/m	−0.1529	−0.004132
二期蓄水前	连接板表面	轴向应力/MPa	0.03449	4.995
二期蓄水前	连接板表面	顺水流应力/MPa	0.1778	1.956
二期蓄水前	连接板底面	轴向位移/m	−0.008955	0.009694
二期蓄水前	连接板底面	顺水流方向位移/m	0.02559	0.1332
二期蓄水前	连接板底面	竖向位移/m	−0.1529	−0.004119
二期蓄水前	连接板底面	轴向应力/MPa	−1.111	4.992
二期蓄水前	连接板底面	顺水流应力/MPa	−0.4904	1.520
二期蓄水后	连接板表面	轴向位移/m	−0.02082	0.02152
二期蓄水后	连接板表面	顺水流方向位移/m	0.05997	0.3066
二期蓄水后	连接板表面	竖向位移/m	−0.2397	−0.008660
二期蓄水后	连接板表面	轴向应力/MPa	0.5230	10.10
二期蓄水后	连接板表面	顺水流应力/MPa	0.3420	2.761
二期蓄水后	连接板底面	轴向位移/m	−0.01861	0.01961
二期蓄水后	连接板底面	顺水流方向位移/m	0.04992	0.2648
二期蓄水后	连接板底面	竖向位移/m	−0.2397	−0.009094
二期蓄水后	连接板底面	轴向应力/MPa	−1.606	9.663
二期蓄水后	连接板底面	顺水流应力/MPa	−1.104	1.335
一期蓄水前	河床段趾板表面	轴向位移/m	−0.01477	0.01465
一期蓄水前	河床段趾板表面	顺水流方向位移/m	−0.1488	0.003751
一期蓄水前	河床段趾板表面	竖向位移/m	−0.07479	0.01130
一期蓄水前	河床段趾板表面	轴向应力/MPa	−0.9615	8.250
一期蓄水前	河床段趾板表面	顺水流应力/MPa	−1.927	1.602
一期蓄水前	河床段趾板底面	轴向位移/m	−0.01487	0.01430
一期蓄水前	河床段趾板底面	顺水流方向位移/m	−0.1605	0.003570
一期蓄水前	河床段趾板底面	竖向位移/m	−0.07679	0.01120
一期蓄水前	河床段趾板底面	轴向应力/MPa	−0.7991	8.538
一期蓄水前	河床段趾板底面	顺水流应力/MPa	−2.040	1.762
一期蓄水后	河床段趾板表面	轴向位移/m	−0.01583	0.01672

续表

工况	位置	变 量 名 称	最小值	最大值
一期蓄水后	河床段趾板表面	顺水流方向位移/m	－0.007420	0.06083
一期蓄水后	河床段趾板表面	竖向位移/m	－0.2652	－0.001043
一期蓄水后	河床段趾板表面	轴向应力/MPa	－3.872	11.92
一期蓄水后	河床段趾板表面	顺水流应力/MPa	－1.803	3.540
一期蓄水后	河床段趾板底面	轴向位移/m	－0.01298	0.01331
一期蓄水后	河床段趾板底面	顺水流方向位移/m	－0.006155	0.03837
一期蓄水后	河床段趾板底面	竖向位移/m	－0.2652	－0.001079
一期蓄水后	河床段趾板底面	轴向应力/MPa	－2.292	13.27
一期蓄水后	河床段趾板底面	顺水流应力/MPa	－1.838	2.365
二期蓄水前	河床段趾板表面	轴向位移/m	－0.01080	0.01303
二期蓄水前	河床段趾板表面	顺水流方向位移/m	－0.007922	0.01579
二期蓄水前	河床段趾板表面	竖向位移/m	－0.2681	－0.001103
二期蓄水前	河床段趾板表面	轴向应力/MPa	－0.3211	8.594
二期蓄水前	河床段趾板表面	顺水流应力/MPa	－0.06651	4.988
二期蓄水前	河床段趾板底面	轴向位移/m	－0.007900	0.009155
二期蓄水前	河床段趾板底面	顺水流方向位移/m	－0.01468	0.008860
二期蓄水前	河床段趾板底面	竖向位移/m	－0.2685	－0.001085
二期蓄水前	河床段趾板底面	轴向应力/MPa	－0.9094	10.03
二期蓄水前	河床段趾板底面	顺水流应力/MPa	－5.496	1.403
二期蓄水后	河床段趾板表面	轴向位移/m	－0.02991	0.03085
二期蓄水后	河床段趾板表面	顺水流方向位移/m	－0.01446	0.1608
二期蓄水后	河床段趾板表面	竖向位移/m	－0.3843	－0.001379
二期蓄水后	河床段趾板表面	轴向应力/MPa	－4.927	13.57
二期蓄水后	河床段趾板表面	顺水流应力/MPa	－3.963	6.196
二期蓄水后	河床段趾板底面	轴向位移/m	－0.02535	0.02553
二期蓄水后	河床段趾板底面	顺水流方向位移/m	－0.01229	0.1238
二期蓄水后	河床段趾板底面	竖向位移/m	－0.3837	－0.001596
二期蓄水后	河床段趾板底面	轴向应力/MPa	－4.421	14.71
二期蓄水后	河床段趾板底面	顺水流应力/MPa	－3.041	10.55

第2组：强夯加固系数=1.1，强夯+固结灌浆方案

工况	位置	变 量 名 称	最小值	最大值
一期蓄水前	坝体横断面	顺水流方向位移/m	－0.1390	0.1202
一期蓄水前	坝体横断面	竖向位移/m	－0.4459	0.02000
一期蓄水前	坝体横断面	第1主应力/MPa	0.1000	1.640
一期蓄水前	坝体横断面	第3主应力/MPa	0.02677	0.6617

续表

工况	位置	变 量 名 称	最小值	最大值
一期蓄水前	坝体横断面	应力水平	0.02251	0.9947
一期蓄水后	坝体横断面	顺水流方向位移/m	−0.05529	0.1238
一期蓄水后	坝体横断面	竖向位移/m	−0.4461	0.02023
一期蓄水后	坝体横断面	第 1 主应力/MPa	0.1000	1.674
一期蓄水后	坝体横断面	第 3 主应力/MPa	0.06667	0.6960
一期蓄水后	坝体横断面	应力水平	0.04677	0.9947
二期蓄水前	坝体横断面	顺水流方向位移/m	−0.09645	0.2219
二期蓄水前	坝体横断面	竖向位移/m	−0.7300	0.01909
二期蓄水前	坝体横断面	第 1 主应力/MPa	0.1000	2.098
二期蓄水前	坝体横断面	第 3 主应力/MPa	0.06542	0.8660
二期蓄水前	坝体横断面	应力水平	0.05256	0.9947
二期蓄水后	坝体横断面	顺水流方向位移/m	−0.02506	0.2835
二期蓄水后	坝体横断面	竖向位移/m	−0.7518	0.01886
二期蓄水后	坝体横断面	第 1 主应力/MPa	0.1000	2.167
二期蓄水后	坝体横断面	第 3 主应力/MPa	−0.02787	0.8681
二期蓄水后	坝体横断面	应力水平	0.04344	0.9947
一期蓄水后	面板表面	轴向位移/m	−0.006283	0.006022
一期蓄水后	面板表面	顺坡位移/m	−0.009854	0.03959
一期蓄水后	面板表面	法向位移/m	−0.1525	−0.001145
一期蓄水后	面板表面	轴向应力/MPa	−0.2432	0.7964
一期蓄水后	面板表面	顺坡应力/MPa	0.06877	1.549
一期蓄水后	面板底面	轴向位移/m	−0.005201	0.005165
一期蓄水后	面板底面	顺坡位移/m	−0.009979	0.03945
一期蓄水后	面板底面	法向位移/m	−0.1524	−0.001145
一期蓄水后	面板底面	轴向应力/MPa	−0.3374	0.7630
一期蓄水后	面板底面	顺坡应力/MPa	−0.5255	1.408
二期蓄水前	面板表面	轴向位移/m	−0.01986	0.02141
二期蓄水前	面板表面	顺坡位移/m	−0.02863	0.01135
二期蓄水前	面板表面	法向位移/m	−0.1442	−0.0009702
二期蓄水前	面板表面	轴向应力/MPa	−0.3251	2.967
二期蓄水前	面板表面	顺坡应力/MPa	0.2200	5.419
二期蓄水前	面板底面	轴向位移/m	−0.01927	0.02090
二期蓄水前	面板底面	顺坡位移/m	−0.02874	0.01170
二期蓄水前	面板底面	法向位移/m	−0.1442	−0.0009693
二期蓄水前	面板底面	轴向应力/MPa	−0.08934	3.006

续表

工况	位置	变 量 名 称	最小值	最大值
二期蓄水前	面板底面	顺坡应力/MPa	0.4101	5.571
二期蓄水后	面板表面	轴向位移/m	−0.04611	0.04139
二期蓄水后	面板表面	顺坡位移/m	−0.02529	0.05153
二期蓄水后	面板表面	法向位移/m	−0.3341	−0.003327
二期蓄水后	面板表面	轴向应力/MPa	−0.3989	5.238
二期蓄水后	面板表面	顺坡应力/MPa	−0.05974	5.375
二期蓄水后	面板底面	轴向位移/m	−0.04403	0.04043
二期蓄水后	面板底面	顺坡位移/m	−0.02539	0.05049
二期蓄水后	面板底面	法向位移/m	−0.3341	−0.003339
二期蓄水后	面板底面	轴向应力/MPa	−0.3044	5.241
二期蓄水后	面板底面	顺坡应力/MPa	−0.1615	5.327
一期蓄水前	防渗墙上游面	轴向位移/m	−0.001134	0.001167
一期蓄水前	防渗墙上游面	顺水流方向位移/m	−0.06860	0.0003000
一期蓄水前	防渗墙上游面	竖向位移/m	−0.002159	0.00007017
一期蓄水前	防渗墙上游面	轴向应力/MPa	−4.138	4.020
一期蓄水前	防渗墙上游面	竖向应力/MPa	−3.160	8.763
一期蓄水前	防渗墙下游面	轴向位移/m	−0.0009837	0.0009620
一期蓄水前	防渗墙下游面	顺水流方向位移/m	−0.06860	0.0002551
一期蓄水前	防渗墙下游面	竖向位移/m	0.0001093	0.003182
一期蓄水前	防渗墙下游面	轴向应力/MPa	−3.743	4.206
一期蓄水前	防渗墙下游面	竖向应力/MPa	−3.449	5.667
一期蓄水后	防渗墙上游面	轴向位移/m	−0.0009777	0.001292
一期蓄水后	防渗墙上游面	顺水流方向位移/m	0.0005003	0.04179
一期蓄水后	防渗墙上游面	竖向位移/m	−0.0009988	0.001561
一期蓄水后	防渗墙上游面	轴向应力/MPa	−4.781	4.960
一期蓄水后	防渗墙上游面	竖向应力/MPa	−7.056	7.683
一期蓄水后	防渗墙下游面	轴向位移/m	−0.0004707	0.0005944
一期蓄水后	防渗墙下游面	顺水流方向位移/m	0.0005065	0.04180
一期蓄水后	防渗墙下游面	竖向位移/m	−0.002701	0.0003664
一期蓄水后	防渗墙下游面	轴向应力/MPa	−2.801	4.991
一期蓄水后	防渗墙下游面	竖向应力/MPa	−0.006917	10.54
二期蓄水前	防渗墙上游面	轴向位移/m	−0.0007632	0.001054
二期蓄水前	防渗墙上游面	顺水流方向位移/m	0.0004225	0.02036
二期蓄水前	防渗墙上游面	竖向位移/m	−0.002027	0.0009728
二期蓄水前	防渗墙上游面	轴向应力/MPa	−3.939	5.139

续表

工况	位置	变 量 名 称	最小值	最大值
二期蓄水前	防渗墙上游面	竖向应力/MPa	−4.953	8.381
二期蓄水前	防渗墙下游面	轴向位移/m	−0.0006682	0.0008102
二期蓄水前	防渗墙下游面	顺水流方向位移/m	0.0004364	0.02036
二期蓄水前	防渗墙下游面	竖向位移/m	−0.002392	0.0006550
二期蓄水前	防渗墙下游面	轴向应力/MPa	−2.519	5.100
二期蓄水前	防渗墙下游面	竖向应力/MPa	0.02777	9.520
二期蓄水后	防渗墙上游面	轴向位移/m	−0.002674	0.003507
二期蓄水后	防渗墙上游面	顺水流方向位移/m	0.0007995	0.1006
二期蓄水后	防渗墙上游面	竖向位移/m	−0.002392	0.004041
二期蓄水后	防渗墙上游面	轴向应力/MPa	−6.305	5.795
二期蓄水后	防渗墙上游面	竖向应力/MPa	−8.843	12.11
二期蓄水后	防渗墙下游面	轴向位移/m	−0.001027	0.001420
二期蓄水后	防渗墙下游面	顺水流方向位移/m	0.0009525	0.1006
二期蓄水后	防渗墙下游面	竖向位移/m	−0.004967	−0.001394
二期蓄水后	防渗墙下游面	轴向应力/MPa	−1.567	5.656
二期蓄水后	防渗墙下游面	竖向应力/MPa	−0.4051	16.71
一期蓄水后	连接板表面	轴向位移/m	−0.007473	0.007622
一期蓄水后	连接板表面	顺水流方向位移/m	0.02682	0.1195
一期蓄水后	连接板表面	竖向位移/m	−0.07346	−0.004684
一期蓄水后	连接板表面	轴向应力/MPa	0.07394	3.747
一期蓄水后	连接板表面	顺水流应力/MPa	0.1952	0.9411
一期蓄水后	连接板底面	轴向位移/m	−0.006735	0.006935
一期蓄水后	连接板底面	顺水流方向位移/m	0.02408	0.1065
一期蓄水后	连接板底面	竖向位移/m	−0.07342	−0.004526
一期蓄水后	连接板底面	轴向应力/MPa	−0.4994	3.609
一期蓄水后	连接板底面	顺水流应力/MPa	−0.6801	0.1361
二期蓄水前	连接板表面	轴向位移/m	−0.006423	0.006752
二期蓄水前	连接板表面	顺水流方向位移/m	0.01795	0.09498
二期蓄水前	连接板表面	竖向位移/m	−0.07794	−0.004294
二期蓄水前	连接板表面	轴向应力/MPa	0.3086	3.225
二期蓄水前	连接板表面	顺水流应力/MPa	0.1677	1.915
二期蓄水前	连接板底面	轴向位移/m	−0.005636	0.006008
二期蓄水前	连接板底面	顺水流方向位移/m	0.01507	0.08145
二期蓄水前	连接板底面	竖向位移/m	−0.07792	−0.004424
二期蓄水前	连接板底面	轴向应力/MPa	−0.3304	3.137

续表

工况	位置	变 量 名 称	最小值	最大值
二期蓄水前	连接板底面	顺水流应力/MPa	−0.3513	0.9567
二期蓄水后	连接板表面	轴向位移/m	−0.01306	0.01368
二期蓄水后	连接板表面	顺水流方向位移/m	0.03157	0.1828
二期蓄水后	连接板表面	竖向位移/m	−0.1203	−0.008481
二期蓄水后	连接板表面	轴向应力/MPa	0.6969	6.709
二期蓄水后	连接板表面	顺水流应力/MPa	0.2862	2.086
二期蓄水后	连接板底面	轴向位移/m	−0.01171	0.01240
二期蓄水后	连接板底面	顺水流方向位移/m	0.02685	0.1643
二期蓄水后	连接板底面	竖向位移/m	−0.1202	−0.008214
二期蓄水后	连接板底面	轴向应力/MPa	−0.4540	6.364
二期蓄水后	连接板底面	顺水流应力/MPa	−0.7222	0.6559
一期蓄水前	河床段趾板表面	轴向位移/m	−0.007657	0.007322
一期蓄水前	河床段趾板表面	顺水流方向位移/m	−0.09477	0.002256
一期蓄水前	河床段趾板表面	竖向位移/m	−0.01459	0.004469
一期蓄水前	河床段趾板表面	轴向应力/MPa	−1.398	4.269
一期蓄水前	河床段趾板表面	顺水流应力/MPa	−1.358	0.8937
一期蓄水前	河床段趾板底面	轴向位移/m	−0.007558	0.007277
一期蓄水前	河床段趾板底面	顺水流方向位移/m	−0.09693	0.002227
一期蓄水前	河床段趾板底面	竖向位移/m	−0.01375	0.004466
一期蓄水前	河床段趾板底面	轴向应力/MPa	−0.4533	4.641
一期蓄水前	河床段趾板底面	顺水流应力/MPa	−0.5147	1.161
一期蓄水后	河床段趾板表面	轴向位移/m	−0.01028	0.01035
一期蓄水后	河床段趾板表面	顺水流方向位移/m	−0.003118	0.02832
一期蓄水后	河床段趾板表面	竖向位移/m	−0.1152	−0.0004010
一期蓄水后	河床段趾板表面	轴向应力/MPa	−2.807	6.468
一期蓄水后	河床段趾板表面	顺水流应力/MPa	−1.575	2.169
一期蓄水后	河床段趾板底面	轴向位移/m	−0.008741	0.008425
一期蓄水后	河床段趾板底面	顺水流方向位移/m	−0.002464	0.02527
一期蓄水后	河床段趾板底面	竖向位移/m	−0.1151	−0.0004446
一期蓄水后	河床段趾板底面	轴向应力/MPa	−2.176	7.096
一期蓄水后	河床段趾板底面	顺水流应力/MPa	−0.1835	5.488
二期蓄水前	河床段趾板表面	轴向位移/m	−0.007255	0.008136
二期蓄水前	河床段趾板表面	顺水流方向位移/m	−0.005914	0.01146
二期蓄水前	河床段趾板表面	竖向位移/m	−0.1230	−0.0005174
二期蓄水前	河床段趾板表面	轴向应力/MPa	−0.4103	3.838

续表

工况	位置	变 量 名 称	最小值	最大值
二期蓄水前	河床段趾板表面	顺水流应力/MPa	−0.07314	3.724
二期蓄水前	河床段趾板底面	轴向位移/m	−0.005645	0.005663
二期蓄水前	河床段趾板底面	顺水流方向位移/m	−0.01348	0.007350
二期蓄水前	河床段趾板底面	竖向位移/m	−0.1230	−0.0005062
二期蓄水前	河床段趾板底面	轴向应力/MPa	−1.078	4.567
二期蓄水前	河床段趾板底面	顺水流应力/MPa	−2.825	1.154
二期蓄水后	河床段趾板表面	轴向位移/m	−0.01877	0.01896
二期蓄水后	河床段趾板表面	顺水流方向位移/m	−0.006407	0.08930
二期蓄水后	河床段趾板表面	竖向位移/m	−0.1805	−0.0006124
二期蓄水后	河床段趾板表面	轴向应力/MPa	−2.908	7.774
二期蓄水后	河床段趾板表面	顺水流应力/MPa	−2.551	3.614
二期蓄水后	河床段趾板底面	轴向位移/m	−0.01610	0.01585
二期蓄水后	河床段趾板底面	顺水流方向位移/m	−0.005255	0.07245
二期蓄水后	河床段趾板底面	竖向位移/m	−0.1802	−0.0007413
二期蓄水后	河床段趾板底面	轴向应力/MPa	−3.629	7.675
二期蓄水后	河床段趾板底面	顺水流应力/MPa	−1.027	7.779

第3组：强夯加固系数=1.1，强夯+旋喷方案

工况	位置	变 量 名 称	最小值	最大值
一期蓄水前	坝体横断面	顺水流方向位移/m	−0.1492	0.1260
一期蓄水前	坝体横断面	竖向位移/m	−0.4459	0.02025
一期蓄水前	坝体横断面	第1主应力/MPa	0.1000	1.638
一期蓄水前	坝体横断面	第3主应力/MPa	0.03942	0.6685
一期蓄水前	坝体横断面	应力水平	0.02346	0.9947
一期蓄水后	坝体横断面	顺水流方向位移/m	−0.05751	0.1291
一期蓄水后	坝体横断面	竖向位移/m	−0.4455	0.02023
一期蓄水后	坝体横断面	第1主应力/MPa	0.1000	1.674
一期蓄水后	坝体横断面	第3主应力/MPa	0.06640	0.6948
一期蓄水后	坝体横断面	应力水平	0.06458	0.9947
二期蓄水前	坝体横断面	顺水流方向位移/m	−0.1116	0.2709
二期蓄水前	坝体横断面	竖向位移/m	−0.7614	0.01865
二期蓄水前	坝体横断面	第1主应力/MPa	0.1000	2.091
二期蓄水前	坝体横断面	第3主应力/MPa	0.06469	0.8651
二期蓄水前	坝体横断面	应力水平	0.06437	0.9947
二期蓄水后	坝体横断面	顺水流方向位移/m	−0.02990	0.3357
二期蓄水后	坝体横断面	竖向位移/m	−0.7782	0.01873

续表

工况	位置	变 量 名 称	最小值	最大值
二期蓄水后	坝体横断面	第 1 主应力/MPa	0.1000	2.142
二期蓄水后	坝体横断面	第 3 主应力/MPa	−0.009900	0.8740
二期蓄水后	坝体横断面	应力水平	0.06223	0.9947
一期蓄水后	面板表面	轴向位移/m	−0.005262	0.005608
一期蓄水后	面板表面	顺坡位移/m	−0.009735	0.04106
一期蓄水后	面板表面	法向位移/m	−0.1522	−0.001142
一期蓄水后	面板表面	轴向应力/MPa	−0.2892	0.7339
一期蓄水后	面板表面	顺坡应力/MPa	0.003045	1.421
一期蓄水后	面板底面	轴向位移/m	−0.004396	0.004515
一期蓄水后	面板底面	顺坡位移/m	−0.009795	0.04089
一期蓄水后	面板底面	法向位移/m	−0.1522	−0.001142
一期蓄水后	面板底面	轴向应力/MPa	−0.4395	0.6994
一期蓄水后	面板底面	顺坡应力/MPa	−0.6864	1.284
二期蓄水前	面板表面	轴向位移/m	−0.02049	0.02053
二期蓄水前	面板表面	顺坡位移/m	−0.03726	0.004172
二期蓄水前	面板表面	法向位移/m	−0.1445	−0.0009771
二期蓄水前	面板表面	轴向应力/MPa	−0.2370	3.084
二期蓄水前	面板表面	顺坡应力/MPa	0.4497	6.642
二期蓄水前	面板底面	轴向位移/m	−0.02004	0.02008
二期蓄水前	面板底面	顺坡位移/m	−0.03729	0.004568
二期蓄水前	面板底面	法向位移/m	−0.1445	−0.0009770
二期蓄水前	面板底面	轴向应力/MPa	−0.2080	3.118
二期蓄水前	面板底面	顺坡应力/MPa	0.8991	6.778
二期蓄水后	面板表面	轴向位移/m	−0.04437	0.04231
二期蓄水后	面板表面	顺坡位移/m	−0.02020	0.04467
二期蓄水后	面板表面	法向位移/m	−0.3254	−0.003374
二期蓄水后	面板表面	轴向应力/MPa	−0.2874	5.494
二期蓄水后	面板表面	顺坡应力/MPa	−0.3321	6.904
二期蓄水后	面板底面	轴向位移/m	−0.04465	0.04149
二期蓄水后	面板底面	顺坡位移/m	−0.02165	0.04369
二期蓄水后	面板底面	法向位移/m	−0.3254	−0.003268
二期蓄水后	面板底面	轴向应力/MPa	−0.3367	5.493
二期蓄水后	面板底面	顺坡应力/MPa	−0.5906	6.857
一期蓄水前	防渗墙上游面	轴向位移/m	−0.001152	0.001182
一期蓄水前	防渗墙上游面	顺水流方向位移/m	−0.06968	0.0002576

续表

工况	位置	变 量 名 称	最小值	最大值
一期蓄水前	防渗墙上游面	竖向位移/m	－0.002189	0.00006572
一期蓄水前	防渗墙上游面	轴向应力/MPa	－4.142	4.015
一期蓄水前	防渗墙上游面	竖向应力/MPa	－3.193	8.783
一期蓄水前	防渗墙下游面	轴向位移/m	－0.0009986	0.0009746
一期蓄水前	防渗墙下游面	顺水流方向位移/m	－0.06968	0.0001981
一期蓄水前	防渗墙下游面	竖向位移/m	0.0001105	0.003225
一期蓄水前	防渗墙下游面	轴向应力/MPa	－3.753	4.189
一期蓄水前	防渗墙下游面	竖向应力/MPa	－3.461	5.671
一期蓄水后	防渗墙上游面	轴向位移/m	－0.0009731	0.001278
一期蓄水后	防渗墙上游面	顺水流方向位移/m	0.0005019	0.04159
一期蓄水后	防渗墙上游面	竖向位移/m	－0.0009768	0.001571
一期蓄水后	防渗墙上游面	轴向应力/MPa	－4.791	4.947
一期蓄水后	防渗墙上游面	竖向应力/MPa	－7.067	7.612
一期蓄水后	防渗墙下游面	轴向位移/m	－0.0004779	0.0005903
一期蓄水后	防渗墙下游面	顺水流方向位移/m	0.0005134	0.04160
一期蓄水后	防渗墙下游面	竖向位移/m	－0.002680	0.0003921
一期蓄水后	防渗墙下游面	轴向应力/MPa	－2.793	4.962
一期蓄水后	防渗墙下游面	竖向应力/MPa	－0.01215	10.65
二期蓄水前	防渗墙上游面	轴向位移/m	－0.0007808	0.001002
二期蓄水前	防渗墙上游面	顺水流方向位移/m	0.0003911	0.01654
二期蓄水前	防渗墙上游面	竖向位移/m	－0.002269	0.0008181
二期蓄水前	防渗墙上游面	轴向应力/MPa	－3.755	5.177
二期蓄水前	防渗墙上游面	竖向应力/MPa	－4.303	8.535
二期蓄水前	防渗墙下游面	轴向位移/m	－0.0007317	0.0008844
二期蓄水前	防渗墙下游面	顺水流方向位移/m	0.0004181	0.01654
二期蓄水前	防渗墙下游面	竖向位移/m	－0.002331	0.0007668
二期蓄水前	防渗墙下游面	轴向应力/MPa	－2.411	5.138
二期蓄水前	防渗墙下游面	竖向应力/MPa	0.02759	9.466
二期蓄水后	防渗墙上游面	轴向位移/m	－0.002536	0.003331
二期蓄水后	防渗墙上游面	顺水流方向位移/m	0.0009785	0.09474
二期蓄水后	防渗墙上游面	竖向位移/m	－0.002647	0.003956
二期蓄水后	防渗墙上游面	轴向应力/MPa	－6.198	5.784
二期蓄水后	防渗墙上游面	竖向应力/MPa	－8.070	12.18
二期蓄水后	防渗墙下游面	轴向位移/m	－0.0009964	0.001401
二期蓄水后	防渗墙下游面	顺水流方向位移/m	0.001131	0.09477

续表

工况	位置	变 量 名 称	最小值	最大值
二期蓄水后	防渗墙下游面	竖向位移/m	−0.004875	−0.001316
二期蓄水后	防渗墙下游面	轴向应力/MPa	−1.591	5.650
二期蓄水后	防渗墙下游面	竖向应力/MPa	−0.1642	16.85
一期蓄水后	连接板表面	轴向位移/m	−0.007454	0.007620
一期蓄水后	连接板表面	顺水流方向位移/m	0.02723	0.1203
一期蓄水后	连接板表面	竖向位移/m	−0.07286	−0.004562
一期蓄水后	连接板表面	轴向应力/MPa	−0.1444	3.781
一期蓄水后	连接板表面	顺水流应力/MPa	0.1920	0.8807
一期蓄水后	连接板底面	轴向位移/m	−0.006720	0.006936
一期蓄水后	连接板底面	顺水流方向位移/m	0.02445	0.1075
一期蓄水后	连接板底面	竖向位移/m	−0.07283	−0.004542
一期蓄水后	连接板底面	轴向应力/MPa	−0.5191	3.648
一期蓄水后	连接板底面	顺水流应力/MPa	−0.6792	0.09229
二期蓄水前	连接板表面	轴向位移/m	−0.006216	0.006748
二期蓄水前	连接板表面	顺水流方向位移/m	0.01610	0.08984
二期蓄水前	连接板表面	竖向位移/m	−0.07929	−0.004249
二期蓄水前	连接板表面	轴向应力/MPa	0.3415	3.225
二期蓄水前	连接板表面	顺水流应力/MPa	0.2015	2.118
二期蓄水前	连接板底面	轴向位移/m	−0.005456	0.005982
二期蓄水前	连接板底面	顺水流方向位移/m	0.01322	0.07622
二期蓄水前	连接板底面	竖向位移/m	−0.07928	−0.004230
二期蓄水前	连接板底面	轴向应力/MPa	−0.5137	3.119
二期蓄水前	连接板底面	顺水流应力/MPa	−0.2478	1.149
二期蓄水后	连接板表面	轴向位移/m	−0.01279	0.01367
二期蓄水后	连接板表面	顺水流方向位移/m	0.02909	0.1777
二期蓄水后	连接板表面	竖向位移/m	−0.1220	−0.008195
二期蓄水后	连接板表面	轴向应力/MPa	0.6608	6.619
二期蓄水后	连接板表面	顺水流应力/MPa	0.3245	2.287
二期蓄水后	连接板底面	轴向位移/m	−0.01143	0.01239
二期蓄水后	连接板底面	顺水流方向位移/m	0.02470	0.1590
二期蓄水后	连接板底面	竖向位移/m	−0.1220	−0.008153
二期蓄水后	连接板底面	轴向应力/MPa	−0.6694	6.181
二期蓄水后	连接板底面	顺水流应力/MPa	−0.7003	0.8140
一期蓄水前	河床段趾板表面	轴向位移/m	−0.007798	0.007462
一期蓄水前	河床段趾板表面	顺水流方向位移/m	−0.09650	0.002307

续表

工况	位置	变 量 名 称	最小值	最大值
一期蓄水前	河床段趾板表面	竖向位移/m	−0.01492	0.004647
一期蓄水前	河床段趾板表面	轴向应力/MPa	−1.402	4.347
一期蓄水前	河床段趾板表面	顺水流应力/MPa	−1.379	0.9016
一期蓄水前	河床段趾板底面	轴向位移/m	−0.007695	0.007414
一期蓄水前	河床段趾板底面	顺水流方向位移/m	−0.09872	0.002278
一期蓄水前	河床段趾板底面	竖向位移/m	−0.01406	0.004663
一期蓄水前	河床段趾板底面	轴向应力/MPa	−0.4614	4.714
一期蓄水前	河床段趾板底面	顺水流应力/MPa	−0.5311	1.176
一期蓄水后	河床段趾板表面	轴向位移/m	−0.01028	0.01027
一期蓄水后	河床段趾板表面	顺水流方向位移/m	−0.003116	0.02846
一期蓄水后	河床段趾板表面	竖向位移/m	−0.1146	−0.0003782
一期蓄水后	河床段趾板表面	轴向应力/MPa	−2.933	6.690
一期蓄水后	河床段趾板表面	顺水流应力/MPa	−1.569	2.155
一期蓄水后	河床段趾板底面	轴向位移/m	−0.008746	0.008348
一期蓄水后	河床段趾板底面	顺水流方向位移/m	−0.002454	0.02557
一期蓄水后	河床段趾板底面	竖向位移/m	−0.1142	−0.0004408
一期蓄水后	河床段趾板底面	轴向应力/MPa	−2.273	7.260
一期蓄水后	河床段趾板底面	顺水流应力/MPa	−0.1578	5.692
二期蓄水前	河床段趾板表面	轴向位移/m	−0.007295	0.008322
二期蓄水前	河床段趾板表面	顺水流方向位移/m	−0.01323	0.007511
二期蓄水前	河床段趾板表面	竖向位移/m	−0.1274	−0.0005375
二期蓄水前	河床段趾板表面	轴向应力/MPa	−0.2888	3.507
二期蓄水前	河床段趾板表面	顺水流应力/MPa	−0.05252	4.248
二期蓄水前	河床段趾板底面	轴向位移/m	−0.005257	0.005907
二期蓄水前	河床段趾板底面	顺水流方向位移/m	−0.02115	0.003279
二期蓄水前	河床段趾板底面	竖向位移/m	−0.1272	−0.0005008
二期蓄水前	河床段趾板底面	轴向应力/MPa	−1.012	4.239
二期蓄水前	河床段趾板底面	顺水流应力/MPa	−4.381	1.264
二期蓄水后	河床段趾板表面	轴向位移/m	−0.01813	0.01808
二期蓄水后	河床段趾板表面	顺水流方向位移/m	−0.007051	0.08222
二期蓄水后	河床段趾板表面	竖向位移/m	−0.1842	−0.0006381
二期蓄水后	河床段趾板表面	轴向应力/MPa	−2.615	7.224
二期蓄水后	河床段趾板表面	顺水流应力/MPa	−2.461	4.260
二期蓄水后	河床段趾板底面	轴向位移/m	−0.01552	0.01496
二期蓄水后	河床段趾板底面	顺水流方向位移/m	−0.005759	0.06483

续表

工况	位置	变 量 名 称	最小值	最大值
二期蓄水后	河床段趾板底面	竖向位移/m	－0.1839	－0.0007240
二期蓄水后	河床段趾板底面	轴向应力/MPa	－3.303	7.197
二期蓄水后	河床段趾板底面	顺水流应力/MPa	－0.8831	6.200
第4组：强夯加固系数＝1.3，强夯方案				
工况	位置	变 量 名 称	最小值	最大值
一期蓄水前	坝体横断面	顺水流方向位移/m	－0.1089	0.08536
一期蓄水前	坝体横断面	竖向位移/m	－0.4546	0.01612
一期蓄水前	坝体横断面	第1主应力/MPa	－0.009920	1.559
一期蓄水前	坝体横断面	第3主应力/MPa	0.03161	0.7736
一期蓄水前	坝体横断面	应力水平	0.01272	0.9947
一期蓄水后	坝体横断面	顺水流方向位移/m	－0.02426	0.08589
一期蓄水后	坝体横断面	竖向位移/m	－0.4553	0.01609
一期蓄水后	坝体横断面	第1主应力/MPa	0.1000	1.599
一期蓄水后	坝体横断面	第3主应力/MPa	0.04320	0.8024
一期蓄水后	坝体横断面	应力水平	0.01241	0.9947
二期蓄水前	坝体横断面	顺水流方向位移/m	－0.05191	0.1168
二期蓄水前	坝体横断面	竖向位移/m	－0.6058	0.01539
二期蓄水前	坝体横断面	第1主应力/MPa	0.1000	1.969
二期蓄水前	坝体横断面	第3主应力/MPa	0.05804	1.025
二期蓄水前	坝体横断面	应力水平	0.01267	0.9947
二期蓄水后	坝体横断面	顺水流方向位移/m	－0.01007	0.1958
二期蓄水后	坝体横断面	竖向位移/m	－0.6701	0.01532
二期蓄水后	坝体横断面	第1主应力/MPa	0.1000	2.038
二期蓄水后	坝体横断面	第3主应力/MPa	－0.03804	1.057
二期蓄水后	坝体横断面	应力水平	0.01337	0.9947
一期蓄水后	面板表面	轴向位移/m	－0.007311	0.008939
一期蓄水后	面板表面	顺坡位移/m	－0.01197	0.04393
一期蓄水后	面板表面	法向位移/m	－0.2102	－0.001215
一期蓄水后	面板表面	轴向应力/MPa	－0.08859	1.170
一期蓄水后	面板表面	顺坡应力/MPa	0.07708	2.440
一期蓄水后	面板底面	轴向位移/m	－0.006570	0.006666
一期蓄水后	面板底面	顺坡位移/m	－0.01189	0.04469
一期蓄水后	面板底面	法向位移/m	－0.2102	－0.001215
一期蓄水后	面板底面	轴向应力/MPa	－0.02886	1.155
一期蓄水后	面板底面	顺坡应力/MPa	0.04315	2.380

续表

工况	位置	变 量 名 称	最小值	最大值
二期蓄水前	面板表面	轴向位移/m	−0.02344	0.02341
二期蓄水前	面板表面	顺坡位移/m	−0.02520	0.02164
二期蓄水前	面板表面	法向位移/m	−0.1947	−0.0009179
二期蓄水前	面板表面	轴向应力/MPa	−0.2991	3.110
二期蓄水前	面板表面	顺坡应力/MPa	0.1465	4.991
二期蓄水前	面板底面	轴向位移/m	−0.02258	0.02269
二期蓄水前	面板底面	顺坡位移/m	−0.02551	0.02252
二期蓄水前	面板底面	法向位移/m	−0.1947	−0.0009171
二期蓄水前	面板底面	轴向应力/MPa	−0.1095	3.149
二期蓄水前	面板底面	顺坡应力/MPa	0.1960	4.950
二期蓄水后	面板表面	轴向位移/m	−0.04539	0.04085
二期蓄水后	面板表面	顺坡位移/m	−0.02533	0.05929
二期蓄水后	面板表面	法向位移/m	−0.3373	−0.002731
二期蓄水后	面板表面	轴向应力/MPa	−0.3576	5.561
二期蓄水后	面板表面	顺坡应力/MPa	−0.01075	6.673
二期蓄水后	面板底面	轴向位移/m	−0.04345	0.03939
二期蓄水后	面板底面	顺坡位移/m	−0.02628	0.05942
二期蓄水后	面板底面	法向位移/m	−0.3374	−0.002737
二期蓄水后	面板底面	轴向应力/MPa	−0.2241	5.587
二期蓄水后	面板底面	顺坡应力/MPa	−0.08174	6.749
一期蓄水前	防渗墙上游面	轴向位移/m	−0.001294	0.001276
一期蓄水前	防渗墙上游面	顺水流方向位移/m	−0.07173	−0.00005078
一期蓄水前	防渗墙上游面	竖向位移/m	−0.002159	0.00001552
一期蓄水前	防渗墙上游面	轴向应力/MPa	−4.617	4.520
一期蓄水前	防渗墙上游面	竖向应力/MPa	−2.922	9.546
一期蓄水前	防渗墙下游面	轴向位移/m	−0.0008841	0.0008461
一期蓄水前	防渗墙下游面	顺水流方向位移/m	−0.07173	−0.00004886
一期蓄水前	防渗墙下游面	竖向位移/m	0.0002032	0.003276
一期蓄水前	防渗墙下游面	轴向应力/MPa	−4.189	4.498
一期蓄水前	防渗墙下游面	竖向应力/MPa	−4.250	5.683
一期蓄水后	防渗墙上游面	轴向位移/m	−0.001393	0.001958
一期蓄水后	防渗墙上游面	顺水流方向位移/m	0.0005354	0.07410
一期蓄水后	防渗墙上游面	竖向位移/m	−0.0009913	0.002359
一期蓄水后	防渗墙上游面	轴向应力/MPa	−6.523	5.441
一期蓄水后	防渗墙上游面	竖向应力/MPa	−10.67	8.017

续表

工况	位置	变 量 名 称	最小值	最大值
一期蓄水后	防渗墙下游面	轴向位移/m	−0.0005674	0.0008056
一期蓄水后	防渗墙下游面	顺水流方向位移/m	0.0004839	0.07411
一期蓄水后	防渗墙下游面	竖向位移/m	−0.003877	−0.000001080
一期蓄水后	防渗墙下游面	轴向应力/MPa	−3.210	5.593
一期蓄水后	防渗墙下游面	竖向应力/MPa	−0.03490	14.48
二期蓄水前	防渗墙上游面	轴向位移/m	−0.001190	0.001636
二期蓄水前	防渗墙上游面	顺水流方向位移/m	0.0005477	0.05122
二期蓄水前	防渗墙上游面	竖向位移/m	−0.001766	0.001828
二期蓄水前	防渗墙上游面	轴向应力/MPa	−5.748	5.538
二期蓄水前	防渗墙上游面	竖向应力/MPa	−8.652	8.716
二期蓄水前	防渗墙下游面	轴向位移/m	−0.0006604	0.0007063
二期蓄水前	防渗墙下游面	顺水流方向位移/m	0.0005855	0.05124
二期蓄水前	防渗墙下游面	竖向位移/m	−0.003313	0.0002338
二期蓄水前	防渗墙下游面	轴向应力/MPa	−3.018	5.600
二期蓄水前	防渗墙下游面	竖向应力/MPa	0.002389	12.87
二期蓄水后	防渗墙上游面	轴向位移/m	−0.003579	0.004367
二期蓄水后	防渗墙上游面	顺水流方向位移/m	0.0007237	0.1578
二期蓄水后	防渗墙上游面	竖向位移/m	−0.001852	0.005667
二期蓄水后	防渗墙上游面	轴向应力/MPa	−7.767	6.063
二期蓄水后	防渗墙上游面	竖向应力/MPa	−12.15	12.61
二期蓄水后	防渗墙下游面	轴向位移/m	−0.001189	0.001374
二期蓄水后	防渗墙下游面	顺水流方向位移/m	0.0009212	0.1579
二期蓄水后	防渗墙下游面	竖向位移/m	−0.006657	−0.001637
二期蓄水后	防渗墙下游面	轴向应力/MPa	−1.831	6.279
二期蓄水后	防渗墙下游面	竖向应力/MPa	−0.2077	21.55
一期蓄水后	连接板表面	轴向位移/m	−0.01002	0.01060
一期蓄水后	连接板表面	顺水流方向位移/m	0.03517	0.1594
一期蓄水后	连接板表面	竖向位移/m	−0.1088	−0.004712
一期蓄水后	连接板表面	轴向应力/MPa	−0.04201	4.904
一期蓄水后	连接板表面	顺水流应力/MPa	0.1900	1.401
一期蓄水后	连接板底面	轴向位移/m	−0.008976	0.009683
一期蓄水后	连接板底面	顺水流方向位移/m	0.02961	0.1395
一期蓄水后	连接板底面	竖向位移/m	−0.1088	−0.004696
一期蓄水后	连接板底面	轴向应力/MPa	−1.091	4.848
一期蓄水后	连接板底面	顺水流应力/MPa	−0.7405	0.9659

续表

工况	位置	变 量 名 称	最小值	最大值
二期蓄水前	连接板表面	轴向位移/m	−0.008625	0.009398
二期蓄水前	连接板表面	顺水流方向位移/m	0.02814	0.1352
二期蓄水前	连接板表面	竖向位移/m	−0.1101	−0.004557
二期蓄水前	连接板表面	轴向应力/MPa	0.03709	4.147
二期蓄水前	连接板表面	顺水流应力/MPa	0.1861	2.027
二期蓄水前	连接板底面	轴向位移/m	−0.007565	0.008439
二期蓄水前	连接板底面	顺水流方向位移/m	0.02253	0.1152
二期蓄水前	连接板底面	竖向位移/m	−0.1100	−0.004541
二期蓄水前	连接板底面	轴向应力/MPa	−1.076	4.103
二期蓄水前	连接板底面	顺水流应力/MPa	−0.4836	1.506
二期蓄水后	连接板表面	轴向位移/m	−0.01819	0.01900
二期蓄水后	连接板表面	顺水流方向位移/m	0.04945	0.2498
二期蓄水后	连接板表面	竖向位移/m	−0.1820	−0.008765
二期蓄水后	连接板表面	轴向应力/MPa	0.5096	8.511
二期蓄水后	连接板表面	顺水流应力/MPa	0.2812	2.952
二期蓄水后	连接板底面	轴向位移/m	−0.01616	0.01710
二期蓄水后	连接板底面	顺水流方向位移/m	0.04212	0.2208
二期蓄水后	连接板底面	竖向位移/m	−0.1820	−0.008727
二期蓄水后	连接板底面	轴向应力/MPa	−1.572	8.103
二期蓄水后	连接板底面	顺水流应力/MPa	−1.015	1.326
一期蓄水前	河床段趾板表面	轴向位移/m	−0.008360	0.007847
一期蓄水前	河床段趾板表面	顺水流方向位移/m	−0.08108	0.002101
一期蓄水前	河床段趾板表面	竖向位移/m	−0.03639	0.003565
一期蓄水前	河床段趾板表面	轴向应力/MPa	−1.073	4.606
一期蓄水前	河床段趾板表面	顺水流应力/MPa	−1.537	0.8139
一期蓄水前	河床段趾板底面	轴向位移/m	−0.008443	0.007719
一期蓄水前	河床段趾板底面	顺水流方向位移/m	−0.08853	0.002216
一期蓄水前	河床段趾板底面	竖向位移/m	−0.03640	0.003560
一期蓄水前	河床段趾板底面	轴向应力/MPa	−0.4755	5.108
一期蓄水前	河床段趾板底面	顺水流应力/MPa	−0.8836	1.357
一期蓄水后	河床段趾板表面	轴向位移/m	−0.01571	0.01655
一期蓄水后	河床段趾板表面	顺水流方向位移/m	−0.005584	0.08072
一期蓄水后	河床段趾板表面	竖向位移/m	−0.1836	−0.0005826
一期蓄水后	河床段趾板表面	轴向应力/MPa	−3.135	6.826
一期蓄水后	河床段趾板表面	顺水流应力/MPa	−1.834	3.929

续表

工况	位置	变量名称	最小值	最大值
一期蓄水后	河床段趾板底面	轴向位移/m	−0.01331	0.01374
一期蓄水后	河床段趾板底面	顺水流方向位移/m	−0.004660	0.06187
一期蓄水后	河床段趾板底面	竖向位移/m	−0.1836	−0.0005789
一期蓄水后	河床段趾板底面	轴向应力/MPa	−1.342	8.390
一期蓄水后	河床段趾板底面	顺水流应力/MPa	−1.807	2.653
二期蓄水前	河床段趾板表面	轴向位移/m	−0.01232	0.01362
二期蓄水前	河床段趾板表面	顺水流方向位移/m	−0.004798	0.05417
二期蓄水前	河床段趾板表面	竖向位移/m	−0.1834	−0.0006204
二期蓄水前	河床段趾板表面	轴向应力/MPa	−1.293	4.912
二期蓄水前	河床段趾板表面	顺水流应力/MPa	−0.9000	5.212
二期蓄水前	河床段趾板底面	轴向位移/m	−0.009946	0.01075
二期蓄水前	河床段趾板底面	顺水流方向位移/m	−0.003759	0.03607
二期蓄水前	河床段趾板底面	竖向位移/m	−0.1831	−0.0005808
二期蓄水前	河床段趾板底面	轴向应力/MPa	−0.2823	6.548
二期蓄水前	河床段趾板底面	顺水流应力/MPa	−2.326	1.558
二期蓄水后	河床段趾板表面	轴向位移/m	−0.02849	0.02946
二期蓄水后	河床段趾板表面	顺水流方向位移/m	−0.01033	0.1695
二期蓄水后	河床段趾板表面	竖向位移/m	−0.2798	−0.0008298
二期蓄水后	河床段趾板表面	轴向应力/MPa	−4.779	9.890
二期蓄水后	河床段趾板表面	顺水流应力/MPa	−3.627	6.930
二期蓄水后	河床段趾板底面	轴向位移/m	−0.02461	0.02500
二期蓄水后	河床段趾板底面	顺水流方向位移/m	−0.008798	0.1455
二期蓄水后	河床段趾板底面	竖向位移/m	−0.2793	−0.0009630
二期蓄水后	河床段趾板底面	轴向应力/MPa	−4.359	10.73
二期蓄水后	河床段趾板底面	顺水流应力/MPa	−3.258	12.22

第5组：强夯加固系数=1.3，强夯+固结灌浆方案

工况	位置	变量名称	最小值	最大值
一期蓄水前	坝体横断面	顺水流方向位移/m	−0.1346	0.1170
一期蓄水前	坝体横断面	竖向位移/m	−0.4454	0.02025
一期蓄水前	坝体横断面	第1主应力/MPa	0.1000	1.636
一期蓄水前	坝体横断面	第3主应力/MPa	0.03000	0.6621
一期蓄水前	坝体横断面	应力水平	0.02051	0.9947
一期蓄水后	坝体横断面	顺水流方向位移/m	−0.05439	0.1208
一期蓄水后	坝体横断面	竖向位移/m	−0.4452	0.02024
一期蓄水后	坝体横断面	第1主应力/MPa	0.1000	1.669

续表

工况	位置	变 量 名 称	最小值	最大值
一期蓄水后	坝体横断面	第 3 主应力/MPa	0.05398	0.6909
一期蓄水后	坝体横断面	应力水平	0.03486	0.9947
二期蓄水前	坝体横断面	顺水流方向位移/m	−0.08503	0.1987
二期蓄水前	坝体横断面	竖向位移/m	−0.6950	0.01939
二期蓄水前	坝体横断面	第 1 主应力/MPa	0.1000	2.081
二期蓄水前	坝体横断面	第 3 主应力/MPa	0.07277	0.8646
二期蓄水前	坝体横断面	应力水平	0.04020	0.9947
二期蓄水后	坝体横断面	顺水流方向位移/m	−0.02220	0.2459
二期蓄水后	坝体横断面	竖向位移/m	−0.7377	0.01919
二期蓄水后	坝体横断面	第 1 主应力/MPa	0.1000	2.133
二期蓄水后	坝体横断面	第 3 主应力/MPa	−0.003614	0.8630
二期蓄水后	坝体横断面	应力水平	0.02352	0.9947
一期蓄水后	面板表面	轴向位移/m	−0.006723	0.006662
一期蓄水后	面板表面	顺坡位移/m	−0.01085	0.03843
一期蓄水后	面板表面	法向位移/m	−0.1526	−0.001141
一期蓄水后	面板表面	轴向应力/MPa	−0.2588	0.8349
一期蓄水后	面板表面	顺坡应力/MPa	0.06742	1.636
一期蓄水后	面板底面	轴向位移/m	−0.005294	0.006140
一期蓄水后	面板底面	顺坡位移/m	−0.01099	0.03831
一期蓄水后	面板底面	法向位移/m	−0.1526	−0.001140
一期蓄水后	面板底面	轴向应力/MPa	−0.2668	0.8042
一期蓄水后	面板底面	顺坡应力/MPa	−0.4284	1.492
二期蓄水前	面板表面	轴向位移/m	−0.02089	0.02135
二期蓄水前	面板表面	顺坡位移/m	−0.02350	0.01534
二期蓄水前	面板表面	法向位移/m	−0.1456	−0.0008049
二期蓄水前	面板表面	轴向应力/MPa	−0.3077	2.830
二期蓄水前	面板表面	顺坡应力/MPa	0.1407	4.449
二期蓄水前	面板底面	轴向位移/m	−0.02007	0.02060
二期蓄水前	面板底面	顺坡位移/m	−0.02368	0.01567
二期蓄水前	面板底面	法向位移/m	−0.1457	−0.0008042
二期蓄水前	面板底面	轴向应力/MPa	−0.09608	2.869
二期蓄水前	面板底面	顺坡应力/MPa	0.1873	4.491
二期蓄水后	面板表面	轴向位移/m	−0.04610	0.04136
二期蓄水后	面板表面	顺坡位移/m	−0.02565	0.05297
二期蓄水后	面板表面	法向位移/m	−0.3307	−0.002683

续表

工况	位置	变 量 名 称	最小值	最大值
二期蓄水后	面板表面	轴向应力/MPa	-0.3264	5.070
二期蓄水后	面板表面	顺坡应力/MPa	-0.002564	5.004
二期蓄水后	面板底面	轴向位移/m	-0.04420	0.04014
二期蓄水后	面板底面	顺坡位移/m	-0.02622	0.05190
二期蓄水后	面板底面	法向位移/m	-0.3307	-0.002682
二期蓄水后	面板底面	轴向应力/MPa	-0.3748	5.056
二期蓄水后	面板底面	顺坡应力/MPa	-0.1929	4.937
一期蓄水前	防渗墙上游面	轴向位移/m	-0.001129	0.001163
一期蓄水前	防渗墙上游面	顺水流方向位移/m	-0.06830	0.0002988
一期蓄水前	防渗墙上游面	竖向位移/m	-0.002151	0.00006983
一期蓄水前	防渗墙上游面	轴向应力/MPa	-4.135	4.022
一期蓄水前	防渗墙上游面	竖向应力/MPa	-3.150	8.751
一期蓄水前	防渗墙下游面	轴向位移/m	-0.0009800	0.0009589
一期蓄水前	防渗墙下游面	顺水流方向位移/m	-0.06830	0.0001953
一期蓄水前	防渗墙下游面	竖向位移/m	0.0001091	0.003171
一期蓄水前	防渗墙下游面	轴向应力/MPa	-3.740	4.190
一期蓄水前	防渗墙下游面	竖向应力/MPa	-3.447	5.659
一期蓄水后	防渗墙上游面	轴向位移/m	-0.0009751	0.001288
一期蓄水后	防渗墙上游面	顺水流方向位移/m	0.0004969	0.04133
一期蓄水后	防渗墙上游面	竖向位移/m	-0.001024	0.001540
一期蓄水后	防渗墙上游面	轴向应力/MPa	-4.768	4.968
一期蓄水后	防渗墙上游面	竖向应力/MPa	-7.021	7.707
一期蓄水后	防渗墙下游面	轴向位移/m	-0.0004749	0.0005986
一期蓄水后	防渗墙下游面	顺水流方向位移/m	0.0005092	0.04134
一期蓄水后	防渗墙下游面	竖向位移/m	-0.002700	0.0003595
一期蓄水后	防渗墙下游面	轴向应力/MPa	-2.791	4.996
一期蓄水后	防渗墙下游面	竖向应力/MPa	-0.007347	10.49
二期蓄水前	防渗墙上游面	轴向位移/m	-0.0008449	0.001081
二期蓄水前	防渗墙上游面	顺水流方向位移/m	0.0004332	0.02327
二期蓄水前	防渗墙上游面	竖向位移/m	-0.001881	0.001064
二期蓄水前	防渗墙上游面	轴向应力/MPa	-4.065	5.111
二期蓄水前	防渗墙上游面	竖向应力/MPa	-5.384	8.279
二期蓄水前	防渗墙下游面	轴向位移/m	-0.0006318	0.0007759
二期蓄水前	防渗墙下游面	顺水流方向位移/m	0.0004814	0.02327
二期蓄水前	防渗墙下游面	竖向位移/m	-0.002429	0.0006083

续表

工况	位置	变 量 名 称	最小值	最大值
二期蓄水前	防渗墙下游面	轴向应力/MPa	−2.575	5.091
二期蓄水前	防渗墙下游面	竖向应力/MPa	0.01882	9.507
二期蓄水后	防渗墙上游面	轴向位移/m	−0.002684	0.003517
二期蓄水后	防渗墙上游面	顺水流方向位移/m	0.0008071	0.1029
二期蓄水后	防渗墙上游面	竖向位移/m	−0.002305	0.004050
二期蓄水后	防渗墙上游面	轴向应力/MPa	−6.439	5.757
二期蓄水后	防渗墙上游面	竖向应力/MPa	−9.188	12.08
二期蓄水后	防渗墙下游面	轴向位移/m	−0.001014	0.001408
二期蓄水后	防渗墙下游面	顺水流方向位移/m	0.0009756	0.1029
二期蓄水后	防渗墙下游面	竖向位移/m	−0.005048	−0.001431
二期蓄水后	防渗墙下游面	轴向应力/MPa	−1.596	5.645
二期蓄水后	防渗墙下游面	竖向应力/MPa	−0.3483	16.91
一期蓄水后	连接板表面	轴向位移/m	−0.007402	0.007615
一期蓄水后	连接板表面	顺水流方向位移/m	0.02652	0.1186
一期蓄水后	连接板表面	竖向位移/m	−0.07382	−0.004534
一期蓄水后	连接板表面	轴向应力/MPa	−0.09117	3.720
一期蓄水后	连接板表面	顺水流应力/MPa	0.1901	0.9704
一期蓄水后	连接板底面	轴向位移/m	−0.006665	0.006899
一期蓄水后	连接板底面	顺水流方向位移/m	0.02373	0.1057
一期蓄水后	连接板底面	竖向位移/m	−0.07378	−0.004515
一期蓄水后	连接板底面	轴向应力/MPa	−0.4891	3.600
一期蓄水后	连接板底面	顺水流应力/MPa	−0.6961	0.1638
二期蓄水前	连接板表面	轴向位移/m	−0.006502	0.006951
二期蓄水前	连接板表面	顺水流方向位移/m	0.01950	0.09775
二期蓄水前	连接板表面	竖向位移/m	−0.07693	−0.004496
二期蓄水前	连接板表面	轴向应力/MPa	0.2118	3.237
二期蓄水前	连接板表面	顺水流应力/MPa	0.1332	1.771
二期蓄水前	连接板底面	轴向位移/m	−0.005708	0.006206
二期蓄水前	连接板底面	顺水流方向位移/m	0.01677	0.08461
二期蓄水前	连接板底面	竖向位移/m	−0.07691	−0.004478
二期蓄水前	连接板底面	轴向应力/MPa	−0.5170	3.132
二期蓄水前	连接板底面	顺水流应力/MPa	−0.3899	0.8531
二期蓄水后	连接板表面	轴向位移/m	−0.01312	0.01387
二期蓄水后	连接板表面	顺水流方向位移/m	0.03264	0.1843
二期蓄水后	连接板表面	竖向位移/m	−0.1198	−0.008330

续表

工况	位置	变 量 名 称	最小值	最大值
二期蓄水后	连接板表面	轴向应力/MPa	0.6631	6.665
二期蓄水后	连接板表面	顺水流应力/MPa	0.2528	2.012
二期蓄水后	连接板底面	轴向位移/m	−0.01174	0.01261
二期蓄水后	连接板底面	顺水流方向位移/m	0.02816	0.1659
二期蓄水后	连接板底面	竖向位移/m	−0.1198	−0.008289
二期蓄水后	连接板底面	轴向应力/MPa	−0.6779	6.247
二期蓄水后	连接板底面	顺水流应力/MPa	−0.7859	0.5921
一期蓄水前	河床段趾板表面	轴向位移/m	−0.007598	0.007273
一期蓄水前	河床段趾板表面	顺水流方向位移/m	−0.09431	0.002252
一期蓄水前	河床段趾板表面	竖向位移/m	−0.01448	0.004404
一期蓄水前	河床段趾板表面	轴向应力/MPa	−1.388	4.224
一期蓄水前	河床段趾板表面	顺水流应力/MPa	−1.354	0.8921
一期蓄水前	河床段趾板底面	轴向位移/m	−0.007500	0.007228
一期蓄水前	河床段趾板底面	顺水流方向位移/m	−0.09645	0.002225
一期蓄水前	河床段趾板底面	竖向位移/m	−0.01365	0.004401
一期蓄水前	河床段趾板底面	轴向应力/MPa	−0.4492	4.609
一期蓄水前	河床段趾板底面	顺水流应力/MPa	−0.5143	1.152
一期蓄水后	河床段趾板表面	轴向位移/m	−0.01015	0.01029
一期蓄水后	河床段趾板表面	顺水流方向位移/m	−0.003145	0.02765
一期蓄水后	河床段趾板表面	竖向位移/m	−0.1159	−0.0004051
一期蓄水后	河床段趾板表面	轴向应力/MPa	−2.717	6.359
一期蓄水后	河床段趾板表面	顺水流应力/MPa	−1.556	2.193
一期蓄水后	河床段趾板底面	轴向位移/m	−0.008616	0.008354
一期蓄水后	河床段趾板底面	顺水流方向位移/m	−0.002436	0.02449
一期蓄水后	河床段趾板底面	竖向位移/m	−0.1157	−0.0004696
一期蓄水后	河床段趾板底面	轴向应力/MPa	−2.146	6.975
一期蓄水后	河床段趾板底面	顺水流应力/MPa	−0.1970	5.352
二期蓄水前	河床段趾板表面	轴向位移/m	−0.007602	0.008089
二期蓄水前	河床段趾板表面	顺水流方向位移/m	−0.002603	0.01340
二期蓄水前	河床段趾板表面	竖向位移/m	−0.1210	−0.0004941
二期蓄水前	河床段趾板表面	轴向应力/MPa	−0.9839	4.461
二期蓄水前	河床段趾板表面	顺水流应力/MPa	−0.3748	3.399
二期蓄水前	河床段趾板底面	轴向位移/m	−0.006028	0.005931
二期蓄水前	河床段趾板底面	顺水流方向位移/m	−0.009634	0.009485
二期蓄水前	河床段趾板底面	竖向位移/m	−0.1210	−0.0004741

续表

工况	位置	变 量 名 称	最小值	最大值
二期蓄水前	河床段趾板底面	轴向应力/MPa	－1.345	5.205
二期蓄水前	河床段趾板底面	顺水流应力/MPa	－1.582	1.120
二期蓄水后	河床段趾板表面	轴向位移/m	－0.01879	0.01910
二期蓄水后	河床段趾板表面	顺水流方向位移/m	－0.006342	0.09131
二期蓄水后	河床段趾板表面	竖向位移/m	－0.1797	－0.0005983
二期蓄水后	河床段趾板表面	轴向应力/MPa	－3.285	8.133
二期蓄水后	河床段趾板表面	顺水流应力/MPa	－2.771	3.360
二期蓄水后	河床段趾板底面	轴向位移/m	－0.01613	0.01599
二期蓄水后	河床段趾板底面	顺水流方向位移/m	－0.005114	0.07441
二期蓄水后	河床段趾板底面	竖向位移/m	－0.1793	－0.0007058
二期蓄水后	河床段趾板底面	轴向应力/MPa	－3.713	8.057
二期蓄水后	河床段趾板底面	顺水流应力/MPa	－1.216	8.984

第 6 组：强夯加固系数＝1.3，强夯＋旋喷方案

工况	位置	变 量 名 称	最小值	最大值
一期蓄水前	坝体横断面	顺水流方向位移/m	－0.1492	0.1260
一期蓄水前	坝体横断面	竖向位移/m	－0.4459	0.02025
一期蓄水前	坝体横断面	第 1 主应力/MPa	0.1000	1.638
一期蓄水前	坝体横断面	第 3 主应力/MPa	0.03942	0.6685
一期蓄水前	坝体横断面	应力水平	0.02346	0.9947
一期蓄水后	坝体横断面	顺水流方向位移/m	－0.05751	0.1291
一期蓄水后	坝体横断面	竖向位移/m	－0.4455	0.02023
一期蓄水后	坝体横断面	第 1 主应力/MPa	0.1000	1.674
一期蓄水后	坝体横断面	第 3 主应力/MPa	0.06640	0.6948
一期蓄水后	坝体横断面	应力水平	0.06458	0.9947
二期蓄水前	坝体横断面	顺水流方向位移/m	－0.1116	0.2709
二期蓄水前	坝体横断面	竖向位移/m	－0.7614	0.01865
二期蓄水前	坝体横断面	第 1 主应力/MPa	0.1000	2.091
二期蓄水前	坝体横断面	第 3 主应力/MPa	0.06469	0.8651
二期蓄水前	坝体横断面	应力水平	0.06437	0.9947
二期蓄水后	坝体横断面	顺水流方向位移/m	－0.02990	0.3357
二期蓄水后	坝体横断面	竖向位移/m	－0.7782	0.01873
二期蓄水后	坝体横断面	第 1 主应力/MPa	0.1000	2.142
二期蓄水后	坝体横断面	第 3 主应力/MPa	－0.009900	0.8740
二期蓄水后	坝体横断面	应力水平	0.06223	0.9947
一期蓄水后	面板表面	轴向位移/m	－0.005262	0.005608

续表

工况	位置	变 量 名 称	最小值	最大值
一期蓄水后	面板表面	顺坡位移/m	−0.009735	0.04106
一期蓄水后	面板表面	法向位移/m	−0.1522	−0.001142
一期蓄水后	面板表面	轴向应力/MPa	−0.2892	0.7339
一期蓄水后	面板表面	顺坡应力/MPa	0.003045	1.421
一期蓄水后	面板底面	轴向位移/m	−0.004396	0.004515
一期蓄水后	面板底面	顺坡位移/m	−0.009795	0.04089
一期蓄水后	面板底面	法向位移/m	−0.1522	−0.001142
一期蓄水后	面板底面	轴向应力/MPa	−0.4395	0.6994
一期蓄水后	面板底面	顺坡应力/MPa	−0.6864	1.284
二期蓄水前	面板表面	轴向位移/m	−0.02049	0.02053
二期蓄水前	面板表面	顺坡位移/m	−0.03726	0.004172
二期蓄水前	面板表面	法向位移/m	−0.1445	−0.0009771
二期蓄水前	面板表面	轴向应力/MPa	−0.2370	3.084
二期蓄水前	面板表面	顺坡应力/MPa	0.4497	6.642
二期蓄水前	面板底面	轴向位移/m	−0.02004	0.02008
二期蓄水前	面板底面	顺坡位移/m	−0.03729	0.004568
二期蓄水前	面板底面	法向位移/m	−0.1445	−0.0009770
二期蓄水前	面板底面	轴向应力/MPa	−0.2080	3.118
二期蓄水前	面板底面	顺坡应力/MPa	0.8991	6.778
二期蓄水后	面板表面	轴向位移/m	−0.04437	0.04231
二期蓄水后	面板表面	顺坡位移/m	−0.02020	0.04467
二期蓄水后	面板表面	法向位移/m	−0.3254	−0.003374
二期蓄水后	面板表面	轴向应力/MPa	−0.2874	5.494
二期蓄水后	面板表面	顺坡应力/MPa	−0.3321	6.904
二期蓄水后	面板底面	轴向位移/m	−0.04465	0.04149
二期蓄水后	面板底面	顺坡位移/m	−0.02165	0.04369
二期蓄水后	面板底面	法向位移/m	−0.3254	−0.003268
二期蓄水后	面板底面	轴向应力/MPa	−0.3367	5.493
二期蓄水后	面板底面	顺坡应力/MPa	−0.5906	6.857
一期蓄水前	防渗墙上游面	轴向位移/m	−0.001152	0.001182
一期蓄水前	防渗墙上游面	顺水流方向位移/m	−0.06968	0.0002576
一期蓄水前	防渗墙上游面	竖向位移/m	−0.002189	0.00006572
一期蓄水前	防渗墙上游面	轴向应力/MPa	−4.142	4.015
一期蓄水前	防渗墙上游面	竖向应力/MPa	−3.193	8.783
一期蓄水前	防渗墙下游面	轴向位移/m	−0.0009986	0.0009746

续表

工况	位置	变 量 名 称	最小值	最大值
一期蓄水前	防渗墙下游面	顺水流方向位移/m	－0.06968	0.0001981
一期蓄水前	防渗墙下游面	竖向位移/m	0.0001105	0.003225
一期蓄水前	防渗墙下游面	轴向应力/MPa	－3.753	4.189
一期蓄水前	防渗墙下游面	竖向应力/MPa	－3.461	5.671
一期蓄水后	防渗墙上游面	轴向位移/m	－0.0009731	0.001278
一期蓄水后	防渗墙上游面	顺水流方向位移/m	0.0005019	0.04159
一期蓄水后	防渗墙上游面	竖向位移/m	－0.0009768	0.001571
一期蓄水后	防渗墙上游面	轴向应力/MPa	－4.791	4.947
一期蓄水后	防渗墙上游面	竖向应力/MPa	－7.067	7.612
一期蓄水后	防渗墙下游面	轴向位移/m	－0.0004779	0.0005903
一期蓄水后	防渗墙下游面	顺水流方向位移/m	0.0005134	0.04160
一期蓄水后	防渗墙下游面	竖向位移/m	－0.002680	0.0003921
一期蓄水后	防渗墙下游面	轴向应力/MPa	－2.793	4.962
一期蓄水后	防渗墙下游面	竖向应力/MPa	－0.01215	10.65
二期蓄水前	防渗墙上游面	轴向位移/m	－0.0007808	0.001002
二期蓄水前	防渗墙上游面	顺水流方向位移/m	0.0003911	0.01654
二期蓄水前	防渗墙上游面	竖向位移/m	－0.002269	0.0008181
二期蓄水前	防渗墙上游面	轴向应力/MPa	－3.755	5.177
二期蓄水前	防渗墙上游面	竖向应力/MPa	－4.303	8.535
二期蓄水前	防渗墙下游面	轴向位移/m	－0.0007317	0.0008844
二期蓄水前	防渗墙下游面	顺水流方向位移/m	0.0004181	0.01654
二期蓄水前	防渗墙下游面	竖向位移/m	－0.002331	0.0007668
二期蓄水前	防渗墙下游面	轴向应力/MPa	－2.411	5.138
二期蓄水前	防渗墙下游面	竖向应力/MPa	0.02759	9.466
二期蓄水后	防渗墙上游面	轴向位移/m	－0.002536	0.003331
二期蓄水后	防渗墙上游面	顺水流方向位移/m	0.0009785	0.09474
二期蓄水后	防渗墙上游面	竖向位移/m	－0.002647	0.003956
二期蓄水后	防渗墙上游面	轴向应力/MPa	－6.198	5.784
二期蓄水后	防渗墙上游面	竖向应力/MPa	－8.070	12.18
二期蓄水后	防渗墙下游面	轴向位移/m	－0.0009964	0.001401
二期蓄水后	防渗墙下游面	顺水流方向位移/m	0.001131	0.09477
二期蓄水后	防渗墙下游面	竖向位移/m	－0.004875	－0.001316
二期蓄水后	防渗墙下游面	轴向应力/MPa	－1.591	5.650
二期蓄水后	防渗墙下游面	竖向应力/MPa	－0.1642	16.85
一期蓄水后	连接板表面	轴向位移/m	－0.007454	0.007620

续表

工况	位置	变 量 名 称	最小值	最大值
一期蓄水后	连接板表面	顺水流方向位移/m	0.02723	0.1203
一期蓄水后	连接板表面	竖向位移/m	−0.07286	−0.004562
一期蓄水后	连接板表面	轴向应力/MPa	−0.1444	3.781
一期蓄水后	连接板表面	顺水流应力/MPa	0.1920	0.8807
一期蓄水后	连接板底面	轴向位移/m	−0.006720	0.006936
一期蓄水后	连接板底面	顺水流方向位移/m	0.02445	0.1075
一期蓄水后	连接板底面	竖向位移/m	−0.07283	−0.004542
一期蓄水后	连接板底面	轴向应力/MPa	−0.5191	3.648
一期蓄水后	连接板底面	顺水流应力/MPa	−0.6792	0.09229
二期蓄水前	连接板表面	轴向位移/m	−0.006216	0.006748
二期蓄水前	连接板表面	顺水流方向位移/m	0.01610	0.08984
二期蓄水前	连接板表面	竖向位移/m	−0.07929	−0.004249
二期蓄水前	连接板表面	轴向应力/MPa	0.3415	3.225
二期蓄水前	连接板表面	顺水流应力/MPa	0.2015	2.118
二期蓄水前	连接板底面	轴向位移/m	−0.005456	0.005982
二期蓄水前	连接板底面	顺水流方向位移/m	0.01322	0.07622
二期蓄水前	连接板底面	竖向位移/m	−0.07928	−0.004230
二期蓄水前	连接板底面	轴向应力/MPa	−0.5137	3.119
二期蓄水前	连接板底面	顺水流应力/MPa	−0.2478	1.149
二期蓄水后	连接板表面	轴向位移/m	−0.01279	0.01367
二期蓄水后	连接板表面	顺水流方向位移/m	0.02909	0.1777
二期蓄水后	连接板表面	竖向位移/m	−0.1220	−0.008195
二期蓄水后	连接板表面	轴向应力/MPa	0.6608	6.619
二期蓄水后	连接板表面	顺水流应力/MPa	0.3245	2.287
二期蓄水后	连接板底面	轴向位移/m	−0.01143	0.01239
二期蓄水后	连接板底面	顺水流方向位移/m	0.02470	0.1590
二期蓄水后	连接板底面	竖向位移/m	−0.1220	−0.008153
二期蓄水后	连接板底面	轴向应力/MPa	−0.6694	6.181
二期蓄水后	连接板底面	顺水流应力/MPa	−0.7003	0.8140
一期蓄水前	河床段趾板表面	轴向位移/m	−0.007798	0.007462
一期蓄水前	河床段趾板表面	顺水流方向位移/m	−0.09650	0.002307
一期蓄水前	河床段趾板表面	竖向位移/m	−0.01492	0.004647
一期蓄水前	河床段趾板表面	轴向应力/MPa	−1.402	4.347

续表

工况	位置	变 量 名 称	最小值	最大值
一期蓄水前	河床段趾板表面	顺水流应力/MPa	−1.379	0.9016
一期蓄水前	河床段趾板底面	轴向位移/m	−0.007695	0.007414
一期蓄水前	河床段趾板底面	顺水流方向位移/m	−0.09872	0.002278
一期蓄水前	河床段趾板底面	竖向位移/m	−0.01406	0.004663
一期蓄水前	河床段趾板底面	轴向应力/MPa	−0.4614	4.714
一期蓄水前	河床段趾板底面	顺水流应力/MPa	−0.5311	1.176
一期蓄水后	河床段趾板表面	轴向位移/m	−0.01028	0.01027
一期蓄水后	河床段趾板表面	顺水流方向位移/m	−0.003116	0.02846
一期蓄水后	河床段趾板表面	竖向位移/m	−0.1146	−0.0003782
一期蓄水后	河床段趾板表面	轴向应力/MPa	−2.933	6.690
一期蓄水后	河床段趾板表面	顺水流应力/MPa	−1.569	2.155
一期蓄水后	河床段趾板底面	轴向位移/m	−0.008746	0.008348
一期蓄水后	河床段趾板底面	顺水流方向位移/m	−0.002454	0.02557
一期蓄水后	河床段趾板底面	竖向位移/m	−0.1142	−0.0004408
一期蓄水后	河床段趾板底面	轴向应力/MPa	−2.273	7.260
一期蓄水后	河床段趾板底面	顺水流应力/MPa	−0.1578	5.692
二期蓄水前	河床段趾板表面	轴向位移/m	−0.007295	0.008322
二期蓄水前	河床段趾板表面	顺水流方向位移/m	−0.01323	0.007511
二期蓄水前	河床段趾板表面	竖向位移/m	−0.1274	−0.0005375
二期蓄水前	河床段趾板表面	轴向应力/MPa	−0.2888	3.507
二期蓄水前	河床段趾板表面	顺水流应力/MPa	−0.05252	4.248
二期蓄水前	河床段趾板底面	轴向位移/m	−0.005257	0.005907
二期蓄水前	河床段趾板底面	顺水流方向位移/m	−0.02115	0.003279
二期蓄水前	河床段趾板底面	竖向位移/m	−0.1272	−0.0005008
二期蓄水前	河床段趾板底面	轴向应力/MPa	−1.012	4.239
二期蓄水前	河床段趾板底面	顺水流应力/MPa	−4.381	1.264
二期蓄水后	河床段趾板表面	轴向位移/m	−0.01813	0.01808
二期蓄水后	河床段趾板表面	顺水流方向位移/m	−0.007051	0.08222
二期蓄水后	河床段趾板表面	竖向位移/m	−0.1842	−0.0006381
二期蓄水后	河床段趾板表面	轴向应力/MPa	−2.615	7.224
二期蓄水后	河床段趾板表面	顺水流应力/MPa	−2.461	4.260
二期蓄水后	河床段趾板底面	轴向位移/m	−0.01552	0.01496

续表

工况	位置	变 量 名 称	最小值	最大值
二期蓄水后	河床段趾板底面	顺水流方向位移/m	－0.005759	0.06483
二期蓄水后	河床段趾板底面	竖向位移/m	－0.1839	－0.0007240
二期蓄水后	河床段趾板底面	轴向应力/MPa	－3.303	7.197
二期蓄水后	河床段趾板底面	顺水流应力/MPa	－0.8831	6.200

第7组：强夯加固系数＝1.4，强夯方案

工况	位置	变 量 名 称	最小值	最大值
一期蓄水前	坝体横断面	顺水流方向位移/m	－0.08593	0.07000
一期蓄水前	坝体横断面	竖向位移/m	－0.4075	0.01330
一期蓄水前	坝体横断面	第1主应力/MPa	0.04054	1.566
一期蓄水前	坝体横断面	第3主应力/MPa	0.05256	0.7468
一期蓄水前	坝体横断面	应力水平	0.001630	0.9947
一期蓄水后	坝体横断面	顺水流方向位移/m	－0.01628	0.08010
一期蓄水后	坝体横断面	竖向位移/m	－0.4086	0.01327
一期蓄水后	坝体横断面	第1主应力/MPa	0.1000	1.554
一期蓄水后	坝体横断面	第3主应力/MPa	0.05035	0.7518
一期蓄水后	坝体横断面	应力水平	0.003579	0.9947
二期蓄水前	坝体横断面	顺水流方向位移/m	－0.03613	0.09389
二期蓄水前	坝体横断面	竖向位移/m	－0.5570	0.01278
二期蓄水前	坝体横断面	第1主应力/MPa	0.1000	1.945
二期蓄水前	坝体横断面	第3主应力/MPa	0.05384	0.9778
二期蓄水前	坝体横断面	应力水平	0.003604	0.9946
二期蓄水后	坝体横断面	顺水流方向位移/m	－0.004451	0.1858
二期蓄水后	坝体横断面	竖向位移/m	－0.5996	0.01235
二期蓄水后	坝体横断面	第1主应力/MPa	0.1000	2.039
二期蓄水后	坝体横断面	第3主应力/MPa	－0.01253	0.9940
二期蓄水后	坝体横断面	应力水平	0.006443	0.9947
一期蓄水后	面板表面	轴向位移/m	－0.007173	0.008494
一期蓄水后	面板表面	顺坡位移/m	－0.01188	0.03823
一期蓄水后	面板表面	法向位移/m	－0.1907	－0.001178
一期蓄水后	面板表面	轴向应力/MPa	－0.06759	1.077
一期蓄水后	面板表面	顺坡应力/MPa	0.07693	2.411
一期蓄水后	面板底面	轴向位移/m	－0.006502	0.006714
一期蓄水后	面板底面	顺坡位移/m	－0.01186	0.03901
一期蓄水后	面板底面	法向位移/m	－0.1907	－0.001178
一期蓄水后	面板底面	轴向应力/MPa	－0.01984	1.063

续表

工况	位置	变 量 名 称	最小值	最大值
一期蓄水后	面板底面	顺坡应力/MPa	0.04748	2.352
二期蓄水前	面板表面	轴向位移/m	−0.02253	0.02212
二期蓄水前	面板表面	顺坡位移/m	−0.02144	0.02172
二期蓄水前	面板表面	法向位移/m	−0.1779	−0.0007332
二期蓄水前	面板表面	轴向应力/MPa	−0.2785	2.945
二期蓄水前	面板表面	顺坡应力/MPa	0.1308	4.481
二期蓄水前	面板底面	轴向位移/m	−0.02179	0.02144
二期蓄水前	面板底面	顺坡位移/m	−0.02171	0.02260
二期蓄水前	面板底面	法向位移/m	−0.1779	−0.0007324
二期蓄水前	面板底面	轴向应力/MPa	−0.1026	2.983
二期蓄水前	面板底面	顺坡应力/MPa	0.1740	4.453
二期蓄水后	面板表面	轴向位移/m	−0.04203	0.03816
二期蓄水后	面板表面	顺坡位移/m	−0.02630	0.05385
二期蓄水后	面板表面	法向位移/m	−0.3101	−0.002503
二期蓄水后	面板表面	轴向应力/MPa	−0.2823	5.200
二期蓄水后	面板表面	顺坡应力/MPa	0.006769	6.788
二期蓄水后	面板底面	轴向位移/m	−0.04046	0.03697
二期蓄水后	面板底面	顺坡位移/m	−0.02631	0.05393
二期蓄水后	面板底面	法向位移/m	−0.3101	−0.002512
二期蓄水后	面板底面	轴向应力/MPa	−0.2359	5.221
二期蓄水后	面板底面	顺坡应力/MPa	−0.04734	6.853
一期蓄水前	防渗墙上游面	轴向位移/m	−0.0009921	0.0009872
一期蓄水前	防渗墙上游面	顺水流方向位移/m	−0.05526	−0.00002419
一期蓄水前	防渗墙上游面	竖向位移/m	−0.001752	0.00003966
一期蓄水前	防渗墙上游面	轴向应力/MPa	−4.100	4.295
一期蓄水前	防渗墙上游面	竖向应力/MPa	−2.446	8.619
一期蓄水前	防渗墙下游面	轴向位移/m	−0.0007342	0.0005691
一期蓄水前	防渗墙下游面	顺水流方向位移/m	−0.05525	−0.00002257
一期蓄水前	防渗墙下游面	竖向位移/m	0.0001561	0.002533
一期蓄水前	防渗墙下游面	轴向应力/MPa	−3.494	4.187
一期蓄水前	防渗墙下游面	竖向应力/MPa	−3.410	5.225
一期蓄水后	防渗墙上游面	轴向位移/m	−0.001549	0.002103
一期蓄水后	防渗墙上游面	顺水流方向位移/m	0.0005267	0.07655
一期蓄水后	防渗墙上游面	竖向位移/m	−0.001306	0.002259
一期蓄水后	防渗墙上游面	轴向应力/MPa	−6.195	5.301

续表

工况	位置	变 量 名 称	最小值	最大值
一期蓄水后	防渗墙上游面	竖向应力/MPa	-9.886	8.378
一期蓄水后	防渗墙下游面	轴向位移/m	-0.0005258	0.0007156
一期蓄水后	防渗墙下游面	顺水流方向位移/m	0.0006172	0.07651
一期蓄水后	防渗墙下游面	竖向位移/m	-0.004156	-0.0004009
一期蓄水后	防渗墙下游面	轴向应力/MPa	-2.873	5.306
一期蓄水后	防渗墙下游面	竖向应力/MPa	-0.01435	13.96
二期蓄水前	防渗墙上游面	轴向位移/m	-0.001320	0.001860
二期蓄水前	防渗墙上游面	顺水流方向位移/m	0.0005731	0.05959
二期蓄水前	防渗墙上游面	竖向位移/m	-0.001898	0.001844
二期蓄水前	防渗墙上游面	轴向应力/MPa	-5.647	5.343
二期蓄水前	防渗墙上游面	竖向应力/MPa	-8.402	8.895
二期蓄水前	防渗墙下游面	轴向位移/m	-0.0006135	0.0006304
二期蓄水前	防渗墙下游面	顺水流方向位移/m	0.0005793	0.05960
二期蓄水前	防渗墙下游面	竖向位移/m	-0.003736	-0.0002691
二期蓄水前	防渗墙下游面	轴向应力/MPa	-2.729	5.292
二期蓄水前	防渗墙下游面	竖向应力/MPa	0.006096	12.63
二期蓄水后	防渗墙上游面	轴向位移/m	-0.003648	0.004584
二期蓄水后	防渗墙上游面	顺水流方向位移/m	0.0006766	0.1561
二期蓄水后	防渗墙上游面	竖向位移/m	-0.002268	0.004966
二期蓄水后	防渗墙上游面	轴向应力/MPa	-7.243	6.061
二期蓄水后	防渗墙上游面	竖向应力/MPa	-13.67	12.95
二期蓄水后	防渗墙下游面	轴向位移/m	-0.001124	0.001193
二期蓄水后	防渗墙下游面	顺水流方向位移/m	0.0008850	0.1562
二期蓄水后	防渗墙下游面	竖向位移/m	-0.007125	-0.001900
二期蓄水后	防渗墙下游面	轴向应力/MPa	-1.677	6.124
二期蓄水后	防渗墙下游面	竖向应力/MPa	0.04316	22.23
一期蓄水后	连接板表面	轴向位移/m	-0.009057	0.009527
一期蓄水后	连接板表面	顺水流方向位移/m	0.03120	0.1435
一期蓄水后	连接板表面	竖向位移/m	-0.09847	-0.004505
一期蓄水后	连接板表面	轴向应力/MPa	-0.08525	4.319
一期蓄水后	连接板表面	顺水流应力/MPa	0.1771	1.542
一期蓄水后	连接板底面	轴向位移/m	-0.008071	0.008614
一期蓄水后	连接板底面	顺水流方向位移/m	0.02615	0.1261
一期蓄水后	连接板底面	竖向位移/m	-0.09845	-0.004678
一期蓄水后	连接板底面	轴向应力/MPa	-1.063	4.206

续表

工况	位置	变 量 名 称	最小值	最大值
一期蓄水后	连接板底面	顺水流应力/MPa	-0.6323	0.9196
二期蓄水前	连接板表面	轴向位移/m	-0.007935	0.008603
二期蓄水前	连接板表面	顺水流方向位移/m	0.02634	0.1247
二期蓄水前	连接板表面	竖向位移/m	-0.09910	-0.004453
二期蓄水前	连接板表面	轴向应力/MPa	-0.03236	3.799
二期蓄水前	连接板表面	顺水流应力/MPa	0.1751	2.024
二期蓄水前	连接板底面	轴向位移/m	-0.006919	0.007645
二期蓄水前	连接板底面	顺水流方向位移/m	0.02136	0.1073
二期蓄水前	连接板底面	竖向位移/m	-0.09889	-0.004627
二期蓄水前	连接板底面	轴向应力/MPa	-1.051	3.578
二期蓄水前	连接板底面	顺水流应力/MPa	-0.4379	1.330
二期蓄水后	连接板表面	轴向位移/m	-0.01702	0.01788
二期蓄水后	连接板表面	顺水流方向位移/m	0.04610	0.2282
二期蓄水后	连接板表面	竖向位移/m	-0.1660	-0.008740
二期蓄水后	连接板表面	轴向应力/MPa	0.5988	7.855
二期蓄水后	连接板表面	顺水流应力/MPa	0.2707	2.882
二期蓄水后	连接板底面	轴向位移/m	-0.01509	0.01587
二期蓄水后	连接板底面	顺水流方向位移/m	0.03919	0.2029
二期蓄水后	连接板底面	竖向位移/m	-0.1660	-0.008383
二期蓄水后	连接板底面	轴向应力/MPa	-1.393	7.437
二期蓄水后	连接板底面	顺水流应力/MPa	-0.9573	1.186
一期蓄水前	河床段趾板表面	轴向位移/m	-0.006223	0.005962
一期蓄水前	河床段趾板表面	顺水流方向位移/m	-0.06135	0.001619
一期蓄水前	河床段趾板表面	竖向位移/m	-0.03220	0.002035
一期蓄水前	河床段趾板表面	轴向应力/MPa	-1.105	3.518
一期蓄水前	河床段趾板表面	顺水流应力/MPa	-1.129	0.6589
一期蓄水前	河床段趾板底面	轴向位移/m	-0.006371	0.005886
一期蓄水前	河床段趾板底面	顺水流方向位移/m	-0.06740	0.001706
一期蓄水前	河床段趾板底面	竖向位移/m	-0.03234	0.002031
一期蓄水前	河床段趾板底面	轴向应力/MPa	-0.3500	4.056
一期蓄水前	河床段趾板底面	顺水流应力/MPa	-0.5417	1.174
一期蓄水后	河床段趾板表面	轴向位移/m	-0.01472	0.01526
一期蓄水后	河床段趾板表面	顺水流方向位移/m	-0.005375	0.08347
一期蓄水后	河床段趾板表面	竖向位移/m	-0.1661	-0.0005859
一期蓄水后	河床段趾板表面	轴向应力/MPa	-2.837	5.570

续表

工况	位置	变 量 名 称	最小值	最大值
一期蓄水后	河床段趾板表面	顺水流应力/MPa	−1.631	4.115
一期蓄水后	河床段趾板底面	轴向位移/m	−0.01255	0.01267
一期蓄水后	河床段趾板底面	顺水流方向位移/m	−0.004481	0.06707
一期蓄水后	河床段趾板底面	竖向位移/m	−0.1664	−0.0006266
一期蓄水后	河床段趾板底面	轴向应力/MPa	−1.156	6.970
一期蓄水后	河床段趾板底面	顺水流应力/MPa	−2.007	2.587
二期蓄水前	河床段趾板表面	轴向位移/m	−0.01228	0.01311
二期蓄水前	河床段趾板表面	顺水流方向位移/m	−0.004596	0.06302
二期蓄水前	河床段趾板表面	竖向位移/m	−0.1647	−0.0006232
二期蓄水前	河床段趾板表面	轴向应力/MPa	−1.639	4.492
二期蓄水前	河床段趾板表面	顺水流应力/MPa	−1.107	5.108
二期蓄水前	河床段趾板底面	轴向位移/m	−0.01012	0.01051
二期蓄水前	河床段趾板底面	顺水流方向位移/m	−0.003730	0.04730
二期蓄水前	河床段趾板底面	竖向位移/m	−0.1649	−0.0006232
二期蓄水前	河床段趾板底面	轴向应力/MPa	−0.5180	5.928
二期蓄水前	河床段趾板底面	顺水流应力/MPa	−2.187	1.290
二期蓄水后	河床段趾板表面	轴向位移/m	−0.02714	0.02774
二期蓄水后	河床段趾板表面	顺水流方向位移/m	−0.009671	0.1673
二期蓄水后	河床段趾板表面	竖向位移/m	−0.2549	−0.0008727
二期蓄水后	河床段趾板表面	轴向应力/MPa	−4.696	9.092
二期蓄水后	河床段趾板表面	顺水流应力/MPa	−3.468	6.989
二期蓄水后	河床段趾板底面	轴向位移/m	−0.02355	0.02350
二期蓄水后	河床段趾板底面	顺水流方向位移/m	−0.008218	0.1460
二期蓄水后	河床段趾板底面	竖向位移/m	−0.2549	−0.0009802
二期蓄水后	河床段趾板底面	轴向应力/MPa	−4.168	9.494
二期蓄水后	河床段趾板底面	顺水流应力/MPa	−3.470	12.30

第 8 组：强夯加固系数=1.4，强夯+固结灌浆方案

工况	位置	变 量 名 称	最小值	最大值
一期蓄水前	坝体横断面	顺水流方向位移/m	−0.1331	0.1152
一期蓄水前	坝体横断面	竖向位移/m	−0.4448	0.02001
一期蓄水前	坝体横断面	第 1 主应力/MPa	0.1000	1.634
一期蓄水前	坝体横断面	第 3 主应力/MPa	0.03106	0.6621
一期蓄水前	坝体横断面	应力水平	0.02051	0.9947
一期蓄水后	坝体横断面	顺水流方向位移/m	−0.05439	0.1200
一期蓄水后	坝体横断面	竖向位移/m	−0.4445	0.02024

续表

工况	位置	变 量 名 称	最小值	最大值
一期蓄水后	坝体横断面	第 1 主应力/MPa	0.1000	1.667
一期蓄水后	坝体横断面	第 3 主应力/MPa	0.05533	0.6907
一期蓄水后	坝体横断面	应力水平	0.01886	0.9947
二期蓄水前	坝体横断面	顺水流方向位移/m	−0.08327	0.1926
二期蓄水前	坝体横断面	竖向位移/m	−0.6645	0.01940
二期蓄水前	坝体横断面	第 1 主应力/MPa	0.1000	2.078
二期蓄水前	坝体横断面	第 3 主应力/MPa	0.06626	0.8617
二期蓄水前	坝体横断面	应力水平	0.01884	0.9947
二期蓄水后	坝体横断面	顺水流方向位移/m	−0.02177	0.2310
二期蓄水后	坝体横断面	竖向位移/m	−0.7256	0.01902
二期蓄水后	坝体横断面	第 1 主应力/MPa	0.1000	2.133
二期蓄水后	坝体横断面	第 3 主应力/MPa	−0.006011	0.8640
二期蓄水后	坝体横断面	应力水平	0.01151	0.9947
一期蓄水后	面板表面	轴向位移/m	−0.006788	0.006671
一期蓄水后	面板表面	顺坡位移/m	−0.01096	0.03792
一期蓄水后	面板表面	法向位移/m	−0.1526	−0.001065
一期蓄水后	面板表面	轴向应力/MPa	−0.2570	0.8474
一期蓄水后	面板表面	顺坡应力/MPa	0.06859	1.674
一期蓄水后	面板底面	轴向位移/m	−0.005325	0.005794
一期蓄水后	面板底面	顺坡位移/m	−0.01109	0.03781
一期蓄水后	面板底面	法向位移/m	−0.1526	−0.001065
一期蓄水后	面板底面	轴向应力/MPa	−0.2407	0.8187
一期蓄水后	面板底面	顺坡应力/MPa	−0.3917	1.526
二期蓄水前	面板表面	轴向位移/m	−0.02132	0.02148
二期蓄水前	面板表面	顺坡位移/m	−0.02188	0.01669
二期蓄水前	面板表面	法向位移/m	−0.1479	−0.0006850
二期蓄水前	面板表面	轴向应力/MPa	−0.2881	2.802
二期蓄水前	面板表面	顺坡应力/MPa	0.1290	4.180
二期蓄水前	面板底面	轴向位移/m	−0.02044	0.02080
二期蓄水前	面板底面	顺坡位移/m	−0.02198	0.01701
二期蓄水前	面板底面	法向位移/m	−0.1479	−0.0006843
二期蓄水前	面板底面	轴向应力/MPa	−0.1386	2.844
二期蓄水前	面板底面	顺坡应力/MPa	0.1709	4.289
二期蓄水后	面板表面	轴向位移/m	−0.04581	0.04145
二期蓄水后	面板表面	顺坡位移/m	−0.02619	0.05285

续表

工况	位置	变 量 名 称	最小值	最大值
二期蓄水后	面板表面	法向位移/m	−0.3308	−0.002637
二期蓄水后	面板表面	轴向应力/MPa	−0.3263	5.009
二期蓄水后	面板表面	顺坡应力/MPa	0.01316	5.141
二期蓄水后	面板底面	轴向位移/m	−0.04395	0.04022
二期蓄水后	面板底面	顺坡位移/m	−0.02638	0.05177
二期蓄水后	面板底面	法向位移/m	−0.3308	−0.002646
二期蓄水后	面板底面	轴向应力/MPa	−0.3504	5.002
二期蓄水后	面板底面	顺坡应力/MPa	−0.3349	5.055
一期蓄水前	防渗墙上游面	轴向位移/m	−0.001127	0.001161
一期蓄水前	防渗墙上游面	顺水流方向位移/m	−0.06819	0.0002533
一期蓄水前	防渗墙上游面	竖向位移/m	−0.002148	0.00006970
一期蓄水前	防渗墙上游面	轴向应力/MPa	−4.134	4.005
一期蓄水前	防渗墙上游面	竖向应力/MPa	−3.146	8.746
一期蓄水前	防渗墙下游面	轴向位移/m	−0.0009787	0.0009578
一期蓄水前	防渗墙下游面	顺水流方向位移/m	−0.06819	0.0001950
一期蓄水前	防渗墙下游面	竖向位移/m	0.0001091	0.003167
一期蓄水前	防渗墙下游面	轴向应力/MPa	−3.739	4.206
一期蓄水前	防渗墙下游面	竖向应力/MPa	−3.446	5.656
一期蓄水后	防渗墙上游面	轴向位移/m	−0.0009736	0.001288
一期蓄水后	防渗墙上游面	顺水流方向位移/m	0.0004935	0.04111
一期蓄水后	防渗墙上游面	竖向位移/m	−0.001034	0.001537
一期蓄水后	防渗墙上游面	轴向应力/MPa	−4.742	4.971
一期蓄水后	防渗墙上游面	竖向应力/MPa	−6.999	7.683
一期蓄水后	防渗墙下游面	轴向位移/m	−0.0004783	0.0006027
一期蓄水后	防渗墙下游面	顺水流方向位移/m	0.0005065	0.04112
一期蓄水后	防渗墙下游面	竖向位移/m	−0.002698	0.0003643
一期蓄水后	防渗墙下游面	轴向应力/MPa	−2.787	4.998
一期蓄水后	防渗墙下游面	竖向应力/MPa	−0.006694	10.46
二期蓄水前	防渗墙上游面	轴向位移/m	−0.0008542	0.001098
二期蓄水前	防渗墙上游面	顺水流方向位移/m	0.0004414	0.02429
二期蓄水前	防渗墙上游面	竖向位移/m	−0.001843	0.001094
二期蓄水前	防渗墙上游面	轴向应力/MPa	−4.116	5.080
二期蓄水前	防渗墙上游面	竖向应力/MPa	−5.064	8.243
二期蓄水前	防渗墙下游面	轴向位移/m	−0.0006222	0.0007606
二期蓄水前	防渗墙下游面	顺水流方向位移/m	0.0004831	0.02432

续表

工况	位置	变 量 名 称	最小值	最大值
二期蓄水前	防渗墙下游面	竖向位移/m	−0.002434	0.0005894
二期蓄水前	防渗墙下游面	轴向应力/MPa	−2.575	5.080
二期蓄水前	防渗墙下游面	竖向应力/MPa	0.02287	9.547
二期蓄水后	防渗墙上游面	轴向位移/m	−0.002697	0.003513
二期蓄水后	防渗墙上游面	顺水流方向位移/m	0.0008075	0.1030
二期蓄水后	防渗墙上游面	竖向位移/m	−0.002301	0.004044
二期蓄水后	防渗墙上游面	轴向应力/MPa	−6.485	5.788
二期蓄水后	防渗墙上游面	竖向应力/MPa	−9.220	12.13
二期蓄水后	防渗墙下游面	轴向位移/m	−0.001011	0.001416
二期蓄水后	防渗墙下游面	顺水流方向位移/m	0.0009760	0.1030
二期蓄水后	防渗墙下游面	竖向位移/m	−0.005052	−0.001438
二期蓄水后	防渗墙下游面	轴向应力/MPa	−1.605	5.648
二期蓄水后	防渗墙下游面	竖向应力/MPa	−0.3393	16.97
一期蓄水后	连接板表面	轴向位移/m	−0.007379	0.007615
一期蓄水后	连接板表面	顺水流方向位移/m	0.02649	0.1184
一期蓄水后	连接板表面	竖向位移/m	−0.07386	−0.004535
一期蓄水后	连接板表面	轴向应力/MPa	0.05033	3.714
一期蓄水后	连接板表面	顺水流应力/MPa	0.1935	0.9781
一期蓄水后	连接板底面	轴向位移/m	−0.006643	0.006927
一期蓄水后	连接板底面	顺水流方向位移/m	0.02369	0.1054
一期蓄水后	连接板底面	竖向位移/m	−0.07383	−0.004516
一期蓄水后	连接板底面	轴向应力/MPa	−0.4733	3.586
一期蓄水后	连接板底面	顺水流应力/MPa	−0.6882	0.1772
二期蓄水前	连接板表面	轴向位移/m	−0.006496	0.007042
二期蓄水前	连接板表面	顺水流方向位移/m	0.02000	0.09897
二期蓄水前	连接板表面	竖向位移/m	−0.07664	−0.004518
二期蓄水前	连接板表面	轴向应力/MPa	0.2089	3.229
二期蓄水前	连接板表面	顺水流应力/MPa	0.1637	1.717
二期蓄水前	连接板底面	轴向位移/m	−0.005730	0.006330
二期蓄水前	连接板底面	顺水流方向位移/m	0.01729	0.08573
二期蓄水前	连接板底面	竖向位移/m	−0.07661	−0.004499
二期蓄水前	连接板底面	轴向应力/MPa	−0.5768	3.121
二期蓄水前	连接板底面	顺水流应力/MPa	−0.4104	0.8430
二期蓄水后	连接板表面	轴向位移/m	−0.01311	0.01395
二期蓄水后	连接板表面	顺水流方向位移/m	0.03288	0.1845

续表

工况	位置	变 量 名 称	最小值	最大值
二期蓄水后	连接板表面	竖向位移/m	−0.1199	−0.008360
二期蓄水后	连接板表面	轴向应力/MPa	0.6213	6.636
二期蓄水后	连接板表面	顺水流应力/MPa	0.2538	2.008
二期蓄水后	连接板底面	轴向位移/m	−0.01173	0.01265
二期蓄水后	连接板底面	顺水流方向位移/m	0.02841	0.1660
二期蓄水后	连接板底面	竖向位移/m	−0.1198	−0.008319
二期蓄水后	连接板底面	轴向应力/MPa	−0.7318	6.212
二期蓄水后	连接板底面	顺水流应力/MPa	−0.8341	0.6145
一期蓄水前	河床段趾板表面	轴向位移/m	−0.007576	0.007222
一期蓄水前	河床段趾板表面	顺水流方向位移/m	−0.09415	0.002252
一期蓄水前	河床段趾板表面	竖向位移/m	−0.01443	0.004381
一期蓄水前	河床段趾板表面	轴向应力/MPa	−1.384	4.223
一期蓄水前	河床段趾板表面	顺水流应力/MPa	−1.353	0.8964
一期蓄水前	河床段趾板底面	轴向位移/m	−0.007478	0.007208
一期蓄水前	河床段趾板底面	顺水流方向位移/m	−0.09628	0.002224
一期蓄水前	河床段趾板底面	竖向位移/m	−0.01360	0.004358
一期蓄水前	河床段趾板底面	轴向应力/MPa	−0.4519	4.586
一期蓄水前	河床段趾板底面	顺水流应力/MPa	−0.5103	1.150
一期蓄水后	河床段趾板表面	轴向位移/m	−0.01011	0.01031
一期蓄水后	河床段趾板表面	顺水流方向位移/m	−0.003138	0.02737
一期蓄水后	河床段趾板表面	竖向位移/m	−0.1161	−0.0003894
一期蓄水后	河床段趾板表面	轴向应力/MPa	−2.674	6.308
一期蓄水后	河床段趾板表面	顺水流应力/MPa	−1.536	2.200
一期蓄水后	河床段趾板底面	轴向位移/m	−0.008576	0.008334
一期蓄水后	河床段趾板底面	顺水流方向位移/m	−0.002432	0.02417
一期蓄水后	河床段趾板底面	竖向位移/m	−0.1159	−0.0004495
一期蓄水后	河床段趾板底面	轴向应力/MPa	−2.113	6.926
一期蓄水后	河床段趾板底面	顺水流应力/MPa	−0.2027	5.297
二期蓄水前	河床段趾板表面	轴向位移/m	−0.007703	0.008185
二期蓄水前	河床段趾板表面	顺水流方向位移/m	−0.002514	0.01418
二期蓄水前	河床段趾板表面	竖向位移/m	−0.1203	−0.0005036
二期蓄水前	河床段趾板表面	轴向应力/MPa	−1.081	4.584
二期蓄水前	河床段趾板表面	顺水流应力/MPa	−0.4536	3.326
二期蓄水前	河床段趾板底面	轴向位移/m	−0.006124	0.006062
二期蓄水前	河床段趾板底面	顺水流方向位移/m	−0.008290	0.01039

续表

工况	位置	变 量 名 称	最小值	最大值
二期蓄水前	河床段趾板底面	竖向位移/m	−0.1203	−0.0004936
二期蓄水前	河床段趾板底面	轴向应力/MPa	−1.384	5.324
二期蓄水前	河床段趾板底面	顺水流应力/MPa	−1.481	1.092
二期蓄水后	河床段趾板表面	轴向位移/m	−0.01869	0.01914
二期蓄水后	河床段趾板表面	顺水流方向位移/m	−0.006170	0.09152
二期蓄水后	河床段趾板表面	竖向位移/m	−0.1799	−0.0006282
二期蓄水后	河床段趾板表面	轴向应力/MPa	−3.249	8.069
二期蓄水后	河床段趾板表面	顺水流应力/MPa	−2.738	3.418
二期蓄水后	河床段趾板底面	轴向位移/m	−0.01603	0.01603
二期蓄水后	河床段趾板底面	顺水流方向位移/m	−0.004942	0.07464
二期蓄水后	河床段趾板底面	竖向位移/m	−0.1795	−0.0007069
二期蓄水后	河床段趾板底面	轴向应力/MPa	−3.638	7.997
二期蓄水后	河床段趾板底面	顺水流应力/MPa	−1.211	9.109

第9组：强夯加固系数=1.4，强夯+旋喷方案

工况	位置	变 量 名 称	最小值	最大值
一期蓄水前	坝体横断面	顺水流方向位移/m	−0.1479	0.1252
一期蓄水前	坝体横断面	竖向位移/m	−0.4460	0.02075
一期蓄水前	坝体横断面	第1主应力/MPa	0.1000	1.640
一期蓄水前	坝体横断面	第3主应力/MPa	0.04001	0.6643
一期蓄水前	坝体横断面	应力水平	0.01345	0.9947
一期蓄水后	坝体横断面	顺水流方向位移/m	−0.05824	0.1293
一期蓄水后	坝体横断面	竖向位移/m	−0.4456	0.02048
一期蓄水后	坝体横断面	第1主应力/MPa	0.1000	1.675
一期蓄水后	坝体横断面	第3主应力/MPa	0.06770	0.6909
一期蓄水后	坝体横断面	应力水平	0.06458	0.9947
二期蓄水前	坝体横断面	顺水流方向位移/m	−0.1114	0.2696
二期蓄水前	坝体横断面	竖向位移/m	−0.7629	0.01925
二期蓄水前	坝体横断面	第1主应力/MPa	0.1000	2.094
二期蓄水前	坝体横断面	第3主应力/MPa	0.06497	0.8649
二期蓄水前	坝体横断面	应力水平	0.06437	0.9947
二期蓄水后	坝体横断面	顺水流方向位移/m	−0.03016	0.3347
二期蓄水后	坝体横断面	竖向位移/m	−0.7780	0.01926
二期蓄水后	坝体横断面	第1主应力/MPa	0.1000	2.142
二期蓄水后	坝体横断面	第3主应力/MPa	−0.008204	0.8745
二期蓄水后	坝体横断面	应力水平	0.05584	0.9947

续表

工况	位置	变 量 名 称	最小值	最大值
一期蓄水后	面板表面	轴向位移/m	−0.005284	0.005611
一期蓄水后	面板表面	顺坡位移/m	−0.009742	0.04117
一期蓄水后	面板表面	法向位移/m	−0.1523	−0.001143
一期蓄水后	面板表面	轴向应力/MPa	−0.2922	0.7338
一期蓄水后	面板表面	顺坡应力/MPa	0.0007184	1.431
一期蓄水后	面板底面	轴向位移/m	−0.004287	0.004520
一期蓄水后	面板底面	顺坡位移/m	−0.009801	0.04101
一期蓄水后	面板底面	法向位移/m	−0.1523	−0.001143
一期蓄水后	面板底面	轴向应力/MPa	−0.3560	0.7048
一期蓄水后	面板底面	顺坡应力/MPa	−0.6831	1.288
二期蓄水前	面板表面	轴向位移/m	−0.02042	0.02045
二期蓄水前	面板表面	顺坡位移/m	−0.03754	0.004293
二期蓄水前	面板表面	法向位移/m	−0.1445	−0.0009685
二期蓄水前	面板表面	轴向应力/MPa	−0.2445	3.084
二期蓄水前	面板表面	顺坡应力/MPa	0.4528	6.691
二期蓄水前	面板底面	轴向位移/m	−0.01998	0.02004
二期蓄水前	面板底面	顺坡位移/m	−0.03765	0.004664
二期蓄水前	面板底面	法向位移/m	−0.1445	−0.0009683
二期蓄水前	面板底面	轴向应力/MPa	−0.2129	3.111
二期蓄水前	面板底面	顺坡应力/MPa	0.8860	6.835
二期蓄水后	面板表面	轴向位移/m	−0.04455	0.04206
二期蓄水后	面板表面	顺坡位移/m	−0.02019	0.04495
二期蓄水后	面板表面	法向位移/m	−0.3253	−0.003372
二期蓄水后	面板表面	轴向应力/MPa	−0.3236	5.488
二期蓄水后	面板表面	顺坡应力/MPa	−0.3357	6.921
二期蓄水后	面板底面	轴向位移/m	−0.04463	0.04126
二期蓄水后	面板底面	顺坡位移/m	−0.02165	0.04389
二期蓄水后	面板底面	法向位移/m	−0.3253	−0.003281
二期蓄水后	面板底面	轴向应力/MPa	−0.3666	5.494
二期蓄水后	面板底面	顺坡应力/MPa	−0.5985	6.881
一期蓄水前	防渗墙上游面	轴向位移/m	−0.001157	0.001182
一期蓄水前	防渗墙上游面	顺水流方向位移/m	−0.06995	0.0002413
一期蓄水前	防渗墙上游面	竖向位移/m	−0.002195	0.00006783
一期蓄水前	防渗墙上游面	轴向应力/MPa	−4.148	4.011
一期蓄水前	防渗墙上游面	竖向应力/MPa	−3.199	8.818

续表

工况	位置	变 量 名 称	最小值	最大值
一期蓄水前	防渗墙下游面	轴向位移/m	－0.0009984	0.0009710
一期蓄水前	防渗墙下游面	顺水流方向位移/m	－0.06995	0.0001877
一期蓄水前	防渗墙下游面	竖向位移/m	0.0001173	0.003221
一期蓄水前	防渗墙下游面	轴向应力/MPa	－3.765	4.199
一期蓄水前	防渗墙下游面	竖向应力/MPa	－3.462	5.686
一期蓄水后	防渗墙上游面	轴向位移/m	－0.0009687	0.001302
一期蓄水后	防渗墙上游面	顺水流方向位移/m	0.0004884	0.04168
一期蓄水后	防渗墙上游面	竖向位移/m	－0.001040	0.001567
一期蓄水后	防渗墙上游面	轴向应力/MPa	－4.809	4.947
一期蓄水后	防渗墙上游面	竖向应力/MPa	－7.098	7.626
一期蓄水后	防渗墙下游面	轴向位移/m	－0.0004749	0.0006272
一期蓄水后	防渗墙下游面	顺水流方向位移/m	0.0005109	0.04169
一期蓄水后	防渗墙下游面	竖向位移/m	－0.002672	0.0003921
一期蓄水后	防渗墙下游面	轴向应力/MPa	－2.807	4.984
一期蓄水后	防渗墙下游面	竖向应力/MPa	－0.01186	10.70
二期蓄水前	防渗墙上游面	轴向位移/m	－0.0007771	0.001015
二期蓄水前	防渗墙上游面	顺水流方向位移/m	0.0003934	0.01701
二期蓄水前	防渗墙上游面	竖向位移/m	－0.002274	0.0008185
二期蓄水前	防渗墙上游面	轴向应力/MPa	－3.751	5.178
二期蓄水前	防渗墙上游面	竖向应力/MPa	－4.367	8.524
二期蓄水前	防渗墙下游面	轴向位移/m	－0.0007303	0.0009021
二期蓄水前	防渗墙下游面	顺水流方向位移/m	0.0004230	0.01701
二期蓄水前	防渗墙下游面	竖向位移/m	－0.002334	0.0007631
二期蓄水前	防渗墙下游面	轴向应力/MPa	－2.408	5.139
二期蓄水前	防渗墙下游面	竖向应力/MPa	0.02537	9.460
二期蓄水后	防渗墙上游面	轴向位移/m	－0.002625	0.003354
二期蓄水后	防渗墙上游面	顺水流方向位移/m	0.0009689	0.09492
二期蓄水后	防渗墙上游面	竖向位移/m	－0.002674	0.003962
二期蓄水后	防渗墙上游面	轴向应力/MPa	－6.249	5.792
二期蓄水后	防渗墙上游面	竖向应力/MPa	－8.196	12.14
二期蓄水后	防渗墙下游面	轴向位移/m	－0.001047	0.001441
二期蓄水后	防渗墙下游面	顺水流方向位移/m	0.0009414	0.09495
二期蓄水后	防渗墙下游面	竖向位移/m	－0.004875	－0.001321
二期蓄水后	防渗墙下游面	轴向应力/MPa	－1.522	5.657
二期蓄水后	防渗墙下游面	竖向应力/MPa	－0.3201	16.96

续表

工况	位置	变 量 名 称	最小值	最大值
一期蓄水后	连接板表面	轴向位移/m	−0.007446	0.007682
一期蓄水后	连接板表面	顺水流方向位移/m	0.02705	0.1206
一期蓄水后	连接板表面	竖向位移/m	−0.07287	−0.004543
一期蓄水后	连接板表面	轴向应力/MPa	−0.1482	3.782
一期蓄水后	连接板表面	顺水流应力/MPa	0.1896	0.8695
一期蓄水后	连接板底面	轴向位移/m	−0.006714	0.006971
一期蓄水后	连接板底面	顺水流方向位移/m	0.02434	0.1078
一期蓄水后	连接板底面	竖向位移/m	−0.07284	−0.004661
一期蓄水后	连接板底面	轴向应力/MPa	−0.5316	3.653
一期蓄水后	连接板底面	顺水流应力/MPa	−0.6675	0.1112
二期蓄水前	连接板表面	轴向位移/m	−0.006224	0.006805
二期蓄水前	连接板表面	顺水流方向位移/m	0.01598	0.09008
二期蓄水前	连接板表面	竖向位移/m	−0.07952	−0.004220
二期蓄水前	连接板表面	轴向应力/MPa	0.3333	3.197
二期蓄水前	连接板表面	顺水流应力/MPa	0.2146	2.146
二期蓄水前	连接板底面	轴向位移/m	−0.005482	0.006060
二期蓄水前	连接板底面	顺水流方向位移/m	0.01323	0.07648
二期蓄水前	连接板底面	竖向位移/m	−0.07950	−0.004202
二期蓄水前	连接板底面	轴向应力/MPa	−0.5484	3.088
二期蓄水前	连接板底面	顺水流应力/MPa	−0.2458	1.163
二期蓄水后	连接板表面	轴向位移/m	−0.01281	0.01374
二期蓄水后	连接板表面	顺水流方向位移/m	0.02912	0.1781
二期蓄水后	连接板表面	竖向位移/m	−0.1221	−0.008175
二期蓄水后	连接板表面	轴向应力/MPa	0.5739	6.649
二期蓄水后	连接板表面	顺水流应力/MPa	0.3412	2.323
二期蓄水后	连接板底面	轴向位移/m	−0.01149	0.01242
二期蓄水后	连接板底面	顺水流方向位移/m	0.02465	0.1594
二期蓄水后	连接板底面	竖向位移/m	−0.1220	−0.008134
二期蓄水后	连接板底面	轴向应力/MPa	−0.7382	6.222
二期蓄水后	连接板底面	顺水流应力/MPa	−0.6762	0.8302
一期蓄水前	河床段趾板表面	轴向位移/m	−0.007819	0.007498
一期蓄水前	河床段趾板表面	顺水流方向位移/m	−0.09680	0.002309
一期蓄水前	河床段趾板表面	竖向位移/m	−0.01482	0.004672
一期蓄水前	河床段趾板表面	轴向应力/MPa	−1.402	4.362
一期蓄水前	河床段趾板表面	顺水流应力/MPa	−1.380	0.9115

续表

工况	位置	变 量 名 称	最小值	最大值
一期蓄水前	河床段趾板底面	轴向位移/m	−0.007684	0.007449
一期蓄水前	河床段趾板底面	顺水流方向位移/m	−0.09901	0.002280
一期蓄水前	河床段趾板底面	竖向位移/m	−0.01404	0.004668
一期蓄水前	河床段趾板底面	轴向应力/MPa	−0.4646	4.734
一期蓄水前	河床段趾板底面	顺水流应力/MPa	−0.5280	1.175
一期蓄水后	河床段趾板表面	轴向位移/m	−0.01027	0.01026
一期蓄水后	河床段趾板表面	顺水流方向位移/m	−0.003112	0.02844
一期蓄水后	河床段趾板表面	竖向位移/m	−0.1145	−0.0003774
一期蓄水后	河床段趾板表面	轴向应力/MPa	−2.925	6.686
一期蓄水后	河床段趾板表面	顺水流应力/MPa	−1.601	2.150
一期蓄水后	河床段趾板底面	轴向位移/m	−0.008739	0.008285
一期蓄水后	河床段趾板底面	顺水流方向位移/m	−0.002449	0.02566
一期蓄水后	河床段趾板底面	竖向位移/m	−0.1143	−0.0004402
一期蓄水后	河床段趾板底面	轴向应力/MPa	−2.288	7.299
一期蓄水后	河床段趾板底面	顺水流应力/MPa	−0.1749	5.777
二期蓄水前	河床段趾板表面	轴向位移/m	−0.007284	0.008322
二期蓄水前	河床段趾板表面	顺水流方向位移/m	−0.01334	0.007429
二期蓄水前	河床段趾板表面	竖向位移/m	−0.1274	−0.0005368
二期蓄水前	河床段趾板表面	轴向应力/MPa	−0.2795	3.506
二期蓄水前	河床段趾板表面	顺水流应力/MPa	−0.06833	4.285
二期蓄水前	河床段趾板底面	轴向位移/m	−0.005255	0.005901
二期蓄水前	河床段趾板底面	顺水流方向位移/m	−0.02127	0.003276
二期蓄水前	河床段趾板底面	竖向位移/m	−0.1274	−0.0005004
二期蓄水前	河床段趾板底面	轴向应力/MPa	−1.029	4.261
二期蓄水前	河床段趾板底面	顺水流应力/MPa	−4.427	1.257
二期蓄水后	河床段趾板表面	轴向位移/m	−0.01815	0.01805
二期蓄水后	河床段趾板表面	顺水流方向位移/m	−0.007056	0.08220
二期蓄水后	河床段趾板表面	竖向位移/m	−0.1842	−0.0006388
二期蓄水后	河床段趾板表面	轴向应力/MPa	−2.583	7.238
二期蓄水后	河床段趾板表面	顺水流应力/MPa	−2.490	4.294
二期蓄水后	河床段趾板底面	轴向位移/m	−0.01554	0.01492
二期蓄水后	河床段趾板底面	顺水流方向位移/m	−0.005765	0.06476
二期蓄水后	河床段趾板底面	竖向位移/m	−0.1839	−0.0007238
二期蓄水后	河床段趾板底面	轴向应力/MPa	−3.301	7.247
二期蓄水后	河床段趾板底面	顺水流应力/MPa	−0.8699	6.249

5.5 防渗墙位移

各组防渗墙顺水流方向位移汇总表

坝 基 处 理	工 况	数 值/cm
第0组：地基不处理，含壤土夹层和夹砂层	一期蓄水前	－15.4～－0.114
	一期蓄水后	0.0656～5.36
	二期蓄水前	－0.0380～0.890
	二期蓄水后	0.178～15.4
第1组：强夯加固系数＝1.1，强夯方案	一期蓄水前	－12.3～－0.102
	一期蓄水后	0.0667～5.96
	二期蓄水前	0.0544～2.04
	二期蓄水后	0.172～15.5
第2组：强夯加固系数＝1.1，强夯＋固结灌浆方案	一期蓄水前	－6.82～－0.0865
	一期蓄水后	0.0727～4.21
	二期蓄水前	0.0582～1.85
	二期蓄水后	0.175～10.1
第3组：强夯加固系数＝1.1，强夯＋旋喷方案	一期蓄水前	－6.93～－0.0876
	一期蓄水后	0.0722～4.18
	二期蓄水前	0.0533～1.22
	二期蓄水后	0.170～9.52
第4组：强夯加固系数＝1.3，强夯方案	一期蓄水前	－7.18～－0.0685
	一期蓄水后	0.0843～7.48
	二期蓄水前	0.0777～5.13
	二期蓄水后	0.183～16.0
第5组：强夯加固系数＝1.3，强夯＋固结灌浆方案	一期蓄水前	－6.79～－0.0862
	一期蓄水后	0.0724～4.16
	二期蓄水前	0.0607～2.20
	二期蓄水后	0.176～10.4
第6组：强夯加固系数＝1.3，强夯＋旋喷方案	一期蓄水前	－6.93～－0.0876
	一期蓄水后	0.0722～4.18
	二期蓄水前	0.0533～1.22
	二期蓄水后	0.170～9.52
第7组：强夯加固系数＝1.4，强夯方案	一期蓄水前	－5.52～－0.0561
	一期蓄水后	0.0922～7.78
	二期蓄水前	0.0871～5.99
	二期蓄水后	0.190～15.8
第8组：强夯加固系数＝1.4，强夯＋固结灌浆方案	一期蓄水前	－6.78～－0.0860
	一期蓄水后	0.0723～4.14
	二期蓄水前	0.0615～2.31
	二期蓄水后	0.176～10.4
第9组：强夯加固系数＝1.4，强夯＋旋喷方案	一期蓄水前	－6.95～－0.0870
	一期蓄水后	0.0727～4.15
	二期蓄水前	0.0538～1.22
	二期蓄水后	0.171～9.50

(1) 第0组：地基不处理，含壤土夹层和夹砂层。

从图5.1中可以看出，坝基不处理，且考虑覆盖层中壤土夹层和夹砂层的影响工况下，坝基防渗墙顺水流方向的最大位移：一期蓄水前是向上游方向15.4cm，一期蓄水后是向下游方向5.36cm，二期蓄水前是向下游方向0.89cm，二期蓄水后是向下游方向15.4cm。

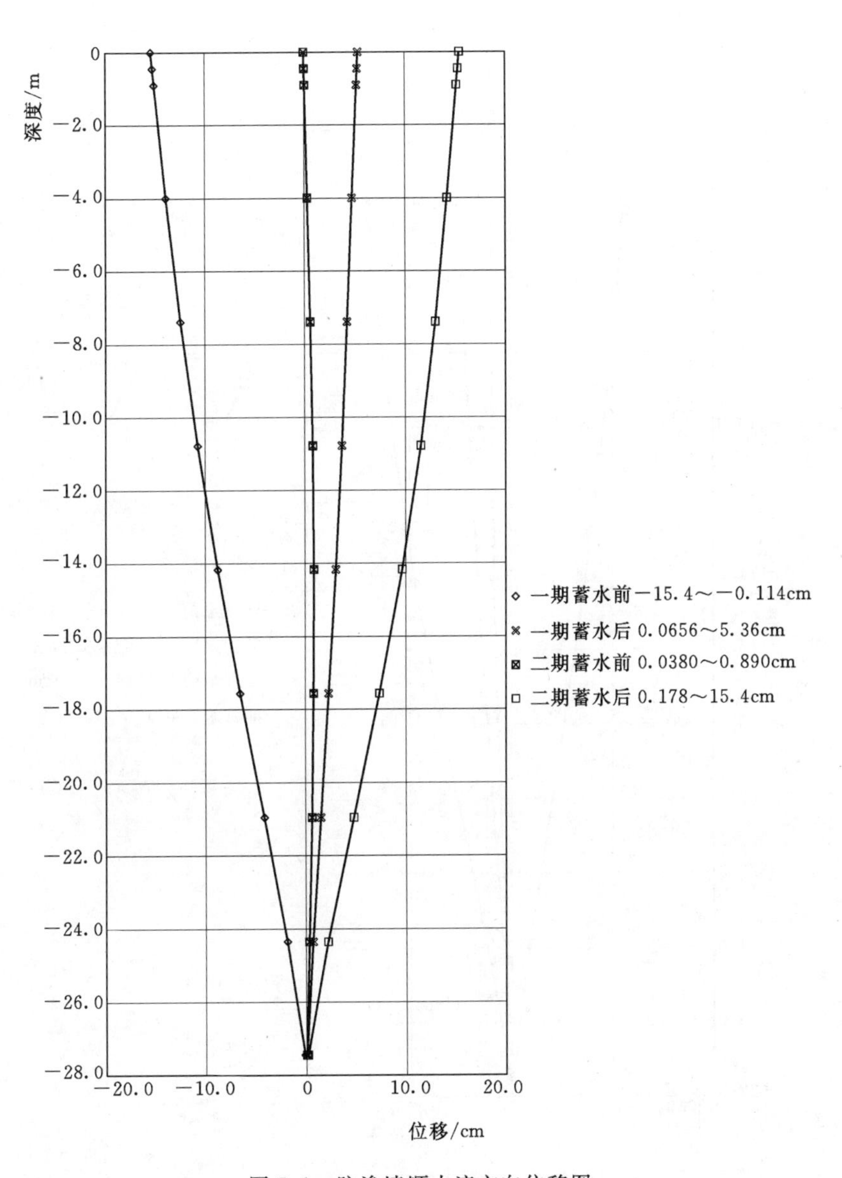

图5.1 防渗墙顺水流方向位移图

(2) 第1组：强夯加固系数=1.1，强夯方案。

从图5.2中可以看出，坝基采用强夯处理方案的工况下，坝基处理后坝基参数变形模量按增加10%考虑，坝基防渗墙顺水流方向的最大位移：一期蓄水前是向上游方向12.3cm，一期蓄水后是向下游方向5.96cm，二期蓄水前是向下游方向2.04cm，二期蓄水后是向下游方向15.5cm。

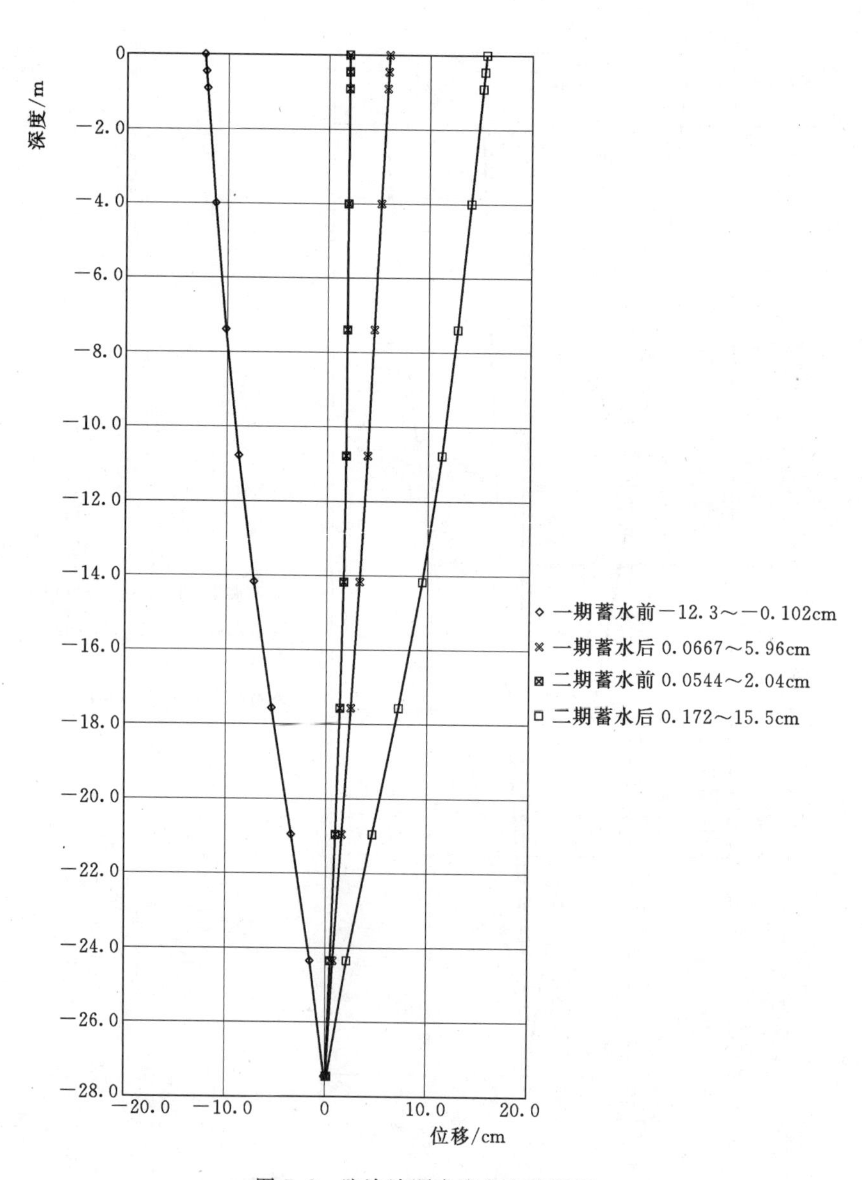

图5.2 防渗墙顺水流方向位移图

(3) 第 2 组：强夯加固系数＝1.1，强夯＋固结灌浆方案。

从图 5.3 中可以看出，坝基采用强夯＋固结灌浆两种处理方案的工况下，坝基处理后坝基参数变形模量按增加 10％考虑，坝基防渗墙顺水流方向的最大位移：一期蓄水前是向上游方向 6.82cm，一期蓄水后是向下游方向 4.21cm，二期蓄水前是向下游方向 1.85cm，二期蓄水后是向下游方向 10.1cm。

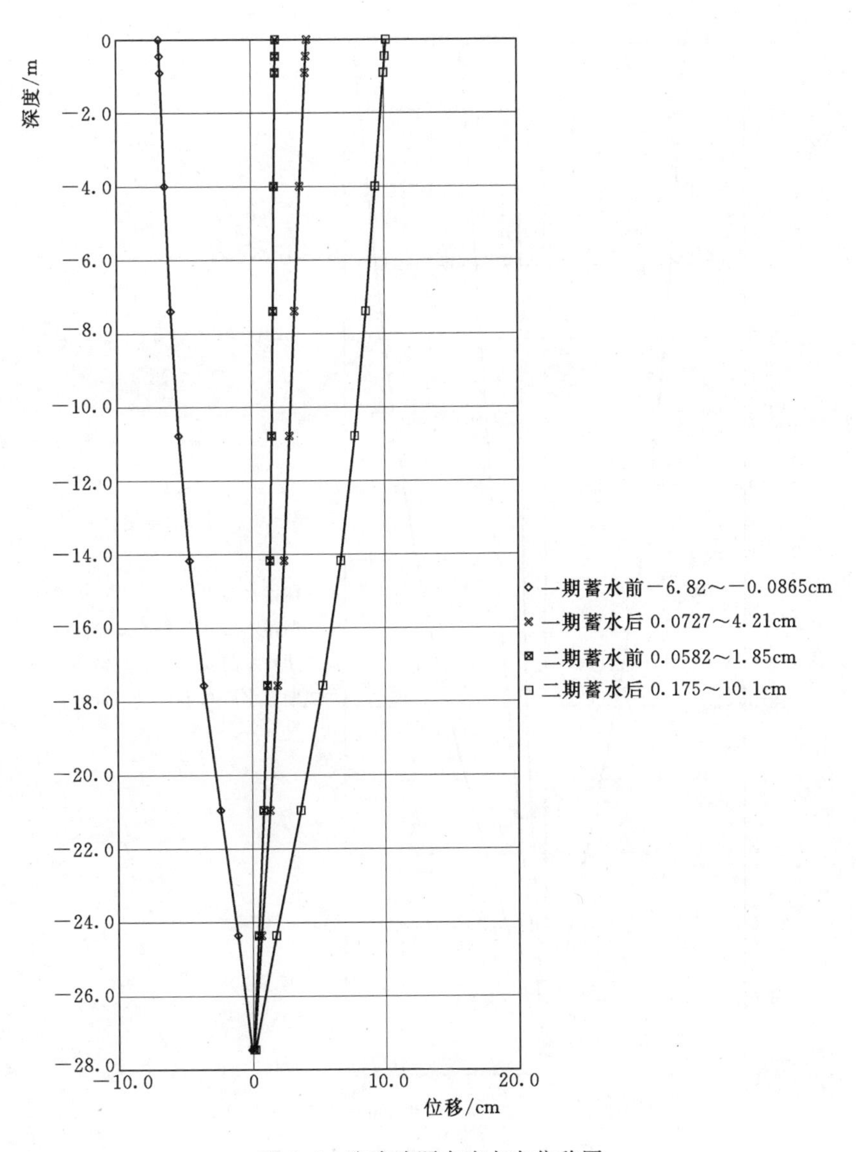

图 5.3　防渗墙顺水流方向位移图

（4）第 3 组：强夯加固系数＝1.1，强夯＋旋喷方案。

从图 5.4 中可以看出，坝基采用强夯＋高压旋喷两种处理方案的工况下，坝基处理后坝基参数变形模量按增加 10％考虑，坝基防渗墙顺水流方向的最大位移：一期蓄水前是向上游方向 6.93cm，一期蓄水后是向下游方向 4.18cm，二期蓄水前是向下游方向 1.22cm，二期蓄水后是向下游方向 9.52cm。

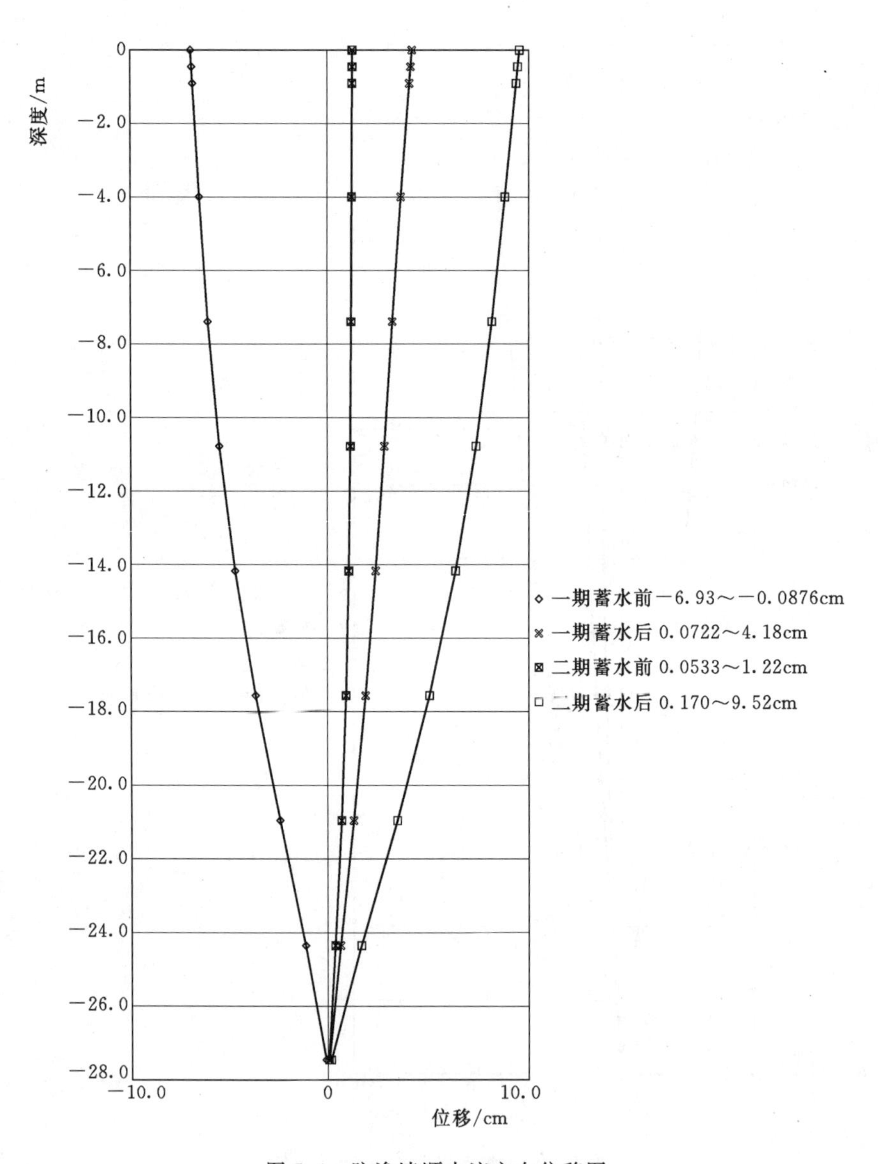

图 5.4　防渗墙顺水流方向位移图

(5) 第 4 组：强夯加固系数=1.3，强夯方案。

从图 5.5 中可以看出，坝基采用强夯处理方案的工况下，坝基处理后坝基参数变形模量按增加 30% 考虑，坝基防渗墙顺水流方向的最大位移：一期蓄水前是向上游方向 7.18cm，一期蓄水后是向下游方向 7.48cm，二期蓄水前是向下游方向 5.13cm，二期蓄水后是向下游方向 16.0cm。

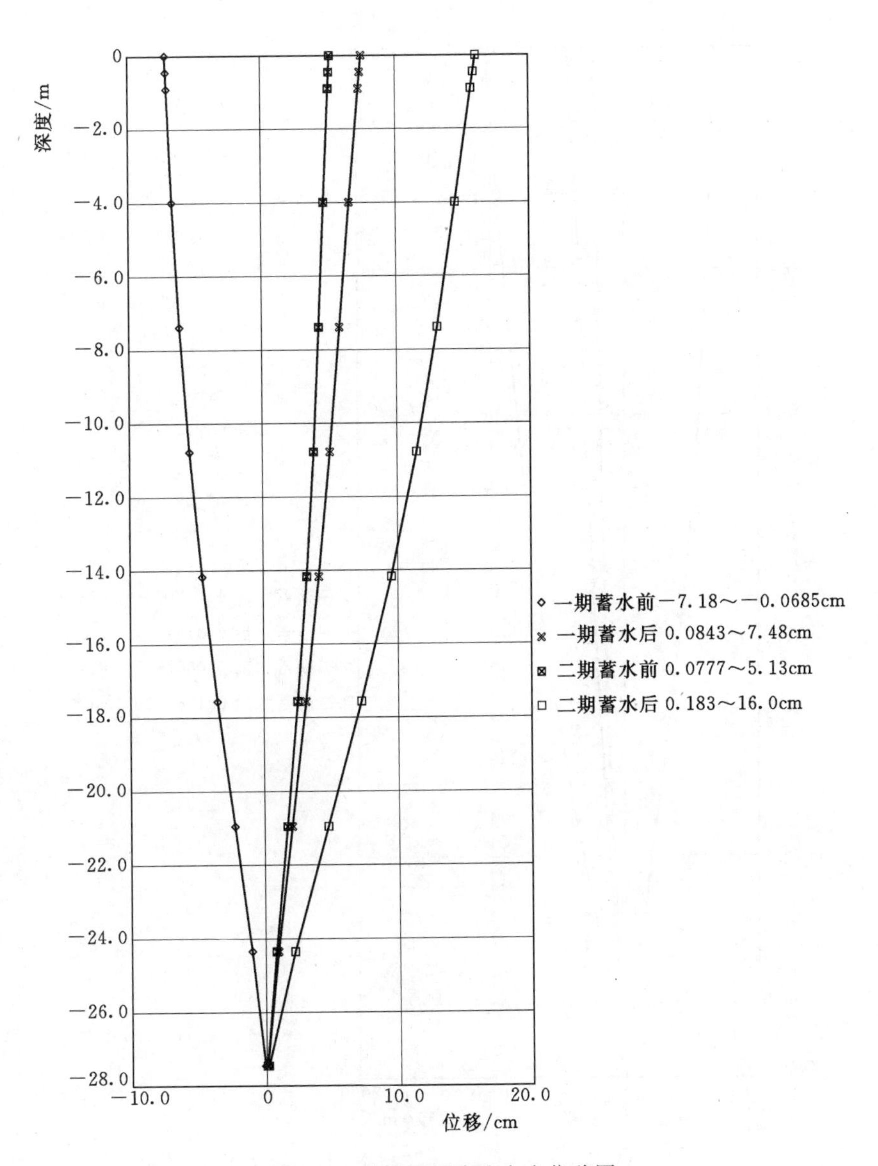

图 5.5 防渗墙顺水流方向位移图

(6) 第5组：强夯加固系数=1.3，强夯+固结灌浆方案。

从图5.6中可以看出，坝基采用强夯+固结灌浆两种处理方案的工况下，坝基处理后坝基参数变形模量按增加30%考虑，坝基防渗墙顺水流方向的最大位移：一期蓄水前是向上游方向6.79cm，一期蓄水后是向下游方向4.16cm，二期蓄水前是向下游方向2.2cm，二期蓄水后是向下游方向10.4cm。

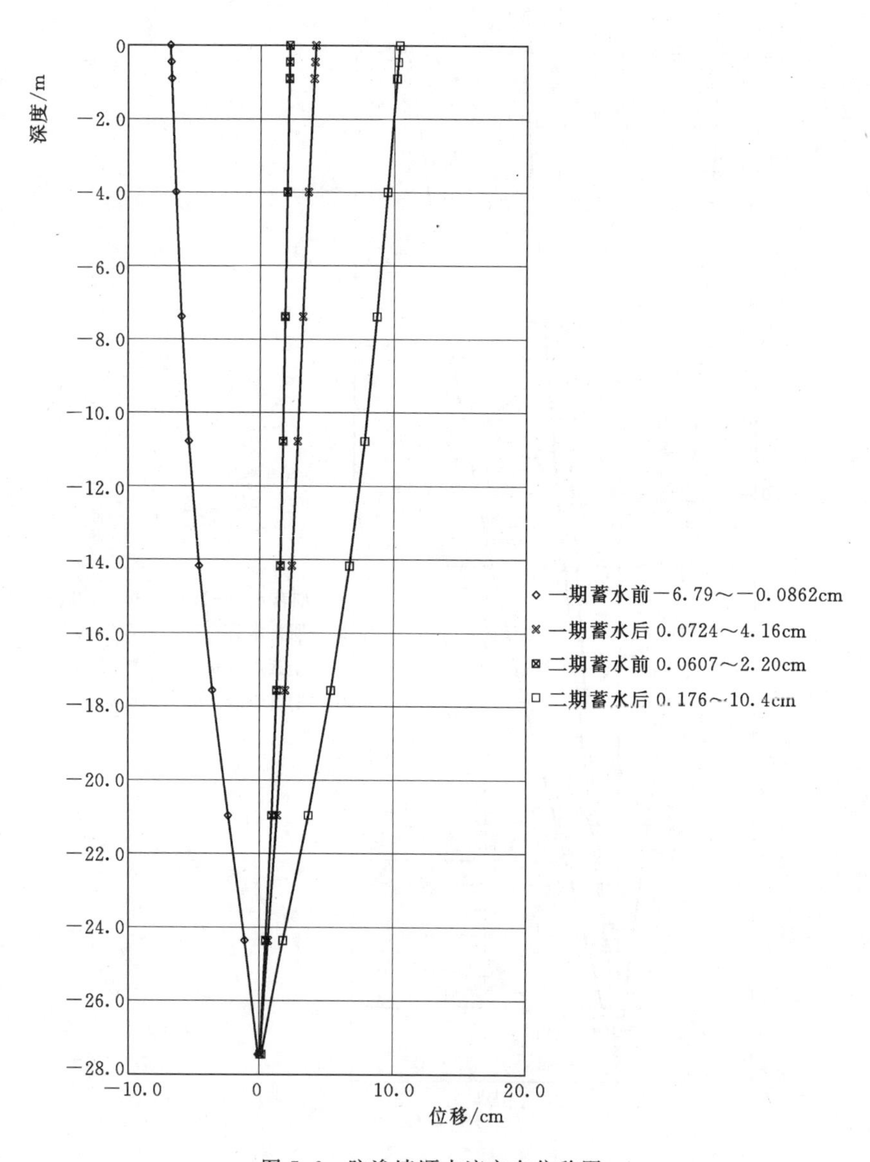

图5.6 防渗墙顺水流方向位移图

(7) 第 6 组：强夯加固系数＝1.3，强夯＋旋喷方案。

从图 5.7 中可以看出，坝基采用强夯＋高压旋喷两种处理方案的工况下，坝基处理后坝基参数变形模量按增加 30％考虑，坝基防渗墙顺水流方向的最大位移：一期蓄水前是向上游方向 6.93cm，一期蓄水后是向下游方向 4.18cm，二期蓄水前是向下游方向 1.22cm，二期蓄水后是向下游方向 9.52cm。

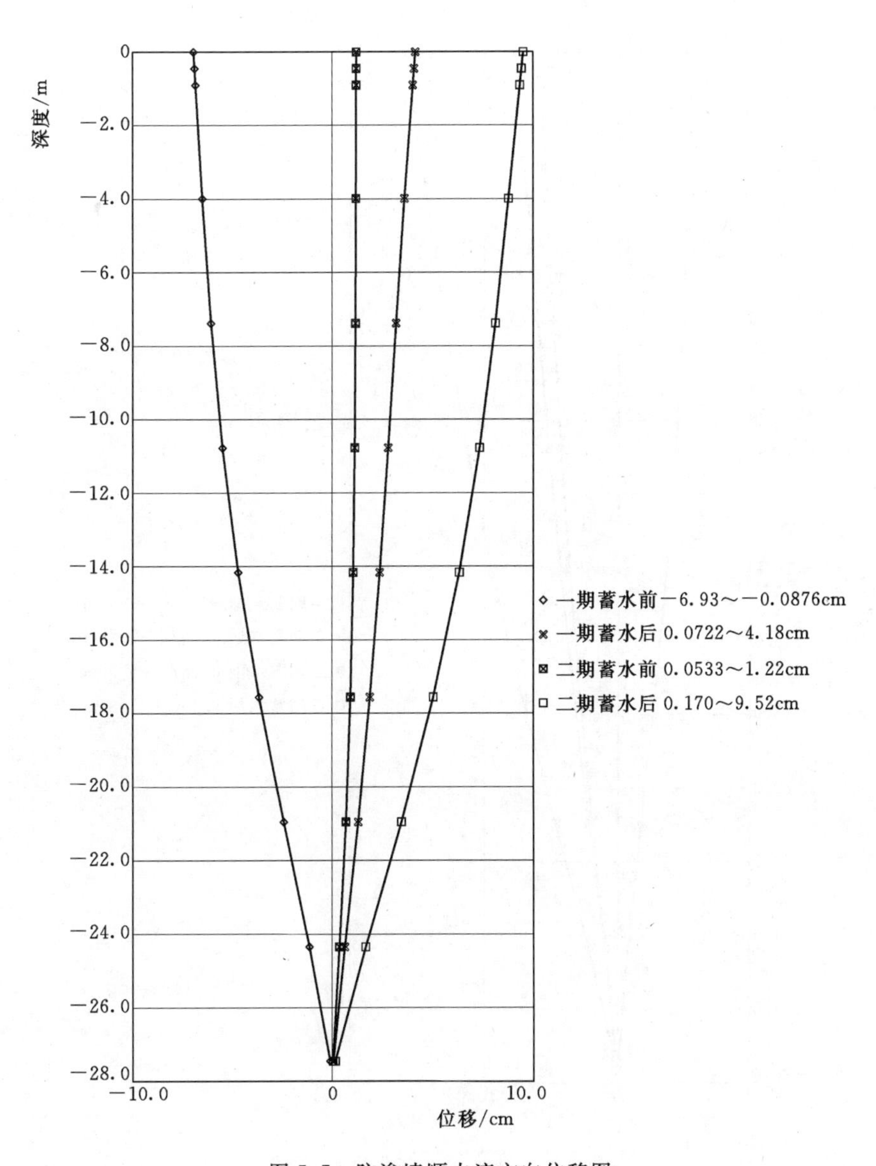

图 5.7　防渗墙顺水流方向位移图

(8) 第7组：强夯加固系数=1.4，强夯方案。

从图5.8中可以看出，坝基采用强夯处理方案的工况下，坝基处理后坝基参数变形模量按增加40%考虑，坝基防渗墙顺水流方向的最大位移：一期蓄水前是向上游方向5.52cm，一期蓄水后是向下游方向7.78cm，二期蓄水前是向下游方向5.99cm，二期蓄水后是向下游方向15.8cm。

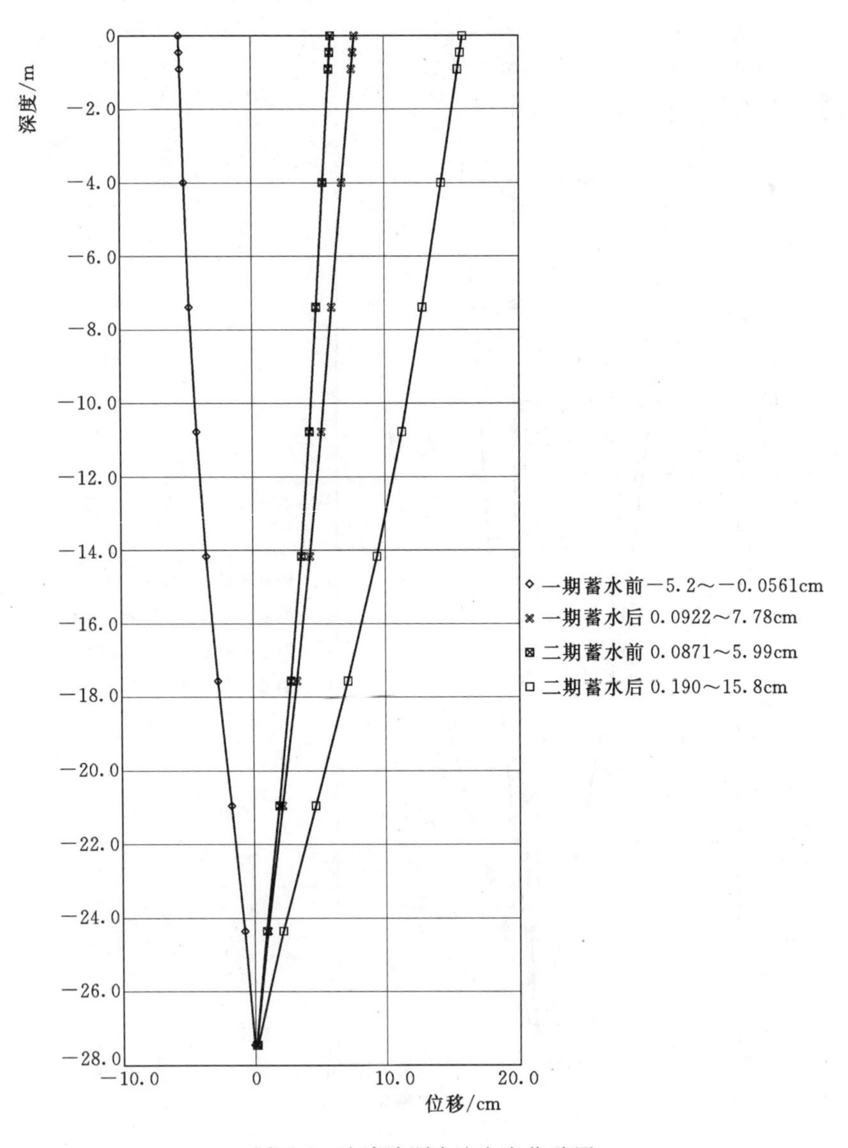

图5.8　防渗墙顺水流方向位移图

(9) 第 8 组：强夯加固系数=1.4，强夯+固结灌浆方案。

从图 5.9 中可以看出，坝基采用强夯+固结灌浆两种处理方案的工况下，坝基处理后坝基参数变形模量按增加 40%考虑，坝基防渗墙顺水流方向的最大位移：一期蓄水前是向上游方向 6.78cm，一期蓄水后是向下游方向 4.14cm，二期蓄水前是向下游方向 2.31cm，二期蓄水后是向下游方向 10.4cm。

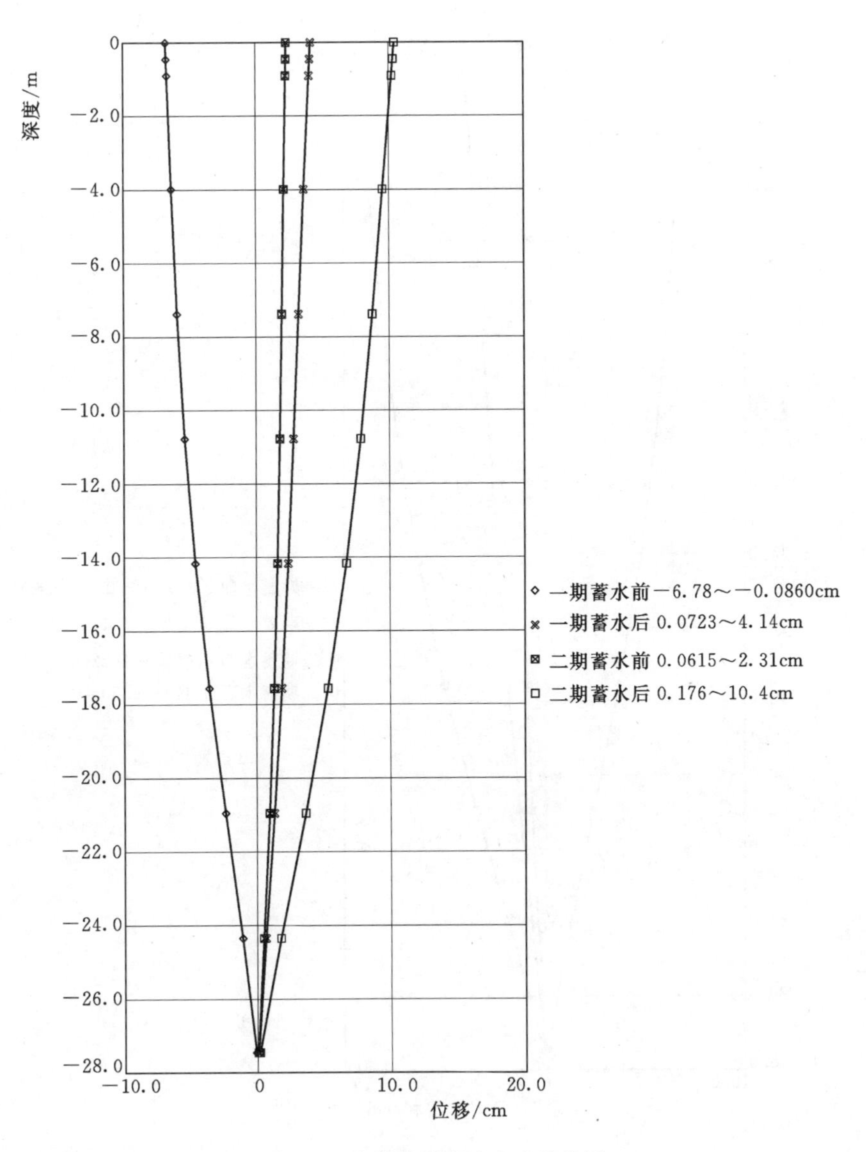

图 5.9 防渗墙顺水流方向位移图

(10) 第9组：强夯加固系数=1.4，强夯+旋喷方案。

从图5.10中可以看出，坝基采用强夯+高压旋喷两种处理方案的工况下，坝基处理后坝基参数变形模量按增加40%考虑，坝基防渗墙顺水流方向的最大位移：一期蓄水前是向上游方向6.95cm，一期蓄水后是向下游方向4.15cm，二期蓄水前是向下游方向1.22cm，二期蓄水后是向下游方向9.50cm。

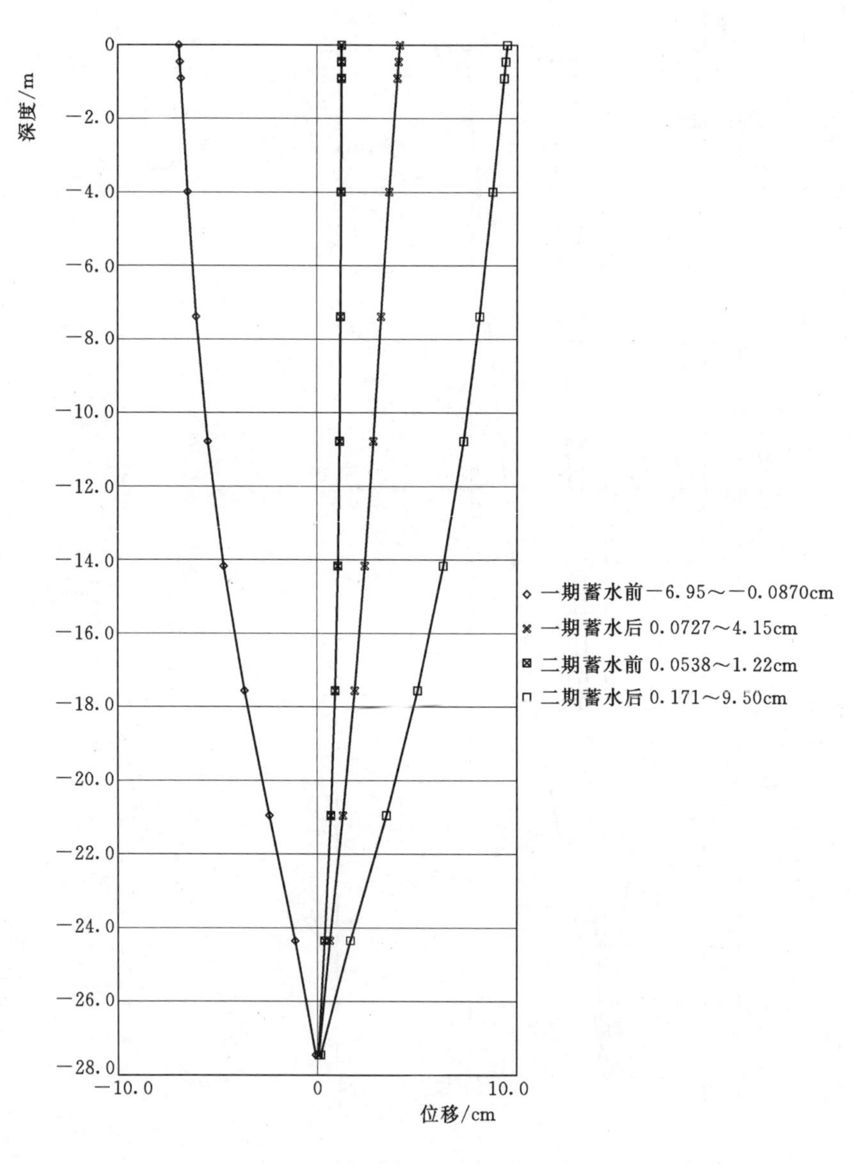

图5.10 防渗墙顺水流方向位移图

5.6 接缝变形（二期蓄水后）

（1）第 0 组：地基不处理，含壤土夹层和夹砂层。

从图 5.11 中可以看出，二期蓄水后，横缝错动量，全量 max＝26.5mm。

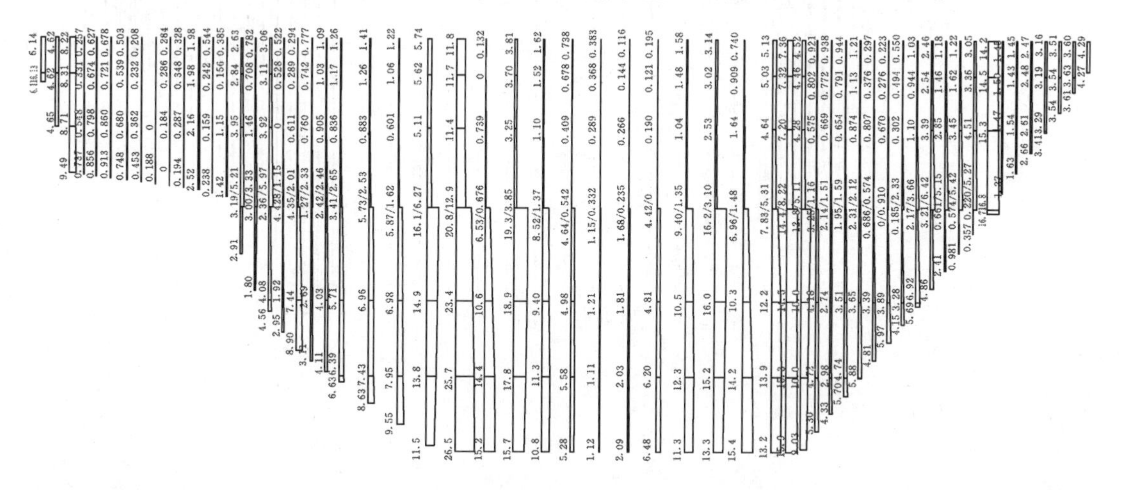

图 5.11　横缝错动量图（单位：mm）

从图 5.12 中可以看出，二期蓄水后，横缝相对沉降量，全量 max＝1.1mm。

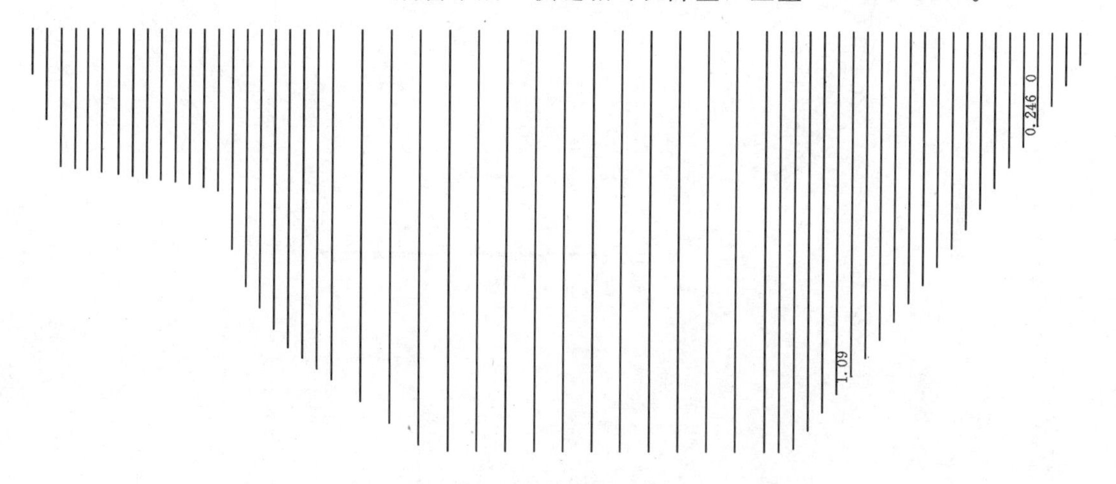

图 5.12　横缝相对沉降量图（单位：mm）

从图 5.13 中可以看出，二期蓄水后，横缝张开量，全量 max＝14.1mm。

从图 5.14 中可以看出，二期蓄水后，周边缝错动量，全量 max＝26.9mm。

从图 5.15 中可以看出，二期蓄水后，周边缝相对沉降量，全量 max＝22.9mm。

从图 5.16 中可以看出，二期蓄水后，周边缝张开量，全量 max＝25.7mm。

从图 5.17 中可以看出，二期蓄水后，趾板—连接板错动量，全量 max＝47.8mm。

从图 5.18 中可以看出，二期蓄水后，趾板—连接板相对沉降量，全量 max＝0.2mm。

从图 5.19 中可以看出，二期蓄水后，趾板—连接板张开量，全量 max＝15.3mm。

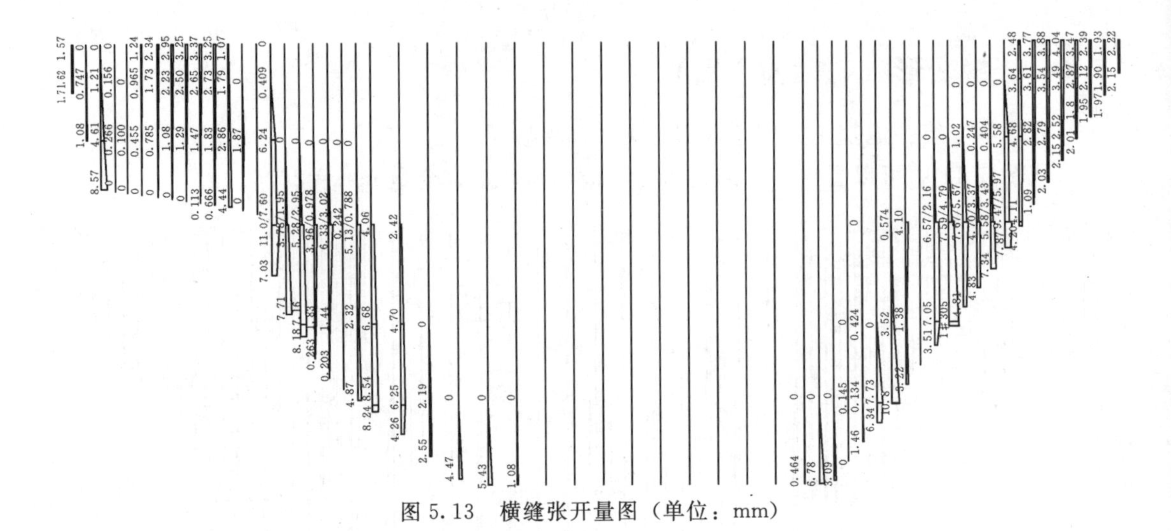

图 5.13　横缝张开量图（单位：mm）

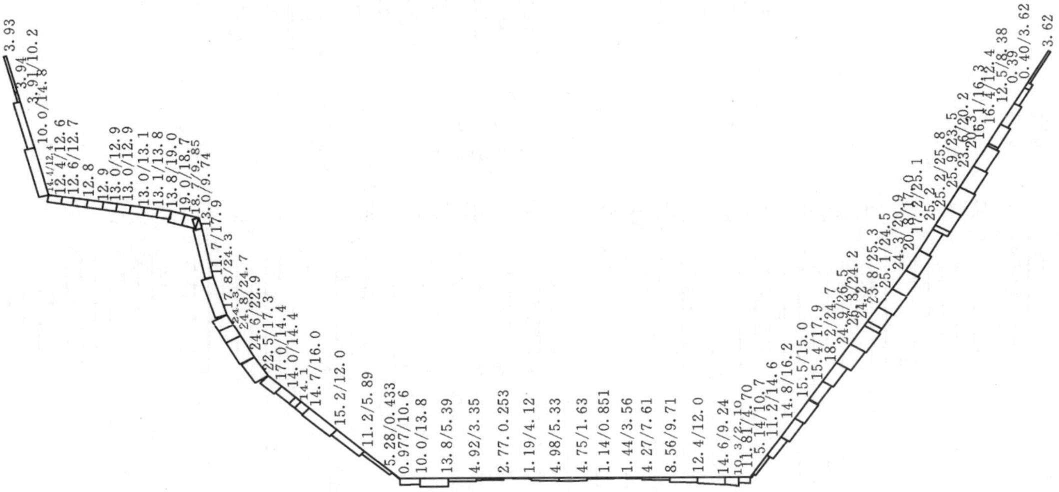

3.93
3.94
3.91/10.2
10.0/14.8
14.4/12.4 12.4/12.6
12.6/12.7
12.8
12.9
13.0/12.9
13.0/12.9
13.0/13.1
13.1/13.8
13.8/19.0
19.0/18.7
18.7/9.85
13.0/9.74
11.7/17.9
17.8/24.3
24.8/24.7
24.6/22.9
22.5/17.3
17.0/14.4
14.0/14.4
14.1
14.7/16.0
15.2/12.0
11.2/5.89
5.28/0.433
0.977/10.6
10.0/13.8
13.8/5.39
4.92/3.35
2.77/0.253
1.19/4.12
4.98/5.33
4.75/1.63
1.14/0.851
1.44/3.56
4.27/7.61
8.56/9.71
12.4/12.0
14.6/9.24
11.8/14.70
5.14/10.7
11.2/14.6
14.8/16.2
15.5/15.0
15.4/17.9
18.2/24.7
24.9/26.5
24.8/24.2
23.8/25.3
25.1/24.5
24.3/20.9
20.8/17.0
17.2/25.1
25.2
25.2/25.8
25.9/23.5
23.6/20.2
20.3/16.3
16.4/12.4
12.5/8.38
0.39
0.40/3.62
3.62

图 5.14　周边缝错动量图（单位：mm）

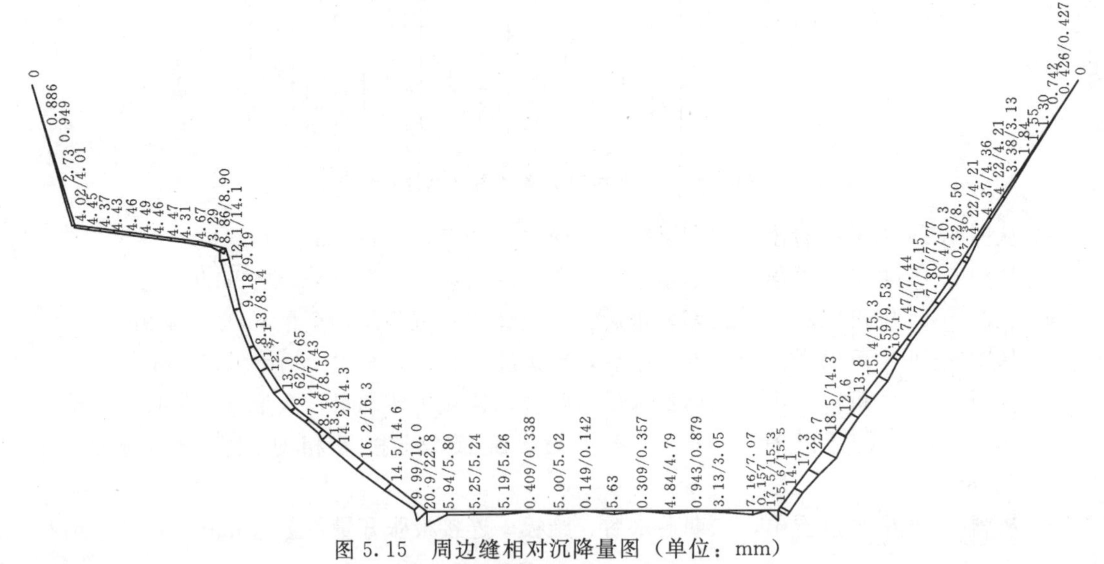

图 5.15　周边缝相对沉降量图（单位：mm）

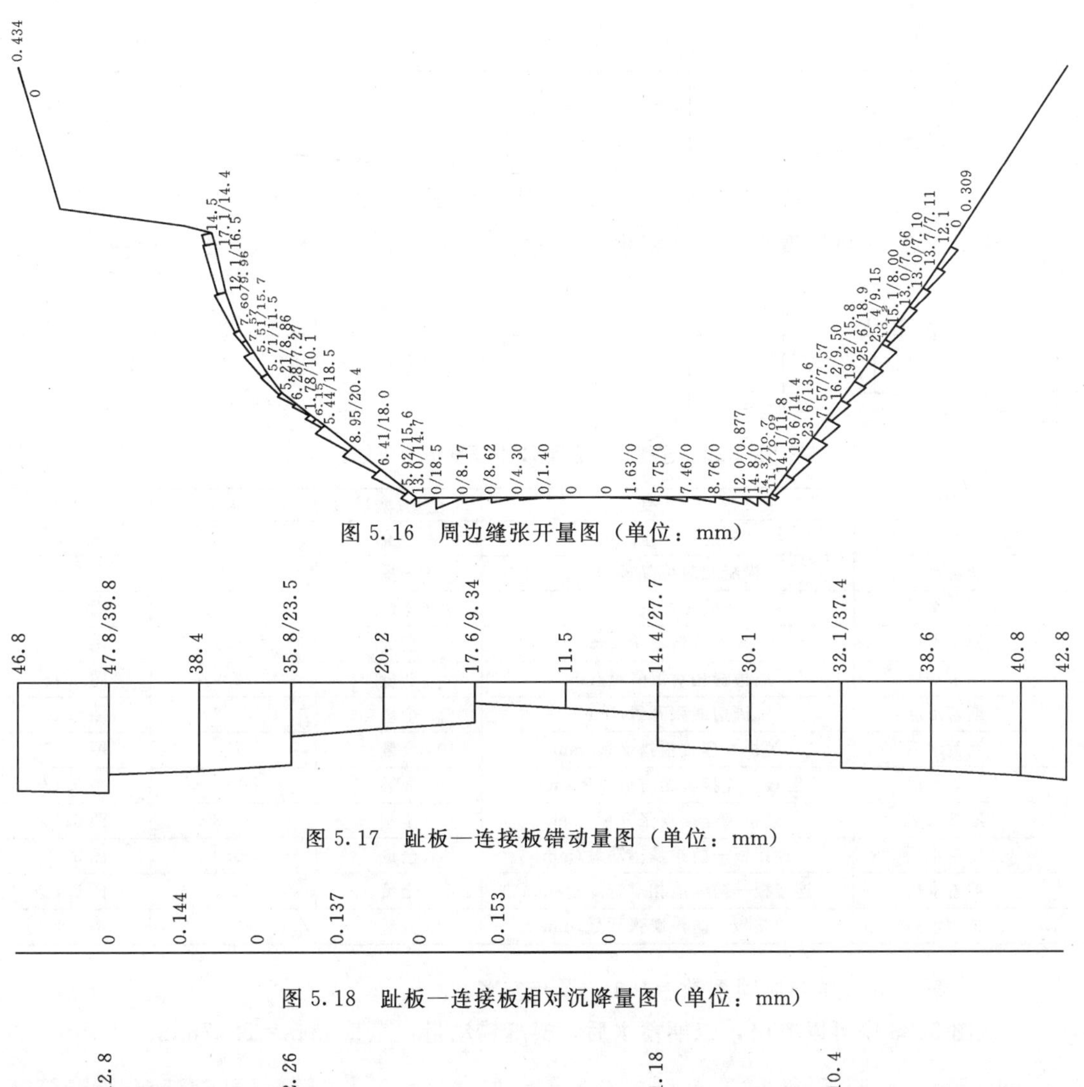

图 5.16 周边缝张开量图（单位：mm）

图 5.17 趾板—连接板错动量图（单位：mm）

图 5.18 趾板—连接板相对沉降量图（单位：mm）

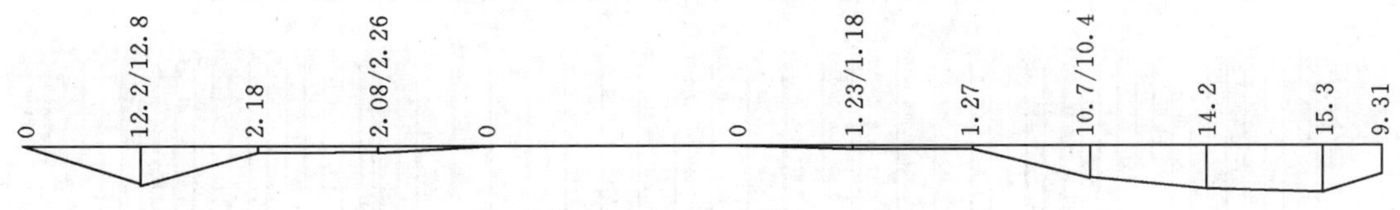

图 5.19 趾板—连接板张开量图（单位：mm）

从图 5.20 中可以看出，二期蓄水后，连接板—防渗墙错动量，全量 max=25.0mm。

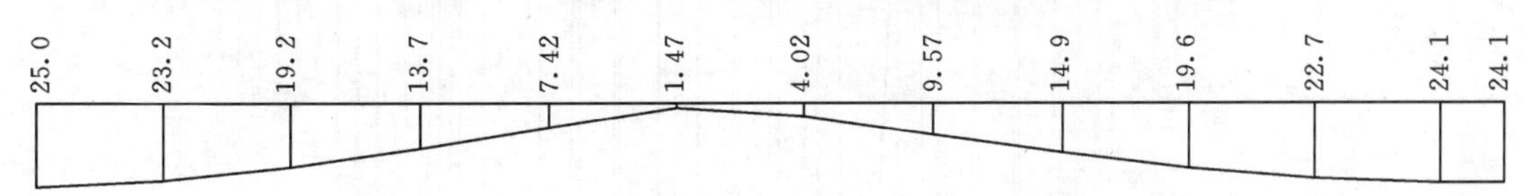

图 5.20 连接板—防渗墙错动量图（单位：mm）

从图 5.21 中可以看出，二期蓄水后，连接板—防渗墙相对沉降量，全量 max =52.2mm。

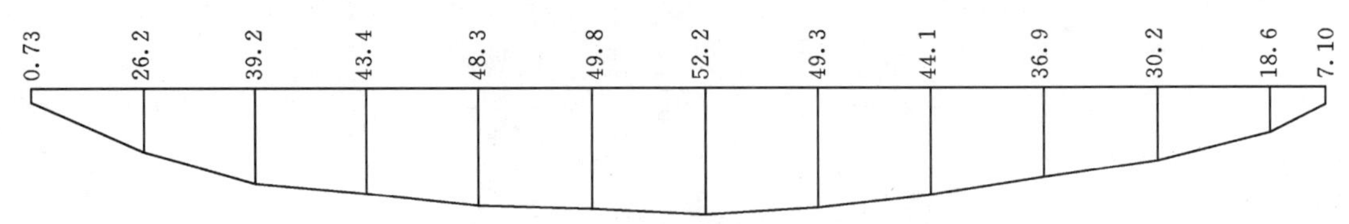

图 5.21　连接板—防渗墙相对沉降量图（单位：mm）

从图 5.22 中可以看出，二期蓄水后，连接板—防渗墙张开量，全量 max=40.3mm。

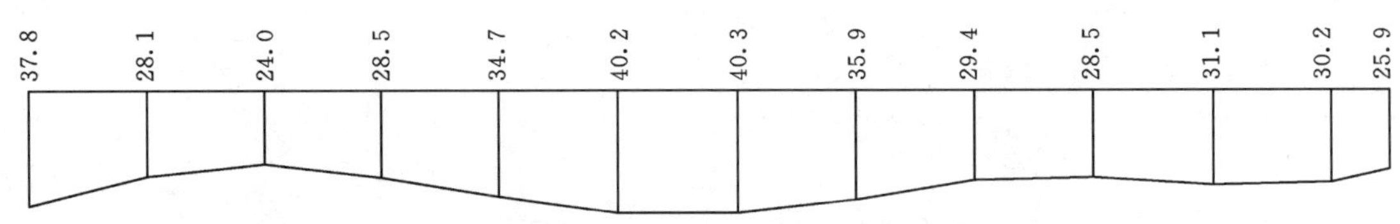

图 5.22　连接板—防渗墙张开量图（单位：mm）

工况	相　对　变　形	全量/增量	最大值	图名
二期蓄水后	横缝错动量/mm	全量	26.5	图 5.11
二期蓄水后	横缝相对沉降量/mm	全量	1.1	图 5.12
二期蓄水后	横缝张开量/mm	全量	14.1	图 5.13
二期蓄水后	周边缝错动量/mm	全量	26.9	图 5.14
二期蓄水后	周边缝相对沉降量/mm	全量	22.9	图 5.15
二期蓄水后	周边缝张开量/mm	全量	25.7	图 5.16
二期蓄水后	趾板—连接板错动量/mm	全量	47.8	图 5.17
二期蓄水后	趾板—连接板相对沉降量/mm	全量	0.2	图 5.18
二期蓄水后	趾板—连接板张开量/mm	全量	15.3	图 5.19
二期蓄水后	连接板—防渗墙错动量/mm	全量	25.0	图 5.20
二期蓄水后	连接板—防渗墙相对沉降量/mm	全量	52.2	图 5.21
二期蓄水后	连接板—防渗墙张开量/mm	全量	40.3	图 5.22

（2）第 1 组：强夯加固系数=1.1，强夯方案。

从图 5.23 中可以看出，二期蓄水后，横缝错动量，全量 max=22.7mm。

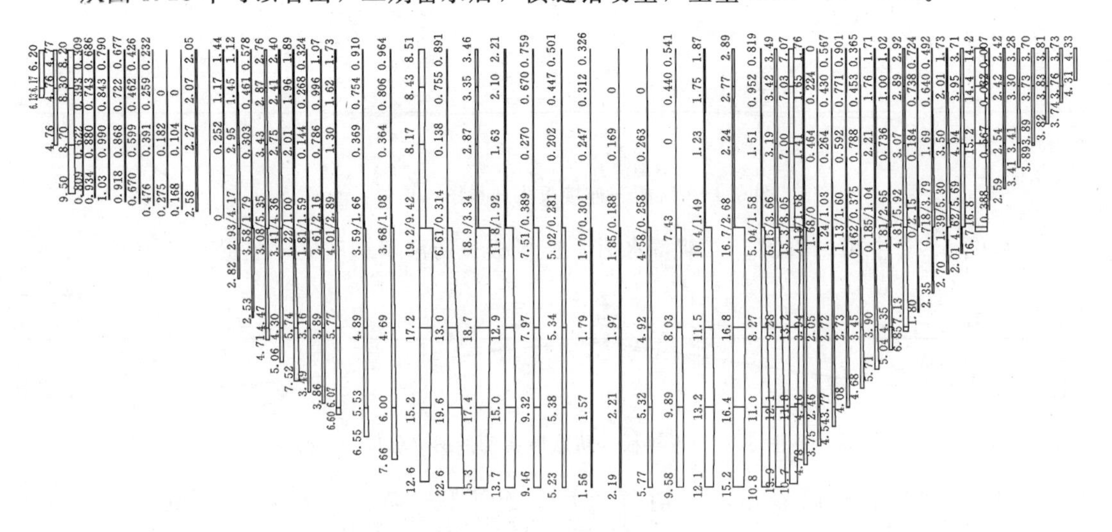

图 5.23　横缝错动量图（单位：mm）

从图 5.24 中可以看出，二期蓄水后，横缝相对沉降量，全量 max=1.0mm。

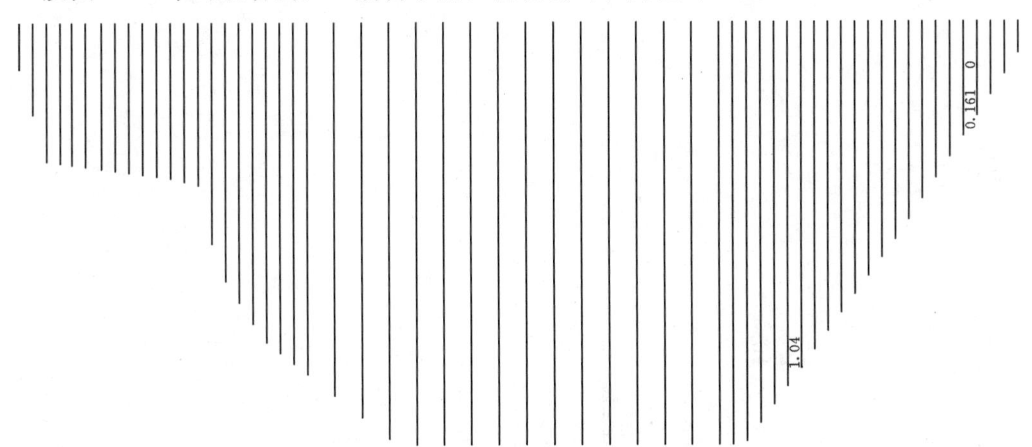

图 5.24　横缝相对沉降量图（单位：mm）

从图 5.25 中可以看出，二期蓄水后，横缝张开量，全量 max=13.0mm。

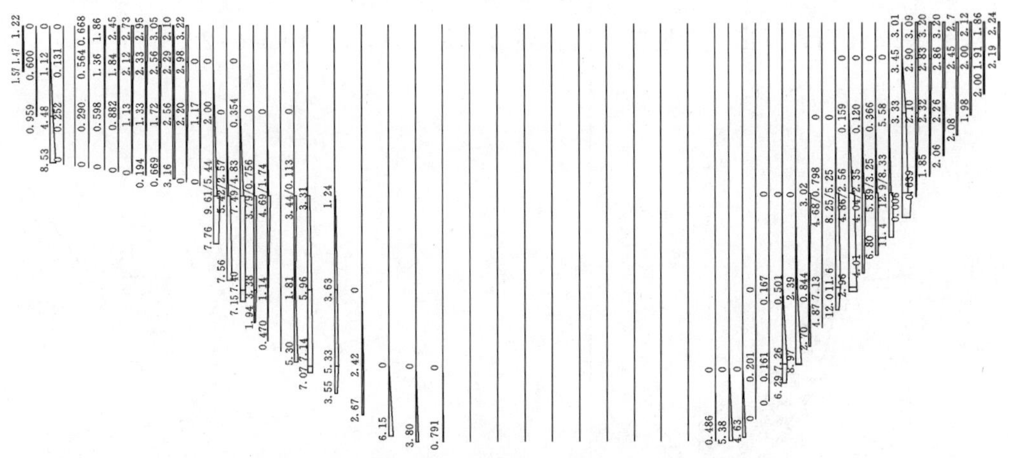

图 5.25　横缝张开量图（单位：mm）

从图 5.26 中可以看出，二期蓄水后，周边缝错动量，全量 max=28.2mm。

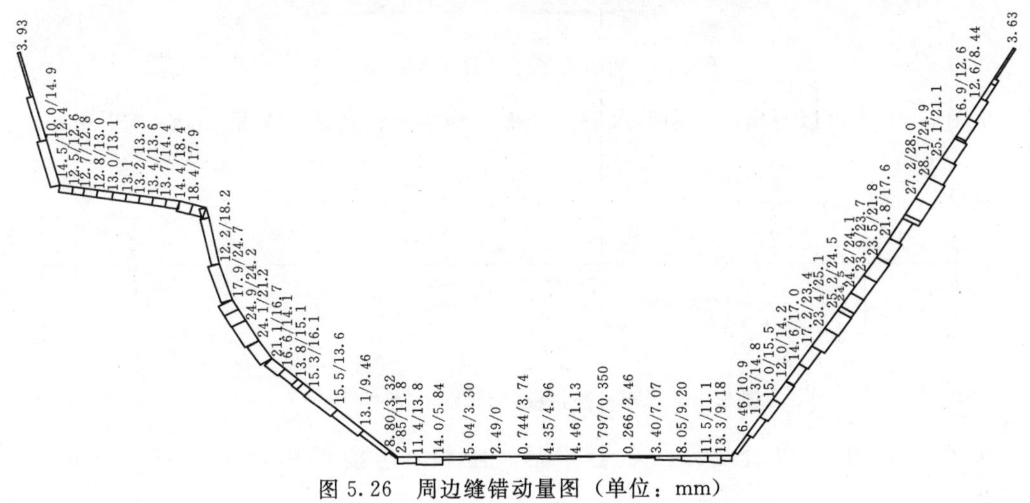

图 5.26　周边缝错动量图（单位：mm）

从图 5.27 中可以看出，二期蓄水后，周边缝相对沉降量，全量 max=18.9mm。

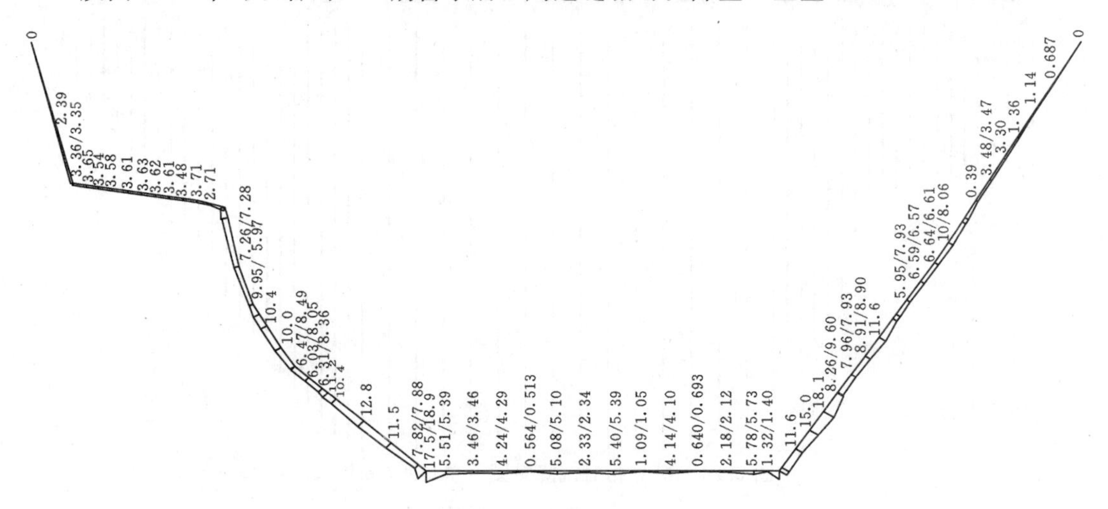

图 5.27　周边缝相对沉降量图（单位：mm）

从图 5.28 中可以看出，二期蓄水后，周边缝张开量，全量 max=22.9mm。

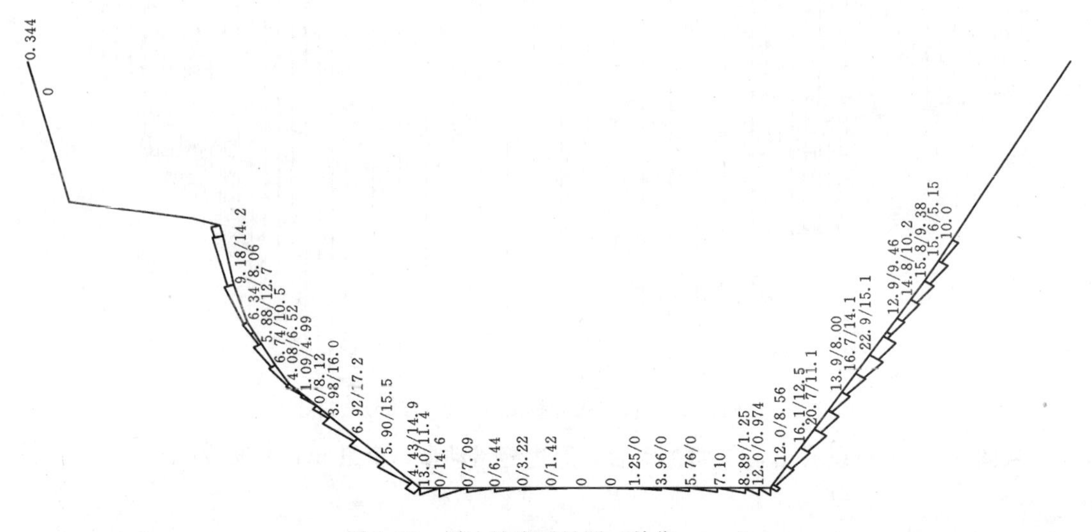

图 5.28　周边缝张开量图（单位：mm）

从图 5.29 中可以看出，二期蓄水后，趾板—连接板错动量，全量 max=43.9mm。

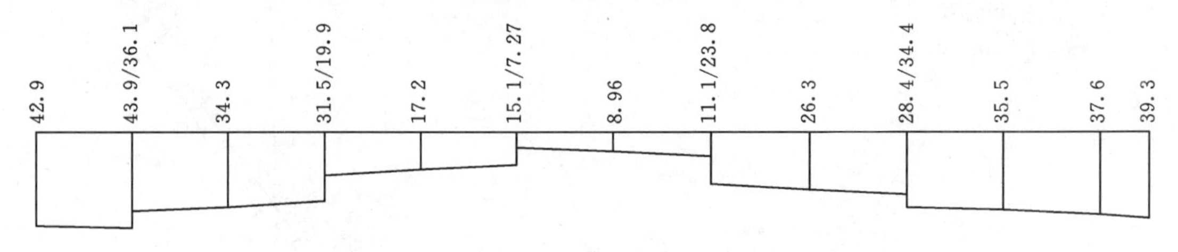

图 5.29　趾板—连接板错动量图（单位：mm）

从图 5.30 中可以看出，二期蓄水后，趾板—连接板相对沉降量，全量 max

=0.1mm。

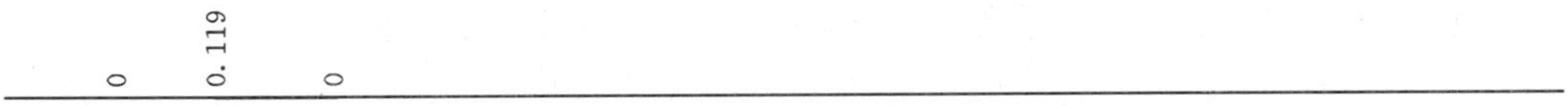

0 0.119 0

图 5.30　趾板—连接板相对沉降量图（单位：mm）

从图 5.31 中可以看出，二期蓄水后，趾板—连接板张开量，全量 max=12.9mm。

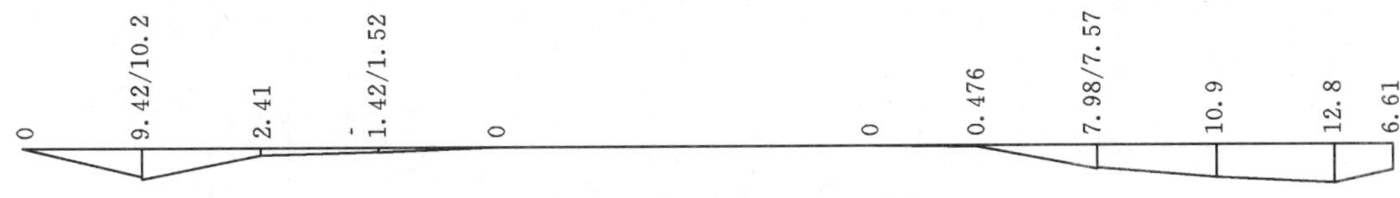

图 5.31　趾板—连接板张开量图（单位：mm）

从图 5.32 中可以看出，二期蓄水后，连接板—防渗墙错动量，全量 max=23.5mm。

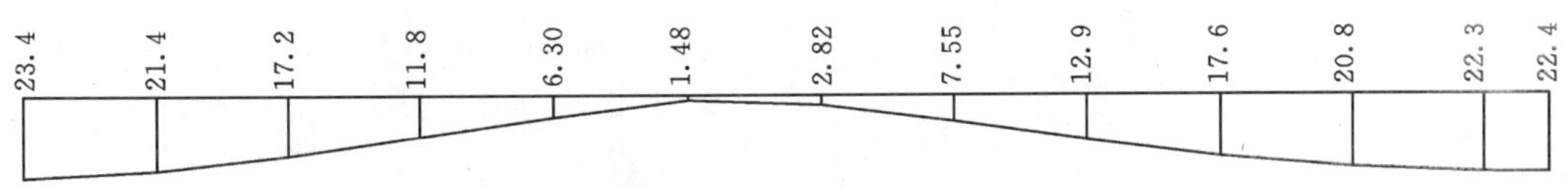

图 5.32　连接板—防渗墙错动量图（单位：mm）

从图 5.33 中可以看出，二期蓄水后，连接板—防渗墙相对沉降量，全量 max=47.0mm。

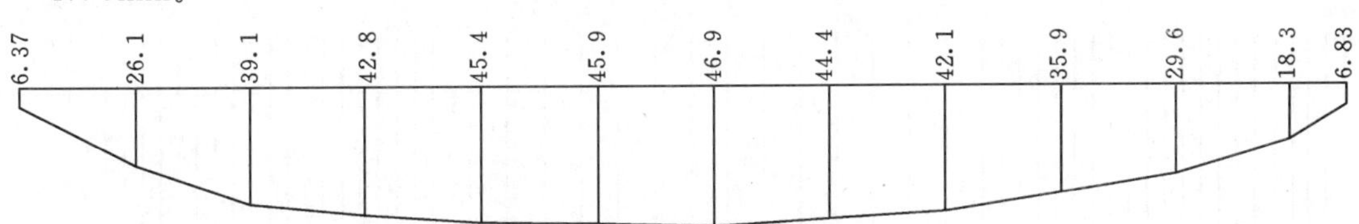

图 5.33　连接板—防渗墙相对沉降量图（单位：mm）

从图 5.34 中可以看出，二期蓄水后，连接板—防渗墙张开量，全量 max=32.6mm。

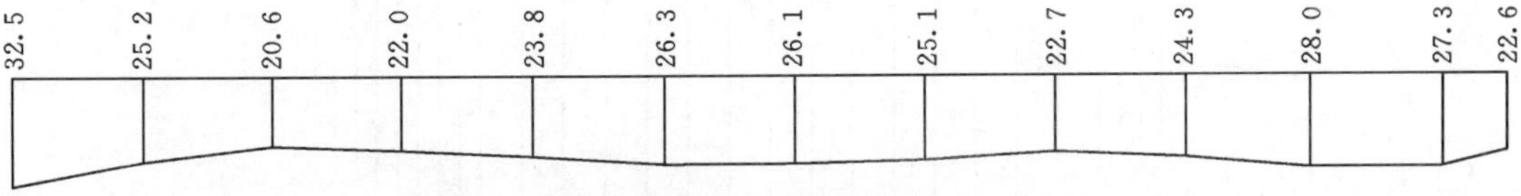

32.5 25.2 20.6 22.0 23.8 26.3 26.1 25.1 22.7 24.3 28.0 27.3 22.6

图 5.34　连接板—防渗墙张开量图（单位：mm）

工况	相 对 变 形	全量/增量	最大值	图名
二期蓄水后	横缝错动量/mm	全量	22.7	图 5.23
二期蓄水后	横缝相对沉降量/mm	全量	1.0	图 5.24
二期蓄水后	横缝张开量/mm	全量	13.0	图 5.25
二期蓄水后	周边缝错动量/mm	全量	28.2	图 5.26
二期蓄水后	周边缝相对沉降量/mm	全量	18.9	图 5.27
二期蓄水后	周边缝张开量/mm	全量	22.9	图 5.28
二期蓄水后	趾板—连接板错动量/mm	全量	43.9	图 5.29
二期蓄水后	趾板—连接板相对沉降量/mm	全量	0.1	图 5.30
二期蓄水后	趾板—连接板张开量/mm	全量	12.9	图 5.31
二期蓄水后	连接板—防渗墙错动量/mm	全量	23.5	图 5.32
二期蓄水后	连接板—防渗墙相对沉降量/mm	全量	47.0	图 5.33
二期蓄水后	连接板—防渗墙张开量/mm	全量	32.6	图 5.34

(3) 第 2 组：强夯加固系数=1.1，强夯+固结灌浆方案。

从图 5.35 中可以看出，二期蓄水后，横缝错动量，全量 max=16.8mm。

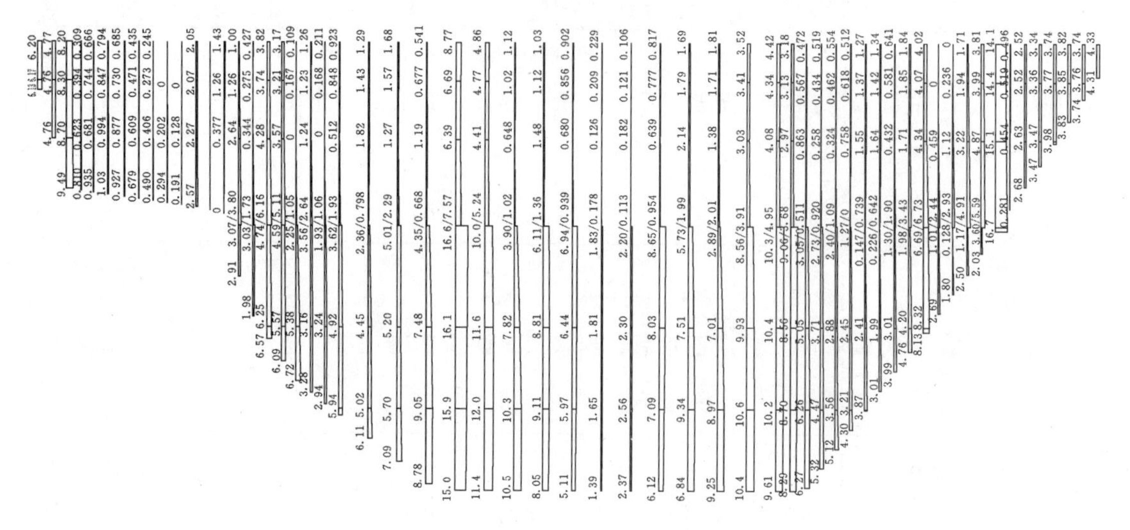

图 5.35 横缝错动量图（单位：mm）

从图 5.36 中可以看出，二期蓄水后，横缝相对沉降量，全量 max=0.3mm。

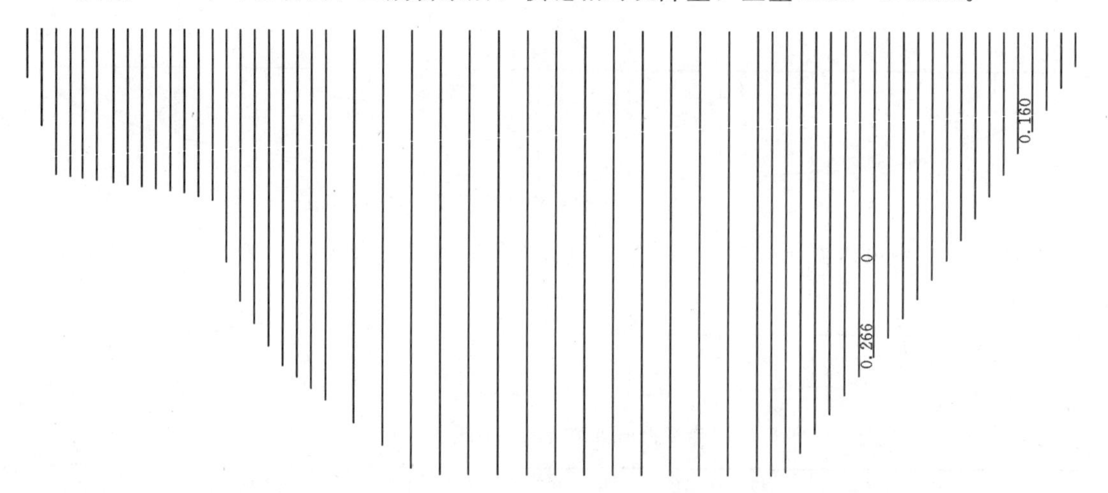

图 5.36 横缝相对沉降量图（单位：mm）

从图 5.37 中可以看出，二期蓄水后，横缝张开量，全量 max=12.9mm。

从图 5.38 中可以看出，二期蓄水后，周边缝错动量，全量 max=28.3mm。

从图 5.39 中可以看出，二期蓄水后，周边缝张开量，全量 max=22.8mm。

从图 5.40 中可以看出，二期蓄水后，趾板—连接板错动量，全量 max=24.4mm。

从图 5.41 中可以看出，二期蓄水后，趾板—连接板相对沉降量，全量 max=0.0mm。

从图 5.42 中可以看出，二期蓄水后，趾板—连接板张开量，全量 max=11.4mm。

从图 5.43 中可以看出，二期蓄水后，连接板—防渗墙错动量，全量 max=14.1mm。

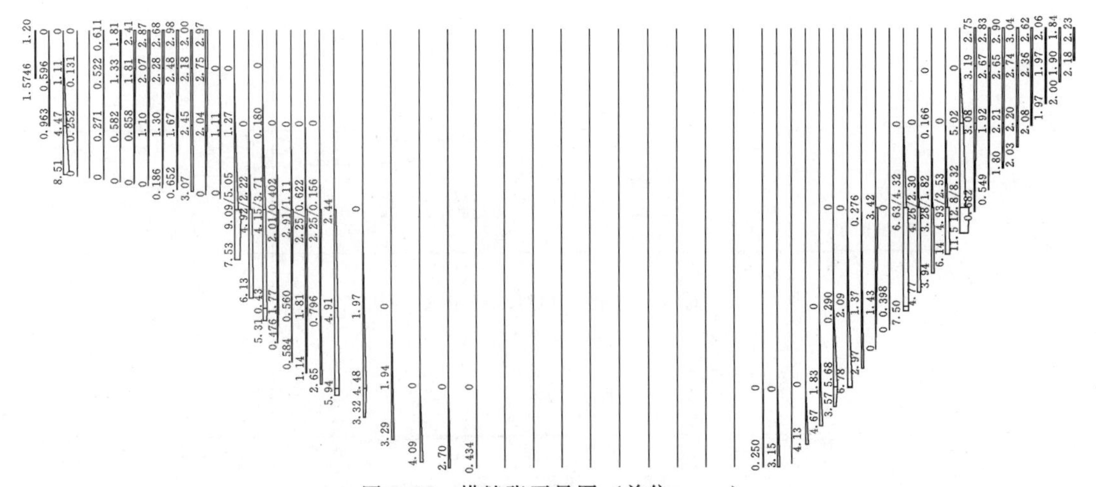

图 5.37　横缝张开量图（单位：mm）

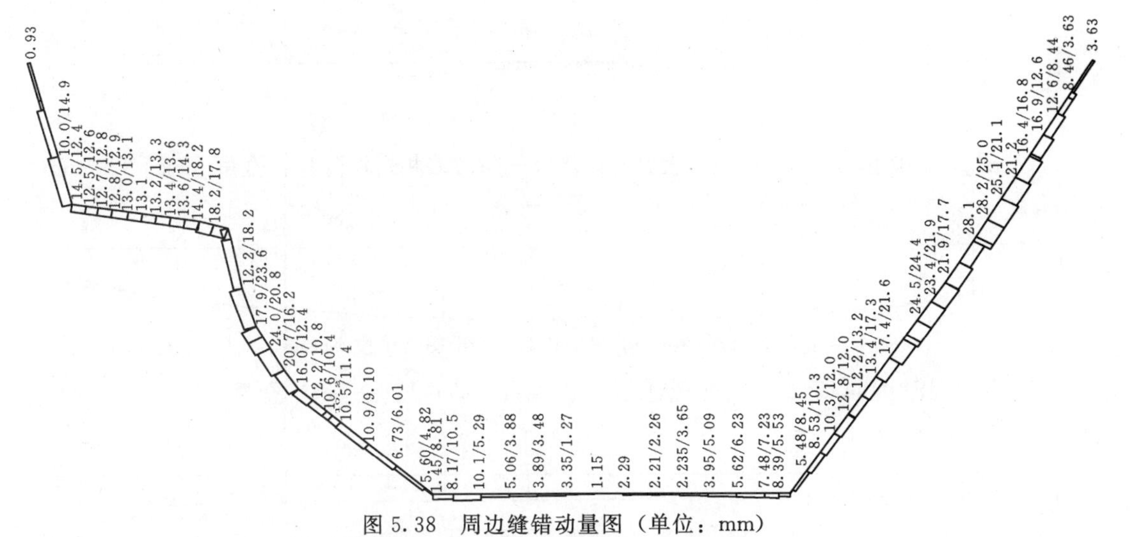

图 5.38　周边缝错动量图（单位：mm）

0.343
0
8.89/7.62
8.42
3.63/12.1
6.16/9.64
4.07/7.43
2.76/7.55
2.87/8.27
6.33
4.23/14.0
4.78/13.0
2.76/11.7
2.53/10.3
8.50/8.73
0/9.93
0/6.50
0/5.55
0/2.50
0/0.746
0
0
0.696
3.840
5.42/0
6.12/0
6.48/0.552
7.98/0.578
10.8/3.81
10.7/3.66
12.8/6.97
6.86/5.86
12.9/7.47
15.4/12.6
19.8/16.4
22.7/11.2
13.6/10.0
14.6/10.3
15.5/9.74
15.7/5.19
0.88

图 5.39　周边缝张开量图（单位：mm）

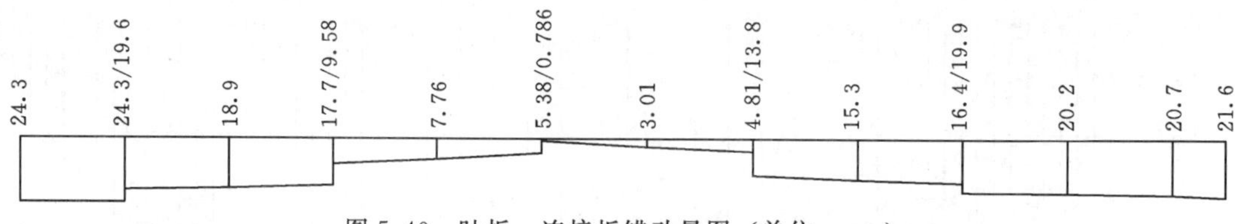

图 5.40　趾板—连接板错动量图（单位：mm）

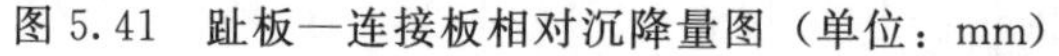

图 5.41　趾板—连接板相对沉降量图（单位：mm）

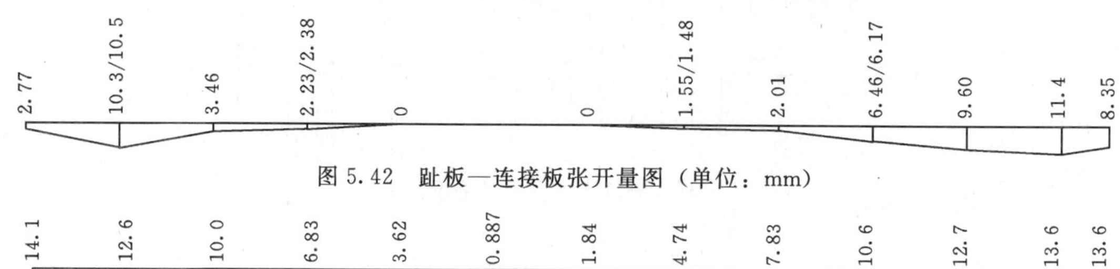

图 5.42　趾板—连接板张开量图（单位：mm）

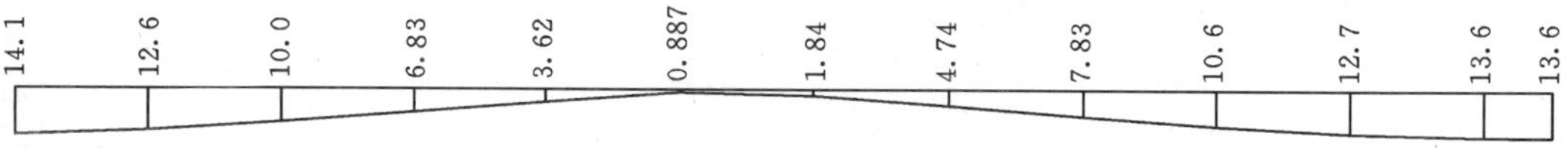

图 5.43　连接板—防渗墙错动量图（单位：mm）

从图 5.44 中可以看出，二期蓄水后，连接板—防渗墙相对沉降量，全量 max=32.5mm。

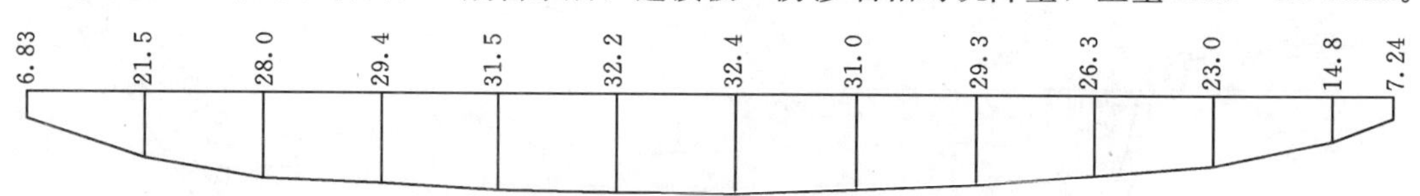

图 5.44　连接板—防渗墙相对沉降量图（单位：mm）

从图 5.45 中可以看出，二期蓄水后，连接板—防渗墙张开量，全量 max=17.4mm。

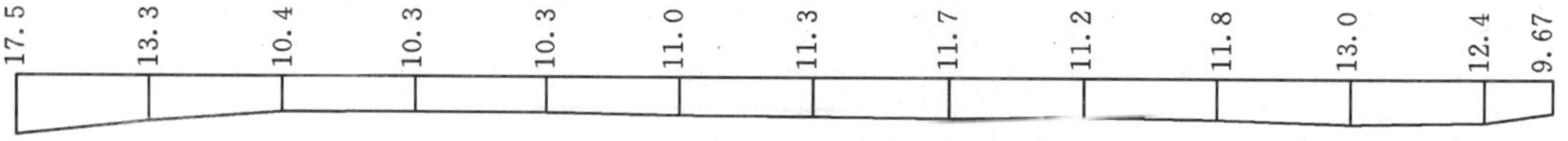

17.5　13.3　10.4　10.3　10.3　11.0　11.3　11.7　11.2　11.8　13.0　12.4　9.67

图 5.45　连接板—防渗墙张开量图（单位：mm）

工况	相　对　变　形	全量/增量	最大值	图名
二期蓄水后	横缝错动量/mm	全量	16.8	图 5.35
二期蓄水后	横缝相对沉降量/mm	全量	0.3	图 5.36
二期蓄水后	横缝张开量/mm	全量	12.9	图 5.37
二期蓄水后	周边缝错动量/mm	全量	28.3	图 5.38
二期蓄水后	周边缝张开量/mm	全量	22.8	图 5.39
二期蓄水后	趾板—连接板错动量/mm	全量	24.4	图 5.40
二期蓄水后	趾板—连接板相对沉降量/mm	全量	0	图 5.41
二期蓄水后	趾板—连接板张开量/mm	全量	11.4	图 5.42
二期蓄水后	连接板—防渗墙错动量/mm	全量	14.1	图 5.43
二期蓄水后	连接板—防渗墙相对沉降量/mm	全量	32.5	图 5.44
二期蓄水后	连接板—防渗墙张开量/mm	全量	17.4	图 5.45

（4）第 3 组：强夯加固系数=1.1，强夯+旋喷方案。

从图 5.46 中可以看出，二期蓄水后，横缝错动量，全量 max=15.9mm。

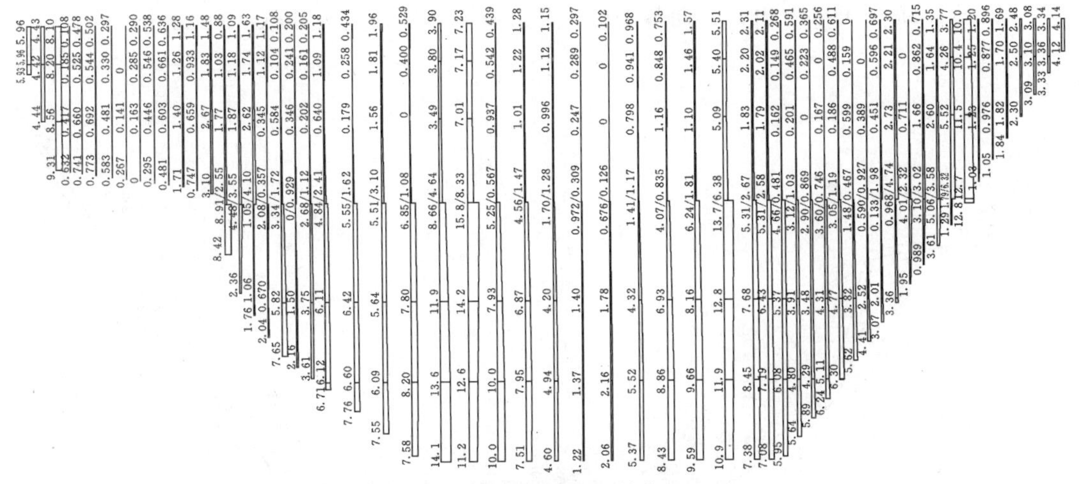

图 5.46　横缝错动量图（单位：mm）

从图 5.47 中可以看出，二期蓄水后，横缝相对沉降量，全量 max=0.3mm。

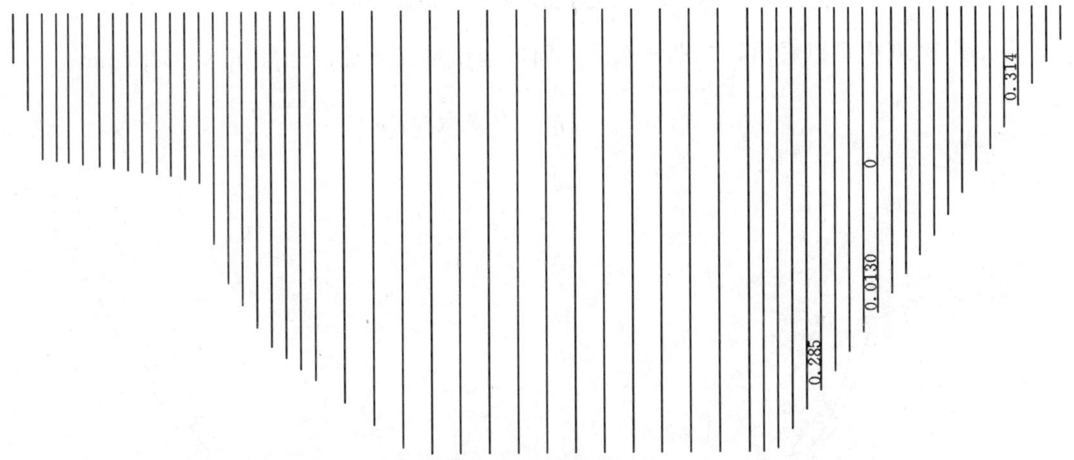

图 5.47　横缝相对沉降量图（单位：mm）

从图 5.48 中可以看出，二期蓄水后，横缝张开量，全量 max=11.7mm。

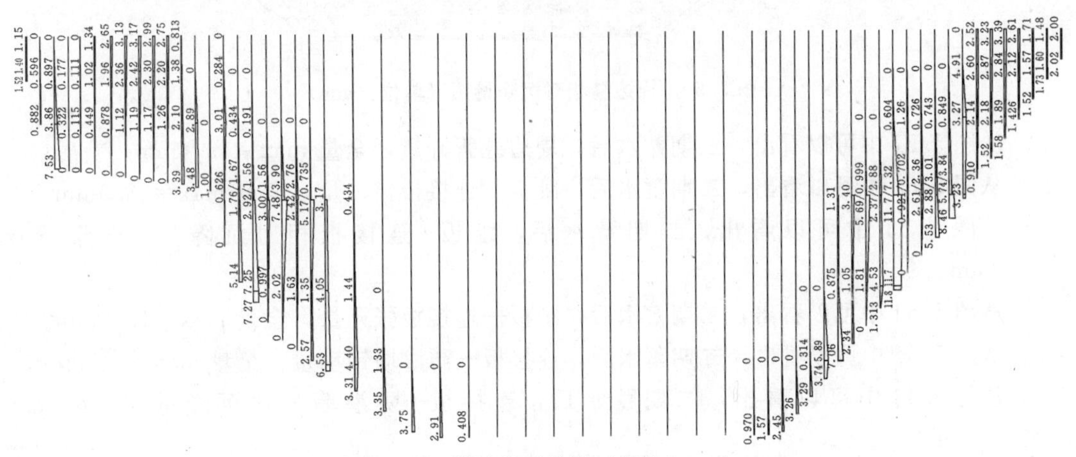

图 5.48　横缝张开量图（单位：mm）

从图 5.49 中可以看出，二期蓄水后，周边缝错动量，全量 max=34.1mm。

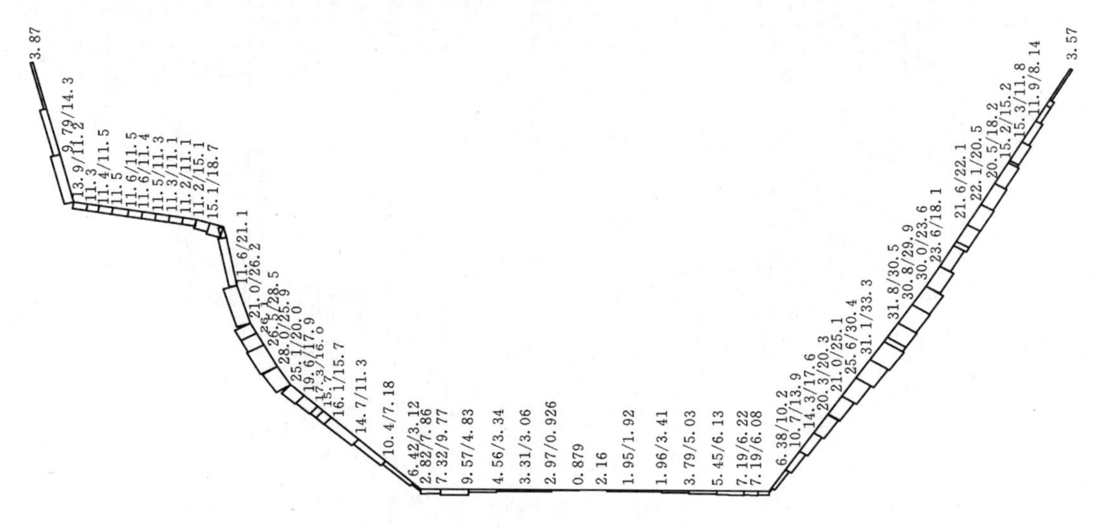

图 5.49 周边缝错动量图（单位：mm）

从图 5.50 中可以看出，二期蓄水后，周边缝相对沉降量，全量 max=27.7mm。

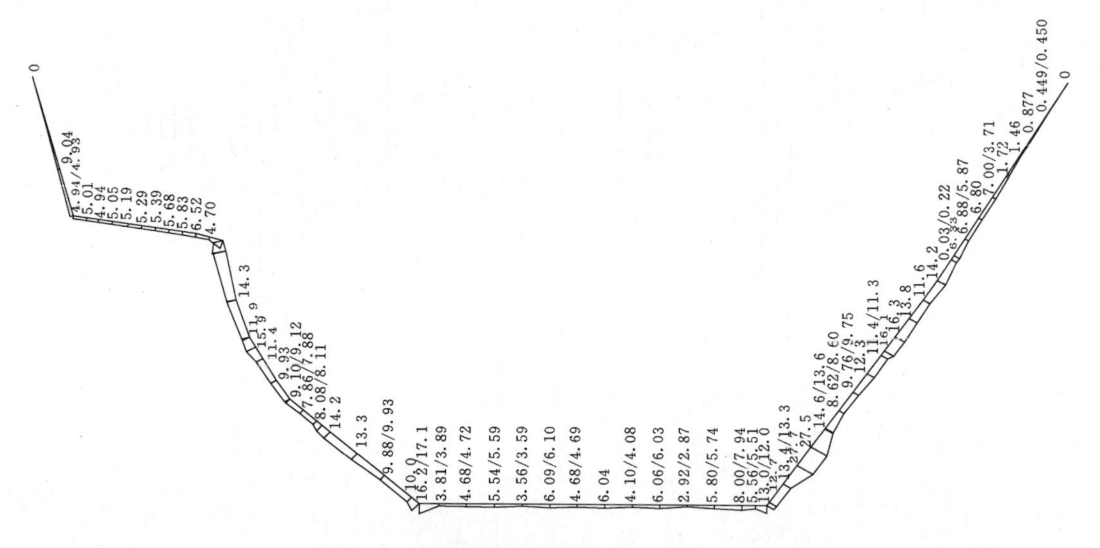

图 5.50 周边缝相对沉降量图（单位：mm）

从图 5.51 中可以看出，二期蓄水后，周边缝张开量，全量 max=19.4mm。

从图 5.52 中可以看出，二期蓄水后，趾板—连接板错动量，全量 max=23.9mm。

从图 5.53 中可以看出，二期蓄水后，趾板—连接板相对沉降量，全量 max=0.0mm。

从图 5.54 中可以看出，二期蓄水后，趾板—连接板张开量，全量 max=10.6mm。

从图 5.55 中可以看出，二期蓄水后，连接板—防渗墙错动量，全量 max=14.0mm。

从图 5.56 中可以看出，二期蓄水后，连接板—防渗墙相对沉降量，全量 max=33.5mm。

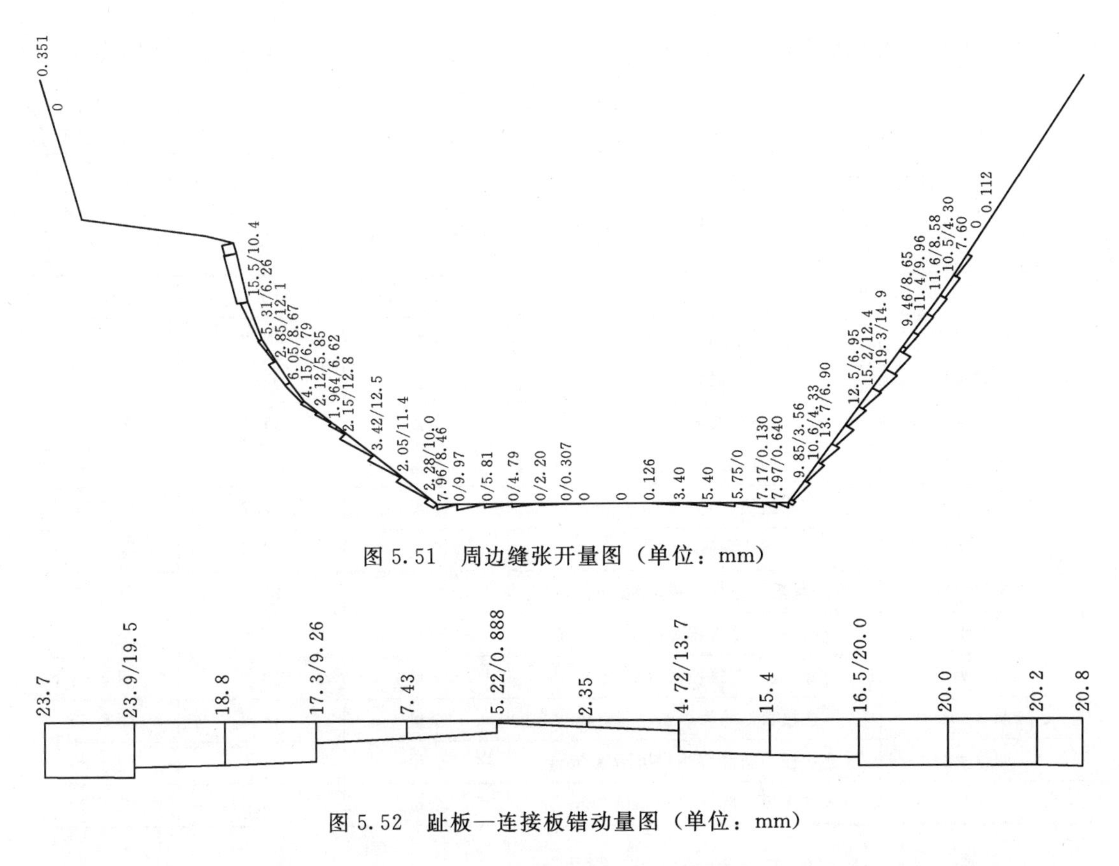

图 5.51　周边缝张开量图（单位：mm）

图 5.52　趾板—连接板错动量图（单位：mm）

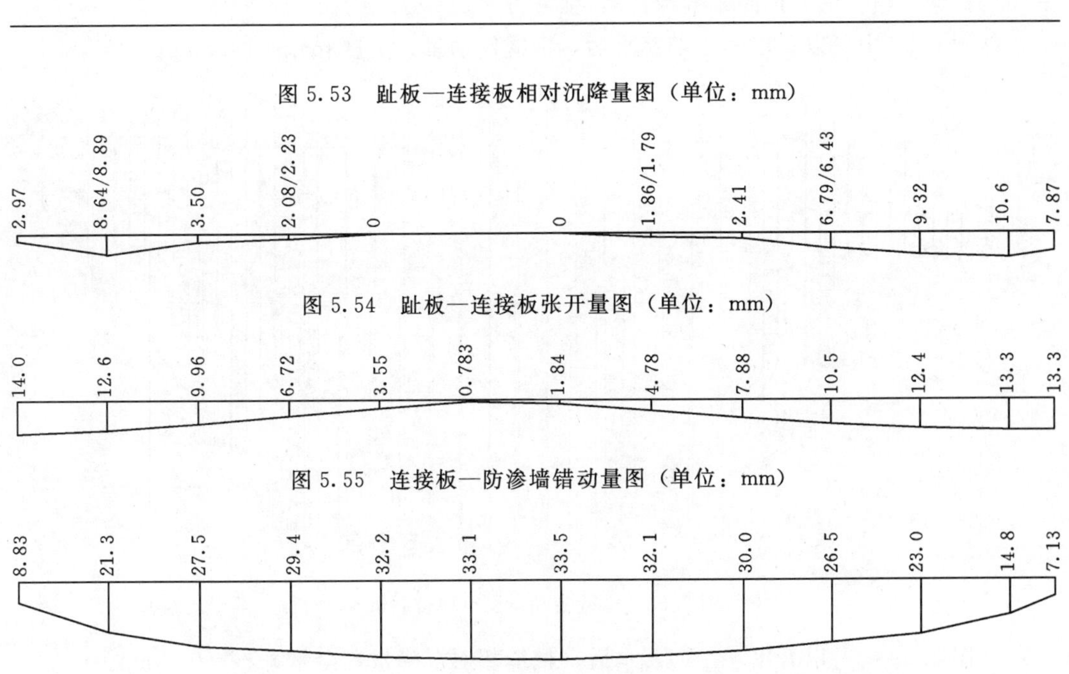

图 5.53　趾板—连接板相对沉降量图（单位：mm）

图 5.54　趾板—连接板张开量图（单位：mm）

图 5.55　连接板—防渗墙错动量图（单位：mm）

图 5.56　连接板—防渗墙相对沉降量图（单位：mm）

从图 5.57 中可以看出，二期蓄水后，连接板—防渗墙张开量，全量 max=15.5mm。

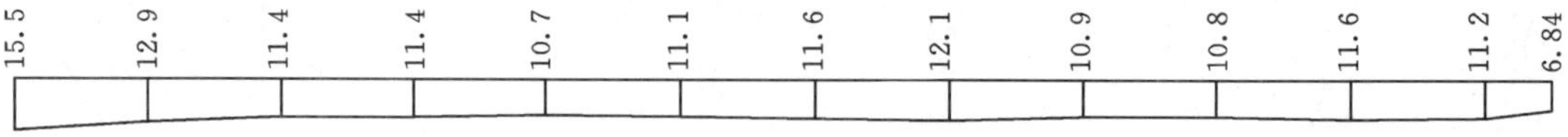

15.5 12.9 11.4 11.4 10.7 11.1 11.6 12.1 10.9 10.8 11.6 11.2 6.84

图 5.57 连接板—防渗墙张开量图（单位：mm）

工况	相 对 变 形	全量/增量	最大值	图名
二期蓄水后	横缝错动量/mm	全量	15.9	图 5.46
二期蓄水后	横缝相对沉降量/mm	全量	0.3	图 5.47
二期蓄水后	横缝张开量/mm	全量	11.7	图 5.48
二期蓄水后	周边缝错动量/mm	全量	34.1	图 5.49
二期蓄水后	周边缝相对沉降量/mm	全量	27.7	图 5.50
二期蓄水后	周边缝张开量/mm	全量	19.4	图 5.51
二期蓄水后	趾板—连接板错动量/mm	全量	23.9	图 5.52
二期蓄水后	趾板—连接板相对沉降量/mm	全量	0.0	图 5.53
二期蓄水后	趾板—连接板张开量/mm	全量	10.6	图 5.54
二期蓄水后	连接板—防渗墙错动量/mm	全量	14.0	图 5.55
二期蓄水后	连接板—防渗墙相对沉降量/mm	全量	33.5	图 5.56
二期蓄水后	连接板—防渗墙张开量/mm	全量	15.5	图 5.57

（5）第 4 组：强夯加固系数=1.3，强夯方案。

从图 5.58 中可以看出，二期蓄水后，横缝错动量，全量 max=19.5mm。

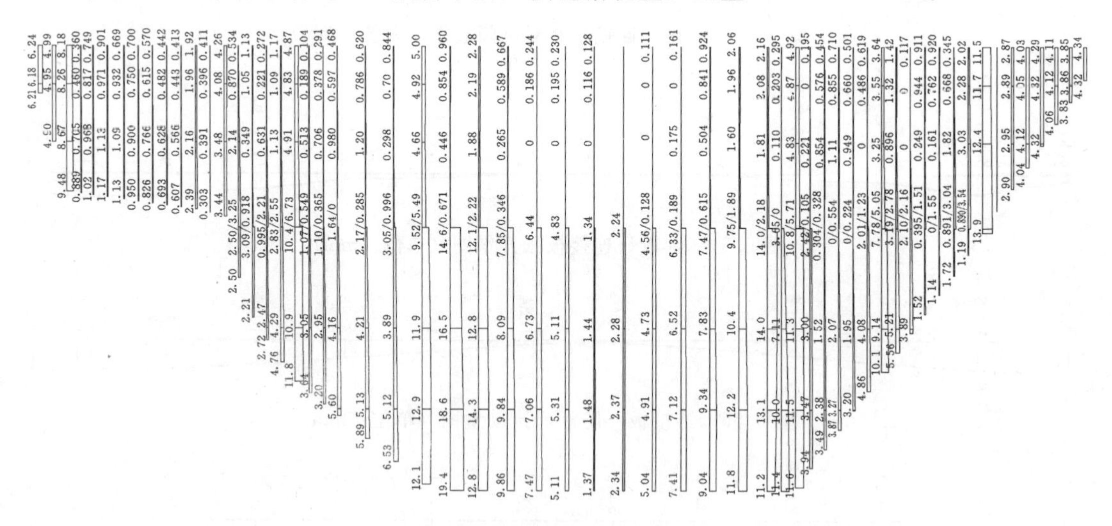

图 5.58 横缝错动量图（单位：mm）

从图 5.59 中可以看出，二期蓄水后，横缝相对沉降量，全量 max=0.8mm。

从图 5.60 中可以看出，二期蓄水后，横缝张开量，全量 max=10.7mm。

从图 5.61 中可以看出，二期蓄水后，周边缝错动量，全量 max=29.0mm。

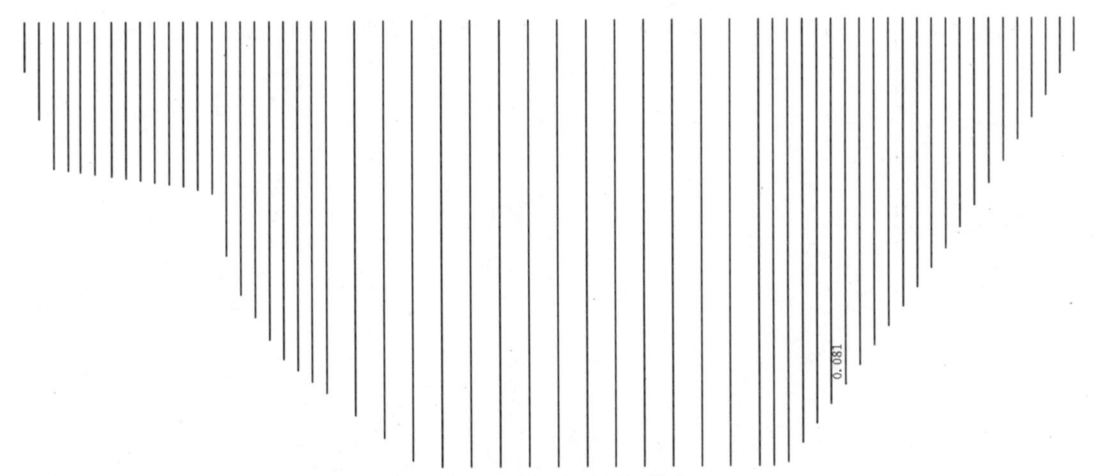

图 5.59　横缝相对沉降量图（单位：mm）

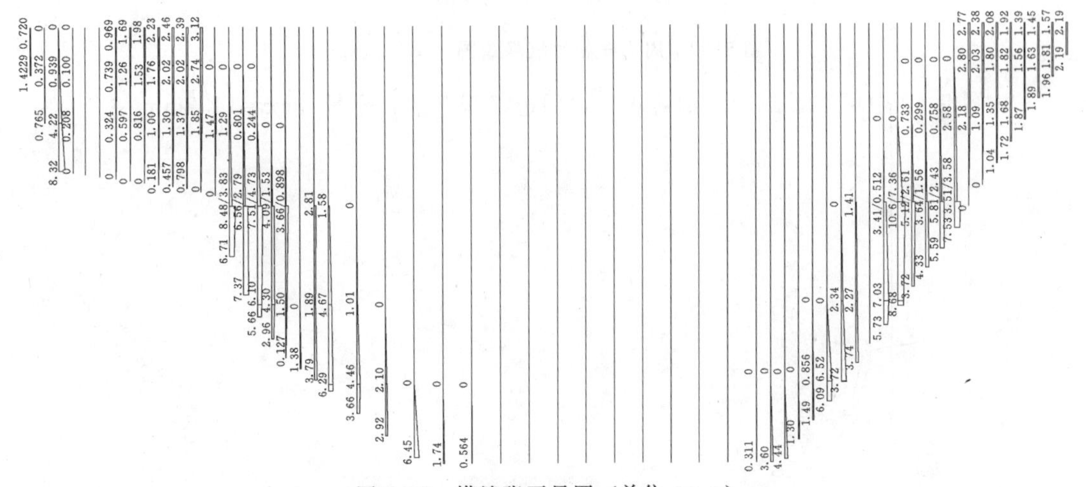

图 5.60　横缝张开量图（单位：mm）

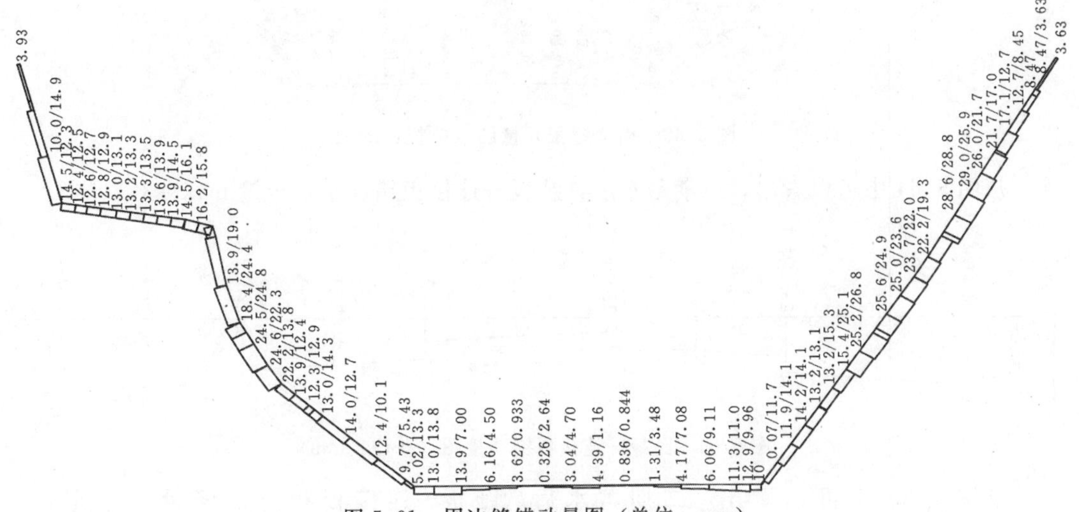

图 5.61　周边缝错动量图（单位：mm）

从图 5.62 中可以看出，二期蓄水后，周边缝相对沉降量，全量 max=12.8mm。

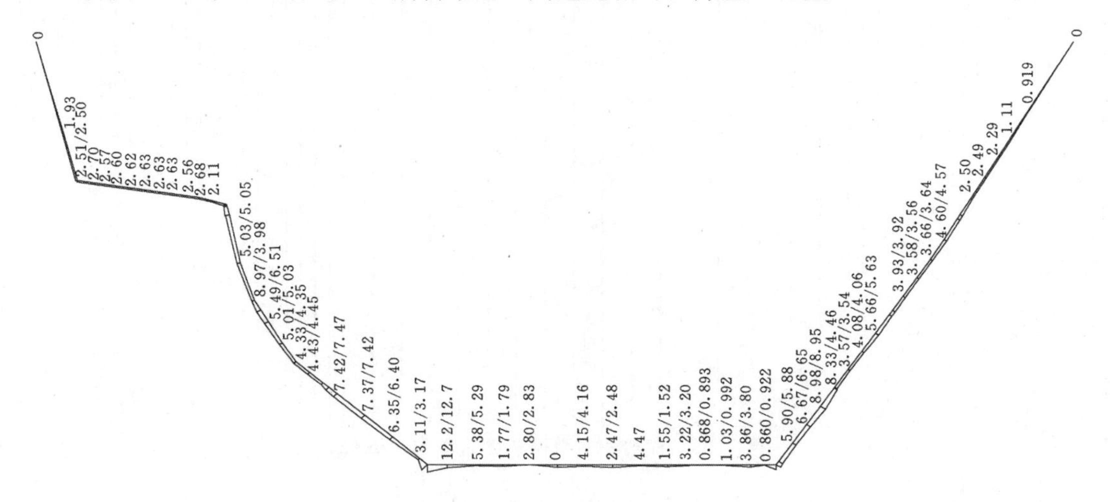

图 5.62　周边缝相对沉降量图（单位：mm）

从图 5.63 中可以看出，二期蓄水后，周边缝张开量，全量 max=14.2mm。

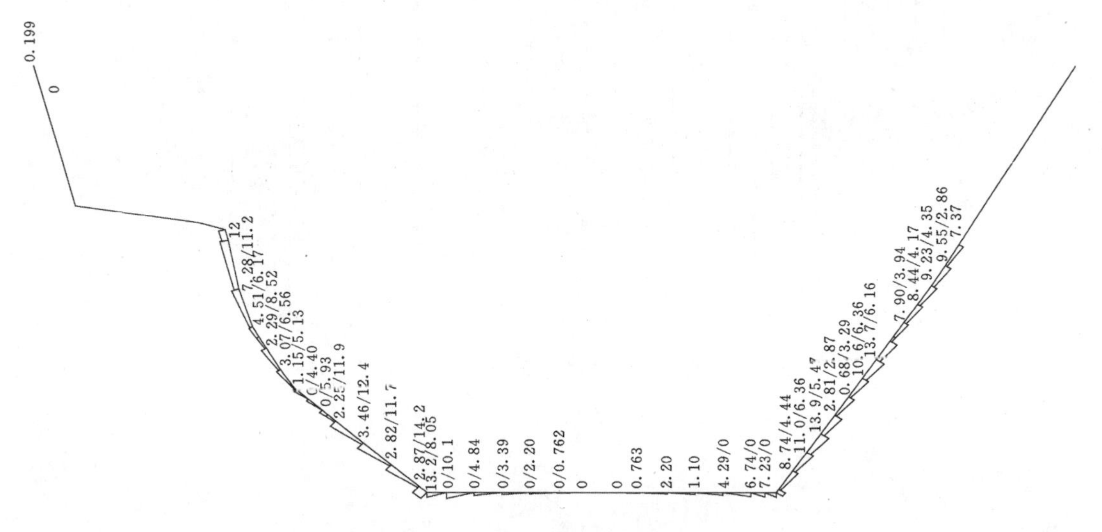

图 5.63　周边缝张开量图（单位：mm）

从图 5.64 中可以看出，二期蓄水后，趾板—连接板错动量，全量 max=36.4mm。

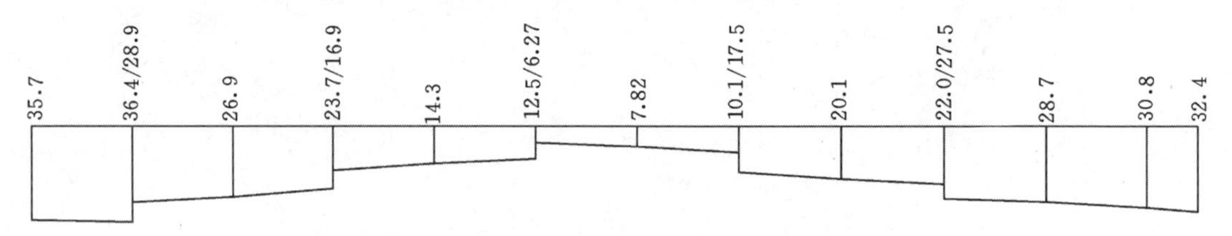

图 5.64　趾板—连接板错动量图（单位：mm）

从图 5.65 中可以看出，二期蓄水后，趾板—连接板相对沉降量，全量 max=0.1mm。

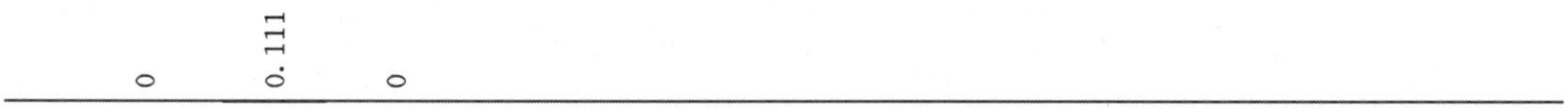

0 0.111 0

图 5.65　趾板—连接板相对沉降量图（单位：mm）

从图 5.66 中可以看出，二期蓄水后，趾板—连接板张开量，全量 max=13.2mm。

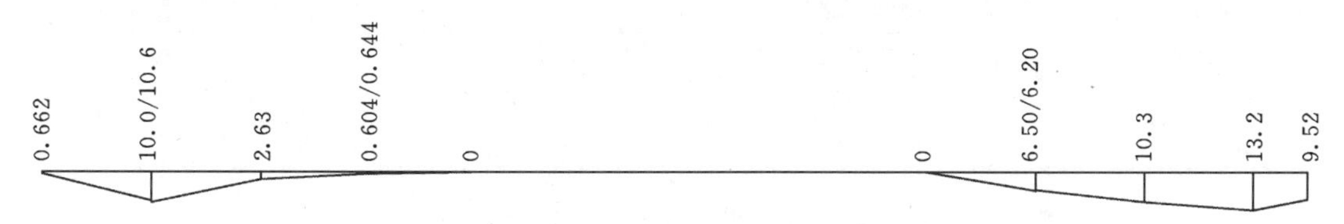

图 5.66　趾板—连接板张开量图（单位：mm）

从图 5.67 中可以看出，二期蓄水后，连接板—防渗墙错动量，全量 max=20.6mm。

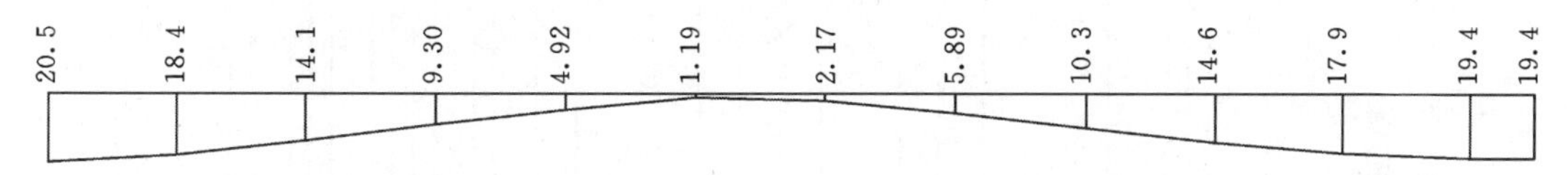

图 5.67　连接板—防渗墙错动量图（单位：mm）

从图 5.68 中可以看出，二期蓄水后，连接板—防渗墙相对沉降量，全量 max=47.0mm。

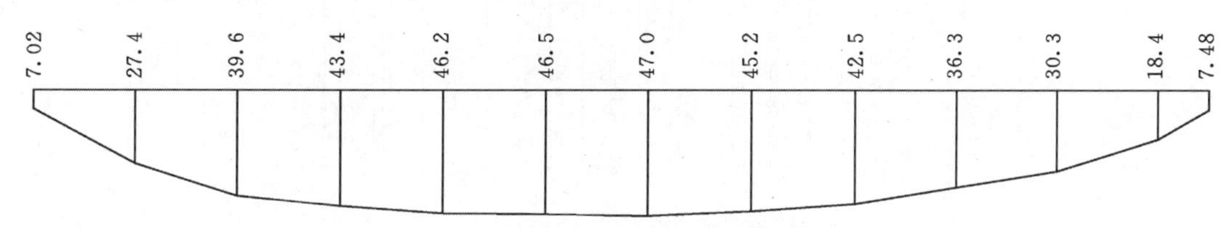

图 5.68　连接板—防渗墙相对沉降量图（单位：mm）

从图 5.69 中可以看出，二期蓄水后，连接板—防渗墙张开量，全量 max=23.6mm。

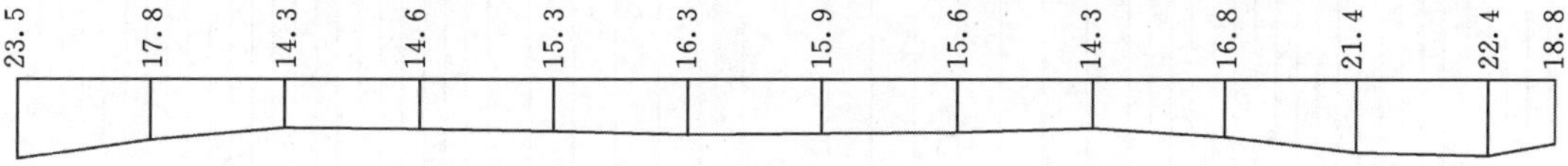

23.5　17.8　14.3　14.6　15.3　16.3　15.9　15.6　14.3　16.8　21.4　22.4　18.8

图 5.69　连接板—防渗墙张开量图（单位：mm）

工况	相　对　变　形	全量/增量	最大值	图名
二期蓄水后	横缝错动量/mm	全量	19.5	图 5.58
二期蓄水后	横缝相对沉降量/mm	全量	0.8	图 5.59
二期蓄水后	横缝张开量/mm	全量	10.7	图 5.60
二期蓄水后	周边缝错动量/mm	全量	29.0	图 5.61
二期蓄水后	周边缝相对沉降量/mm	全量	12.8	图 5.62

续表

工况	相 对 变 形	全量/增量	最大值	图名
二期蓄水后	周边缝张开量/mm	全量	14.2	图 5.63
二期蓄水后	趾板—连接板错动量/mm	全量	36.4	图 5.64
二期蓄水后	趾板—连接板相对沉降量/mm	全量	0.1	图 5.65
二期蓄水后	趾板—连接板张开量/mm	全量	13.2	图 5.66
二期蓄水后	连接板—防渗墙错动量/mm	全量	20.6	图 5.67
二期蓄水后	连接板—防渗墙相对沉降量/mm	全量	47.0	图 5.68
二期蓄水后	连接板—防渗墙张开量/mm	全量	23.6	图 5.69

(6) 第 5 组：强夯加固系数=1.3，强夯+固结灌浆方案。

从图 5.70 中可以看出，二期蓄水后，横缝错动量，全量 max=15.0mm。

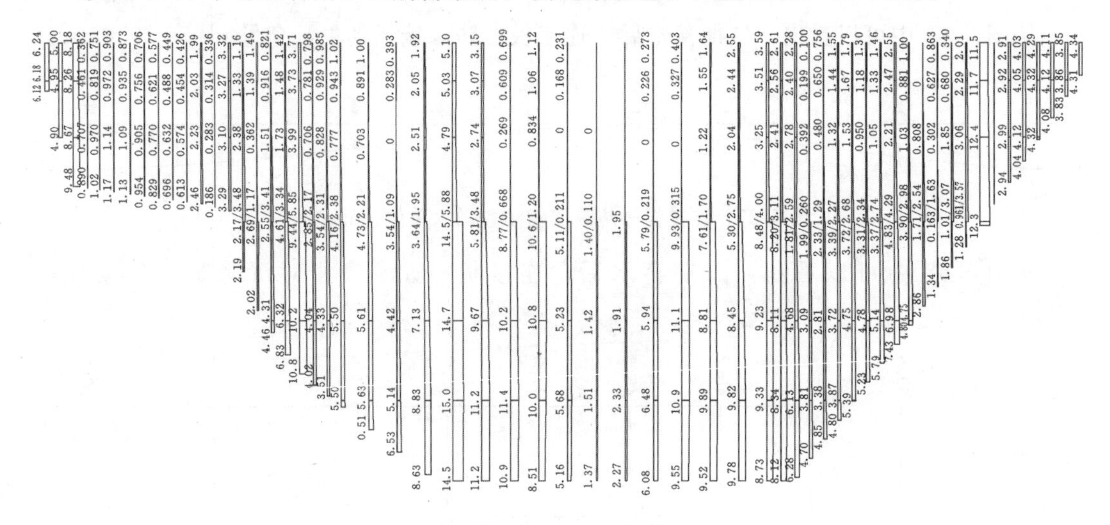

图 5.70 横缝错动量图（单位：mm）

从图 5.71 中可以看出，二期蓄水后，横缝相对沉降量，全量 max=0.4mm。

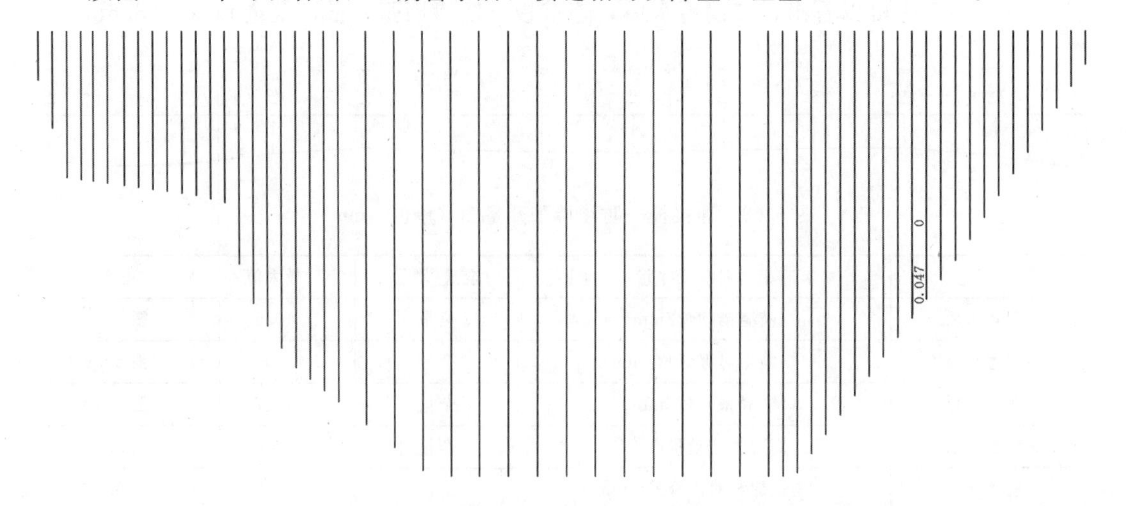

图 5.71 横缝相对沉降量图（单位：mm）

从图 5.72 中可以看出，二期蓄水后，横缝张开量，全量 max=10.9mm。

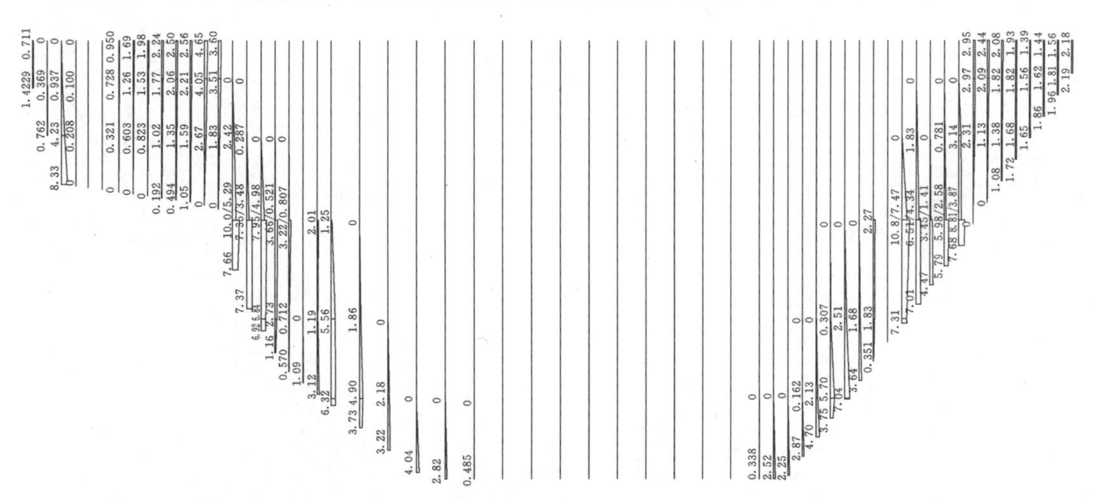

图 5.72　横缝张开量图（单位：mm）

从图 5.73 中可以看出，二期蓄水后，周边缝错动量，全量 max=29.1mm。

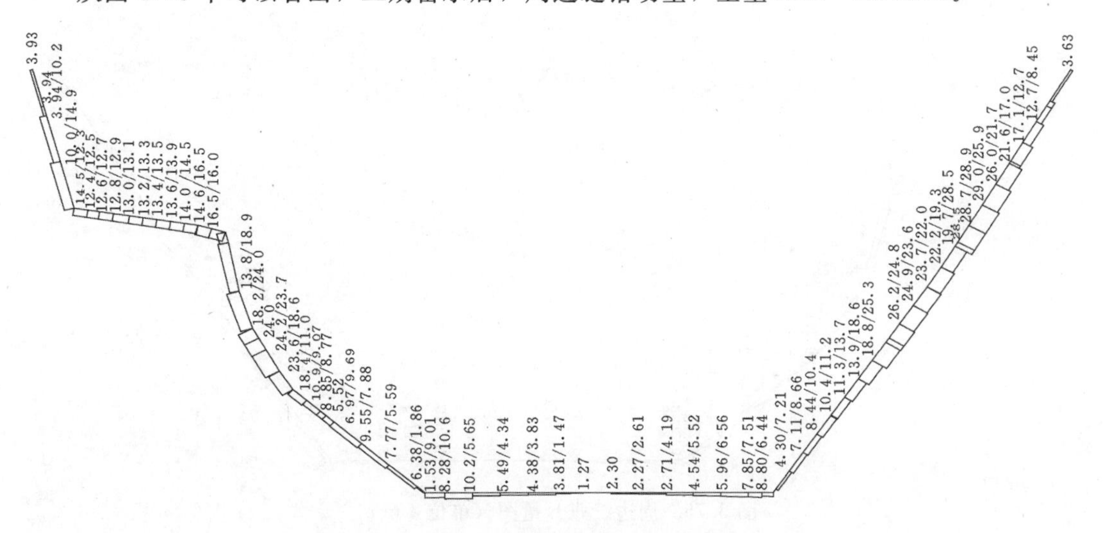

图 5.73　周边缝错动量图（单位：mm）

从图 5.74 中可以看出，二期蓄水后，周边缝相对沉降量，全量 max=27.5mm。

从图 5.75 中可以看出，二期蓄水后，周边缝张开量，全量 max=16.5mm。

从图 5.76 中可以看出，二期蓄水后，趾板—连接板错动量，全量 max=24.5mm。

从图 5.77 中可以看出，二期蓄水后，趾板—连接板相对沉降量，全量 max=0.0mm。

从图 5.78 中可以看出，二期蓄水后，趾板—连接板张开量，全量 max=10.7mm。

从图 5.79 中可以看出，二期蓄水后，连接板—防渗墙错动量，全量 max=14.3mm。

从图 5.80 中可以看出，二期蓄水后，连接板—防渗墙相对沉降量，全量 max=32.0mm。

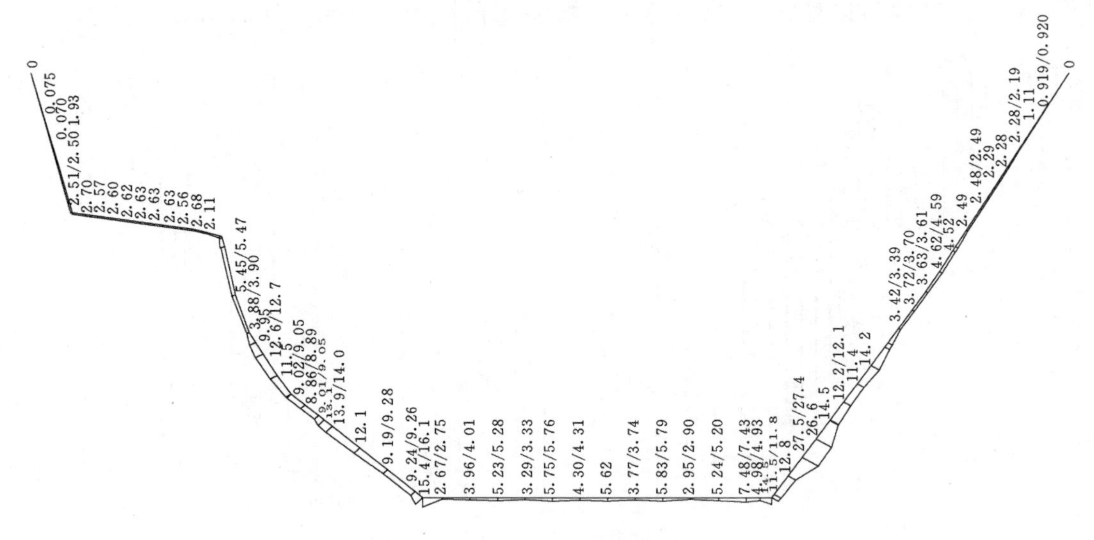

图 5.74　周边缝相对沉降量图（单位：mm）

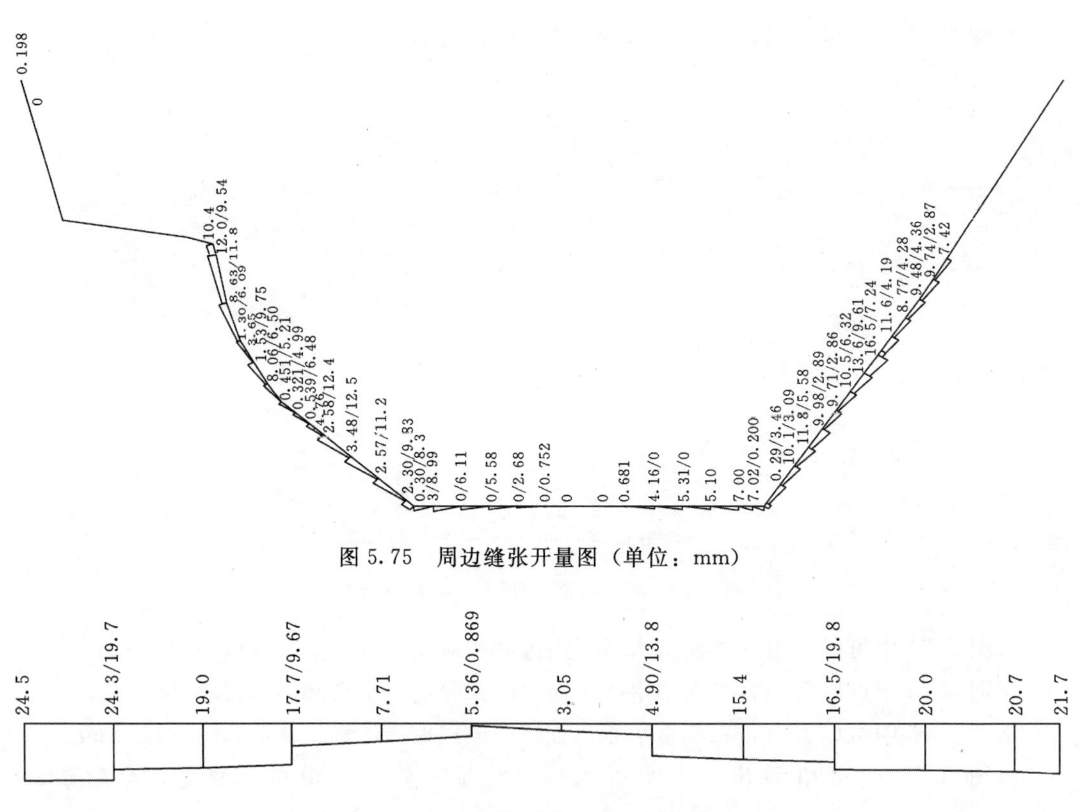

图 5.75　周边缝张开量图（单位：mm）

24.5　24.3/19.7　19.0　17.7/9.67　7.71　5.36/0.869　3.05　4.90/13.8　15.4　16.5/19.8　20.0　20.7　21.7

图 5.76　趾板—连接板错动量图（单位：mm）

图 5.77 趾板—连接板相对沉降量图（单位：mm）

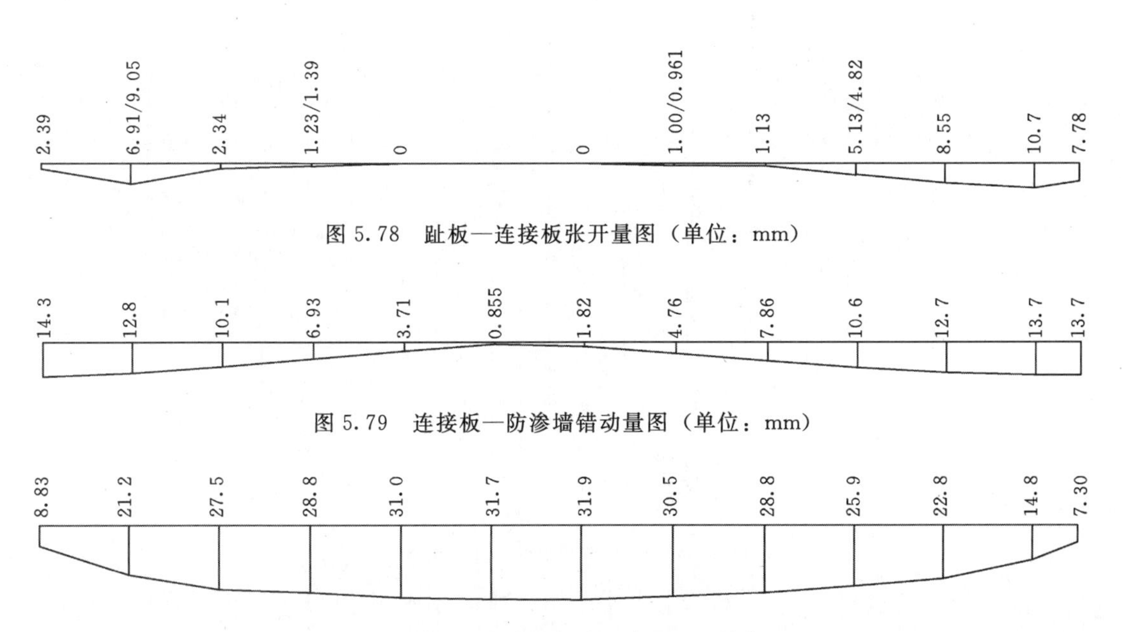

图 5.78　趾板—连接板张开量图（单位：mm）

图 5.79　连接板—防渗墙错动量图（单位：mm）

图 5.80　连接板—防渗墙相对沉降量图（单位：mm）

从图 5.81 中可以看出，二期蓄水后，连接板—防渗墙张开量，全量 max=17.8mm。

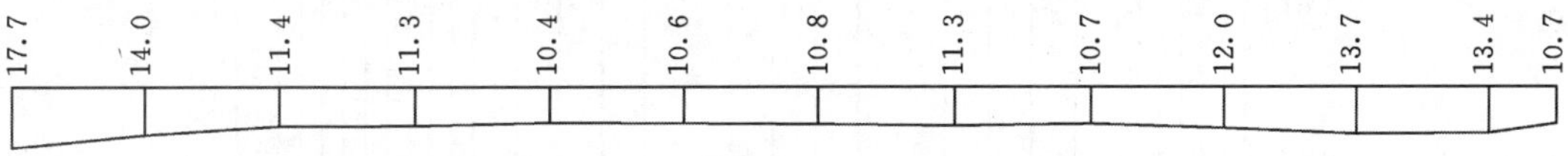

17.7　14.0　11.4　11.3　10.4　10.6　10.8　11.3　10.7　12.0　13.7　13.4　10.7

图 5.81　连接板—防渗墙张开量图（单位：mm）

工况	相 对 变 形	全量/增量	最大值	图名
二期蓄水后	横缝错动量/mm	全量	15.0	图 5.70
二期蓄水后	横缝相对沉降量/mm	全量	0.4	图 5.71
二期蓄水后	横缝张开量/mm	全量	10.9	图 5.72
二期蓄水后	周边缝错动量/mm	全量	29.1	图 5.73
二期蓄水后	周边缝相对沉降量/mm	全量	27.5	图 5.74
二期蓄水后	周边缝张开量/mm	全量	16.5	图 5.75
二期蓄水后	趾板—连接板错动量/mm	全量	24.5	图 5.76
二期蓄水后	趾板—连接板相对沉降量/mm	全量	0.0	图 5.77
二期蓄水后	趾板—连接板张开量/mm	全量	10.7	图 5.78
二期蓄水后	连接板—防渗墙错动量/mm	全量	14.3	图 5.79
二期蓄水后	连接板—防渗墙相对沉降量/mm	全量	32.0	图 5.80
二期蓄水后	连接板—防渗墙张开量/mm	全量	17.8	图 5.81

（7）第 6 组：强夯加固系数=1.3，强夯+旋喷方案。

从图 5.82 中可以看出，二期蓄水后，横缝错动量，全量 max=15.9mm。

从图 5.83 中可以看出，二期蓄水后，横缝相对沉降量，全量 max=0.3mm。

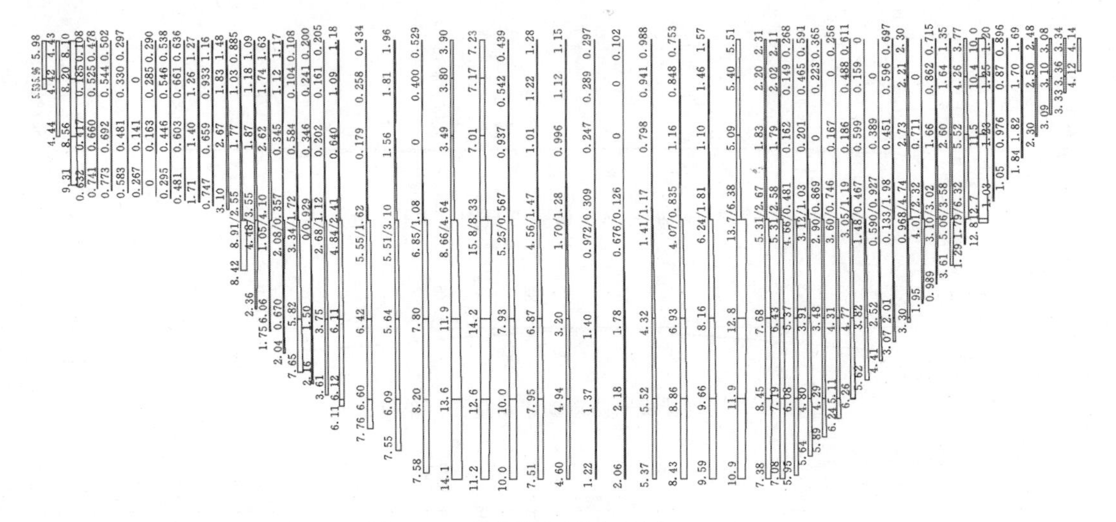

图 5.82　横缝错动量图（单位：mm）

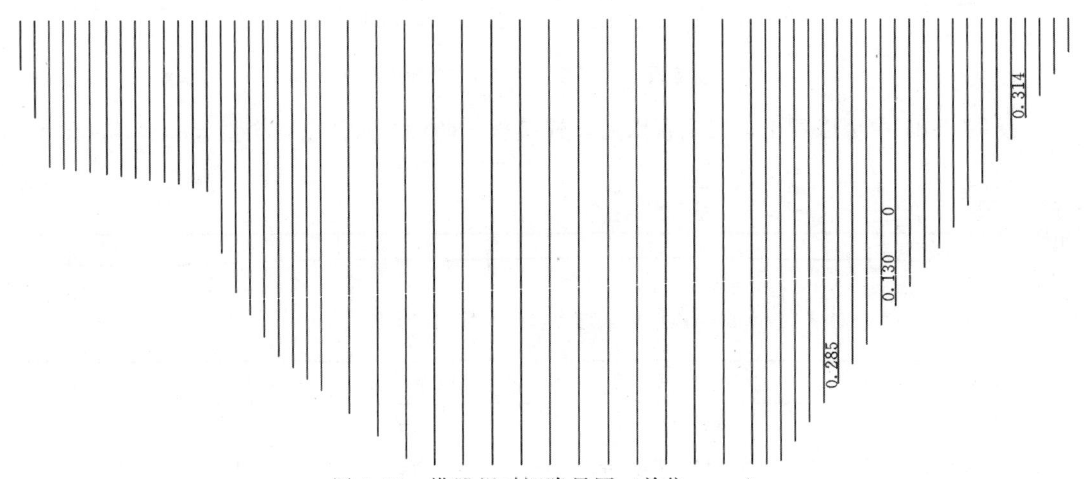

图 5.83　横缝相对沉降量图（单位：mm）

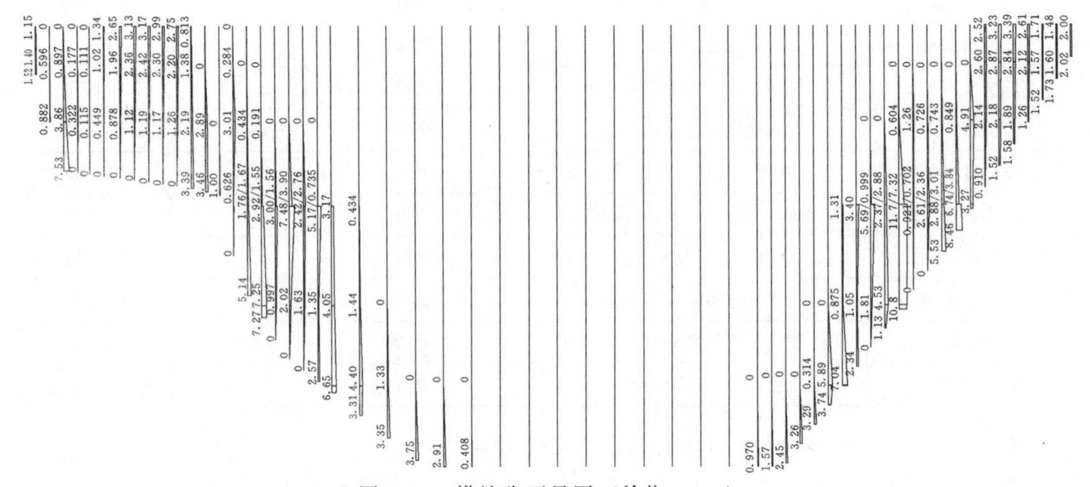

图 5.84　横缝张开量图（单位：mm）

从图 5.84 中可以看出，二期蓄水后，横缝张开量，全量 max=11.7mm。

从图 5.85 中可以看出，二期蓄水后，周边缝错动量，全量 max=34.1mm。

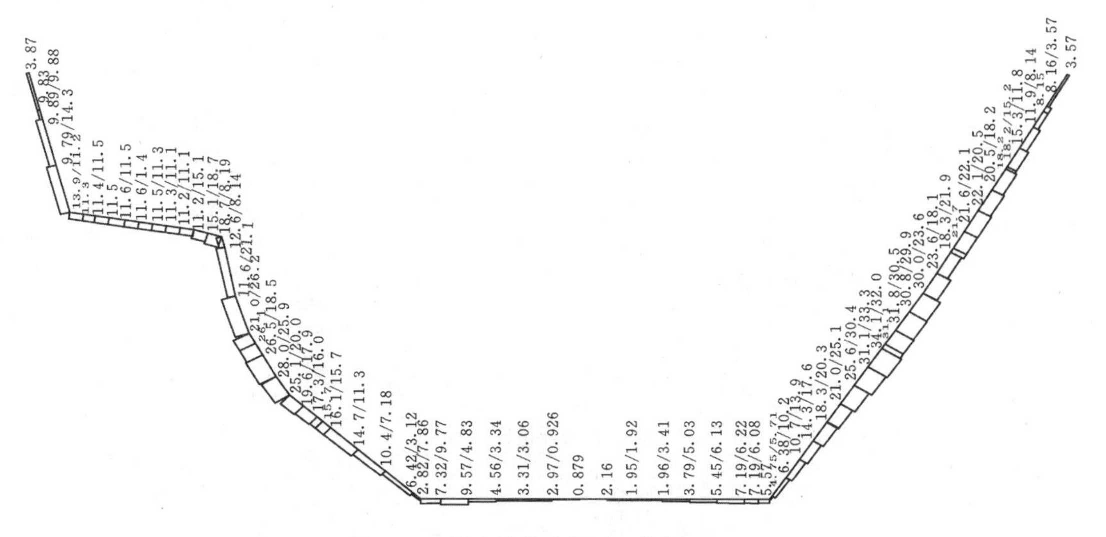

图 5.85　周边缝错动量图（单位：mm）

从图 5.86 中可以看出，二期蓄水后，周边缝相对沉降量，全量 max=27.7mm。

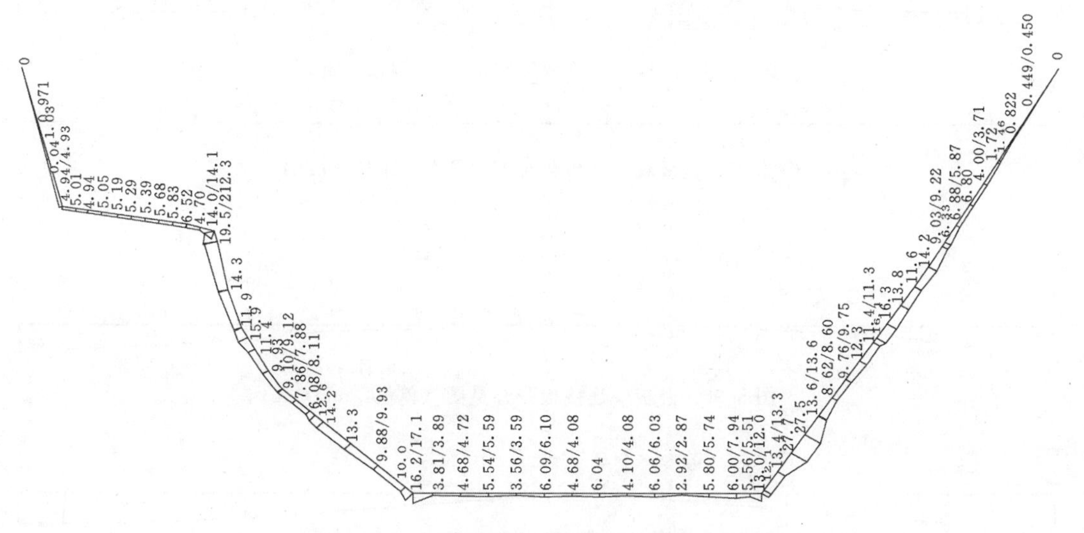

图 5.86　周边缝相对沉降量图（单位：mm）

从图 5.87 中可以看出，二期蓄水后，周边缝张开量，全量 max=19.4mm。

从图 5.88 中可以看出，二期蓄水后，趾板—连接板错动量，全量 max=23.9mm。

从图 5.89 中可以看出，二期蓄水后，趾板—连接板相对沉降量，全量 max=0.0mm。

从图 5.90 中可以看出，二期蓄水后，趾板—连接板张开量，全量 max=10.6mm。

从图 5.91 中可以看出，二期蓄水后，连接板—防渗墙错动量，全量 max=14.0mm。

从图 5.92 中可以看出，二期蓄水后，连接板—防渗墙相对沉降量，全量 max=33.5mm。

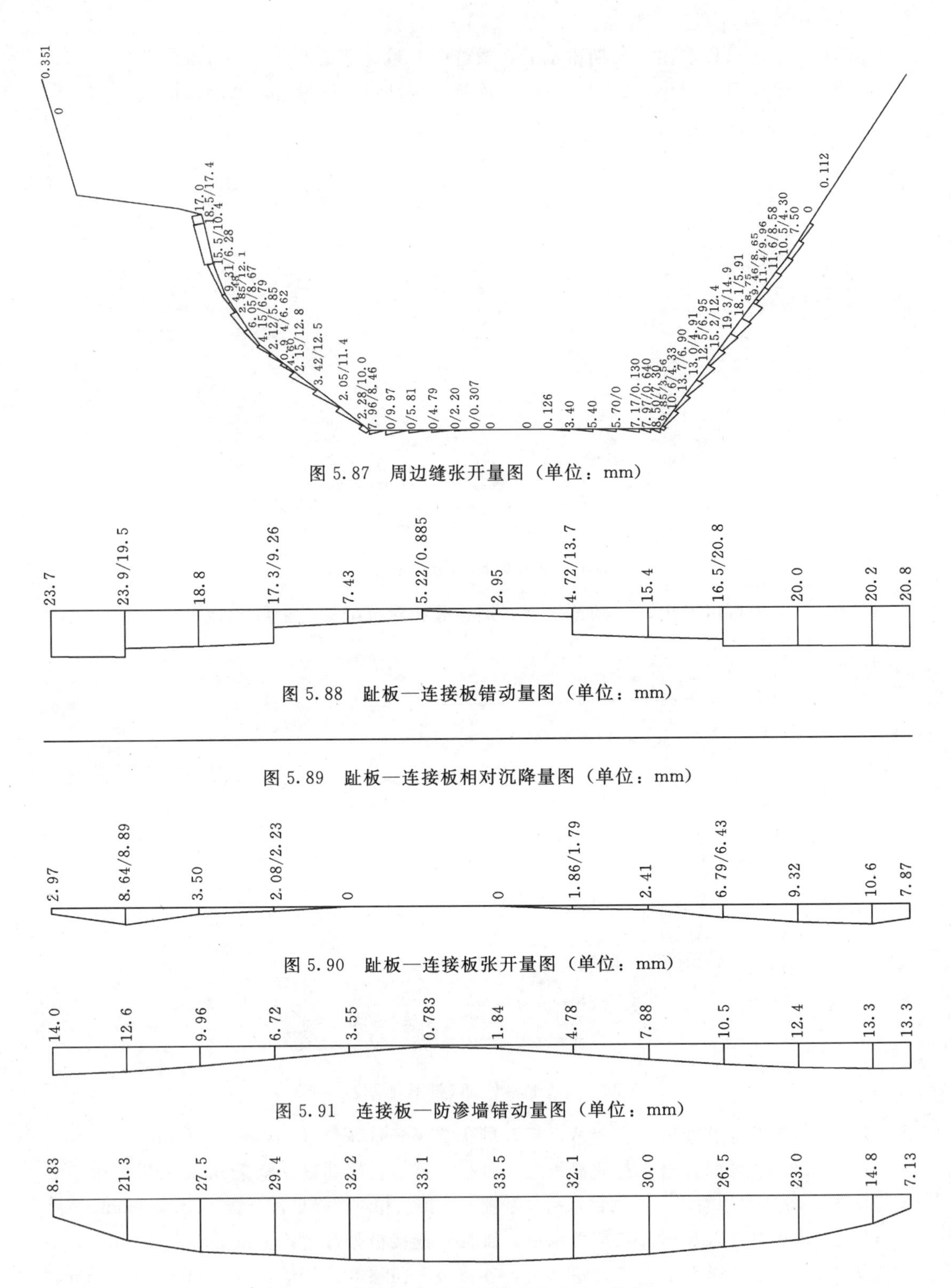

图 5.87　周边缝张开量图（单位：mm）

图 5.88　趾板—连接板错动量图（单位：mm）

图 5.89　趾板—连接板相对沉降量图（单位：mm）

图 5.90　趾板—连接板张开量图（单位：mm）

图 5.91　连接板—防渗墙错动量图（单位：mm）

图 5.92　连接板—防渗墙相对沉降量图（单位：mm）

从图 5.93 中可以看出，二期蓄水后，连接板—防渗墙张开量，全量 max=15.5mm。

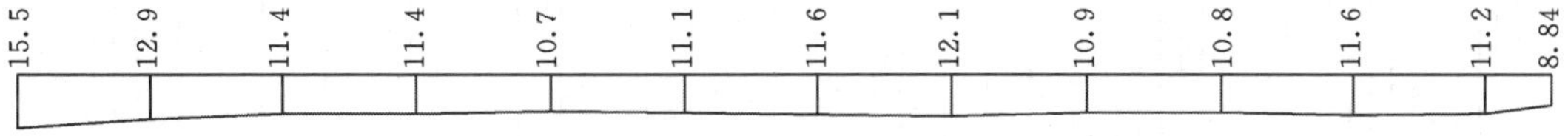

15.5 12.9 11.4 11.4 10.7 11.1 11.6 12.1 10.9 10.8 11.6 11.2 8.84

图 5.93 连接板—防渗墙张开量图（单位：mm）

工况	相 对 变 形	全量/增量	最大值	图名
二期蓄水后	横缝错动量/mm	全量	15.9	图 5.82
二期蓄水后	横缝相对沉降量/mm	全量	0.3	图 5.83
二期蓄水后	横缝张开量/mm	全量	11.7	图 5.84
二期蓄水后	周边缝错动量/mm	全量	34.1	图 5.85
二期蓄水后	周边缝相对沉降量/mm	全量	27.7	图 5.86
二期蓄水后	周边缝张开量/mm	全量	19.4	图 5.87
二期蓄水后	趾板—连接板错动量/mm	全量	23.9	图 5.88
二期蓄水后	趾板—连接板相对沉降量/mm	全量	0.0	图 5.89
二期蓄水后	趾板—连接板张开量/mm	全量	10.6	图 5.90
二期蓄水后	连接板—防渗墙错动量/mm	全量	14.0	图 5.91
二期蓄水后	连接板—防渗墙相对沉降量/mm	全量	33.5	图 5.92
二期蓄水后	连接板—防渗墙张开量/mm	全量	15.5	图 5.93

（8）第 7 组：强夯加固系数=1.4，强夯方案。

从图 5.94 中可以看出，二期蓄水后，横缝错动量，全量 max=18.0mm。

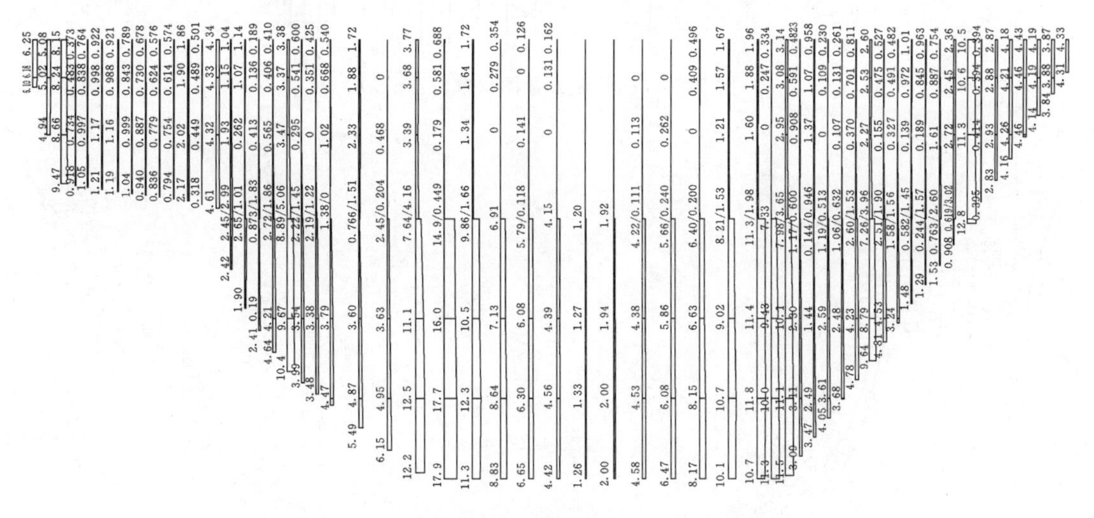

图 5.94 横缝错动量图（单位：mm）

从图 5.95 中可以看出，二期蓄水后，横缝相对沉降量，全量 max=0.7mm。

从图 5.96 中可以看出，二期蓄水后，横缝张开量，全量 max=10.3mm。

从图 5.97 中可以看出，二期蓄水后，周边缝错动量，全量 max=28.9mm。

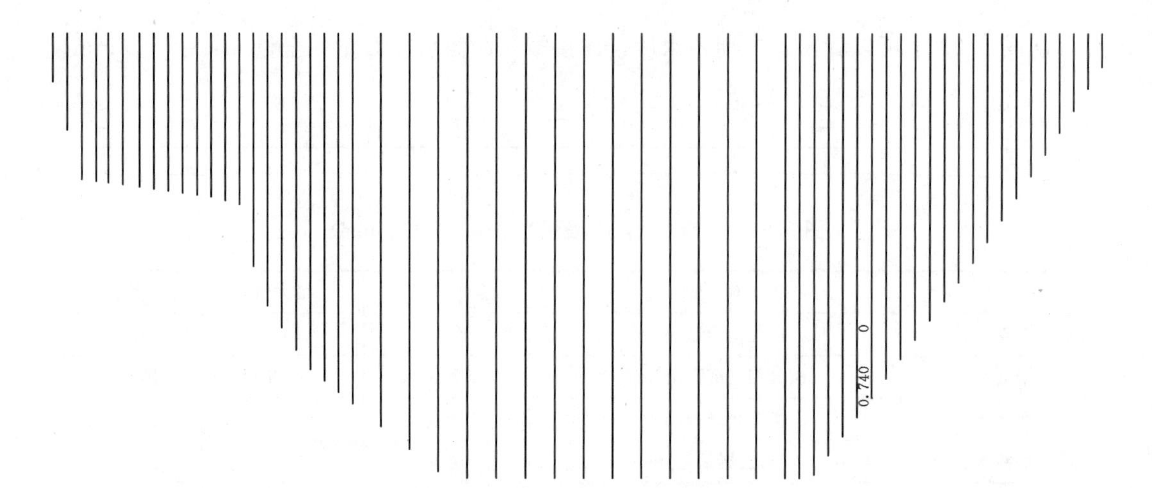

图 5.95　横缝相对沉降量图（单位：mm）

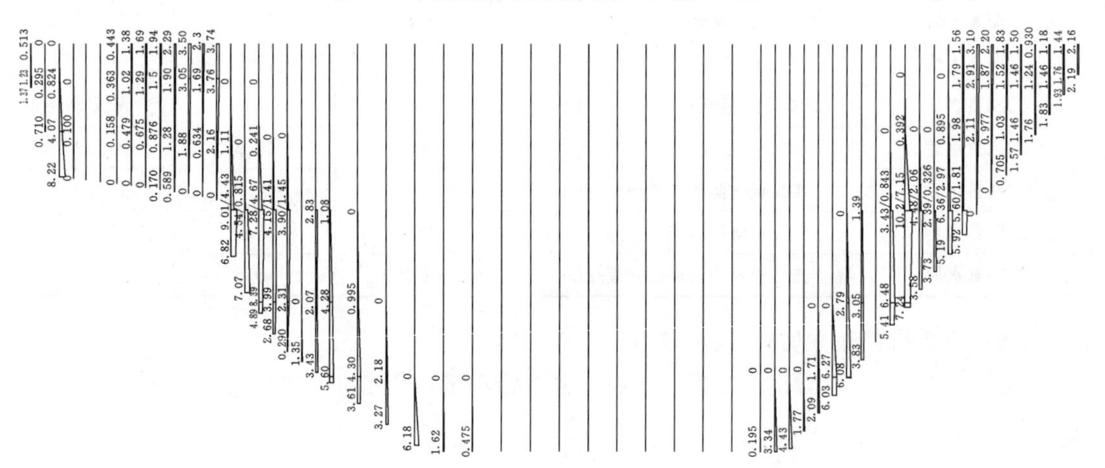

图 5.96　横缝张开量图（单位：mm）

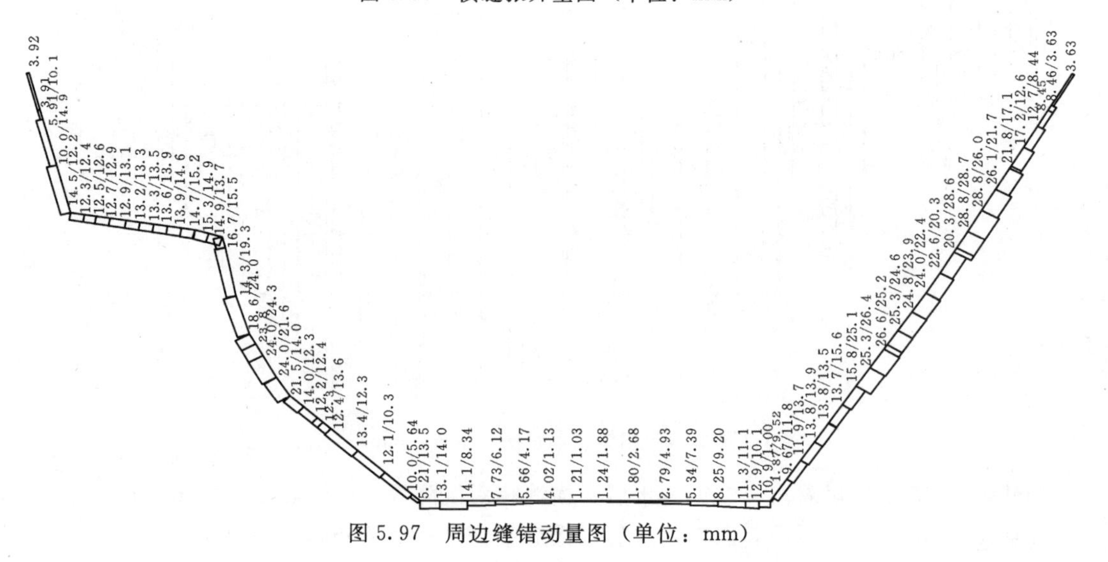

图 5.97　周边缝错动量图（单位：mm）

从图 5.98 中可以看出，二期蓄水后，周边缝相对沉降量，全量 max=10.0mm。

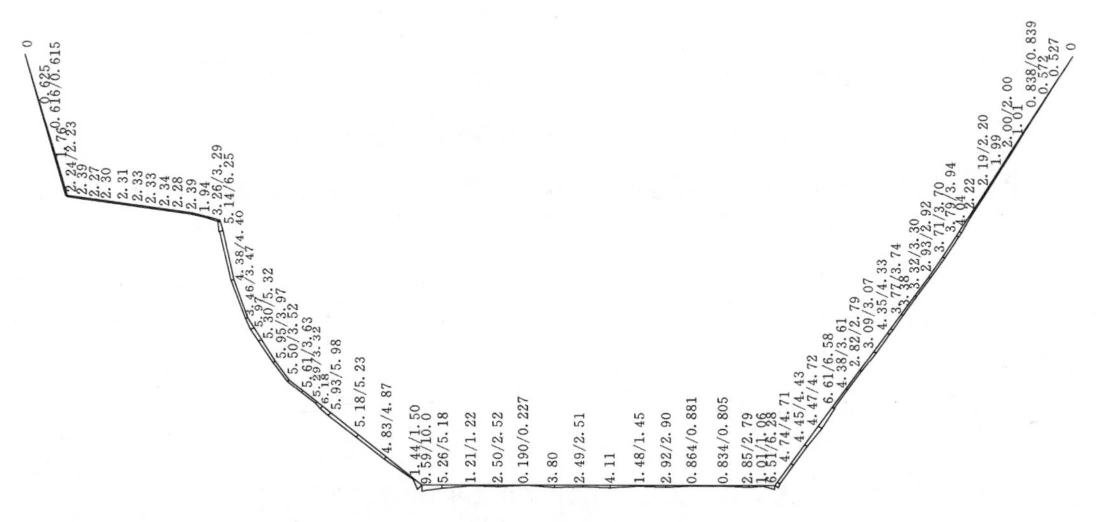

图 5.98　周边缝相对沉降量图（单位：mm）

从图 5.99 中可以看出，二期蓄水后，周边缝张开量，全量 max=13.4mm。

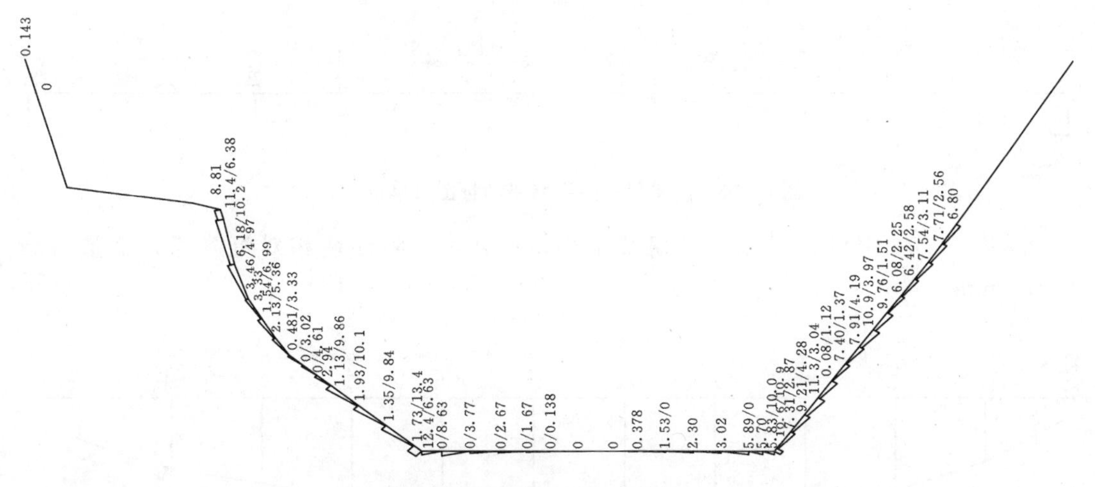

图 5.99　周边缝张开量图（单位：mm）

从图 5.100 中可以看出，二期蓄水后，趾板—连接板错动量，全量 max=32.7mm。

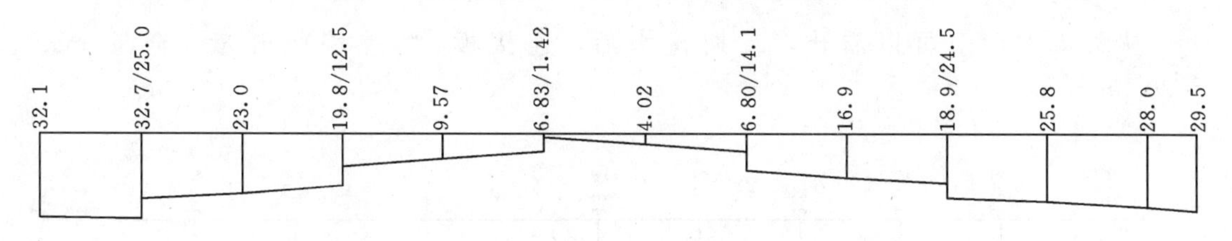

图 5.100　趾板—连接板错动量图（单位：mm）

从图 5.101 中可以看出，二期蓄水后，趾板—连接板相对沉降量，全量 max=0.1mm。

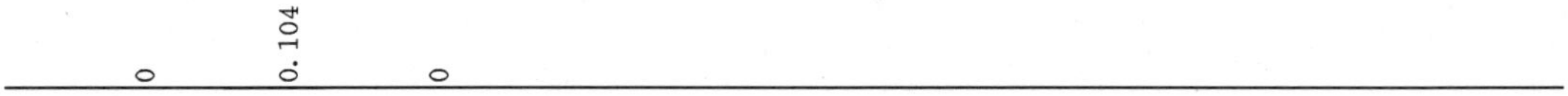

0
0.104
0

图 5.101　趾板—连接板相对沉降量图（单位：mm）

从图 5.102 中可以看出，二期蓄水后，趾板—连接板张开量，全量 max=12.3mm。

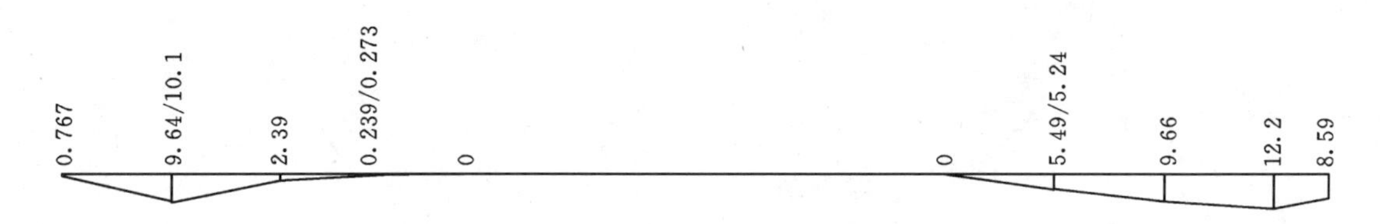

图 5.102　趾板—连接板张开量图（单位：mm）

从图 5.103 中可以看出，二期蓄水后，连接板—防渗墙错动量，全量 max=18.6mm。

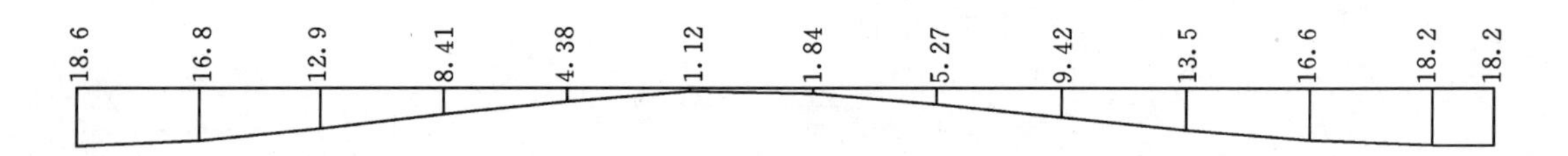

图 5.103　连接板—防渗墙错动量图（单位：mm）

从图 5.104 中可以看出，二期蓄水后，连接板—防渗墙相对沉降量，全量 max=47.4mm。

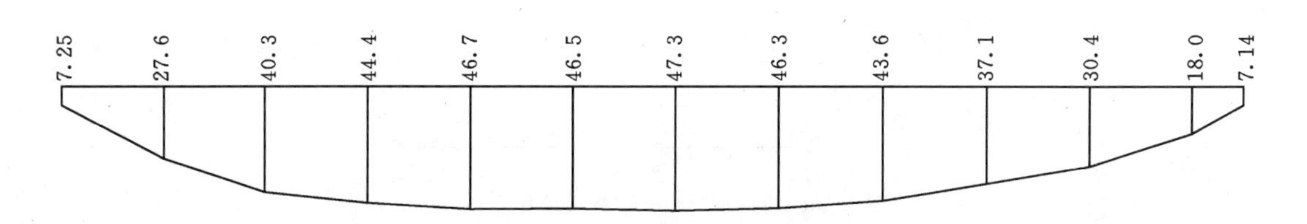

图 5.104　连接板—防渗墙相对沉降量图（单位：mm）

从图 5.105 中可以看出，二期蓄水后，连接板—防渗墙张开量，全量 max=20.3mm。

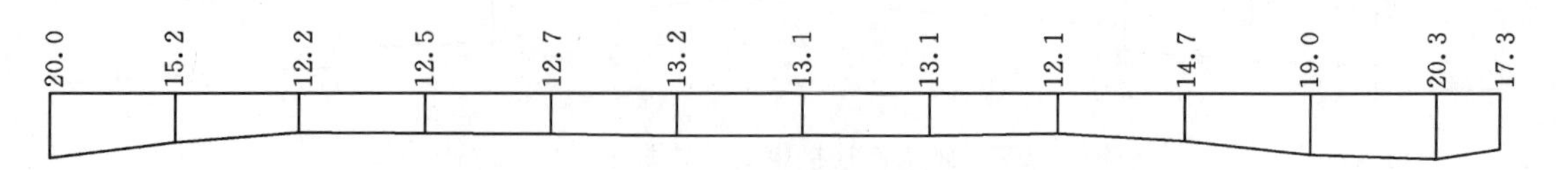

图 5.105　连接板—防渗墙张开量图（单位：mm）

工况	相 对 变 形	全量/增量	最大值	图名
二期蓄水后	横缝错动量/mm	全量	18.0	图 5.94
二期蓄水后	横缝相对沉降量/mm	全量	0.7	图 5.95
二期蓄水后	横缝张开量/mm	全量	10.3	图 5.96
二期蓄水后	周边缝错动量/mm	全量	28.9	图 5.97
二期蓄水后	周边缝相对沉降量/mm	全量	10.0	图 5.98
二期蓄水后	周边缝张开量/mm	全量	13.4	图 5.99
二期蓄水后	趾板—连接板错动量/mm	全量	32.7	图 5.100
二期蓄水后	趾板—连接板相对沉降量/mm	全量	0.1	图 5.101
二期蓄水后	趾板—连接板张开量/mm	全量	12.3	图 5.102
二期蓄水后	连接板—防渗墙错动量/mm	全量	18.6	图 5.103
二期蓄水后	连接板—防渗墙相对沉降量/mm	全量	47.4	图 5.104
二期蓄水后	连接板—防渗墙张开量/mm	全量	20.3	图 5.105

(9) 第 8 组：强夯加固系数=1.4，强夯+固结灌浆方案。

从图 5.106 中可以看出，二期蓄水后，横缝错动量，全量 max=14.6mm。

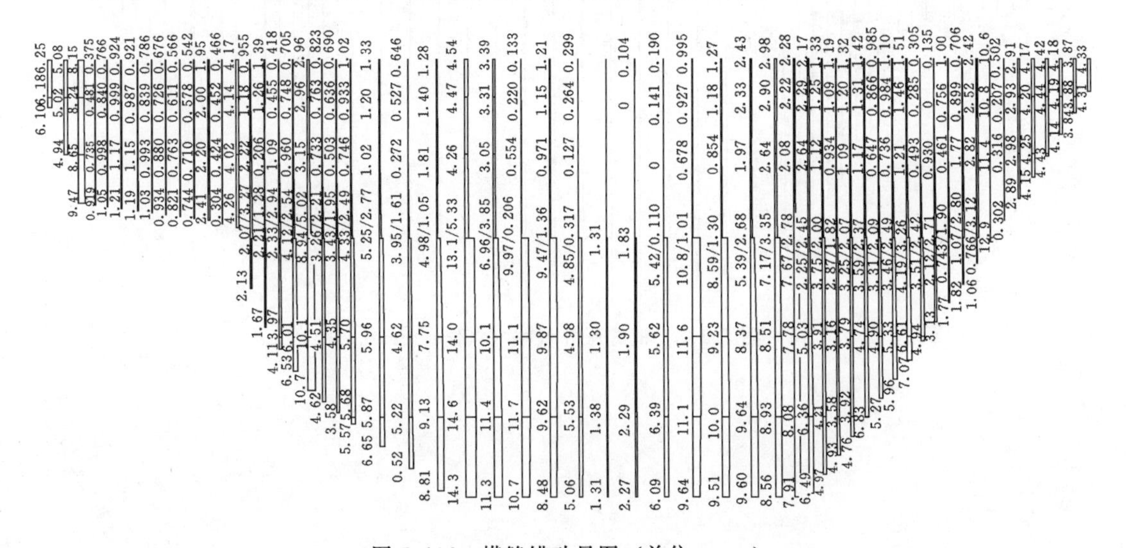

图 5.106 横缝错动量图（单位：mm）

从图 5.107 中可以看出，二期蓄水后，横缝相对沉降量，全量 max=0.5mm。

从图 5.108 中可以看出，二期蓄水后，横缝张开量，全量 max=11.3mm。

从图 5.109 中可以看出，二期蓄水后，周边缝错动量，全量 max=29.0mm。

从图 5.110 中可以看出，二期蓄水后，周边缝相对沉降量，全量 max=27.5mm。

从图 5.111 中可以看出，二期蓄水后，周边缝张开量，全量 max=15.0mm。

从图 5.112 中可以看出，二期蓄水后，趾板—连接板错动量，全量 max=24.6mm。

从图 5.113 中可以看出，二期蓄水后，趾板—连接板相对沉降量，全量 max=0.0mm。

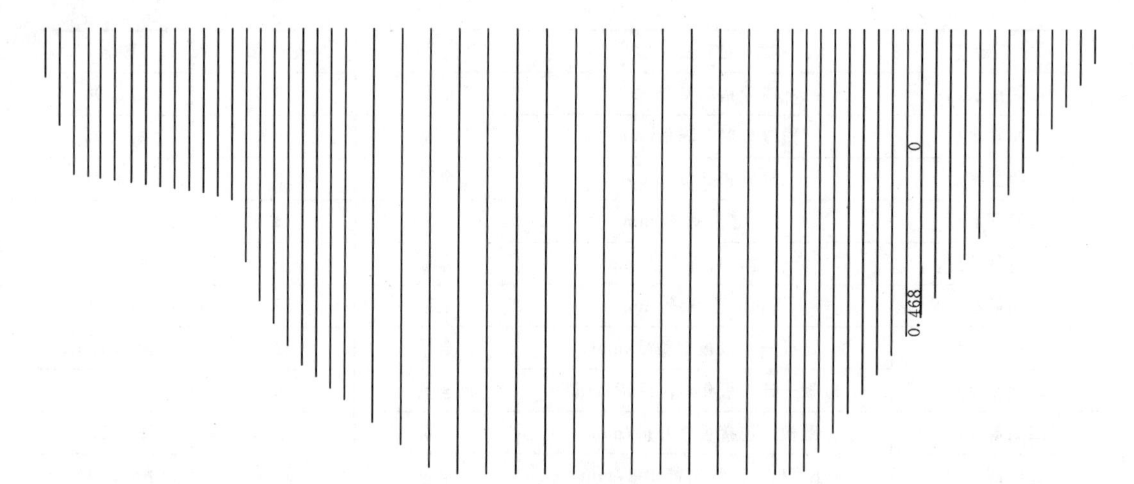

图 5.107　横缝相对沉降量图（单位：mm）

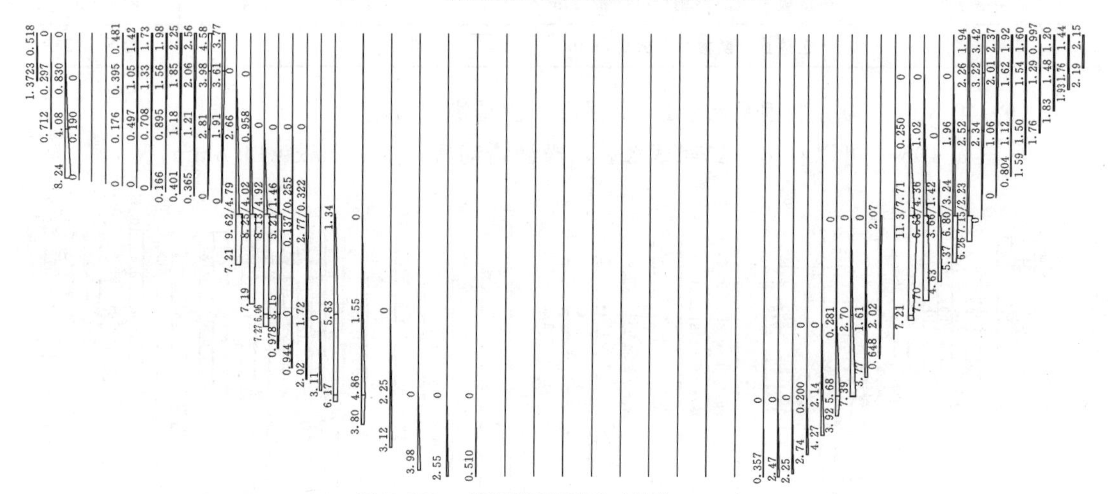

图 5.108　横缝张开量图（单位：mm）

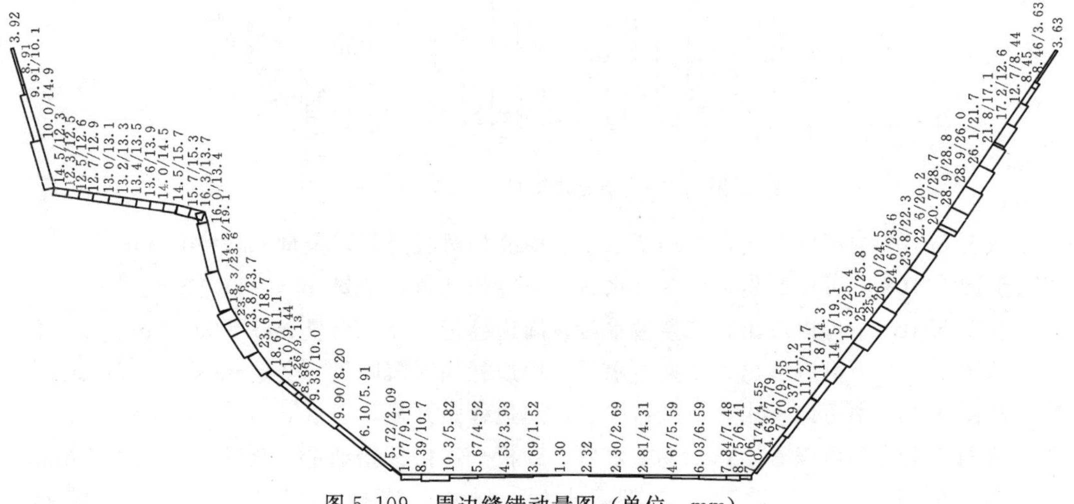

图 5.109　周边缝错动量图（单位：mm）

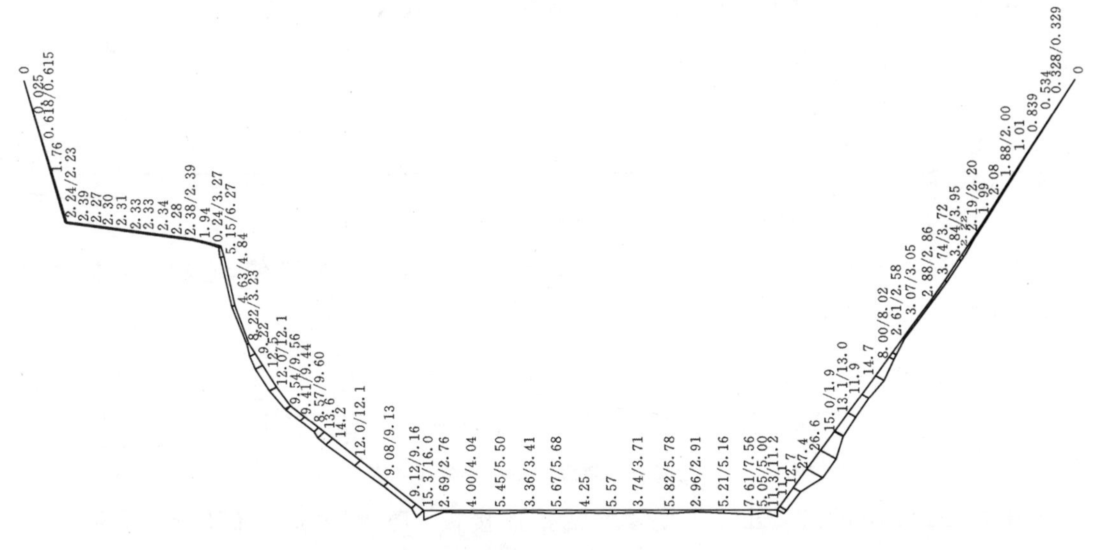

图 5.110　周边缝相对沉降量图（单位：mm）

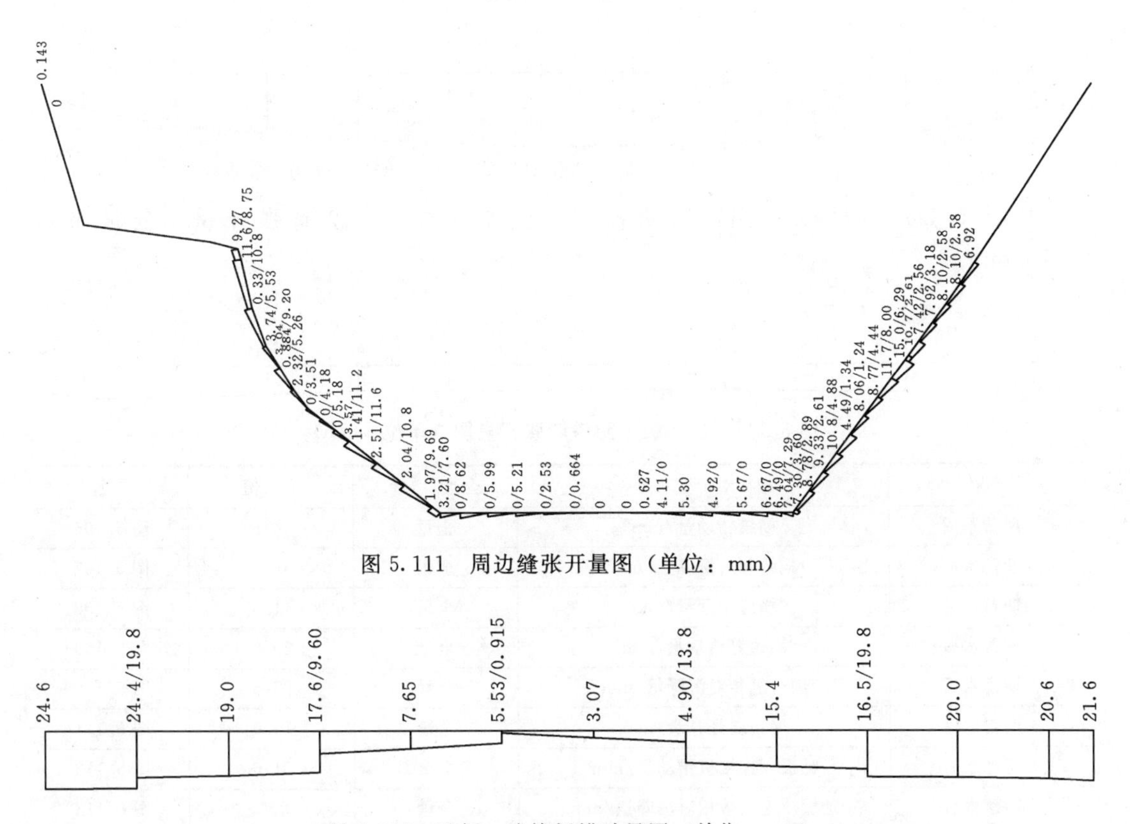

图 5.111　周边缝张开量图（单位：mm）

图 5.112　趾板—连接板错动量图（单位：mm）

图 5.113　趾板—连接板相对沉降量图（单位：mm）

从图 5.114 中可以看出，二期蓄水后，趾板—连接板张开量，全量 max=10.3mm。

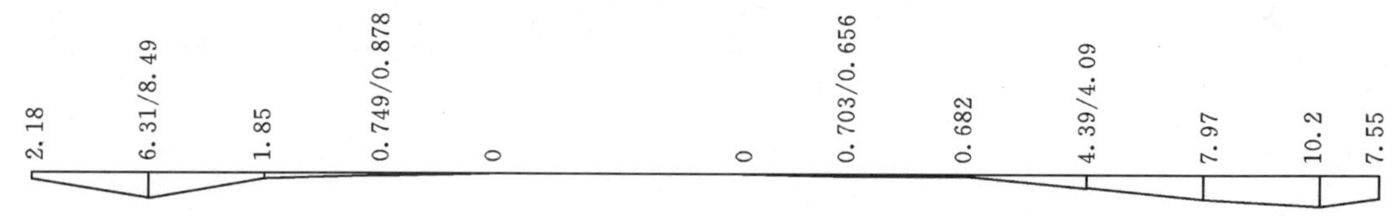

图 5.114　趾板—连接板张开量图（单位：mm）

从图 5.115 中可以看出，二期蓄水后，连接板—防渗墙错动量，全量 max=14.4mm。

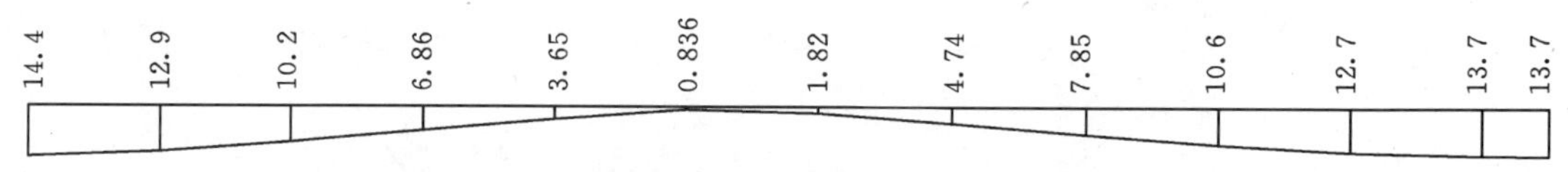

图 5.115　连接板—防渗墙错动量图（单位：mm）

从图 5.116 中可以看出，二期蓄水后，连接板—防渗墙相对沉降量，全量 max=31.9mm。

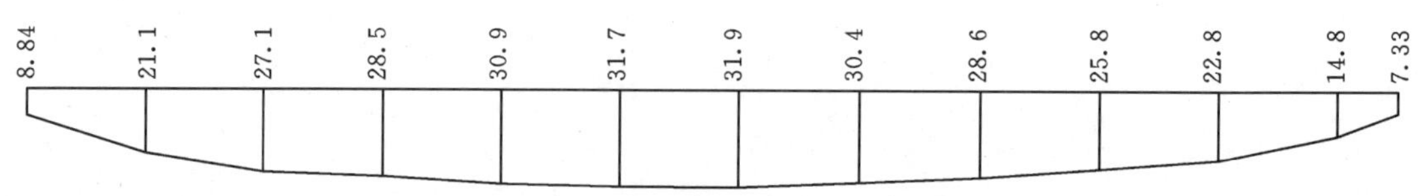

图 5.116　连接板—防渗墙相对沉降量图（单位：mm）

从图 5.117 中可以看出，二期蓄水后，连接板—防渗墙张开量，全量 max=17.9mm。

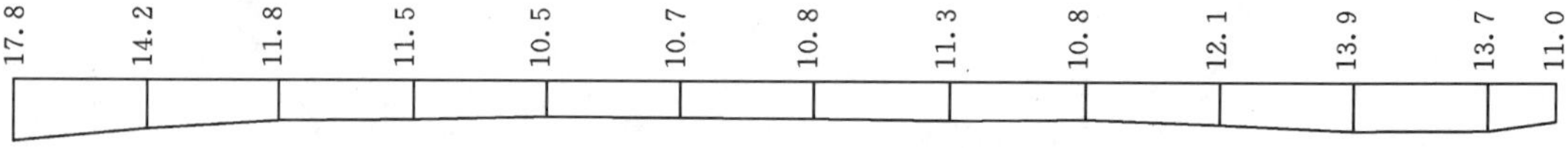

17.8　14.2　11.8　11.5　10.5　10.7　10.8　11.3　10.8　12.1　13.9　13.7　11.0

图 5.117　连接板—防渗墙张开量图（单位：mm）

工况	相对变形	全量/增量	最大值	图名
二期蓄水后	横缝错动量/mm	全量	14.6	图 5.106
二期蓄水后	横缝相对沉降量/mm	全量	0.5	图 5.107
二期蓄水后	横缝张开量/mm	全量	11.3	图 5.108
二期蓄水后	周边缝错动量/mm	全量	29.0	图 5.109
二期蓄水后	周边缝相对沉降量/mm	全量	27.5	图 5.110
二期蓄水后	周边缝张开量/mm	全量	15.0	图 5.111
二期蓄水后	趾板—连接板错动量/mm	全量	24.6	图 5.112
二期蓄水后	趾板—连接板相对沉降量/mm	全量	0.0	图 5.113
二期蓄水后	趾板—连接板张开量/mm	全量	10.3	图 5.114
二期蓄水后	连接板—防渗墙错动量/mm	全量	14.4	图 5.115
二期蓄水后	连接板—防渗墙相对沉降量/mm	全量	31.9	图 5.116
二期蓄水后	连接板—防渗墙张开量/mm	全量	17.9	图 5.117

(10) 第 9 组：强夯加固系数=1.4，强夯+旋喷方案。

从图 5.118 中可以看出，二期蓄水后，横缝错动量，全量 max=15.9mm。

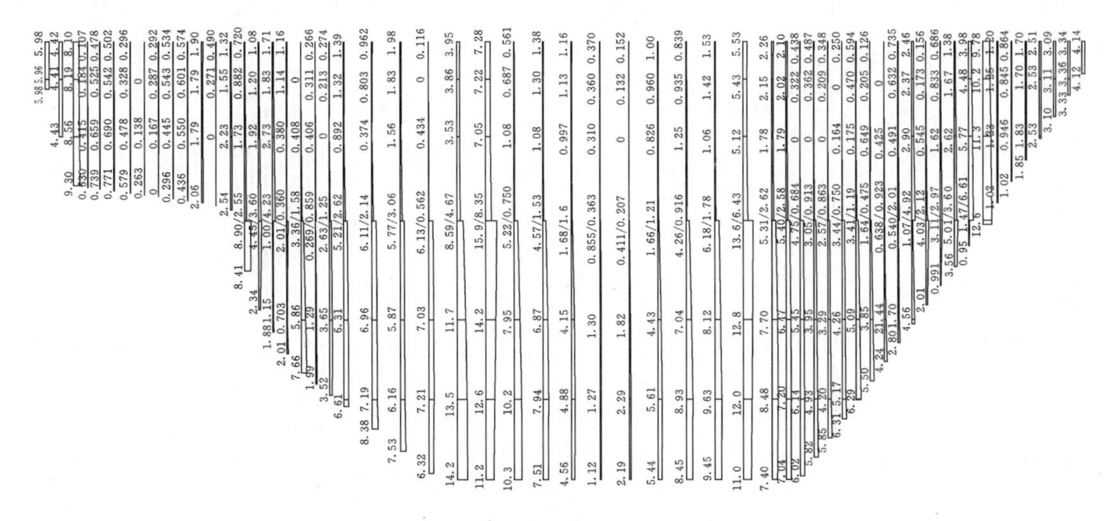

图 5.118 横缝错动量图（单位：mm）

从图 5.119 中可以看出，二期蓄水后，横缝相对沉降量，全量 max=0.3mm。

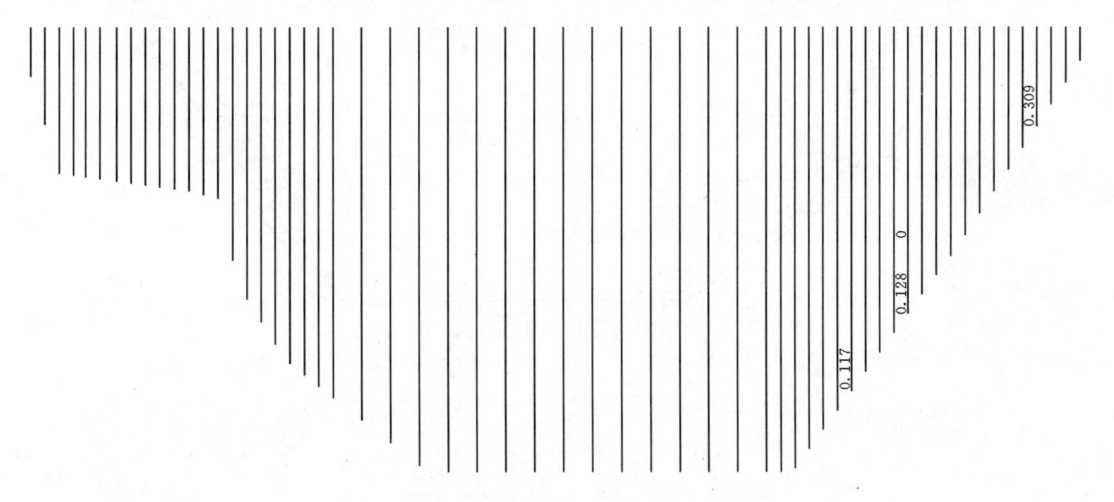

图 5.119 横缝相对沉降量图（单位：mm）

从图 5.120 中可以看出，二期蓄水后，横缝张开量，全量 max=11.8mm。

从图 5.121 中可以看出，二期蓄水后，周边缝错动量，全量 max=34.1mm。

从图 5.122 中可以看出，二期蓄水后，周边缝相对沉降量，全量 max=28.2mm。

从图 5.123 中可以看出，二期蓄水后，周边缝张开量，全量 max=19.4mm。

从图 5.124 中可以看出，二期蓄水后，趾板—连接板错动量，全量 max=24.0mm。

从图 5.125 中可以看出，二期蓄水后，趾板—连接板相对沉降量，全量 max=0.0mm。

从图 5.126 中可以看出，二期蓄水后，趾板—连接板张开量，全量 max=10.6mm。

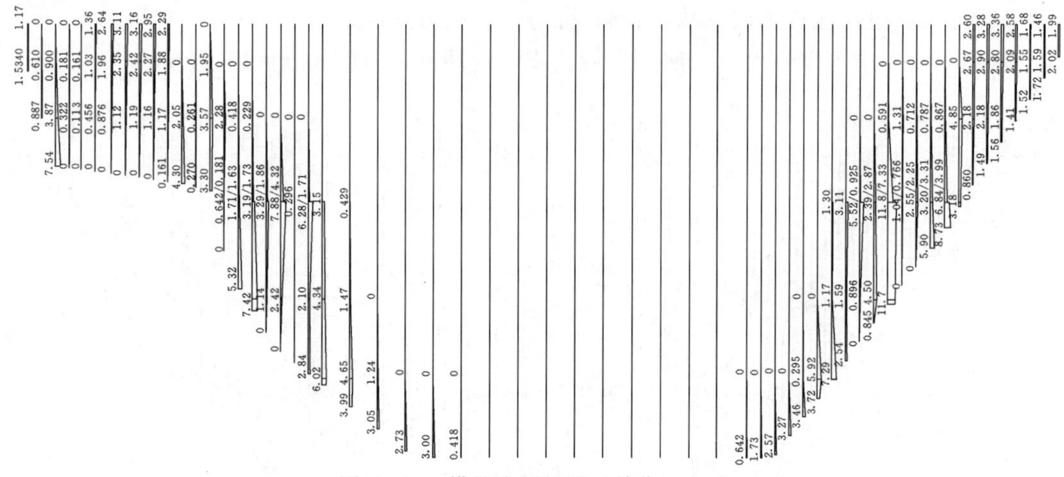

图 5.120　横缝张开量图（单位：mm）

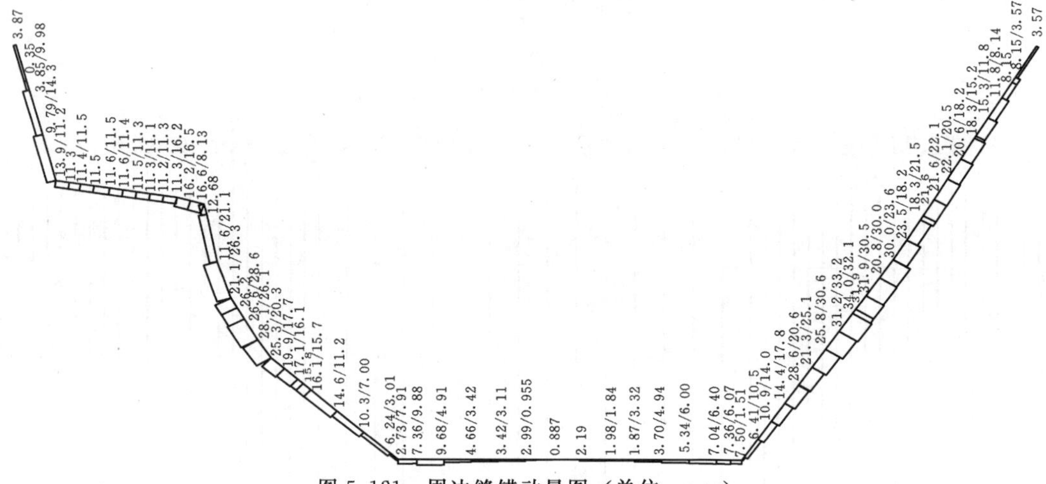

图 5.121　周边缝错动量图（单位：mm）

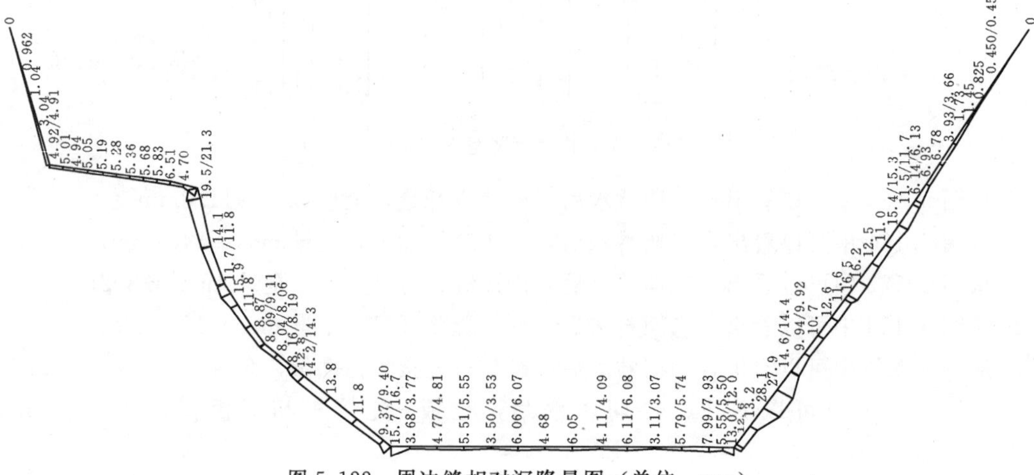

图 5.122　周边缝相对沉降量图（单位：mm）

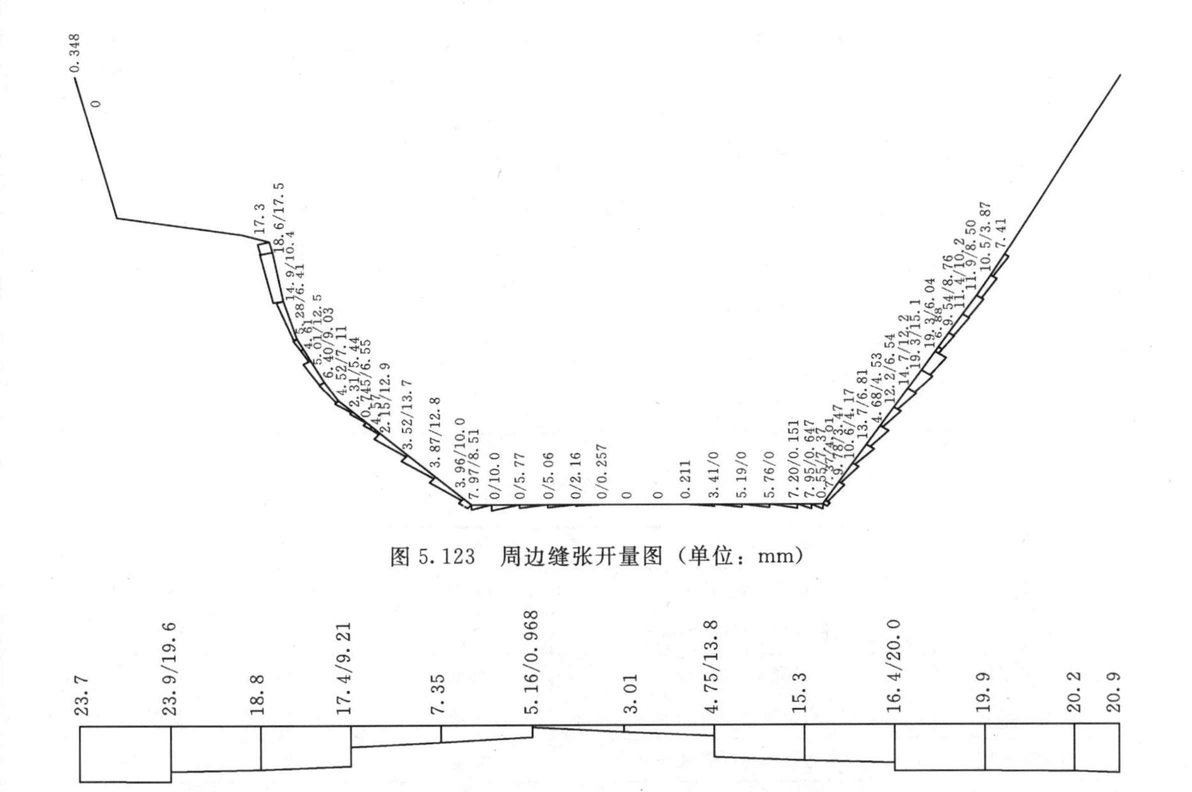

图 5.123　周边缝张开量图（单位：mm）

图 5.124　趾板—连接板错动量图（单位：mm）

图 5.125　趾板—连接板相对沉降量图（单位：mm）

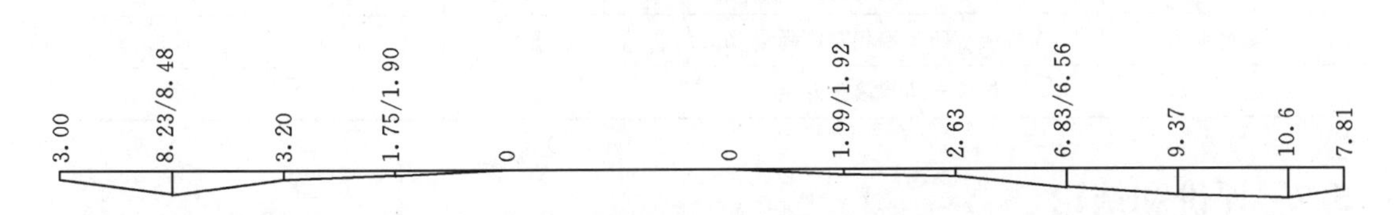

图 5.126　趾板—连接板张开量图（单位：mm）

从图 5.127 中可以看出，二期蓄水后，连接板—防渗墙错动量，全量 max＝14.1mm。

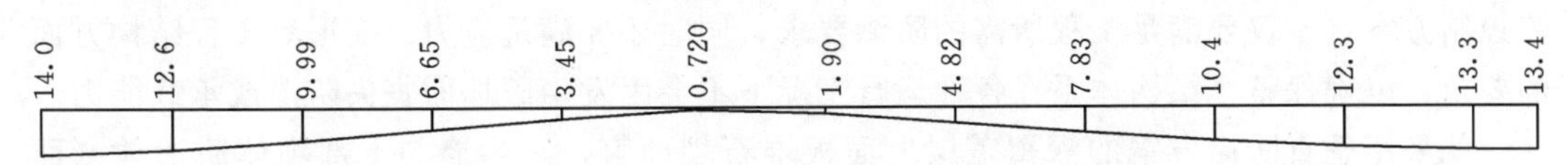

图 5.127　连接板—防渗墙错动量图（单位：mm）

从图 5.128 中可以看出，二期蓄水后，连接板—防渗墙相对沉降量，全量 max＝33.5mm。

8.75
21.2
27.3
29.2
32.0
33.0
33.5
32.0
30.0
26.5
23.0
14.7
7.10

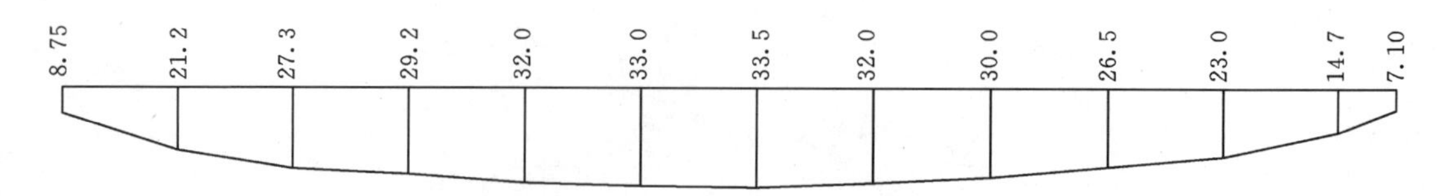

图 5.128　连接板—防渗墙相对沉降量图（单位：mm）

从图 5.129 中可以看出，二期蓄水后，连接板—防渗墙张开量，全量 max =15.3mm。

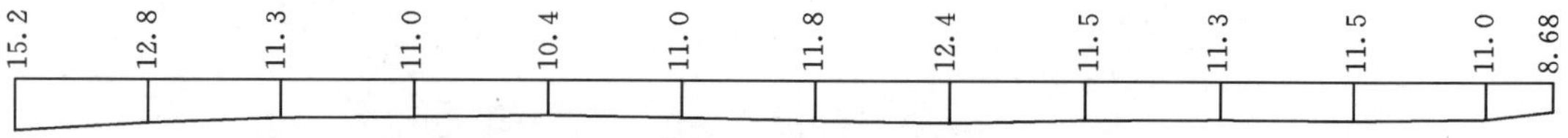

15.2
12.8
11.3
11.0
10.4
11.0
11.8
12.4
11.5
11.3
11.5
11.0
8.68

图 5.129　连接板—防渗墙张开量图（单位：mm）

工况	相　对　变　形	全量/增量	最大值	图名
二期蓄水后	横缝错动量/mm	全量	15.9	图 5.118
二期蓄水后	横缝相对沉降量/mm	全量	0.3	图 5.119
二期蓄水后	横缝张开量/mm	全量	11.8	图 5.120
二期蓄水后	周边缝错动量/mm	全量	34.1	图 5.121
二期蓄水后	周边缝相对沉降量/mm	全量	28.2	图 5.122
二期蓄水后	周边缝张开量/mm	全量	19.4	图 5.123
二期蓄水后	趾板—连接板错动量/mm	全量	24.0	图 5.124
二期蓄水后	趾板—连接板相对沉降量/mm	全量	0.0	图 5.125
二期蓄水后	趾板—连接板张开量/mm	全量	10.6	图 5.126
二期蓄水后	连接板—防渗墙错动量/mm	全量	14.1	图 5.127
二期蓄水后	连接板—防渗墙相对沉降量/mm	全量	33.5	图 5.128
二期蓄水后	连接板—防渗墙张开量/mm	全量	15.3	图 5.129

5.7　评价和结论

深厚覆盖层坝基上面板堆石坝的工程设计，坝体和坝基渗流控制方案，特别是深覆盖层地基的防渗处理措施及其与上部坝体防渗措施的连接形式是否可行、合理，往往是大坝工程设计和安全运行的关键所在。从工程运用的角度讲，一个可行、合理的坝体和坝基渗流控制方案，不仅要满足工程所需的防渗要求，同时还要满足应力、变形等工程结构方面的要求，以确保整个结构体系在各种运行工况下不会因发生破坏而丧失防渗或承载能力。

就采用垂直防渗方案的深覆盖层上面板堆石坝而言，防渗墙与上部坝体防渗体（面板）的连接将是整个防渗体系的关键部位，也是大坝—地基整个防渗系统的最薄弱环节，必须给予足够的重视。此外，地基覆盖层、防渗墙与上部坝体的相互作用，即上述各部分在自重和外荷作用下能否满足变形协调的要求，应力是否超限，也是影响大坝安全的重要因素。

从坝体及地基的变形图上可以看出，坝基覆盖层对上部坝体的变形有着明显的影响。对于修建于基岩上的坝体，基岩的沉降变形微乎其微，因此坝体的变形主要是坝体在其自重和水荷载作用下的变形。而对于修建于深覆盖层上的坝体，可压缩的地基层在上部坝体的作用下将导致坝体建基面产生一个下凹的变形，因此坝体最大沉降的位置明显下移，而且，在坝顶也会产生向内凹陷的变形趋势。就面板而言，因为，以堆石体作为支撑，坝基覆盖层对坝体变形的影响也必然会导致面板位移和应力的变化。从竣工期面板的变形曲线上看，由于坝体和覆盖层的变形，一期面板顶部在竣工期可能会有一定程度的脱空。从趾板与连接板的变形图中可以看出，由于趾板直接置于覆盖层上，而覆盖层在坝体和水荷载的作用下将产生一定的变形（尤以蓄水期为甚），因此趾板所顶托的面板也会产生相应的变形，变形的趋势主要是以向下的沉降变形为主。不过，尽管如此，从面板位移和应力的数值上看，这种由覆盖层变形所引起的面板位移和应力变化仍在工程可以接受的范围之中。

通过对坝基覆盖层三种处理措施的计算分析后，可以看出，高压旋喷桩处理措施效果非常显著。